普通高等教育"十一五"国家级规划教材

沉积盆地分析基础
Principles of Sedimentary Basin Analysis

主　编：解习农　任建业

编　者：王　华　陆永潮　庄新国　焦养泉
　　　　姜　涛　张　成　杜学斌

中国地质大学出版社有限责任公司
ZHONGGUO DIZHI DAXUE CHUBANSHE YOUXIAN ZEREN GONGSI

图书在版编目(CIP)数据

沉积盆地分析基础/解习农,任建业主编. —武汉:中国地质大学出版社有限责任公司,2013.10(2022.7重印)
ISBN 978-7-5625-3034-3

Ⅰ.①沉…

Ⅱ.①解…②任…

Ⅲ.①沉积盆地-高等学校-教材

Ⅳ.①P531

中国版本图书馆CIP数据核字(2013)第062357号

沉积盆地分析基础		解习农 任建业 主编
责任编辑:王 荣	选题策划:张晓红	责任校对:张咏梅
出版发行:中国地质大学出版社有限责任公司(武汉市洪山区鲁磨路388号)		邮编:430074
电 话:(027)67883511	传 真:(027)67883580	E-mail:cbb@cug.edu.cn
经 销:全国新华书店		http://www.cugp.cug.edu.cn
开本:880毫米×1 230毫米 1/16		字数:828千字 印张:26.125
版次:2013年10月第1版		印次:2022年7月第3次印刷
印刷:武汉市籍缘印刷厂		印数:2 001—3 000 册
ISBN 978-7-5625-3034-3		定价:48.00元

如有印装质量问题请与印刷厂联系调换

前 言

沉积盆地是人类最重要的资源宝库，蕴藏着丰富的化石能源、沉积矿产以及水资源。正是因为人类社会对矿产资源的大量需求推动盆地分析领域的快速发展，使得地质学家在多年研究沉积盆地及相关资源的过程中，总结形成了盆地分析的理论和方法体系。沉积盆地分析不仅可以揭示不同类型化石能源、沉积型层控矿产、砂岩型铀矿等资源的分布规律，为矿产勘探提供直接依据，而且能为大地构造演化过程、重大构造事件、全球环境变迁及气候演变研究提供丰富的资料和详细的证据。

沉积盆地分析是一项重要的基础地质工作，其主要目的在于认识盆地成因及其沉积充填特征，揭示其形成演化历史中的动力学过程。对能源资源的需求是推动这一学科发展的最主要的驱动力，特别是由于油气勘探的高难度及其在国民经济中的战略地位，吸引了多学科在盆地能源研究领域聚焦，并采用了先进技术及方法，使盆地分析具有多学科的综合性。

沉积盆地分析基础是为高年级本科生开设的一门专业课程。本书分为盆地沉积充填分析、盆地形成演化分析、盆地热史及流体分析三部分。在内容编排上侧重于基本理论、概念及方法介绍，并偏重于含油气盆地领域。许多较为专门的部分则需要参考更多的相关文献以作深入地了解。盆地分析是一门多学科交叉且实践性很强的学科，这就需要在掌握基本概念和方法的基础上，还要熟悉地球物理，特别是地震和测井资料的解释，掌握地球化学及计算机模拟等相关知识。

本书是在中国地质大学沉积盆地及沉积矿产研究所编写的《沉积盆地分析基础》(1997)校内教材的基础上扩充、修改完成。本书由解习农和任建业统稿，其中第一章、第四章由解习农执笔，第二章由解习农、焦养泉执笔，第三章由陆永潮、王华执笔，第五章由杜学斌执笔，第六章至第十章由任建业执笔，第十一章由佟殿君执笔，第十二章由庄新国执笔，第十三、第十五章由姜涛执笔，第十五章由张成执笔。雷超参加了第四章部分内容的编写。

由于编者水平有限，书中错误之处在所难免，敬请专家和读者批评指正。

编　者
2012 年 12 月 20 日

目　　录

第一章　盆地分析概念体系与研究思路 (1)
第一节　沉积盆地分析概述 (1)
　　一、沉积盆地基本概念 (1)
　　二、沉积盆地分析发展历史及研究进展 (2)
　　三、沉积盆地分析内容及其研究意义 (6)
第二节　沉积盆地分析的基本参数 (8)
　　一、盆地形态参数 (8)
　　二、盆地沉积参数 (8)
　　三、盆地流体参数 (11)
　　四、盆地构造参数 (12)
　　五、盆地热史参数 (13)
　　六、盆地成矿参数 (15)
第三节　盆地分析思路与方法 (15)
　　一、沉积盆地分析思路 (15)
　　二、沉积盆地分析主要方法 (17)
　　三、沉积盆地分析流程 (21)

第二章　沉积体系分析 (23)
第一节　沉积体系的概念和分析方法 (23)
　　一、基本概念 (23)
　　二、沉积体系分析方法 (26)
第二节　沉积体系分类及其主要特征 (33)
　　一、沉积体系分类 (33)
　　二、陆相沉积体系组 (34)
　　三、海陆过渡相沉积体系组 (46)
　　四、海相沉积体系组 (53)
第三节　沉积体系空间配置 (63)
　　一、断陷盆地沉积体系空间配置特征 (63)
　　二、前陆盆地沉积体系空间配置特征 (65)
　　三、克拉通盆地沉积体系空间配置特征 (66)
　　四、碎屑岩大陆边缘盆地沉积体系空间配置特征 (69)

第三章　层序地层分析 (71)
第一节　层序地层基本原理 (71)
　　一、层序地层学基本概念与术语 (73)
　　二、盆地等时地层格架 (77)
　　三、层序地层单元构成特征 (78)

四、层序地层单元划分 …………………………………………………………………………… (85)
　第二节　层序构成样式 ………………………………………………………………………………… (88)
　　　一、碎屑岩层序构成特征 ………………………………………………………………………… (88)
　　　二、碳酸盐岩层序构成特征 ……………………………………………………………………… (96)
　　　三、陆相盆地层序构成特征 ……………………………………………………………………… (112)
　第三节　层序形成的控制因素 ………………………………………………………………………… (114)
　　　一、构造沉降 ……………………………………………………………………………………… (114)
　　　二、相对海（湖）平面周期性升降 ……………………………………………………………… (116)
　　　三、沉积物供给量 ………………………………………………………………………………… (117)
　　　四、古气候 ………………………………………………………………………………………… (118)

第四章　源-汇系统分析 …………………………………………………………………………………… (120)
　第一节　剥蚀区域物源区分析 ………………………………………………………………………… (121)
　　　一、沉积盆地源区剥蚀过程及其深部响应 …………………………………………………… (122)
　　　二、物源区分析的应用 …………………………………………………………………………… (125)
　第二节　搬运区域的沉积物搬运通道体系分析 …………………………………………………… (127)
　　　一、沉积物搬运通道体系 ………………………………………………………………………… (127)
　　　二、陆源沉积物通量及其影响因素 ……………………………………………………………… (129)
　　　三、沉积物搬运通道体系重建 …………………………………………………………………… (131)
　第三节　沉积区域陆海相互作用分析 ………………………………………………………………… (132)
　　　一、大陆边缘沉积作用分析 ……………………………………………………………………… (132)
　　　二、深水沉积作用分析 …………………………………………………………………………… (133)

第五章　盆地充填分析编图方法 ………………………………………………………………………… (135)
　第一节　物源区分析方法 ……………………………………………………………………………… (135)
　　　一、物源区分析主要内容 ………………………………………………………………………… (135)
　　　二、物源区分析具体方法 ………………………………………………………………………… (135)
　第二节　古水流分析方法 ……………………………………………………………………………… (147)
　　　一、古水流分析主要内容 ………………………………………………………………………… (147)
　　　二、古水流分析具体方法 ………………………………………………………………………… (147)
　第三节　沉积体系分析编图方法 ……………………………………………………………………… (154)
　　　一、单井或野外剖面沉积特征观察与描述 …………………………………………………… (154)
　　　二、单井或野外剖面沉积体系分析编图 ……………………………………………………… (156)
　　　三、岩石类型或比率平面图编绘 ………………………………………………………………… (157)
　第四节　层序地层学分析编图方法 …………………………………………………………………… (165)
　　　一、层序界面分析及层序单元划分方法 ……………………………………………………… (165)
　　　二、盆地充填序列编图 …………………………………………………………………………… (170)
　　　三、骨干剖面-沉积断面图编制 ………………………………………………………………… (172)
　　　四、沉积体精细刻画编图 ………………………………………………………………………… (173)

第六章　盆地类型及其发育的动力学背景 ……………………………………………………………… (179)
　第一节　盆地沉降作用 ………………………………………………………………………………… (179)
　　　一、盆地沉降机制和类型 ………………………………………………………………………… (179)
　　　二、盆地沉降中心及其与沉积中心的关系 …………………………………………………… (180)

第二节 沉积盆地的成因类型 (181)
　一、概述 (181)
　二、沉积盆地的成因分类 (182)
第三节 沉积盆地发育的板块构造背景 (184)
　一、沉积盆地的板块构造分类 (184)
　二、各类盆地的基本特征 (185)
第四节 沉积盆地构造样式 (192)
　一、构造样式的概念 (193)
　二、构造样式的分类 (193)
　三、构造样式的复合与叠加 (197)
第五节 沉积盆地的叠合演化和深部活动 (197)
　一、沉积盆地的叠合演化 (197)
　二、地幔对流系统与盆地演化 (198)

第七章 伸展型盆地 (200)

第一节 岩石圈伸展作用模式 (200)
　一、伸展型盆地的基本概念 (200)
　二、岩石圈伸展作用模式 (201)
第二节 伸展型盆地同生构造样式 (208)
　一、同生构造的类型 (208)
　二、同沉积断裂 (209)
　三、伸展型盆地内的同生褶皱 (219)
第三节 断陷盆地构造沉积演化模式 (223)
　一、陆相断陷盆地构造沉积演化 (224)
　二、海相断陷盆地构造沉积演化 (227)

第八章 挠曲类盆地 (230)

第一节 岩石圈的挠曲作用及其形成的盆地类型 (230)
　一、岩石圈的挠曲作用 (230)
　二、挤压盆地的类型 (233)
第二节 前陆盆地的概念和类型 (233)
　一、周缘前陆盆地 (234)
　二、弧后前陆盆地 (234)
第三节 前陆盆地系统及其沉积充填序列 (234)
　一、前陆盆地系统的结构单元和沉积构成 (234)
　二、前陆盆地的沉积充填序列 (237)
第四节 前陆褶皱冲断带构造变形及其组合样式 (237)
　一、概述 (237)
　二、断层相关褶皱 (239)
　三、逆冲断层系统 (247)
　四、前陆褶皱冲断带的横向结构变化 (249)
第五节 前陆盆地的发育机制和过程 (251)
　一、前陆盆地发育演化的主要控制和影响因素 (251)
　二、与幕式逆冲有关的地层模型 (255)

三、前陆盆地的构造沉积演化过程分析 ……………………………………………………………… (258)

第九章 走滑带盆地 …………………………………………………………………………………… (262)

第一节 走滑断层概述 …………………………………………………………………………………… (262)
一、基本概念 ……………………………………………………………………………………… (262)
二、走滑断层的发育和结构分析 ………………………………………………………………… (263)

第二节 走滑带盆地类型和特征 ………………………………………………………………………… (268)
一、走滑带盆地类型 ……………………………………………………………………………… (268)
二、拉分盆地和转换伸展盆地的发育模式 ……………………………………………………… (268)

第三节 走滑盆地充填演化特征 ………………………………………………………………………… (271)
一、盆地结构的不对称性 ………………………………………………………………………… (271)
二、盆地沉积充填的不对称性 …………………………………………………………………… (272)
三、盆地沉降中心有明显的迁移性 ……………………………………………………………… (272)
四、快速沉降和幕式演化 ………………………………………………………………………… (272)

第十章 沉积盆地中的盐构造和反转构造 …………………………………………………………… (274)

第一节 盐构造变形 ……………………………………………………………………………………… (274)
一、盐构造变形的基本概念 ……………………………………………………………………… (274)
二、盐岩的物理性质 ……………………………………………………………………………… (274)
三、盐构造变形的类型和特征 …………………………………………………………………… (277)
四、盐构造模拟研究 ……………………………………………………………………………… (280)
五、盐岩流动的驱动力和阻力 …………………………………………………………………… (282)
六、盐底辟周缘构造 ……………………………………………………………………………… (283)
七、盐底辟作用机制和发育的区域构造背景 …………………………………………………… (285)

第二节 反转构造 ………………………………………………………………………………………… (289)
一、反转构造的概念 ……………………………………………………………………………… (289)
二、反转构造样式 ………………………………………………………………………………… (291)
三、构造反转强度和反转率的测定 ……………………………………………………………… (291)

第十一章 沉积盆地构造分析技术和方法 …………………………………………………………… (293)

第一节 盆地构造制图技术 ……………………………………………………………………………… (293)
一、盆地构造剖面图的编制 ……………………………………………………………………… (293)
二、界面构造图的编制 …………………………………………………………………………… (294)
三、盆地构造格架图的编制 ……………………………………………………………………… (295)

第二节 构造活动性定量分析技术 ……………………………………………………………………… (296)
一、断层生长指数法 ……………………………………………………………………………… (296)
二、断层古落差和活动速率 ……………………………………………………………………… (299)
三、位移-距离法 …………………………………………………………………………………… (301)
四、断层相关褶皱的生长地层分析 ……………………………………………………………… (302)

第三节 沉降史分析 ……………………………………………………………………………………… (306)
一、沉降史模拟的反演法——回剥法 …………………………………………………………… (306)
二、沉降史模拟的正演法 ………………………………………………………………………… (310)

第四节 平衡剖面和盆地构造演化图的编制 …………………………………………………………… (313)
一、平衡剖面技术的基本原理 …………………………………………………………………… (314)

  二、平衡剖面的几何学法则 …………………………………………………………………………（314）
  三、建立平衡剖面的基本步骤 …………………………………………………………………………（315）
 第五节 低温热年代学技术 ……………………………………………………………………………（317）
  一、裂变径迹定年方法的基本原理 ……………………………………………………………………（317）
  二、裂变径迹退火特性 …………………………………………………………………………………（319）
  三、裂变径迹长度分布特征与热历史 …………………………………………………………………（321）
  四、裂变径迹技术在盆地反转构造研究中的应用 ……………………………………………………（322）

第十二章 盆地热历史分析 …………………………………………………………………………（324）
 第一节 基本概念 …………………………………………………………………………………………（324）
 第二节 盆地热历史研究方法 ……………………………………………………………………………（324）
  一、古温标法 …………………………………………………………………………………………（324）
  二、模拟计算法 …………………………………………………………………………………………（329）
 第三节 热史在盆地分析中的应用 ………………………………………………………………………（329）
  一、中国东部不同类型盆地的地温场特征 ……………………………………………………………（329）
  二、中国东部中新生代盆地热体制及其地球动力学背景 ……………………………………………（335）
  三、盆地地温场特征对油气生成的影响 ………………………………………………………………（336）

第十三章 盆地流体分析基本原理 …………………………………………………………………（338）
 第一节 盆地流体概述 ……………………………………………………………………………………（338）
  一、盆地流体的成分 ……………………………………………………………………………………（338）
  二、盆地流体的性质 ……………………………………………………………………………………（340）
  三、盆地流体来源 ………………………………………………………………………………………（343）
 第二节 盆地流体流动驱动因素 …………………………………………………………………………（346）
  一、重力驱动 ……………………………………………………………………………………………（347）
  二、压力（压实）驱动 ……………………………………………………………………………………（347）
  三、浮力驱动 ……………………………………………………………………………………………（348）
  四、构造应力和地震驱动 ………………………………………………………………………………（349）
  五、热对流驱动 …………………………………………………………………………………………（349）
 第三节 盆地流体流动 ……………………………………………………………………………………（350）
  一、盆地流体流动样式 …………………………………………………………………………………（351）
  二、盆地流体输导系统 …………………………………………………………………………………（352）
  三、盆地流体流动效应 …………………………………………………………………………………（354）

第十四章 流体流动与成岩作用分析 ………………………………………………………………（356）
 第一节 成岩作用概论 ……………………………………………………………………………………（356）
  一、成岩作用类型及其特点 ……………………………………………………………………………（356）
  二、成岩阶段划分 ………………………………………………………………………………………（361）
 第二节 化学成岩作用基本原理 …………………………………………………………………………（366）
  一、黏土矿物的成岩转化 ………………………………………………………………………………（366）
  二、石英的成岩转化 ……………………………………………………………………………………（367）
  三、长石的成岩转化 ……………………………………………………………………………………（368）
  四、碳酸盐矿物的成岩转化 ……………………………………………………………………………（369）
 第三节 盆地流体-岩石相互作用 ………………………………………………………………………（371）

一、盆地流体-岩石相互作用的主要机制 ………………………………………………………（372）
二、盆地流体-岩石相互作用的主要特征 ………………………………………………………（373）
三、盆地流体-岩石相互作用的地球化学模拟 …………………………………………………（378）

第十五章　盆地流体模拟方法 …………………………………………………………………（379）

第一节　盆地流体模拟概述 ………………………………………………………………………（379）
一、盆地流体模拟基本原理 ……………………………………………………………………（379）
二、盆地流体模拟基本模型 ……………………………………………………………………（380）
三、模拟参数分析及选取 ………………………………………………………………………（381）
第二节　盆地流体模拟实例 ………………………………………………………………………（387）
一、Basin2软件工作原理 ………………………………………………………………………（388）
二、Basin2软件所需参数 ………………………………………………………………………（389）
三、模拟结果分析 ………………………………………………………………………………（389）
四、二次生烃与潮汕坳陷油气勘探前景 ………………………………………………………（391）

主要参考文献 …………………………………………………………………………………………（393）

第一章 盆地分析概念体系与研究思路

沉积盆地分析(sedimentary basin analysis)是地质学中的重要领域,它的主要研究对象是沉积盆地,包括盆地形成演化、沉积充填、盆地流体和沉积矿产成矿规律研究。盆地是能源矿床(煤、石油和天然气)和沉积矿床的赋存场所,从事能源研究的地质学家们早就认识到"没有盆地就没有石油"(Perrodon,1983)。这一重要见解后来扩大到层控金属矿床领域,因为越来越多研究成果发现盆地流体及其循环过程对成矿作用至关重要,也发现了金属成矿与古油藏水的成因有联系(李思田,1999)。近年来,我国一些含油气盆地相继发现大量砂岩型铀矿产资源。因此,盆地分析不仅具有重要的地质理论意义,而且与能源资源和其他沉积矿床的勘探有极为密切的联系。

第一节 沉积盆地分析概述

一、沉积盆地基本概念

盆地是地质学和地理学上常用的术语,但其含义略有不同。盆地地貌是地理学的术语,是指四周被自然高地所围限的地形上的洼地,代表一种地貌单元,它可以是大陆上区域分布的无覆水的洼地,如四川盆地,也可以是驻水的湖泊和海洋。

沉积盆地(depositional basin)是指地球表面发生构造沉降,并形成了沉积充填的地区。从广义来说,沉积盆地是指地壳上有沉积物或火山碎屑充填的地区,既可以接受物源区搬运来的沉积物,也可以充填火山喷出物质或火山碎屑物质以及盆内原地化学、生物或机械作用所形成的沉积物;从狭义来说,沉积盆地是指在漫长的地质历史时期能堆积并保存沉积物的地区。这一概念包含三个基本条件:①有沉积物或火山碎屑的充填;②在构造上是一个下凹的单元;③形态上基本为封闭的。

目前我们所观察到的沉积盆地有三类:①活动的沉积盆地,这些盆地现在仍然有沉积物充填,如珠江口盆地;②不活动的且极少破坏的沉积盆地,这些盆地现在已经没有沉积物堆积,但几乎没有受到变形,现今保存的轮廓基本上反映了其原始形态和沉积物充填特征,如中国东部部分新生代裂谷盆地;③强烈变形的沉积盆地,这些盆地沉积之后发生变形,使得目前保存的面貌明显不同于原始沉积时的面貌。

为了区分这几类盆地,Selley(1976)曾建议使用同沉积盆地(syn-depositional basin)和后沉积盆地(post-depositional basin)。前者代表原始沉积时的盆地,而后者则是由于后期构造运动所形成的构造盆地。当改造作用强烈,原始沉积盆地大面积被剥蚀后保存下来的盆地也被称为残留盆地。盆地内沉积物的搬运、沉积相的分布与后期构造运动无关。现今地球表面形成时代较早的盆地大多经历了多期构造变形和剥蚀,有的仅残留了原沉积盆地的一小部分。区分这两类盆地的另一有效标志是鉴别盆地边界类型,即是沉积边界(depositional margins)还是侵蚀边界(eroded margins)。同沉积盆地的原始边界为沉积边界,这类盆地边界往往有盆地边缘相,如冲积扇、辫状河、扇三角洲沉积;剥蚀边界则是经过后期改造剥蚀残留的边界(图1-1)。

世界上许多大型盆地是由不同地质时代、不同成因类型的盆地叠合而成的,其形态和边界常由后期相对年轻盆地的构造边界所决定。朱夏(1982)把这些不同时期形成的盆地单元称之为"盆地原型"(proto-type),如塔里木和四川盆地都是叠合盆地的典型代表,为中新生代前陆式盆地叠合在古生代海

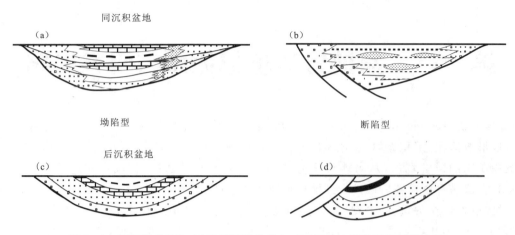

图 1-1 同沉积盆地（a,b）和后沉积盆地（c,d）（前者边缘性质为沉积边界）

相盆地之上（图 1-2）。不同时代、不同成因的原型盆地具有不同的构造样式和沉积充填特征，因此，叠合盆地分析需要识别出每种原型分别进行研究，这样才能客观地揭示不同时期构造演化的继承、改造和变格等具成因联系的复杂关系，合理地解释构造格局和沉积充填样式地差异性。

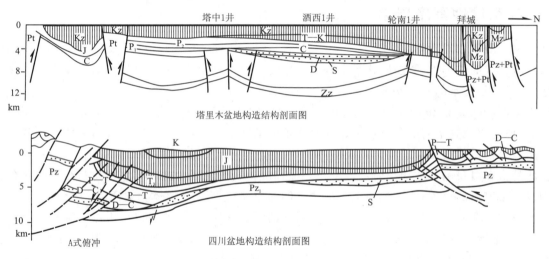

图 1-2 塔里木和四川盆地的结构特征——不同类型盆地的叠合关系（据赵文智等，2002；李德生，2002，改绘）

二、沉积盆地分析发展历史及研究进展

（一）沉积盆地分析发展历史

沉积盆地分析作为地质学中的重要领域，它是地质学家以沉积盆地为对象，在多年研究沉积盆地及相关资源过程中所总结形成的理论和方法体系。从概念的提出到原理和方法系统化，已有数十年历史。追根溯源，沉积盆地分析经历了三个阶段。

1. 盆地分析早期阶段

早在20世纪60年代初，Potter 和 Pettijohn 发表了《古流与盆地分析》专著（1963年初出版，1977年再版），首先提出了盆地分析的整体思想，并强调古水流体系在盆地分析中的重要性。随后，Conybeare（1979）在《沉积盆地岩性地层分析》中详细论述了沉积盆地岩性地层分析及其系统编图方法。

沉积盆地分析的早期发展主要属于沉积学范畴,地质家着重于研究盆地的沉积充填特征和盆地不同演化阶段的古地理重建。

2. 盆地分析综合研究阶段

板块学说的出现,给盆地研究带来了深刻的影响。人们从岩石圈板块的相互作用中重新认识了沉积盆地的成因和演化,使沉积盆地分析这一学科从概念体系到研究内容皆产生了巨大的飞跃。一些学者从板块构造与沉积的相互作用角度提出了新的盆地分类(如:Kingston等,1983;Mitchell和Reading,1986;Klein,1987),使得沉积盆地分析的内容和方法日益体现出沉积学和构造地质学等多学科的综合。

20世纪80年代以来,与之有关的国际会议不断召开,如1982年在加拿大汉密尔敦市召开的第11届国际沉积学大会,将"盆地分析的原理和方法"列为专门的分组。此后,一系列新的著作相继问世,如Maill主编的《沉积盆地分析原理》(1984,1990),Einsele主编的《沉积盆地:演化、相和沉积输入》(1992,2000),Kleinspehn和Paola主编的《盆地分析新进展》(1988),Allen P A和Allen J R主编的《盆地分析原理和应用》(1990,2005),Lerche主编的《盆地分析中的定量方法》(1990)。另外,AAPG(American Association of Petroleum Geologists)也组织编著了各类型盆地的系列专著,包括离散/被动大陆边缘盆地、克拉通内部盆地、活动大陆边缘盆地、前陆盆地和褶皱带、陆内裂谷盆地等(Leighton等,1991;Edwards和Samtogrossi,1990;Landon,1994;Biddle,1991)。

我国学者早在20世纪70年代末和80年代就开始了断陷盆地分析,并形成独具特色的研究思路和方法体系(李思田等,1983),《断陷盆地分析与煤聚积规律》(李思田,1988)是当时这一领域的代表作。同时,许多中国学者在陆相盆地和大型叠合盆地领域也出版了大量有特色的著作(Zhu Xia,1983;李德生,1992;胡见义等,1991;田在艺,1996)。

3. 盆地分析蓬勃发展阶段——盆地动力学研究

20世纪90年代初期提出了沉积盆地动力学的重要学术思想,使盆地研究进一步深化。Dickinson(1993)提出:准静态的(quasistatic)盆地分类应该走向更具动力学意义和更具适应性的分类;盆地研究的集中点应从盆地分类转向盆地形成过程的动力学分析;并指出盆地演化常常是多重作用的联合控制,是多种作用的复杂函数。美国地球动力学委员会(USGC)聘请以Dickinson为首席科学家的专家组编写的《沉积盆地动力学》提出了具有前瞻性的沉积盆地研究纲要(Dickinson等,1997),突出了盆地分析的重大课题应与全球气候变化、流体流动和地球动力学密切结合。该纲要既强调了板块构造和地幔对流系统对盆地形成演化的控制作用,也强调了盆地流体以及盆地中古气候、古环境记录的研究。显然,盆地动力学成为地球动力学研究的重要组成部分,更强调对盆地形成演化中不同演化过程与动力学机制的理解。不难看出,从盆地分析到盆地动力学显示了研究重点从盆地基本要素及静态盆地分析转向盆地的过程和动力机制分析。

(二)沉积盆地分析现状及研究进展

20世纪60年代中期至今,对能源日益增长的需求,新的地质理论特别是板块学说的产生以及研究手段的发展,使得对沉积盆地的研究出现了持续不衰的热潮,从理论到实践都取得了大量成果,这对盆地分析原理和方法的发展无疑是巨大的推动力。特别是近20多年来,许多国际机构开展了多个与盆地分析相关的综合性研究项目。1989年3月,以美国地球科学家为首提出了1990—2020年为期30年的具有科学导向的"大陆动力学"研究计划,其中大型沉积盆地的成因和演化是重要的科学问题之一(许志琴等,2008)。由IUGS(International Union of Geological Sciences)和IUGG(International Union of Geodesy and Geophysics)资助的国际岩石圈计划(International Lithosphere Program,ILP)将沉积盆地成因作为主要研究内容开展了持续20多年的研究,从1990年开始几乎每年召开1次工作会议(Cloetingh,1990;Roure等,2010)。从2005年开始,国际岩石圈计划以沉积盆地为主要研究任务开展全球范围内的研究,来自大西洋、中东、非洲、环太平洋以及南半球的大学及研究机构的学者开展了一系列研讨,如环极地沉积盆地(Kirkwood等,2009)、非洲盆地及其大陆边缘沉降与隆升(Bertotti等,2009)、墨西哥湾及拉丁美洲与环太平洋盆地动力学,以及中东、亚洲、澳大利亚沉积盆地动力学(Roure等,2010)。近年来国际岩石圈计划资助的TOPO-EUROPE计划开展的地球深部与地表过程研究也涉及到大量盆地动力学研究内容(Cloetingh等,2007,2009)。此外,欧洲研究基金会还资助了大量与盆地动力学相关的研究课题,如ESF-Integrated Basin Studies(IBS;Cloetingh等,1995;Mascle等,1998;Durand等,1999)、EUROPROBE GeoRift(Stephenson等,1996;Starostenko等,1999,2004)、ESF-EUROMARGINS等。

近年来,我国实施了"华北克拉通破坏"和"南海深海过程演变"两个重大研究计划,其中盆地动力学分析是这些重大研究计划中的主要内容,相继涌现出一批新的研究成果(如:Gao等,2008;汪品先等,2012;朱伟林等,2012)。

近20多年来,沉积学、海洋地质学、板块构造学以及其他学科的迅速发展,加之新技术和新方法的应用,使盆地研究进入了一个新阶段,即以过程和动力机制为特色的盆地动力学研究阶段,所取得的主要进展和成就大致可概括为以下几个方面。

(1) 深水沉积学发生了飞跃发展。近年来海洋调查及深海油气勘探的深入,揭示了深海沉积作用的复杂性。深水区域不仅堆积了丰富的重力流沉积物,而且还发育了丰富的洋流或等深流沉积物。早期深水沉积仅局限于海底扇研究,即深海粗粒浊流和浊积岩沉积(Kuenen和Migliorini,1957)。起先仅限于砂质沉积,随着20世纪90年代被动大陆边缘(如巴西、墨西哥湾、西非、北海)深海油气的勘探,发现细颗粒浊流沉积构成了海底扇的储集层(Bouma,2000),于是认识到除粗粒浊积岩以外,还有富含泥质的细粒浊积岩发育。近年来,深水沉积区除海底扇沉积外,还发育有大量深水峡谷体系(Harris等,2011)、大型块体流沉积(mass transport deposits,MTDs)以及超密度流(hyperpycnal flow,亦译高密度流)沉积。超密度流是深水重力流沉积的另一重要形式,当入海河水中悬移物浓度达到一定限度就会产生超密度流。山区中小型河口的洪水季节,最容易造成这种超密度流。这种超密度流入海以后,还会造成海底峡谷(submarine canyon),成为向深海输送沉积物的通道(Van Weering等,2007)。此外,洋流或等深流作用是导致深海沉积物产生非重力驱动的搬运和沉积的重要机制之一。等深流是沿大陆坡海底等深线呈水平流动的远洋底流,是一种顺陆坡走向流动的底流,包括温盐环流和风驱环流(Hernandez-Molina等,2011)。等深流是Heezen(1966)在对北大西洋陆隆沉积物研究之后首先提出来的。等深积岩(contourite)随后被提出(Hollister和Heezen,1972)。Stow(2002)提出等深流沉积体系,认为它是海洋环境下和重力流沉积体系一样重要的沉积类型。在现代海洋中,常沿大陆边缘形成大型等深岩丘或等深岩席等一系列与洋流相关的沉积体。

(2) 层序地层学发展迅猛。20世纪90年代,层序地层学的概念和方法逐渐形成完整体系并已成为油气勘探中一种广泛应用的技术。层序地层学的兴起大大提高了对盆地整体的认识,等时地层框架的建立和精细的储层沉积学分析为盆地内部构成研究提供了更为有效的方法。尽管不同学者依据不同的资料,提出了不同的层序地层分析方法,形成了不同的流派(Vail等,1988,1990;Galloway,1989;Johnson等,1995;Cross等,1999),但这些方法在特定的构造背景或沉积盆地都可以很好地应用(Catuneanu,2006)。目前,国际上在此领域已进入高精度层序地层学和地震沉积学分析阶段,前者是以四级、五级层序或高频储层为基本单位的层序地层分析方法,而后者则是一门在地质模型指导下利用地震信息和技术研究有关沉积体的三维构成及其形成过程的学科(曾洪流,1998;Schlager,2000;Eberli等,2004)。地震沉积学可用于精细沉积体系三维几何形态、内部构成分析以及岩性预测,已在河流体系、海底扇研究中取得了广泛的成功,成为继地震地层学、层序地层学之后研究沉积岩及其形成过程的一门新技术方法,并已经显示出在油气勘探开发领域极其巨大的潜力。

(3) 地球表层动力学快速发展深化了对沉积盆地源区剥蚀过程及其深部响应的认识。盆地物源区的剥蚀过程及剥蚀速率研究是沉积盆地分析的重要内容。在盆地物源区研究中,尤其物源区为造山带的情况下,构造-气候-地球表层过程的系统分析成为研究中的关键问题(Molnar,2004;Willett,2010)。地球上起伏不平的山脉反映了构造抬升和剥蚀作用之间最强烈的相互作用,尤其在活动汇聚山链中,山坡的垮塌、河流下切、冲沟的形成及其他灾变事件,这些剥蚀作用控制了岩石圈表层岩石的分解和卸载,进而强烈地影响着变形作用的速率和方式。沉积盆地作为造山带物源区卸载物质的直接堆积场所,物源区的构造和剥蚀演化过程对盆地构造和沉积演化具有重要作用。低温热年代学研究表明,青藏高原新近纪强烈构造活动主要分布在青藏周缘的藏南、西昆仑、阿尔金、藏东及川西等地区,并具有大体同时性,集中表现为大约13—8Ma期间和5Ma以来的两次快速和重大隆升期(Coleman和Hodges,1995;Harrison等,1992;张克信等,2008),这一过程与盆地内快速充填具有很好的耦合关系。

(4)源-汇系统(source-to-sink,简称S2S)研究揭开了盆地沉积充填动力学的新篇章。沉积物从山区剥蚀到河流搬运输送到汇水盆地(湖泊或海洋)经历了一个复杂过程,地表受到侵蚀的沉积物和溶解物质通过一系列相互连接的地貌环境单元,沉积或沉淀在洪积平原、海洋大陆架或深海平原上,这套相互连接的环境单元就构成了源-汇系统。源-汇系统分析就是分析从剥蚀区到沉积区各种外来的和内在的控制沉积物分散的各种因素共同作用导致的这套相互连接的环境单元的动力学过程及其响应机制。源-汇系统是地球系统科学中复杂的组成部分之一。大量的研究证明,源-汇系统分析必需综合考虑沉积物从物源区到沉积区的整个过程,并且与构造和气候等因素紧密联系起来,这样一个过程被定义为沉积物路径系统(sediment routing system)或沉积物路径过程(sediment routing processes)(Cowie等,2008;Montgomery和Stolar,2006;Whittaker等,2007)。早期沉积盆地源-汇系统研究中,往往过于强调对盆地现今构造格架和沉积物的研究,而忽视盆地物源区风化剥蚀过程、沉积物搬运和分配,导致在盆地沉积充填模拟中出现许多不确定性。源-汇系统认为盆地分析不仅需研究物源区和沉积区两个端元,而且还需要强调在地球表层沉积从物源区剥蚀、通过河流等搬运并在盆地沉积三个相互紧密联系的次级过程的研究。因此,一个典型的源-汇系统包括三个次级系统,即剥蚀区域、搬运区域和沉积区域。源-汇系统研究构成了沉积学领域一个新的方向(汪品先,2009),也是美国"MARGINS Program Science Plans 2004"(洋陆边缘科学计划2004)所确定的四个主要研究领域之一(高抒,2005)。该计划提出源-汇系统研究任务包括沉积物和溶解质从源到汇的产出、转换和堆积,物质侵蚀、转换过程的反馈机制,全球变化历史记录和地层层序形成。同样,在欧盟第五框架协议的资助下,欧洲9个国家20多个实验室和研究机构结合InterMARGINS和IODP发起了EUROSTRATAFORM计划。该计划的目的是了解从源到汇的沉积系统,理解和模拟地中海和北大西洋边缘由河流经浅海陆架和峡谷到深海的无机和有机颗粒搬运过程,确定沉积物搬运过程、通道和通量的时空变化特征及其对沉积地层形成的作用和贡献。

(5)大陆边缘盆地动力学成为地球动力学热点。大陆边缘是洋陆两大巨型地质、地貌单元的过渡地带以及地球物质循环交换的主要地区。大陆边缘板块活动剧烈,岩石圈变形强烈,地震活动频繁,汇集了全球90%的沉积物,蕴含了丰富的海洋矿产资源。大陆边缘不仅受到学术界的高度重视,也受到各国政府和产业部门的高度关注。近年来,国际大陆边缘计划(InterMARGINS)和综合大洋钻探计划(IODP)将大陆边缘盆地动力学作为重点研究方向,许多国家和区域组织相继建立了自己的大陆边缘大型科学计划,如欧洲大陆边缘计划(EUOMARGINS)、美国大陆边缘计划(MARGINS)、英国的大陆边缘3D研究、挪威大陆边缘研究网络计划以及澳大利亚大陆边缘计划等。

(6)盆地流体研究成果丰硕。盆地流体活动作为控制盆地中物质演变和能量再分配的主导因素,对层控矿床、油气聚集起到了关键性控制作用,一直是国内外地质学家关注的重点。近年来,盆地流体研究在地质流体的大规模运动与造山带演化的耦合关系、金属-烃类-水-岩石的相互作用(metal-hydrocarbon-water-rock interaction,MHWR)(Giuliani等,2000;Lee等,2000;Gustkiew等,2001;Hulen等,2001)、断裂带流体压力与断裂破裂过程的耦合机制(Cox,1995;Robert等,1995)、超压体系内流体活动规律(Anderson,1996;Xie等,1997,2003)、含油气系统中流体输导网络、盆地流体的四维监探技术等方面均取得了丰硕的成果。

三、沉积盆地分析内容及其研究意义

(一)沉积盆地分析内容

沉积盆地分析的内容就是分析盆地形成及演化过程中的规律性，由此再造盆地的发展史，对其中的各种沉积矿产资源做出合理的预测和评价，其最终的目的是为能源资源及其他沉积和层控矿产的勘探和开发服务。近年来人们对矿产资源的需求量增大和矿床勘查的难度增大，促进了盆地分析中多学科和多种手段的结合，沉积学、大地构造学、地球物理学、地球化学和矿床学等许多学科的进展及其与盆地分析互相渗透，使得盆地分析领域得到突飞猛进的发展。正是源于多学科联合研究和新技术的使用，促使盆地分析领域逐渐拓宽，当今盆地分析进入盆地动力学研究阶段。沉积盆地动力学可以理解为盆地内充填物(包括沉积充填和地层流体)形成过程、演化机制及其控制因素分析，既包括盆地沉积充填、盆地流体形成演化及其控制机制分析，也包括直接控制和明显影响盆地沉积充填和盆地流体的地球内、外动力地质作用及其动力学机制分析。盆地动力学研究内容包括3部分，即以沉积学分析为主的盆地沉积充填动力学、以构造作用分析为主的盆地形成演化动力学和多学科交叉的盆地流体动力学研究。

1. 盆地沉积充填动力学

盆地沉积充填分析就是研究盆地内充填沉积物的内部构成、空间展布及其演变规律。一般而言，盆地充填物分析包括两方面内容：一方面是充填物的成因及其沉积作用过程分析，也就是沉积体系分析的主要内容；另一方面充填物的地层属性分析，强调充填物序列、地层格架及沉积体的空间配置，也就是层序地层分析的主要内容。近年来，层序地层学及精确定年技术提出了建立等时地层格架、确定盆地中沉积体系三维配置的理论与方法，大大推动了沉积充填动力学的研究。构造-地层学、事件地层学、层序地层学和地震沉积学等相关分支学科的密切结合，更好地揭示了各类构造背景下发育的盆地构造格架和层序地层格架，更好地揭示了构造、海平面变化和沉积物补给等各种动力学因素的影响，也为资源勘查和有利储层及矿层预测提供坚实的基础。

2. 盆地形成演化动力学

沉积盆地形成演化分析就是研究沉积盆地形成演化同期和后期变形、反转的动力学机制及其演变过程，包括盆地与板块构造格架和地幔深部过程的动力学关系，盆地发展演化各个阶段的动力学背景、控制因素及其对盆地沉积沉降、能量场等多个方面的影响，盆地后期变形与反转的构造样式及其表现形式。许多沉积盆地的形成演化都是多重机制的联合，在盆地的不同演化阶段其主要控制作用各异，不同的区域地球动力学背景及复杂的板块活动重组事件往往形成复杂的盆地构造样式。

3. 盆地流体动力学

盆地流体是指盆地内任何占据沉积物孔隙、裂隙和在其中流动的流体。沉积盆地作为一个动力学演化的整体，随着盆地形成及不断演化，地层流体形成并随之发生相应的流动，从而构成盆地演化过程中重要的组成部分。盆地流体分析就是试图揭示盆地流体活动以及相关的物理化学作用过程。盆地流体动力学研究可以理解为在沉积盆地范围内，通过对温度场、压力场和化学场等各种物理化学场的综合研究，在流体输导网络的格架下，再现盆地内流体运动过程及其活动规律的多学科综合的研究(解习农等，2006)。地质历史时期沉积盆地的形成和演化经历了一个相当复杂的过程，同样，盆地内流体运动也经历了一个复杂的过程。盆地流体活动是控制盆地中物质演变和能量再分配的主导因素，对各类矿藏的形成、聚集具有关键的控制作用。大型层控金属矿床形成过程中金属元素的活化、迁移和富集与盆地及深部的流体作用有关，油气生成、运移和成藏过程与盆地流体作用等有密切关系，因此，盆地流体分析成为油气勘探和某些层控金属矿床勘探研究的重要手段之一。

(二)沉积盆地研究意义

沉积盆地分析是一项重要的基础地质工作。对沉积盆地的研究不仅具有理论意义,而且具有很大的实际意义。其理论意义表现为:通过对盆地形成演化的分析,可以概括出沉积盆地在时间上和空间上的规律性,这些规律性的揭示和掌握不仅可以深化对盆地的认识,而且为板块构造学和地球动力学研究提供更丰富的依据;其实际意义在于指导能源资源、沉积和层控矿产的寻找、勘探和开发。近30年来,盆地分析已成为能源资源勘探中必不可少的重要方法,并且取得巨大的经济效益。如李四光把沉积盆地作为一定的巨型构造体系的组成部分,研究构造体系对沉积的控制,依此对我国东部的含油气盆地进行了有效的预测;李思田等总结的断陷盆地模式在我国东北部断陷盆地能源普查勘探中取得了明显的经济效益,并展现出广阔的应用前景。

沉积盆地动力学是当今沉积盆地研究领域的主要趋向,其目的在于认识盆地成因,揭示其全部演化历史中的动力学过程。已取得的成就源于资源勘查的驱动,源于多学科联合研究和新技术的使用,同时,应用新理论和新技术重新观察和审视沉积盆地的内部构成将带来资源勘查的更大发展。

1. 地球动力学快速发展大大推动盆地动力学发展

近十多年来,围绕地球动力学的国际重大计划的实施大大深化了盆地动力学的认识,如大陆动力学计划、国际岩石圈计划(ILP)、国际大陆边缘计划(InterMARGINS),还有我国重大研究计划"华北克拉通破坏"、"南海深海过程演变"。这些重大计划的实施,无疑为盆地动力学研究提供了许多相关信息和丰硕成果,特别是深部过程的突破,使得人们能更宏观地从地球动力学角度审视沉积盆地形成与演化的过程。

2. 盆地动力学从定性到定量动力学模拟发展

早期盆地动力学模拟是从盆地的地球物理模型开始的,McKenzie(1978)提出的拉伸盆地纯剪模式定量地探讨了盆地沉降、岩石圈减薄、软流圈上隆以及相应热体制之间的定量动力学关系。随后许多学者进一步提出了拉伸盆地的不同模式。基于地幔对流模型的计算机模拟技术为定量地认识盆地形成演化过程提供了可能性,依据正反演对比和约束的有限元数值模拟技术可以再现盆地形成与演化过程。此外,针对盆地有关参数的定量动力学模拟也取得了巨大的进展,早期的一维模拟针对沉降史、热历史、有机质成熟的排烃研究已在石油界成功地普及,目前的三维模拟系统则重点解决流体的运动和油气运移,由于其难度高,尚处于探索过程。

3. 高精度地球物理技术和方法不断更新

高精度的地球三维成像技术、地震层析成像技术等一系列研究地球内部的地球物理技术不断创新,使得整个地球的内部结构影像分析精确度日益提高。近年利用天然地震和地球环境噪声进行的表面波成像技术为从地表到地幔岩石圈的速度结构以及深部动力学参数反演提供可能。遥感、GIS、GPS等研究地球表层的技术也不断应用于地表形变分析。在盆地分析和油气勘探领域,许多高精度的地球物理技术提供了盆地整体结构的细节,成为研究盆地地层格架和构造格架最必要的基础。近代在油气勘探中最具重要意义的是三维地震及其配套技术,如三维可视化等。目前,三维地震技术已成为正确识别圈闭和储集体的最有力工具。

4. 国民经济对能源需求的快速增长将带动对盆地动力学更深入的理论研究和总结

目前我国油气资源在供求关系方面正面临严峻形势。在寻求多种渠道解决国民经济对能源需求快速增长的同时,最关键和最根本的问题仍然是找寻大型油气田和开拓页岩气、煤层气等新的油气勘探领域。找寻大油气田最关键的是在盆地中识别富生烃凹陷及其所控制的油气系统,没有富生烃凹陷就没有大油气田赖以形成的首要基础,而富生烃凹陷及大型油气系统的形成又有其特有的盆地动力学背景。数十年勘探历程的经验,使人们意识到只有开拓新领域才能找到更多的对可持续发展起支柱作用的大型油气田。显然,盆地动力学对能源资源分布研究具有广阔的应用前景,需要运用当代盆地动力学和油气系统的思路与方法重新认识含油气盆地及其油气系统演化的动力过程,这种研究将是庞大的多学科聚焦的系统工程,并可能对今后长时间内的勘探工作有重要指导意义。

第二节 沉积盆地分析的基本参数

沉积盆地分析中首先遇到的问题是:沉积盆地的基本参数(或基本要素)是什么?如何选取这些基本参数?这些参数要能反映盆地的基本面貌和特征,并且有一定的成因意义,可作为区别盆地的依据。同时,这些参数的选取还能作为研究和描述盆地的纲要,并可作为建立各种盆地模式的要素。李思田等(1988)根据我国东北部断陷盆地分析的实践总结,将盆地分析基本参数概括为六类:盆地的形态参数、沉积参数、构造参数、热过程参数、岩浆活动参数和成矿参数。

一、盆地形态参数

盆地形态参数是指示盆地最直观的轮廓参数,在分析沉积盆地的几何形态时,既要考虑平面形态,又要考虑断面形态。盆地形态往往与盆地存在一定的内在关联性,盆地平面形态往往与盆地成因机制存在某种联系。现存同沉积盆地形态可以直接测得,但对构造盆地的形态则需进行大量的工作,特别是通过沉积相、厚度和指向构造的综合分析才能重建。因此,在研究盆地时应认真研究现存边界的性质,区别侵蚀边界与沉积边界,从而正确地推断同沉积盆地的范围和形态。

1. 盆地平面形态

盆地的形态和大小差别较大,常见有浑圆形(如松辽盆地)、狭长形(如伊通地堑)、菱形(如莺歌海盆地)、三角形(如美国 Ridge 盆地)等。

2. 盆地剖面形态

盆地剖面具有对称的和不对称的、箕状的、碟状的、多米诺骨牌式的、地堑式的、牛头状的等形态。这种分类往往与盆地成因存在一定的内在关联,如中国东部大多数中新生代盆地为箕状盆地,属于裂陷盆地。

3. 盆地规模

盆地面积小者仅几十平方千米,大者可达几千平方千米。按规模大小可划分为:巨型($50 \times 10^4 \sim 100 \times 10^4 km^2$)、大型($10 \times 10^4 \sim 50 \times 10^4 km^2$)、中型($1 \times 10^4 \sim 10 \times 10^4 km^2$)以及小型(小于 $1 \times 10^4 km^2$)。

比如,松辽盆地面积达 $26 \times 10^4 km^2$,塔里木盆地面积达 $22 \times 10^4 km^2$。

二、盆地沉积参数

沉积盆地不是一个简单的几何外形,而是一个被沉积物所充填的地质实体。沉积参数研究常常是盆地分析中最基本的研究内容。沉积参数包括地层格架、盆地充填序列、盆地充填岩性和沉积体系构成、沉积体系空间配置及古水流体系。

1. 地层格架

沉积盆地剖面形态和内部几何形态指示了沉积盆地从初始沉降到逐步扩张,最后萎缩和封闭的全过程。Conybeare(1979)使用地层格架(stratigraphic framework)来特指盆地的内部几何形态。李思田等(1983)进一步完善了这一概念,提出地层格架指构成盆地的岩性地层单元和岩性单元的几何形态及其相互联系。随着地震探测技术的进步及研究的深入,人们对盆地内部沉积构成细节有了更多的了解,有的学者在使用地层格架这一术语时赋予其更为广泛的涵义,即把沉积体系的三维配置也称为地层格架,但李思田主张用成因地层格架(genetic stratigraphic framework)这一术语以示区别。近年来,随着层序地层学被引入盆地分析之中,通常把构成盆地各层序单元(即年代地层单元)的几何形态及其联系称之为层序地层格架(sequence stratigraphic framework)(解习农,1994)。

沉积地层样式按照其内部形态特征可划分为上超式、退覆式和前积式三种基本样式,有些盆地则表现为复合样式。地层格架表现了盆地充填样式,它决定于盆地几何形态和沉积范围的变化、沉积中心的迁移等因素,它最直观地表现了盆地的基本演化模式。对于一些后期改造不强烈的盆地,其地层格架完整地保存着,但对于形变、剥蚀较强的盆地则需通过沉积断面的编制才能更好地恢复和显示。图1-3反映了半地堑式盆地超覆式地层格架模式(李思田,1988)。

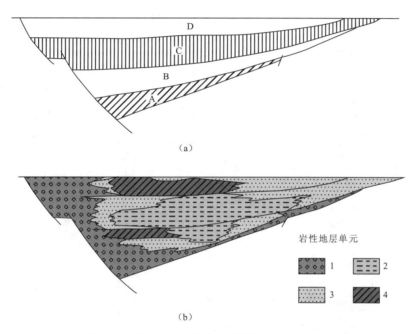

图1-3 半地堑地层格架模式图(据李思田,1988)
(a)按年代地层单元:A—D.年代地层单元。(b)按岩性单元:1.砾岩为主的岩性单元;2.砂岩为主的岩性单元;
3.细屑岩为主的岩性单元;4.互层型岩性单元

盆地地层格架这一术语的提出和广泛使用与地震勘探技术的发展密切相关,精确的地震探测工作取得的地震剖面可以十分清晰地反映地层格架的形态,因为它是地层物性的客观反映,而不受生物地层学上一些难于统一的争论的影响。因此,地层格架的建立为地层划分和对比提供了重要信息。

2. 盆地充填序列

垂向序列研究在沉积学中占有重要地位。沉积学家趋向把垂向沉积序列划分为不同等级,如划分为层序、超层序和盆地充填序列(basin-fill sequence)。盆地充填序列代表盆地发育期的整个垂向沉积序列,这个序列可由若干套沉积组合构成并按一定顺序出现,其中每套沉积组合皆由与其共生关系密切的沉积相组成。

盆地充填序列是盆地演化的历史记录,沉积组合的交替反映了构造演化的阶段性。如我国东北晚中生代断陷盆地的沉积,明显的边缘相和厚度资料证明盆地是单个的。但是位于同一盆地群中的盆地充填序列却有惊人的相似性,相距很远的同期、同类型盆地的充填序列亦基本可以对比,如阜新盆地和相距800余千米的伊敏盆地。这类断陷盆地可概括为一定的充填序列模式(图1-4)。从火山岩基底往上依次为:Ⅰ底部冲洪积段;Ⅱ盆地中心为深水湖相泥岩段,滨湖带为含煤段;Ⅲ湖相泥岩段(湖泊覆盖面积最大的阶段);Ⅳ主含煤段;Ⅴ顶部冲洪积物段(李思田,1988)。有的盆地含煤段和湖相段可出现多次重复;有些盆地中已经证实Ⅱ和Ⅲ的湖相泥岩可成为生油岩。这种现象从盆地构造演化所获的结论中得到了解释,即从开始裂陷成盆到盆地结束充填经历了从张扭体制向压扭体系的转化过程,构造运动体系的变化导致上述序列的产生。

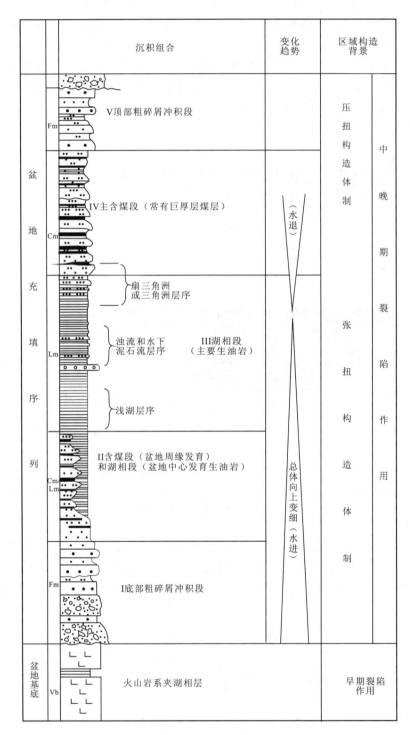

图 1-4　晚中生代断陷盆地充填序列模式(据李思田,1988)

3. 盆地充填岩性和沉积体系构成

沉积物岩性构成直接反映了盆地的沉积条件和背景条件,前者包括沉积区古地理(水深、水动力条件)和沉积物供给条件,后者包括距剥蚀区的远近、侵蚀区的物性和抗风化能力及隆起与沉降相对运动的速率。

沉积体系是现代沉积学最重要的概念之一，有关的理论和方法最早起源于美国学者对海湾等盆地的研究。沉积体系是一种三维成因岩性地层单元，是盆地沉积的基本建造组合。因此，沉积体系的识别是盆地沉积充填演化分析的基础。本书第二章将详细介绍沉积体系分析方法。

4. 沉积体系空间配置

盆地内沉积体系空间配置反映其整体的古地理面貌，由于它直接决定着沉积矿产聚集的有利部位，因此是盆地分析的中心问题。每种类型盆地的沉积体系空间配置都有一定的特色，这决定于不同类型盆地的构造格架、几何形态、沉积区和剥蚀区的构造运动。沉积体系空间配置不是一成不变的，它随着时间发生演化，因此需要分期编制一整套的古环境图才能反映不断变化的古地理面貌。许多学者注意到盆地中沉积相分布的规律性，以半地堑型断陷盆地为例，无论内陆或近海条件，在控制性盆缘断裂一侧均发育有扇带，且当盆地中心发育湖或海湾时，扇体可能过渡到扇三角洲，而在无盆缘断裂的一侧由于古坡度平缓则形成河流三角洲(图1-5)；我国地台区与陆表海有关的大型坳陷盆地，如华北地台的太原组、扬子地台的上二叠统，其形成环境从盆地边界开始，依次出现冲积平原、三角洲—障壁沙坝和海湾环境，然后过渡到形成碳酸盐岩的浅水环境。但上述两个区域中各种沉积体系的分布宽度各不相同，这取决于不同构造背景。

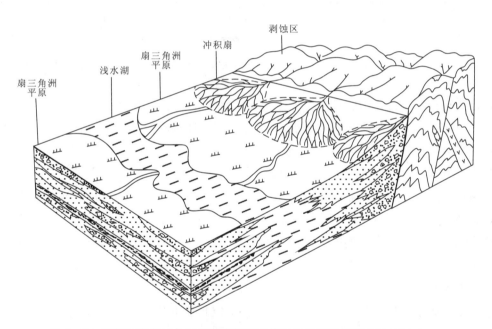

图1-5 浅湖周缘扇三角洲和湖滨带沉积体系的空间配置图(据李思田，1988)

5. 古水流体系

在重建盆地古地理的工作中，Potter和Pottijohn特别强调古水流体系研究的重要性，并指出其具有"骨架"意义。古水流体系可根据碎屑颗粒的分散类型和指向构造等方面的编图来加以显示(图1-6)(Potter和Pottijohn，1977)。

三、盆地流体参数

盆地流体总是随着盆地形成演化而发生变化，这些流体参数同样也发生相应的变化。

1. 盆地流体组分及水型

盆地流体包括原生沉积水、成岩水等内部流体以及来自天水和深部流体流入盆地的外部流体，盆地

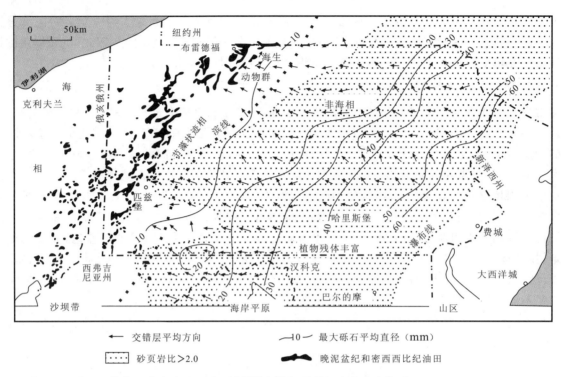

图 1-6　中阿巴拉契亚宾夕法尼亚系亚波科诺组的沉积骨架和古水流体系（据 Potter 和 Pettijohn，1977）

流体成分在盆地形成演化过程中明显随着流体活动以及水-岩相互作用发生改变。因此，不同流体组分及水型指示了特定的流体系统的封闭性及水-岩作用方式。如重碳酸钠型水代表大陆环境的地层水，氯化钙型水代表深层封闭环境的地层水。

2. 流体压力系统

盆地流体压力系统是驱动盆地流体流动的最主要机制，按照流体压力系数的变化划分为：异常低压（压力系数<0.8）、低压（0.8～0.9）、常压（0.9～1.1）、弱超压（1.1～1.3）、超压（1.3～1.8）、强超压（>1.8）。流体系统封闭与否决定了流体组分及流体压力的变化，它们不是一成不变的，而总是随着盆地形成演化不断变化。

3. 古水文体制

沉积盆地水文体制表征地下水文动力单元性质，是控制地下流体活动的关键要素。沉积盆地水文体制决定了盆内流体输导网络及其流动样式，它受控于盆地构造格架、地层格架及其岩性构成，而这些参数均随着盆地发育演化阶段而发生变化。

四、盆地构造参数

盆地构造分析是盆地分析中又一关键性研究内容。盆地分析中构造参数主要包括盆地构造单元、构造运动面、沉降史及区域地层厚度分布、盆地构造格架。

1. 盆地内部的构造单元

盆地是最大一级的负向构造单元，与它相对应的是造山带、褶皱带。在盆地中基底是高低起伏的，因此，又划分了负向构造单元和正向构造单元。坳陷（depression）、凹陷（sag）和洼陷（sub-sag）是一套表示盆地内部不同级别负向构造单元的描述术语，与它们相对应的不同级别的正向单元是隆起（uplift）、凸起（high）和突起（rise）。

坳陷和凹陷都是盆地内的一级构造单元,坳陷的级别要比凹陷高一点。坳陷属于一级构造单元,是盆地基地埋藏最深的区域,沉积盖层发育齐全,厚度大,岩相相对稳定,如渤海湾盆地济阳坳陷。与坳陷相对应的是隆起,隆起区的基岩相对隆起、埋藏较浅、沉积较薄、缺失地层较多。凹陷是盆地的亚一级构造单元,在断块作用分隔强烈的多凸多凹盆地中常需要进一步分为凹陷及其对应的凸起或更次级洼陷等正向和负向断块单位,如济阳坳陷东营凹陷,东营凹陷的博兴洼陷等。凹陷一般介于坳陷、隆起等一级构造单元与长垣、背斜带等二级构造单元之间,常在某些地质构造较复杂的大型含油气盆地内划分。常见的术语断陷属于凹陷的一种类型,指断块构造中的沉降地块,又称地堑或半地堑盆地,它的外形受断层线控制,多呈狭长条状;在坳陷(或凹陷)与隆起(或凸起)之间为斜坡构造单元,斜坡是指基底由中心向边缘升起的地带。在许多小型盆地中,基岩的起伏没有那么多次级,一般不必分隆起和坳陷,只分出凸起、凹陷和斜坡就足够了。坳陷或凹陷是生油的有利区,其存在是勘探的先决条件。同一盆地内各坳陷和凹陷都是一个独立的勘探区,尤其是断陷区更是如此。由负向单元向正向单元过渡中常形成超覆、退覆和尖灭及其有关的地层圈闭。

盆地内二级构造带是由位置相邻的、有一定成因联系的三级构造所组成,二级构造带常是一个复式油气聚集带,对油气具有控制作用,一个二级构造带不仅有构造圈闭,而且还有不同的地层、岩性圈闭。二级构造带种类很多,大体可归纳为盖层二级构造带和基岩潜山构造带。两者常有密切关系,如下有潜山,其上多有披覆构造。在盖层二级构造带中有三种类型:背斜型、断裂型和单斜型。有许多二级带属于上述三类的复合型。

2. 古构造运动面

古构造运动面代表盆地的基底面或盆地萎缩阶段古风化剥蚀面,通常代表一定规模的构造运动中所形成的不整合面。这种界面与区域构造事件吻合,即区域性不整合面。这种古构造面不仅在同一沉积盆地内等时普遍发育,而且在相同应力场作用下的同期盆地也普遍发育,因而具有较好的可比性。

3. 沉降史及区域地层厚度分布

沉降史指示盆地升降的历史和垂向演化的阶段性。区域地层厚度分布则反映盆地内各阶段的差异沉降。这种差异性指示了盆地内不同构造区块的升降的差异性和同生构造的分布特征。需要指出的是,地层厚度的分析中必须要进行古水深校正和剥蚀厚度的恢复。

4. 盆地构造格架

Conybeare(1978)将沉积盆地的构造格架定义为盆地基底构造的性质和配置。李思田等(1983)认为盆地构造格架应包括成盆期再活动的先存构造和盆地演化过程中新生的构造。在断陷盆地中构造格架的主要成分是控制性盆缘断裂和盆内基底中的断裂网络,后者把基底分割成一系列小断块,在盆地演化过程中显示了明显的运动差异性(图1-7)。坳陷盆地的基底主要显示连续变形,因而构造格架组成由一系列有一定方向和排列样式的隆起、坳陷组成,也常包括部分断裂。在坳陷盆地的基底上也愈来愈多地发现了对沉积有影响的断裂,但这些断裂并不切穿盆地的充填物,而表现为深部块断状、浅部波状的形态。如晚三叠世扬子盆地的古构造格架,盆地内部主要为北东向的大型隆起、坳陷(川西坳陷、贞丰坳陷及其间的隆起区),昆明以西则出现南北向和北西向构造。除上述隆起、坳陷外,存在于四川西南部到云南东部的经向断裂组,盆地边缘北东、东西和北西向的隆起带控制了盆地轮廓,在研究盆地构造格架时亦应考虑在内。沉积盆地的构造格架是区域大地构造格架的组成部分,在进行背景分析时应将二者联系起来考虑。

五、盆地热史参数

沉积盆地地温场及热演化史包括表征区域热演化史参数和局部热异常参数,前者包括地温梯度、地温场变化以及热演化历史。

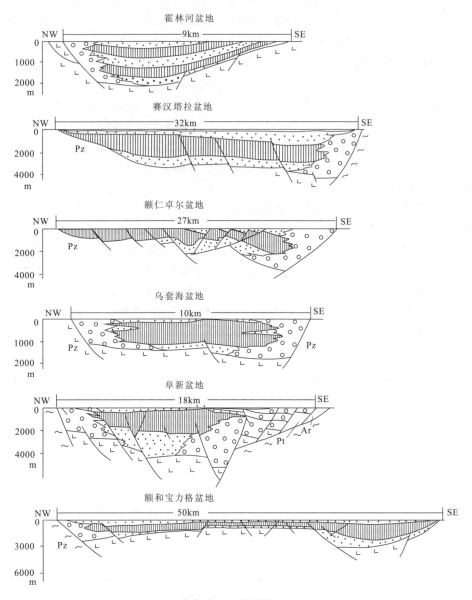

图 1-7 晚中生代断陷盆地的构造样式(据李思田,1988)

1. 区域热演化史参数

盆地热演化史不仅对油气的成熟和破坏、煤化程度、沉积矿产以及层控金属矿床的成矿均有重要的控制作用,而且对其围岩的成岩、后生变化以及变质都有着控制作用。比如:生油生气过程均受控于热演化过程;与油窗的概念相似,层控金属矿床也存在着"成矿温度窗",成矿元素的活化以及含矿热水形成迁移和沉淀都有一定的温度条件。

盆地地温场包括对现今温度场特征的研究和对古地温场演化史的恢复。沉积盆地内现今温度参数可通过对地层温度的直接测量获得,如钻井直接测试(包括钻井中途测试 DST、重复地层测试 RFT 等)和地表热流值测量。古地温场演化史需要靠一系列的"地质温度计"参数来恢复热历史,包括煤、石油、天然气和岩石中的分散有机物的热演化程度参数;对温度变化较为敏感的矿物的变质程度,特别是黏土矿物的变化;矿物包体测温和微体古生物标志,如孢粉和牙形刺的颜色变化、孢粉的荧光性等。但迄今为止研究程度最高的古地温标志仍然是镜煤反射率。金属成矿作用研究中也开始使用矿体中的有机质包裹体的热演化程度判断成矿温度。此外,通过盆地埋藏历史(包括沉降、沉积和抬升作用)分析或计算

2. 岩浆活动参数

岩浆活动参数包括火山喷发活动参数和岩浆侵入活动参数(李思田等,1989)。火山喷发岩及其再沉积产物是许多盆地充填物中的重要组成部分,并与成矿作用有密切关系,特别是海底的火山喷发活动与许多重要金属矿床如铜、锰、金的成矿作用有关。火山岩的类型、组合及其岩石化学特征又是盆地形成的板块构造背景的重要标志。盆地充填同期和充填期后产生的侵入体不仅导致了内生成矿作用,而且与能源资源的演化也有密切关系。煤和油气的热演化主要受控于深成变质作用,即与沉降史有关,其次是局部的岩浆热变质作用导致了有机质热演化异常。对于煤和油气资源来说,岩体的侵入可以造成破坏,但在一定条件下可以起有利作用,如华北地区石炭纪—二叠纪优质无烟煤带的形成、中生代褐煤盆地群中烟煤区的出现(如伊敏盆地)都证实侵入体起了积极作用(李思田等,1989)。

六、盆地成矿参数

不同的矿床类型和成矿序列各有其特定的成矿参数,既包括矿石的物质成分和性质参数,也包括矿体形态和分布特征参数。这些参数依矿种的矿床类型而变化。

第三节 盆地分析思路与方法

一、沉积盆地分析思路

沉积盆地分析是为能源及其他沉积和层控矿产的勘查而进行的战略性研究。沉积盆地分析的实用性及其在找矿中的有效性,促进了这一学科的蓬勃发展,同时促进了其与多学科、多种手段的结合,包括与沉积学、大地构造学、地球物理学、地球化学、矿床学等多学科的相互渗透和结合,使沉积盆地分析逐渐形成完整的理论和方法体系。盆地分析实际上是一项复杂的系统工程研究。李思田教授等结合多年从事能源盆地分析的实践经验将盆地分析的基本思路概括为四个方面:整体分析、背景分析、演化分析和联系分析(李思田等,1983,1988)。在研究过程中这四个方面相互联系,构成一个较为完整的研究思路。

1. 整体分析

早在20世纪60年代早期,Potter和Pettijohn(1963)首先提出了把盆地作为一个整体进行研究的思路。整体分析着眼于整个盆地,就是把沉积盆地作为一个成因上统一的地质体。整体分析的涵义包括从整个沉积盆地范围和整个充填演化序列来进行分析。事实上,如果不重建整个沉积盆地的轮廓,确定原始沉积边界,弄清盆地完整充填序列和整体古地理环境,局部的环境研究有时会得出片面的乃至错误的结论。整体分析则便于客观地掌握盆地发生和发展过程中各系统的相互联系和规律性,其实际的目的是更有效地确定沉积矿产及能源资源在盆地中的分布规律。鉴于目前盆地这一术语通常指现今保存下来的实体,即经过后期形变与剥蚀保留下来的部分,与原来的沉积范围相比较,有时二者相近,有时则相差甚远,因此,整体分析应指整个同沉积盆地的重建。

2. 背景分析

沉积盆地的形成演化脱离不开形成背景。背景分析就是从大区域的地质背景范围研究和分析盆地发育演化,使单个盆地研究与更高级别的控制因素联系起来。沉积盆地的背景分析包括:①大地构造背景;②古气候;③全球性海平面变化;④盆地在大的古地理格局中的部位;⑤盆地周围源区的岩性、地球化学特征;⑥其他全球事件,如缺氧事件。上述六个方面显然对沉积盆地充填、构造和成矿有重要影响,而这些问题的研究都超出盆地自身的范围,属于盆地演化的宏观背景。

大地构造是背景分析的首要内容,盆地类型和特征主要取决于盆地形成的大地构造条件,它决定成盆基底地壳的类型和性质、与板块边界关系、动力学背景和成盆期发生的深部过程。我国绝大部分含油气盆地和含煤盆地发育于陆壳基底,因此,如果不对大陆构造进行深入划分和研究,将不能阐明多种类型盆地的成因。在不同部位发育的盆地,如我国晚古生代和中、新生代许多盆地在性质上有较大差异。大型盆地基底常有古老的地块和微地块为依托,如四川、鄂尔多斯和准噶尔盆地。基底地壳的性质特别是先存断裂网络的分布对盆地形成演化有显著的控制作用,如裂谷和坳拉槽盆地几乎都是沿先存断裂网络发育的。盆地与板块边界的距离和板块边界的性质决定着盆地演化的地球动力学背景,即离散的、聚合的或走滑的背景。

古气候变化在盆地充填物中有明显反映,并对成矿条件有重要的控制作用,这种变化既可能起因于全球气候改变,也可能起因于板块的漂移改变了盆地与气候带的关系。因此,古地磁场的系统研究也在许多盆地中进行。

海平面变化对盆地中沉积体系域的面貌有重要的控制作用。这种变化可能是区域性构造运动的影响,也可能是全球性海平面周期性变化的结果。

盆地周围物源区特征包括岩石类型的研究和地球化学特征的研究。许多金属矿成矿与源区有用元素的丰度有关,可间接地根据基底岩石类型进行矿床预测,如沉积金矿与源区角闪岩和绿片岩带分布密切相关。煤中有用元素的富集,如陆相煤盆地中高硫煤的出现亦都取决于源区岩性。在含油气盆地分析中,石油地质工作者注意到储层物性与源区岩性存在密切关系。

盆地在大的古地理格局中的位置,特别是与海岸线的距离和成盆区的古海拔标高,决定着盆地属于内陆、近海或海陆交替的总体充填面貌。一些中小型盆地中的充填面貌还取决于与古水系的关系,完全相同的断陷盆地有大的水系注入者形成了补偿条件,并形成以洪水沉积物为主;反之则由于缺少充分的碎屑输入而形成欠补偿盆地,发育了深水湖盆,这两种情况在云南东部新生代断陷湖盆群中都可见到。

盆地中的一些特殊的沉积环境有时与全球性事件有关,如许多研究者所注意的全球性缺氧事件与黑色页岩的关系。

3. 演化分析

沉积盆地的形成、发展到消亡是一个历史的过程,演化分析就是对整个盆地的发展历史的研究,包括沉积史、构造史、热演化史和成矿演化史等。对盆地的深入研究,特别是根据能源勘探所获取的丰富资料,使人们认识到沉积盆地的复杂性。盆地从其初始下沉到结束充填的漫长过程中其各项参数都在发展变化,这种变化可以划分出一系列阶段,因此需要以演化、发展的观点研究盆地的历史,或者说需要按照发展阶段分期、分层次地对盆地进行研究。

4. 联系分析

联系分析一方面强调沉积和构造研究的紧密结合。沉积和构造研究是盆地分析的两项基本内容,盆地分析中强调学科的综合分析外,最重要的是古环境和古构造的结合分析。盆地分析从其发展的早期就是以重现整个盆地的古地理面貌为目标的,环境分析和相模式的研究是沉积学近代发展中取得重大成就的领域之一,这些成就为盆地整体古地理面貌的重建和沉积作用过程的恢复提供了较为成熟的理论和方法。沉积盆地形成演化的全部阶段中,构造因素是一个起主导作用的因素,事实上,沉积盆地的全部充填过程都离不开基底的沉降运动和沉积物源区的上升运动。同沉积构造运动的类型、方向、幅度和速度等诸方面特征决定着盆地充填的面貌。因此在沉积盆地分析中,人们对同生构造的研究日益关注和重视。在许多沉积盆地中还发现基底先成的构造网络在上覆地层堆积过程中再活动,从而控制了盆地充填的演化。有些在盆地形成发展中新生的构造也常常追踪和利用基底古构造的成分。因此,研究沉积建造与基底古构造和同生构造的关系成为盆地分析的重要内容,而构造地质学领域的成就也将更多地用于盆地分析。大量的实践表明,沉积盆地成矿特征不是单一因素控制的,只有把沉积环境研究和古构造研究结合起来才能有效地进行成矿规律预测。

联系分析另一方面强调物源区剥蚀过程与沉积区沉积作用的紧密结合,也就是源-汇系统分析的思路。物源区热构造事件及隆升剥蚀过程与沉积区沉积充填过程两者之间并非孤立的事件,它们之间通过沉积物路径系统建立起必然的耦合关系。如青藏高原快速隆升和高剥蚀速率与南海快速沉积速率就存在很好的耦合关系(Clift,2006)。

二、沉积盆地分析主要方法

盆地分析是一项复杂的系统工程,既包括常规的地质基础工作,如基本的生物地层、沉积、构造、岩浆活动等方面的工作方法,又包括新技术和新手段的应用。

1. 宏观和微观沉积特征分析方法

盆地沉积特征的识别是盆地分析最直观的证据,宏观分析包括对地表露头和钻孔岩芯的最基本的沉积特征描述,包括成因标志识别、垂向序列、沉积体系空间配置、古流向和分布样式等。

(1)成因标志及垂向序列分析:露头剖面和钻孔岩芯的详细描述是沉积环境分析的基础。沉积物成因标志识别是沉积岩描述的最基本内容,岩石学标志、沉积构造标志、生物学标志、地球化学标志是判断沉积物成因及其沉积作用过程的基础。在此基础上构建垂向序列,垂向序列研究要求客观、详细地描述岩石成因标志在垂向的变化,详细划分作用成因单元,确定沉积相的组合和交替规律,并进行沉积过程分析。

(2)沉积体系空间配置分析:同样的一种沉积构造或沉积组合可出现在不同环境之中,只有弄清相邻的沉积相的共生组合关系才能把握住总体背景。为此需特别注意不同沉积相在横向上的过渡关系。其有效的分析方法包括:野外沉积体的三维追索,利用密集钻孔控制或利用地震相特征进行详细沉积断面图的编绘。

(3)古流向和分布样式分析:指向构造的系统测定对正确识别沉积环境有重要作用。每种沉积体系都有其特有的古流向分布样式,如冲积扇的古流向分布是放射状的,河流沉积指向构造图有一个明显的优势方向。指向构造和砂分散体系研究的结合,是重建古水流体系、揭示沉积格架的简易而有效的途径(Potter 和 Pettijohn,1977)。

(4)微观沉积特征分析:借助于显微镜和其他方法,如常规薄片分析、铸体薄片分析、阴极发光技术、粒度分析、重矿物分析、X 衍射、SEM 技术对岩石或矿物进行微观研究,以提供沉积体系分析证据。其具体研究内容主要包括:碎屑成分、自生矿物和特殊岩石类型、碎屑结构特征(包括粒径大小、排列、分选、磨圆、基质性质及含量等)、生物碎屑成分及结构特征。

2. 地球物理测井分析方法

盆地分析工作中应用地球物理测井曲线解释沉积环境已经成为必不可少的手段。基于岩石和矿物具有不同的物理特性,如导电特性、声波特性、放射性等,相应地建立了许多种对应的地球物理测井方法,如电法测井、声波测井、放射性测井、气测井等。这些方法可以用来确定井剖面的岩石性质;评价油(气)、水层,发现煤、金属、放射性等矿藏,并确定其埋藏深度及有效厚度;测量计算储量所需要的各种地质参数,如岩性成分、孔隙度、饱和度、渗透率等;确定地层倾角、岩层走向和方位,以及钻孔倾角和方位角,研究沉积环境等。

目前用于解释沉积环境和岩石物性的测井方法有电阻率测井、自然电位测井、声波测井、自然伽马测井、自然伽马能谱测井、密度和岩性-密度测井等。此外倾角测井可提供古流向信息。

测井曲线最重要的功效在于岩性解释,为编制砂体图和其他等岩性图提供基础数据。这对于了解无岩芯或取芯率低的钻孔,以及过去编录质量过差、岩芯颠倒而不能正确判明砂岩层粒序的钻孔无疑十分重要。通常采用测井相(又名电相)来评价或解释沉积相。测井相是由法国地质学家 Serra 于 1979 年提出来的,他认为测井相是"表征地层特征,并且可以使该地层与其他地层区别开来的一组测井响应特征集"。也就是从测井资料中提取与岩相有关的地质信息,并将测井曲线划分为若干个不同特点的小单元,经与岩芯资料详细对比,明确各单元所反映的岩相。在一个地区建立了测井相后,可以利用测井曲线解释钻井的岩性柱状图。

测井曲线用于环境分析的最主要方面是帮助进行垂向序列分析和成因地层对比,依据测井曲线要素,如曲线的幅度、形态、圆滑程度、接触关系和包络线特征等,能很好地反映岩石物性和垂向上变化规律。单层或总体粒度变化趋势可以很好地从曲线上了解,例如根据峰值变化曲线形态识别总体向上变粗的粒序和总体向上变细的粒序。垂向上岩性的突变处在测井曲线上极为明显,如一个砂岩层的曲线特征表现为底部突变,则常常是冲刷面的反映,此种情况经常见于河道或其他水道的底部(图1-8)。

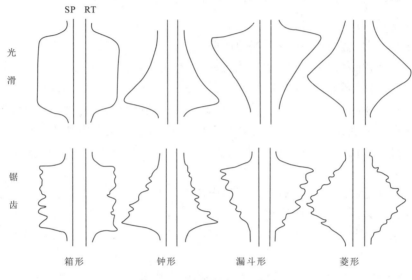

图 1-8 测井曲线形状分类
SP:自然电位曲线;RT:电阻率曲线

应用测井曲线确定沉积环境还必须与地质研究相结合,即与详细地质研究所确定的各种沉积体系的垂向序列相结合,以建立各种环境曲线的标形特征,如图1-9所示。由于同一种曲线形态可能出现于不同沉积环境中,因此只能在一定限度上做出解释,例如一个具底部突变的圣诞树型曲线通常代表一种水道,但它可以是河流体系的河道、三角洲体系的分流河道以及冲积扇体系的扇面水道等,因此应用测井曲线时必须考虑其垂向和横向上的变化。

3. 应用地震探测和其他物探方法

盆地分析中使用的地球物理方法主要有重力法(重力勘探)、磁力法(磁法勘探)、电磁法(电磁法勘探)、地震法(地震勘探)等。根据它们各自方法不同的特点、勘探解释精度要求、勘探条件难易以及成本等因素,应用于盆地分析和油气勘探的不同阶段。一般而言,重力法、磁力法、电磁法用于盆地分析和油气普查阶段,此阶段同时也会应用部分二维地震法勘探,可以获取有关盆地基底起伏形态、基底构造网络特征和区域性控盆断裂的位置及盆地内部断裂构造的信息;在盆地精细分析或油气详查阶段,目前较为广泛应用的是三维地震勘探或高分辨率地震法勘探,可以获取有关地层格架、构造格架信息,建立盆地不同层次地层对比框架,同时还可以解析沉积体系内部构成,提供沉积体储层物性等多方面的信息。像其他物探资料的应用一样,地震成果的分析需要与钻孔验证、地面地质调查充分结合,才能做出更好的解释。

地震勘探是盆地分析中使用最为广泛的方法之一。特别是三维地震技术的推广,大大提高了三维地震技术解决地质问题的能力,全三维可视化解释将使三维地震信息得到更充分的利用。该项技术的应用,将使地震勘探技术从构造勘探真正走向岩性勘探,走向直接找油找气。

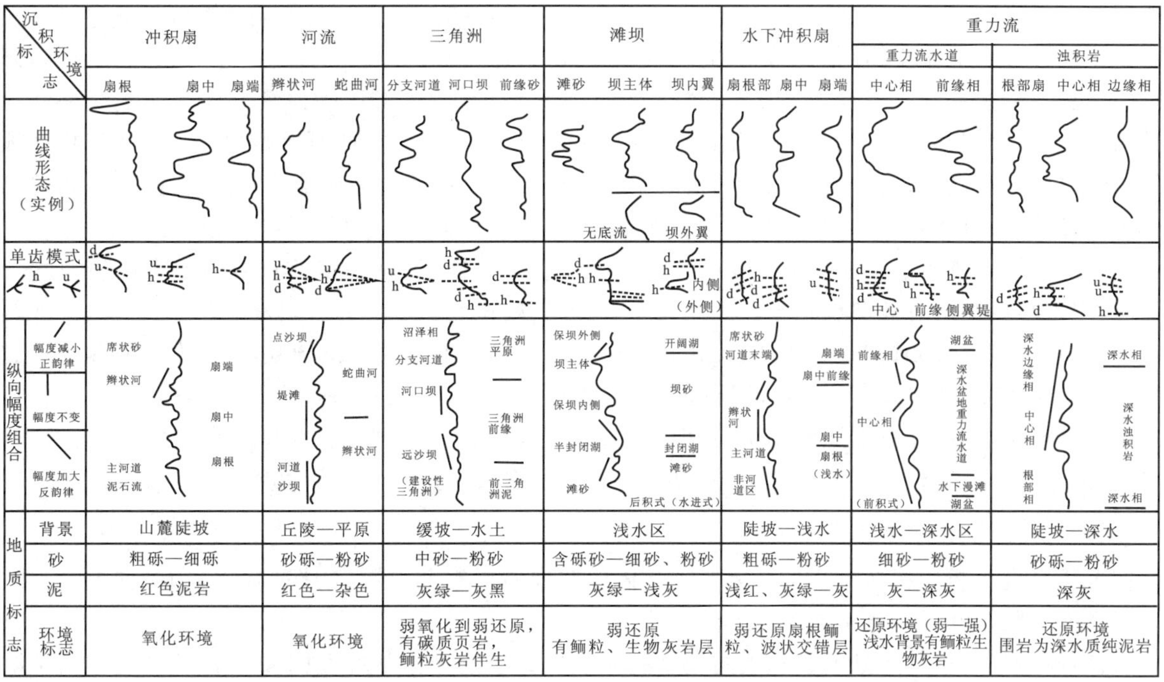

沉积环境 标志	冲积扇			河流		三角洲			滩坝			水下冲积扇			重力流				
															重力流水道		浊积岩		
	扇根	扇中	扇端	辫状河	蛇曲河	分支河道	河口坝	前缘砂	滩砂	坝主体	坝内翼	扇根部	扇中	扇端	中心相	前缘相	根部扇	中心相	边缘相
曲线形态（实例）	(curves)								无底流		坝外翼								
单齿模式	(tooth patterns with u/d/h labels across all columns)																		
纵向幅度组合	幅度减小 正韵律	席状砂 辫状河	扇端	点沙坝 堤滩 蛇曲河 河道		沼泽相 分支河道 堤滩 远沙坝 河道沙坝 （建设性三角洲）	三角洲平原 三角洲前缘 三角洲前缘泥		保坝外侧 坝主体 保坝内侧 滩砂	开阔湖 坝砂 半封闭湖 封闭湖		席状砂 河道末端 辫状主河道 非河道区	扇端 扇中前缘 扇中 主河道		湖盆 中心 前缘 主河道	前缘相 深水盆地重力流水道 中心相 根部相 水下漫滩湖盆 （前积式）		深水相 深水边缘相 中心相 根部相 深水相		
	幅度不变																		
	幅度加大 反韵律	扇中 扇根 主河道 泥石流		辫状河															
地质标志	背景	山麓陡坡			丘陵—平原		缓坡—水土			浅水区			陡坡—浅水			浅水—深水区		陡坡—深水		
	砂	粗砾—细砾			砂砾—粉砂		中砂—粉砂			含砾砂—细砂			粗砾—粉砂			细砂—粉砂		砂砾—粉砂		
	泥	红色泥岩			红色—杂色		灰绿—灰黑			灰绿—浅灰			浅红、灰绿—灰			灰—深灰		深灰		
	环境标志	氧化环境			氧化环境		弱氧化到弱还原，有碳质页岩，鲕粒灰岩伴生			弱还原 有鲕粒、生物灰岩层			弱还原扇根鲕粒、波状交错层			还原环境（弱—强） 浅水背景鲕粒生物灰岩		还原环境 围岩为深水质纯泥岩		

图 1-9 各类沉积环境的测井曲线形态组合示意图（据蔡希源，2003）

（1）构建地层格架：由于沉积盆地的岩性地层单位有明显的物性差异，因此在地震时间剖面上可看到一系列清晰的反射界面，根据这些界面可勾绘出盆地内部几何形态——地层格架的轮廓。通过井-震标定方式对地震反射层所对应的地质层位进行标定，建立起地震反射与地质分层之间的对应关系，再结合古生物、古地磁及放射性年龄等资料，便可确定其年代地层格架。

（2）精细的构造解释：构造解释的主要内容包括剖面解释、空间解释、综合解释三大部分。剖面解释是构造解释的基础，主要任务是在时间剖面上确定断层、构造、不整合面和地质异常体等地质现象。同时，剖面解释还需要把时间剖面转换成深度剖面，为局部构造和区域构造发展史研究提供基础性资料，包括基干测线对比、全区测线对比、复杂剖面解释。空间解释主要是指断层的平面组合、构造等值线的勾绘、等深度构造图和地层等厚度图的制作等，即要把各条剖面上所确定的地质现象在平面上统一起来，这样才能较全面地反映地下构造的真实形态，也是构造解释的最终成果。综合解释是在剖面解释和空间解释的基础上，结合地质、其他地球物理资料，进行综合分析对比，对沉积盆地的性质、沉积特征、构造展布规律、油气富集规律作出综合评价和有利区块的预测。近年来，随着三维地震技术的应用，全三维可视化解释大大提高了构造解释的精度。例如应用相干数据体解释断层，使断层解释从二维剖面断点解释进步成三维切片的断层解释，提高了断层解释的可靠性。

（3）地震相及沉积体系分析：利用地震反射特征或地震相进行沉积体系分析是常用方法之一。地震相是由特定地震反射参数所限定的三维空间中的地震反射单元，它是特定沉积相或地质体的地震响应。地震相参数是识别地震相的标志。在区域地震相分析中，最常用的标志包括内部反射结构、外部几何形态、连续性、振幅、频率、层速度等。依据地震剖面上具有各自特殊的地震属性和地震相特征，可以建立起对应于各种沉积体系的地震相样式。无论是应用传统的地震相分析方法还是定量地震相分析方法，由于地震资料本身固有的多解性，对地震相解释需要结合其他的资料，比如测井资料、取芯资料、地球物理处理资料等。除此之外，还需要从地震相的空间配置上分析和解释，以减少地震相的多解性。

（4）沉积体精细刻画及岩性预测：地震属性（seismic attribute）和地震反演技术是沉积体精细刻画

及岩性预测中最为有效的方法。地震属性是指那些由叠前或叠后地震数据,经过数学变换而导出的表征地震波几何形态、运动学特征、动力学特征以及各种统计特征的一些参数。从地震数据体中能够提取的地震特征参数有振幅类、频率类、相关类、极性、阻抗(或速度)等,每一类又包含多种参数。目前,研究人员尚无法找到全部地震属性与岩石地质特征间一一对应的关系。但是,大量油气勘探实践和经验的统计结果表明:储层性质与地震属性之间确实存在某种统计相关性,因此可以根据相关属性来描述地质特征,确定岩性组合类型或圈定沉积体的空间展布特征。地震反演是利用地表观测的地震资料,以已知地质规律和钻井、测井资料为约束,对地下岩层空间结构和物理性质进行反推、成像的过程。地震反演技术的目的是用地震反射资料反推地下的波阻抗或速度的分布,通常用多参数岩性地震反演技术估算地下储层参数,并进行有效储层预测和油藏描述,为油气勘探提供可靠的基础资料。在目前的商业软件中,Jason软件中的InverMod模块和Hampson-Russel软件中的Emerge模块都提供了多参数地震反演算法。InverMod多参数岩性地震反演是综合地质、地震、测井、钻井、岩芯、录井、野外露头等各类信息求得的储层参数,建立三维属性模型,根据地震资料反演出声波、密度、电阻率、自然电位、自然伽马、孔隙度、渗透率、含油饱和度、泥质含量等各种地质信息,有效地进行储层的预测和描述。

4. 盆地构造分析方法

在沉积盆地分析中构造分析十分重要。具体包括地质观察和填图、物探、航片与卫星照片判释、构造岩石学以及数学和物理模拟等多种方法。

(1)对构造形迹进行野外观察和填图。李四光地质力学的若干基本原则和经验可广泛应用于沉积盆地分析中,包括确定构造形迹的力学性质(挤压、引张、张扭、压扭)和几何形态;构造形迹的级别和序次;构造形迹力学性质的转化,特别是结构面上遗留下来的多次形变的痕迹;分清构造变形的形成时期并分别配套。

(2)应用航空照片和卫星照片对盆地及邻近地区构造进行全面判释。特别是控制性断裂网络的研究。

(3)应用反射地震剖面资料进行构造样式解译,编制各种构造剖面图和平面图,查明盆地的构造样式,特别是控制性盆缘断裂和基底中有同沉积活动的断裂位置和形态。在解释深部断裂网络时航磁资料亦有很好的效果。

(4)进行构造岩采样和实验室研究。

(5)进行物理模拟和有限元分析,论证地质观察统计资料的合理性。这些物理和数学模拟工作都是以盆地整体为对象,并考虑了应力场转化,进行了不同构造体制下盆地古构造应力场的模拟。

在盆地构造研究内容上,要特别强调下列几个方面:

第一,区分同沉积构造和后沉积构造。

第二,注意对盆地基底古断裂网络的研究。实践表明,在盆地中许多对沉积起控制作用的构造是沿古断裂网络发生的再活动,而成盆期新生的构造却往往是规模较小的低级别同生构造。

第三,区分构造的等级。首先查明构成盆地构造格架的主干成分,特别是穿过基底的控制性断裂,这些构造的存在和活动在盆地充填的全过程中起控制作用;其次注意研究盆地内部低级别的同生构造,这些构造虽然规模较小,但在局部地区对沉积体形态和厚度都有重要影响。

第四,注意构造的形成期次及区域构造应力场转化对盆地构造性质的影响。此问题在我国东部中、新生代盆地构造研究上有特殊重要性,因为不同时期形成于不同应力场的构造相互叠加的现象普遍存在,在同一构造形迹上也常留下多次形变的烙印。

5. 盆地流体分析方法

盆地流体分析包括盆地内温度场、压力场、化学场和流体场分析。

(1)流体温度场分析:包括对现今温度场特征的研究和对古地温场演化史的恢复。沉积盆地内现今温度参数可通过对地层温度的直接测量获得,如钻井直接测试(包括钻井中途测试DST、重复地层测试

RFT 等)和地表热流值测量。古地温场演化史的恢复主要是依赖于盆地内对温度变化较为敏感的矿物的变质程度或有机质的热成熟作用。目前对于古地温场恢复的方法较多,其中公认的可靠程度较高且应用较普遍的是 R_o 法、包裹体法、色标法、磷灰石裂变径迹法等。此外,通过盆地埋藏历史(包括沉降、沉积和抬升作用)分析或计算机正反演模拟计算,亦可以恢复古温度场。

(2)流体压力场分析:包括对现今压力场特征的研究和对古压力场演化史的恢复。获取现今地层压力参数的方法较多,主要有:①钻井直接测试,包括 DST、RFT、完井试油资料等,这些测试一般是针对储层进行的;②根据测井曲线计算,目前常用的是根据声波时差曲线和电阻率曲线计算泥岩的地层压力;③根据地震资料计算,常用的方法是根据地震层速度计算相应界面的地层压力。相比而言,古压力场的识别是非常困难的,一种较为直接的方法是通过流体包裹体分析,折算出古流体压力;另一种方法是通过计算机正反演模拟计算,在泥岩压实成岩史、干酪根生烃史和超压形成机理及分布研究的基础上,应用泥岩压实和干酪根热降解成烃理论,根据超压形成的作用机理,建立地下流体的连续方程和质量守恒方程来恢复地史时期古压力场的演化史。

(3)流体化学场分析:流体化学场研究涉及范围较广,研究方法较多。其主要研究内容及方法包括:成岩自生矿物序列的岩石学研究、同位素组成及地质年代学分析、流体包裹体的测定、有机质向烃类转化作用研究和有机岩石学研究,这些均是恢复地下流体化学场的重要手段和方法。

(4)流体场分析:流体场的核心是水动力场,地层水作为地下流体的主体,其水文体制、流动形式在很大程度上影响着流体的运移、聚集特征。但在含油气沉积盆地中,烃类的生成、运移作用导致的超压的形成、流体组成的改变以及对流体运移通道的属性的影响也是不容忽视的影响因素。伴随着沉积盆地的形成演化,盆地流体场常常具有明显的阶段性,可用水文地质旋回来表示,每个旋回的沉积埋藏时期和抬升剥蚀时期均有不同的水文体制和不同的流体流动形式。沉积盆地内最重要的特征之一是渗透性趋于各向异性,以致穿层流动受极低渗透率的制约,而顺层流动则可沿高渗透率通道进行(Deming,1994)。顺层流动中,输导层砂岩的分布控制了流体流动的具体运移路径,因为流体总是沿最小阻力路径流动;穿层流动中,断裂和裂缝对流体的调整具有决定性的作用,它们在一定程度上为不同来源的流体提供了一个复杂的三维通道。因此,流体场研究的关键在于揭示盆地流体的水文体制和流动形式以及流体的输导系统特征。

6. 计算机的应用

随着计算机的发展,计算机的应用在盆地分析中的作用越来越显著。其突出的应用主要表现在:①海量数据的存储和图形计算机化,这样可以提高效率,避免人为因素误差;②统计分析和其他数学地质方法的应用,如应用马尔科夫链分析垂向序列,应用趋势法分析古构造演化,应用多元统计分析查明各种参数之间的规律性联系等,这样可以从庞大的数据和错综复杂的参数间更有效地找出其规律性;③盆地模拟和盆地分析专家系统的应用,盆地模拟一方面可以相互验证地质推测和解释,另一方面可以定量演示盆地形成和演化过程。盆地分析专家系统的应用为盆地分析及矿床资源勘查评价和决策提供更便利的条件。

三、沉积盆地分析流程

沉积盆地形成与演化经历了复杂的地质过程,因此,沉积盆地研究是一项复杂的系统工程,它具有学科上的综合性,广泛应用了地质、地球物理、地球化学、计算机技术等许多学科的理论和方法来解决盆地内成矿和油气成藏等理论和实际问题。图 1-10 概括了沉积盆地动力学分析流程,即以盆地沉积充填、盆地流体、盆地形成演化分析为基础,总结沉积盆地形成与演化的基本规律,进而指导矿产资源勘探。

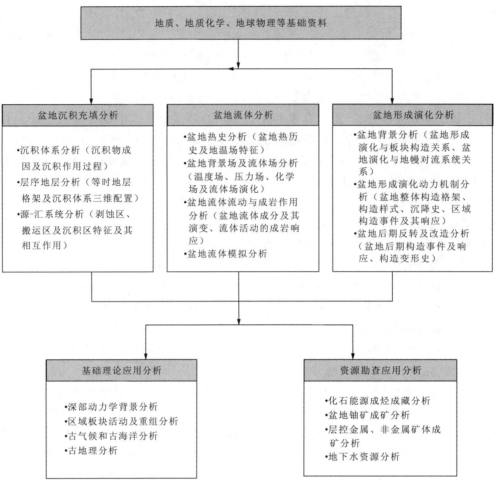

图 1-10 盆地分析研究内容及步骤流程图

第二章 沉积体系分析

沉积体系分析是盆地充填研究中的重要内容。沉积体系分析从本质上讲就是分析盆地内充填沉积物的成因及其相互配置关系。因分析方法的尺度不同其研究任务也各有侧重。对于一个露头剖面、一个钻井柱状,或盆地局部地区而言,沉积体系分析的核心内容就是对沉积岩的结构、沉积构造、化石和岩性组合的解释;而对于一个沉积盆地而言,沉积体系分析内容在于揭示沉积体系的相互配置关系,如沉积体系空间配置关系或古地理空间配置。盆地充填沉积物不仅保存了地球演化过程中构造史、生物史、大洋史和大气圈事件的丰富信息,而且还包含有对社会和工业文明极其重要的许多矿产资源和水资源,特别是石油、煤、石灰岩与盆地铀矿等矿产资源,这些资源都与特定的沉积体系有关。因此,沉积体系研究对于指导矿产和能源资源勘探极为重要。

第一节 沉积体系的概念和分析方法

20世纪60年代以来,沉积地质学领域取得了若干新进展,其中沉积体系分析方法的创立和广泛应用是最重要的进展之一。有关的优秀专著主要有Walker(1979)所著的入门性读物,以及Wilson(1975)、Reading(1978)、Galloway(1986)所著的高级读物。此外,Blatt等(1984)和Leder(1982)等的著作中也较集中地讨论了沉积体系分析这一主题。国内最权威的有关沉积体系或相分析著作是刘宝珺和曾允孚主编的《岩相古地理基础与工作方法》(1986),以及刘宝珺等(1996)的基础性教材《岩相古地理学教程》。

一、基本概念

1. 沉积体系

沉积体系(depositional system)这一概念是在1967年由Fisher和McGowen首次引入沉积学领域。沉积体系是指在沉积环境和沉积作用过程方面具有成因联系的一系列三维成因相的集合体。组成沉积体系的最基本单元是相。鉴于相的概念使用十分广泛,Galloway(1986)建议使用"成因相(genetic facies)"或"相构成单元"来表示沉积体系分析中"相"的特定范畴。因此,成因相是构成沉积体系内部的基本构成单位。如三角洲体系包括三角洲平原相、三角洲前缘相和前三角洲相,三角洲平原相包括分流河道、水道滞留沉积、分流间泛滥平原、决口扇、泥炭沼泽等成因相;三角洲前缘相包括水下分流河道、河口坝、前缘席状砂、水下重力流、分流间湾等成因相。

沉积体系是与地貌或自然地理单位相当的地质体,并以其生成沉积环境命名,如冲积扇沉积体系、河流沉积体系、三角洲沉积体系。在自然界,每一种沉积体系都具有复杂的内部结构。在沉积体系内部,成因相并不是孤立存在的,而总是由一种或几种主要的沉积作用把不同的成因相联系起来构成一个系统,因而成因相彼此之间具有成因联系。

沉积体系分析的优点首先在于强调环境与几何形态的统一,即把成因相和沉积体系都理解为三维地质体;其次在于强调成因相在空间上的成因联系,即一系列有成因联系的相是作为体系而存在的。

2. 沉积环境

沉积环境(depositional environment)是指物理上、化学上及生物学上均有别于相邻地区的地理景观单元(Selley,1976),是发生沉积作用的一种地貌单元。每一沉积环境以自身特有的沉积物、动物群、植物群以及相关沉积作用过程为特征。而沉积体系则是在一定的沉积环境下、一定时间内的物质表现,它包括物质组成及其对应的沉积环境,适用于地史时期的沉积建造分析。

3. 沉积相和成因相

"相"这一概念是由丹麦地质学家斯丹诺(Steno,1669)引入地质文献的,并认为是在一定地质时期内地表某一部分的全貌。1838年瑞士地质学家格列斯利(Gressly)开始把相的概念用于沉积岩研究中,他认为"相是沉积物变化的总和,表现为这种或那种岩性的、地质的或古生物的差异"。目前较为普遍的看法是,沉积相(depositional facies)的概念中应包含沉积环境和沉积物质组成这两个方面的内容,即相当于沉积体系。

由于"沉积相"这一概念的使用容易与其他"相"相混淆,Galloway建议使用"成因相"一词以示区别,成因相是沉积体系内部构成的基本单位。同一种成因相是在相同的环境、条件和作用控制下形成的。这一术语的特定含意在于它强调地质体的概念及其与沉积体系的构成关系。例如,障壁坝-潟湖体系包括了一系列的成因相:滨面、障壁核部、进潮口、冲越扇及坝后潮坪、涨潮三角洲和潟湖等(图2-1)。

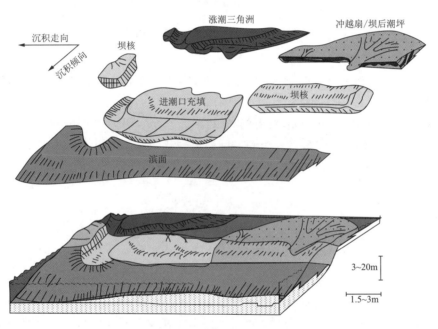

图2-1 障壁岛体系内部的成因相空间配置图(据Galloway,1986)

显然,沉积体系由不同的沉积构成单元所组成,也就是说由该环境低一级的亚环境及其物质表现组成,通常采用三级构成单元的分类方案。目前主要有两类分类系统,一类是沉积体系、成因相组合、成因相,比如三角洲体系由三角洲平原相、三角洲前缘相和前三角洲相组合所组成,三角洲前缘相组合则包括水下分流河道、分流间湾、河口坝、前缘席状砂等成因相;另一类是沉积相、沉积亚相、沉积微相,以上所述的成因相就相当于沉积微相,如生物礁亚相包括了礁顶、礁坪、礁前、礁后等微相。后一类分类方案在我国各石油公司较为普遍地使用。

此外,与相的概念同时存在的还有岩相或岩性相等术语。在沉积学中,岩相是一定沉积环境中形成的岩石或岩石组合,它是成因相的主要组成部分,如发育交错层理的中砂岩相。岩性相和沉积相是从属关系而不是同义关系。

4. 沉积相模式

沉积(相)模式是指根据现代沉积环境和古代沉积相的研究,形成的针对古代沉积体系的沉积作用机理的成因解释模型;是以图解、文字或数学等方法表现的对沉积环境及其产物、作用过程的高度概括。

沉积模式必须起到以下四个方面的作用(Walker,1967):①对比标准的作用;②进一步观察的提纲和指南的作用;③对新的地质环境的"预测者"作用;④水动力学解释基础的作用。

沉积模式是从许多实例中经过提炼和概括的,可以反映沉积物在空间、时间上的变化规律以及与沉积环境的成因联系,可以作为研究其他实例时对比的标准和范例(Reading,1978)。

5. 沉积序列(垂向沉积序列)

垂向沉积序列通常简称沉积序列或相序,它是指几种成因上有联系的沉积相和沉积环境在垂向上的叠置关系。它们表示了某一沉积单位内沉积体系或沉积环境随时间而发生的相互演变关系。正旋回是指在某一相序列中,沉积物的粒度自下而上由粗变细,底部为突变接触关系;反旋回是指在某一相序列中,沉积物的粒度自下而上由细变粗,底部为渐变接触关系。如曲流河体系形成的下粗上细的正旋回沉积序列。

沃尔特相律(walther law)就是强调垂向沉积序列的重要性,它是指在连续的地层剖面中,垂向上几种有成因联系的沉积相或沉积环境相互出现的次序,与它们在横向上所出现的顺序是一致的,如图2-2所示。

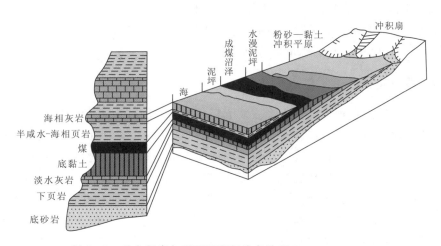

图 2-2　垂向相序与平面沉积相分布关系(据 Walther,1984)

6. 成因单位和地层成因增量

成因单位是在基本一致或以统一方式变化的作用过程中形成的沉积单位,它反映了一定沉积事件或特定沉积环境的沉积作用演化过程,如分流河道的决口形成一个三角洲成因单位;一次浊流事件可以形成一个完整或不完整的鲍马序列。

地层成因增量是指由一个沉积体系一次进积和退积或一次侧向迁移所产生的地层单位,代表沉积体系一次完整的进积或侧向迁移的过程,可形成一个进积型或侧向迁移型地层成因增量。一个大型三角洲沉积区可以由多个地层成因增量相互叠置而成。在垂向上,每个地层成因增量相当于层序地层学中的准层序。

7. 沉积体系空间配置和岩相古地理

在盆地分析中,把同一时期(即一个等时地层单位内)发育形成的各类沉积体系的空间组合面貌称为沉积体系域(depositional systems tracts),所以盆地古地理重建实际上等同于沉积体系域重建。沉积体系域是同一时期内具成因联系的沉积体系的组合(Brown 和 Fisher,1977),后期学者将沉积体系域定义为层序地层学中三级层序的次级基本构成单位,如低位体系域、海侵体系域、高位体系域,代表某个特定时期内具成因联系的沉积体系的组合(Van Wagoner 等,1989)。在任何一个足够大的沉积盆地中,往往发育多个沉积体系。一种沉积体系沿着盆地的下倾方向或者沿走向通常可以过渡为另一种沉积体系。沿沉积倾向最常见到的变化是冲积扇体系→河流体系→三角洲体系→陆架体系→陆坡和深海盆地体系;沿沉积走向的变化,如三角洲体系→碎屑滨岸体系的演变等。

沉积盆地演化具有阶段性,每个阶段的古地理面貌可以相似,也可以完全不同。盆地阶段性通常是通过等时地层单元表述的。等时地层单元可以是层序地层学中的任何一级地层单位,如一级层序、二级层序、三级层序、准层序组或准层序等,也可以是传统岩石地层学中的任何一级地层单位,如群、组、段或亚段等。实际上,等时地层单元也正是盆地古地理重建过程中首先需要选择的编图单位。岩相古地理编图则是按照一定的精度逐个对等时地层单元进行古地理重建,依次就可以恢复盆地沉积充填演化史。

二、沉积体系分析方法

沉积体系分析的目的就是对沉积盆地内充填沉积物的沉积特征、沉积作用过程及其沉积环境的解释。从空间尺度来看,沉积体系分析可以是露头或局部范围内的沉积物特征及其环境解释,也可以是全盆范围内沉积体系空间配置或区域岩相古地理分析。从资料来源来看,可以依据不同原始数据及资料精细程度进行研究,精细露头及岩芯资料可以进行沉积作用过程及沉积模式的解释,而地震资料则侧重于沉积盆地范围内充填样式及三维沉积体配置分析。

沉积体系分析方法可概况为3类,即成因标志分析法、沉积模式分析法(depositional model analysis)和构成要素分析法(architecture element analysis)。

(一)成因标志分析法

利用沉积物中所识别的各种成因标志来恢复沉积环境的方法称为成因标志分析法。大量水槽实验和现代沉积学考察表明,沉积过程及其产物之间都具有一定因果关系(Allen,1968;Reading,1979)。反过来,在研究古代和现代沉积剖面时,可以通过准确地识别沉积过程所产生的各种成因标志分析,然后再根据这些标志的组合规律去合理地解释它们形成时期沉积过程的演化。也就是说通过一系列能够判断沉积岩形成环境的颜色、岩性、结构和构造、生物、地球物理和地球化学等特征的指相标志的识别,进行沉积过程及沉积环境的综合解释。

在古代和现代沉积剖面分析中,最常见的指相标志包括:沉积岩石学标志、沉积构造标志、生物学标志和地球化学标志。

1. 沉积岩石学标志

沉积岩石学基本特征,如岩石类型、组成成分、颜色及其组构特征,是沉积岩最直观的标志,也是识别其沉积环境的有效标志。

不同岩石类型往往指示了相应的沉积环境,如陆源碎屑岩可以广泛分布于不同沉积体系,不同粒级碎屑岩也可以形成不同沉积环境。一般而言,在湖盆或大陆边缘地区,相对较粗粒碎屑岩分布在湖盆边缘或滨海地区,越远离滨岸的盆地中心沉积物颗粒越细。此外,与陆源碎屑岩共生的碳酸盐岩、硅质岩、蒸发岩和红色岩层等具一定的指相性。

沉积岩石中所含自生矿物往往具有较好的指相性。如鲕绿泥石和海绿石虽均可为海相标志,但形成温度及水深有差别。鲕绿泥石水偏浅、温度偏高;海绿石水偏深、温度偏低。我国华北地区中、上元古界青白口系龙山组中海绿石石英砂岩,寒武系徐庄组、张夏组中的石灰岩和砂岩也富含海绿石,均为正常浅海相沉积。自生黏土矿物可反映水介质条件,大陆环境主要是酸性介质,以高岭石为主;海洋环境黏土沉积多以伊利石和蒙脱石为主。更重要的是黏土矿物沉淀时要吸取水介质中的大量微量元素,它们具有良好指相性,但要注意剔除埋藏成岩作用的影响。自生磷灰石或隐晶质胶磷矿是海相标志,陆相磷质矿物主要由脊椎动物的骨骼组成。大量锰结核目前主要分布在深海和开放大洋洋底环境,湖泊和浅海环境少见。

沉积岩的颜色是沉积岩最直观的、最醒目的标志。观察和描述中要注意区分继承色、自生色(原生色)和次生色。继承色是母岩机械风化的产物,继承了母岩的颜色,主要决定于陆源碎屑颗粒的颜色,一般不反映沉积环境。自生色是在沉积和成岩阶段由原生矿物造成的颜色,主要决定于岩石中含铁自生矿物及有机质的种类和数量,黏土岩、化学岩和生物化学岩的自生颜色,对古水介质的物理化学条件有良好的反映,是良好的地球化学指标,如灰色和黑色就反映岩石中含有机物质或分散状黄铁矿的含量,多时呈黑色,少时呈灰色,指示了还原和半还原的沉积环境。岩石中含铁的低氧化物矿物海绿石和鲕绿泥石则显示绿色,岩石中含铁的氧化物或氢氧化物则显示紫色,后者一般反映氧化环境。次生色是在后生作用阶段或风化过程中,岩石的原生组分发生次生变化所引起的,不反映沉积条件。

沉积岩结构包括碎屑颗粒的粒度、圆度、球度、表面特征及其定向分布等,这些特征均具一定指相性。粒度参数与沉积环境关系密切,不同沉积环境砂质沉积物具有特定的粒度概率和 $C-M$ 图特征。颗粒形态和圆度取决于搬运介质和搬运模式,也广泛应用于相分析。

颗粒定向有时也归入构造特征,如砾石、石英、云母、有机颗粒等的长轴排列方向,可以用于相分析。长条形砂粒和砾石一样,也有趋向于平行水流方面的优选方位,例如具有薄纹层的平行层理砂岩,在高流态水流作用下,长形颗粒见定向组构,同时伴有由大致平行的沟和脊构成的剥离线理。

碎屑沉积物遭受较强化学成岩作用和物理成岩作用后,组构特征可依然保存,故具重要指相意义。此外,扫描电镜观察发现滨海环境、风成环境、冰川环境的石英颗粒表面具有明显不同的特征。

2. 沉积构造标志

沉积构造是由沉积物的成分、结构、颜色的不均一性而表现出的宏观特征,是沉积时水动力条件的直接反映,又较少受沉积后各种作用的影响。根据形成时间可划分为原生沉积构造和次生沉积构造。原生沉积构造是在沉积物沉积时或沉积后不久以及其固结以前形成,因而是沉积环境的重要判别标志。

结合沉积构造形态和成因,沉积构造可以划分为物理构造、生物构造和化学构造三大类。物理成因的沉积构造包括流动成因的沉积构造、同生变形构造和暴露成因的沉积构造。流动成因的沉积构造是指岩石性质沿着沉积物堆积方向发生变化而形成的层面构造(如波痕、剥离线理、干裂纹、雨痕等)和层内构造,后者又称为层理,如交错层理、平行层理和水平纹理。生物成因的沉积构造包括生物遗迹构造、生物扰动构造和生物生长构造,其中生物遗迹构造包括居住迹、爬迹、停息迹、进食迹、觅食迹、潜穴和钻孔等。化学成因的沉积构造包括结晶构造、压溶构造和增生交代构造。

物理成因、生物成因构造均为原生构造;化学成因构造可有原生的(如同生结核),也可有次生成因的(如缝合线、叠锥等)。另外,还有几种成因结合的复合成因构造。

3. 生物学标志

生物与其生活环境是不可分割的统一体。不同的环境(包括盐度和水深),其生物类别、生物数量和形态构造方面具有不同的特征。因此,不同的生物群落或化石组合面貌,可以大致表明其所属的生活环境或沉积相。化石还是区分海相和非海相沉积环境的重要标志。例如,无脊椎动物是海相所特有的,或主要是海相的,包括有孔虫、放射虫、腔肠动物、苔藓动物、腕足类动物、掘足类动物、头足类动物、笔石、三叶虫和棘皮动物等。无脊椎动物中非海相包括有部分的双壳类动物、腹足类动物、介形虫、海绵、昆虫等(表 2-1)。

藻类与环境关系密切。蓝藻或绿藻的形态呈叠层状是潮坪泻湖及半咸水环境的特征,树枝状和结核团块、轮藻是淡水河流和湖泊的特征。绿藻既有海相又有非海相,海松类和粗枝藻类的绿藻、红藻是海相。某些轮藻可生活在半咸水边缘环境。

遗迹相(又称痕迹相)是指特定沉积环境中生物遗迹化石的组合。目前,国际上常见的遗迹相有 10 种:陆相 1 种,即 *Scoyenia*(斯科阳迹)遗迹相;过渡相 3 种,包括 *Teredolites*(蛀木虫迹)迹相、*Psilonichnus*(螃蟹迹)迹相和 *Curuolithus*(曲带迹)迹相;海相 6 种,包括 *Trypanites*(钻孔迹)迹相、*Glossifungites*(舌菌迹)迹相、*Skolithos*(石针迹)迹相、*Cruziana*(二叶石迹)迹相、*Zoophycus*(动藻迹)迹相和 *Ne*-

reites(类沙蚕迹)迹相(图2-3)。

表2-1 不同沉积环境生物化石组合特征

大陆环境		过渡环境		海相环境		
湖泊体系	河流体系	三角洲体系	泻湖体系	滨海体系	浅海体系	深海体系
淡水湖泊：腹足动物、双壳类动物、介形虫、叶肢介、鱼、昆虫等盐湖：双壳类动物、介形虫、植物碎片及硬鳞鱼类的鳞甲、龟类等	植物碎片、硅化木、双壳类动物和腹足类动物的介壳	有壳变形虫、陆相介形虫、海相介形虫、棘皮动物、海胆刺、蛇尾类的骨针；双壳类动物、苔藓动物及少量有孔虫；植物碎片；虫孔遗迹化石	海相生物与陆相生物混生标志：鱼类、双壳类动物、腹足类动物、有孔虫、介形虫和藻类及孢粉等	海生动物介壳碎屑及陆生植物碎片；虫穴、虫管、生物扰动构造	藻类、有孔虫、古杯类、珊瑚、层孔虫、三叶虫、放射虫、笔石、海百合、珊瑚、海绵、钙藻、苔藓动物等；腕足类、双壳类动物、棘皮动物	海百合和硅质海绵、浮游有孔虫介壳；具薄壳的腕足动物、苔藓动物、海胆和某些小型单体珊瑚；远洋自游和浮游生物，如放射虫、硅质海绵骨针、牙形刺等
淡水生物组合		半咸水-咸水生物组合		正常海水生物组合		
主要是轮藻、带壳变形虫以及少数特殊的双壳类、介形虫、鳃足亚纲的贝甲目、普通海绵、硅藻、蓝绿藻等。它们都属窄盐度生物，可以各种组合形式出现		双壳类、腹足类、介形虫、鳃足亚纲、软甲亚纲、胶结壳有孔虫、硅藻、蓝绿藻和蠕虫管等		包括钙质红藻和绿藻、放射虫、硅质鞭毛虫、颗石藻、钙质有孔虫、钙质和硅质海绵、珊瑚、苔藓虫、腕足动物、棘皮动物、膝壶、鲎、软体动物的有板类、掘足类及头足类等		
生物组合与水深的关系		0~50m：主要是大量藻类、底栖有孔虫、双壳类、腹足类、造礁珊瑚、钙质海绵及无铰纲腕足动物；100~200m：生物逐渐减少，但有很多苔藓虫、具铰纲腕足动物、海绵和海胆；200m以下：远洋底栖生物主要是海百合、硅质海绵、少数薄壳腕足类及细枝状的苔藓动物					
生物组合与古气候关系		热带气候：古生代的真蕨植物、石松植物，中生代的真蕨植物、苏铁植物，新生代的棕榈和樟树；草本主要是寒带草原植物，温带以木本植物(如橡树、松树)孢粉为主					

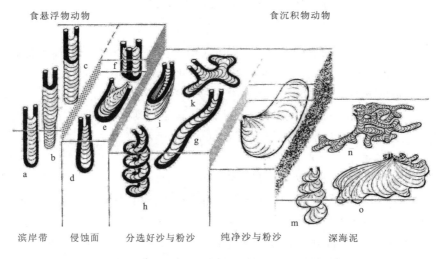

图2-3 生物遗迹与沉积环境和水深的关系

4. 地球化学标志

沉积物在风化、搬运、沉积过程中,不同的元素可以发生一些有规律的迁移、聚集,沉积区的大地构造背景、古气候、源区母岩性质、原始地貌、沉积环境、沉积介质的物理化学性质对元素的分异和聚集均有影响。我们可以利用这些元素的分异与富集规律来研究和推断控制元素运动和变化的各种环境因素。

地球化学在古环境分析中的应用,主要包括:元素地球化学、稳定同位素地球化学及有机地球化学等方面。

常量和微量元素地球化学:目前已广泛使用Fe、Mn、Sr、Ba、B、Ga、Rb、Co、Ni、V及Sr/Ba、Fe/Mn、V/Ni、Fe^{3+}/Fe^{2+}等元素含量和比值来判别海相与陆相、氧化与还原、水体深度、盐度等沉积特征。比如:B/Ga比在沉积水体中随盐度的增加而升高;从淡水环境向海相过渡,沉积物中Sr/Ba值急剧增大;Sr/Ca比随盐度增加而增大;海相页岩中Mn/Fe值比淡水页岩要高得多。此外,Th/U比、Na/Ca比、Rb/K比、V/Ni比与盐度也有一定的关系。Mo、P、Cu、U、V等元素含量与有机质丰度具有较好的相关性(陈慧等,2010)。

稀土元素地球化学:20世纪70年代以来,由于测试方法和测试精度的不断进步,稀土元素(REE)在沉积岩和现代沉积物研究中作为物源和环境指示标志的作用越来越受到重视。轻稀土元素指按原子序数排列的La、Ce、Pr、Nd、Sm和Eu,而重稀土元素指Gd~Lu的稀土元素(有时加上Y元素),前者用LREE表示,后者用HREE表示。稀土元素和稀土总量与Fe有极密切的关联。在较强氧化条件下,Fe与稀土元素特别是Ce共同沉淀可能形成稀土元素相对富集的沉积,导致与其共生沉积物接受了大量的稀土元素。含生物SiO_2较多的泥质层中稀土元素含量最低,SiO_2含量与稀土元素呈负相关关系。在碱性-碳酸介质中,重稀土元素溶解度大,在酸性介质中(pH为4.7~5.6)先沉淀轻稀土元素,最后才是重稀土元素。沉积物中Ce主要赋存于陆源碎屑、氧化相及吸附相中,即环境的氧化程度越强,Ce为正异常;而Ce亏损程度越大,说明还原程度越强。海盆中央的沉积物中相对贫Ce。

稳定同位素地球化学:随着测试手段、测试仪器的发展,同位素地球化学在全球地层对比、灾变事件的确定、海平面升降分析、大陆迁移以及全球性气候和生物产率的变化等方面的研究中,已成为不可缺少的重要方法。在沉积岩古地理环境和成岩环境的重建中,同位素标志的应用也日渐广泛。实验证明,海水中氧、碳同位素含量均高于淡水,因而海水中$^{18}O/^{16}O$、$^{13}C/^{12}C$值高(Keith和Weber,1964)。沉积碳酸盐岩的碳同位素组成对环境的封闭性和还原程度反映较为灵敏。一般来说,在开放环境中,$\delta^{13}C$值要高。这主要由于在封闭体系中,生物成因的富含轻同位素^{12}C的化合物进入介质并参与形成碳酸盐岩的结果,因而贫^{13}C的碳酸盐岩除表明该时期生物产率较高外,还可以指示环境的闭塞程度或还原程度(Lettolle,1984)。处于热带和亚热带的湖泊,由于湖水的分层作用造成底层水与表层水化学性质不同。开放的表层水富含^{13}C,封闭的处于还原状态的底层水由于死亡的有机质的沉降作用及以后的降解作用使相对富含^{12}C的碳化合物进入水介质中,造成$\delta^{12}C$低值。

(二)沉积模式分析法

20世纪70年代和80年代,沉积学发生了较大的变化并取得了很大的进展,沉积学已由一门基本上是描述性的科学发展成为一门成熟的、具有预测性的科学。沉积模式(或相模式)分析法应运而生,并被广泛应用于沉积学领域及石油工业界。所谓沉积模式分析法就是利用沉积物垂向序列和各种沉积体的三维空间形态分析,结合古代沉积物与现代沉积模式的类比,进而确定沉积环境的工作方法。它是对沉积序列中所观察到的垂向和横向相关系的概括和简化,揭示了可与通过现代沉积环境研究中得到的预测性实际模式进行比较的基本型式,是为更好地理解沉积现象与沉积作用之间复杂关系的简化的理想化模型。

沉积模式是从许多实例中经过提炼和概括的,可以反映沉积物的空间、时间的变化规律,以及与沉积环境的成因联系,可以作为研究其他实例时对比的标准。Klein(1985)系统总结了冲积扇砂体、河流砂体、风成砂体、海岸砂体、三角洲砂体、大陆架砂体和浊流砂体等沉积模式。Galloway 等(1973)总结了海底扇沉积模式(图 2-4)。这些沉积模式为沉积体系研究提供了类比依据。

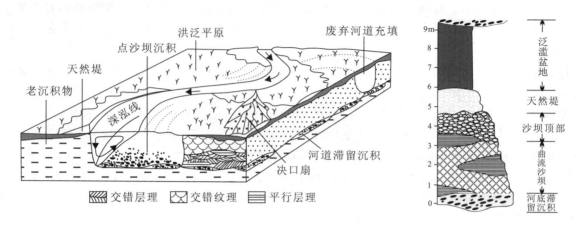

图 2-4 曲流河沉积体系模式及垂向序列图(据 Allen,1970)

大量研究成果证实,沉积模式应用对沉积序列中所观察到的垂向和横向相关系做出了合理的解释,但是在相同的沉积格架和沉积作用下沉积组成可以有很大的变化。Coleman(1976,1980)研究表明,沉积物供给量的变化、波能和潮汐能的变化都会使三角洲的几何形态、垂向序列和砂体的排列等产生差异。Miall(1977)指出辫状河的垂向序列具有很大的可变性。因而,不同学者根据各自研究实例不断对各种沉积模式进行修订和完善,形成地区性沉积体系模式。

诚然,在应用沉积模式时必须注意观察的尺度和收集资料的来源,由于资料来源不同,对沉积体分析的程度也有不同,随着资料不断补充和研究不断深入,特别是三维地震勘探的广泛应用,使得各种沉积体系模式不断得到了完善。

(三)构成要素分析法

以 Miall 为代表倡导的构成要素分析法,就是将骨架砂体依据不同等级界面划分为不同内部构成单位,进而建立高精度的储层内部构成格架。构成要素分析法更多地依赖于良好的露头剖面或精细钻井资料,通过对典型露头砂体(储层)的解剖,可以从不同尺度认识储层的非均质性,并借此建立储层地质模型,这种模型的建立有助于指导地下同类储层的油气开发。有些学者通过各级沉积界面上的隔挡层的识别,并以隔挡层为边界划分流体流动单元(fluid flow units),阐明流体流动单元内部孔渗分布规律(焦养泉、李祯,1995)。

构成要素分析法包括不同等级界面和构成单位(architectural units)2 个构成要素。构成单位是一个由其形态、相组成及规模所表征的沉积体,它是沉积体系内部一种特定沉积作用过程的产物,并由各级内部界面彼此自然地分开(Miall,1985)。Miall 在 Allen(1983)的基础上使用了一个极端无限的编号方案,这种方案易于适应我们对更大规模沉积单元的不断认识的需要。Miall 的六级界面定义如下:

1 级和 2 级界面表示微型和中型底形沉积物内的界面,相当于交错层系的界面。在这些界面上明显地没有或很少有内部侵蚀,它们表示一系列相似床沙底形的连续沉积。在岩芯上,这些界面也许不太显著,但是活化面的存在可以通过层系底面之上的交错前积层的削蚀和尖灭来识别(图 2-5)。

2 级界面是简单的层系组界面,它们限定微型或中型底形组的界限,并象征着流动条件的变化或流动方向的变化,但是没有明显的时间间断。界面之上及其下的岩相是不同的。在岩芯上,这些界面可以通过岩相变化与 1 级界面区别开(图 2-5)。

当内部构成存在包括侧向加积(LA)及顺流加积(DA)两种巨型底形时,即可确定 3 级及 4 级界面。这些巨型底形具有侵蚀面(冲刷面),并以一定角度削蚀下伏的交错层理。它们可以切穿一个以上的交

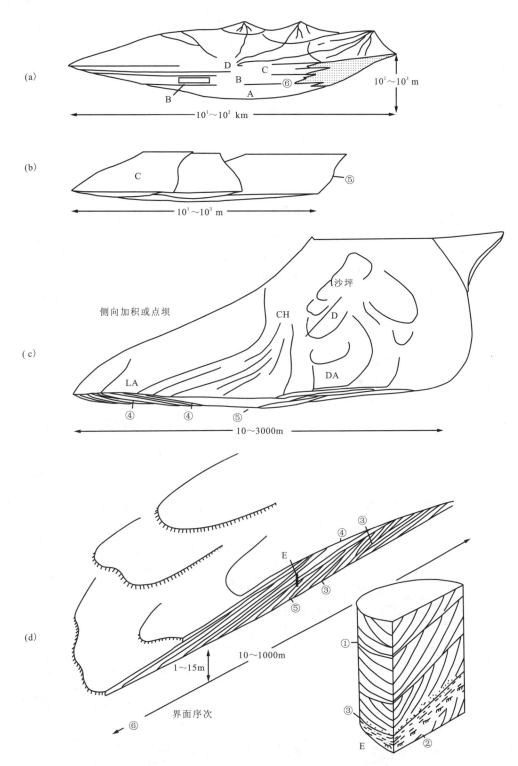

图 2-5 Miall 对河流沉积提出的 6 级界面分级系统(据 Miall,1988)
(a)到(e)表示河流单元的逐级放大,从中可以识别出 6 种不同的沉积界面

错层系,冲刷面上披盖着内碎屑泥砾。界面上、下的岩相组合相似。在岩芯上很容易辨认这些特征。这些界面表示水位变化或巨型底形内的床沙底形方向的变化,它们象征着大规模"活化"或"增生"(图 2-5)。

第一种类型的4级界面表示巨型底形的上界面,一般为平至上凸状。下伏层理面及1级至3级界面呈低角度削蚀或者局部平行上界面,表明它们是侧向或顺流加积界面。此界面的形态常被下伏巨型底形单元的3级界面所反映。界面之下的单元,其上常有泥盖层。第二种类型的4级界面是小河道的底部冲刷面。在地下存在3级及4级界面的最好标志是它们的低沉积倾角,这在岩芯上应该可以识别,地层倾角测井图也可能是明显的。区别这些界面的最好方法是,如果界面上、下的岩相组合不同,则说明单元(巨型底形)类型的变化(图2-5)。

5级界面是指诸如河道充填复合体这类大型砂岩的界面。一般呈平坦到微向下凹,但可以由局部侵蚀、充填形态及底部滞留砾石层所表征(图2-5)。6级界面是限定河道群或古河谷群的边界面(图2-5)。

井下可能最容易识别和对比的是5级和6级界面,这是由于其侧向延伸很广,以及基本简单的、平或微弯的河道状几何形态。各种各样界面的鉴别及对比,显然有助于解释河流沉积体系的复杂性。利用不同规模的界面,可将一套碎屑岩地层序列划分成一系列的三维岩石单元——构成单位。大多数沉积体可划分为几种或多种类型的三维沉积体,这些沉积体以独特的岩相组合、外部形态和排列方向为特征。近年来,通过在鄂尔多斯盆地和准噶尔盆地的实践,发现砂体内部构成单位不仅可以与层序地层分析融为一体构成一个完整序列,而且内部构成单位还可以与储层开发研究相结合,如河道单元和储层岩性相等。

在多种类型的河道内部普遍存在一种高级别的构成单位——河道单元。河道单元被5级界面限定,它具有独立的三维几何形态,是一次相对连续的河道强化事件的完整记录,即包含了单个河道的发生、发展、衰退和消亡的全过程(焦养泉等,1993)。由于河道单元间的冲刷面所代表的时间和沉积过程是不连续的,因而它成为复合河道砂体内部的基本构成单位(焦养泉、卢宗盛,1996)。

鄂尔多斯盆地曲流河道的研究成果便是最好的一例(图2-6)。在河道单元内部可以进一步划分为由4级界面限定的大底形(点坝)、由3级界面限定的大底形的生长单元(点坝增生单元)、由2级界面限定的中底形和由1级界面限定的小底形。

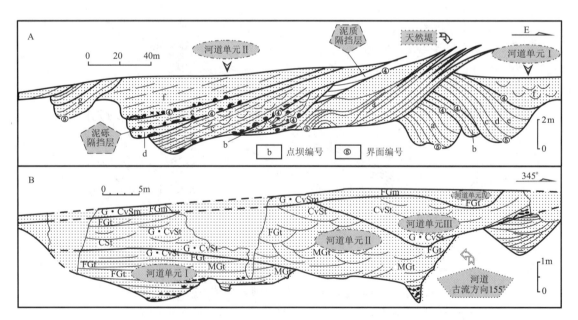

图2-6 典型河道砂体内部构成写实图(据焦养泉等,1998)

A:鄂尔多斯盆地曲流河道砂体(T_2e);B:准噶尔盆地扇前湿地中的低弯度河道砂体(T_3k);MGt:具槽状交错层理的中砾岩;FGm:具块状构造的细砾岩;FGt:具槽状交错层理的细砾岩;G·CvSm:具块状构造的含砾极粗砂岩;G·CvSt:具槽状交错层理的含砾极粗砂岩;CvSt:具槽状交错层理的极粗砂岩;CSt:具槽状交错层理的粗砂岩

第二节 沉积体系分类及其主要特征

一、沉积体系分类

沉积体系可根据沉积岩原始物质的不同,分为碎屑岩沉积体系和碳酸盐岩沉积体系。前者以砾、砂、粉砂、黏土等碎屑物质为主,沉积介质以浑水为特征,形成岩性为碎屑岩;后者以化学溶解物质(尤以碳酸盐物质)为主,沉积介质以清水为特征,形成岩性以碳酸盐岩为主。目前常用的沉积体系分类以沉积环境中占主导地位的自然地理条件为主要依据,并结合沉积动力、沉积特征和其他沉积条件进行划分,可划分为陆相、海相和海陆过渡相三大沉积体系组,每一种沉积体系组又包含若干种沉积体系和成因相(表2-2)。

表2-2 沉积体系类型划分及其成因相构成

沉积体系组	沉积体系		成因相组合	成因相
陆相沉积体系组	冲积扇体系		扇端、扇中、扇根	泥石流、辫状水道、筛积物、漫流
	河流体系	顺直河、辫状河、曲流河、网状河体系	水道沉积组合	河道滞留、点沙坝(心滩或边滩)、废弃河道
			洪泛平原沉积组合	天然堤、决口扇、决口三角洲、泛滥平原细粒沉积、洪泛席状砂和泥炭沼泽
	湖泊体系	碎屑岩型、碳酸盐岩(或干盐湖)体系	滨浅湖沉积组合	滨湖、浅湖、滩坝、湖湾
			深湖-半深湖沉积组合	半深湖、深湖、干盐湖、重力流沉积
	湖泊(扇)三角洲体系	湖泊三角洲、湖泊扇三角洲体系	(扇)三角洲平原组合	分流河道、水道滞留、泥石流、分流间泛滥平原、决口扇、泥炭沼泽
			(扇)三角洲前缘组合	水下分流河道、河口坝、前缘席状砂、水下重力流、分流间湾
			前(扇)三角洲组合	
	沙漠体系			扇体沉积、间歇河沉积、沙丘、干盐湖或萨布哈
海陆过渡相沉积体系组	滨岸三角洲体系	河控三角洲、浪控三角洲、潮控三角洲(河口湾)	三角洲平原组合	分流河道、水道滞留、泥石流、分流间泛滥平原、决口扇、泥炭沼泽
			三角洲前缘组合	水下分流河道、河口坝、前缘席状砂、水下重力流、分流间湾
			前三角洲组合	
	无障壁碎屑海岸体系	沙质滨岸体系(波浪作用为主,潮汐作用为辅)	滨海沉积组合	滨海平原、沙丘、前滨及后滨
			临滨沉积组合	上临滨、中临滨、下临滨、远滨
		泥质滨岸体系(潮汐作用为主,波浪作用为辅)	潮坪沉积组合	潮下带、潮间带、潮上带
			潮道沉积组合	砂质潮道、砂泥质混合潮道、泥质潮道
	障壁岛-泻湖体系		障壁岛沉积组合	临滨带、前滨带、后滨带和风成沙丘带、冲溢扇、潮道充填
			泻湖沉积组合	潮上带和潮间带、海岸萨布哈、泻湖、涨潮和退潮三角洲
海相沉积体系组	浅海体系	潮控陆架、风暴控陆架、入侵洋流控陆架	内陆架沉积组合	沙垄、沙坡、潮流沙脊和潮流沙席、潮流冲刷槽、风暴岩
			外陆架沉积组合	风暴岩、外陆架泥、等深流沉积
	半深海-深海体系		陆坡沉积组合	峡谷、陆架边缘三角洲、陆坡泥质沉积
			深海沉积组合	远洋和半远洋沉积物
			深水重力流沉积组合	深水峡谷、海底扇
			等深流沉积组合	等深流丘、等深流席

二、陆相沉积体系组

陆相沉积体系组包括冲积扇沉积体系、河流沉积体系、湖泊沉积体系、湖泊三角洲沉积体系、沙漠沉积体系及冰川沉积体系。后两类沉积体系在沉积盆地中发育较少,本书不作介绍。

(一)冲积扇沉积体系

冲积扇是由山前断崖向邻近低地延伸的主要由粗碎屑物组成的圆锥形、舌形或弓形堆积体(Galloway等,1983),在我国地貌学和第四纪地质学界又称为洪积扇。

1. 冲积扇沉积体系基本特征及其分类

冲积扇形成要求有充足的陆源碎屑供应和山区向盆地过渡的高差悬殊的突变地形。冲积扇的平面形态呈扇状或朵状体,从山口向内陆盆地或冲积平原辐射散开。在纵向剖面上,冲积扇呈下凹的透镜状或呈楔形;在横剖面上呈上凸状。冲积扇的表面坡度,扇根处可达5°~10°,远离山口变缓,为2°~6°;同时,沉积层厚度及沉积粒度变化从山口向边缘逐渐变薄、变细(图2-7)。通常是许多冲积扇彼此相连和重叠,形成沿山麓分布的带状或裙边状的冲积扇群或山麓堆积。冲积扇的面积变化较大,其半径可从小于100m到大于150km以上,但通常平均小于10km;其沉积物的厚度变化范围可以从几米到8000m左右。

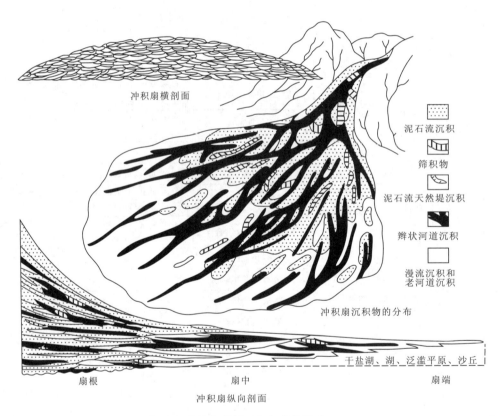

图2-7 理想冲积扇的地貌剖面和沉积物分布(据Spearing,1974)

根据冲积扇形成的气候背景可以区分为两类:旱地和湿地冲积扇。在干旱-半干旱气候区,植被不发育,物理风化强烈,降雨量虽少但多为暴雨,洪水短暂而猛烈,旱地冲积扇以泥石流和间歇性河流发育为特征。在潮湿或半潮湿气候区,雨量充沛,植被发育,受季节性洪水、冰雪融水而发生季节性活动,湿地冲积扇以间歇性或终年泄水河流发育为特征。

2. 冲积扇沉积体系内部构成及沉积特征

冲积扇沉积物主要是在洪水期堆积的,沉积物类型比较复杂,从粗大的砾石、砂到泥质都有,但以粗碎屑为主。受水体流动机制的控制,各种类型岩石之间存在着相当复杂的组合关系。总体上,冲积扇的沉积作用可归结为两种类型:一种是牵引流性质的暂时性水流作用,另一种是重力流性质的泥石流作用。

根据冲积扇内不同的流动形式、类型及其产生的不同沉积物,可以将冲积扇沉积体系划分为四种成因相:泥石流沉积、漫流沉积、水道沉积和筛积物(Bull,1972)。

泥石流沉积:泥石流是由沉积物和水混合在一起的一种高密度、高黏度的流体。沉积物含量一般大于40%的(甚至可高达80%)称作黏性泥石流;大于10%、小于40%的称作稀性泥石流。形成泥石流的必要条件是陡峻的坡度、突发性的洪水以及大量碎屑和泥质基质的供应。泥石流沉积以分选很差的砾、砂、泥混合堆积为特色,泥石流成因相为几乎没有内部构造的块状层,颗粒大小混杂,粒度相差悬殊,从直径可达数米的漂砾到极细的泥质混杂在一起。有时可见向上变细递变层理,有时也可见向上变粗的反粒序。砾石很少呈平行排列或叠瓦状排列的组构。板状或长条状漂砾垂直定向排列、在泥基中漂浮状产出。泥石流沉积的混杂砾石层与上下岩层一般为突变接触。

辫状水道沉积:冲积扇上的河道多分布在冲积扇的上半部(Bull,1972),因为在交会点(水道纵剖面线与扇面的交点)以下,河水易漫出水道形成片流。但当水道中有充足地下水补给时,交汇点以下直到扇端都有水道发育。半干旱-干旱环境的旱地扇上的水道多为宽而浅的间歇河,主要沉积作用发生在雨季短暂的洪水期。冲积扇上的水道很不稳定,经常迁移改道,每次洪水期的水系分布都有很大变化,因此,扇面上的这些水道又称为"辫状水道"。水道充填物由分选不好的砾石和砂组成透镜层,成层性不好。砂层具平行层理或板状和槽状交错层理,砾石常呈叠瓦状排列。底部具有明显的凹槽状冲刷接触关系。

片流(漫流)沉积:片流是在洪水期漫出水道在部分扇面或全部扇面上大面积流动的一种席状洪流。水浅流急,为高流态的暂时水流。片流多出现在交会点以下水道的下游地带。片流沉积物主要由分选较好的砂层组成,并常具小型透镜状砾石夹层和冲刷构造。砂层具平行层理、逆行沙波层理以及槽状交错层理,有时可产生向上变细的序列。

筛积物:当物源区以砾石为主时,由于砾石层具有较好的渗透性,使洪水在流到冲积扇远端之前就完全渗漏到地下,从而形成舌状的砾石层堆积,这就是筛积作用,形成的沉积物称为筛积物。渗流沉积主要由次棱角状至棱角状的砾石组成,呈块状构造。渗流沉积被覆盖之后,它的孔隙逐渐被渗入的较细碎屑所充填,最后形成的沉积物具双众数粒度分布特征(陈钟惠,1988)。

上述四种成因相在冲积扇中的分布很不固定,常随洪水期径流量的变化和扇面水系分布的改变而变化。

3. 冲积扇的相带划分及特征

一个简单的冲积扇从扇顶向扇端的粒度与厚度的变化总是呈现从粗到细、从厚到薄的特点。泥石流沉积和筛积相多分布在上部,辫状水道和片流成因相虽然在整个扇内均有发育,但在中下部主要是由这两种成因相组成。再向外,冲积扇则过渡为内陆盆地(干盐湖、风成沉积)和泛滥平原。根据现代冲积扇地貌及沉积物的分布特征,冲积扇可进一步划分为扇根、扇中和扇端三个亚相(图2-8)。

扇根:扇根或扇顶分布在邻近冲积扇顶部地带的断崖处,其特点是沉积坡角最大。其沉积物主要由分选极差的、无组构的混杂砾岩或具有叠瓦状的砾岩、砂砾岩组成,一般呈块状构造,其砾石之间为黏土、粉砂和砂的杂基所充填。但有时也可见到不明显的平行层理、大型单组板状交错层理以及递变层理。扇根沉积物主要由泥石流、辫状水道以及筛积物组成。

扇中:位于冲积扇的中部,具有中到较低的沉积坡角。以辫状水道沉积为主,局部发育片流沉积为特征。沉积物主要由砂岩、砾状砂岩和砾岩组成。与扇根亚相比较,砂砾比率增加,砾石碎屑多呈叠瓦

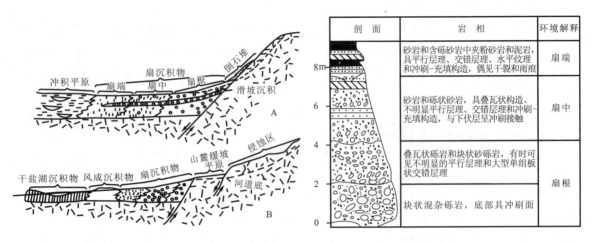

图 2-8 冲积扇沉积相组合特征(据尼尔森,1969;孙永传等,1986)

状排列;在交错层中,它们的扁平面则顺倾斜的前积纹层分布。在砂和砾状砂岩中则出现主要由辫状水流作用形成的不明显的平行层理和交错层理,甚至局部可见逆行沙丘交错层理。水道冲刷-充填构造较发育。

扇端:又叫扇缘,出现在冲积扇的趾部,其地貌特征是具有最低的沉积坡角,地形较平缓。该相带水道不发育,以片流沉积为主。沉积物通常由砂岩和含砾砂岩组成,中夹粉砂岩和黏土岩;但有时细粒沉积物较发育,局部也可见有膏盐层。其砂岩粒级变细,分选性变好。除在砂岩和含砾砂岩中仍可见到不明显的平行层理、交错层理和冲刷-充填构造外,粉砂岩和泥岩则显示块状层理、水平纹理以及变形构造和暴露构造(如干裂、雨痕)。

现代和古代大的冲积扇通常发育在边缘断层的下降盘一侧,除了气候的波动外,构造活动对冲积扇的发育及内部结构具有重要的控制作用。伴随着边缘断层的活动,冲积扇将不断迁移、退缩或推进。不同时期的和相邻的冲积扇朵体也将相互切割或叠置,从而形成厚度巨大、结构复杂的垂向序列。它们可以是从扇端—扇中—扇根的向上变粗变厚的序列,也可以是从扇根—扇中—扇端的向上变细变薄的序列。而经常见到的是更为复杂的由多个向上变粗或变细的旋回组成的复合层序。

(二)河流沉积体系

河流是人们比较熟悉的一种地貌单元,是地表上具有相对固定水道的定向水流,它的主要作用是把沉积物汇集起来,输送到大的湖盆或海盆。在自然界,河流往往起源于上游的冲积扇,向下游演化为三角洲。在流域范围内,由于坡降比的变化从而出现不同形态和类型的河道的自然过渡。

1. 河流类型划分及特征

现代河流多根据河道弯曲度和辫状指数来划分(Rust,1978)。河道弯曲度是指河道长度与河谷长度之比,通常称为弯曲指数。辫状指数或称为"分叉指数",是指在单位河曲中河道沙坝的数目,小于1者为单河道,大于1者为多河道(图2-9)。根据河道弯曲度和辫状指数两个参数,可将河流区分为顺直河、辫状河、曲流河和网状河四种类型(表2-3,图2-9)。其中,曲流河和辫状河分布最为广泛,网状河较为少见,顺直河通常出现在大型河流某一河段的较短距离内或属于小型河流。

在一般情况下,辫状河道多出现在河流发育的幼年期和上游河段;曲流河道和网状河道多发育在老年期和中-下游河段。但实际上,由于控制河流发育因素的多样性和多变性,任何一条河流的河道类型在时空分布上都可能出现相互过渡和转化,不同河段可以出现不同河道类型。即使是同一河流的同一个河段,洪水期表现为曲流河道,枯水期则可转变为辫状河道。尤其是那些穿越不同大地构造-地貌单元的较大河流,河道的时空演化更为复杂,很难用单一河道特点将其归属于某种河流类型。因此,严格地说,按河道弯曲度或河道形态的分类实际上是指河流演化的某个时期或某个河段的分类。

表 2-3 河流分类(据 Rust,1978)

弯度	分类参数	
	单河道(河道分叉指数<1)	多河道(河道分叉指数>1)
低弯曲(弯曲指数<1.5)	顺直河	辫状河
高弯曲(弯曲指数>1.5)	曲流河	网状河

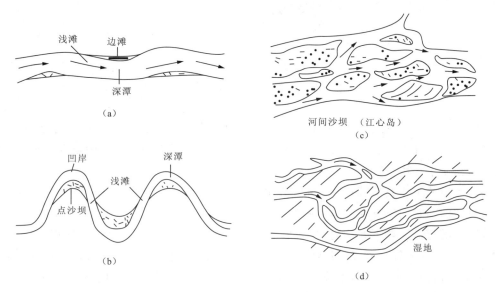

图 2-9 河道体系类型及其形态
(a)顺直河;(b)曲流河;(c)辫状河;(d)网状河

除了上述根据河道弯曲度或河道形态分类外,还有人根据河流负载的类型及搬运方式将河流区分为底负载河道、混合负载河道体系和悬移负载河道体系(Schumm,1981;Galloway,1981)。辫状河主要是底负载河道,曲流河为混合负载和悬移负载河道,而网状河主要是悬移负载河道。在研究地质时期古河流沉积时,由于古河道的弯曲度难以直接判别,但不同形态的河流本身又具有不同的径流状态、不同的沉积物搬运方式和不同的沉积特点,即河道的形态、负载类型、河流沉积的层序结构之间有着密切关系,所以按照河流负载的分类有助于恢复古代河流沉积环境。

2. 河流体系内部构成及其沉积特征

尽管顺直河、辫状河、曲流河和网状河四种河流环境及其沉积特点存在明显差异,但一般可以划分出水道相和泛滥平原相组合。水道相组合可分出河道滞留、点沙坝(或边滩、心滩)和废弃河道沉积等成因相类型;洪泛平原相组合可分出天然堤、决口扇、洪泛平原等成因相类型。与曲流河体系不同,辫状河体系主要发育河道滞留沉积、河道沙坝沉积(图 2-10)。

(1)水道相组合特点:水道相组合可进一步划分为河道底部滞留沉积、水道沉积和废弃河道充填沉积三个成因相。

河道底部滞留沉积:主要分布在临近凹岸的深水区。洪水期河水能量最大,在主流线或最深谷底线经过的地方侵蚀最强烈。从河底基岩侵蚀下来的、从凹岸上崩塌下来的以及从上游搬运下来的大量碎屑物质经河水不断淘洗簸选,砂级和泥级细粒部分均被河水搬运到下游,而粗大的岩屑和岩块则被滞留在冲槽、冲坑和深潭中形成滞留砾石层。滞留砾石层发育在河道沉积的最底部,其下为起伏不平的冲刷

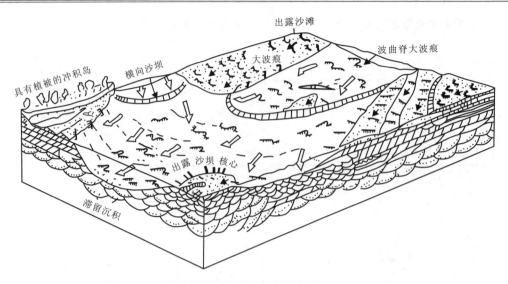

图 2-10 砂质辫状河沉积环境立体模型（据 Walker, 1984）

面。砾石层呈厚度不大的似层状或透镜体。砾石一般为多成分，磨圆较好，具有一定分选，常呈叠瓦状排列，长轴多与流向垂直，最大扁平面向上游倾斜。在砾石层内还常混有从河岸崩塌下来的半固结的泥块，偶见炭化植物茎干碎块。

水道沉积：河道的主体充填沉积物是水道沉积。曲流河体系的水道沉积的主体为边滩沉积，也称曲流沙坝或点沙坝沉积，它们发育在凸岸一侧的河道中，为向河道微微倾斜的砂质浅滩，覆盖在河道滞留砾石层之上，边滩随河道迁移不断侧向加积，形成一系列相间分布的弧形脊（涡形坝）和槽沟（图2-11）。边滩沉积物主要由分选较好的砂级碎屑组成，从河底滞留砾石层向上至边滩的顶部，粒度逐渐变细。最顶部涡形坝及槽沟内在洪水过后常形成薄层的泥质披盖，但常在下次洪水期被冲刷掉，很少能保存下来。因此，边滩沉积中缺少泥质沉积物。边滩下部多为大型沙垄迁移形成槽状交错层理、板状交错层理，向上发育有平行层理、小波痕层理、爬升层理等，反映流态自下而上变小的趋势。边滩沉积中几乎没有化石，但常见炭化的植物茎叶的碎片。

辫状河体系的水道沉积中发育各种类型的沙坝，如侧向坝、横向坝、纵向坝。水流因沙坝的存在而频繁分叉和合并。地质历史中记录的辫状河道，在垂直古水流方向上总体显示为众多透镜体的相互叠

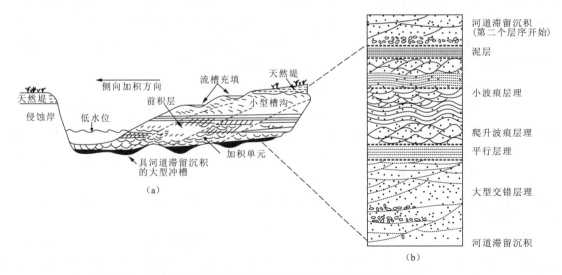

图 2-11 细粒边滩及其相邻环境沉积特点及垂直序列模式图（据 Davis, 1983）
(a)切过边滩的横剖面；(b)细粒边滩沉积的垂向序列

置,而在平行古水流方向上则表现为众多大型底形的逐渐进积过程。

网状河体系的河道是稳定的,缺少迁移的迹象。河道充填具有较小的宽/深比,砂体厚而窄,具多层垂向叠置的特点。河道底部一般具有阶梯状的底冲刷面,内冲刷面多平坦。河道充填物由含大量粉砂和泥的极细砂组成,粗粒物质很少,但可能含砾石、内碎屑和植物屑等。沉积物构造主要以大型—小型槽状交错层理为主,向上层理规模变小,变形层理常见。河道中局部可发育点坝。

废弃河道充填沉积:废弃河道充填主要发育于曲流河沉积体系中。河道废弃的方式包括:曲流截直、流槽截直和冲裂作用。由于截直方式不同,沉积状况有所区别。冲裂作用导致河流改道,原河道被废弃。这种被遗弃的古河道可能有其复杂的沉积和演化历史。曲流截直和流槽截直作用在曲流河体系中很普遍。在曲流或流槽截直的过程中,由于曲流颈被切开或流槽转变为新河道,被废弃的曲流河段形成牛轭湖。因曲流截直而形成的废弃河道沉积特点是在较粗粒的活动河道沉积之上突然被细粒的砂和粉砂沉积层所覆盖,具有小型交错层理,再上则为具细的水平纹层的暗色富含有机质泥质牛轭湖沉积,常含丰富的鱼类和其他淡水动物化石,在强还原条件下还有黄铁矿、菱铁矿结核的形成。泥岩中常夹有小波痕层理的细砂岩和粉砂岩薄层。牛轭湖沉积的厚度相当于废弃河道的水深,其形态和规模保持着原河道曲流环的轮廓。废弃河道充填沉积的晚期,易发生沼泽化,形成泥炭层。

(2)河道边缘及泛滥平原相组合:包括天然堤、决口扇、决口三角洲、泛滥平原细粒沉积、洪泛席状砂和泥炭沼泽等成因相。有些地区甚至还出现泛滥平原湖沉积。

天然堤沉积:天然堤是沿河岸分布的线状砂体,横剖面不对称,靠近河道处较厚,远离河道变薄,呈向岸外倾斜变薄的楔状体。它们是在洪水溢出河道时,水流分散、流速突然减小,搬运能力迅速降低,河水中携带的沉积物快速沉积形成的。天然堤成因相主要是由细砂及粉砂的互层组成,发育有各种小型波纹交错层理、爬升层理及水平纹理等。天然堤沉积物中常含有细小的植物茎碎片,有时见有潜穴和生物扰动构造。层面上可以发育雨痕、冰晶痕和泥裂(图 2-11)。

决口扇和决口三角洲沉积:决口扇是在洪水期由于天然堤决口,河水携带大量沉积物通过决口被冲到洪泛平原上形成的扇状沉积体。当决口扇进入泛滥平原小型湖泊时,则形成决口三角洲。持续的决口作用会在扇顶面发育决口河道,决口河道沉积以粒度粗、几何形态呈半透镜状为特征。决口扇的规模变化很大,小的决口扇从决口处到扇缘仅几十米至几百米,大的可达数十千米。决口扇沉积物一般要比天然堤沉积物粗,主要为各种粒级的砂。从决口处向扇缘颗粒逐渐变细,并具有向上变细的层序。决口扇沉积的沉积构造比较复杂多变,小波痕层理、爬升层理、槽状及板状交错层理均有发育,冲刷充填构造经常可见。沉积物中常含有许多植物碎屑,决口扇层序底部多具有明显的侵蚀面,与下伏洪泛平原泥质沉积呈突变接触。

洪泛平原沉积:洪泛平原分布在河道两侧地势低凹地带,只有在洪水泛滥时它们才被洪水部分或全部淹没掉。主要由洪泛席状砂、泛滥平原细粒沉积和泥炭沼泽组成,通常形成粉砂和泥质沉积交互的沉积层。层理类型主要是水平纹理及各种类型的小波痕层理。在粉砂岩夹层中多发育小型波痕交错层理、波状层理。由于生物扰动强烈,许多层理被破坏,生物扰动构造非常普遍。泛滥平原低洼地带可以发育小型湖泊、水塘和沼泽。除此以外,大部分地区在没有发生洪水泛滥时均暴露在地表,所以,气候对洪泛平原的影响很大。在潮湿气候区,雨量充沛,地下水面较浅,常有湖泊和沼泽发育。湖泊一般小而浅,生命期限短暂,形成水平纹理的泥岩,含有淡水软体动物、鱼类等化石,晚期易发生沼泽化。潮湿气候区的泛滥平原中沼泽分布很普遍,可以形成广阔的泥炭沼泽,是很好的聚煤环境。在干旱气候条件下,蒸发量很大,常发育有小的干盐池、钙结层和泥裂构造。

泛滥平原常见于曲流河和网状河沉积体系,其中网状河边缘的泛滥平原主要由沼泽、泥炭沼泽和小型湖泊组成,而辫状河沉积体系中泛滥平原沉积不发育。

3. 河流体系沉积的垂向序列

不同河流体系其垂向序列存在明显差异,图 2-12 概括了典型的曲流河和辫状河沉积序列。

经典的曲流河沉积层序由两部分组成,即"河流相二元结构"。下部组合由河道滞留沉积、点沙坝沉

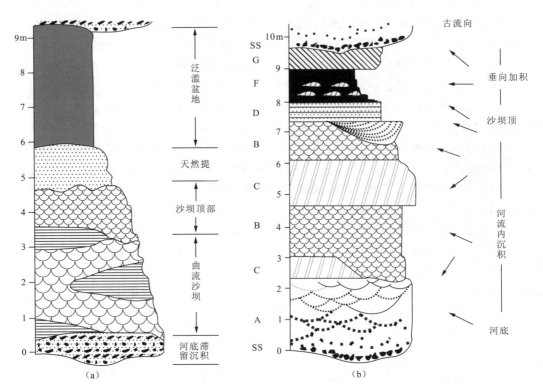

图 2-12 曲流河(a)和辫状河(b)沉积的垂向模式

积和天然堤沉积组成,即曲流河沉积的最底部为一个非常清晰的冲刷侵蚀面,直接覆盖在侵蚀面上的是河道底部滞留砾石相,向上过渡为发育有各种交错层理的点沙坝沉积,再向上过渡为细砂和粉砂为主的天然堤沉积。河道底部滞留沉积和边滩沉积均为河道侧向迁移时侧向加积的产物。天然堤相既有侧向加积,也有垂向加积。上述几个成因相构成曲流河垂向层序的下部单元。上部组合以细粒沉积物为主,即天然堤沉积之上主要是以垂向加积形成的洪泛平原相,沉积物以粉砂质泥岩和泥岩为主,其中常夹有多层决口扇砂质层,它们构成曲流河层序的上部单元。下部粗粒沉积与上部细粒沉积的垂向叠置,构成了河流沉积的"二元结构"。

与曲流河相比,辫状河在垂向层序上有以下特点:①河流二元结构的底层沉积发育良好,厚度较大,而顶层沉积不发育或厚度较小;②沉积物粒度粗,砂砾岩发育;③由河道迁移形成的各种层理类型发育,如块状或不明显的水平层理、巨型槽状交错层理、大型板状交错层理等。

(三)湖泊沉积体系

湖泊是大陆上地形相对低洼和流水汇集的地区。现在大陆表面上湖泊总面积只有 $250 \times 10^4 \text{ km}^2$,占全球陆地面积的 1.8%。我国现代湖泊的总面积也只有 $8 \times 10^4 \text{ km}^2$,不到陆地面积的 1%。我国较大的鄱阳湖、洞庭湖、青海湖等湖泊面积约有 $4000 \sim 5000 \text{ km}^2$。然而在中—新生代,湖泊非常发育,规模也较大,如古近纪渤海湾盆地湖泊面积达 $11 \times 10^4 \text{ km}^2$,早白垩世松辽盆地的湖泊面积高达 $15 \times 10^4 \text{ km}^2$,晚三叠世时期的鄂尔多斯盆地的湖泊面积达 $9 \times 10^4 \text{ km}^2$。

1. 湖泊类型

湖泊可从湖盆的成因、形态、自然地理景观、湖水含盐度和沉积物特点等不同角度进行分类。

按照含盐度可将湖泊分为淡水湖泊和咸水湖泊,并以正常海水的含盐度 35‰ 作为它们的分界线。另一种划分方案是按湖水盐度划分为四类:①湖水盐度小于 1‰,称为淡水湖;②湖水盐度 1‰~10‰,称为微(半)咸水湖;③湖水盐度 10‰~35‰,称为咸水湖;④湖水盐度大于 35‰,称为盐湖。

按成因可将湖泊划分为构造湖、火山口湖、冰川湖、河成湖(如鄱阳湖)、岩溶湖(石灰岩发育区岩溶作用形成的湖盆)、堰塞湖和风成湖等。在地质历史上存在时间较长、面积较大,最有研究价值的是构造湖。构造成因湖泊可进一步分为断陷型、坳陷型、前陆型三种基本类型。

2. 碎屑型湖泊相带的划分及其特点

碎屑型湖泊是指以碎屑沉积物为主,很少或基本没有化学沉积物的湖泊。这类湖泊虽然在干旱的内陆山间盆地中也有发育,但主要分布在潮湿气候区雨量充沛、地表径流发育的低洼地带。淡水注入量大,湖水盐度低,营养物质丰富,生物繁盛。沉积物主要是通过河流搬运来的源区基岩风化剥蚀的碎屑物质(砂和泥),只有极少数是以溶液形式搬运来的沉积物。碎屑型湖泊沉积物基本是外源的,内源沉积物仅有湖内生长或生活的动植物遗体或腐烂产生的有机物质。

湖泊相的划分主要是以湖水位的变化和湖水动力状况为依据。一般选用枯水面、洪水面和浪基面三个界面作为相带划分的界线。这三个界面反映了各相带分布位置、水深和水动力条件。根据这三个界面可以将湖泊相带划分为滨湖、浅湖和半深湖-深湖相(图2-13);半深湖与深湖亚相的划分以风暴浪基面为界面,有的湖泊还可分出湖湾亚相。湖泊内不同的湖泊成因相带发育不同的岩石组合,形成不同的砂体类型。

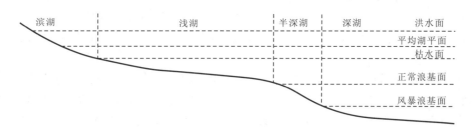

图2-13 湖泊相带划分示意图

滨湖沉积:滨湖相带位于洪水岸线与枯水岸线之间,其宽度取决于洪水位与枯水位的水位差以及滨湖湖岸坡度。砂质沉积是滨湖相带中发育最广泛的沉积物,它们主要是在汛期被河流带到湖中,又被波浪和湖流搬运到滨湖带堆积下来的。一般都具有较高的成熟度,分选度、磨圆度都比较好,其主要成分为石英、长石等。沉积构造主要是各种类型的水流交错层理和波痕。滨湖砂质沉积中化石较稀少,可有植物碎屑、鱼的骨片、介壳碎屑等,有时可见双壳类介壳滩。在细砂及粉砂层中常见有潜穴。

泥质沉积和泥炭沉积物主要分布在平缓的背风湖岸和低洼的湿地沼泽地带,沉积为富含有机质的泥和泥炭层,其中常夹有薄的粉砂层。泥质层具水平纹理,粉砂层具小波痕层理。有的湖泊泥炭沼泽极为发育,尤其是在湖泊演化的晚期阶段,整个湖泊可完全被沼泽化。所以滨湖相带又是重要的聚煤环境。

滨湖相带是周期性暴露环境,在枯水期由于许多地方出露在水面之上,常形成许多泥裂、雨痕、脊椎动物的足迹等暴露构造。因此,各种暴露构造的出现及沼泽夹层就成为滨湖沉积相带区别于其他相类型的重要标志。

浅湖沉积:浅湖相带指枯水期最低水位线至浪基面深度之间的地带。浅湖相带的岩性由浅灰、灰绿色至绿灰色泥岩与砂岩组成,在干旱带常见鲕粒灰岩和生物碎屑灰岩,炭化植物屑也是一种常见组分。砂岩常具较高的结构成熟度,多为钙质胶结,显平行层理、浪成波纹层理和中—小型交错层理等多种层理构造,此外还常见浪成波痕、垂直或倾斜的虫孔、水下收缩缝等沉积构造。

滨湖、浅湖相带处于波浪作用的高能地带,是砂体发育的主要场所。其中,滩坝是最常见的砂体类型。岩性组成上,滩坝砂体以粉细砂岩为主,沉积物成熟度高,具十分发育的生物潜穴、扰动构造、浪成波痕、干涉波痕、低角度(冲洗)交错层理、浪成波纹交错层理等沉积构造。在平面上,滩坝砂呈卵形或条带状,平行于湖岸线多排分布或位于水下隆起之上。在剖面上,滩坝砂表现为较厚层的、顶凸底平的透镜状或条带状，砂岩厚度较大，砂泥比值较高。

半深湖沉积：位于波基面以下水体较深部位，地处缺氧的弱还原—还原环境，实际上是浅湖相带与深湖相带的过渡地带，当湖盆面积较小，沉积特征不明显时，很难分出此相带。岩石类型以黏土岩为主，常具有粉砂岩、化学岩的薄夹层或透镜体，黏土岩常为有机质丰富的暗色泥、页岩或粉砂质泥、页岩。水平纹理发育，间有波状层理。化石较丰富，浮游生物为主，保存较好，底栖生物不发育，可见菱铁矿和黄铁矿等自生矿物。此外，浅—半深湖亚相带也是湖泊风暴可以波及的范围，相应地形成风暴砂体。

深湖沉积：位于湖盆中水体最深部位，在断陷湖盆中位于靠近边界断层的断陷最深的一侧。岩性总体特征是粒度细、颜色深、有机质含量高。岩石类型以质纯的泥岩、页岩为主，并可发育有灰岩、泥灰岩、油页岩。层理发育，主要为水平纹层。无底栖生物，常见介形虫等浮游生物化石，保存完好。黄铁矿是常见的自生矿物，多呈分散状分布于黏土岩中。岩性横向分布稳定，沉积厚度大，是最有利的生油岩发育地带。在许多深湖相带中，发育湖泊浊流沉积，同样具发育良好的浊流序列。

3. 碳酸盐岩湖泊相带的划分及其特点

碳酸盐岩湖是沉积碳酸盐矿物（最常见的是$CaCO_3$）的湖泊。除其富钙质沉积的特点外，在岩相分带、层序结构等方面与碎屑型湖泊非常相似。碳酸盐岩湖不同于盐湖，它可以形成于干旱半干旱气候区，也可以形成于温带气候区。湖相碳酸盐岩尽管在类型上和岩性外貌上与海相碳酸盐岩非常相似，但其形成条件和沉积环境与海相碳酸盐岩的情况却有很大差别，如湖面升降、湖水运动、湖区地形、生物繁衍和碎屑供给情况等都不同于海相。湖泊碳酸盐岩的形成还明显地受控于古气候、古水动力和古介质条件的变化。

有关碳酸盐岩湖泊相带的划分，不同学者从不同角度出发，提出了不同的划分方案。一般来讲，湖盆边缘相和湖盆相的沉积特点是有着明显差别的。碳酸盐岩沉积主要发育在湖盆边缘浅水地带，沉积类型有浅滩、生物礁、叠层石等，与海相相比沉积厚度较薄。由于碳酸盐沉积形成于湖盆边缘浅水环境中，在深水区域中较少，它们可向湖中心推进。

盐湖是沉积蒸发盐矿物的湖泊，并以硫酸盐和氯化物为特色。在干旱气候下，当湖水蒸发量大于湖区降雨量、四周地表径流和地下水输入量的总量时，湖水逐渐浓缩，盐度增高，达到某种盐类饱和度时便有某种盐类矿物析出。盐类矿物常按阴离子归纳成碳酸盐、硫酸盐和氯化物三大类，这亦大致代表了不同盐类的溶解难易和析出的先后顺序。意大利化学家Usiglio首先通过实验得到了这个沉淀序列。当卤水浓缩时，首先沉淀的是碳酸盐矿物（方解石），进而是镁质碳酸盐矿物（白云石）和石膏（$CaSO_4 \cdot 2H_2O$）沉淀，而后是石盐（$NaCl$）的沉淀，最后才是钾盐沉淀。在石盐开始沉淀时，湖水体积将缩小到碳酸盐沉淀时的1/100以下，但是，自然界的情况要比实验室的条件复杂得多。由气候波动和地表径流量变化引起的湖水盐度和pH值的变化都可使这个理想沉淀次序遭到破坏。湖水的淡化常导致早期沉淀的矿物发生溶解和被交代，许多矿物的沉淀也与pH值的变化有密切的关系，加之受物源影响，一个盐湖中也很难同时含有各种盐类。因此，在地层中见到的实际层序是比较复杂的。

渤海湾盆地东营凹陷内膏盐沉积最发育地区是在凹陷的北半部沉陷较深区，也是湖水最深的地带（图2-14、图2-15）。其中，卤化物分布在凹陷中央，向边部依次为硫酸盐和碳酸盐沉积物。这些盐类在平面上呈明显的同心环带分布（钱凯，1988）。

4. 湖泊相垂向序列及演化模式

对于湖泊来说，在其演化的不同阶段，由于构造、地形、物源和气候等条件的变化，湖泊相的结构形成亦随之变化。处于同一演化阶段的不同的湖泊类型，由于湖盆大小、湖水深浅、湖底与岸上地形等均有不同，沉积相的结构格式和湖泊相之间的关系有明显差别。因此，对于湖泊充填沉积物来说，其垂向序列和相组合型式也有较大变化。这种变化取决于区域构造活动、气候和物源等因素。

（四）湖泊（扇）三角洲沉积体系

冲积扇直接进积到湖泊形成湖泊扇三角洲，河流进积到湖泊中则形成湖泊三角洲。

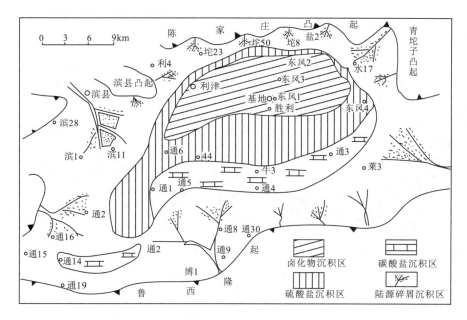

图 2-14 济阳坳陷东营凹陷砂四段中期盐湖相沉积区划分图（据钱凯，1988）

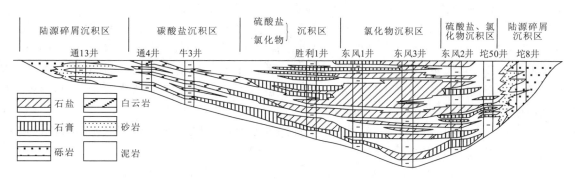

图 2-15 东营凹陷沙四段盐湖相沉积剖面图（据吴崇筠，1992）

1. 湖泊三角洲沉积特征

由于河流作用明显，湖泊三角洲的分流河道可以在湖泊中延伸很远，所以湖泊三角洲具有鸟足状形态。具有浅水性质的湖泊三角洲沉积体系在沉积构成上与密西西比河三角洲相似，它也可分为三大组合，成因相达16种之多（图2-16）。

（1）湖泊三角洲平原相组合特征：湖泊三角洲平原成因相类型复杂多样，但成因相的空间配置具有规律性。主要成因相有分流河道、废弃分流河道、天然堤、越岸沉积、三角洲平原小型湖、分流间湾、决口扇、决口三角洲和泥炭沼泽等。

分流河道沉积：是三角洲的骨架部分。平面上呈指状分布，剖面上为透镜状，其底界面为冲刷面。河道内部以大型槽状交错层理为主，向上层理规模变小。在湖泊三角洲沉积体系中其粒度最粗、杂基最少。

废弃分流河道沉积：位于分流河道上部，废弃平原沉积的下部。通常完整地保存了原始水道的透镜状形态。内部主要为富含有机质的泥岩充填，偶尔夹有决口砂体。

天然堤沉积：位于分流河道砂体旁侧，主要为细砂与粉砂或泥岩互层，偶尔可见根化石。其中攀升层理发育，攀升方向指向分流间洼地，向分流间洼地过渡为越岸沉积。

越岸沉积：位于分流间洼地边缘，为砂泥互层沉积，小型水流波痕纹理、波状层理及水平纹理发育，

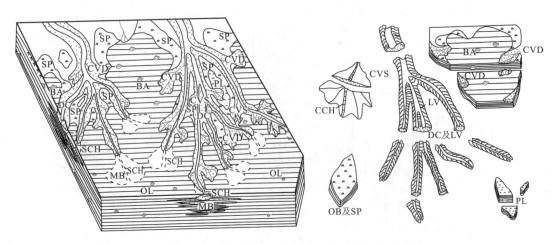

图 2-16 鄂尔多斯盆地东北部延安组湖泊三角洲沉积体系内部构成模式(据李思田等,1992)
DC:分流河道;LV:天然堤;CCH:决口河道;CVS:决口扇;CVD:决口三角洲;OB:越岸沉积;BA:分流间湾;
SP:沼泽;PL:三角洲平原小型湖;SCH:水下分流河道;MB:河口坝;OL:开阔湖泊

植物碎屑及根化石丰富。

三角洲平原小型湖:位于分流间洼地区,有水体覆盖,沉积物主要是富含有机质的黑色泥岩,水平纹理极发育,顺层面保存有大量较完整的叶化石,偶尔可见小型双壳类化石。

决口扇和决口三角洲沉积:位于分流河道旁侧、分流间洼地中,平面上呈扇状,剖面上呈板状或楔状,厚度一般为 1～3m。其顶底界面平整。决口扇具有特征的较大规模的低角度倾斜层,其倾向与决口扇的进积方向一致。当大量决口沉积物进入间湾或三角洲平原小型湖中时,即构成决口三角洲。其几何形态与决口扇相似,沉积构造以块状构造、小型水流波痕纹理为主,变形层理发育,其底界面处常保存有分流间湾中的大型双壳类化石,常与间湾泥岩共生。

(2)湖泊三角洲前缘相组合特征:湖泊三角洲前缘的主要成因相有分流河口坝、水下分流河道、水下天然堤和水下越岸沉积等(图 2-17)。

分流河口坝沉积:河口坝砂体通常与三角洲前缘泥互层,据两者所含比例不同,可将其分为近端河口坝、远端河口坝。典型的近端河口坝砂体呈透镜状,一般厚 0.4～0.5m,底部冲刷现象明显,前缘泥所占比例极小;远端河口坝砂体很薄,厚 5～8cm 不等,呈不连续的席状分布,前缘泥占有相当大的比例。河口坝砂体发育块状层理、小型水流波痕纹理、小型槽状交错纹理、变形层理等,河口坝砂体往往是多次决口事件的复合叠加体。

水下分流河道沉积:被包围于河口坝砂体之中,通常由一系列侧向叠置的透镜状河道单元组成。单个河道单元一般宽 20～35m,厚度 0.7～2m。其沉积构造或者以复合层理为主,或者以小型槽状交错纹理为主。与分流河道砂体相比,除了规模小以外,还具有冲刷能力弱、粒度细、杂基含量高、孔渗性低、钙质胶结发育等特征。

分流间湾:位于分流河道间,可以与开阔湖连通,通常为浅灰色泥岩,产大个体双壳类化石珍珠蚌(*Margaritifera*)等,叠锥发育。

(3)前三角洲相组合特征:前三角洲主要由开阔湖泊沉积组成,以深色泥岩为主,发育水平纹理,含少量菱铁矿结核,产小型双壳类动物化石。此外,前三角洲相中常见砂质重力流沉积的薄砂岩夹层,具有突然的界面和递变粒序,厚度一般数毫米至数厘米,反映洪水事件时以底流形式进入湖泊的碎屑沉积,常具大量潜穴。

在垂向上,湖泊三角洲具有先反粒序、后正粒序的基本特征。各种成因相的有序出现,显示了湖泊三角洲体系的明显进积过程。值得注意的是,湖泊三角洲体系的前三角洲沉积相对较薄,而且与三角洲前缘呈过渡关系(图 2-17)。

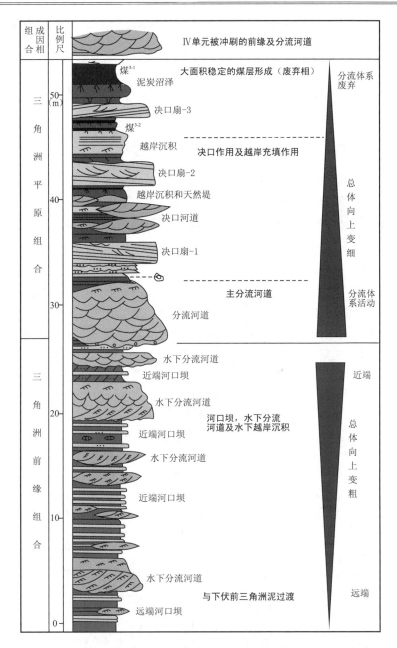

图 2-17 鄂尔多斯盆地延安组第Ⅲ成因地层单元湖泊三角洲垂向序列
(据李思田等,1992)

2. 湖泊扇三角洲沉积特征

扇三角洲沉积体系是由冲积扇提供物质并沉积在活动扇与静止水体分界面处的,全部或大部分位于水下的沉积体(Nemec 和 Steel,1988)。有些学者将冲积扇直接全部进入深水区的扇三角洲称为近岸水下扇(孙永传等,1979)。有些学者将扇三角洲划分为陡坡型和缓坡型,其中陡坡型扇三角洲中大部分沉积物为水下沉积(解习农等,1999)。不同的学者对扇三角洲亚相的划分方案是不同的。有人将发育于湖泊中的扇三角洲总体划分为顶积层、前积层和底积层。也有人将扇三角洲体系的成因相划分为扇三角洲平原组合、扇三角洲前缘组合和前三角洲沉积。

湖泊扇三角洲沉积与湖泊三角洲沉积相似,但在扇三角洲沉积中通常发育重力流沉积,即以极差的分选和磨圆以及杂基支撑的块状构造为特征的泥石流沉积,该沉积物不仅可以分布于扇三角洲平原,而且可以延伸到水下,形成水下泥石流沉积;此外,扇三角洲通常发育辫状水道沉积,它有时可以控制几乎整个扇三角洲平原。河道可以是单个的,也可以是多个透镜体的有序叠置,平面上通常向盆地方向分叉。

三、海陆过渡相沉积体系组

海陆过渡相沉积体系组包括三角洲沉积体系、无障壁碎屑滨岸沉积体系、障壁坝-潟湖沉积体系、河口湾沉积体系。

(一)三角洲沉积体系

当河水携带着大量沉积物流入一个相对静止和稳定的蓄水盆地时,在二者的汇合处沉积物将堆积下来,这个沉积体就是三角洲。如果蓄水盆地是浅海(或海湾、潟湖等),则称为海相三角洲。"三角洲"的现代概念是指在河流与海洋的汇合地区,在河流作用与海洋作用共同影响和相互作用过程中所形成的沉积物堆积体系。

1. 三角洲体系的分类

传统的三角洲分类一直是根据河流流量、波浪作用和潮汐作用三者的相对强度划分的(图2-18)。密西西比河三角洲是以河流作用为主的河控三角洲的典型代表;而巴西的圣弗兰西斯科河和非洲的塞内加尔河三角洲是浪控三角洲的最好实例(Coleman,1980);孟加拉国的恒河-布拉马普特拉河三角洲和马来西亚的巴生-朗加河三角洲是潮控三角洲的代表。

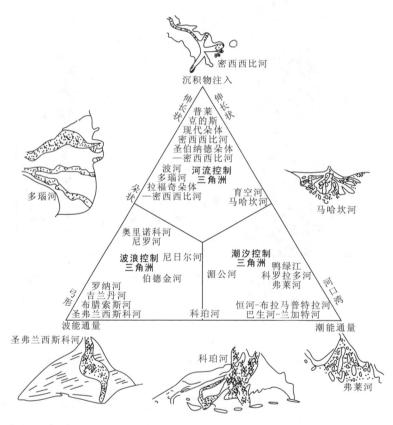

图2-18　三角洲类型的三端元分类(据Galloway,1975)

2. 河控三角洲体系内部构成与沉积特征

以河流作用为主的三角洲为河控三角洲。密西西比河三角洲是以河流作用为主形成的三角洲的一个典型实例(Coleman,1976,1980),它是鸟足状三角洲的典型,也是世界上研究最早、最详细的典范。

三角洲体系通常可以划分为三角洲平原相、三角洲前缘相和前三角洲相组合。

三角洲平原相组合：三角洲平原为近海的广阔而低平的地区，包括开始出现分流河道处至海岸线之间的水上部分。主要由一系列活动的和废弃的低弯度或辫状的分流水道以及水道间地区组成。水流两侧发育有天然堤。河间地带为低湿的泥沼、草沼和树沼等大片沼泽地，主要由分流河道、天然堤、越岸沉积、决口河道和决口扇构成。

分流河道是该环境的骨架部分，它向下游频繁分岔，是河水及其所携带沉积物的主要运移通道（图2-19）。分流河道被粉砂质的天然堤所限定，天然堤把分流河道与分流间湾隔开。洪泛期，洪水既可以越岸进入分流间湾形成越岸沉积物，也可以冲破天然堤形成决口扇，持续性的决口事件还可以形成决口河道，决口河道是未来分流河道的雏形（图2-20）。

三角洲前缘相组合：三角洲前缘呈环带状分布在分流河道的前缘地带，是三角洲的水下部分。三角洲前缘是河流的建设作用和海洋的破坏作用相互影响最激烈的地带。河流携带的沉积物堆积在这里；海浪、潮汐流和沿岸流能迅速对这些沉积物进行簸选、再搬运和再分配。主要由水下分流河道、水下天然堤和河口坝砂体组成。

水下分流河道是三角洲平原上分流河道的延伸，与分流河道相比其沉积物相对偏细。河口坝可以依距离河口的远近，细分为近端河口坝和远端河口坝。近端河口坝砂体发育频繁，厚度大，偶尔可见下

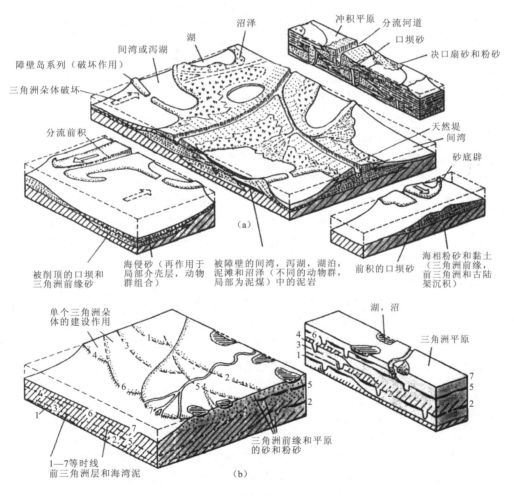

图2-19 河控三角洲模式图（据 Einsele，2000）

(a)为鸟足状三角洲（密西西比型）的相关相，有两支向海推进的独立的分支。三角洲前缘和河口坝砂为拉长的线型砂体。因此，三角洲平原的沉积可能直接残留在前三角洲沉积或间湾泥上。(b)为鸟足状三角洲和叠瓦状三角洲朵体的大型相构成单元，局部为浅水和深水沉积环境

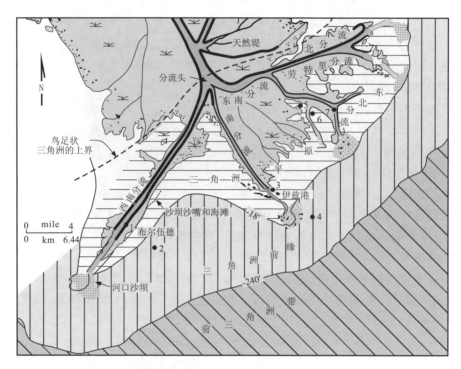

图 2-20　密西西比河鸟足状三角洲的沉积环境（据 Fisher,1961）

蚀的透镜状结构,在砂泥互层结构中,砂占有绝对比例；远端河口坝砂体厚度小,发育数量少,在砂泥互层结构中,泥占有绝对比例。

前三角洲相组合：前三角洲位于三角洲前缘的向海地带,与三角洲前缘的分界线大致在正常波基面附近,基本上不受浅水波浪的干扰。河流携带的悬浮质绝大部分在这里沉积,沉积速率较快,形成向海盆底部缓慢倾斜的、范围广阔而平坦的泥质海底。沉积物主要是黏土和细的粉砂。在特大洪水期间可能有细砂沉积,但数量很少。沉积构造基本上是水平纹层,偶见透镜状层理。小型波纹层理和波痕多发育在粉砂夹层中。生物主要为广盐度生物,如介形类、双壳类、有孔虫等。常见有生物潜穴和遗迹,数量多时可将层理扰乱,形成块状构造。在洪泛期,由于分流河道中的水体能量大,它可以把所携带的沉积物搬运到前三角洲地区沉积,这些沉积物往往具有重力流沉积特征。

通常认为,三角洲垂向序列具有反粒序特征。实际上,向上变粗的反粒序主要表现在从前三角洲到三角洲前缘相内,而在三角洲平原相内通常具有正粒序。所以三角洲垂向序列应该是先变粗,再变细,即反粒序＋正粒序。值得强调的是,三角洲的反粒序并不是指单个河口坝砂体具有由下向上粒度逐渐变粗的序列,事实上具有正粒序的河口坝砂体更为常见。三角洲的反粒序可以理解为从前三角洲到三角洲前缘相,砂岩（主要为河口坝）越来越多,而且厚度越来越大；相反的,泥岩渐少,厚度渐薄。

3. 浪控三角洲体系内部构成与沉积特征

浪控三角洲也可以依据其形态称为尖头状三角洲或朵状三角洲。在强波浪作用条件下,河口坝沉积被不断地改造成为一系列叠加的滨岸坝,这些坝可以在最终的沉积地层中占完全的优势[图 2-21(a)]。砂体趋于平行岸线分布,而河控三角洲与其恰恰相反,砂近于垂直岸线分布（陈钟惠,1988）。

波浪真正控制的是三角洲前缘部分。在河流、波浪相互作用下,三角洲前缘以比较平直的尖头或弧形海滩岸线沉积为特征。在分流河口附近出现的局部突起部分是由河口沙坝组成的,河口沙坝在波浪的改造下重新分配,与侧翼的海滩脊相连。三角洲的进积作用是通过海滩脊的加积作用和河口坝的进积作用完成的。

Oomkens(1967)和 Galloway 等(1983)对罗纳河浪控三角洲垂向序列作了描述：最底部为泥质或粉

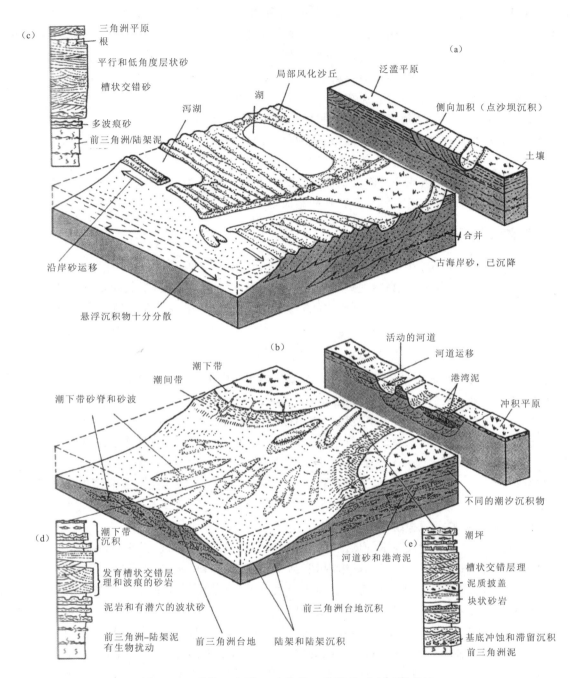

图 2-21 浪控三角洲(a)和潮控三角洲(b)的概念化模式

(c)为不断前移的前滨/沿海砂脊障壁的垂向剖面,(d)和(e)为港湾状河道充填和潮控三角洲的前三角洲台地上潮汐砂脊的垂向剖面[(a)、(b)和(d)据Einsele,2000;(c)和(e)据Galloway和Hobday,1983]

砂质的前三角洲和陆棚沉积;向上过渡为海滩-障壁沙坝远端部分的泥、粉砂和砂互层;再向上过渡为海滩-障壁沙坝的主体部分,该部分以砂质沉积为主,下部为槽状交错层理,上部为低角度的海滩冲洗交错层理;顶部通常是三角洲平原的沼泽和泥炭沼泽沉积,有时出现分流河道。

4. 潮控三角洲体系内部构成与沉积特征

潮汐作用影响着潮控三角洲的发育。随着潮差的增大,潮流加强了对分流河口坝的改造,并导致底负载沉积物的重新分配。与波浪作用不同,受潮汐影响所发生的沉积物搬运基本上是顺沉积倾向的。

分流河口坝被改造成为一系列伸长状的,由河口延伸到水下三角洲前缘的沙坝。所形成的三角洲平原被描述为不规则状的或港湾状的[图 2-21(b)],也有称为河口湾环境(estuary)。

潮汐活动的影响不仅限于三角洲前缘地区,有时还可以深入到三角洲平原区,从而形成潮控的三角洲平原。在具有中到高潮差的地区,潮流在涨潮时侵入分流河道,漫溢河岸,淹没分流间湾。在潮汐平静时期,这些潮水就暂时积蓄起来,然后在退潮时退出去。因此在分流河道的下游以潮流沉积为主,主要为平行河道走向排列的线状砂脊。而在分流间湾则以潮间坪沉积为特征(Elliott,1978)。因此,潮控三角洲前缘往往以具有从分流河口向海洋一侧呈放射状分布的砂脊为特征。

潮控三角洲的垂向序列具有以下特征:其底为前三角洲的泥,中部三角洲前缘部分为一向上变粗的反粒序,中下部为扰动构造发育的泥、粉砂和砂互层,中上部为潮流砂脊及砂脊间沉积物,通常具有双向交错层理、冲刷面和泥盖层组成的砂质沉积物。顶部为潮坪和潮道相(或受潮汐流控制的分流河道相),潮道或分流河道常具有双向交错层理,其底有冲刷面,有时可下切到前三角洲中。

(二)无障壁碎屑滨岸沉积体系

碎屑滨岸带(海岸带)是指由浪基面(平均深度为 10m,但变化很大)向上延伸到河流滨岸平原、阶地、陡崖边缘的这样一个狭窄的、高能的过渡环境。在无障壁碎屑滨岸带,视其能量的大小形成不同碎屑堆积。高能的海岸可形成砾质堆积(砾质岸线),中能的海岸可形成砂质堆积(砂质岸线),而在低能情况下则形成泥质海岸沉积(泥质岸线)。

1. 无障壁砂砾质滨岸内部构成与沉积特征

在相对高能环境可形成砂砾质碎屑滨岸。无障壁碎屑滨岸由陆向海依次包括滨岸风成沙丘、后滨、前滨、临滨成因相。临滨向海逐渐过渡为远滨或陆架区。

滨岸风成沙丘沉积:指后滨带以上经风的作用改造而成的低沙丘堆积。以分选性好的细—中粒砂为特征,具大型风成沙丘交错层理,前积纹层相对陡,可达 30°~40°,但也有低角度或水平的纹层状单元发育。

后滨沉积:位于平均高潮线以上,只有在特大风暴或异常高潮期间才受到波浪作用的平坦地带。主要沉积物是具有水平纹理的砂,有时也有低角度的交错层系。一般在高潮线附近发育海滩脊,主要由砂、砾和介壳碎屑等粗粒沉积物组成。

前滨沉积:位于平均高潮线与平均低潮线之间逐渐向海倾斜的地带。以平行层理和海滩冲洗交错层理砂岩为特征,沉积物主要由纯净的砂组成,磨圆度和分选性均较好,有时有重矿物富集,有时有生物贝壳及其碎片形成贝壳滩。前滨带可有一个或多个大致平行于岸线分布的沿岸沙坝,沙坝呈不对称状,并形成纹层向陆较陡向海较缓的沿岸沙坝交错层理。

临滨沉积:又称近滨或滨面,指从平均低潮线至浪基面之间的地带。一般将临滨带划分为下、中、上临滨三个亚环境。下临滨通常由砂、粉砂和泥的薄互层组成;中临滨为大型交错层理的砂岩,夹风暴沉积物,常见风暴沉积物序列是底部为贝壳和砾石滞留沉积、下部为块状砂岩或平行层理砂岩、上部为具波痕纹理和生物潜穴的沉积;上临滨为大型槽状交错层理的砂岩。

无障壁砂砾质滨岸垂向序列:在地层记录中,最容易保存下来的是朝海推进的海滩面沉积。在海退情况下很容易发生岸线向海推进序列。在海平面稳定时期,由于沉积物的堆积也会造成各种成因相依次向海移动。即使在海侵情况下,如果有大量物质供给,其堆积速度超过海侵速度,也可能形成滨线向海推进序列。总的来说,具有由下向上变粗的特点,即临滨沉积覆盖在远滨沉积之上;前滨沉积覆盖在临滨沉积之上;而前滨沉积又被后滨沉积所覆盖。

2. 无障壁泥质滨岸内部构成与沉积特征

在相对低能环境可形成以潮汐作用为主、波浪作用为辅的泥质碎屑滨岸,即形成广阔的潮坪沉积体系。这类潮坪是占据广阔的滨岸地区并构成独立岸线类型的地区,也包括由 Reineck 等(1973)所描述的那类面向开阔海的多湾海岸带的潮坪。潮坪出现在波浪能量低的中潮和大潮差地区,在这些地区潮坪占据着滨线的广阔地区,或形成于河口湾和潮控三角洲的沿岸带。

潮坪环境包括潮下带、潮间带和潮上带沉积及与其密切共生的潮道沉积物。

潮道沉积:通常为含介壳类碎片的较粗的砂和大量泥砾堆积在水道底部,形成潮道底部滞留沉积,向上为砂泥质的潮道充填物。根据岩性特征可分为砂质潮道、砂泥质混合潮道和泥质潮道,其变化发生在由海朝陆的方向。在潮道砂质沉积物中,一般具有双向交错层理(羽状交错层理),但由于涨、退潮流的能量不同,双向交错层理可以以一个方向为主,有时有因主要流向的水流改造而出现由单向交错层理组成并具有多个再作用面的砂层(Clifton,1982)。

潮下带沉积:主要由潮道的沙坝和浅滩沉积物组成,是以砂质为主的沉积。由于潮流能量大,再加上波浪作用,故既发育大型交错层理,也有波痕纹理和平行层理发育。

潮间带沉积:由海向陆依次划分为沙坪、混合坪和泥坪三个部分。沙坪位于低潮线附近,以砂质沉积为主,发育大型板状或楔状交错层理和羽状交错层理,有时见有再作用面和冲刷-充填构造。混合坪由薄层的砂泥互层组成,其中发育脉状、波状、透镜状层理和砂泥互层层理。黄姫和等(1985)在东海现在潮坪发现潮间带广泛发育潮汐周期层序,如递变式周期层序(α型层序)、规律间隔层组式周期层序(β型层序)。泥坪位于高潮线附近,沉积物主要为泥(或黏土)和粉砂,发育水平纹理、块状层理和波状交错层理,并可见泥裂和植物根。

潮上带沉积:位于平均高潮线之上,为咸水沼泽(盐沼)沉积以及粉砂和黏土的纹层互层,由于生物扰动、植物根系穿插和发育结核,使原生沉积构造大都被破坏。

潮坪沉积体系垂向序列:在古代沉积物中最为常见的是进积型碎屑潮坪序列,自下而上依次为潮下带砂质沉积,潮间带的沙坪、混合坪和泥坪沉积以及潮上带泥质沉积,总的趋势是向上变细。潮间带沉积物的厚度通常可以反映沉积时该地区潮差大小。由于潮坪环境的复杂性,在不同部位所观察到的垂向序列有相当大的区别,特别是在有潮道沉积物存在的情况下更是如此。陈钟惠(1988)在山西省太原组发现这种碎屑潮坪沉积体系广泛分布(图2-22)。这种碎屑潮坪沉积环境是在大面积分布的潮下带灰岩(部分地段为潮砂脊)的基础上,在海退过程中发育而成的。潮间沙坪沉积由分选好、成熟度极高的砂岩组成,局部地区砂岩底部含石英细砾岩及灰岩碎块,并有定向排列的化石碎块等滞留沉积;潮间混

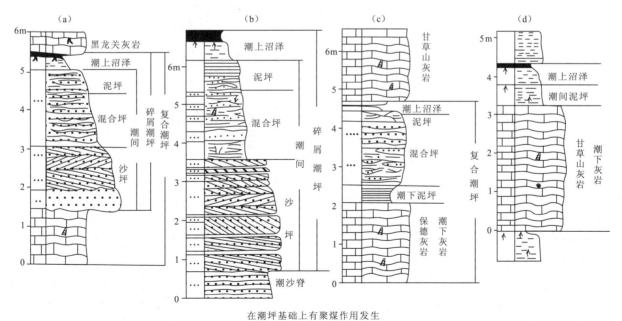

(a) 船窝剖面; (b) 一平垣剖面; (c) 甘草山剖面; (d) 163号孔

图2-22 山西河东煤田南部乡宁矿区太原组中常见的潮坪垂向序列(据陈钟惠,1988)

合坪沉积由灰色泥岩和石英细砂岩的薄互层组成,向上泥质逐渐增加,发育透镜状、脉状、波状层理和砂泥互层层理;潮间泥坪沉积由泥岩和粉砂岩组成,有大量的生物扰动构造和少量植物根化石。

(三)障壁坝-泻湖沉积体系

当海岸区发育平行海岸的、狭长形的、高出水面的砂体时,受障壁的遮挡作用,与其后封闭或半封闭的浅水洼地联合构成障壁坝-泻湖沉积体系。它由三部分组成:与海岸近于平行的一系列障壁坝,障壁坝后的潮坪和泻湖,切穿障壁坝并将泻湖与广海连通的入潮口及其两侧的潮汐三角洲(图2-23)。

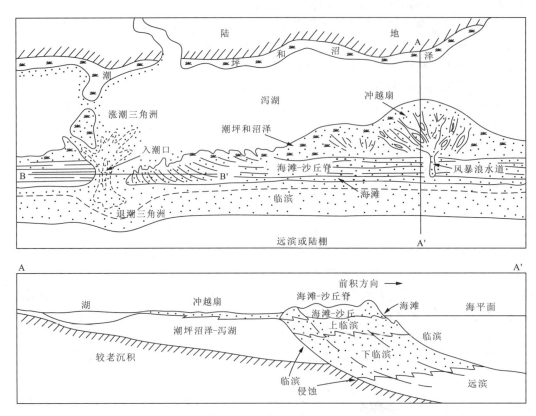

图2-23 障壁坝-泻湖体系平面图及剖面图(据McCubbin,1982)

1. 障壁坝-泻湖沉积体系内部构成与沉积特征

障壁坝沉积:是平行海岸、高出水面的狭长形砂体,以其对海水的遮挡作用而构成泻湖的屏障。当水下沙坝或沙嘴等在波浪作用下继续堆积以至充分露出水面时,便发展成障壁岛。或者原来的海滩或沙丘脊,当海侵发生时,它们逐渐与大陆分开,沙丘脊随着海平面上升继续向上生长形成障壁坝,其后则形成泻湖和潮坪。

障壁坝沉积物包括临滨、海滩(前滨和后滨)、风成沙丘和风暴冲越扇等成因相。临滨、海滩(前滨和后滨)、风成沙丘沉积特征在碎屑滨岸沉积已经描述,所不同的是,那里的海滩面是直接和陆地相连,而这里却以障壁坝后泻湖与陆地相隔。风暴冲越扇位于障壁坝朝陆一侧,当风力造成的风暴涌浪越过障壁坝时,形成了延伸入泻湖的朵状或席状砂,或称为冲越扇(washover fan)。风暴冲越扇沉积厚度不大,由几厘米到一两米。在平面形态上,它们呈伸长状、半圆状、朵状、席状或面状,宽数百米,垂直于岸线。这些风暴冲越扇复合体则可达数千米宽,造成了覆盖障壁坝内侧广大地区的冲越坪。通常是细—中粒砂岩,具有近水平的纹理和小到中型的交错层理。

入潮口和潮汐三角洲沉积:入潮口为连接泻湖与外海的通道,故又称主潮道,是由与障壁坝呈垂直或斜交的潮流作用形成的。入潮口最底部通常为深切侵蚀面,其上不规则地分布着砾石和贝壳碎片。

大部分入潮口在其下部以退潮流作用为主，形成大型面状交错层理，并受到涨潮流的改造而出现再作用面，中部以双向的底形和交错层为特征，而在入潮口边缘浅部则以涨潮方向的、较小规模的底形为特征，再往上通常出现的是海滩冲洗交错层理。

潮水在入潮口两侧出口处因流速突然降低而形成潮汐三角洲，并在朝陆一侧形成涨潮三角洲，朝海一侧形成退潮三角洲。涨潮三角洲由于是在障壁坝朝陆一侧沉积的砂体，故较少受到波浪和风力作用的影响，以单向的（涨潮或退潮方向）或双向的交错层理占优势；退潮三角洲堆积在朝海一侧，除涨、退潮流外，还受到沿岸流、波浪等多种因素的影响，常出现多方向的交错层理，而且其沉积构造变化较大。

潟湖及潮坪沉积：潟湖是障壁坝后在低潮时还充满残留海水的浅水盆地。潟湖沉积以泥和粉砂为主，通常含较多的钙质，有时发育透镜状或薄层的石灰岩。以水平纹理为主，有时层理不明显。常见菱铁矿结核及星散黄铁矿，有保存程度不等的植物化石。动物群有明显的特化现象，与正常海比较显得非常单调，而且生物出现畸形，如个体变小、钙质外壳显著变薄。

潮坪是潟湖周围一片宽而平坦的地带，其沉积物平行于岸线分布，可分为潮下带、潮间带的沙坪、混合坪和泥坪以及潮上带。

2. 障壁坝-潟湖沉积体系垂向序列

根据障壁坝形成演变及其迁移特征，可将障壁坝-潟湖体系垂向序列划分为三种类型：即海退型、海侵型和加积型。

海退型障壁坝以加尔维斯顿（Galveston）岛模式（Bernard 等，1962）为代表，这是一种渐进型序列。在沉积区缓慢下沉的情况下，障壁坝沉积逐渐向海移动，形成自下而上粒度变粗的序列，由粉砂到细砂或中、细砂组成，代表了由远滨到临滨、到海滩和风成沙丘的环境变化。Reineck 等（1973）描述的海退型模式中潟湖沉积物大面积覆盖在障壁坝沉积物之上。

海侵型障壁坝出现在海平面相对上升的情况下，其特点是障壁坝沉积物覆盖在潮坪、潟湖沉积物之上，而障壁坝沉积物又被远滨沉积物所覆盖。当然，在缓慢海侵背景下，一种情形是，障壁坝砂部分地甚至全部地被剥蚀、破坏，可能只留下代表海岸侵蚀作用的经过改造的滞留沉积物；另一种情形是，当海平面快速上升时，岸线呈阶梯式地朝陆地方向退去，而老障壁坝则基本上在原地被掩埋。

加积型障壁坝是一种比较特殊的情况，即当沉积速度与海平面上升速度保持平衡时，障壁坝在原地增厚，德克萨斯州帕德尔（Padre）岛就是一个实例。这类障壁坝仅代表一个短暂时期的产物，在地质历史中极为少见。

四、海相沉积体系组

海相沉积体系组包括浅海沉积体系、陆坡及深海沉积体系。根据沉积岩原始物质的不同，可分为碎屑岩沉积和碳酸盐岩沉积。这里重点介绍碎屑岩海相沉积。

(一)浅海(陆架)沉积体系

浅海环境包括近滨外侧至大陆坡坡折之间的部分，亦常称为陆架(shelf)或陆棚，以具有缓斜坡为特征，其分布范围从浪基面附近到大陆坡坡折处（平均约200m）(图2-24，图2-25)。浅海的宽度变化取决于它们所处的板块构造背景(Shepard，1973)。沿转换断层和裂谷盆地边缘的陆架一般较窄，但某些夭折裂谷和拗拉槽却含有巨厚的陆架层系。某些聚敛大陆边缘，离散的、后缘的或被动的大陆边缘，还有与大洋相通的克拉通拗陷的大陆边缘，往往都具有广阔的浅海相带。

浅海（陆架）的水动力条件复杂多样，其中最有效的搬运推移沉积物的陆架作用与潮流、风暴流和风成海流有关。潮流和风暴作用对内陆架的影响最大，而水体的密度分层和大洋环流则影响外陆架。按主要的浅海陆架的优势水动力条件，Swift(1971)将浅海(陆架)划分为：潮控陆架、风暴浪控陆架和海流控陆架。

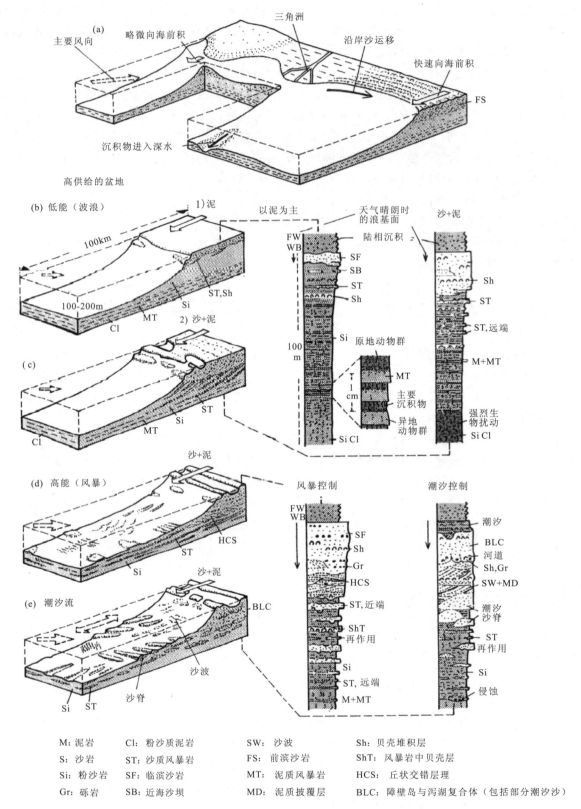

图 2-24 高沉积物供给区的浅海沉积体系特征(据 Einsele,2000)

(a)为高沉积物供给区的浅海沉积;(b)和(c)为相模式——低能快速前积(海退)形成的垂向沉积序列;(d)为浪控盆地;(e)为潮控盆地。所有的盆地均接受大量陆源碎屑物供给,(b)以泥为主,(c)和(e)为砂和泥

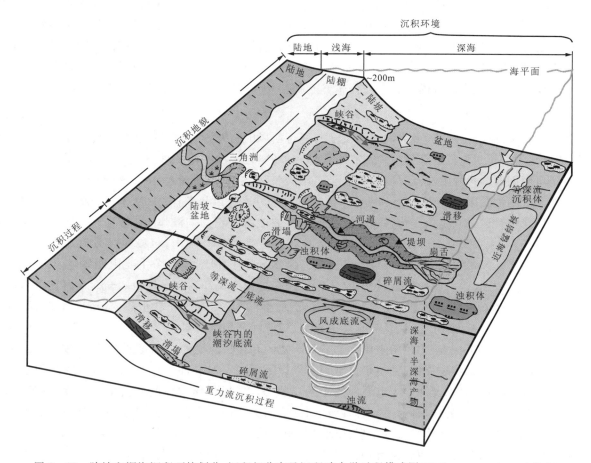

图 2-25 陆坡和深海沉积环境划分、沉积相分布及沉积动力学过程模式图(据 Shanmugam,2003,有修改)

1. 潮控陆架内部构成与沉积特征

潮流作用可以是永久的。陆架的潮汐与月球和地球、太阳和地球之间的万有引力所产生的半日、全日、双周和长期海平面变化有关。由于潮波是从开阔大洋传播到陆架上的,所以它在向岸方向越来越变得不对称,而且有涨潮流速超过退潮流速的趋势,从而导致沉积物向陆搬运和沉积;也可能作为前进潮波沿海岸运动(Mofield,1976)。在每两周一次的大潮期间,尤其是在得到每半年一次的强潮叠加时,潮差和共生的潮流最大。潮流速度的变化随水深变浅而增大。由于地球自转产生的科里奥力效应可使潮流经常改变方向,使水质点在平面上沿着椭圆形的路线前进,形成回转潮流。回转潮流在北半球多为逆时针方向旋转,南半球多为顺时针方向旋转。

潮控陆架沉积物有砾、砂、泥。按照沙砾体形态、规模、内部构造,可以分为大型纵向沉积底形的沙垄、潮流沙脊,中小型横向沉积底形的沙波和沙纹[图 2-24(e)]。

沙垄沉积:主要发育在砂级沉积物供应不足、潮流流速大的海区,形成平行潮流方向的纵向砂体。常由长达 15km、宽 200m、厚度不超过 1m 的沙垄和沙带组成,其间为砾石条带。沙垄发育水深一般在 20~100m 之间。

陆架沙波(横向底形)沉积:是一种大型横切主潮流的横向坝体,形成于富含砂质的潮控陆架。波长范围在几十米到几百米之间,波高在几米到十几米之间。沙波的形态可以是对称的或不对称的,不对称的沙波主要由双向潮流强度不等造成。波脊可以由长而平直过渡到弯曲并断开,方向不断变化的潮流可以在沙波上形成一系列低角度(5°~15°)再作用面,可形成多种交错层理。

陆架沙脊(纵向底形)沉积:沙脊不管是由潮汐形成的(Houbolt,1968),还是完全与风暴有关(Swift,1976),都是平行于或近平行于最大潮流方向的水下凸起沙坝。沙脊一般高 10~15m,最高可达

40~50m，宽约几百米，长则达几千米到几十千米，长宽比通常大于40:1，脊线平直或弯曲。按分布特征潮流沙脊可分为：平行海岸的潮流沙脊、岸外放射状潮流沙脊、河口湾潮流沙脊、海峡潮流沙脊。潮流沙脊通常由分选良好的细—中砂组成，发育双向或多向交错层理、再作用面，常见薄的黏土夹层，在底部冲刷面之上常含有贝壳碎片或砾石等组成的滞留沉积。在以风暴为主的美国东海岸外，许多沙脊平行或斜交岸线，它们在很大区域内彼此平行分布，沙脊间距随陆架变深而增大（Swift，1973，1977）。

2. 风暴浪潮控陆架内部构成与沉积特征

现代风暴浪潮浅海（陆架）多为陆缘海及面向盛行西风的陆架，如白令海、我国南海陆架。在正常天气时，波浪除了对浅水淹没的滨外坝顶部有影响外，对陆架几乎没有什么影响。而季节性的或周期性的台风或飓风所引起的风暴浪波及深度远远大于正常天气的波浪，一般超过40m，最大可达到200m。风暴作用能产生两种结果：①7级以上台风所形成的常见事件——风暴潮；②由时速大的飓风产生的罕见事件——风暴流。风暴潮是由于传播速度巨大的风暴波能将海水涌向滨岸，使潮面上升形成的。一般的风暴潮高差在6m以上。强大的向岸风暴潮流主要发生在潮坪环境内，可以越过障壁岛或后滨上部的风成沙丘地带。风暴潮流的性质接近于牵引流。风暴流是一种罕见事件，主要由飓风或强台风（9级以上中纬度的冬季风）等引起的回流、振荡水流产生的一种向海流动的高密度重力流。与真正重力流不同的是波浪作用较强。风暴流主要发生在小于200m的浅海中，在30m左右水深处最常见，即主要限于正常浪基面与风暴浪基面之间。风暴流具有能量大、持续时间短的特点。

风暴沉积具有如下特点：①物质来源大部分是原地的和接近原地的。风暴来临时，出现猛烈的风暴浪高能事件对陆架沉积物表层（主要位于正常浪基面以下）进行冲刷，冲刷过程中一些海底沉积物表面和内部的生物、生物介壳以及泥砂等离开海底呈悬浮状态。②风暴属波控的紊流事件。波浪作用一般比较固定，并局限在一定的区域内。因而风暴期间的侧向搬运往往是次要的，无论在搬运距离和速度上都不如浊流和洪流。③风暴沉积过程是侵蚀到再沉积的改造过程。风暴沉积从高峰到衰退期，表现为高能到低能的变化，即侵蚀作用到再沉积作用的过程。④风暴沉积物，粗屑局部集中，韵律性增强以及较粗屑分布不连续。风暴高峰时粗粒、细粒物质呈悬浮状，一旦风暴衰退就立即发生分异，首先粗屑（滞留沉积物）堆积在侵蚀凹坑中，以后逐渐沉积细粒物质，构成明显的韵律层（余素玉，1985）。

风暴沉积的识别标志有：①侵蚀构造。侵蚀构造多种多样，有袋状、两边坡一陡一缓的槽状、两边坡对称的沟状、波状、微波状和平坦状等。其中袋状构造为风暴流冲刷所特有。在侵蚀面状构造之上充填有与下伏物质成分接近的滞留物质，这是风暴沉积的基本特点。②浪成沉积构造。风暴衰减之后，余波的振荡既可形成丘状交错层理，亦可形成浪成波痕。在有水流振荡的场所均可形成丘状交错层理，所以丘状交错层理不能作为判别风暴沉积的唯一标志，尽管它在风暴沉积中是重要的。③多向水流标志。压刻痕的方向变化大或指示相反方向。④特殊的岩层。介壳缩聚层，其中生物有拖泥现象，泥的成分与下伏地层沉积一致。⑤垂向序列。风暴流分近岸序列和远岸序列两种。近岸序列发育于内陆架，其底部为起伏的侵蚀面，之后出现滞留段、纹层段和泥岩段。位于外陆架的层序底部侵蚀面平坦，其上的三段式明显，所不同的是纹层段中以水平纹理为主，整个层序的厚度较薄（余素玉，1985）。

3. 海流控陆架内部构成与沉积特征

海流对大陆架碎屑沉积亦存在影响，通常包括风成海流和半永久性洋流。

风成海流：风对水面的剪切应力产生单向海流，但由于受科氏力影响，这种海流稍偏离海面的风向。持久的海流是伴随季风体系出现的。最强的风成海流是伴随向岸风或沿岸风出现的。沿岸风往往产生大致平行陆架边缘流动的单层海流体系。在华盛顿-俄勒岗陆架上，这种单向海流流速超过80cm/s，并能搬运砂和粉砂（Sternberg和Larson，1976）。向岸风能产生双层海流体系，其上层向陆流动，而下层向海流动（Forristall等，1977）。这些海流与波浪联合作用有助于挟带沉积物，同时也可能加强或减弱潮流。

半永久性洋流：一些陆架的外部受到主要大洋环流的影响。印度洋西部的厄加勒斯洋流产生持续的单向流,它沿非洲南部外陆架向南流动(Flemming,1980),其速度足以搬运大量的推移质沉积物,其中一些沉积物倾泻到海底扇峡谷的沟头。太平洋东北部陆架上的洋流随季节而变化,而且方向相反,这些洋流虽弱,但在冬季可以因风暴浪和潮汐或风成海流而得到增强,因此能搬运悬浮物(Johson,1978)。

总体来讲,对海流控浅海陆架沉积的研究还比较少。近年来,海洋调查逐渐发现一些外陆架区发育等深流沉积物。如意大利 Pantelleria 远滨零星发育等深流剥蚀区和沉积区(Martorelli 等,2010)。

(二)陆坡和深海沉积体系

陆坡和深海沉积体系位于陆架坡折以外相对深水的地方。陆坡为陆架坡折之下至深海盆地之间的过渡海域,也称为半深海。陆坡相对于陆架和深海盆地而言是坡度较陡的区域,典型坡角为 $1°\sim3°$,局部地区接近 $10°$。深海是指陆坡坡脚以外或水深大于 500m 的深水区域或深海平原,包括海沟和海槽。

陆坡和深海沉积区除悬浮沉积外,还受重力流、等深流、内波、内潮汐等作用形成一些复杂的沉积物。较为常见的沉积物包括深水重力流沉积(块体流、浊流)、等深流沉积、深水峡谷沉积、海底扇沉积、陆架泥和深海软泥沉积等成因相(图 2-25)。

1. 深水重力流沉积特征

深水重力流沉积物广泛发育于陆坡环境,甚至延伸到深海平原。

深水重力流沉积是由重力推动的含有大量碎屑物质的高密度流体。重力流分类显示从岩崩、滑坡、块体流到流体流在力学性质上构成了弹性、塑性、黏性块体运动过程的连续统一体(表 2-4)。

表 2-4 根据力学性质划分的块体搬运类型(据 Nardin 等,1979)

块体搬运作用			力学性质	沉积物搬运和支撑机理	沉积物构造
岩崩				沿较陡的斜坡以单个碎屑自由崩落为主,滚动次之	颗粒支撑的砾岩,无组构,在开放网络中杂基含量不等
滑坡	滑动		弹性	沿不连续剪切面崩塌,内部很少发生形变或转动	层理基本上连续未变形,可在趾部和底部发生某些塑性形变
	滑塌		塑性界限	沿不连续剪切面崩塌,伴有转动,很少发生内部形变	具有流动构造,如褶皱、张断层、擦痕、沟模、旋转岩块
沉积物重力流	块体流	岩屑流	塑性	剪切作用分布在整个沉积物块体中,杂基支撑强度主要来自黏附力,次为浮力,非黏滞性沉积物由分散压力支撑,高浓度时流动呈惯性,低浓度时流动呈黏性。一般发育在较陡的坡度	杂基支撑,随机组构,碎屑的粒级变化大,杂基含量不等,可有反向粒级递变、流动构造、撕裂构造
		颗粒流 惯性黏性	流体界线		块状,长轴平行流向并有叠覆构造,近底部具反向递变层理
	流体流	液化流	黏性	松散的构造格架被破坏为紧密格架,流体向上运动,支撑非黏性沉积物,坡度>3°	泄水构造、砂岩脉、火焰状—重荷模构造、包卷层理等
		流化流		孔隙流体逸出支撑非黏性沉积物,厚度薄(<10cm),持续时间短	
		浊流		由湍流支撑	鲍马序列等

形成沉积物重力流通常需要具备如下条件:充足的水深,足够的坡度角和密度差,充沛的物源和一定的触发机制。在大陆坡沉积区,沉积物通常不稳定,地震、海啸、风暴浪、滑坡崩塌等均能造成大规模

水下重力流沉积。Middleton 和 Hampton(1973,1976)按支撑机理将水下重力流沉积物划分为 4 类,即泥石流、颗粒流、液化流和浊流。①水下泥石流:沉积物(通常包含很多粗碎屑)和水的混合物,由于重力向下坡运动,内部剪切面提供了运动的条件,块体流内部变形,失去原来的物质联结关系,颗粒靠杂基支撑。②颗粒流:由于粒间碰撞形成的扩散应力支撑颗粒,颗粒流常常含较粗大颗粒,沉积物粒度范围可以由黏土到砾石,但主要是砂质沉积,其底部可有下细上粗的反递变层理。③液化流:由于粒间孔隙中的流体压力使颗粒呈悬浮状态而整体具流动性,沉积物为颗粒支撑的细砂和粗粉砂,呈块状或具泄水构造、火焰状构造、包卷层理和砂火山等现象。④浊流:呈紊流(湍流)状态的沉积物与水的混合体,其密度高于周围的介质,由于重力作用推动向下坡运动的重力流。Kuenen 在 1957 年建立"浊积岩"(turbidite)的概念,Bouma 在 1962 年建立了浊积岩的垂向分布序列,这就是著名的"鲍马序列"(图 2-26)。

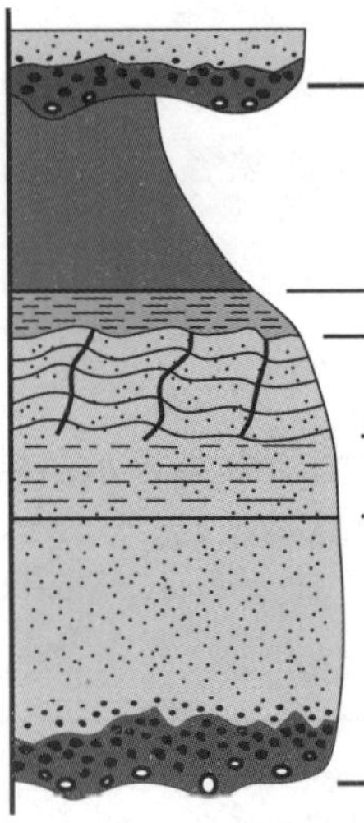

粒级		Bouma(1962)分类标准	沉积解释
泥	Tap	远洋沉积	远洋沉积
	Tat	块状或递变层理的浊积岩	细粒,低密度浊流沉积
砂—泥	Td	上平行层理	???
	Tc	波纹层理,波状或爬升层理	低流态
砂	Tb	平行层理	高流态平底
	Ta	块状层理 递变层理	高流态,快速沉积
	底部含砾		

图 2-26 经典的鲍马序列(据 Bouma,1962)

近年来,随着深水油气勘探推进,深海块体流沉积(mass transport deposits,MTDs)的概念被广泛使用。它是指在深海环境中由于重力失稳而导致大规模重力流的发生,由此产生大规模复合沉积体,包括滑移体(slide)、滑塌体(slumping)和碎屑流沉积(debris flow)3 种重力流沉积类型,这些沉积物在地震剖面大多以杂乱反射、弱振幅的极不连续反射甚至空白反射地震相为特征。尽管"浊流"和"碎屑流"这些重力流沉积术语已经在地质学中,特别是深水沉积体系中得到广泛使用,但是如果没有这些沉积物的岩芯和测井资料以及相应的分析,仅仅根据地震剖面上这些沉积体的地震反射特征,是不能判断这些沉积体属于哪种重力流类型的。因此,有些学者提出采用块体流沉积或块体流复合体来描述在地震剖面中大多以杂乱反射、弱振幅的极不连续反射甚至空白反射地震相为特征的重力流沉积物。根据块体流沉积内部的应力状态,将块体流沉积分为头部带(headwall domain)、滑移部或者主体部(translation domain)和趾部(toe domain)(Bull 等,2009)。不同区带具有不同的地震反射特征,一般而言,块体流上部以伸展为主,而下部则以挤压为主。大规模块体流沉积在大陆边缘发育,对陆坡体系沉积样式(Casas 等,2003;Pickering 和 Corregidor,2005)和陆坡沉积演化具有重要的影响(Micallef 等,2009)。

2. 等深流沉积特征

等深流是沿大陆坡海底等深线成水平流动的远洋底流,是一种顺陆坡走向流动的底流,包括温盐环流和风驱环流(Hernandez-Molina 等,2011)。温盐环流,又称"输送洋流"、"深海环流"等,是一个依靠海水的温度和含盐密度驱动的全球洋流循环系统。等深流是 Heezen(1966)在对北大西洋陆隆沉积物研究之后首先提出来的。等深积岩(contourite)随后被提出(Hollister 和 Heezen,1972)。Stow(2002)

提出等深流沉积体系，认为它是海洋环境下和重力流沉积体系一样重要的沉积类型。在现代海洋中，等深流沉积覆盖了大面积的海底地区，常沿大陆边缘形成大型等深岩丘或等深岩席。

Faugeres 和 Gonthier(1984)根据对北大西洋东缘法鲁等深流沉积岩芯的研究，提出了一个等深积岩相的综合序列。它是由一个向上变粗的反粒序和一个向上变细的正粒序组成的对称递变序列（图2-27）。等深流堆积体在空间上按形态可以划分为3种类型，即伸长状的等深岩丘、等深岩席和与峡谷有关的等深岩漂积体(Faugeres,1993)。

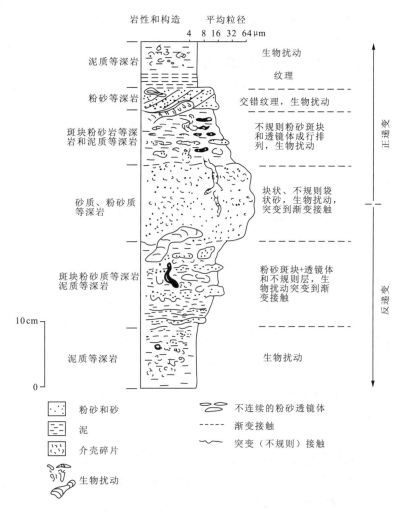

图 2-27　法鲁等深岩丘垂向序列示意图（据 Faugeres 和 Gonthier，1984）

3. 深水峡谷沉积特征

海底峡谷体系广泛发育于大陆边缘的陆架陆坡和深海平原。Harris 等(2011)统计现今全球大陆边缘大型海底峡谷多达5849条。深水峡谷是大陆向深海输入物质的重要通道，常出现在活动和被动大陆边缘以及岛弧附近，世界上大多数深海峡谷都与大河口相连(Deptuck 等,2003;Baztan 等,2005)。深海峡谷一方面可以作为主要的运移通道，将滑塌、碎屑流和浊流等沉积物从浅海搬运至深海环境中(Peakall 等,2000;Laursen 和 Normark,2002;McHugh 等,2002;Antobreh 和 Krastel,2006)，峡谷充填物可以作为深水区良好的储层；另一方面峡谷沉积物可以保留研究区的气候变化、海平面升降和构造活动等演化历史信息(Maslin 等,2005;Piper 等,2007;Zühlsdorff 等,2007)。因此，海底峡谷研究也是近些年学术界和工业界关注的热点。

陆坡区发育一系列峡谷(canyon)、沟谷(gully)，在地震剖面上呈"V"字型或者"U"字型的形态。这些峡谷是搬运粗粒沉积物到达深海的运移通道。如琼东南盆地松涛凹陷和宝岛凹陷的北部陆坡发育大量峡谷(何云龙等,2010)。这些陆坡峡谷主要为侧向加积充填型和垂向加积充填型两种类型。侧向加积充填型峡谷沉积一般也具有上平下凸的透镜状外形,内部结构为中—弱振幅的斜列式或前积式结构,指示了峡谷充填过程中侧向迁移的特征,其峡谷迁移具有自西向东迁移特征,这种定向迁移可能与底流作用有关。垂向充填型峡谷一般具上平下凸的透镜状外形,显示不连续的变振幅或弱振幅的反射特征,或者呈弧形下凹、向谷底两侧边缘上超。

Mayall 和 Stewart(2000)建立了一个水道充填过程的简单模式(图2-28),这一模式是基于他们和 BP 公司的同事多年研究的结果,因此也被称为"BP 模式"。该模式综合利用地震、岩芯和钻井资料,识别出主要的 4 种沉积段:①底部滞留沉积,由含泥砾或泥岩捕获体的粗砂岩/砾岩所组成;②滑塌/碎屑流沉积体,可能由局部水道侧壁崩塌或经过长距离输送的砂泥所形成;③高砂泥比堆积水道,这种沉积相可形成最好的储层;④低砂泥比天然堤-水道复合体,形成于最初的侵蚀之后,将覆盖水道充填或者发生溢流沉积。当然,在高水位时期沉积的泥岩夹层通常也是水道充填的重要组成部分。他们认为大部分深水水道都包含了这些沉积结构,但是在所占比例上的差异很大。

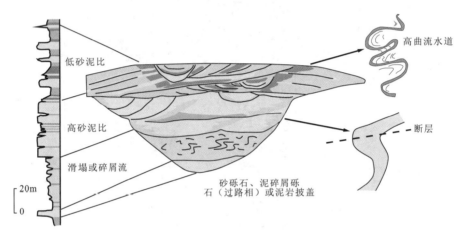

图2-28 深水水道充填的"BP 模式"(据 Mayall 和 Stewart,2000,改绘)

4. 深海扇沉积特征

深海扇是在大陆坡海底峡谷前缘,由陆源碎屑物经浊流作用通过海底峡谷搬运至洋底堆积而成的扇形或锥形沉积体。深海扇通常发育于下陆坡以下的深海区,陆坡坡脚附近相邻的深海扇可连结成大陆隆。世界许多大河口外均发育有大型深海扇,如孟加拉深海扇。

相比而言,海底扇体系的研究程度相对较高。海底扇体具有复杂的内部构成和特殊的几何形态。深海扇一般可分为上、中、下部扇 3 个单元。上部扇扇体表面在(横)剖面呈凹形,坡度较陡,约 1/100,主要成因相是水道(或峡谷)和天然堤,水道可能规模巨大,如罗讷深海扇上部的单条弯曲水道,宽 2~5km,侧翼天然堤高达 75m(Bellaich 等,1981)。最粗的沉积物堆积于水道的深泓处。水道均发育向上变细的层序,厚 15~50m,也可能超过 90m(Walker,1978),由砾石、含砾砂或块状砂和细粒递变的沉积物组成(Galloway 等,1983)。侧翼的天然堤通常是细粒沉积物的堆积场所,能形成薄的递变。这些薄层底部通常是突变的,含压刻痕、火焰状构造,显示出不完整的鲍马序列(Walker,1978)。

中部扇扇体表面在(横)剖面上呈凸形,坡度较缓,约 1/500,为放射状沉积最厚的隆起部分,又称叠覆扇。富砂体系的中部扇以具有平缓上凸表面的迁移叠置叶状体为特征(Normark,1970)。每个叶状体都由分叉的分流水道或辫状水道补给(图2-29),其中堆积了具透镜状层理和块状的含砾砂岩(Walker,1978)。当水道迁移时,叶状体间沉积物部分甚至全部被改造。水道的迁移可能产生多层次的、向上变细的层序,但远端上叠扇叶状体可能由一个向上变粗的层序组成,它的上部覆盖着废弃阶段的泥质披盖层,上叠叶状体砂的厚度为10～50m不等(Walker,1966,1978;Hsu,1977)。富泥的海底扇(如墨西哥湾东部的密西西比扇),没有发育良好的中扇水道和上叠扇叶状体;相反,泥石流和滑塌沉积十分丰富,侧向分布广。水道化的沉积物分散体系发育差,而且大部分为细粒泥质沉积所充填(Moore等,1978)。

下部扇扇体上表面在(横)剖面上也呈凹形,坡度极缓,约1/1000,表面微有起伏,发育许多辫状宽浅谷系,并接受悬浮沉积物的缓慢加积,夹细粒浊积岩。所形成的递变层较薄,侧向连续性好,并均匀叠置,从而能形成相当厚的地层(图2-29)。

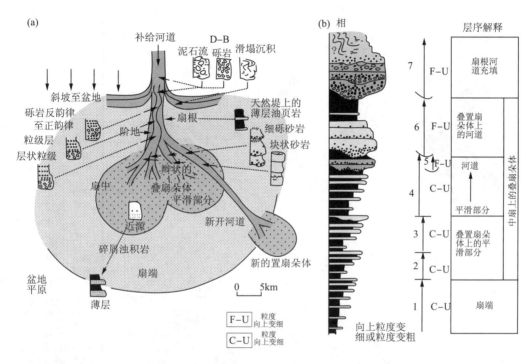

图2-29 得克萨斯州中北部上宾夕法尼亚统西斯科组的扇模式(据Galloway和Brown,1973)

早期研究集中在粗粒海底扇研究,近年来深水油气勘探大大推动了深海扇研究,相继提出深海扇划分方案及沉积模式。Shanmugam(2000)把深海扇分为细粒的延长扇和粗粒的发散形扇。Reading等(1994)根据深海扇沉积物供应方式(点源、多源和线源)和沉积物的粒度把深海扇细分为12种类型。Stow等(2000)在此基础上建立了9种深海扇沉积模式(图2-30)。

5. 陆坡泥和深海软泥沉积特征

陆坡环境主要由深水重力流沉积和悬浮沉积物组成。陆坡悬浮沉积物通常以陆坡楔状体形式堆积在陆架坡折之下,既包括由河水或波浪、潮汐将河口携带悬浮物质直接带到陆架坡折之下沉积,也可能包括对陆架沉积物再改造并搬运到陆架坡折之下沉积。陆坡楔状体通常为深水重力流沉积与悬浮沉积物频繁互层所组成。此外,陆坡泥通常含有少量细小生物碎屑。

深海环境包括远洋悬浮沉积、顺陆坡倾向流动的重力流沉积和顺陆坡走向流动的等深流沉积。远洋沉积完全不受限于陆源碎屑沉积作用直接影响的深海盆地,以生物成因颗粒和风成颗粒像尘雨那样不断的沉降为特征。生物成因软泥包括钙质软泥和硅质软泥,生物的粘结作用和凝聚作用加快了沉降的速度(Galloway等,1983)。沉积速率缓慢,平均每千年大约5cm(Gorsline,1980)。深海黏土沉积分布较为广泛,这些深海黏土主要形成在沉积速率低、生物生产率低、远离大陆和深度很大的洋底。

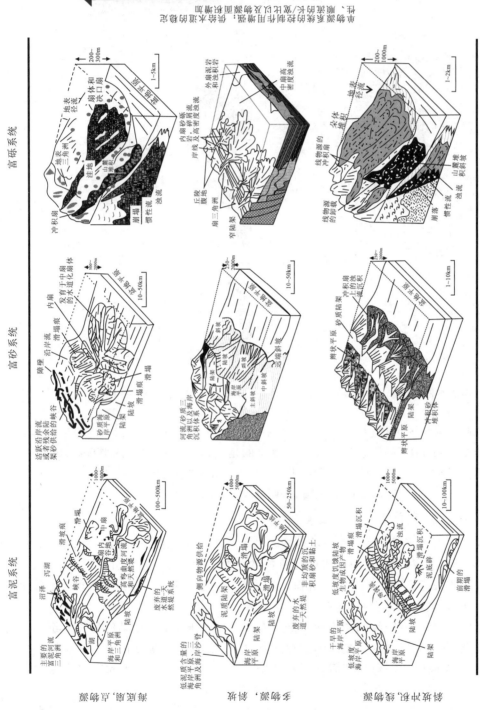

图 2-30 不同地质背景下发育的海底扇系统（据 Stow 和 Mayall, 2000, 有修改）

第三节 沉积体系空间配置

沉积岩覆盖着大部分地球表面,约占整个地球表面的75%,就体积而言,它只占整个岩石圈的5%。因此,要揭示这些沉积物的成因及其分布规律是一项复杂的系统工程。就盆地尺度而言,研究任务在于揭示盆地不同演化阶段发育的各类沉积体系的空间组合面貌,也就是确定盆地不同演化阶段沉积体系空间配置样式或者重建不同时期古地理面貌。

在盆地充填分析中,沉积体系空间配置样式指示了盆地某个等时地层单位内发育的各类沉积体系的空间组合面貌。不同盆地沉积体系空间配置样式具有较大差异,同一盆地不同演化阶段沉积体系空间配置样式也可能具有较大差异。这种差异性一方面受古构造、古地理和古气候等因素控制,另一方面还受海(湖)平面升降、沉积物注入量等因素的控制。其中构造因素对盆地内沉积体系空间配置样式起着重要的控制作用,区域构造背景及其构造活动不仅控制盆地形成和演化,而且还控制盆地古地理背景。此外,盆地形成演化同期的构造活动差异性必然导致地形地貌和容纳空间的变化,进而导致了沉积体系类型和叠置样式的改变,从而造成不同沉积盆地沉积体系空间配置样式的多样性。

一、断陷盆地沉积体系空间配置特征

断陷盆地沉积体系空间配置具有规模小、多物源、沉积坡降大、物源近、快速堆积等特征,周边源区的岩性、岩相特征差别很大,即使同一源区,其岩性、岩相的纵横向变化差异也很大。各种沉积体系平面展布具有以下特点。

1. 断陷盆地沉积体系平面分带性

断陷盆地沉积体系空间展布主要受控于盆缘断裂的分布,陡坡带、缓坡带和深洼带沉积分异十分明显。

陡坡带:紧邻同生盆缘断裂一侧形成陡坡带,通常形成以粗粒碎屑沉积物为主体的冲积扇和扇三角洲沉积体系,它们呈条带状平行于盆缘断裂分布,有时在同生断裂下降盘可形成冲积扇或扇三角洲裙。冲积扇主要发育于断陷盆地形成早期或末期,以杂色砂砾岩、粉砂岩和含砾泥岩沉积为特征;扇三角洲沉积广泛发育于盆地陡坡带,特别是断陷盆地强烈断陷期,当冲积扇直接进入湖盆水体则形成扇三角洲体系。中国东部断陷盆地发育两类扇三角洲体系:一类扇三角洲发育于地势高差大、湖盆水体深、坡度陡而窄的盆缘地带,洪水或短暂辫状河流携带大量陆源粗碎屑物质直接入湖形成完全位于水下的近岸扇体,所以又叫近岸水下扇(孙永传等,1986),如东营凹陷北断裂带沙四段扇三角洲沉积;另一类扇三角洲则在盆缘一侧形成一定规模的扇三角洲平原,部分碎屑入湖形成扇三角洲前缘和前扇三角洲沉积,如东营凹陷城北断裂带沙三段中上亚段扇三角洲沉积(图2-31)。

缓坡带:由于断陷盆地边缘断裂活动的差异性,在盆地的一侧形成了地势较为平缓、构造相对简单的盆地缓坡。该带通常形成河流、三角洲、滨浅湖和滩坝沉积体系。河流体系通常发育于断陷盆地形成早期或末期,或者裂后坳陷阶段,断陷湖盆的缓坡大面积地出露地表并被相对近源的山区河流和较远源的河流占据,形成了以河道砂体与泛滥平原泥岩间互的沉积,如东营凹陷南斜坡的馆陶组。三角洲体系是断陷湖盆缓坡带最为常见的沉积体系,通常由中小型较近源河流所形成,三角洲沉积体的规模相对较小,如东营凹陷南侧缓坡古近系沙三段至沙二段的缓坡三角洲沉积。在物源供给不充分的缓坡带,容易形成滨浅湖砂泥岩沉积,在短轴三角洲侧方、水下隆起处常形成平行于岸线的滩坝沉积,如东营凹陷南侧缓坡带沙四段滩坝砂沉积。

深洼带:位于断陷盆地陡坡带和缓坡带之间的低洼区,通常是湖泊沉积区,湖盆范围及水深变化随着断陷盆地的发育演化而发生规律变化。在盆地强烈断陷期,深洼带可能被深湖—半深湖水体所占据,沉积了富含有机质的暗色泥岩、油页岩,间夹水下泥石流或浊流等重力流沉积,有些断陷湖盆可能发育

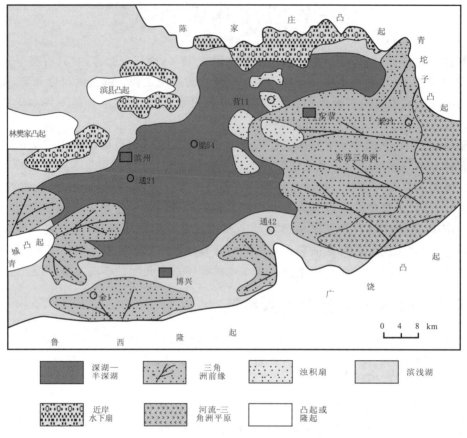

图 2-31 东营凹陷断陷期沙三段中亚段沉积体系配置图

轴向三角洲沉积,这类三角洲通常为远源型三角洲,如东营凹陷沙三段东营三角洲,通常构成断陷湖盆重要储集体;在断陷盆地形成早期、末期或裂后坳陷期,深洼带湖水退出,则可能形成厚度大、分布广的河流体系沉积,如渤海湾盆地馆陶组和明化镇组大部分地区均为河流体系沉积,形成了分布范围广的曲流河砂体和泛滥平原泥的间互沉积。

2. 断陷盆地沉积体系空间配置的垂向演变特征

在断陷盆地内,不仅沉积体系类型的平面分布具有明显的分带性,而且随着断陷盆地发生、发展而发生明显变化。李思田(1988)把中国东北部中生代断陷盆地群充填演化划分为 5 个阶段,即底部粗碎屑沉积物段、含煤碎屑岩段、湖相细碎屑沉积段、含煤碎屑岩段、顶部粗碎屑沉积物段。实际上每个演化阶段代表了特定的沉积体系空间配置样式,这种垂向演化阶段性可以概括成一种预测模式,被广泛应用于东北亚断陷盆地群的含煤地层的预测。

中国东部新生代陆内断陷盆地沉积充填演化同样也显示出明显的阶段性,不同的演化阶段显示出不同沉积体系空间配置样式。中国东部新生代典型陆相断陷盆地的充填演化可划分为两个大的阶段:即早期裂陷充填以及晚期裂后充填(图 2-32)。

早期裂陷充填:中国东部新生代多数裂陷盆地均表现出多幕裂陷作用的特点,经历了从初始断陷、强烈断陷到断陷萎缩的演变过程,控制盆地充填演化的盆缘断裂活动性也显示了幕式活动的特点。裂陷初期,盆地规模小,地势高差悬殊,形成一系列山间冲积扇、山间冲积平原和河流,随着断裂活动加强,开始出现湖泊沉积,构成湖盆烃源岩的主要生成时期。在强烈断陷幕,湖盆扩展到最大,发育深湖和半深湖相沉积,为主要的烃源岩发育时期。由于古地理气候分带性,各盆地的充填沉积也有一定的分异,在华北地块主要为半干旱与潮湿、半潮湿气候交替发育的杂色碎屑岩、膏盐和暗色生油岩,如济阳凹陷、

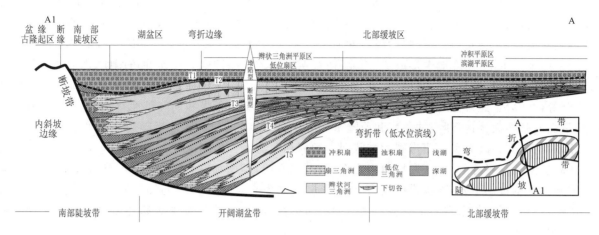

图 2-32 中国东部陆内断陷盆地犁式弯折带型层序地层格架图

东濮凹陷的沙河街组三、四段。在秦岭造山区和扬子地块主要为干旱、半干旱气候的膏盐与生油岩互层（或红层夹膏盐），如江汉盆地的潜江组三、四段和荆沙组。在断陷萎缩幕，浅—深湖相沉积区很快被河流—三角洲体系所取代，盆地已大面积冲积河流化，沉积面积快速变小，凹陷区大规模抬升，发育一级层序界面。总体上，由下向上，构成了粗→细→粗的沉积旋回；沉积面积呈现小→大→小；覆水深度呈现浅→深→浅。

晚期裂后充填：绝大多数断裂活动停止，盆地内以热沉降作用为主，其沉积充填速率很低（20～40m/Ma），体现了在均一化的沉积背景下补偿式缓慢沉积的特点。盆地内充填为冲积环境下的河流体系沉积，洪泛平原极发育。在有些大型裂陷盆地裂后期仍可能出现浅湖沉积，如渤海湾盆地渤中凹陷馆陶组出现河流—浅水三角洲—滨浅湖沉积组合。

总体来看，断陷盆地沉积体系空间配置明显受控于构造格局，特别是盆缘断裂的活动。由于这些断裂系统的幕式活动，导致了盆内不同的充填样式和古地理环境。

二、前陆盆地沉积体系空间配置特征

前陆盆地是沿造山带大陆外侧分布的沉积盆地，是在板块汇聚或碰撞作用过程中在靠近克拉通（或大陆）一侧形成的盆地（Dickinson,1974；Bally,1980）。盆地结构具有明显的不对称性，在近造山带一侧较陡、近克拉通一侧宽缓。从造山带向克拉通方向，前陆盆地可划分为：褶皱-冲断带、深坳陷或前渊带、前缘隆起（前隆）带及后缘隆起（后隆）带。

前陆盆地可进一步划分为弧后前陆盆地和周缘前陆盆地等多种类型。前陆盆地沉积充填与毗邻造山带演化密切相关。在靠近造山带一侧盆地中形成楔形碎屑沉积体分布地带，沉积物来自邻近快速逆冲抬升的山体，所以粗碎屑在其中占主要地位。从岩石学特征来看，前陆盆地的早期沉积中石英矿物丰富，而长石矿物较少，说明物源主要来自克拉通；后期沉积中含有较丰富的岩屑，说明物源主要来自于造山带。由于造山带逐步遭受剥蚀，在沉积的碎屑物中出现倒序现象，如年代较老的砾岩层，其源岩时代较新，而年代较新的砾岩层，其源岩时代较老。它们的层序正好反映了相邻山体从上向下的剥蚀顺序的岩性地层柱，所以成为造山过程中最完整的沉积记录。

中国中西部地区中新生代发育多个周缘前陆盆地。受印度-欧亚大陆碰撞及其持续的汇聚作用影响，中国中西部地区发育一系列环青藏高原的巨型盆山体系及盆、山结合部位的前陆盆地（及前陆冲断带），相应地也形成了独特的沉积充填样式和沉积体系空间配置关系。以下以准噶尔盆地为例说明这类盆地的充填特征。

准噶尔盆地是经历海西、印支、燕山和喜马拉雅构造旋回形成的具有复杂构造演化特征的冲断挤压型叠合盆地。盆地构造演化可划分为：早二叠世裂谷盆地、晚二叠世前陆盆地、三叠纪—侏罗纪多侧陡冲压扭坳陷盆地、晚白垩世—新生代单侧缓冲陆内前陆盆地阶段(李丕龙等，2010)。在三叠纪—侏罗纪压扭坳陷盆地和白垩纪—新生代陆内前陆盆地阶段表现出明显的幕式逆冲作用特点，由于多幕逆冲挤压和松弛后稳定沉降，相应地也形成了"二元"体系域构成的层序样式。在逆冲挤压期，山前冲断带强烈活动，应力迅速集中，冲断带负载增加，盆地基底挠曲沉降加剧，导致可容纳空间发育在横向上不协调(王家豪等，2005)。此时盆地变窄变深，湖域面积变小，相对于冲断带和前隆带而言，盆地发生强制性湖退，湖平面或基准面快速下降，冲断带和前隆带均提供较丰富的物源，低位粗碎屑沉积如下切谷和扇三角洲体系发育，而在隆后和挠曲带则为辫状河三角洲和曲流河三角洲沉积。当盆地进入松弛期，冲断带构造活动进入相对平静阶段，基底挠曲程度降低，湖水变浅，湖面加宽，相对于冲断带和前隆带而言，湖平面或基准面则被动上升，物源供给能力大大减弱，主要发育湖扩体系域的细碎屑滨岸平原、滨岸滩坝及滨浅湖沉积。沉积体系空间配置显示明显的不对称性，深湖区总是位于毗邻冲断挤压带的深坳陷或前渊带(图2-33)。

三、克拉通盆地沉积体系空间配置特征

克拉通盆地是指发育于极其稳定的、具有厚层陆壳的地盾和地台之上的盆地。现今克拉通盆地在全球分布十分广泛，它们位于陆壳或刚性岩石圈上，与中新生代巨型缝合线无关(Bally等，1980)。盆地中的沉积物充填较薄，多为缓慢下沉基底之上的浅水沉积。盆地基底沉降常表现为多阶段性，沉降速率较低(匡立春等，1995)。克拉通盆地，特别是位于稳定大陆板块之上的内克拉通盆地常以大面积的浅海—滨海沉积(可有一部分海陆交互相)为主(王成善等，2003)，如华北盆地、扬子盆地和塔里木盆地。

下面以鄂尔多斯盆地为例来说明克拉通盆地沉积体系空间配置的演化。鄂尔多斯盆地面积为$37 \times 10^4 km^2$，除外围的河套、渭河、银川、六盘山断陷盆地，盆地本部面积约达$25 \times 10^4 km^2$。盆地内沉积岩厚度为5000～10 000m，是一个整体沉降、坳陷迁移、构造简单的大型多旋回沉积盆地，也是我国第二大中、新生代沉积盆地。

鄂尔多斯盆地地处中国东西部构造结合部位。早古生代属于华北大陆板块的组成部分，北、西、南三侧为兴蒙和秦祁海槽，早古生代末，华北大陆板块南、北两侧先后发生洋壳俯冲并沿大陆边缘形成加里东褶皱带，导致华北大陆板块整体抬升和板内浅海盆地消亡，鄂尔多斯地台及贺兰拗拉槽抬升遭受剥蚀，地台缺失上奥陶统—下石炭统地层。晚古生代华北大陆板块开始沉降，形成了南北均以加里东褶皱带为界，向西收敛并与祁连海域相通，向东开口的箕状板内陆表海沉积盆地。西侧祁连海与南北两侧褶皱带一起控制了鄂尔多斯盆地晚古生代含煤岩系的沉积类型和煤层聚积特征。

中石炭世本溪期沿固原—环县—鄂多克前旗—吴旗—甘泉—黄陵一线形成呈南北向展布的中央古隆起，其西侧为祁连海，东侧为华北海，形成两个分割的陆表海浅水环境。晚石炭世后期，贺兰拗拉槽被填平补齐并停止活动，至早二叠世太原组沉积时，东西两侧海水侵入范围继续扩大，祁连、华北海盆连通，形成统一的以含煤为特征的滨海相沉积。中央古隆起成为水下隆起，对沉积作用的控制趋于减弱。西缘地区转化为裂后坳陷，形成开阔陆表海中的相对坳陷带。由于兴蒙海槽的关闭，伊盟隆起北部的隆升地带成为主要的物源，盆地呈北高南低、北陡南缓的地貌特征，自北往南发育冲积扇、扇三角洲和浅海陆棚，呈现出海陆过渡带型的沉积体系组合。

早二叠世山西期区域构造环境和沉积格局发生了显著变化。因华北地台整体抬升，海水从鄂尔多斯盆地东西两侧有所退出，盆地东西差异基本消失，但南北差异沉降和相带分异增强，盆地沉降中心位于盆地中南部广大地区，形成了自北而南由冲积-三角洲沉积体系向湖盆强烈进积的沉积组合，而盆地南部亦有小规模的河流-三角洲沉积体系开始注入。至晚二叠世，湖泊开始萎缩，三角洲湖泊体系进一步退化，河流、冲积平原较为发育(图2-34)。

三叠世以后，鄂尔多斯盆地进入大型内陆坳陷湖盆发育阶段，延长期盆地主体坳陷在铜川—庆阳一带，为"南陡北缓、西陡东缓"的不对称箕状坳陷，主要沉积了一套河流-湖泊-三角洲体系。受不同物源

第二章 沉积体系分析

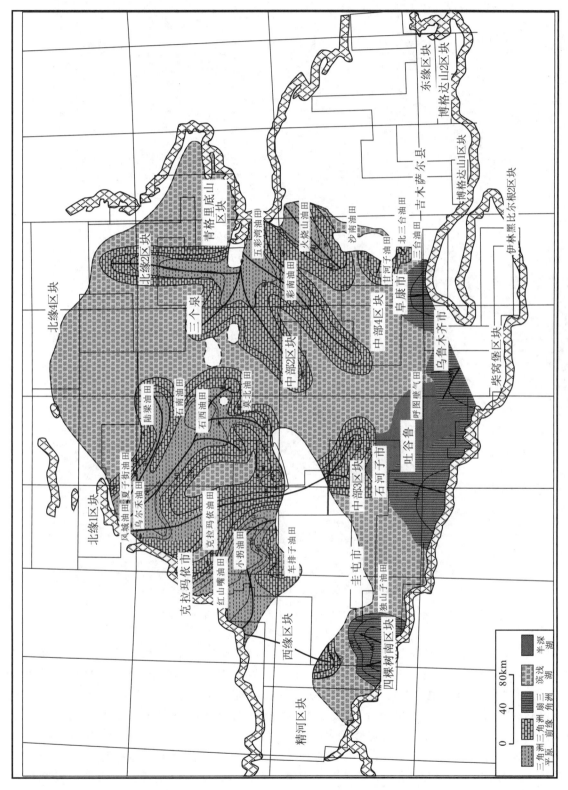

图 2-33 准中腹部侏罗系西山窑组沉积体系空间配置图（据李玉龙等，2010）

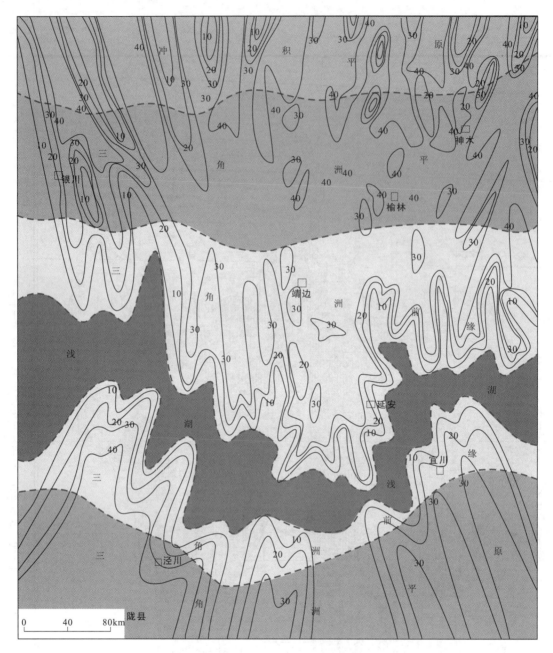

图 2-34 鄂尔多斯盆地晚二叠世下石盒子期沉积体系空间配置图

的影响,盆地中形成明显的由河流沉积、三角洲沉积、半深湖沉积所组成的环状相带,使延长组经历了湖泊产出、发展乃至消亡的完整过程。三叠纪末期,印支运动使鄂尔多斯盆地隆升,西缘形成逆冲推覆构造带,三叠系遭受剥蚀,西部剥蚀程度较东部强烈。侏罗纪沉积前盆地古地质背景为一轴向北北东的简单复式向斜,向斜中心位于富县—甘泉一带,形成了周边高、中间低的似碟状古构造格局。晚侏罗世早期为河流体系充填,至延安组为以河湖沼泽相为主的煤系地层。

早白垩世末期,强烈的燕山运动最终结束了鄂尔多斯中生代大型内陆坳陷盆地的发展。古近纪时,盆地进一步抬升,气候更为干旱和炎热,沉积范围大大缩小,仅在灵武、盐池到鄂托克旗地区发育棕红色、灰绿色泥岩夹膏层及中、细砂岩的咸水湖相沉积。新近纪上新统发现富含钙质结核的红土,局部地区有泥灰岩分布(陆克政,2006)。

综上所述,鄂尔多斯盆地是一个经历了多旋回的克拉通盆地,不同时期的边界条件及其构造演化差异控制了不同岩相古地理面貌和沉积体系空间配置样式。

四、碎屑岩大陆边缘盆地沉积体系空间配置特征

大陆边缘是指大陆与大洋盆地的过渡地带,包括大陆架、大陆坡、陆隆以及海沟等海底地貌-构造单元。分布于现代各大洋周围,在地质历史时期中分布在古大陆与已经消失的古大洋之间的边界地带。大陆边缘可分为被动大陆边缘和活动大陆边缘。

1. 被动大陆边缘沉积体系空间配置特征

被动大陆边缘是指由岩石圈拉张所形成的宽阔大陆边缘,其邻接的大陆和洋盆属同一板块,由大陆架、大陆坡和陆隆所构成,无海沟。以大西洋周缘大陆边缘为典型代表,故又称大西洋型大陆边缘。

被动型大陆边缘是最初大陆裂谷的所在地,因此有一系列阶梯状正断层和地堑、地垒等伸展构造发育在沉积物和基底中。这种大陆边缘常常切断邻近大陆上的较老的构造。其主要分布在大西洋西侧、印度洋西北侧、澳大利亚周围、南极洲周围、白令海阿拉斯加大陆边缘、鄂霍茨克海的西伯利亚大陆边缘、日本海的西伯利亚和朝鲜大陆边缘、南海北部大陆边缘。

被动大陆边缘通常形成非常厚的巨大沉积体。垂向演化可以划分为裂陷期和裂后期。裂陷期以陆相沉积为主,裂后沉积物为海相(图2-35)。裂后期形成了从滨岸带三角洲沉积到陆架陆坡沉积,它们形成于稳定持续的沉降构造环境中,而且极少经受变形。此外,大陆坡上分布有很多海底峡谷,它们把

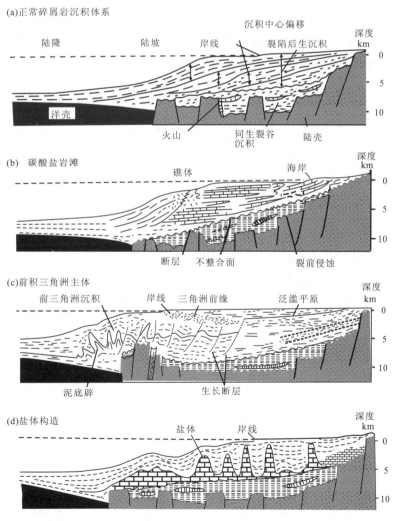

图2-35 大西洋型被动大陆边缘地层样式及沉积序列(据Kingston等,1983)

大陆坡的沉积物输至陆隆和深海盆地。陆隆主要由浊流和等深流的沉积楔所构成。

2. 活动大陆边缘沉积体系空间配置特征

活动大陆边缘又称太平洋型大陆边缘、主动大陆边缘、汇聚大陆边缘等。其陆架狭窄，陆坡较陡，陆隆被深邃的海沟所取代，地形复杂，高差悬殊。与被动大陆边缘相比，活动大陆边缘是漂移大陆的前缘，属于板块俯冲边界，地震、火山活动频繁，构造运动强烈。主要分布在太平洋周缘、印度洋东北缘等地。它在太平洋周围表现最为显著，故又称太平洋型大陆边缘。

大陆架比较狭窄，一般宽仅几十千米。海沟的两坡很陡，坡度达 $5°\sim10°$，其中堆积着浊积物、硅质沉积、火山碎屑和滑塌堆积。由于大洋板块在海底处的俯冲作用，海沟及其附近的沉积物受到"铲刮"而强烈变形，形成叠瓦状逆掩断层和混杂堆积。海沟和与其伴生的岛弧或山弧所构成的沟弧系也是大洋板块向大陆板块俯冲的产物。活动大陆边缘与相邻陆地上的构造带相平行，可进一步分为：①安第斯型大陆边缘，由海沟火山岛弧的大陆架和大陆坡构成；②岛弧型大陆边缘，由海沟与火山岛弧的大陆架和陆坡构成；③科迪勒拉型大陆边缘，后期具有平行海岸的转换断层。俯冲作用既形成海沟，也形成与海沟共轭的火山弧（如包括与火山岩同源的侵入岩，也叫岩浆弧），统称弧沟系。火山弧可以是岛弧，有边缘海与大陆隔开，构成海沟-岛弧-弧后盆地；也可以是陆弧（陆缘弧），呈陆缘山系形式，缺失边缘海，也称安第斯型大陆边缘。边缘海弧后盆地为大洋中脊以外次一级的洋壳生长和扩张带，弧后盆地陆侧可视为次一级的被动大陆边缘，如南海、日本海靠大陆一侧。因此，活动大陆边缘不仅有挤压构造，也包含张引构造和被动大陆边缘的要素。活动大陆边缘是地球上构造运动最活跃的地带，有最强烈的地震、火山活动和区域变质作用，也是地球上地形高差最大的地带、热流值变化最急剧的地带和最显著的负重力异常带。通常认为，板块俯冲作用是造成这些特征和导致海沟、山系、弧后盆地发育的统一的深部根源。活动大陆边缘和俯冲带形式复杂，导致沉积体系空间配置样式及相带宽度的变化。

第三章 层序地层分析

层序地层学作为一门新兴的学科,提供了一种精确的地质时代对比,古地理再造,以及在钻井前预测储集体、生油岩和盖层的有效方法(Vail 等,1991)。它提高了地质学家的预测能力,包括理论和实际的预测能力。从理论预测上讲,通过海(湖)平面相对变化的研究,预测某些应有的体系域的展布方向、范围、可能的岩相及其分布,从而对盆地发展史作出科学的预见。从油气勘探实践上讲,可以通过体系域和岩相的分布规律,预测能源资源及其他沉积矿产的有利分布区带。

系统的层序地层学论著当属国际沉积学会(SEPM)第 42 集特刊(1988)《层序地层学原理》(海平面综合分析),该论文集系统地、全面地讨论了层序地层学的理论、方法,厘定了名词和术语的定义。在 1989 年 AAPG 第 74 届年会上,Sangree 和 Vail 发表了《应用层序地层学》一书,在油气勘探领域引起了巨大的反响,从而使层序地层学分支得以真正形成,进而成为盆地充填分析中不可或缺的重要的研究方法。

第一节 层序地层基本原理

层序地层学的经典定义来自于 Van Wagoner(1988):"研究以侵蚀面或无沉积作用面,或者与之可以对比的整合面为界的、重复的、成因上有联系的地层的年代地层框架内的岩石关系。"Emery(1996)给了更简要的定义:"地层学中研究沉积盆地充填,形成以不整合或相对应的整合为界的成因单元的分支学科。"它主要是近些年由于地层学、沉积学、大地构造学和地球物理学的相互渗透而迅速发展起来的一门新的地学分支系统。由于层序地层分析思路的先进性和资源预测的有效性,因而具有很强的生命力,并引起地质学不同领域的许多学者的广泛重视。

层序地层学从 Vail 等为代表的"由一套有成因联系的、相对整合的地层组成的地层单元,顶底以不整合面或与之相对应的整合面为界"的沉积层序学派,发展到现在的多种学派,如 Galloway 创立的以洪泛面为层序边界的成因层序地层学学派、Johnson 等(1995)以地表不整合面或海进冲刷不整合面为界的海进—海退旋回沉积层序学派及 Cross 以基准面旋回与过程—响应原理为理论依据的高分辨率层序地层学派(图 3-1、图 3-2)。

这些学派对于层序地层学的定义明显不同,但是所有的层序地层学定义都强调:①旋回性,即一套层序所代表的是一个地层旋回的岩层记录的结束,不管这种旋回相对于年代而言是对称的还是不对称的,也不管这一旋回的成因;②时间格架(也就是要确定全盆对比的等时地层格架);③有成因联系的地层(也就是相对于选定的观测范围,一个体系域域内没有重大沉积间断);④可容空间和沉积作用的相互影响。这些不同层序地层学派的理论基础均是建立在地震、测井、岩芯、露头等资料的综合分析和层序的成因机制的计算机模拟基础之上,从而综合研究层序的形成与演化特点。

高分辨率层序地层学的理论基础可概括为四个方面:地层基准面原理、沉积物体积分配原理、相分异原理和基准面旋回等时对比法则。其核心是:在基准面旋回变化的过程中,由于可容纳空间与沉积物补给通量比值(A/S)的变化,相同沉积体系域或相域中发生沉积物的体积分配作用,导致沉积物的保存程度、地层堆积样式、相序、相类型及岩石结构发生变化,这些变化是在基准面旋回中所处的位置和可容纳空间的函数。该学派认为基准面的变化是海平面、构造沉降、沉积物补给、沉积物负荷补偿、沉积压实与沉积地形等各要素变化的综合反映,是这些参数相对比值变化的结果。基于高分辨率层序地层学的理论核心,识别基准面旋回所控制的层序结构类型、叠加样式,以及其在高级次的旋回中所处的位置与

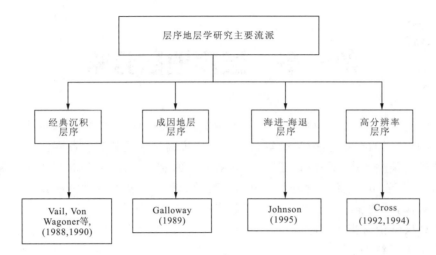

图 3-1 层序地层学研究主要学派

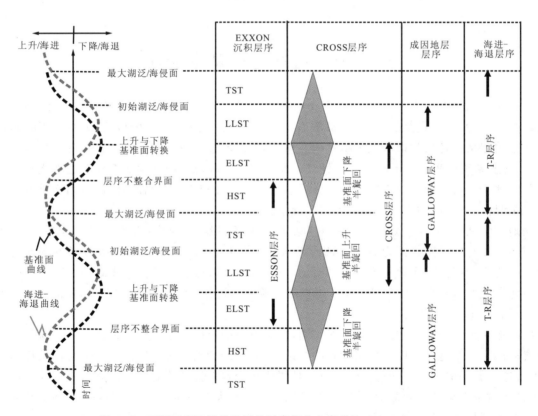

图 3-2 不同层序地层学学派的层序划分方案对比（据解习农，2010）

沉积动力学的关系，已成为"如何在地层记录中识别多级次地层旋回，并进行高精度的等时地层对比和建立高分辨率时间地层格架"的关键。

成因地层学的基本原理主要为：①Galloway 等强调以最大海泛面及其对应的沉积间断为层序边界，主要利用测井的资料来进行沉积体系分析，在确定的三维相格架内分析寻找层序界面；②成因地层强调"层序是在相对基准面或构造稳定时期沿盆地边缘沉积的一套沉积物的组合"；③陆架边缘和斜坡上的侵蚀作用是一个不断发生的过程；④强调海平面变化对地层特征具有普遍控制作用；⑤沉积幕和成因层序受控于全球海平面变化、陆源物质供给和盆地沉降速率三个变量。

层序地层学理论的出现源于数字地震技术的应用,地震野外数据采集质量大幅度提高,使原来地震构造成像变为成因地层成像,使我们可以直接从地震剖面上进行等时地层划分与对比,从根本上改变了古老地层对比的观念与原则,解决了原来地层对比的穿时问题。层序地层学建立了一整套概念体系及技术支撑体系,它的思想精华表现为综合露头、钻井、测井和地震资料进行地层层序叠置样式研究。地震方法识别出的地层界面被认为具有等时性意义,可以用来建立等时地层格架。测井资料的垂向高分辨率是识别高频层序的基础,经岩芯资料刻度的不同类型测井曲线的形态及其组合,提供了岩性、岩相的叠置形式,同时也提供了识别高频层序界面、划分准层序组、准层序以及研究准层序叠置样式的基础方法。生物地层技术和同位素测年技术的发展提供了准确进行层序内部不同级别界面年代标定的可能,对最终建立绝对地质时间的等时层序地层格架起着至关重要的作用。因此,层序地层学是建立在地震地层学、测井地质学、过程沉积学、古生物学、同位素地质学等多个学科基础上的研究等时年代地层格架中具有成因联系的、旋回岩性序列间相互关系的综合学科,是现代地质学中具有强大生命力的一个前缘分支学科。

一、层序地层学基本概念与术语

作为一门独立的学科体系,层序地层学有其独立的概念体系和研究方法,而这套概念体系主要来源于 Vail 及其同仁依据被动大陆边缘盆地的海相地层所建立起来的 Exxon 层序地层学模式。

(一)层序

层序(sequence)是由 Sloss 在 1948 年提出的,当时层序的定义为一个大的构造旋回,不同于现在层序的意义。层序为层序地层学研究的基本单元,是指一套相对整一、成因上有联系的地层,其顶和底以不整合面和可以与之对比的整合为界(Mitchum,1977)。它由一套体系域组成,其时限一般常为 0.5～5Ma。成因层序地层学派将层序定义为以最大海泛面及其对应的面作为层序界面所限定的一套形成于一个沉积幕内的沉积产物(Galloway,1989);海进-海退旋回层序地层学则将层序定义为"从一个(海水)加深事件到另一个具同等规模的加深事件开始之间的一段时间内沉积下来的岩层"(Johnson 和 Murphy,1984;Johnson 等,1985)。

经典层序地层学源于被动大陆边缘研究成果,Van Wagoner(1988)根据不整合层序界面特征划分为 I 型层序和 II 型层序。

I 型层序(type-I sequence):这类层序被解释为当全球海平面下降速率超过沉积滨线坡折下沉的速率时,在沉积区海平面相对下降所形成(Van Wagoner 等,1987,1988,1990;Posamentier 和 Vail,1988)。该层序由低位、海进和高位体系域组成,其下由 I 型不整合面和其相对应的整合面所限定,下切谷通常发育于这类不整合面。

II 型层序(type-II sequence):当全球海平面下降速率略低于或等于沉积滨线坡折处在海平面下降时盆地下沉的速率时,则会形成 II 型层序界面(Jervey,1988;Posamentier 等,1988),这意味着沉积滨线坡折处并没有相对海平面的下降(Van Wagoner 等,1987,1988,1990;Posamentier 和 Vail,1988)。该层序由陆架边缘体系域、海进体系域以及高位体系域构成,其下有 II 型不整合面和相对应的整合面所限定。

(二)层序边界和海泛面

一个层序边界(sequence boundary)是以不整合或与之相对应的整合面为特征,不整合或与之相对应的整合面为一个分开新老地层的界面,沿着这个面存在陆上侵蚀削截(在某些地区为可与之对比的海底侵蚀面)的证据,或者存在明显的重要沉积间断的陆上暴露的证据(Van Wagoner 等,1988)。层序界面常可分为平行不整合界面和角度不整合界面。整合面是分开新地层和老地层的界面,但在界面上没有发生侵蚀作用和无沉积作用的物理证据,也没有重大的沉积间断标志(Mitchum 等,1991)。沉积间断为一特定的位置上沿某一地层界面上没有代表的地层(即地层缺失)的地质时间的总间隔(Mitchum,1991)。

应用层序边界的概念时,是以部分地震剖面、结合测井和岩芯及岩性资料而展开的。不整合界面可以在地震相上识别出来,地层与层序界面的底部和顶部的关系在地震剖面上的反射特征有所不同(图3-3、图3-4)。

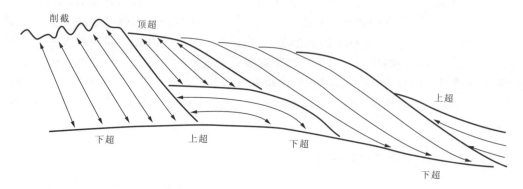

图 3-3　地层与层序边界之间的关系示意图(据 Catuneanu,2002)

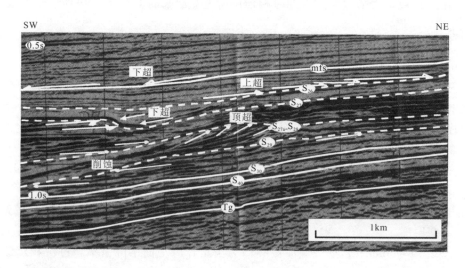

图 3-4　莺歌海盆地东部地层与层序边界之间的接触关系在地震剖面上的响应(据王华等,1998)

识别底部边界可以通过地层与沉积层序边界接触关系来进行,主要有上超(onlap)和下超(downlap)两种类型:上超是一套当初是水平的地层对着一个原始倾斜界面超覆尖灭,或是一套原始倾斜地层对着一个原始倾斜角度更大的倾斜界面的超覆尖灭;下超是一套原始是倾斜的地层对着一个原始水平界面或倾斜界面顺下倾方向的底部超覆。而识别顶部边界可通过地层削蚀和顶超来进行:顶超(toplap)是在一个沉积层序的上界面处的超覆尖灭现象。顶超是无沉积作用和沉积间断的标志。削蚀(erosional truncation)则是因地层遭受剥蚀作用而引起的侧向消失,它既可以出现在沉积的顶部界面,也可以出现在一个较大的区域性范围,还可以是局限在一个河道和一个小型凸起的部位。

海泛面(flooding surface)是一个能表明水深增加或沉积物供应减少的岩相突变面(Van Wagoner等,1988,1990)。跨过这个面有水深突然增加的证据,这种水深增加通常与小的侵蚀作用和无沉积作用伴生,而且有小规模的沉积间断(Van Wagoner等,1988,1990)。海泛面通常是平整的,不会发生上覆地层的上超现象,除非这个面与层序边界相重合。

初始海泛面是滨线轨迹从低位正常海退变为海进时的分界面(Nummedal等,1993),Ⅰ型层序内部是初次跨越陆架坡折的海泛面,也是低位与海侵体系域的分界面。它由最年轻的海相斜坡组成,受到了海进地层以及它在陆相和深水环境的可对比界面的上超。

最大海泛面是一个层序中最大海侵时形成的界面,是海侵体系域与高位体系域的分界面。一般在最大海泛面的顶界面被上覆的高位体系域下超,且以退积式准层序组变为进积式准层序组为特征(Frazier,1974;Posamentier 等,l988;Van Wagoner 等,l988;Galloway,1989)。

(三)体系域

体系域(depositional system tract)是同一时期内具有成因联系的沉积体系组合,其构成了层序的组成部分(Brown 和 Fisher,1977;Vail,1988)。在层序地层分析中,体系域作为层序构成单元,每个体系域都解释为与全球海水面变化曲线的某一特定段相对应。如在大陆边缘盆地中,每一个体系域被解释为与全球海平面曲线特定阶段相联系(如全球海平面低水位期——低水位期楔形体;全球海平面上升期——海进体系域;全球海平面迅速下降期——低水位扇)(Posamentier 等,1988)(图 3-5)。

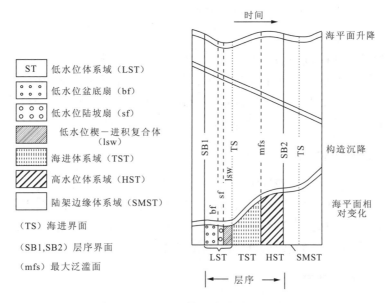

图 3-5　海平面变化与体系域关系(据 Vail 等,1987)

在不同的大地构造背景和沉积环境下所建立的层序地层学模式将会有不同的体系域类型组合。例如在 Exxon 层序地层学模式(被动大陆边缘海相地层建立的层序地层学模式)中,Ⅰ型层序的体系域构成为低位体系域(LST)、海侵体系域(TST)和高位体系域(HST);Ⅱ型层序的体系域构成为陆架边缘体系域(SMST)、海侵体系域(TST)和高位体系域(HST)。

1. 低位体系域

低位体系域(lowstand systems tract)下由层序界面限定,上由第一次海泛面(称海侵面)限定。它可由下切谷、盆底扇、斜坡扇和低位楔组成(Van Wagoner 等,1988,1990;Posamentier 和 Vail,1988)。

下切谷(incised valleys):河流体系的河道向盆地扩展和由于海平面相对下降时流水侵蚀下覆地层而形成的水道或谷地。下切谷可深达几百英尺(1 英尺=0.3048 米),宽度可从半英里(1 英里=1609.344 米)至几十英里(Van Wagoner 等,1990)。

盆底扇(basin-floor fan):为低位体系域的一部分,以在低的斜坡和盆底沉积的海底扇为特征。扇的形成与狭谷侵蚀到斜坡和河谷下切至大陆架有关。硅质碎屑沉积物通过河谷和狭谷穿过斜坡和大陆架形成盆底扇。尽管盆底扇的出现远离狭谷口,或者狭谷口不明显,但是盆底扇可能形成于狭谷口。斜坡或大陆架上不出现时代相当的岩石。盆底扇的底面(与低位体系域的底面一致)是Ⅰ型层序界面;扇顶是下超面(Van Wagoner 等,1987)。

斜坡扇(slope fans)：由浊积水道和越岸沉积物组成的扇体，位于盆底扇之上且被上覆的低位楔下超(Van Wagoner 等,1987,1988,1991；Posamentier 和 Vail,1988)。

低位楔(lowstand wedge)：由一个或多个进积准层序组构成的楔形体，其向海被陆架坡折所限定并上超于前一个层序的斜坡之上(Van Wagoner 等,1987,1988；Posamentier 和 Vail,1988)。

2. 海侵体系域

海侵体系域(transgressive systems tract)是下由海侵面、上由下超面或最大海泛面所限定的体系域。海侵体系域内由退积副层序组成，向上水体逐渐变深(Van Wagoner 等,1988,1990；Posamentier 和 Vail,1988)。

3. 高位体系域

高位体系域(highstand systems tract)是下部由下超面限制，上部由下一个层序界面限制的体系域。早期的高位体系域通常由加积副层序组组成；晚期的高位体系域由一个或更多的进积副层序组组成(Van Wagoner 等,1988；Posamentier 和 Vail,1988)。

4. 陆架边缘体系域

陆架边缘体系域(shelf margin systems tract)是在一个海平面相对上升时形成的海退地层单元，为一楔形体覆盖于Ⅱ型层序界面之上，在下伏前积拐点向陆一侧的陆架上沉积而成，以微弱前积和加积为特征。陆架边缘体系域是由陆架和斜坡碎屑岩或碳酸盐岩组成，其陆上部分一般为向海增厚的陆相楔状体，而海相部分与低位前积复合体相似(Posamentier 等,1991)。

(四)准层序和准层序组

准层序(parasequence)是指以海泛面为界的一套有成因联系的相对整合岩层或层组(Van Wagoner 等1988,1990)。在层序内部各个体系域特定的部位，准层序的上下边界有时可与层序边界一致。准层序组(parasequence set)是成因上有联系的、彼此呈相同叠加型式的准层序所组成的序列，其边界为一个重要的海泛面和与之可对比的面，同样也可是与层序边界一致的界面。

(五)可容纳空间和基准面

可容纳空间(accommodation space)指由于海平面上升、下降或二者共同作用所形成的可供沉积的、潜在的沉积物堆积空间(Jervey,1988)，即在沉积盆地存在一个基准面(base level)，在基准面之上将出现侵蚀作用。在大陆边缘基准面受海平面的制约，并大体上相当于海平面。实际上，可容纳空间是海平面升降变化和构造沉降二者的函数，是全球海平面变化和构造沉降的综合表现。

沉积基准面是一个假想的动态平衡面，高于此面堆积的沉积物不稳定、不能保存下来，低于此面则发生沉积作用，沉积物有可能被埋藏而保存下来(Sloss,1963)，其位置受多种因素影响。某一时期有一个相对固定的位置，一旦外界条件(如构造沉降、沉积环境、沉积物类型等)变化，基准面位置也随之变化。陆相断陷盆地的基准面主要有湖面和河流沉积平衡面。湖面是某一时期湖泊水体表面的平均位置，它是湖相沉积体系的沉积基准面。河流沉积平衡面指水流搬运能力与物源供给沉积总量达到一种平衡状态，形成顺水流方向坡度逐渐减小的地形。其纵切面上各点的连线，在理论上是一条上凹的抛物线，在河口附近平坦，向物源方向逐渐变陡。河流沉积平衡面是河流沉积体系的基准面，沉积物堆积到河流沉积平衡面后，流入和流出的沉积物体积相当，不发生明显的侵蚀作用或沉积作用。

(六)全球海平面变化和相对海平面变化

全球海平面是指一个固定的基准点，常指地心到海表面的测量值，这个测量值随着洋盆和海水的体积变化而变化。全球海平面变化(eustasy)是由地理同步卫星测得的洋面的变化，是海平面升降变化，也是一个海平面的相对变化。

相对海平面变化(relative sea level change)是指海平面与一个稳定的基准面如基底之间测量值的变化(Mitichum,1977)。一个地区相对海平面的变化与沉积物堆积无关。如果海面与基准面距离增加,在这种情况下,基准面则选择海底,即出现海平面相对上升;如果海面和海底的距离变小,则海平面相对下降。沉积物沉积在基准面上,海底在这种情况下不会改变基准面与海面的距离,因此,单独的沉积不会引起海平面的相对下降。单独的沉积导致水深减小,这与海平面的相对下降不同。

(七)密集段(凝缩段)

密集段(condensed section)是指在极缓慢速度下沉积的地层段,沉降速率一般为 10~100mm/万年。密集段也称凝缩段,一般很薄,缺乏陆源物质。密集段可能以丰富的、多种多样的浮游和底栖微生物组合,自生矿物(如海绿石、磷灰石和菱铁矿),有机物质为特征。它是海平面相对上升到最大、海岸线海侵最大时期在陆棚、陆坡和盆地平原地区沉积的。

(八)进积和退积

进积(progradation)是指当滨线上的沉积物供应速率超过海平面相对上升速率时,滨线向盆地方向推进,导致沉积物向海或盆地堆积。相应地形成了海退(regression)现象,即由于海洋从陆上退却或收缩,滨线向盆地方向移动(Gary 等,1974)。

退积(retrogradation)是指当滨线上的沉积物供应的总体速率小于海平面相对上升的总体速率时,滨线向陆地阶状移动。相应地形成了海侵(trangression)现象,即由于海水在陆地区域的扩张而引起的滨线向陆移动(Gary 等,1974)。

二、盆地等时地层格架

盆地地层格架(stratigraphic framework)是指盆地中地层和岩性单元的几何形态及其配置关系(Conybeare,1979),是一种三维概念。等时地层格架是依据地层界面的等时性,在对盆地中各地层单元精确对比的基础上建立起来的地层框架,它保证了界面及层序单元对比的等时性、内部的合理分级及沉积构成特征。层序地层格架若确定为年代地层格架,则需要与高精度古生物学、同位素地质学、古地磁学等方法结合,确定界面的年龄。

盆地等时地层格架建立的重要意义在于可以确立盆地地层格架中各沉积层序或各体系域中沉积物充填序列及空间展布,确立沉积体系类型以及矿产富集的有利地区,为矿产资源评价和勘探开发提供可靠的基础地质依据。同时,建立盆地地层格架与生油岩、储层、盖层之间的对应关系,建立沉积盆地格架与地层岩性油气藏分布之间的关系。在这些预测模型的指导下,综合评价某沉积盆地石油地质基本条件,指出有利的油气勘探与开发的方向。

当前,层序地层学在油气勘探领域的应用与发展得到了全球地质学家尤其是石油地质学家的普遍关注和重视,而层序地层学应用中很重要的一项内容就是建立盆地的等时地层格架。层序地层学中强调的等时地层格架,即层序地层格架是依据层序界面的等时性、盆地中各地层单元之间的形态和相互关系建立起来的年代地层框架,它不仅坚持了层序界面的等时性,还注重层序及体系域等地层单元的成因分析。

沉积盆地等时地层格架是通过地震资料、野外露头资料、测井资料、生物地层资料、岩相和沉积环境解释等资料建立起来的,层序地层中的地层单位分界面是等时的物理界面(图3-6)。这种等时物理界面表现在以不整合面及其相对应的整合面为标志的层序边界、体系域边界,即初始海泛面和最大海泛面(陆相地层中则为湖泛面)。

层序地层格架所反映的地层单元的配置关系如图 3-7 所示。

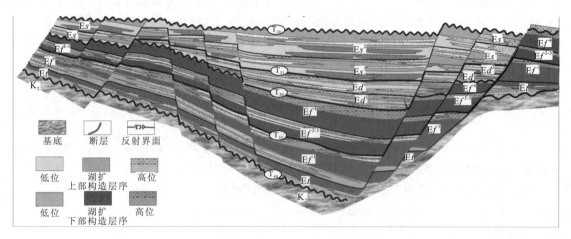

图 3-6　潍潼凹陷某地震测线层序地层等时地层格架图

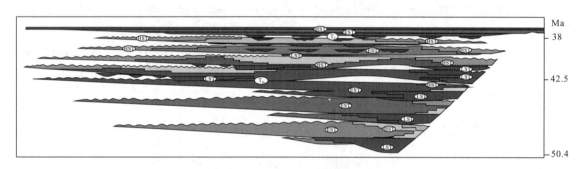

图 3-7　东营凹陷某测线所指示的年代等时地层格架图

三、层序地层单元构成特征

层序地层学的核心就是识别这些不同级别的地层单元并确定它们在垂向上和横向上的变化规律。每个层序常常由多个体系域组成,而一个体系域又往往由多个准层序组构成。本节重点介绍体系域、准层序和准层序组的构成样式。

(一)体系域及其特征

体系域被定义为"一个有联系的、同时期的沉积体系的集合体"(Brown 和 Fisher,1977)。每个体系域以一物理界面为界,该物理界面为沉积相转换面。经典的层序地层学模式源于被动大陆边缘(Van Wagoner 等,1988),被动大陆边缘盆地可划分为 4 种体系域类型:低位体系域、海侵体系域、高位体系域和陆架边缘体系域。

1. 低位体系域特征

在具有陆棚坡折和深水盆地的背景下,低位体系域由海平面相对下降形成的盆底扇(basin-floor fan)、斜坡扇(slope fan)和海平面上升时形成的低位前积楔状体(lowstand wedge)、河流深切谷(river incised valleys)组成(图 3-8)。

盆底扇主要是席状砂丘,是深水环境下呈朵状或席状沉积而成的块状砂。盆底扇的形成与海底峡谷进入陆坡的侵蚀作用和河谷进入陆架的下切作用有关(图 3-9)。

斜坡扇以陆坡中部或底部的浊积和碎屑流沉积为特征,上伏于盆底扇之上,并被上覆的低位楔状体

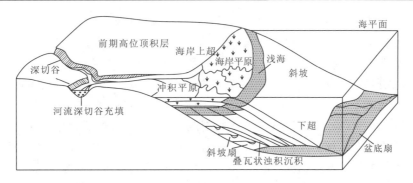

图3-8　具陆架边缘坡折带的Ⅰ型层序低位体系域的组成(据Myers,1996)

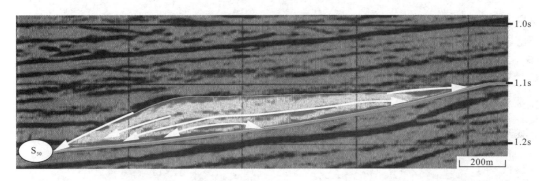

图3-9　莺歌海盆地某地震剖面上的盆底扇的反射特征(丘状外形,双向下超)

所下超(图3-10)。斜坡扇沉积作用可以是与盆底扇同时期的,或者是与低位进积楔的早期部分同时期的。斜坡扇的顶部是低位进积楔中部和上部的某一个下超面。典型的斜坡扇被认为是水下河道-天然堤沉积复合体(Van Wagoner等,1988)。

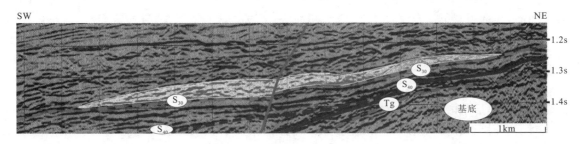

图3-10　莺歌海盆地某地震测线 S_{30} 界面上的斜坡扇的反射特征

斜坡扇由水道/漫滩(包括水道两侧的朵状体、伴生悬浮沉积及混杂滑塌沉积)组成。典型的水道/漫滩一般由5部分组成:①最上部的残留相,为薄层浊积岩向上变为半深海页岩;②水道充填沉积,由经改造的块状砂体组成,夹有很薄的泥岩纹理和多层向上变细的砂岩、粉砂岩或泥岩,水道具有底部侵蚀,也可能有内部侵蚀面;③薄层纹层状浊流漫滩沉积上部形成堤岸,成为水道边界;④夹浊积砂、与水道伴生的朵叶体向上变厚的部分,通常为3~5m;⑤底部细粒浊积泥岩裙。

在水道与漫滩朵叶体之间的饥饿层内,动物群丰度最大。悬浮和混杂滑塌沉积一般在斜坡扇内,斜坡扇复合体近端可由水道极为发育的块状砂、砾岩的碎屑流或滑塌沉积组成,远端部分由细粒纹层状浊积砂组成。动物群丰度最大的饥饿层一般在斜坡扇复合体之底、盆底扇复合体之上。

低位前积复合体主要是水体向上变浅的低位三角洲和滨岸沉积物,往盆地方向推进,向陆超覆,它们的地层型式特征是加积—前积。在沉积速率高的地区,叠瓦状的浊积体可能与低位前积复合体前端呈指状交错。这些叠瓦状浊积体与低位前积复合体斜层前端可相连或分开。当斜层前端在盆底时,它们相连,斜层延伸至很深水时,它们相互分开。此时斜层前端往往在陆坡上尖灭,叠瓦状浊积体沉积在陆坡底部,由一过渡带与前积斜层分开。底部有浊积砂和顶部有半深海泥是叠瓦状浊积体的特征,可以形成一系列很厚的盆地充填沉积,并超覆到陆坡上,这些充填沉积通常与小型的构造活动盆地有关。大规模滑动体的滑塌沉积是低位晚期前积复合体或海侵早期体系域的特征。

下切河谷充填主要是辫状河沉积,填充在原切割成的河道内,通过下切作用使其河道向盆地延伸并切入下伏地层,与海平面的相对下降相呼应。下切河谷充填可与低位前积复合体同期形成,也可形成于海侵体系域沉积时期,在海侵体系域沉积时形成的下切谷充填一般为河口湾沉积。下切谷在地震剖面的反射特征比较明显(图3-11),一般为下超或双向下超,有时出现杂乱反射。

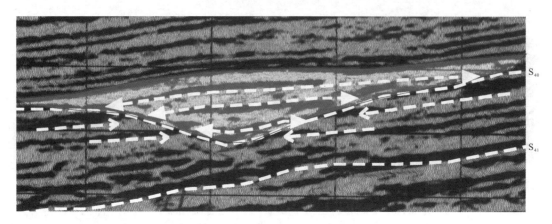

图3-11 深切谷在地震剖面上的反射特征

无明显坡折的缓坡背景下的低位体系域由下前积复合体、上前积复合体下切河谷充填。下前积复合体时,地层型式成前积,底部下超,顶部有侵蚀切割,一般为下临滨或滨外沉积物,粒度较其上覆上前积复合体小,下前积复合体形成于海平面相对下降阶段(与深水背景盆底扇同期形成)。上前积复合体底部为侵蚀面,局部切割下前积复合体,形成下切河谷,当发生这种情况,河谷通常充填着较粗的河流或河口潮汐砂。上前积复合体形成于海平面相对下降(为下前积复合体形成时间)之后至海平面相对缓慢上升阶段。下切河谷充填如果形成于低位阶段,充填河流沉积;如果形成于海侵阶段,则充填河口湾砂体。

2. 海侵体系域特征

海侵体系域是层序内部中间的体系域,它是在全球海平面迅速上升与构造沉降共同控制所产生的海平面相对上升时形成的,以沉积作用缓慢的低砂泥比值的一个或多个退积型准层序组为特征。海侵体系域往陆方向加厚,在底部超覆处变薄,一般情况下,由于沉积物供应不足,准层序组上部海相地层逐渐变薄,向盆地方向和向上变薄。

海侵体系域的底面是位于低位体系域或者陆架边缘体系域顶面处的海进面。海侵体系域内部的准层序在朝陆地方向上超到层序边界之上,在朝盆地方向下超到海进面之上。海侵体系域的顶面是下超面,这个下超面是一个最大海泛面,上覆高位体系域内前积斜层的趾部下超其上,并以从退积式准层序组变为加积式准层序组为特征。

海侵和高位体系域以最大海泛面为界。最大海泛面一般在沉积速率极低的饥饿层内,或在饥饿层之顶面。密集段通常与化石种类最富集带一致,但在深水地区,如果饥饿层呈缺氧状态(黑色纹层状页岩),由于生物缺乏和溶解作用的破坏,古生物分析中见不到化石,可能会造成生物地层的不连续。这种不连续往往出现在磷灰石、海绿石、菱铁矿、黄铁矿和白云石以及大气微粒(如火山灰和铱)等自生矿物富集段。饥饿层内经常出现未经破坏的原生海绿石。

3. 高位体系域特征

高位体系域是在海平面由相对上升转为相对下降的时期形成的,此时沉积物供给速率大于可容空间增加的速率,形成了向盆地内沉积的一个或多个准层序。它主要是由3部分组成:高位早期前积复合体、高位晚期复合体和高位晚期陆上复合体。早期前积复合体呈"S"型前积地层型式(图3-12),晚期前积复合体为斜交前积地层样式,晚期陆上复合体以在海平面相对静止时期形成的河流沉积为特征。

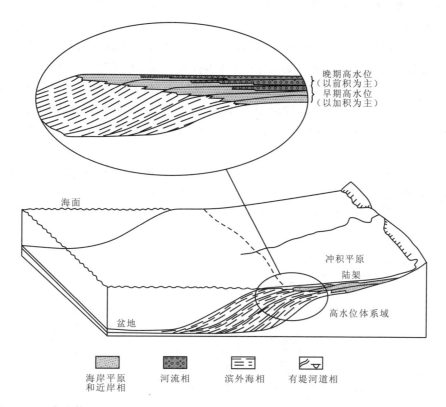

图3-12 高位体系域及其早期前积复合体和晚期前积复合体特征(据Posamentier等,1991)

高位晚期前积复合体和陆上复合体同期形成,高位体系域底部边界为下超面(最大泛滥面),伴有密集段,在内陆架变为整合面,在海岸平原沉积物中不易辨别,在湖相沉积物中有时又易区分。高位早期复合体与海侵晚期体系域极为相似,两者最主要的差别是小层序组在海侵体系域中为退积,而在高位体系域为前积。

高位晚期前积复合体一般由三角洲、三角洲间或海滩、风暴沉积物组成。由于高位晚期海平面相对上升速率减慢,海岸和三角洲平原沉积物分布广泛,呈薄层。河流沉积的陆上复合体一般沉积较粗部分,这样高位三角洲就比同一地区的低位三角洲细。高位晚期陆上复合体在海平面以上沉积,使河流沉积体系随着高位体系域向海推进而保持最佳的平衡梯度。曲流河沉积往往相互合并,向上颗粒变细,分布变广。在地形变化大的地区,还可以发育冲积扇。

4. 陆架边缘体系域特征

陆架边缘体系域是在一个海平面相对上升时形成的海退地层单元,为一楔形体覆盖于Ⅱ型层序界面之上,在下伏前积拐点向陆一侧的陆架上沉积而成,以微弱前积和加积为特征。陆架边缘体系域是由陆架和斜坡碎屑岩或碳酸盐岩组成,其陆上部分一般为向海增厚的陆相楔状体,而海相部分与低位前积复合体相似。

陆架边缘体系域的底界是一个以覆盖河流沉积的海岸平原或滨海和三角洲沉积物为特征的侵蚀不整合(或与之可以对比的整合)。在底界为可以对比整合的地方,这个底界面只表现为准层序叠置方式从快速前积向缓慢前积或者向加积的变化。其顶界面以把前积-加积陆架边缘体系域与上覆退积的海侵体系域分开的海进面为标志(Posamentier 等,1991)。

(二)准层序和准层序组特征

1. 准层序特征

准层序由海泛面或其对应面限定的一组相对连续、有成生联系的层和层组。Vail 等人将 parasequence 作为层序地层序列中的五级单元,即为准层序(Van Wagoner,1995;Van Wagoner 等,1988,1990)。

准层序可以在湖相、海岸平原、三角洲、海滩以及陆架等环境中被识别出来。但在斜坡或盆地剖面中,因沉积在海平面以下很深地带,故不受水深增加影响,对上述环境所形成的准层序难以辨认。

(1)准层序类型及其特征:向上变粗及向上变细的地层序列的测井曲线及地层特征如图3-13、图3-14所示。在典型的向上变粗序列中,岩层组变厚、砂岩颗粒变粗、砂泥岩比例向上增加(图3-13)。而在向上变细的准层序中,如图3-14所示的潮坪环境中,岩层组变薄、砂岩颗粒变细(通常达到泥和煤的粒级)、砂泥岩比例向上减小。

向上变粗和向上变细的准层序中的垂向相带组合特征反映水深的变化过程。但无论是水深逐渐加深还是变浅,一般在准层序中都难观测到。即使是向上变深的准层序的确存在,在岩石中也鲜有记录。大多数"向上变深"的相带组合可能是由退积准层序组向后叠加产生的。在有些环境中,硅质碎屑沉积

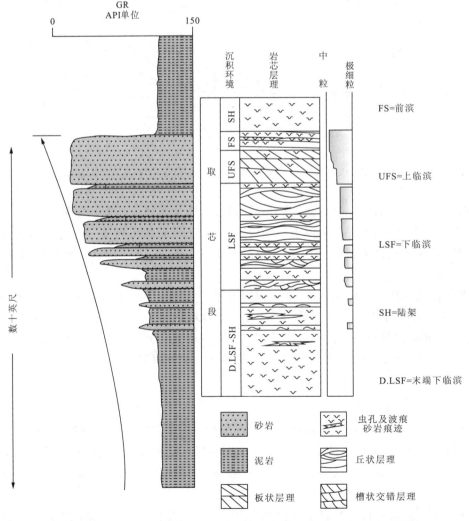

图 3-13 碎屑滨岸环境向上变粗的准层序特征(据 Van Wagoner 等,1988)

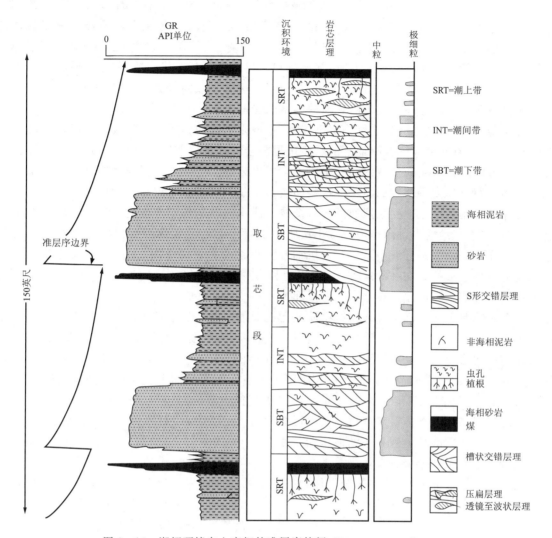

图 3-14　潮坪环境向上变细的准层序特征（据 Van Wagoner 等，1988）

致密或水体太深、岩性变化不明显，因此形成的准层序难以辨认。

依据准层序的成因机理，可将准层序分为幕式准层序和周期性准层序。

幕式准层序产生于沉积过程本身或局部构造作用。前者最好的例证是由分流河道改道导致的三角洲朵体的迁移，这种准层序分布范围较局限，其侧向延伸范围与三角洲朵体本身的延伸范围相等。后者最好的例证是由于沿活动断层的沉降运动所引起的海平面迅速相对上升，即局部海平面上升，这种准层序侧向延伸范围与断层活动影响范围有关。

周期性准层序则受控于区域性海平面变化，可能起因于米兰科维奇轨道周期引起的古气候周期性变化，此种变动引起冰川融化和海水体积的变化，从而导致海平面的升降。这种机制控制了分布面积广泛的周期性的小层序的形成，如华南和华北晚古生代海陆交替相地层中的周期性准层序可以追索近百千米。

（2）准层序的边界特征：准层序边界是一个海泛面及与之可对比的面，代表了海平面的相对上升，是在沉积物供给速率小于可容空间增长速率时形成的。无论是从地区性还是在盆地范围内都是平坦的界面，只有在大区域内才表现为较小的地形起伏。通过海泛面可明确地区分开其上覆的深水岩石（如陆棚泥岩）和其下伏的浅水岩石（如滨海相砂岩）。在有些情况下，一个准层序边界与层序边界一致。

在岩芯和露头中，已观察到与层序边界不重合的海泛面上有少量的海侵滞留物沉积，厚度通常小于

0.6m，为较粗的沉积物，由贝壳、贝壳碎屑、破裂泥岩碎屑、钙裂泥岩碎屑、钙质团块、硅质碎屑砾岩或卵石组成。它们来源于下伏岩层，是由于海进期间海岸带岩石受侵蚀所成，并且在海侵面顶部聚集成一不连续层。在岩芯或露头中观察海泛面时，可以用这种沉积颗粒（如以上列出的）为标志进行边界识别。然而当海侵滞留沉积出现在海泛面之上时，则该沉积明显地来源于下伏岩层，如卵石质砂岩顶部的薄层硅质碎屑砾石。更常见的情况是滞留沉积出现在与层序边界一致的海泛面上，在这种情况下，滞留沉积与下伏沉积没有明显的同源性。一般出现四种类型的滞留沉积。

第一种类型为海侵滞留沉积，滞留物由不连续、不规则形状的钙质团块组成。滞留物停留于海泛面上，该面与位于深切谷底部或河谷间地区的层序边界重合。这种滞留物是在层序边界暴露于地表时期，从土壤层内部形成的钙质壳或分散的钙质团块中衍生出来的。后续的海侵作用搬走了较容易侵蚀的土壤而在海侵面上留下作为滞留物的团块。这些团块通常是表明古土壤层存在的标志。

第二类滞留物是小层序遭受强烈的掘穴以及波浪或水流改造作用产生的。滞留物厚度在海泛面以下，经筛选作用向下伏地层内部渐渐消失。小层序中不存在能划分被改造沉积物与未改造沉积物的界面。这种改造作用被认为是在海侵之后和大量细粒沉积物前积于海泛面之前，由于风暴以及正常两栖动物群的集群现象形成的。在一些地方，生物扰动和海底暴露会导致稳固地基(firm ground)的形成。这种滞留物通常形成于与层序边界重合的海泛面上。

第三类滞留物是在海平面上升之后有机质或无机质的碳酸盐岩堆积于海泛面之上形成的。有机碳酸盐多以贝壳层的形式出现，覆盖于海侵面上。尽管这些贝壳层受风暴的筛选和改造作用，但是它们代表了陆架原有的组合，贝壳层并不是从下伏小层序中侵蚀而来的。沿着马里兰州的Calver悬崖的中新统地层中，这些类型的贝壳层被认为覆盖在与层序边界重合的海泛面上。无机碳酸盐以鲕状岩或豆状出现，在海泛面上可形成沙滩和沙坝，特别是远离深切河谷的海泛面与层序边界重合的地方。此时，外陆架在低位之后已被浅水覆盖。波浪搅动足以形成鲕状或豆状岩石，而硅质碎屑流入量甚微。最终，当海平面不断上升并置碳酸盐岩颗粒于波浪搅动基面以下时，浅滩停止发育，并可能遭受局部改造，而风暴作用影响浅滩在整个陆架的分布。

第四类是最普通的滞留物，是在一个下切河谷底部的层序边界上的河道滞留物。这种滞留物是在海平面下降期间堆积的。这种河道滞留物由不同颗粒类型组成，但是最普遍的是由圆的燧石、石英或石英质卵石组成。厚度范围从只有一个卵石厚的薄透镜体至数米厚的滞留层。

准层序边界的特征表明它们是由于水深的突然增加而形成的，而且水体加深的速度足够大到阻止沉积作用的发生。

2. 准层序组特征

准层序组，即四级层序具有三级层序的基本特征，但时限很短，在海相地层中大约10～15万年，因此属于高频层序的范畴(Mitchum和Van Wagoner，1991；Van Wagoner等，1995)。准层序组是由一系列成因相关的、具有特定叠置方式的准层序组成，其边界为一个重要的海泛面或与之可对比的面(Van Wagoner，1985)。准层序组及其相互间的叠合形成了层序结构体系中的另一个更大的地层单元。

(1)准层序组类型及界面特征：根据沉积速率与新增空间速率之比可将准层序组中准层序的叠加方式分为进积式、退积式和加积式三种类型。图3-15系统地表明了这些叠加方式及其测井特征。

进积准层序组中，逐渐变年轻的准层序逐层向盆地方向沉积并可延伸较远，即反映了沉积体系不断向盆地方向进积的过程。而且在可容空间增长速率小于沉积速率的情况下，形成砂岩厚度增加、砂泥比值逐渐加大、水体变浅的准层序堆砌样式。它们常是高位体系域和低位前积楔形体的沉积特征。

退积准层序组中，逐渐变年轻的准层序，以阶梯状后退方式逐层向陆方向沉积和延伸，其沉积速率比可容纳空间增长速率小。尽管在退积小层序组中，每个准层序是向前加积的，但该准层序组在"海侵型式"中是向上加深的。退积准层序组表现出向上水体变深、单层砂岩减薄、泥岩加厚、砂泥比值减低的特征，常为海侵体系域的沉积特征。

加积准层序组是在沉积速率与可容空间变化速率相等的情况下形成的，逐渐变年轻的准层序在侧

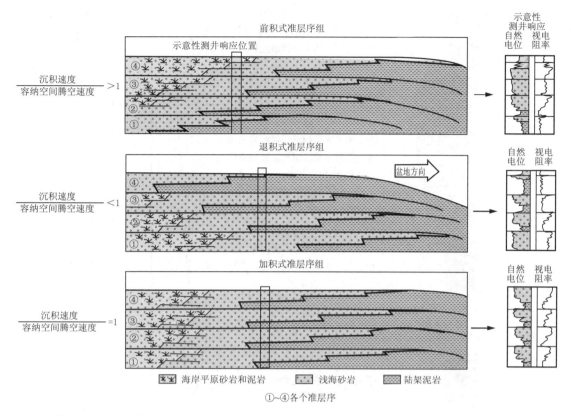

图 3-15　不同类型准层序组内部地层叠覆方式及其测井响应特征(据 Van Wagoner 等,1988)

向上没有发生明显移动,即反映了沉积体系不断地垂向加积的过程。常为高位体系域早期和陆架边缘体系域的沉积响应。

(2)准层序组的基本特征:准层序组垂向叠加型式既可以通过垂向沉积相和岩性变化所表示,也可通过准层序侧向的变化所表示。

垂向上,任何准层序组叠加型式中的单个准层序都是进积式,这些准层序在垂向上的组合规律指示总体海(水)进或海(水)退的趋势,即构成所谓退积准层序组和前积准层序组。一方面可依据垂向上每个准层序中砂岩泥岩比、砂岩层数或砂岩层厚度的变化等特征来判断(图3-15)。另一方面可依据垂向上每个准层序中成因相或成因亚相的变化来判断,如江西丰城矿区龙潭组狮子山段的障壁坝-泻湖体系的沉积代表前积准层序组(图 3-16),下部准层序只发育较深水的中下临滨沉积,而上部准层序还发育有较浅水的上临滨及泻湖潮坪沉积,总体指示海退的趋势。

准层序组在侧向上的变化主要依据每个准层序向陆地方向和向盆地方向沉积相带的分布判断。对比图 3-15 中每个准层序内海岸平原、砂岩、泥岩以及陆架泥岩的分布位置,不难发现总体海侵(退积式)或海退(进积式)的规律性。

四、层序地层单元划分

对于各级层序地层单元的涵义、划分准则,地质学家们已取得基本的共识(Wilgus,1988;Van Wagoner,1988)。基于大量实践所作的统计,对各级层序地层单元均给定了大致的持续时限,但其摆动的幅度较大。尽管如此,层序地层单元持续的时限对确定其级别有重要意义。在油气勘查中也用其衡量研究工作的精度,如三级层序一段持续时间为 1~3Ma,若划分的时间间隔过大,则常反映研究工作的精度不足。

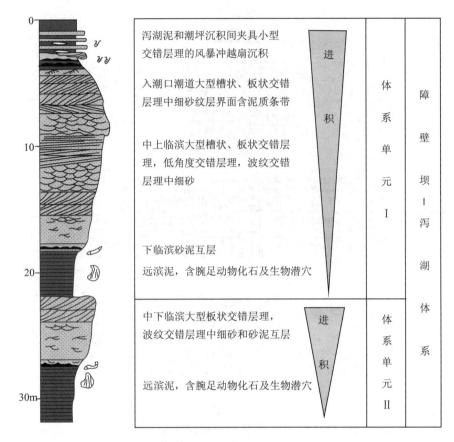

图 3-16　江西丰城矿区龙潭组狮子山段沉积序列（据解习农等，1994）

不同类型的盆地内部均可划分出不同级别的层序地层单元。一级和二级层序被公认为受全球性和区域性构造因素控制，其界面常属区域性的不整合面，代表着重要的间断，此种情况在海相及陆相地层中均很明显。三级层序是层序地层单元中的基本层序，作为层序边界，古间断面在陆相地层中常较海相地层更为显著。

1. 巨层序

巨层序（megasequence）的形成受控于全球性板块运动的最高级别的周期性，最典型和公认的即古大陆汇聚和离散的周期。最著名的是 Pangea 超大陆（supercontinent），其汇聚成整体的时间在 250Ma±，重新裂解和开始离散则在 160 Ma±，即大西洋开始形成的时期。可见其持续时间之长，跨越了不同的地质时代。王鸿祯先生（2000）根据地球历史的记录分析，建议其大致时限为 60～120Ma。在含油气盆地的层序地层研究中，对层序地层单元的划分的要求日益精细，一般不涉及高级别层序。但在大型叠合盆地如塔里木和准噶尔等盆地中，沉积充填跨越多个地质时代，仍可划分出巨层序。

2. 超层序和超层序组

在地层序列中超层序（supersequence）也是持续时间很长的层序地层单元，Vail 和 Michum 等均建议其时限为 9～10Ma。超层序的形成受控于构造演化的周期性，对巨层序、超层序等高级别层序地层单元，Galloway 等曾称之为"构造层序"（tectonic sequences）。超层序的界面常常是较为明显的区域性的不整合间断面和与之相对应的整合面。在我国陆相盆地分析的实践中，超层序常对应于盆地构造演化的阶段性。在我国东部裂陷类盆地中，裂陷期的多幕伸展是普遍存在的特点，此种特点主要受控于地幔深部过程和板块的相互作用。在沉降史分析中，每一个裂陷作用幕对应于沉降速率由快速到衰减的过程。例如我国东部陆上和海域，早第三纪裂陷期普遍可以划分出 3 或 4 个裂陷幕，与之相应的层序地层单元正相当于超层序。

超层序组(supersequence set)(王鸿祯等,2000)是成因上相关的几个超层序的组合。由于巨层序与超层序的时间单隔相差悬殊,其间常存在着可识别的中间性单元,Vail等用时限为 27~40±Ma 的超层序组作为这种介于巨层序与超层序之间的单元。20 世纪 90 年代,许多中外学者发现此级别的层序具有大范围的可对比性,并与天文周期相吻合。现已了解太阳系穿越银河系的银道面的半周期可能是较稳定的天文周期,其时限约为 32~38Ma,对地球系统的演化可能产生重大影响,作为此种构造周期性的沉积响应,即对应于一定级别的层序地层单元超层序组。

3. 层序或称三级层序

层序(sequence)已经被定义为一套相对整一的、成因上有联系的地层,其顶底以不整合面或与之对应的整合面为界(Mitchum 等,1977;Van Wagoner 等,1988,1990),此种不整合常常是低角度的侵蚀不整合。层序是层序地层分析中的基本单位,其时限一般为 0.5~5Ma。在与海相相关的地层中,层序的内部由低位体系域(LST)、海侵体系域(TST)和高位体系域(HST)三种体系域组成,其间无不整合面。三级层序(third-order sequence)是层序地层研究中最基本的单元。三级层序内部的体系域构成也是确定三级层序的重要标记,正常情况下三级层序内部具有三个体系域,但其中的高位体系域有时可能被侵蚀,低位体系域在某些情况下也可以不发育,因此有些层序只有两个体系域。对于三级层序的成因迄今尚无明确共识,多数沉积学家推断认为是气候周期导致的基准面变化控制了三级层序的形成和旋回式交替(Van Wagoner,1995)。

4. 体系域

以 Vail 等为代表的研究集体在海相为主的地层中概括出了三级层序的构成模式,并划分了低位体系域(LST)、海侵体系域(TST)和高位体系域(HST)。在三级层序内部,这三种体系域的界限是初始海泛面和最大海泛面,这两个关键性的界面均可在地震剖面和钻井资料中识别。

在陆相盆地中湖泊的演化不可与海洋对比,湖泊不仅在规模上远比海洋小,而且在其演化过程中对古气候、古构造、物源补给等因素均十分敏感。从地质历史演化的角度看,大多数湖泊是较为短命的地貌景观。由于湖泊规模的局限性,在层序地层分析中可以看到其整体的扩展和萎缩。李思田等(1992)指出在湖泊体系中套用 transgressive 和 regressive 并不妥当。Kelts 曾建议用扩展(expanding)和收缩(retracting)来表现湖泊水体的变化,但未及成文。李思田(1992)建议在湖盆条件下用湖扩展体系域 EST 取代源于海相地层的 TST,这样更为合理。

在内陆湖盆的充填序列中,划分三种体系域的界面是初始湖泛面和最大湖泛面,前者是低位体系域的顶界面,后者则是高位体系域的底界面。当湖扩展体系域的泥岩很薄时,其上下界面在地震剖面上无法区分,但可用高位体系域的底界面来判断最大湖泛面的位置。高位体系域时,三角洲发育常形成底超。

5. 四级层序

四级层序(fourth-order sequence)具有三级层序的基本特征,但时限很短,在海相地层中大约 10~15 万年,因此属于高频层序的范畴(Mitchum 和 Van Wagoner,1991;Van Wagoner 等,1995)。四级层序概念的提出虽已有很长时间,但其应用涉及反射地震成果的精度,在地震分辨率不高的情况下很难划分。随着地震勘探采集与处理技术的提高,国际上一些著名的大公司要求在生产上力求划分出四级层序,以便更精确地进行储层预测。在陆相地层中,目前地震探测精度在多数场合尚难划分出四级层序。胜利油区的东营凹陷发育了大型的三角洲体系——东营三角洲,在其发育区划分出多个四级层序,在每个四级层序中成功地预测了含油的前缘滑塌浊积体。

6. 五级层序

在 Vail 等人研究集体的名词系统中,以 parasequence 做为层序地层序列中的五级单元。在高精度储层层序地层研究中需要划分对比到五级单元。

五级层序(parasequence)被定义为由海泛面或其对应面限定的有成因联系的层的组合。Vail 和 Mitchum 等将其时限定为 0.03~0.08Ma。多个成因上相关的 parasequence 以一定的叠置样式(进积的、退积的和加积的)组合构成了 parasequence set。

在油气勘查中，根据反射地震剖面通常只能划分出三级层序及其内部的体系域。四级层序只有在特定条件下能够划分。五级单元则只能在钻井资料中划分和使用。层序地层序列是一种旋回式交替，旋回地层学在地质学史上则已有很长的历史。层序地层与旋回地层最大的区别是对古间断面和其他关键性物理界面的重视，并以其为划分层序地层单元的界限。这在三级及其以上级别的层序划分中很有效。进入四级和五级层序地层单元的研究多数情况下难以找到不整合间断面，因此在划分和对比上实际是使用近代旋回地层学和事件地层学的原理(Einsele,2000)，但在界限选定上有所差异。Van Wagoner 等以海泛层作为五级单元的起点，这对多数海相沉积体系和湖泊三角洲体系适用，但在河流体系中则应以河道的底冲刷面为界。总之，在划分和对比五级单元时应考虑沉积体系的类型。在陆相地层大量存在的河流体系中，五级单元的下界不是湖泛面，而经常是水道底冲刷面；在三角洲体系中则以湖泛面为下界。

第二节　层序构成样式

一、碎屑岩层序构成特征

Vail 等人(1991)根据沉积滨线坡折带处海平面下降速率与盆地沉降速率之间的关系以及层序边界不整合类型，将层序划分为Ⅰ型层序和Ⅱ型层序两种类型；当沉积岸线坡折处的海平面相对下降速率大于盆地沉降速率时，引起海平面相对下降，这时形成Ⅰ型层序；当沉积岸线坡折处的海平面下降速率略小于或等于盆地沉降速率时，形成Ⅱ类层序。

(一) Ⅰ型层序地层样式

层序地层样式除了受四个主要因素控制——全球海平面的升降、构造沉降、沉积物供给和气候外，盆地的几何形态的不同，也会造成层序地层样式的差异。Ⅰ型层序(type-Ⅰ sequence)的地层样式的构成及几何形态就存在着不同。下面就简要介绍具陆架坡折盆地和无陆架坡折的缓坡盆地的Ⅰ型层序地层样式。

1. 陆架坡折盆地

图 3-17 是一个具陆架坡折盆地的理想Ⅰ型层序样式的模式图，它表明了Ⅰ型层序的低位体系域、海侵体系域和高位体系域中准层序组的分布情况。具陆架坡折盆地的Ⅰ型层序样式的盆地往往具有以下特征：①易于确定的陆架、陆坡和盆底地形；②陆架倾角小于 0.5°，陆坡倾角 3°~6°，海底峡谷侧壁倾角为 10°；③比较明显的陆架坡折将低角度的陆架沉积物与更陡的陆坡沉积物分开；④由浅水到深水的过渡比较突变；⑤当海平面下降到沉积岸线坡折以下，如果形成海底峡谷，则可能发生切割作用；⑥可能沉积海底扇和斜坡扇。

除沉积于具有陆架坡折的盆地外，还须具备以下条件：①足够大的河流体系切割峡谷并搬运沉积物进入盆地；②有足够的可容纳空间使准层序组保存下来；③海平面的相对下降要有一定的速度和规模，使得低位体系域能沉积于陆架坡折或陆架坡折以外。

沿盆地边缘沉积物供给的变化以及相对海平面升降速率的变化，可导致不同准层序组在陆架的不同位置同时沉积，因此，在同一层序中，体系域之间边界的形成时间在不同位置上也会有所变化。图 3-17 描述的Ⅰ型层序理想模式反映了各体系域的基本地层单元，其中层序的确定是通过测井、岩芯和野外露头等技术手段，并结合地层组成和边界类型来识别的。

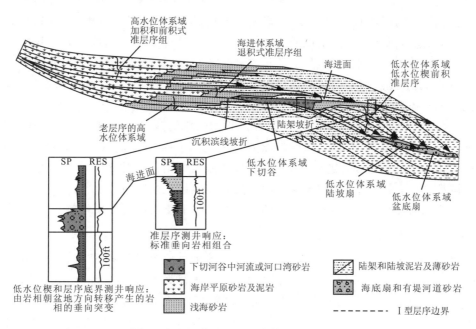

图 3-17　具陆架边缘坡折带的 I 型层序体系域(据 Van Wagoner,1990)

低位体系域特征:低位体系域是由盆底扇、斜坡扇、低位楔形体和深切谷组成。典型的盆底扇是以砂为主,主要是重力流沉积,可用鲍马序列来描述。盆底扇一般多出现在远离峡谷口处,当然在峡谷口也可见其沉积,其形成与斜坡上的峡谷侵蚀以及陆棚暴露地表发生的河流下切作用密切相关。斜坡扇是指位于大陆斜坡中部或底部的重力流沉积体(图 3-17),由浊流水道和漫滩沉积物组成。它是在全球海平面下降晚期或上升早期形成的(朱筱敏,1998)。低位楔形体是由一个和多个前积准层序组组成的楔形体,它主要位于陆棚坡折处向海一侧并上超于前一层序的斜坡上。楔状体的近源部分由陆架或陆坡上部的深切谷充填及其相关的低位岸线沉积组成,远源部分由厚层富泥的楔形体前积单元组成,而在其早期沉积物中可包含有互层的薄层浊积岩。楔状体的末端部分由一个厚的、以泥为主的楔状体单元组成,它下超在斜坡扇上。

深切谷是海平面下降、河流向盆地延伸并侵蚀下伏地层的深切河流体系及其充填物(图 3-11)。在海平面大幅度下降期,陆棚因暴露受到河流体系的侵蚀形成深切谷而成为沉积物搬运的通道。图 3-17 左下方示意了一个深切谷充填的一般测井曲线形态。沉积环境垂向上的这一不规则组合称为"岩相向盆地迁移",它形成于海平面相对下降时期。当层序边界之上的浅海-非海相地层直接覆盖在较深水的地层之上,其间没有形成于过渡环境的岩石薄层,则出现这一岩相向盆地方向迁移的现象。岩相向盆地迁移是由于中间过渡相被剥蚀,或由于环境快速迁移而无沉积的结果。

海侵体系域特征:海侵体系域是在海平面快速上升期间,可容空间增长大于沉积物供给速率而形成的,其底界为初次海泛面,顶界为最大海泛面。由于可容空间的快速增加和沉积物供给速率的相对减少,其水体向上不断加深,依次堆积较新的准层序向陆方向上超在层序边界之上。海侵体系域完全是退积的,重要的沉积体系有陆棚三角洲、滨岸平原、富煤的海陆交互沉积、冲积和越岸冲积以及泻湖和湖泊沉积等。海侵体系域较低位和高位体系域具有更低的砂泥岩比值,因此可以形成分布较广的盖层或烃源岩层。

当海平面沿早期老的斜坡面上侵以至淹没整个陆棚到达到最大海泛面时,就形成薄层、富含古生物化石的、以低沉积速率沉降的密集段。虽然密集段较薄,但其沉积作用是连续的,它经历了一个漫长的时期。在岸线发生最大的区域性海侵时期,密集层分布最广。密集段的这些特征对地层分析有两方面的重要意义:第一,如果没有用于确定生物地层年龄的露头、岩芯或岩屑样品,则可能忽略密集段,而如果忽略了密集段,在生物地层记录中就会明显出现一个大的时间间断,促使古生物学家推论出一个大的不整合,而该处实际上是连续沉积;第二,密集段通常会比其上、下的岩石有更丰富的、多种属的深水动物群。大部分河流、港湾以及低位体系域的浅海砂岩很少或没有发现动物群。如果我们对同一口井中连续几个密集段的动物群进行取样(实际上动物群样品来自好几个层序内),且未能根据测井或地震资料对同一层段进行沉积环境解释,则对取样层段来说,有可能把它解释为连续的深水环境,而这种解释忽略了密集段之间有重要的层序边界的存在。

高位体系域特征:高位体系域(图3-17)是在沉积物的供给速率大于可容空间的增长速率时,在海平面上升的末期和下降的早期形成的,以下超面为底界,以下一个层序的低位体系域底界为顶界。早期高位体系域通常由一组加积准层序组组成,晚期高位体系域则由一组或数组前积准层序组组成。它一般广泛分布于陆棚之上,其下部以加积准层序组向陆方向上超于层序边界之上,向海方向下超于海侵体系域之上。在许多的硅质碎屑岩层序中,高位体系域明显被上覆层序边界所切割。

2. 无陆架坡折的缓坡盆地

与具明显坡折的Ⅰ型层序明显不同,图3-18所示的Ⅰ型层序是沉积于具平缓斜坡边界背景的盆地内,其沉积特征如下:①均一的、小于1°的低角度倾斜,大多数倾角小于0.5°;②叠瓦-反"S"形斜交(Mitchum等,1977);③较缓倾斜与较陡倾斜间无梯度突变的坡折;④从浅水到深水无突变带;⑤海平面相对下降时,切割作用发生在低位岸线以上,而不发生在岸线以下地区;⑥相对海平面下降时,沉积低位三角洲和其他海岸砂岩(平缓斜坡边缘上一般不沉积盆底扇和斜坡扇)。

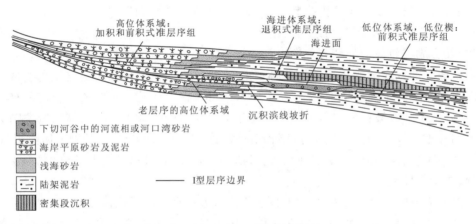

图3-18 具缓坡边缘的盆地内沉积的Ⅰ型体系域构成(据Van Wagoner等,1988)

在具缓坡边缘的沉积盆地内,其高位体系域和海侵体系域与具陆架坡折盆地相似,但低位体系域有所不同。由于平缓斜坡上沉积作用的倾角较小且均匀,一般不形成厚的、偏泥的低位楔形体、斜坡扇和盆底扇(图3-19)。Van Wagoner等认为,该类型盆地的低位体系域是由厚度相对薄的低位楔所构成的,这个低位楔包括两部分沉积物。第一部分位于靠近岸线一侧,以河流下切作用形成不均一的深切谷和海岸平原沉积物过路作用为特征,这一部分沉积物是在海平面相对下降,同时岸线快速向盆地逐渐迁移直至海平面下降处于稳定时期形成的。另一部分是向海一侧,在缓慢的相对海平面上升时期形成,由上倾的深切谷充填沉积和下倾的一个或多个前积的准层序组构成。

总的来说,具陆架坡折盆地和无陆架坡折的缓坡盆地都有低位体系域、海侵体系域和高位体系域,而且它们代表了Ⅰ型层序沉积作用的两种端点类型:第一种端点类型(图3-15),海平面相对下降将低位岸线从沉积岸线坡折处迁移到陆架坡折处以外,并可能形成峡谷和海底扇沉积;第二种端点类型(图3-18),虽然海平面相对下降将低位岸线迁移至沉积岸线坡折以外,但未到陆架坡折或盆地中无陆架坡折存在(因为盆地边缘为平缓斜坡型)时,则形成一个以低位楔为特征的低位体系域。

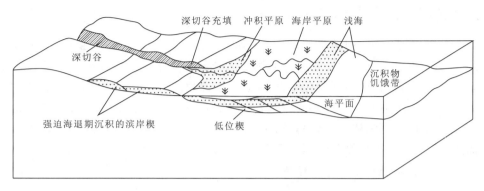

图 3-19　具缓坡边缘的 I 型层序低位体系域特征(据 Myers,1996)

(二) II 型层序地层样式

II 型层序(type-II sequence)的准层序组和体系域的分布如图 3-20 所示,其底界为 II 型层序边界,顶界为 I 型或 II 型层序边界。它与具缓坡边缘的 I 型层序地层样式有些相似,其下部体系域最初都是在陆棚上沉积的,缺少盆底扇和峡谷。II 型层序自下而上由陆架边缘体系域、海侵体系域和高位体系域组成。

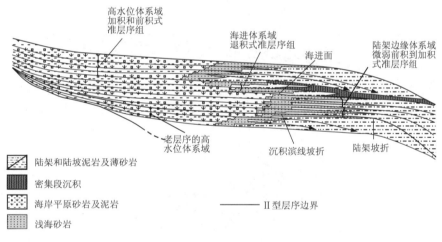

图 3-20　II 型层序的体系域构成(据 Van Wagoner,1988)

陆架边缘体系域可堆积于陆架的任何位置,由一个或数个不明显的前积至加积准层序组组成。其底界为一个以覆盖河流沉积的海相平原或以覆盖河流沉积的滨岸和三角洲沉积物为特征的侵蚀不整合或与之可比的整合面。顶界面为初始海泛面,它将前积至加积的陆架边缘体系域与其上的海侵体系域分开。陆架边缘体系域是一个海平面相对上升时形成的海退地层单元,它以逐渐减弱的进积、进而加积的准层序叠置样式为特征。

II 型层序的海侵和高位体系域与 I 型层序相似,均以加积至前积准层序组为特征。II 型层序(图 3-20)与沉积于平缓斜坡上的 I 型层序(图 3-18)表面上很相似,二者都缺乏扇体和峡谷,并且二者的下部体系域(即 II 型层序中的陆架边缘体系域和 I 型层序中的低位体系域)都沉积于陆架上。但是也有区别,II 型层序在沉积岸线坡折处无海平面相对下降,这与沉积于平缓斜坡的 I 型层序有所不同;II 型层序没有深切谷,且缺乏由于河流再生及岩相向盆地方向迁移所导致的、有重要意义的侵蚀削截。

(三) 构造坡折带类型及层序样式

在沉积学和层序地层学中,构造坡折带(tectonic slope-break)是一个重要的概念(林畅松等,2000)。在构造坡折带部位常发育一些重要的有利于成藏的储集体,因此,在油气勘探中受到广泛注意。

断陷盆地的层序坡折往往受控于同生断裂构造或挠曲枢纽带,也可能受下伏深层隐伏断裂控制。构造坡折带是指由于同生构造活动(断裂或褶皱)而造成沉积斜坡发生明显变化的地带(如凸起与斜坡、断坡与凹陷、斜坡与凹陷之间的边界地带)。断裂、挠曲造成的古地貌坡折有利于深湖的发育,同时坡折上的斜坡暴露又提供了沉积物再搬运、再沉积的条件。这些都是大型浊积扇体形成不可缺少的条件。由于构造的继续活动,构造坡折带对沉积作用可产生重要的影响,因而对沉积相的发育,尤其对低位体的分布起到重要的控制作用。

通过中国东部典型含油气盆地高精度层序地层学的研究,已发现三种构造坡折带,构成断陷盆地三种独特的由构造作用控制的层序样式(图3-21),即受同生断层控制的断坡带及断坡带型层序样式、断弯褶皱控制的弯折带及弯折带型层序样式、深部断裂控制的挠曲带及挠曲带型层序样式。

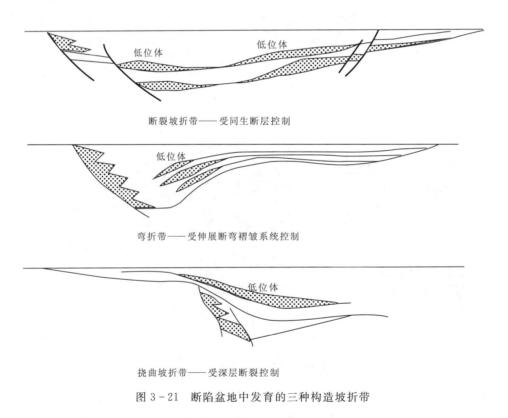

图3-21 断陷盆地中发育的三种构造坡折带

1. 受同生断层控制的断坡带(或断裂坡折带)及其层序样式

断坡带是指由同生断裂控制的沉积坡折带,其低位沉积坡折主要追寻盆缘和盆内主控同生断裂或反向同生调节断裂发育,从而形成以断裂构造控制的低位坡折-断坡带。根据两侧低位断坡带分布,盆缘主控生长铲型断裂一侧构成盆缘陡坡断坡带,另一侧同期派生的盆内反向调节断裂构成缓坡断坡带。以该两侧低位断坡带为界,从陡坡到缓坡可划分出:盆缘隆起区、陡坡带、开阔盆地区、缓坡带和缓坡剥蚀区等次级构造单元;相应地可划分出:剥蚀区、陡坡冲积沉积区、陡坡低位扇和高位扇三角洲沉积区、开阔盆地沉积区、缓坡低位扇和高位辫状河三角洲沉积区、冲积平原沉积区及缓坡剥蚀区等次级沉积单元(图3-22)。

由于构造的继续活动,断坡带对沉积作用可产生重要的影响,因而对沉积相的发育起到重要的控制

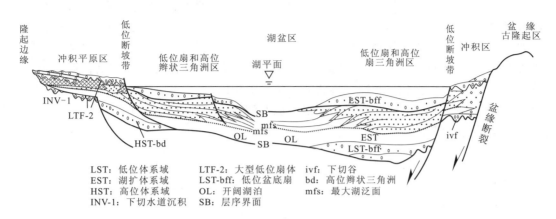

图 3-22 断坡带型层序样式及内部体系域构成

作用。该类断坡带在济阳坳陷的东营凹陷和沾化凹陷中最具特色，在中国东部其他第三系陆内断陷盆地的下第三系幕式断陷充填中，也大部发育该类沉积坡折。由断坡带控制的层序-断坡带型层序的主要特征如下。

(1)断坡带是古构造活动产生明显差异沉降的古构造枢纽带，其沉积厚度发生突变，同生主控断裂或断裂组的生长系数一般大于 1.4~1.6；断坡带的下降一侧（如同生断裂的下降盘）的沉积旋回增多，在碎屑体系到达的部位砂体的层数和厚度明显加大。

(2)层序的内部沉积构成特征：低位体系域主要分布在低位断坡带内的开阔盆地区内，靠近陡坡带沉积体系主要有深水盆底扇（或湖底扇）、近岸低位扇，靠近缓坡带发育大型的远源低位扇；低位坡折带之上的缓坡区则为暴露剥蚀区，发育大型的下切水道，陡坡带为暴露或过路沉积。湖平面上升越过低位断坡带后终止低位体系域发育，代之发育湖扩展体系域，但低位坡折带内为深湖区，向两侧则为滨浅湖或滨岸沉积区。高位体系域中，低位坡折带是沉积体系相带的主要分界点，低位坡折带内一般为三角洲水下平原沉积区，低位坡折带之上为三角洲水上平原或边缘平原-沼泽沉积区。总之，断坡带不仅控制着低位体系域（或低位扇体）的发育和分布范围，而且还控制着湖扩展和高位体系域时的水深和沉积相带变化，即从浅水区向较深水区过渡、沉积相带从边缘相向盆地相突变的界限。因此，断坡带往往是盆地体系域分带的界线。

(3)由于同生断裂的频繁发育，在盆地内可发育多个坡折带，次级构造单元的边界断裂带一般都构成沉积坡折带，从凸起到洼陷一般可识别出凸起与斜坡或陡坡分界的凸起边缘断坡带、斜坡或陡坡断阶与洼陷过渡带上的洼陷边缘断坡带。在斜坡内或陡坡发育多个断阶时，可以出现多个次级坡折带。

(4)断坡带对沉积相和砂体的控制样式是多样化的，需要与物源供给、沉积基准面或湖平面的高低变化相结合分析，不同坡折带可能控制着不同时期的砂体分布，具有多种组合样式，因此，对断坡带的研究必须分不同阶段进行详细分析。

(5)断坡带是极其重要的油气圈闭形成的有利部位。首先，断坡带往往是砂岩厚度和砂岩层数的加厚带，一旦确定控制砂体的断坡带，沿坡折带走向的碎屑体系供给部位可能会找到加厚的砂岩体；其次，断坡带内的同生断裂是重要的油气通道，尤其是沿断坡带根的裙状扇体分布，可形成顺畅的输导路径；再次，由于这些断裂的生长系数大，容易造成侧向岩性封堵，形成有利的断层封闭，而且同生断裂的明显活动和砂体的发育又有利于滚动背斜构造的形成，并有可能存在局部反转加强背斜形态，因此，无论是缓坡或陡坡带的断坡带都是滚动背斜发育的有利部位；最后，断坡带还是不整合面开始发育的部位，对寻找不整合圈闭具有重要意义。

2. 受伸展断弯褶皱系统控制的弯折带及其层序样式

弯折带是指由于一侧（通常为陡坡带）控凹的铲型正断层在非平面上滑动导致盆内另一侧（通常为

缓坡带)的挠曲作用使沉积斜坡发生明显弯折的地带(如凸起与斜坡、斜坡与凹陷之间的边界地带),即弯折带沿古背斜枢纽带展布,并构成了盆地缓坡带的低位坡折。据盆缘主控犁形断坡带和盆内缓坡弯折带的位置,沿侧向可将断陷盆地划分出:盆缘陡坡隆起区、陡坡带、开阔盆地区、弯折缓坡带和缓坡剥蚀区等次级构造单元;相应地可划分出:剥蚀区、陡坡冲积沉积区、陡坡低位扇和高位扇三角洲沉积区、开阔盆地沉积区、弯折缓坡低位扇和高位辫状河三角洲沉积区、冲积平原或滨岸平原沉积区等次级沉积单元。弯折带以南阳凹陷最为代表,在江陵凹陷中也发育此种坡折,是中国东部第三系典型断陷盆地中颇具特色的一种坡折类型(图3-23)。

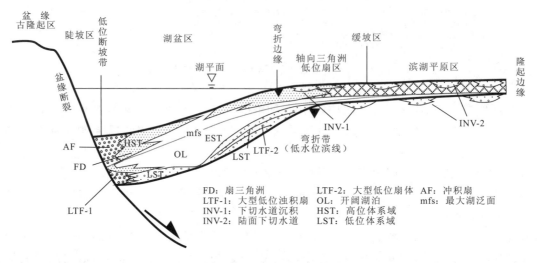

图 3-23 弯折带型层序样式及内部体系域构成

由于构造的多幕性及同生构造对沉积砂体的主控性,弯折带对层序的内部沉积构成、沉积作用可产生重要的影响,因而对体系域的发育,尤其对低位体的分布起到重要的控制作用。在断陷盆地中,弯折带即为低位滨岸坡折位置,确定了弯折带,便可预测断陷盆地深湖区和低位体系域的空间分布范围。其层序的主要特征如下。

(1)弯折带是控凹铲型正断层在非平面上滑动造成的古背斜枢纽带(或主轴面),而该古背斜轴线即为沉积滨岸的坡折部位。弯折带上下其沉积厚度发生突变,一般弯折带上,坡度平缓,各层序厚度相对较薄,变化稳定;弯折带下坡度突然加大,各层序的厚度明显增加,地层格架上呈缓坡向上散开的扇形。

(2)弯折带向深凹内的沉积旋回增多,低位、湖扩展和高位体系域发育齐全,在碎屑体系到达的部位砂体的层数和厚度明显加大。弯折带上宽缓的斜坡带区沉积旋回明显减少,仅发育湖扩展和高位体系域,厚度稳定且薄。

(3)弯折带控制了低位体系域的发育范围,同时还控制了湖扩展体系域的深湖和滨浅湖区,以及高位体系域的轴向三角洲沉积区。低位期,低位体系域主要发育在弯折带下的深凹内或深凹的斜坡区,形成低位扇或低位斜坡扇,弯折带上为暴露剥蚀区或局部发育有下切水道;在湖扩展或高位时,弯折带则是从浅水区向较深水区过渡的突变界限(湖扩展和高位体系域),同时也是东西两端轴向高位三角洲的扩展边界线,因此弯折带往往是半地堑断陷盆地体系域分带的界线(图3-23)。

(4)由于同生构造的持续活动,不同层序的每个弯折与活动轴面有关,自下而上弯折带的位置逐渐向深凹内迁移,从而构成随深度逐渐产生的扇形层序地层格架。

(5)弯折带对沉积相和砂体的控制样式是多样化的,需要与物源供给、沉积基准面或湖平面的高低变化相结合分析。不同层序的弯折带可能控制着不同时期的砂体分布,具有多种组合样式,因此,对弯折带的研究必须分不同层序进行详细分析。

3. 受深层断裂控制的挠曲带及其层序样式

挠曲带是由于盆内深层主控同生断裂及其他次级断裂的隐伏活动,致使其上地层发生构造挠曲作用,产生挠曲坡折即挠曲带(图3-24)。低位沉积坡折追寻挠曲坡折发育,据挠曲坡折的位置,沿侧向可将盆地划分出:滨岸平原区、挠曲坡折带、开阔盆地区等次级构造单元;相应地可划分出:暴露剥蚀区(过路沉积区)、斜坡低位扇和高位三角洲沉积区、开阔盆地沉积区等次级沉积单元。

挠曲坡折带以琼东南盆地最为代表,在中国东部的松辽(王英民等,2003)、冀东盆地(冯有良等,2003)中也发育此类坡折(图3-24、图3-25)。其控制的层序特征如下。

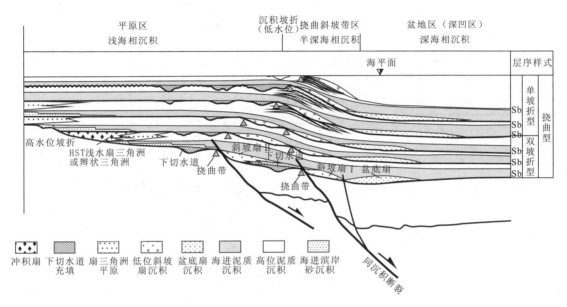

图3-24 挠曲带型层序地层格架(据陆永潮等,2010)

(1)挠曲坡折受下伏深层同生断裂控制,沉积滨岸坡折沿控制上覆地层挠曲的深层隐伏断裂或断裂带的走向展布。挠曲坡折上下其沉积厚度发生突变。一般挠曲坡折上,坡度较平缓,各层序厚度相对较薄,变化稳定;挠曲坡折下坡度突然加大,各层序的厚度明显增加,地层格架上沉积地层呈向挠曲坡折上超覆。挠曲坡折上层序界面表现为强剥蚀或削截作用,局部可发育大型下切谷,坡折下为底超。

(2)挠曲坡折向深凹内的沉积旋回增多,低位、海进(或湖扩展)和高位体系域发育齐全,在碎屑体系到达的部位砂体的层数和厚度明显加大,前积复合体和斜坡扇发育。挠曲带以上的宽缓的平原区沉积旋回明显减少,缺失低位体,仅发育海进(或湖扩展)和高位体系域或低位体系域,厚度稳定且薄。

(3)挠曲坡折控制了低位体系域的发育范围,同时还控制了海进(或湖扩展)体系域中深水和滨浅水区及高位体系域沉积体系的沉积相带或深浅水的沉积分区。低位期时,低位体系域主要发育在挠曲坡折下的深凹内或深凹的斜坡区,形成盆底扇、低位斜坡扇和前积复合体,挠曲坡折上为暴露剥蚀区或沉积过水区,局部发育有下切水道;在海进(或湖扩展)或高位时,挠曲坡折则是从浅水区向较深水区过渡的突变界限(湖扩展和高位体系域),同时也是沉积体系如三角洲体系平原相和水下平原相的边界线,因此挠曲坡折往往是体系域分带的界线。

(4)由于深层同生构造的持续活动,不同层序的每个挠曲坡折都与深部断裂有关。由于早期深部断裂的不均一活动可导致低位沉积时多个坡折的发育,从而形成复合挠曲坡折,并分期、分台阶控制低位体,尤其是斜坡扇的发育,而向上随着盆缘向盆内深层同生断层的逐渐减弱,多个挠曲坡折的位置逐渐向深凹内迁移,坡折逐渐合并为单一坡折。

(5)挠曲坡折对沉积相和砂体的控制样式是多样化的,需要与物源供给、沉积基准面或湖平面的高低变化相结合分析。不同层序的挠曲带可能控制着不同时期的砂体分布,具有多种组合样式,因此,对

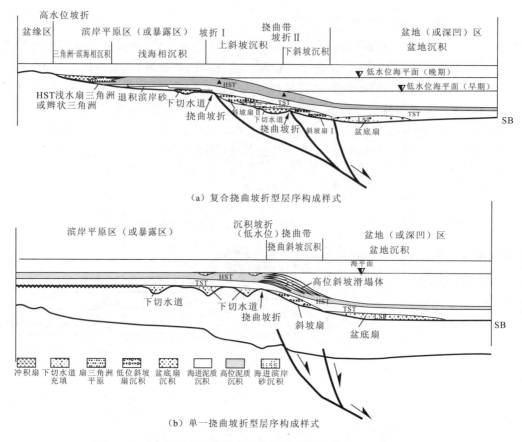

图 3-25 挠曲带型层序样式及内部体系域构成（据陆永潮等,2010）

挠曲坡折的研究必须分不同层序进行详细分析。

二、碳酸盐岩层序构成特征

经典的层序地层学模式是 Vail 为代表的研究小组以硅质碎屑岩为基础建立起来的大陆边缘层序地层学样式,而以原地沉积为主的碳酸盐岩与以外源输入沉积为主的硅质碎屑岩的沉积作用机理有着本质的区别。随着研究的不断深入,在油气勘探开发中逐渐形成了一套适用于碳酸盐岩的层序地层学理论。

(一)碳酸盐岩层序地层样式

同被动大陆边缘的硅质碎屑岩层序样式相似,碳酸盐岩层序中也可以识别出两类不同的层序,即Ⅰ型层序,是当海平面下降速率大于碳酸盐台地或滩边缘盆地的沉降速率,相当于海平面的相对下降时形成的。其底部为Ⅰ型层序边界,它以台地出露和侵蚀,以及伴生的陆坡前缘的海底侵蚀,上覆地层的上超和海岸下超的下移为特征[图 3-26(a)]。Ⅱ型层序边界以台内潮缘区和台地浅滩区出露地表为标志[图 3-26(b)]。海岸上超的向下迁移出现在下伏潮缘区的向海方向。图 3-26(b)中表示出海平面相对变化与体系域之间在时间和深度上的相互关系。体系域可以通过前述的层序地层学的各种研究方法来进行识别。体系域主要有四种类型:低位体系域、陆架边缘体系域、海侵体系域和高位体系域(Van Wagoner 等,1990;Posamentier 和 Vail,1991)。

低位体系域除了充填在陆架上的下切谷之外,总是在先前的台地或浅滩边缘处或它的附近向外叠覆出去,其顶界为初始海泛面。陆架边缘体系域是上覆在Ⅱ型层序边界之上和叠覆在先前台地和滩边缘之上向陆地方向的一个前积和加积的楔形体(图 3-27)。

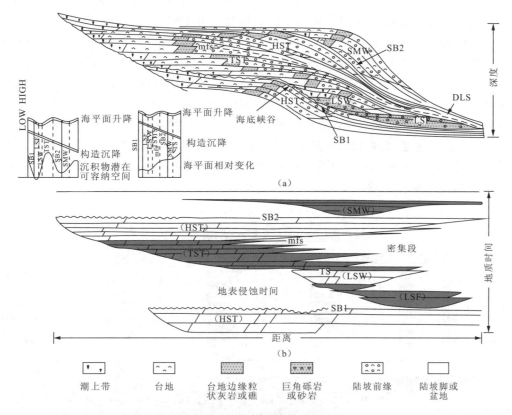

图 3-26 碳酸盐岩的层序样式及其体系域构成模式图(据 Sarg 等,1991,改绘)

SB1:Ⅰ型层序边界;SB2:Ⅱ型层序边界;DLS:下超面;mfs:最大海泛面;TS:海侵面(在最大海退后的第一次海泛面);HST:高位体系域;TST:海侵体系域;LSF:低位期扇;LSW:低位期楔形体;SMW:陆架边缘楔状体系域

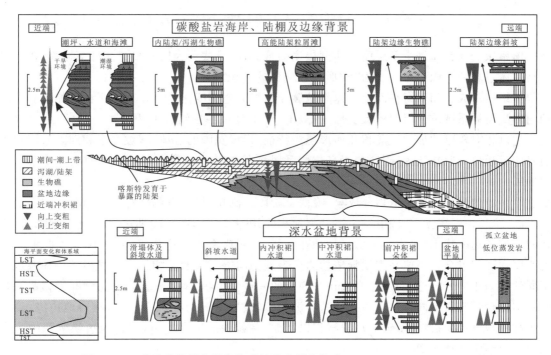

图 3-27 碳酸盐岩层序低位体系域及准层序构成(据 Kendal 和 Tucker,2010)

海侵体系域是在相对海平面上升速度加快、海水逐渐变深的情况下形成的。随着相对海平面的快速上升,可以形成一系列向陆棚方向加厚的退积岩石组合。由于碳酸盐岩的生产速率对海平面相对位置相当敏感,因此,海侵体系域表现为两种基本类型的岩石组合:并进型海侵体系域和追补型海侵体系域。并进型碳酸盐岩海侵体系域常出现于正常海水环境,海平面上升速率相对较慢,碳酸盐沉积物的生产和堆积速率是以与可容空间的增加率保持同步,以垂向加积和部分退积的叠置方式形成厚度较大的反映等深沉积环境的碳酸盐岩。追补型碳酸盐岩海侵体系域是在海平面上升速率较快的情况下,碳酸盐沉积物的形成和堆积速率明显低于可容空间的增长速率,导致形成明显进积的反映水体逐渐变深的碳酸盐岩组合,因此,追补型碳酸盐岩海侵体系域是由分布较广的泥晶碳酸盐岩组成的。总体上,海进体系域是由一套后退的或退积的地层组成。海侵体系域底界面以下是低位体系域和陆架边缘体系域,其顶界面之上是高位体系域(图3-28)。

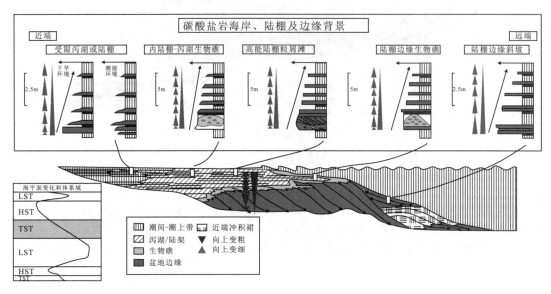

图3-28 碳酸盐岩层序海侵体系域及准层序构成(据Kendal和Tucker,2010)

高位体系域的顶界面是Ⅰ型层序和Ⅱ型层序的分界面,其底面为密集段伴生底下超面,也是最大海泛面。高位体系域的沉积形态一般为"S"形到斜交型的沉积单元。

高位体系域形成于相对海平面上升速率减缓导致可容空间变小直到相对海平面开始重新下降的时间周期内。高位体系域位于层序的最上部,一般由"S"形到单斜层组成退积岩石组合,下超在最大海泛面之上。它以相对较厚的加积至前积几何形态为特征,形成宽阔的台地、缓坡和进积滩及其浅海孤立台地上的对应沉积体。通常认为,碳酸盐岩高位体系域是在全球海平面上升晚期、全球海平面静止期和下降早期形成的。

高位体系域的沉积作用可被划分成早、晚两个阶段。高位早期的可容空间增长相对较快,而碳酸盐岩产率不高,沉积作用缓慢,陆棚上发生追补型加积作用。高位体系域晚期海平面开始下降,陆棚地区可容空间增加的速率减小,水体趋于稳定且循环良好,结果碳酸盐岩产率增加,形成一段向上变浅的并进型沉积序列和相组合。高位并进型碳酸盐岩层表现为向上变浅的岩相组合。显然高位体系域经历了两个不同的沉积历史,即早期的追补型沉积和晚期的并进型沉积,其特点是台地边缘相的微晶灰岩含量和海底胶结物含量明显不同。并进型碳酸盐岩沉积以富粒、贫泥的准层序为主,在台地边缘沉积中,早期海底胶结物含量较少;追补型碳酸盐岩沉积以富泥、贫粒的准层序为主,在台地边缘沉积中含有少量的早期海底胶结物(图3-29)。

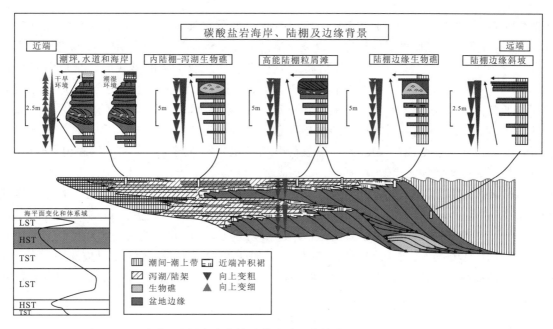

图 3-29 碳酸盐岩层序高位体系域及准层序构成(据 Kendal 和 Tucker,2010)

(二)缓坡-陆棚碳酸盐岩层序地层特征

缓坡一般指沉积坡度小于 5°,区域性大范围延伸的碳酸盐岩沉积环境,常常发育于宽缓陆棚或大型台地之上。缓坡坡度较小,但其上沉积的碳酸盐岩厚度却可以有较大的变化,从几米到几百米,其体系域的增生样式可以从加积到进积。缓坡地形单向向盆地缓慢延伸,无明显坡折,以宽阔的浅水高能相带的较大厚度堆积为特点(图 3-30)。在地震剖面上,缓坡剖面表现为低角度的"S"形或叠瓦状前积结构。

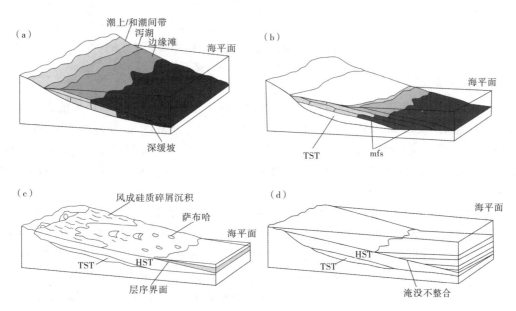

图 3-30 碳酸盐岩缓坡层序模式(据 Emery 和 Myers,1996)
(a)海侵体系域;(b)高位体系域;(c)低位体系域;(d)淹没不整合面

1. 缓坡-陆棚低位体系域

在低位时期，整个宽广的缓坡通常都会暴露于地表。如果在气候比较潮湿的条件下又有硅质碎屑的注入，河流的冲积作用可使硅质碎屑穿过缓坡搬运到海盆中沉积，河谷的切割深度与海平面下降的幅度有关（图3-30）。在干旱环境下，硅质碎屑将会以移动的沙丘或干谷的形式穿过缓坡向海盆方向搬运[图3-30(c)]。由于坡度较缓，在低位体系域时期，缓坡上常发育低位进积复合体，这些低位进积复合体的底部通常为硅质碎屑岩，顶部为高能的颗粒灰岩，在地震剖面上呈现明显的陆坡地形。如果有硅质碎屑的注入，低位体系域将以硅质碎屑斜坡扇和盆底扇沉积为特征。在干旱环境下，缓坡前缘的浅水盆地在低位时期海水可能变成超盐度，水下蒸发岩开始沉积并超覆到盆底扇和低位进积复合体之上，低位进积复合体形成于外缓坡之上。

在碳酸盐环境，相对海平面变化对沉积率和分布有重要控制作用。如果一个宽广的开阔热带陆棚被10m深的海水覆盖，即可形成一个健康的、高产的碳酸盐工厂，从而产生大量的碳酸盐沉积物。然而，在低位条件下，曾经被淹没的台地被暴露而不生产碳酸盐。此时碳酸盐的生产环境是陆棚边缘向海一侧的斜坡，其分布范围决定于斜坡坡度。陡斜坡对应于窄的生产带，缓斜坡对应于宽的生产带（图3-31）。但是，对均一倾斜缓坡而言，沉积物生产带的宽度在相对海平面下降或上升期间没有特别大的变化（图3-31）。

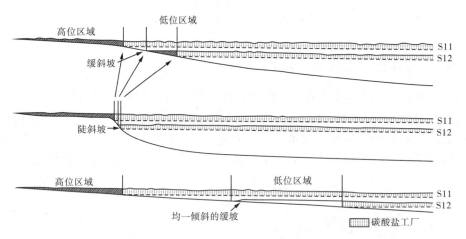

图3-31 由热带海水碳酸盐高产（碳酸盐工厂）的约10m深的水体覆盖的陆棚宽度随坡度和海平面升降而变化

缓坡碳酸盐岩沉积产率随相对海平面位置而变化。在高位期间，浅水台地产生的大量细粒沉积物，其中大部分被搬运到附近的斜坡和盆地（Droxler和Schlager，1985；Hine等，1981；Kendall和Schlager，1981；Mullins，1983；Neumann和Land，1975；Wilber等，1990）。然而，在低位期间，沉积产率局限在缓坡边缘。而且，因为鲕粒仅形成于滩顶海泛的情况下，故低位期间被搬运的所有松散沉积物相对缺乏鲕粒（Schlager，1991）。

由于缓坡没有明显的坡折或陆棚边缘，深度剖面一般与海平面位置无关。因此，以鲕粒颗粒灰岩沉积为主的潮湿碳酸盐岩缓坡在海平面高位期间趋于与低位期间沉积相同比例的鲕粒颗粒灰岩，除非控制碳酸盐岩沉积的主要环境因素发生重大变化。冲积三角洲或风成过程在低位期间可以使硅质碎屑沉积物在暴露缓坡上广泛分布。硅质碎屑和碳酸盐岩沉积可以并存，但是大量的粉砂和泥以及大量淡水通过河流体系的注入会导致陆棚或缓坡边缘碳酸盐岩沉积的消失。周期性的偶尔输入对碳酸盐岩沉积作用或产率不会产生严重影响。例如，在印度尼西亚Mahakam三角洲不太活动的北部前三角洲斜坡位置向海约4km处出现礁（Gerard和Oesterle，1973；Magnier，1975），这类礁还出现在红海Etai湾不断受洪泛影响的冲积崩三角洲边缘（Friedman，1988；Robert和Murray，1988）。

潮下带地层的陆上暴露、海相地层的冲积切割以及向下向盆地方向的相迁移表明相对海平面下降对地层结构的强烈影响。Rankey等(1999)测得的最小相对海平面下降幅度为32m,超过了测得的高频层序的厚度,表明可容空间并未完全被充填。低位期间陆棚或缓坡以硅质碎屑的过路为特点,并向盆地方向上超到更深的沉积之上[图3-32(a)]。同沉积构造变形通过影响碎屑供给、沉降或抬升在不同尺度上影响地层结构,这类形变可能是岩石系统中某些垂向和横向复杂性的原因。

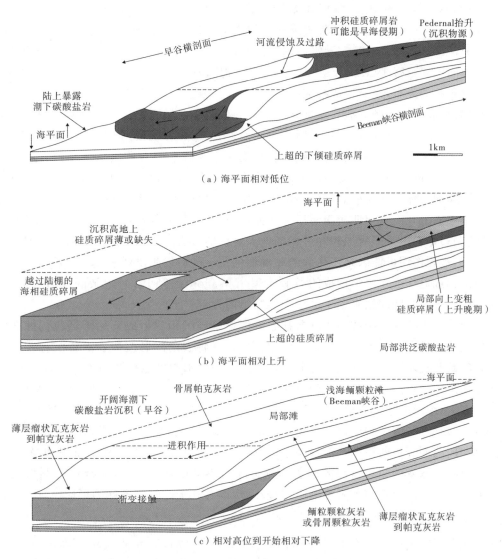

图3-32　缓坡-陆棚环境相对海平面升降变化的沉积响应(据Rankey等,1999)

当相对海平面下降到陆棚边缘,陆上暴露的碳酸盐岩陆棚通常因风化侵蚀而发生地貌的强烈变化。在灰岩中可溶蚀的碳酸盐矿物和具有化学活性的水体(可以分解为H^+和HCO_3^-的H_2CO_3,由雨水和空气、土壤中的CO_2形成)相互作用,渗入裂缝和洞穴产生独特的喀斯特溶蚀地貌。碳酸盐岩沿层序界面溶蚀成喀斯特地貌通常导致一系列的独特地形,包括不同规模的落水洞和溶蚀洞、垂直柱、暗河、干河以及渗流和潜流溶蚀洞穴。灰岩的强烈溶蚀风化形成覆盖喀斯特表面的钙红土。喀斯特地貌的形成和地下网洞体系的发育是喀斯特化过程的典型特征。

尽管相对海平面下降排除了在暴露陆棚形成碳酸盐岩沉积的可能性,但在海平面低位期间层序界面之上或之下的喀斯特具有前期高位地层的明显岩相印迹。在岩芯和露头可以识别的喀斯特特征包括钙红土、洞穴充填物(塌陷、碎屑物和碳酸盐沉淀物)和角砾状洞顶(Loucks和Handford,1992)[图

3-30(c)]。在地下控制充分的情况下,喀斯特地貌可以在构造图中以封闭的凹陷(落水洞)来识别。

由上可见,低位期间因幅度不大的相对海平面下降即可以导致大范围的缓坡暴露,因此,碳酸盐岩缓坡环境中低位体系域的沉积作用不发育。

2. 缓坡-陆棚海侵体系域

在海相碎屑岩体系中,快速的相对海平面上升可以强制陆源沉积的位置随岸线后退,导致形成横向广布的近滨沉积,这一沉积被称为海侵体系域(Haq等,1988;Loutit等,1988;Pommentier和Vail,1988;Vail,1987)。这些沉积可以在逐渐加深的水体中形成准层序的加积到退积序列(Posamentier和Vail,1988;Van Wagoner等,1990)。随水体的加深和进一步与陆源沉积物的隔离,陆源沉积物的比例在海侵体系域中向上逐渐减少(Loutit等,1988)。最大海侵通常导致沉积饥饿以及陆棚范围内大面积半远洋和远洋沉积物的分布,从而形成凝缩段。

有时,相对海平面上升到碳酸盐岩缓坡之上也会导致沉积饥饿和淹没。在多数情况下,其响应过程包括三个阶段:①起始阶段,碳酸盐聚集滞后于海平面上升;②超补阶段,碳酸盐聚集超过海平面上升速率使得台地建造到海平面上;③并进阶段,碳酸盐聚集速率与海平面上升速率持平,台地保持在海平面附近(Kendall和Schlager,1981)。碳酸盐工厂起始阶段滞后于初始海侵。Ginshurg(1986)认为在海平面上升到产生足够的循环之前碳酸盐工厂不可能处于饱和生产状态,无论海平面上升的速率如何,沉积作用并不紧随海平面上升而在初期明显滞后。然而,一旦水深足够循环,沉积产率通常会跟上海平面上升速率,并沿陆棚边缘和岸线形成加积和进积的向上变浅的礁岩隆、颗粒滩以及潮坪。在持续的相对海平面上升过程中,进积作用可能因处于更深的陆棚而停止。随后发生洪泛和超补沉积作用,这一作用的重复形成了由加积或退积准层序组构成的类似于Van Wagoner等(1990)记录的碎屑岩实例的海侵体系域。在海平面处于高位期间则有利于进积准层序组的发育。

在潮湿碳酸盐镶边陆棚和缓坡上的碳酸盐岩海侵体系域沉积的形成开始于低位侵蚀面的洪泛,通常具有喀斯特成因且被土壤和钙结层覆盖。海侵作用通常将表面碎屑改造为滞留沉积,而扩展的碳酸盐工厂产生新的碳酸盐岩沉积。开阔且部分坍塌的溶洞和落水洞可能被海相碳酸盐岩充填。如果在前期低位期间碎屑沉积物被搬运通过暴露的陆棚且充填了溶洞,它们可能既反映了低位又反映了海侵沉积作用。在陆棚上,继承的地形高地被上超从而构成浅滩和礁生长的核心位置。一旦发育了开阔海环境,碳酸盐工厂大量生产,潮下碳酸盐沉积物不断向滨岸加积形成上超和局部进积单元[图3-32(a)]。

在海侵早期向陆棚开口的泻湖和局限泻湖的形成在一定程度上依赖于镶边陆棚边缘的水深。一个在海侵早期保持陆上暴露的相对较高的镶边陆棚边缘阻碍了循环,可在泻湖环境强制形成局限条件。一个较低的或不连续的镶边在洪泛时不会阻碍循环,从而有利于开阔海条件的形成。

3. 缓坡-陆棚高位体系域

高位体系域沉积出现在海平面上升晚期、静止期和下降早期(Van Wagoner等,1988)。在这段时间内,浅海沉积率通常超过沉降和海平面上升,因此,导致加积到进积的陆棚、陆棚边缘和斜坡地层沉积(Sarg,1988)。尽管决定于可容空间和区域水体条件,在海平面高位期间碳酸盐岩沉积率一般达到最高,即使在原来发育硅质碎屑岩和碳酸盐岩混合沉积的缓坡环境,此时也让位于碳酸盐岩[图3-32(c)]。当可容空间增加的速率开始下降(Jervey,1988)而总的沉积产率保持高位时,水体将变浅。变浅主要是由于海底的加积与岛屿、海滩、岩隆和岸线的进积造成的。在硅质碎屑的加积和进积过程中,沉积物必须从盆地之外被搬运到沉积位置。但是,在碳酸盐环境的加积和进积是碳酸盐沉积物在原地生成、聚积和搬运的结果。

进积率根据水深、水体能量、沉积过程、沉积物产生和聚积率的不同而变化。大巴哈马滩的西部边界在过去5.6Ma间被推进到水探超过400m的地方(Ginshurg等,1991),平均达1.3m/a。在台地顶部,西南侧的安德罗斯(Andros)岛潮坪自全新世海侵以来向前推进的速率为5~20km/ka;波斯湾潮坪推进的速率为0.5~2km/ka。这一推进速率与全新世碎屑海岸(1.5~4.5km/ka)和三角洲(2~22km/ka)

的推进速率(Evans,1989)相当。

沿镶边陆棚边缘的沉积产率高于周围环境。沿陆棚边缘的可容空间很快被加积作用和随后的进积作用充填。沉积楔通常向海推进，因为那里的沉积产率和能量水平最高。有时陆棚边缘推进到陆棚潟湖，是因为强烈的向岸的能量通量和沉积物的向海边缘搬运，或者因为潟湖边缘足够开放而提高沉积产率。

根据碎屑岩层序地层概念(Haq 等,1987;Jervey,1988;Posamentier 和 VaiI,1988;Vail,1987;Van Wagoner 等,1988)，下超面记录了最大海泛条件，它正好形成于可容空间增长下降之前。当可容空间不再增长，发生海退并加快了进积单斜体的形成，这些进积沉积下超到最大海泛面之上。最大海泛面或时间段分隔海侵和高位体系域。这些界面在地震测线上常常见到。但是，在检查露头时必须小心区分下超或所谓的最大海泛面。这是因为，即使大规模的露头可能包括局部下超面，它也可能与最大海泛面无关。局部下超面只要层、层系、准层序和准层序组推进到深水中就可以形成于任何体系域(Van Wagoner,1990)，其所需要的条件仅仅是沉积速率超过可容空间的增长率。这些条件在碳酸盐环境中只要自生产率和聚集率高或外源沉积聚集率高通常都能达到。这包括泥质和砂质滨岸、点礁和颗粒滩、陆棚边缘礁和滩以及盆地边缘的坡脚沉积。然而，仔细检查会发现下超面在分布范围上是局部发育的。

(三)孤立碳酸盐岩台地层序地层格架

浅海碳酸盐岩台地可形成于邻近或沿汇聚、离散和转换板块边缘，也可以在洋壳或陆壳构成的板块内部。在板内和被动大陆边缘环境的碳酸盐岩台地易于保存。

台地可以是孤立的(相离)，也可以与大的陆块相连接(相邻)，如大陆或大岛。相连台地通常具长的线状特点，面向开阔海沿被动大陆边缘分布。大的相离或孤立的碳酸盐岩台地沿新生裂谷大陆边缘和废弃裂谷中的地垒发育。它们也可以形成在洋壳板块中，围绕火山和海底周围的热点分布。有些相离的台地在其整个发育过程中是孤立的，也有些由若干个彼此相连形成更大的台地，例如大巴哈马滩(Eberli 和 Gimsburg,1989)。

因此，广义的碳酸盐岩台地实际上包括了缓坡、斜坡和孤立台地等沉积环境。本节主要介绍孤立台地(含礁镶边台地)的特点。

孤立碳酸盐岩台地宽度范围变化大，从几千米到100km以上。Handford 和 Loucks(1994)认为选择10km为窄台地和宽台地的界限较合理。浅海陆棚上的波浪和风驱洋流(Johnson,1978)控制的循环性决定了把开阔海的清澈海水输送到孤立碳酸盐岩台地上的能力。控制台地演化最重要物理过程的潮汐和波浪决定于海盆的体积、形状和深度(Elliott,1986)。潮汐、风和浪驱洋流的相互影响和相互作用，与营养程度一起决定了从浅海陆棚边缘到陆棚和潮上环境孤立碳酸盐岩台地的沉积特点。

控制孤立碳酸盐岩台地发育的其他因素包括边缘类型、与风向有关的定向性和沉积类型。典型的台地边缘由颗粒滩、礁或二者的混合组成，其长度、连续性和顶部水深共同决定了孤立碳酸盐岩台地内海水的循环性。连续的或近于连续的礁镶边阻碍了海水循环;具有深或不大连续镶边边缘和无镶边的平顶孤立台地以垂直海滩的循环为特点。台地边缘斜坡以沉积加积、沉积物过路或侵蚀为特点(Mcllreath 和 James,1979;Read,1985)。

识别一个台地的岩相组合在层序地层学分析中至关重要。尽管某些台地可能完全由碳酸盐岩构成，但多数台地由不同比例的碳酸盐岩、陆源碎屑岩和蒸发岩沉积构成。现代和古代台地所表现的岩性变化直接记录了其沉积历史，而且是台地对相对海平面变化响应的重要标志。例如，夹在台地碳酸盐岩中的薄而分布广泛的碎屑岩地层通常指示了相对海平面的下降或静止，并位于层序界面之上。相反，在碎屑为主的陆棚，碳酸盐岩地层可能反映了海侵条件(Brown,1989)。蒸发岩在许多孤立碳酸盐台地中是主要构成部分，其沉积需要比碳酸盐岩更苛刻的全球性海平面升降、构造、地球化学和气候条件。在整个台地上分布广泛的层状水下蒸发岩的发育可能需要沙坝将台地与开阔海完全隔绝的沉积环境(Lucia,1972)。隔绝坝的出现可以是构造、沉积和全球性海平面升降过程的产物。位于陆棚镶边背后的分布广泛的(几千平方千米)蒸发岩单元反映了海平面在总体高位期间的次级相对低位。然而,如果蒸发岩沉积仅在局部地区出现,坝的出现可能是沉积过程的产物,例如风暴沉积在海平面之上的加积,或者是局部构造过程的产物。Handford 和 Loucks(1991)建立了在一个完整的相对海平面变化旋回下,潮湿气候条件下相离镶边台地沉积层序模式(图3-33)。

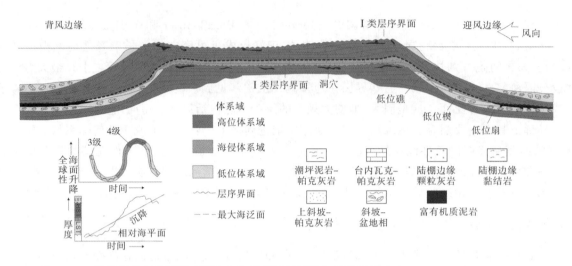

图3-33 潮湿气候条件下相离镶边台地理想沉积层序和体系域模式(据 Handford 和 Loucks,1991)

1. 台地低位体系域

由于台地顶部洪泛区域减小,在相对海平面下降期间孤立碳酸盐岩台地表现为可容空间和沉积产率都大幅降低。当海平面下降到台地边缘之下,孤立碳酸盐岩台地内部的碳酸盐沉积物生产几乎消失。因此,在低位期间,孤立碳酸盐岩台地内部以暴露为特点,低位体系域不发育(图3-34)。在低位期间,台地以在边缘形成强制海退沉积或斜坡重力流沉积为特点(图3-34)。强制海退的碳酸盐岩实例见于西班牙东南和马略卡岛的中新世陆棚边缘礁(Dabrio等,1981;Esteban 和 Giner,1977;Franseen 和

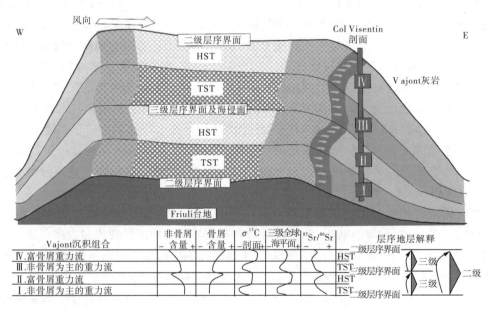

图3-34 Friuli 台地和 Vajont 斜坡体系的层序地层学模式(据 Zempolich 和 Erba,1999)

[Vajont 斜坡重力流沉积的物源来自长期淹没的台地,这里2个三级层序构成了一个二级层序。三级层序由海侵体系域—高位体系域(TST—HST)构成,台地上明显缺乏低位体系域(LST)沉积]

Mankiewicz,1991;Potmar,1991,1993)。

低位期间,孤立碳酸盐岩台地通常因风化侵蚀而发生地貌的强烈变化。在灰岩中可溶蚀的碳酸盐矿物和具有化学活性的水体相互作用,渗入裂缝和洞穴产生独特的喀斯特溶蚀地貌。低位期间也是碳酸盐岩层序界面的发育时期,此时层序界面发育成喀斯特地貌,通常导致一系列的独特地形,包括各种规模的落水洞和溶蚀洞、垂直柱、暗河、干河以及渗流和潜流溶蚀洞穴。灰岩地台的强烈溶蚀风化可以形成覆盖喀斯特表面的钙红土。喀斯特地貌的形成和地下网洞体系的发育是喀斯特化过程的典型特征。Hmadford 和 Loucks(1994)指出,在潮湿环境中暴露碳酸盐岩台地的所有主要风化和侵蚀产物都是该过程形成的。

层序界面喀斯特发育的关键因素是气候,特别是水、CO_2 和温度(White,1988)。喀斯特形成及喀斯特地貌丰度和多样性随降水的减少而减少(Ford 和 Williams,1989;Jennings,1971)。另外,原岩的基质孔隙和渗透性非常重要。具有断层、缝合线和层理的致密碳酸盐岩有利于碳酸水的侵蚀和地表喀斯特及洞穴的发育(Jennings,1971)。集中的地下水流过基质孔隙度较高的碳酸盐岩,在缺乏裂缝的情况下不利于喀斯特的发育,或者形成海绵状的孔洞(Palmer,1991)。然而,这些作用都可能会因高的降水量而改变。

喀斯特台地上的表水系统一般是断续或间歇性的(Jennings,1971),雨水在渗入岩石基质或流入宽解理、裂缝、落水洞或其他通道之前只能在喀斯特地表流过很短的距离。在半干旱地区和干旱的喀斯特地区甚至很难见到河流。因此,在这种情况下切蚀河谷发育不好。较常见的河流样式出现在潮湿的喀斯特地区,但河流密度仍然比同一地区其他岩石类型的低(Jennings,1971)。许多表水流入地下溶蚀扩大的通道(洞穴)并在下游以泉的形式出现。长的侵蚀河谷是由流经的水头高于致密岩石之上的外源河流切割而成。起源于喀斯特台地的自生河流通常是大的泉水的复活。河流流过喀斯特台地的能力决定于喀斯特吸收水的能力(Ford 和 Willams,1989)以及封闭下伏渗透性碳酸盐岩的河流淤积层特点。这类冲积物质可能包括:①从喀斯特表面侵蚀来的钙红土;②从层间碎屑岩风化和侵蚀来的细碎屑;③流过非碳酸盐岩区的外源河流搬运到喀斯特来的碎屑。通常,外源河流比碳酸盐岩内源河流携带更大量的碎屑沉积物。如果喀斯特表面河流缺乏冲积淤积物就会导致强烈的下切侵蚀作用。在粗粒碎屑出现的情况下,河流可以通过侵蚀和溶蚀而下切(Jennings,1971)。因此,尽管普遍认为河流切蚀在暴露的孤立碳酸盐岩台地并不重要,但的确存在切蚀河谷。

给以足够的时间和充足的水量,低位期间许多孤立碳酸盐岩台地都可以发育喀斯特地貌。在降水量多的情况下时间并不是最重要的因素,因为溶蚀侵蚀和降水量为线性变化关系(White,1988)。世界上最大的灰岩溶蚀出现在最潮湿的地方(Ford 和 Williams,1989)。例如,溶蚀侵蚀速率在巴布亚新几内亚喀斯特地台为 270~760 mm/ka(Maire,1981)。Ford 和 Willams(1989)指出在最近的 240ka,海平面在构造稳定的区域有 46% 的时间或在 110.4ka 内处于现代海平面之下约 20~50m。因此,当经受侵蚀率为 500mm/ka 的侵蚀时,孤立碳酸盐岩台地在 110ka 内可浸蚀掉 55m,就像在加勒比地区许多小于 100ka 的更新世灰岩中出现的那样,溶洞和喀斯特可以很快形成(White,1988)。事实上,许多喀斯特地貌形成于最近的 10ka 间(Ford 和 Williams,1989)。因此,持续时间在几万年的高频海平面旋回可以导致在潮湿气候条件下沿层序界面形成喀斯特地貌,喀斯特的发育没有特定的岩相或位置选择。喀斯特化可以影响所有碳酸盐岩相,但可能在某些碳酸盐岩中比别的碳酸盐岩中发育更好。陆上暴露并受大气、淡水侵蚀的台地的所有部分都可受到喀斯特化的影响。如果台地位于干旱地区,喀斯特特征不明显而表现为钙结层。某些陆上暴露的碳酸盐岩几乎不显示喀斯特化或钙结层化迹象。这种情况可能是因为:①暴露时间太短不足以形成喀斯特;②在地表形成了喀斯特或钙结层,但随后被侵蚀掉;③粒间溶透率和孔隙率不利于喀斯特的形成(Jennings,1971;Meyers,1988)。

低位期间,孤立碳酸盐岩台地边缘常因失稳导致原来高位沉积的碳酸盐沉积物再搬运而形成异地碳酸盐岩,这些异地碳酸盐岩一般以重力流形式堆积于孤立台地周边的斜坡环境,其特点将在斜坡碳酸盐岩沉积层序中加以介绍。

某些位于克拉通内或者沿新的断裂大陆边缘分布的孤立碳酸盐岩台地因相对海平面位置的降低而与外海隔绝,这有利于镶边台地内部蒸发岩的沉积,例如,德克萨斯和新墨西哥州的特拉华(Delaware)盆地的二叠纪 Castile 组、西欧上二叠统的蔡希施坦统蒸发岩(Tucker,1991)和次地中海的米斯统蒸发岩(Sehreiher 等,1976)。

2. 台地海侵体系域

海侵期间碳酸盐岩台地处于动荡的浅水环境,与层序相对应的三级相对海平面总体表现为上升趋势,但在这一趋势中叠加了高频率的四级或五级相对海平面波动。因此,台地内海侵体系域通常由向上变浅的准层序叠加构成复合层序。

海侵体系域的底部层序界面通常为钙结层或喀斯特特征。来自下伏岩层的具有钻孔、磨蚀、壳状风化或矿物蚀变的滞留砾石常见,而且其上可能紧接着是淡水或海相沉积。海侵准层序是旋回性的,它们向上变浅到潮间和潮上带环境,具有泥质或颗粒盖层。与碎屑岩情况(Van Wagoner 等,1990)类似,碳酸盐岩准层序以海泛面(海侵面)或与之对比的界面为界。这些海泛面可以形成准层序潮下、潮间和潮上部分的上部边界。

尽管在碎屑岩准层序的海泛面之上很少发现海侵滞留沉积,但它们的确出现在泥质和颗粒灰岩准层序中。潮下带和准层序陆上暴露部分的海侵改造可形成碎屑且常常出现。在前一种情况下,碳酸盐岩碎屑可能来自于硬底、胶结的孔洞和礁脊及平坦粘结岩碎屑的再改造;在后一种情况下,碎屑来自于钙结壳、潮上和潮间的泥滩、潮间的滩积层以及潜水面附近的硬底的再改造。这些暴露特征的形成并不需要基准面的变化,因为自旋回机制通常会导致碳酸盐沉积物在海平面之上(如潮坪、岛屿、滨岸沙丘和海滩)的加积和增生,随后它们又被后退的海岸所侵蚀。

在最大海侵期间,凝缩沉积可以出现在台地顶部(Loutit 等,1988;Wendt,1988)。与同期其他地区的地层相比,这些沉积物特别薄。很薄的原因是沉积率低或缺乏沉积,且长期为海下暴露、侵蚀和被改造。它们常常由远洋和半远洋沉积物组成,含浮游和自游的动植物,缺少游移的底栖生物,但可能有其他底栖微生物。骨架颗粒通常是碎片或腐烂物。形成于透光带之下的密集沉积缺乏钙藻和微包壳。常见自生矿物,如海绿石、磷灰石、菱铁矿和有机质,而且 $\delta^{13}C$ 增加(Loutit 等,1988)。

在海平面上升期间镶边台地很快重新形成地势较高的后退的加积边缘。如果其加积速率能够与海平面上升保持同步,台地边缘将形成比邻区更厚的堆积(Enos,1977;Harris,1979;Purdy,1974);台地边缘在相对海平面上升期间的后退,使得斜坡沉积减少并变为沉积物过路带。Grmmner 和 Ginsburg(1992)指出,在巴哈马的舌形海湾附近的斜坡沉积在海平面上升淹没台地顶面期间停止了约 10.5ka。

3. 台地高位体系域

因海侵期间的台地边缘快速增生形成障壁坝(图 3-34),导致在高位期间台地内部海水循环不畅,从而有利于台地蒸发岩的沉积和保存。对台地蒸发岩而言,作为前提条件的台地边缘障壁坝可以包括由风成砂丘和沙坝、风暴沉积的礁球和礁岩隆构成的边缘脊;当台地海水蒸发成为卤水时,卤水水面降低并导致水动力驱动的海水泵吸作用,使得海水从开阔海通过障壁坝不断向卤水中补充。台地蒸发岩也可能因卤水水位的上升而上超到障壁坝上。Handford 和 Loucks(1994)认为这一论断可以帮助解释西得克萨斯和新墨西哥州的许多二叠纪台地蒸发岩、墨西哥湾滨岸侏罗纪的 Buckner 以及海湾地区白垩纪的 Ferry 湖蒸发岩。

足够干旱的气候条件可以导致台地与开阔海的隔绝(Lucia,1972)以及足够大量的海水蒸发,这时,可以有非常快的蒸发岩沉积。Schreiber 和 Hsu(1980)测得的水下蒸发岩沉积速率为 1～100m/ka。地中海盆地中 1 km 厚的上中新统蒸发岩和西澳大利亚 Mackeod 湖区的全新世 Texada Halite 蒸发岩的堆积速率为 4～5 m/ka(Logan,1987;Warren,1989)。通过对比发现,含礁的孤立碳酸盐岩台地的平均生长率为 100 cm/ka(Schlager,1981)。但蒸发岩不易保存,位置较低的蒸发环境受低盐度的(大陆或海洋)水体影响常常导致蒸发岩的溶蚀。因此,台地蒸发岩序列的净厚度不会超过碳酸盐岩台地的生长速率。

层序地层分析被越来越多地看作研究碳酸盐岩台地的关键方法。由 Vail 等（1977）开发的方法提供了一个记录台地相对于构造环境、全球性海平面升降和沉积率变动的沉积和侵蚀历史的手段。碳酸盐岩体系中罕见的独特样式是侵蚀和沉积共同作用的结果，因此地层样式分析对碳酸盐岩层序地层分析非常重要。然而，通过特别关注控制碳酸盐岩台地发育的环境因素变化可以使层序地层学方法变得更加有效。在碳酸盐岩和碎屑岩沉积成因与碳酸盐岩和碎屑岩体系对相对海平面变化的沉积、侵蚀响应之间存在根本性的差别，这一差别导致各自独立的沉积层序和体系域模式的发展。

（四）斜坡-盆地碳酸盐岩层序地层格架

在陆棚边缘坡折带或台地边缘一般形成坡度达 35°以上的前缘斜坡，其前积层厚度可达几百米，向盆地延伸可达数百千米。它们一般呈"S"型或交错型前积样式。碳酸盐岩重力流常常产于上斜坡，而堆积于盆地。一般认为碳酸盐岩斜坡重力流发育于低位期间。Emery 和 Myers（1996）建立了陡坡边缘层序地层模式（图 3-35），并从一个完整的相对海平面变化旋回的角度进行讨论。覃建雄等（1999）对右江盆地二叠系碳酸盐岩斜坡层序的研究，证实碳酸盐岩重力流可能发育于海平面变化的各个时期，并指出在相对海平面变化旋回的不同时期内，其层序内部结构和成因格架存在差别。

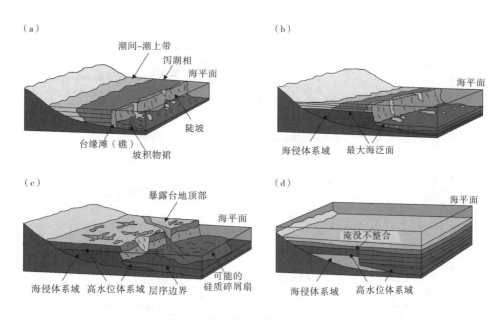

图 3-35　陡坡边缘层序地层模式（据 Emery 和 Myers，1996）
(a)海侵体系域；(b)高水位体系域；(c)低水位体系域；(d)淹没不整合

碳酸盐岩斜坡沉积层序的发育受控于：①相对海平面变化；②台缘重力流；③同沉积构造；④基底地形（覃建雄等，1999）。覃建雄等（1999）通过右江盆地斜坡体系及层序格架研究建立的综合碳酸盐岩斜坡层序发育模式（图 3-36）表明，在海平面升降旋回的不同时期，环境物化条件不同，层序内部构型及成因格架各异。在低位早期，海平面快速下降至台缘以下位置，斜坡中上部台缘—台地暴露地表，仅下斜坡及台盆没于水下，环境主要受相对海平面、基底地形及物源性质的影响，由于受"低海平面"和相应台地—台缘暴露剥蚀物源的影响，发育由盆内钙屑和陆源硅屑构成的混合浊积岩和少量钙屑浊积岩，并下超在台盆相硅质岩或硅泥岩或硅灰岩沉积之上；在低位晚期，相对海平面由静止开始缓慢上升（图3-36），向中上斜坡推覆，并成为环境的主控因素，台缘物源逐渐减少，相对浅水区（如中斜坡）以生物泥粒灰岩或颗粒灰岩为主，向台盆方向逐渐变为粒泥灰岩、泥灰岩和灰泥岩或由浮游相构成厚层旋回沉积。

在海侵早期，海平面相对快速上升，并向台地方向超覆（图3-36）。环境主控因素包括相对海平面、同生断裂及伴生的火山活动、远洋因素等（Chiocci，1992）。因为该期海平面上升速率通常超过沉积

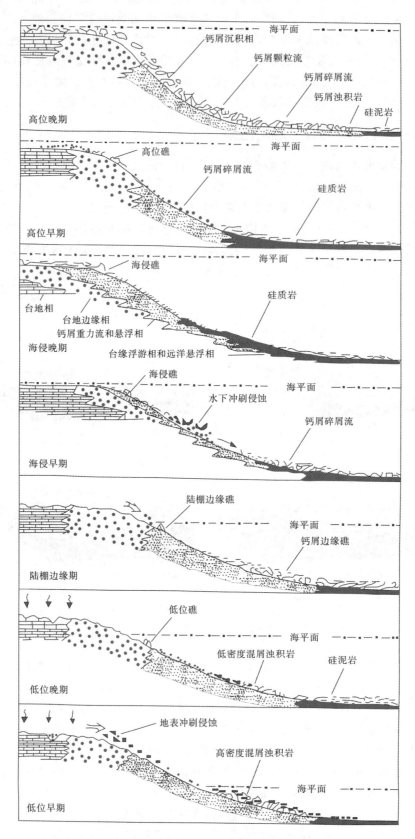

图 3-36 碳酸盐斜坡层序发育模式(据覃建雄等,1999)

物产生速率,在中上斜坡,先期低位或陆棚边缘向台盆后退,上超于暴露侵蚀的中上斜坡—台地上,形成下部海侵体系域,并以浮游相硅灰岩、放射虫灰泥岩、泥灰岩薄层夹冲刷滞留砂砾屑灰岩透镜体为特征。向盆缘—下斜坡,由于同生断裂、火山活动及远洋因素的影响,造成以火山碎屑浊积岩、浮游相硅灰—硅泥岩互层夹钙屑碎屑流沉积组合为特征;在海侵晚期(图3-36),相对海平面继续较快上升,若由全球海平面上升和构造作用共同引起相对海平面迅速上升,则台地碳酸盐生产率变小或长期停止,沉积物向外台的搬运量大大减少,斜坡—台地背景进入相对深水环境,以浮游相硅灰岩、硅泥岩薄层夹钙屑碎流及其再改造砂沉积为主,形成饥饿斜坡或低沉积速率的凝缩层(Masetti,1991);在海侵末期或最大海泛期,斜坡水体过深,可能位于CCD面之下,由于台缘物源和斜坡自身沉积物生产率近于零,远洋沉积物和火山活动是主要的控制因素,因而造成深水硅质岩、骨针岩、放射虫岩、深水遗迹相薄层和火山碎屑浊积岩互层。

1. 斜坡-盆地低位体系域

低位期间,在碳酸盐斜坡上失稳是重要的侵蚀过程,它导致斜坡和陆棚边缘的沉积物大量向坡下再沉积。失稳并不局限于相对海平面位置,只要沉积物堆积到重力失稳的临界状态并且有触发机制时,失稳可以在海平面处于任何位置的情况下发生。Hine和Hallock(1991)认为构造活动和地震可能是重要因素。他们在加勒比板块转换断层边界附近的尼加拉瓜洋脊(Nicaraguan Rise)记录了巨角砾化、断裂破坏和坍塌的碳酸盐岩台地,呈扇形的滩边缘,以及大型置换块体。地震可能触发许多台地边缘的突然坍塌。无论触发机制是什么,它要么必须增加沉积物的应力以达到失稳点,要么降低沉积物的内聚力以使应力足以导致失稳(Coleman和Prior,1988)。

低位期间在斜坡常见的重力流触发机制有:

(1)当陆上暴露时失去原来海水对沉积物的向上浮力作用(Schwarz,1982)。
(2)旋回性波浪负载和相伴的脉动孔隙压力因风暴浪基面下降到泥质沉积物而导致失稳。
(3)在海平面下降期间因波浪和洋流引起陆棚边缘岸线的侵蚀和下切。
(4)在前一个高位期间沉积堆积过陡和沉积物负载。
(5)在海平面下降期间深海洋流横向迁移导致海底侵蚀(Pihel和Popence,1985)。
(6)混合带水体对陆棚边缘地层的溶蚀(Back等,1986)。

斜坡失稳导致沉积物滑塌、滑塌切割和坡脚到盆底的再沉积。大的沉积物块体沿拆离面分离,表现为切割下伏地层的倾斜勺状侵蚀面,并通过旋转或平移而移动(Cook和Mullins,1983;Nardin等,1979)。旋转滑移块体通常移动较短距离,而平移块体在沉积到坡脚之前会移动较长的距离。显示协调地层关系的平移块体难以在地震中识别,除非在移动过程中破裂。在平移块体发生破裂的情况下,典型的地层样式为丘状和混合状。混合状样式可能反映了滑移块体因软沉积物变形或转化成碎屑流而完全破坏。

根据失稳频率和规模的不同,受影响地层的范围变化很大。斜坡失稳通常形成陡崖,该陡崖随后进一步失稳并趋于达到更低的稳定斜面。某些滑塌和滑移块体在下移过程中确信会解体形成大规模的沉积物重力流。流体体积随突发性斜坡失稳规模的增大而增大;一个大规模的失稳事件和几个连续事件可以导致向低位楔侵蚀斜坡和陆棚边缘,低位楔由陆棚边缘和斜坡沉积物的再沉积构成。

在斜坡和陆棚边缘缺乏失稳的情况下,低位斜坡-盆地沉积相对较薄。但是,斜坡和陆棚失稳是常见的,可以导致厚的低位碳酸盐岩沉积(Jacqum等,1991;Sarg,1988),而且,尽管深水碳酸盐沉积物可以通过一些物源点引入形成扇沉积,但更主要的倾向是线状物源在坡脚形成碳酸盐岩裙(Mullins和Cook,1986)。低位碳酸盐岩沉积导致上超斜坡并见坡脚局部变厚的向盆地变薄的楔形体的形成。低位扇在某些地区非常重要(Jacqum等,1991)。当碎屑沉积物被引入到镶边陆棚和附近斜坡时会产生更复杂的低位几何形态,特别是当陆棚边缘和斜坡侵蚀与低位期间的碎屑输入之间存在时间滞后时。

低位斜坡和坡脚碳酸盐岩以沉积物重力流沉积为主,其中一些厚度很大(Labaume等的巨浊流,1987)并含有丰富的特大角砾。厚的低位沉积反映了大规模的斜坡或陆棚边缘失稳;薄的沉积反映了小规模的失稳。如果它们反复出现则反映了失稳的多次出现,大量大角砾的出现则反映了碳酸盐沉积物在水下和暴露条件下石化的倾向,角砾成分分析可以帮助确定更易发生垮塌的环境。

低位沉积物重力流的成分不同于高位沉积,这一点可以谨慎地用于解释相对海平面位置。低位碳酸盐浊积岩可含有低位陆棚边缘环境产生的准同生骨架颗粒和碎屑以及来自较老的暴露陆棚边缘的碎屑。低位浊积岩中缺乏鲕粒和球粒,因为它们形成于水体流通较好的台地顶部,而骨架砂则可以与海平面高程无关而形成于陆棚边缘(Schlager,1991)。

既然在海平面低位期间碳酸盐工厂的范围沿镶边陆棚边缘减少,则在斜坡和盆地环境中供再沉积的同生碳酸盐沉积物就很有限。然而,如果陆源碎屑沉积物通过河流三角洲或风成过程在低位期间输入在前期陆棚边缘之下形成浅的进积低位楔,就可能在下次海平面上升早期阶段形成适合碳酸盐沉积的合适平台。只有在海平面上升早期碎屑输入很快减少的情况下,这种沉积才能发生。这一判断可能说明碎屑低位楔逐渐被富碳酸盐的斜坡和低位陆棚边缘沉积物覆盖,并上超较老的陆上暴露的陆棚边缘(图3-37)。

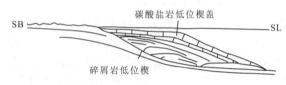

图3-37 碎屑岩低位楔在早期海平面上升期间当碎屑供给明显减少时可以形成适合碳酸盐沉积的浅台地

在滑积型斜坡环境,低位体系域具有如下主要特点:①滑塌角砾岩→条带状灰泥岩→硅灰岩;②结核状灰泥岩→灰泥岩→滑积相;③无论基质部分还是碎屑部分,均显示出低的成分成熟度;④结构成熟度低,基质和碎屑支撑,高密度和低密度重力流混杂堆积,粒序特征不明显,常夹有远洋悬浮相沉积,表明为坡度大、宽度窄的斜坡下部短距离搬运快速堆积产物;⑤中上斜坡主要表现为冲刷侵蚀状态,沉积物主要发育于下斜坡;⑥在结构剖面上,自下而上为冲刷面→弱递变层夹悬浮相→悬浮相,成分成熟度逐渐增高。

在物质组成方面,沉积型斜坡,为厚层生物屑或生物层灰岩,发育丘礁组合,向台盆过渡到薄层灰泥岩和泥灰岩,向台地相变为向上变浅准层序组。跌积型斜坡,含浮游生物灰泥岩和泥灰岩夹钙屑浊积岩,偶见碎屑流沉积,可见陆棚边缘期丘礁组合。滑积型斜坡的特征介于前两者之间,以混屑浊积岩为主,成分包括台缘钙屑、陆缘硅屑。

在跌积型斜坡相带,低位体系域主要表现为:①沉积厚度较大,由泥硅岩、硅泥岩和重力流沉积构成;②重力流沉积成分复杂,主要有台缘的钙屑岩崩、滑塌、浊流、碎屑流、颗粒流沉积夹煤屑,深源的火山碎屑流-浊流沉积和热水硅质浊积岩,陆源的粉砂泥质浊积岩、炭泥质浊积岩和煤屑沉积。准层序特征和类型主要有:①高密度杂基支撑碎屑流沉积→低密度浊积岩→悬浮型火山灰流沉积,底部为冲刷侵蚀面;②含粉砂泥质蚀积岩和低密度钙屑浊积岩互层→硅泥岩;③火山凝灰质泥硅岩→含粉砂泥岩;④悬浮型火山灰流沉积→含灰硅泥岩→灰泥岩等。

2. 斜坡-盆地海侵体系域

碳酸盐斜坡在海侵期间主要表现的环境特征(Steinhauff,1995)包括:①构造沉降及相对海平面快速上升;②沉积物源包括火山碎屑、半远洋悬浮相和台缘物质;③沉积作用主要取决于海平面上升速率、远洋悬浮物、台缘及热源供给。这些特殊环境条件即形成了斜坡层序内部构架的特殊性。

覃建雄等(1999)认为,不同地区及不同类型斜坡,其准层序特征各异。在沉积型斜坡,海侵体系域准层序类型主要有:①改造再沉积颗粒灰岩或浮石→极薄层悬浮相和泥灰岩互层→生物层灰岩或生物丘和灰泥丘→悬浮相灰泥岩;②冲刷充填含细砾屑灰泥岩→泥粒灰岩和粒泥灰岩→含浮游相灰泥岩;③火山碎屑浊积岩和钙屑蚀积岩→放射虫灰泥岩;④含火岩碎屑灰泥岩→火山碎屑浊积岩→悬浮相泥屑灰岩和泥岩;⑤含悬浮相火山凝灰质灰泥岩→灰泥丘→含放射虫硅泥岩;⑥钙屑碎屑流沉积→浊流沉积→悬浮相灰泥岩;⑦重力流成因斜坡裙→生物丘→生物礁→海绵骨针灰质硅岩。

在滑积型斜坡,主要表现为向上变薄的硅灰泥岩→泥硅岩→硅岩退积型准层序组(图3-38),斜坡脚发育火山碎屑浊积岩。上斜坡主要表现为小型冲沟、U型水道和海侵冲刷充填沉积,中斜坡夹有较多的海底冲刷侵蚀岩块并发育丘滩礁组合,顶部为薄层放射虫硅泥质灰岩。如在桂中地区斜坡上部发育角砾岩块,中斜坡局部发育丘滩礁序列,顶部为含海绵骨针微晶灰岩薄层;在桂北地区斜坡,层序主要由硅灰岩组合或灰泥岩组合构成,顶部为含锰磷酸盐硅泥岩薄层,富含浮游相生物组合。

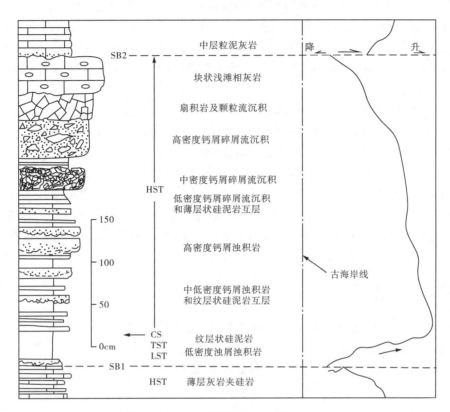

图3-38 桂北河池五圩典型斜坡层序剖面结构(据覃建雄等,1999)

对跌积型斜坡而言,由于槽台地势差异明显,斜坡坡度大,相带窄,并与深水台盆处于断槽背景上,故海侵体系域特征与深水台盆相似,准层序类型主要包括:①火山碎屑浊积岩→硅泥岩夹火山凝灰岩→硅质岩夹悬浮相火山灰沉积;②火山碎屑流和浊流沉积→泥硅岩;③火山碎屑浊积岩和钙屑浊积岩→泥质硅岩和放射虫泥岩;④含海绵骨针泥灰岩→泥岩→放射虫硅质岩;⑤泥岩→含锰、磷、黄铁矿硅泥岩→海绵骨针硅质岩等;⑥硅灰岩→含钙屑浊积岩透镜体的硅泥岩→含深水遗迹相骨针岩和放射虫岩。

3. 斜坡-盆地高位体系域

高位海平面导致斜坡和盆地较高的沉积率(Mullins,1983)。大量来自台地的细粒沉积物被风暴或洋流搬运到滩外,它们缓慢从悬浮状态沉积到斜坡和盆底,形成围绕台地的软泥(Schlager和James,1978)。推进的高位陆棚边缘和斜坡常常因太陡而失稳。陆棚边缘和斜坡通过岩石垮塌、沉积物滑移和沉积物重力流等形式坍塌加入到再沉积的碎屑中形成高位体系域沉积于斜坡和盆地。

高位期碳酸盐斜坡-盆地层序在滑积型斜坡背景下,准层序特征主要表现为:①含硅质骨针灰泥岩→低密度钙屑碎屑流和钙屑浊流沉积→高密度钙屑碎屑流沉积→礁灰岩→礁角砾白云岩,顶部具褐铁矿壳;②钙屑浊积岩碎屑流角砾屑灰岩→泥粒灰岩→海绵骨架岩→礁角砾白云岩;③钙屑浊积岩→岩崩塌积岩→生物层灰岩;④低密度钙屑碎屑流沉积→高密度钙屑碎屑流沉积→灰云质崩塌角砾岩;⑤泥晶灰岩→粒泥灰岩→钙屑碎屑流沉积→丘礁灰云岩等。

在跌积型斜坡环境,高位期构造活动和火山作用趋于稳定和平静,斜坡层序发育主要受台缘重力流、碳酸盐生产率、半远洋沉积、微量悬浮相火山灰及热源硅的综合控制。准层序特征主要表现为:①硅泥岩→含浮游生物灰泥岩→泥灰岩夹钙屑浊积岩;②硅质骨针灰泥岩夹钙屑浊积岩→泥灰岩夹钙屑碎屑流沉积；③岩崩、滑塌堆积→颗粒流沉积→钙屑浊积岩→炭泥屑浊积岩；④硅质岩夹灰泥岩角砾→钙屑碎屑流沉积→高密度钙屑浊积岩夹岩屑和煤屑；⑤含硅泥岩夹火山悬浮相→粒泥灰岩→生物层灰岩；⑥含硅质海绵灰泥岩夹钙屑浊积岩→泥粒灰岩→颗粒灰岩→钙屑岩块和角砾堆积；⑦含放射虫泥灰岩→追补型丘滩组合→并进型生物礁→混积型生物礁，顶部强烈白云岩化(图3-38)。

在沉积型斜坡相带，高位期构造活动及海平面相对稳定，台缘相带向外不断增生加宽加厚，逐渐变陡的丘滩礁组合成为斜坡主要沉积物来源，台缘的迅速向外营建通常导致沉积型、滑积型和跌积型斜坡的交替发育，不同地区及演化时期，体系域特征各异。但总体而言，沉积型斜坡层序的沉积背景及准层序类型与滑积型斜坡的相近。

高位条件有利于台地蒸发岩的沉积和保存。进积的镶边陆棚边缘和缓坡丘状沙滩组合可以形成相互独立的沉积环境。如果这些地形高低特征可以形成有效的阻碍海水循环或将陆棚与开阔海隔开的坝，其中就可以形成蒸发岩沉积。对台地蒸发岩而言，作为前提条件的坝可以包括由风成砂丘和沙坝、风暴沉积的礁球和礁岩隆构成的陆棚边缘脊。当台地海水蒸发成为卤水时，卤水面降低并导致水动力驱动的海水吸附作用，使得海水从开阔海通过坝不断向卤水中补充。尽管在海平面下降期间易于形成坝，但海平面不能下降到陆棚表面之下，否则，就不会有水动力驱动海水流过坝进入陆棚。由于需要与开阔海阻隔，台地蒸发岩可能上超到坝上。这一论断可以帮助解释西得克萨斯和新墨西哥州的许多二叠纪台地蒸发岩、墨西哥湾滨岸侏罗纪的Buckner以及海湾地区白垩纪的Ferry湖蒸发岩。

三、陆相盆地层序构成特征

经过国内外大量学者研究与探索，陆相层序地层分析已取得巨大成果。在国内，李思田等曾将陆相层序地层学理论应用在东营凹陷断陷湖盆的研究中，并在指导油气预测与勘探过程中取得了较好的效果。目前，陆相层序地层学理论业已成为在陆相盆地油气勘探开发各个阶段中不可缺少的方法和手段。

1. 陆相盆地层序地层的基本特点

陆相盆地与大陆边缘盆地具有明显不同的特点(解习农等，1992)：①陆相盆地层序的形成和演化主要受控于区域性构造事件或幕式构造旋回，断陷盆地则主要受盆缘断裂的控制。由于受区域构造应力场的影响，在陆相盆地演化过程中可能伴有扭动以及构造反转，因而层序样式及其构成更加复杂。②陆相盆地湖扩展和萎缩旋回以幕式变化为主。大陆边缘盆地海平面变化包括周期性和幕式变化，且以前者更为重要。同样湖面变化也存在周期性和幕式变化两种形式。湖面周期性变化与气候和季节性周期变化有关，幕式变化则是由沉积朵体迁移或构造运动所致。显然，在地史记录中陆相盆地较大规模的湖扩展和萎缩旋回大多为幕式，并非周期性，这主要与幕式构造旋回有关。③在断陷盆地中体系域的面貌明显地受控于构造格架。由于断陷盆地具有多物源、多沉积中心、相带窄、相变快、水域面积小、变化大等特点，沉积体系空间配置的样式较多，加之断陷盆地内构造分异大，沉降及沉积速率差异较大，这样断陷盆地体系域内部构成比大陆边缘盆地更多样化和复杂化。④陆相盆地具有物源近、堆积快等特点，沉积物中含突发性事件沉积(如泥石流、扇面短命水道沉积)所占比例较大，其气候变化对沉积物供给影响更明显。

鉴于陆相盆地层序地层分析的基本特点，在陆相盆地分析中重点在于运用层序地层学的分析思路和方法，而不能直接套用被动大陆边缘盆地的层序地层模式。已有研究成果表明，陆相盆地层序地层分析的关键是识别不同级别的层序地层单元界面。中国中、新生代盆地多数为叠合盆地，因而首先需要识别出组成叠合盆地的原型，每种简单盆地类型的沉积充填样式代表一个构造层序。

2. 陆相盆地层序样式

陆相盆地层序的形成和演化主要受控于构造作用和沉积物的供给速率。很显然，海平面的变化不能解释陆相盆地尤其是断陷湖盆的成因。Cloetingh(1988)通过模拟，一方面证明板内应力的传递可导致海平面变化中三级周期的形成，另一方面为不同陆相盆地背景进行区域对比提供了新的依据。陆相盆地的可容空间的变化与盆地形成的构造作用有关。根据陆相盆地的构造样式可将陆相盆地简要分为两种盆地的层序样式:具缓坡弯折型的坳陷盆地和具断坡带的断陷盆地。下面以断陷盆地层序样式为例加以介绍。

断陷盆地的发育受控于盆地边缘的同生断裂活动,分为双断式、单断式两种。双断式即为地堑型陆相盆地,在盆地两侧均发育有同生断层。单断式为盆地的一侧存在边界同生断层。目前的东营凹陷、南堡凹陷等都属于单断式的断陷盆地,多呈箕状。

具断坡带的断陷盆地的构造背景可以是拉张(或张扭)背景、走滑-伸展背景或热沉降背景。在拉张(或张扭)背景下,盆地边缘和盆内断裂运动最为活跃,盆地演化受控于幕式裂陷作用,盆地内充填沉积物也随着幕式构造作用旋回发生有规律的变化。幕式构造作用方式表现为构造活动期和间歇期的交替,相应地形成湖盆的扩展和萎缩。沿平移断裂带发育的走滑盆地形态各异,且盆地内部构造分异大。根据构造格局及其发育演化特点,大致可分为两类,即拉分型和转换-伸展型。前者是指沿贯通性走滑断裂上的不连续部位因拉伸而产生的断陷,其充填特征和层序样式与张扭型层序基本相似;后者指一侧为平直且陡峭的走滑断裂,另一侧为正断裂,总体为狭长状不对称充填式断陷,如郯庐断裂带北段的伊通地堑。热沉降背景下,由于盆地拉张减薄导致地幔上隆后,当热冷却导致区域沉降范围超出拉张期盆缘断裂所限范围时,便形成一种断坳转换期产物,但从盆地成因机制上看仍属于断陷期,如琼东南盆地陵水组、松辽盆地深部登娄库组。

陆相断陷盆地的复杂构造运动、多物源和近物源的供源方式、快速的相变以及多变的盆地结构,造成陆相断陷盆地层序地层堆砌方式和体系域类型的复杂性和多样性。在此就以南阳凹陷的断陷盆地为例,来说明具断坡带的断陷盆地层序样式的特征。

南阳凹陷为南断北弯折、南深北浅的箕状凹陷,为单断式的断陷湖盆,也是我国中、新生代的断陷盆地的典型结构。下第三系沉积可容空间的变化和层序发育主要受控于南侧盆缘的铲状生长断裂,该断裂的活动形成了南侧的边缘单阶式断坡带(图 3-39)。

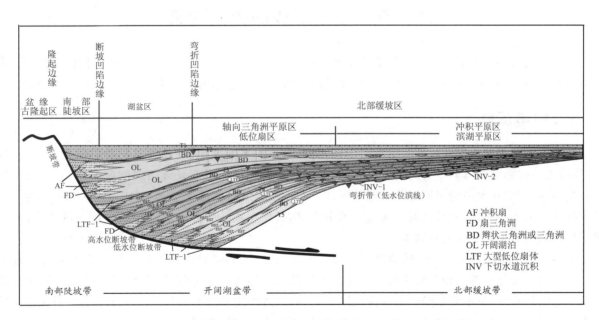

图 3-39 南阳凹陷下第三系层序地层格架模式图(据陆永潮等修改,2001*)

断陷盆地的同生断层陡坡的层序样式如图 3-39 所示,其低位体系域是位于湖盆层序的底部,是在

---

* 陆永潮,等.南阳-浅阳凹陷露头高分辨率层序地层研究.中国地质大学(武汉)科研报告,2001

湖平面最低的状态下形成的沉积集合体,一般由加积或微弱退积的准层序组组成。但由于是处于断坡带这一侧,沉积物快速沉积,搬运的距离较短,一般多形成大型低位浊积扇、冲积扇和大型的低位扇体。这些扇体一般粒度差,结构混杂,而且断坡带控制着低位体系域的发育范围。在南阳凹陷的缓坡弯折带一侧,因弯折出露于地表,形成了大量河道和深切谷,陆源碎屑沉积物则通过深切谷搬运到盆地中并形成了浊积砂体和低位的三角洲扇体。当到达比较开阔的湖泛面时,断坡带和弯折带形成的三角洲分布在整个湖盆范围内,并有水下滑塌体。

湖扩体系域是在湖平面快速上升、缺乏大量陆源沉积物供给、湖盆范围较大的情况下形成的。在断陷盆地的断坡带一侧发育有洪水型浊积扇和大规模的扇三角洲。而在缓坡弯折带一侧发育滨浅湖的退积型三角洲和水下的浊积体。

高位体系域是在湖平面达到最大并开始缓慢下降时,沉积物的供给速率小于盆地的构造沉降速率,可容空间开始减小,沉积的滨湖岸线向湖盆的中央退却,形成一序列的进积准层序组。在高位体系域发育的早期,此时湖平面处于缓慢上升或处于静止,在断坡带一侧的近端发育冲积扇和滑塌体,远端发育有高位三角洲,在缓坡的弯折带一侧则发育有高位三角洲、小型冲积扇、水下浊积体和重力滑塌体。高位体系域发育的晚期,湖平面开始缓慢下降,在断坡带一侧,形成断坡带的高位扇三角洲,在缓坡的弯折带一侧可发育河控型的三角洲。而在湖盆的深洼处多发育有重力滑塌型的浊积体。在陆相盆地的油气勘探中,断陷盆地的高位三角洲可以为很好的储层砂体,南阳凹陷的 $H_2^2-H_2^3$ 层序的高位体系域进积型三角洲砂体部分延伸至东庄背斜区,构成东庄油田的主要储油层。

陆相盆地的体系域构成和叠置样式要比大陆边缘盆地复杂得多,也并非上述两种简单的层序模式所能完全包容的。而且陆相盆地坡折带不仅有缓坡类型,还存在陡坡类型,尽管陡坡带的沉积与断坡带的断陷盆地的沉积有些相似之处,但又有其独特的一面。我国陆相盆地大多是复合型盆地,它们是不同层序样式在时空上的叠加,这些都使得层序地层学在陆相盆地中的研究和应用面临着严峻的挑战。

第三节 层序形成的控制因素

层序及其边界的形成是对海(湖)平面相对升降或旋回的响应,主要取决于构造作用、相对海(湖)平面周期性升降、沉积物供给量和古气候。层序是这四者之间相互作用的结果。

一、构造沉降

构造作用是控制地层构成样式的重要因素,它与全球海平面变化、气候和沉积物供给量(或沉积速率)等因素一起影响着可容纳空间的变化。研究表明,构造作用的影响延续的时间较长,构造沉降作用具有旋回性,同时在盆地的不同部位具有差异性。在一些盆地演化过程中,构造作用往往是控制层序地层构成样式的主要因素,尤其是对于陆相盆地来说,构造作用被认为是形成陆相层序的一种主控因素,甚至是其形成的最主要的控制因素。

图 3-40 代表中等沉积物供给速率下的可容纳空间和沉积物的堆积作用。其中,在大陆边缘盆地可容纳空间的变化等效于相对海平面的变化。而在陆相盆地可容纳空间的变化,尽管可能受周期性湖平面变化的影响,但更主要是受控于构造沉降。显然,构造作用和海平面是控制层序形成和演化的关键因素。本节将重点介绍构造作用和海平面变化对层序形成的控制作用。

构造运动对可容纳空间的增加与减小的影响最大,该因素与气候条件一起控制了可容纳空间内沉积物的类型和数量。构造运动造成的地层特征由多种作用产生,对于可容纳空间产生最深远的影响。构造作用对沉积记录的影响可分为三个不同级别:抬升和盆地演变;沉降速率变化;褶皱、断层、岩浆活动和底辟作用。

构造运动以板块相互碰撞产生的各种地质作用及由这些作用导致相应的平衡反应为特征。构造活动变形或直接与断层活动有关的变形作用产生高应变率、断裂、旋转和褶皱。这些构造事件产生三级幕式活动。一级构造事件起因于软流圈的热动力作用。热动力作用可以驱动板块，使地壳和上地幔变形。二级构造事件以沉积盆地演变过程中沉降速率变化为特征，可起因于板块构造体系的重新组织或局部热动力扰动。三级构造事件是褶皱、断层、底辟及岩浆活动。断层活动是平移、碰撞或扩张的板块边缘或岩体中密度差产生可容纳空间的一种表现形式。

COSTB-2井位于西大西洋大陆边缘新泽西外海巴尔的摩峡谷海槽（图3-41）。图中表示早侏罗纪(188Ma)的总沉降曲线。下侏罗统是COSTB-2井钻遇的最老地层。该构造沉降曲线（图3-41）反映出断裂阶段沉降速率相对较高，断裂阶段后是一正常热冷却时期[在大西洋阶(157Ma)开始后]。由于热点和/或在大西洋北部和南部的断裂活动（伴有岩浆侵入），在阿普第阶(116—109Ma)有一热扰动导致轻微的抬升，该抬升活动后又恢复热冷却。

构造沉降曲线显示出三个二级构造事件。第一个构造事

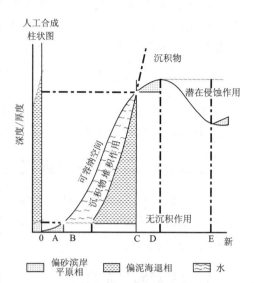

图3-40 在中等沉积物供给速率下的可容纳空间和沉积物堆积作用
（据Jervey，1988）

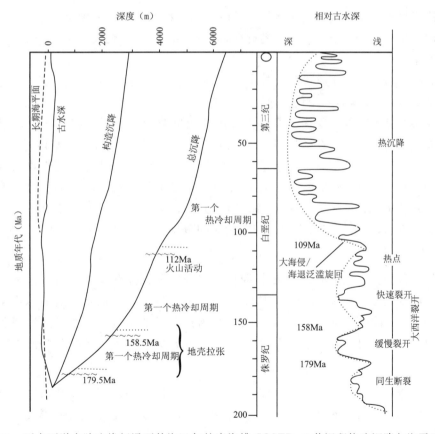

图3-41 西大西洋大陆边缘新泽西外海巴尔的摩海槽COSTB-2井沉积构造沉降与海平面变化
（据Vail等，1990）

件从晚三叠世到侏罗纪晚期(230?—157Ma)，第二个从侏罗纪到晚阿普第阶(157—109Ma)，第三个从晚阿普第阶到现在(109—0Ma)。图3-41考虑了构造沉降曲线与古水深变化的关系。值得注意的是有

4个大海侵/海退旋回,但构造沉降曲线上只见到3个。这是由于二级构造海平面升降影响或该井底部地层记录不清。阿尔布阶至现在和卡洛夫阶至阿普第阶末的海侵/海退旋回与阿普第阶热点和大西洋迅速扩张的热冷却相对应。两个前卡洛夫的海侵/海退旋回被认为与大西洋缓慢扩张(早侏罗纪末)和迅速扩张(巴通阶末)之后的地壳扩张期相吻合。角度不整合(表示构造抬升造成的侵蚀面)的形成早于这些旋回边界。

新泽西边缘盆地4个海侵/海退相旋回发育时,有褶皱和断层活动。正断层活动及断裂产生的其他构造与同构造断裂期(在大西洋缓慢及迅速扩张之前)有关。早阿普第期岩浆活动导致穹隆活动。

二、相对海(湖)平面周期性升降

经典层序地层学理论的核心是海平面变化控制着不同级别的层序的发育。而海平面变化有两种形式,即全球海平面变化(或称绝对海平面变化)和相对海平面变化。相对海平面周期性升降直接控制着可容纳空间的变化速率。

(一)全球海平面变化

在地质记录中共鉴别出6个级别的全球海平面变化旋回,包括大陆泛滥旋回(一级)、大海侵/海退旋回(二级)和4个周期从10Ma到10ka的层序旋回(Vail等,1991)。

1. 大陆泛滥旋回

大陆泛滥旋回根据沉积物进入克拉通的主要时间和受抑制的时间来确定。它们代表一级全球海平面旋回。地层记录中有两个显生宙大陆泛滥旋回,第一个始于元古代最末期、终于二叠纪最末期,年轻的一个始于三叠纪初期,持续至今。

以上两个大陆泛滥旋回在所有大陆上都可辨别,故认为是全球性的,其成因是大陆板块聚合和解体导致的构造海平面升降(洋盆体积变化)。

主要大陆板块在显生宙的海平面上升与大陆解体时间吻合,而海平面下降与大陆填充时期吻合。一级全球海平面低位与超大陆存在时间相对应。海平面高位时间与大陆最大解体时间对应。

二叠纪—三叠纪低位与板块聚合和泛超大陆的稳定有关,晚元古代低位与板块聚合和泛非超大陆的稳定有关,泛非超大陆可能在625~555Ma前解体。前寒武纪放射性年龄显示出可能有第三个超大陆形成于是1.8Ga左右,在1.2Ga左右经历断裂作用,因而元古代可能有第三个一级的全球海平面旋回存在。如果这是真的,一级全球海平面旋回持续时间分别为259Ma、350Ma和600Ma。

2. 大海侵/海退旋回

二级大海侵/海退旋回(5~50Ma)可由长周期的全球海平面变化及构造沉降速率变化引起。这些长周期全球海平面变化在Haq等(1988)的图上作为二级长周期海平面变化被显示出来。这些变化被认为是由构造海平面升降所引起。要鉴别产生海侵/海退旋回的构造海平面升降速率和沉降速率是困难的,必须通过全球不同地区构造沉降分析与全球海平面升降曲线间的比较才能确定。

3. 层序旋回

三级至五级全球海平面旋回可在层序旋回、体系域和周期式小层序上反映出来。这些旋回被认为是冰川海平面升降。冰川海平面升降幅度小,但频率比引起海侵/海退相旋回的构造海平面升降和沉降速率变化要高。

Vail等(1977)根据旋回持续时间将三级至五级海平面旋回定义如下:三级旋回持续1~5Ma;四级旋回持续数十万年;五级旋回持续数万年。三级海平面升降旋回形成3层序,四级、五级海平面升降旋回则形成小层序或小层序组。这些四级和五级海平面升降旋回可能是由冰川变化导致海平面升降。

(二)相对海平面变化

相对海平面变化(relative change in sea level)可以由盆地基底的沉降作用和上升作用引起,或由全球海平面升降引起。

一个地区或盆地相对海平面的变化是全球海平面变化和本地区(或盆地)沉降速率的综合影响。水体的深度是沉积物表面到海平面的距离,它受全球海平面变化、构造作用和沉积物供给三种因素的联合控制。当沉积物堆积速率大于相对海平面的上升速率时,即使此时的海平面在上升,但水体的深度仍在减少。

在一个地区根据观测资料所获的海平面变化曲线,通常都是反映相对海平面变化。

三、沉积物供给量

1. 沉积物供给量对海相层序发育的影响与控制

沉积物供给量主要受构造和气候的控制。沉积物补充量也与盆地的沉降有关,许多沉积盆地的沉积物是由河流体系补给的。对于一个盆地的不同部位,如果具有相同的相对海平面变化速率,但沉积物供给速度不同,那么就会产生不同的古水深和岩相变化(图 3-42)。

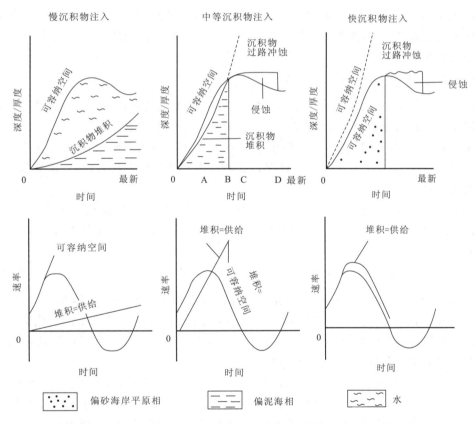

图 3-42 在沉积物注入速率变化的条件下沉积相和可容空间的关系(据 Jervey,1988)

在沉积物注入速率较慢的部位,沉积物可容空间大于沉积物的体积时,岸线向陆迁移并随之发生海侵,水体深度明显增加,偏泥的海相地层的堆积向陆地方向迁移。

对于中等沉积物注入速率来说,可容空间的增加速率大于沉积物供给,发生海侵和水体的加深,沉积了海相。随着相对海平面上升速率的降低,开始发生岸线海退,直至海相沉积加积到海平面,岸线又回退到初始位置。随着可容空间减小和相对海平面的下降,先前沉积的沉积物可能会遭受剥蚀,在快速的沉积物注入处,沉积物的供给速率总是大于可容空间的增长速率,从而堆积了海岸平原或三角洲平原沉积物。

在快速沉积物注入处的堆积速率受限于可容空间增长的速率。在海平面相对下降期间,可容空间消失,原沉积处发生了侵蚀作用(Jervey,1988)

2. 沉积物供给量对陆相层序发育的影响与控制

陆相湖盆中沉积物供给条件与海相盆地比较,具有多源、近源、快速供屑的特点;另外,沉积物注入速率高可使盆地水域大规模缩小甚至消失殆尽。湖平面的升降控制了湖盆的水域范围及水体深度。而一旦湖泊与海洋连通,原来的湖泊就变成了海湾,湖平面就受海平面变化的间接影响。

沉积物供给对陆相层序形成过程的影响是与其他因素一起共同起作用的。一般而言,当物源充足、沉积物供给速率较高的条件下,常可形成进积式的准层序组;沉积物供给速率低且稳定的条件下,可形成加积式的准层序组;沉积物供给速率减小且发生湖扩展的条件下,可发生退积式的准层序组。沉积物类型、物源特征及沉积环境等还直接控制着沉积体系的发育。当然,沉积物供给速率本身也受到其他因素的影响。

四、古气候

气候因素对层序形成的控制作用主要体现在对沉积物类型的控制,但是地球轨道作用驱动的气候循环可能对沉积空间有间接控制,即通过冰川性海平面变化以及热膨胀或热收缩作用而使海平面发生升降。对于海相地层来说,气候对海相碳酸盐岩层序形成的影响与控制作用比较明显,但该因素对陆相层序的控制作用明显增强。

1. 对海相碳酸盐岩层序形成的控制作用

气候(包括气温、降雨量、大气圈湿度和风的强度等)决定了水的循环状况和水的盐度。热带海洋浅水比中纬度温带海洋具有更高的含盐饱和度,这个差异影响了碳酸盐岩沉积物的产率。

气候还决定着层序中的沉积物类型。在干旱气候和水体环境较局限的环境下,在陆棚上盆地、潟湖、潮上坪等环境会产生蒸发岩沉积物。若陆缘沉积物供源点邻近碳酸盐岩台地,那么气候的差异将会影响硅质碎屑沉积物供给的类型。

潮湿气候有利于河流、三角洲硅质碎屑沉积物的沉积,而干旱气候则有利于风成硅质碎屑的沉积。这些在碳酸盐岩地层序列中出现的沉积物类型不仅反映了气候条件,而且也反映了相对海平面的变化(朱筱敏,1998)。

2. 对陆相层序形成的控制作用

众所周知,陆相湖盆无论是在规模上,还是在水体深度上均无法与海相盆地相比,气候因素对陆相层序的影响要比海相显著得多。Van Wagoner(1995)提出了气候影响下的海平面变化是层序形成的驱动机制。对于近海环境内非海相层序地层的发育而言,这种影响更为显著。气候对陆相层序的影响更普遍地是体现在对水文状况和沉积类型的控制上。

在陆相环境中,气候会通过影响环境水体蒸发量与供给量的平衡而控制着基准面的变化;气候对沉积物的类型和供给速率也有着直接的影响。同时,气候因素本身又受制于许多地球内和地球外因素的影响,如构造运动、米兰科维奇旋回等都是重要的影响因素。近十年来,天文因素对气候周期的影响的研究已日益精细,并发现与高频层序的形成有密切关系(Einsele等,2000)。

气候的变化对陆相层序的影响是多方面的。例如气候的变化会造成植被和降雨量的改变。若气候温暖潮湿,则植被发育,降雨量多,母岩的风化作用较显著,网状河流发育,沉积物供源较多且湖平面易于上升,利于陆相盆地层序的发育;反之,气候干旱炎热,植被不发育,降雨量少,辫状河系较发育,粗粒物源短距离供给,湖平面易于下降,不太利于层序的发育(朱筱敏,1998)。

气候变化对形成陆相层序的直接影响是湖平面变化。气候影响了湖泊的蒸发量和注入量,进而影响了湖平面的升降变化,而湖平面的升降变化控制了地层的重叠样式和沉积相的分布。

全球气候变化具有周期性或旋回性和级次性,与气候相关的三级、四级和五级周期控制或影响了层序的形成与发育。陆相层序的形成常受构造沉降和气候周期的双重驱动与控制。

第四章 源-汇系统分析

沉积岩覆盖着大部分地球表面,约占整个地球表面的75%,但就体积而言,它只占整个岩石圈的5%。因此,要揭示这些沉积物的成因及其分布规律是一项复杂的系统工程。就地球系统科学而言,研究任务在于揭示沉积物从源区剥蚀,经过不同沉积物搬运通道体系到沉积区堆积过程,也就是研究其源-汇系统(source to sink system)特征,也称之为沉积物剥蚀-堆积系统(denudation - sediment accumulation system)(Einsele,2000)。

沉积物从山区剥蚀到河流搬运输送到汇水盆地(湖泊或海洋)经历了一个复杂过程,这样,地表受到侵蚀,其沉积物和溶解物质通过一系列相互连接的地貌环境单元,沉积或沉淀在洪积平原、海洋大陆架或深海平原上,这套相互连接的环境单元就构成了源-汇系统。源-汇系统分析就是研究从剥蚀区到沉积区各种外来的和内在的控制沉积物分散的各种因素共同作用导致的这套相互连接的环境单元的动力学过程及其响应机制。源-汇系统是地球系统科学体系中复杂的组成部分之一,包括了从陆地汇水区域到深水盆地区这一连续的过程中形成的各种子系统。大量的理论和野外实践研究证明从源到汇过程中,需将沉积物从源区到沉积区的整个过程综合考虑,并且与构造和气候等因素紧密联系起来,这样一个过程被定义为沉积物路径系统(sediment routing system)或沉积物路径过程(sediment routing processes)(Cowie 等,2008;Montgomery 和 Stolar,2006;Whittaker 等,2007)。沉积物路径系统的概念首次由英国沉积盆地分析专家 Allen(1997)在其所撰写的教材《Earth Surface Processes》中首次提出,但沉积物路径系统侧重于与沉积物搬运通道相关的各种因素共同作用的动力学过程及其响应机制。

源-汇系统研究构成了沉积学领域一个新的方向(汪品先,2009),也是美国"MARGINS Program Science Plans 2004"(洋陆边缘科学计划2004)所确定的4个主要研究领域之一(高抒,2005)。该计划提出源-汇系统研究任务包括沉积物和溶解质从源到汇的产出、转换和堆积、物质侵蚀、转换过程的反馈机制,全球变化历史记录和地层层序形成。这项计划选择了两个规模较小的流域-近海体系,即巴布亚新几内亚的 Fly 河和巴布亚湾以及新西兰北岛活动边缘的 Waipaoa 河与陆架作为主要研究区域。尽管两者都是西南太平洋山区的中小河流,但相互间有重大区别:Fly 河的集水面积是 Waipaoa 河的几十倍,形成的沉积地层前者呈楔状前积,后者为盆地充填。源-汇系统计划至少研究10年,目前在巴布亚湾的研究已经取得了多项成果(Slingerland 等,2008)。同样,在欧盟第五框架协议的资助下,欧洲9个国家20多个实验室和研究组织结合 InterMARGINS 和 IODP 发起了 EUROSTRATAFORM 计划。EUROSTRATAFORM 计划的目的是了解从源到汇的沉积系统,理解和模拟地中海和北大西洋边缘由河流经浅海陆架和峡谷到深海的无机和有机颗粒搬运过程,确定沉积物搬运过程、通道和通量的时空变化特征及其对沉积地层形成的作用和贡献。

地球表层源-汇系统深刻影响着陆地地貌和海底地形、地球表层土壤分布和全球地球化学元素的循环,并且对碳的聚集和油气资源的形成都具有重要的作用(Allen,1997;Galy 等,2007)。在早期沉积盆地源汇系统的研究中,往往过于强调对盆地现今构造格架和沉积物的研究,而对盆地物源区风化剥蚀过程、沉积物的搬运和分配强调不足,导致在沉积盆地沉积充填模拟中出现许多不确定性。源-汇系统认为盆地分析不仅需研究物源区和沉积区两个端元,而且还需要强调在地球表层沉积从物源区剥蚀,通过河流等搬运并在沉积盆地沉积聚集三个相互紧密联系的次级过程的研究(Moore,1969)。因此,一个典型的源-汇系统包括3个次级系统,即剥蚀区域、搬运区域和沉积区域(图4-1、图4-2)。

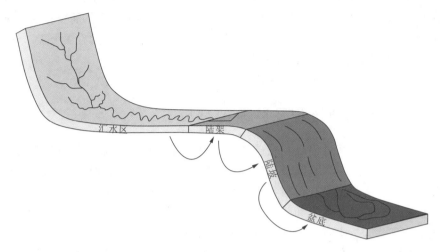

图 4-1 源-汇系统 4 个组成部分,各部分在地质历史时期通过侵蚀和沉积作用相互影响
(据 Sømme 等,2009)

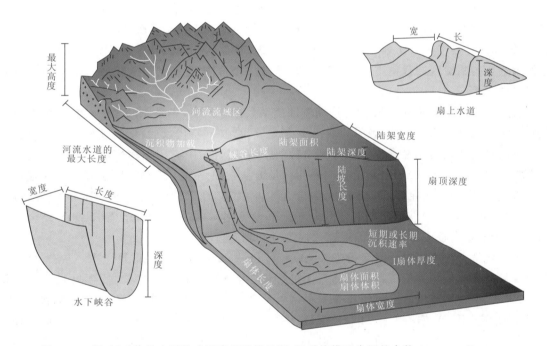

图 4-2 源-汇系统的主要构成要素以及描述源-汇系统模型常用的参数(据 Sømme 等,2009)

第一节 剥蚀区域物源区分析

物源区(provenance)是指盆地中碎屑物质的来源区(source area)或母源区(parent area)。物源区分析就是要解决母源区的位置和性质、沉积物的搬运过程、影响沉积物组分差异的成因等问题。它可以为古地理、古气候重建提供最基本的材料,对大到板块构造属性、小到区域断裂性质的判断等均有重要的指示作用。比如,碎屑成分可以记录(两个邻近块体)物源从一个块体搬运到另一个块体的时间历程,还可以记录造山带深部构造特性(Dickinson,1988)。因此,物源区分析是盆地分析不可或缺的内容和方法。

Dickinson率先提出了碎屑砂岩三角图解法(1979,1982,1985,1988)。该图解法是确定母岩性质及其构造背景的最为有效的方法。此后,基于碎屑砂岩组分、重矿物组分及含量变化对母岩类型的判识分析方法不断涌现,一些地球化学(常量元素、微量元素、稀土元素)分析方法在物源区分析中也得到了突飞猛进的发展,如裂变径迹方法、同位素方法等。

有关物源区研究方法将在第五章详细介绍。

一、沉积盆地源区剥蚀过程及其深部响应

研究沉积盆地物源区的剥蚀过程以及精确确定其剥蚀速率是沉积盆地分析的重要内容。物源区分析更加强调源区剥蚀过程及其深部响应研究(Roure等,2006)。近年来发展起来的地球表层动力学,促使了对源区热构造事件及隆升剥蚀过程和盆山耦合关系的认识。美国自然科学基金委(NSF)专门成立一个专家小组对地表过程研究的挑战和机遇进行调研总结(NRC,2010),显示出人们对地球表面及其塑造过程研究越来越重视。总体而言,地球表层动力学是研究地球表层物理、化学和生物作用以及地球内部动力作用对地球表层地形的改造和岩石圈表层地貌重建的一门新兴科学,其中地表过程中的造山作用和沉积作用对沉积盆地动力学研究非常重要。

在沉积盆地物源区研究中,尤其物源区为造山带的情况下,构造-气候-地球表层过程的系统分析成为研究中的关键问题(Molnar,2004;Willett,2010)。地球上起伏不平的山脉反映了构造抬升和剥蚀作用之间最强烈的相互作用,尤其在活动汇聚山链中,山坡的垮塌、河流下切、冲沟的形成及其他灾变事件,这些剥蚀作用控制了岩石圈表层岩石的分解和卸载,进而强烈地影响着变形作用的速率和方式。沉积盆地作为造山带物源区卸载物质的直接堆积场所,物源区的构造和剥蚀演化过程对盆地构造和沉积演化具有重要作用。

20世纪90年代以前,陆地山脉抬升量和剥蚀速率数据并不多,主要原因之一是抬升前的原始地貌不能准确确定,因此较难获得地球表层的演化历史。20世纪90年代以后,随着实验仪器的改进和放射性同位素方法理论体系的完善,低温热年代学成为地球表层科学中应用较为广泛的定量研究地貌演化过程的实验测试手段(Dodson,1973)。低温热年代学方法主要是基于矿物封闭温度理论而建立的同位素年代学方法,可记录矿物在地下一定深度从同位素"时钟"启动到地表过程中的时间-温度轨迹,根据这种时间-温度轨迹就可以获得矿物热年代学年龄和温度之间的关系(Braun等,2006),结合数值模拟技术,即可确定导致岩石或矿物冷却的地球表层隆升和剥露过程。

低温热年代学方法主要包括裂变径迹方法、(U-Th-Sm)/He方法和^{4}He/^{3}He方法,目前这些方法中应用效果较好的矿物为锆石和磷灰石等。在低温热年代学理论体系中,封闭温度是一个重要的概念,是指当岩石、矿物形成以后冷却到基本上能完全保留放射成因子体同位素的温度。如图4-3(a)所示,锆石裂变径迹(ZFT)、锆石U-Th/He(ZHe)、磷灰石裂变径迹(AFT)和磷灰石U-Th/He(AHe)分别记录了岩体抬升冷却经历大约240℃、190℃、110℃和60℃封闭温度的路径。根据任意一对封闭体系的温度差值与年龄差值,可以计算不同阶段的冷却速率。进一步基于稳态地温梯度可以估算该时间隆升剥蚀速率,通过多对具不同封闭温度的热年代学体系的综合使用,可确立不同温度区段的隆升剥蚀速率,如240~190℃、190~110℃、110~60℃等,从而有效构建岩石圈表层较长时间尺度、多个温度域的动态隆升剥蚀过程,如图4-3(b)所示。

毫无疑问,多封闭体系热年代学是当代热年代学研究的重要趋势(Ehlers等,2005;Reiners和Brandon,2006),并得到了广泛的使用与发展。如现今对青藏高原构造隆升事件的低温热年代学研究表明,青藏高原新近纪强烈构造活动主要分布在其周缘的藏南、西昆仑、阿尔金、藏东及川西等地区,并具有大体同时性,集中表现为大约13—8Ma期间和5Ma以来的两次快速和重大隆升期(Coleman和Hodges,1995;Harrison等,1992;张克信等,2008)。

另外,造山带的隆升剥露过程将形成高耸地貌,势必阻碍大气的流动,并将直接影响区域和局部的气流样式以及雨水的分布。现今研究表明,新生代东亚季风气候的改变与青藏高原的持续隆升作用密

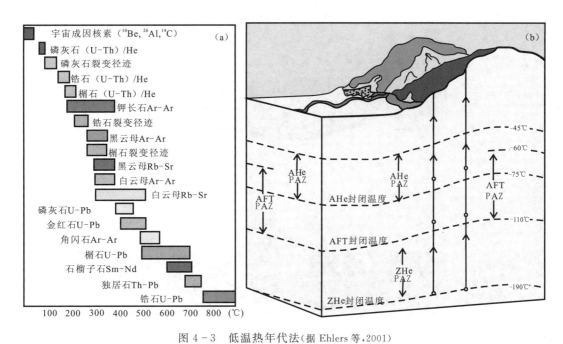

图 4-3 低温热年代法(据 Ehlers 等,2001)

(a)热年代学常用的方法及其适用的温度范围;(b)适用于不同地壳深度的几种常用的低温热年代学方法记录的温度-时间关系

切相关(An 等,2001)。在季风气候区,山地抬升到一定高度时将阻挡潮湿气流,并迫使其上升,在山脉迎风坡形成降雨,山脉背风坡形成雨影区,气候变得干燥;相比而言,迎风坡气候湿润剥蚀量将较大,对其周缘沉积盆地的充填作用较充分。因此,现今盆地分析越来越关注造山带物源区构造作用和气候变化对山体隆升和剥蚀作用的关系(Allen P A 和 Allen J R,2004),并已成为近年来快速发展的新的热点方向。也就是说,相对于构造活动引起的强烈地壳变形来讲,气候因素被证实是促使地球表层剥蚀量增加的又一主要因素,如 15—10.5Ma 亚洲强烈的夏季风气候的形成(Clift 等,2008)导致了亚洲地区具有较高的剥蚀速率,而通过计算亚洲大陆边缘的海域沉积盆地中堆积的沉积物量发现,在同一时期盆地中沉积物量也较大(Clift,2006)。

实际上,构造-剥蚀-气候之间的关系是十分复杂的。不过,目前普遍接受的认识是晚新生代以来全球气候总体变冷的背景下,气候变动频率的加快是导致全球主要造山带剥蚀量增加的主要原因(Hay 等,2002;Molnar,2004;Zhang 等,2001),主要证据来自于在考虑了洋壳俯冲和海平面变化对沉积物再循环等影响的前提下,洋盆和大陆盆地在过去的 5Ma 之间沉积物量出现突然加速增加的事实。同时,现今研究表明气候还可导致休眠的断层重新开始活动,地震也有可能集中发生在强烈剥蚀的地区附近,因此,地球表层的构造变形和地震灾害极可能与气候有关(Allen,2008),图 4-4 是新西兰南阿尔卑斯山的一个研究实例(Whipple,2009),表示潮湿气流如何影响造山带地貌形态。模型中的构造汇聚速率和板块俯冲方向与新西兰的南阿尔卑斯山脉相当。图 4-4(a)模型中潮湿气流来自于西边(即图的左边),隆升和折返集中在活动逆冲断层上和地形分水岭的西部。图 4-4(b)模型中潮湿气流来自于东边(即图的右边),隆升和折返集中在分水岭的东部,而位于与图 4-4(a)模型同样位置的西部逆冲断层几乎不活动。通过研究后发现新西兰的南阿尔卑斯山脉观测到的总隆升和折返量,如图 4-4(c)所示,与图 4-4(a)中的数值模拟结果相当。可以看出,仅仅改变潮湿气流方向,山体剥蚀方式和断层活动特征即显示出明显的差异。

当今沉积盆地分析越来越重视地球深部作用过程与浅地表作用过程之间的关系。板块构造理论可合理解释板块边界的地球表层大型地貌单元,但在板块内部地貌单元特征的解释方面就遇到了较大的挑战。现有研究表明,上地幔物质的塑性流动可对地球表层地貌产生显著的影响(Braun,2010),如大

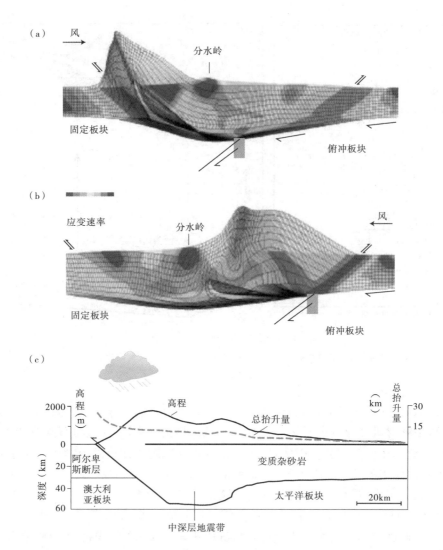

图 4-4 新西兰南阿尔卑斯山构造-剥蚀-气候关系模拟(据 Whipple,2009)
(a)单向潮湿气流和山脉演化模型和(b)数值模拟结果,(c)新西兰南阿尔卑斯山脉观测到的总隆升和折返量

洋岩石圈的冷却、收缩可形成海底大范围起伏的地貌(McKenzie,1967;Turcotte 和 Schubert,2001)。金星(Simons 等,1997)和月球(Smith 等,1999)地貌也与深部地质过程相关。但是有关地球深部过程与地貌之间的关系,不同的研究者根据各自所掌握的不同资料提出了不同的见解,许多学者认为地球浅表层正向和负向单元可由多种动力学机制形成,如造山作用(Molnar 等,1993)、榴辉岩地壳或克拉通地幔岩石圈的拆沉作用(Frassetto 等,2011;Zandt 等,2004)、俯冲作用导致大陆的掀斜(Faccenna 和 Becker,2010)、全球地幔流动导致的远程效应(Liu 和 Gurnis,2008)和地幔柱的撞击作用(Lowry 等,2000)。

反之,地球表层作用过程也可以影响地球深部过程。在剥蚀作用强烈地区,由于地表卸荷的均衡作用,地壳会发生反弹升高,而在沉积物堆积地区,地壳因荷载而下沉(Watts,2001)。Burbank 和 Anderson(2001)曾假设地壳密度和地幔密度相同的条件下,定量计算了地表侵蚀和地壳增厚对地表高度的影响。宽广的地表面如果被平均侵蚀 100m 厚的岩石,地壳将反弹 85m,地表面高度平均降低 15m;如果地壳构造上升,地表升高,地壳增厚将导致均衡下沉作用,最终地面升高幅度只是地壳厚度增量的 1/6 左右。前陆盆地作为构造活动型盆地类型,沉积地层结构常与构造抬升和侵蚀引起的均衡上隆有关,构造抬升和剥蚀作用引起的均衡抬升都可使局部地表升高。构造隆起,地壳增厚,山前盆地大幅度下沉,粗粒沉积物迅速堆积在山麓附近，形成向造山带方向增厚的沉积楔状体[图 4-5(a)]。如果构造格局发生变化，逆冲作用停止，侵蚀作用将超过构造增厚作用，地壳变薄，那么山区物质减少会导致在前陆盆地附近地壳均衡抬升。如图 4-5(b)，在前陆盆地附近发生侵蚀，粗粒沉积物路过前陆盆地主体区向远端输送（Heller 和 Paola，1992）。

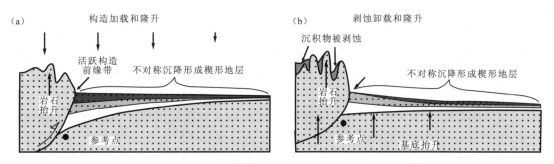

图 4-5 构造加载和剥蚀卸载对造山带周缘前陆盆地沉积和沉降的影响
（据 Burbank，Anderson，2001）
（图中带箭头符号方向和长短分别表示沉降或隆升的相对大小）

二、物源区分析的应用

物源区分析是源-汇系统研究的重要组成部分，对沉积盆地分析具有重要意义。它不仅为古地理和古构造重建、古气候分析及源区深部动力学过程恢复提供丰富信息，而且也能为沉积物搬运路径及储层对比提供有用的信息。

1. 古构造重建

利用物源资料来分析古构造特征是物源区分析的主要成果和重要应用领域，而且这方面的研究成果和发表的文献十分丰富（聂逢君，1996；欧阳建平和张本仁，1996；刘少峰等，1997；邵磊等，1998，1999；李双应等，1999；Dickinson，1988；Flores，1988；Toulkeridis 等，1999；Zimmermann 和 Bahlburg，1999）。物源区分析在古构造方面的应用主要涉及物源区构造背景、区域构造抬升和断层发育规模、走滑变形的时间和位移等。

（1）物源区构造背景：与 Dickinson 等三角图解所包含的构造涵义一样，几乎所有碎屑物源都蕴涵物源区古构造的信息。由于识别再循环碎屑特征及矿物和岩屑颗粒精确测年技术的出现，使得构造推论成为较为容易的工作。因此，依据碎屑颗粒的岩石学或地球化学资料进行构造鉴别已得到广泛应用。

（2）区域构造抬升和断层发育规模：20 世纪以来，造山带逆冲片的揭顶作用（unroofing）和物源分析一直属于物源研究的前沿，但是已识别的区域变质岩带抬升的地层记录却不多见。另一方面，造山晚期拉张作用会导致构造侵蚀，可能切开大段地壳，并减少在抬升过程中产生的沉积量。在许多造山带，走滑位移可能说明揭顶地层记录不是一个简单的垂向碎屑地层剥蚀过程，而是不同阶段可保留在分离的走向位置上。由于造山带早期沉积物往往会在盆地中快速地再循环，随着前陆变形的不断进行，盆地充填物往往会不断被改造。这个过程就可能掩盖简单的揭顶层序，以至于沉积物通过靠近造山带的盆地搬运到更远的地方。

（3）走滑变形的时间和位移：物源资料在补充走滑变形史时也起重要作用。如果盆地边缘两侧物源存在不同的侵蚀产物，可能反映了断裂构造曾经发生过侧向位移。例如，边缘扇砾岩碎屑类型的分布可以用来推断走滑位移方向。如果能参照物源与抬升时间，或沿平行断层狭窄地体的长轴方向的岩浆作用的微细差异，就会提高识别位移规模的能力。

2. 古地理重建

物源信息资料可以有效地用于古地理,尤其是在复杂构造区的古地理重建。一个成功的例子来自美国俄勒冈州。Heller等(1985)根据碎屑矿物的同位素数据,排除了俄勒冈州Tyee组浊积岩物源来自上部Kla-math地体的传统认识,而认为其物源应来自板内的爱达荷岩基。

3. 剥蚀区隆升过程及其深部过程

盆地中沉积碎屑可能记录有某些深部地壳的残留物,其物源资料可以恢复物源区古老结晶基底的信息。除了可利用大量颗粒碎屑的光学镜下资料外,细粒沉积物的物源也可用于追踪地壳特征,但更多的是利用微量元素、同位素方法获得数据,这些数据能确定地壳生长的形式和沉积物再循环。陈衍景和杨忠芳(1996)综述了这方面的研究成果,并总结了若干示踪方法和原则。

Andre等(1986)提出,页岩的Sm-Nd同位素数据可用于检验沉积时间、地壳生长和造山期之间的关系。Veizer和Jansen(1985)发现,Sm-Nd滞留年龄超过地层年龄的值,表明大约90%的晚太古代沉积体属盆内自源自生的再循环沉积。利用沉积物Sr同位素分析地壳演化中存在年轻沉积物的Rb/Sr比很高,$^{87}Sr/^{86}Sr$比就异常低的现象。该问题可以用Sr返回到地幔的缓冲作用,或用碎屑沉积物的地壳上部物源Rb/Sr比值的长期增加来解释。

物源和地壳演化的另一方面涉及早期地壳的保存问题。澳大利亚西部Jacks Hill变质沉积带中所含锆石年龄接近4.2 Ga,比目前从原位地壳中测得的任何年龄值都老。这意味着当时已有部分地壳存在,并且没有进入地幔再循环。

盆地中外源沉积碎屑可能记录有某些岩浆作用块体的残留物,因此,其物源资料可以恢复物源区一些古老岩浆作用信息。这些岩浆和火山岩石可以是破坏性板块(岛弧)边缘性质的,也可以为建造性造山带的。如Longman等(1979)根据保留在弧前盆地中的巨砾确立了苏格兰中部奥陶纪岩浆岛弧的存在,Leitch和Willis(1982)把含多种深成岩和火山岩碎屑泥盆系砾岩解释为澳大利亚东南部新英格兰褶皱带边缘的死亡火山弧上部,Cawood(1991)提供的有关汤加岛弧矿物颗粒和火山玻璃资料揭示了均质的低钾拉斑玄武岩物源补给渐新世—第四纪沉积物,Nichols等(1991)恢复的印度尼西亚东部陆源物质含极微量的不寻常砂岩成分,等等,都说明了这方面的应用价值。

4. 古气候分析

砂岩的分类蕴含丰富的古气候意义。这是因为,气候很大程度上影响甚至控制了沉积岩碎屑组分,即使是那些石英质碎屑。因此,反过来依据物源资料可能反演得到古气候的信息。一般认为气候因素对初次循环的石英砂岩有重要影响:在强烈化学风化作用(常常在热带风化作用条件下)的地区以及风化作用能长时间作用的环境,这种石英砂岩组分通常含大量再旋回石英。古土壤的存在证据对于探讨当时的风化作用和最终沉积物之间的联系可以借鉴;而细粒海相地层中的矿物(如高岭石/蒙脱石之比)和化学参数(如Th/K比)也同样可用于气候变化推测。

5. 沉积物再循环作用

大量证据显示,显生宙沉积物的再循环是一种普遍现象。要查明再循环物源,通常选取特征碎屑颗粒(如年龄已知的锆石等其他重矿物颗粒)。首先查找现在可能出现这些特征碎屑颗粒的最老沉积物,然后由老到新在年轻地层中寻找这些特征碎屑颗粒。由于碎屑单颗粒可以提供许多有关沉积颗粒的复杂历史信息,以至于能够追踪年轻沉积中碎屑颗粒的来源。此外,如果有化石证据,则可对先前沉积层的年龄予以限制。

沉积物源分析不仅用于区分同一盆地中不同的沉积体系、岩相,也可用来分析各种规模的古代沉积体系。虽然,目前这方面的应用实例不多,但从效果来看是值得推荐的。例如,Hirst和Nichols(1986)在研究西班牙Ebro盆地的两个分支河流体系和边缘冲积扇之间的关系时,就采用了岩石物源分析方法。这一实例反映,分隔的盆地如有同一条古河流补给物源是可能查明的。此外,Dill(1989)、Takeuchi和Takizawa(1991)也介绍了利用物源分析进行沉积体系或岩相恢复方面的实例。

第二节 搬运区域的沉积物搬运通道体系分析

沉积物搬运通道体系是沟通物源区与沉积区的桥梁,是将剥蚀区域沉积物搬运、输送到沉积区域的主要通道,是评价沉积物供给进入盆地充填的关键要素。

地质历史时期沉积物搬运通道体系判识主要通过古水流和沉积物分散样式来识别。作为水流作用的结果,沉积物分散样式在沉积地质体中早已被认识到。20世纪上半叶,古水流分析应用于沉积盆地研究,欧美一些沉积学家详细描述了沉积构造与古水流的关系,提出了古水流复原的原理和方法,测量了大量古水流数据,绘制了多种古水流图。20世纪60至70年代是沉积物分散样式(dispersal pattern)研究飞速发展和变革的时期,代表性成果是Potter和Pettijohn(1963,1977)的《古流和盆地分析》。这一时期,沉积物分散体系从单纯的反映古水流的沉积构造(如交错层理),延伸到沉积颗粒组构分析、定向化石分析、古水流分散体系和模式等。对于盆地分析而言,古水流分析对解决盆地古斜坡方向、盆地边界和古水流之间的关系、盆地沉积物源的供给方向等问题有明显帮助,甚至可以有助于解决盆地中岩石单元的确定、评价与古水流方向有关的油气储集体等问题。

近年来对现代沉积物搬运通道体系分析,如流域盆地剥蚀速率、沉积物通量(sediment flux)定量或半定量估算为古代沉积物搬运通道体系分析提供了一些有效方法。

一、沉积物搬运通道体系

沉积物搬运通道体系实际上包含沉积物从剥蚀区到封闭湖盆,或滨海-海底扇的搬运过程,可以理解为一颗沙粒从山区的剥蚀区到河流泛滥平原、三角洲或深海的搬运轨迹,这样轨迹的多学科综合研究就是沉积物路径系统(Allen,2008)。在地表以复杂的陆表水系为主,而大型注水盆地(湖泊、海洋)则可能具有更为复杂的水下流动样式。

1. 大陆(陆表)沉积物搬运通道体系

陆表水系构成了大陆沉积物搬运通道体系。全球主要流域的分布和现今的剥蚀速率分析表明,物理风化在山脉区是最强的。因此,每一个大陆的现今侵蚀速率基本以年轻山脉区最高,如喜马拉雅、安第斯、阿尔卑斯和北美的山系;新生代构造形成了地质历史上最高和最大的造山带(特别是南亚和安第斯山脉),具有异常高度和面积的造山带必定会产生异常迅速的全球侵蚀(Dickinson,1988)。无论这些水系网怎样分布,其主干河流均要入海,并在入海口发育成大型三角洲。

依据现今地形和地貌,流域系统比较容易识别,如图4-6所示加利福尼亚南部发育5条小型河流,且不同河流具有不同的剥蚀速率。这些河流携带沉积物入海后,被沿岸流改造,或进入海底峡谷形成海底扇(Ehlers等,2001)。该区在高位体系域和低位体系域时期,流域水系及其海底扇发育位置、规模和大小均可能发生变化(Covault等,2011)。此外,在地质历史时期,由于流域盆地构造演化导致河流袭夺时有发生,如红河的袭夺(Clift等,2001)。这样河流袭夺事件导致入海沉积物通量的急剧变化。因此,全球传输体系的评价必须对大陆边缘性质、构造背景及大型三角洲进行综合研究。

2. 水下沉积物搬运通道体系

当沉积物被地表水系带到入海口后,这些沉积物就会遭受复杂的海洋水动力作用。除波浪、潮汐作用对河口区沉积物改造外,这些沉积物还可能会通过重力流、洋流、内潮汐和内波等方式被搬运到深水区。因此,海洋环境除遭受波浪、潮汐作用外,沉积物还可能遭受洋流、内潮汐和内波等牵引流作用以及顺陆坡重力流作用而发生沉积物再分配和再沉积。

海洋深水区域主要发育以下3种沉积物搬运通道体系。

顺陆坡深水重力流水系:在陆坡及深海平原常见深水峡谷体系,如图4-7。有些峡谷体系顺陆坡发育,延伸至下陆坡或深海平原,形成规模不等的海底扇,有些峡谷延伸至深海汇集于深海沟,形成很厚

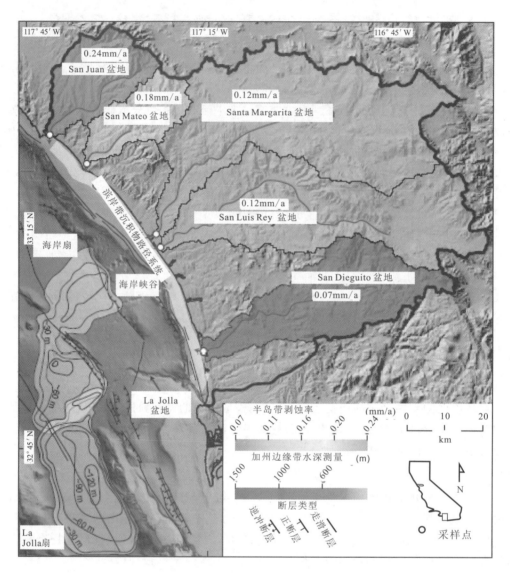

图 4-6 加利福尼亚南部沉积物路径系统（据 Covault 等, 2011）
（反映地表 5 条主要流域盆地与海底峡谷及海底扇分布，其中 La Jolla 扇为 4 万年以来的沉积物）

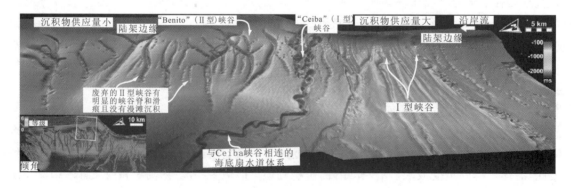

图 4-7 现代赤道 Guinean 海底发育的海底峡谷地貌特征（据 Jobe 等, 2011）

的楔状复理石建造，如南海北部高屏峡谷。高屏峡谷发育于南海东北陆缘，从台湾岛的高屏河穿过高屏陆架沿南海陆坡与高屏陆坡之间构造线延伸到马尼拉海沟，总长 240km（Liu 等, 1993）。该峡谷为典型构造成因的峡谷体系(Yu 和 Chiang,1997;Chiang 和 Yu,2006;Yu 等,2009)。由于欧亚大陆板块与菲律宾板块碰撞导致台湾造山带形成,并在台湾西部前陆盆地的前渊地带形成了近南北向峡谷体系(俞何兴等,2001)。该峡谷体系北段有3个分支,分别为高屏峡谷、平湖峡谷和福尔摩沙峡谷(Formosa Canyon),向南合并平行于最大俯冲断裂方向延伸到马尼拉海沟。高屏峡谷形成可追溯到更新世早期(Chiang 和 Yu,2006),具有较为复杂的冲刷和充填过程,峡谷形态及沉积充填具有明显分段性,不同区段具有不同的侵蚀和沉积充填特征(Hsiung 和 Yu,2011;Chiang 和 Yu,2011)。

平行陆坡等深流水系:沿大陆坡海底等深线发育呈水平流动的远洋底流,包括温盐环流和风驱环流(Hernandez Molina 等,2011)。远洋底流平行于大陆坡方向流动导致外陆架、大陆坡、陆隆带以及深海平原形成复杂的等深流沉积和漂积体沉积(图4-8)。

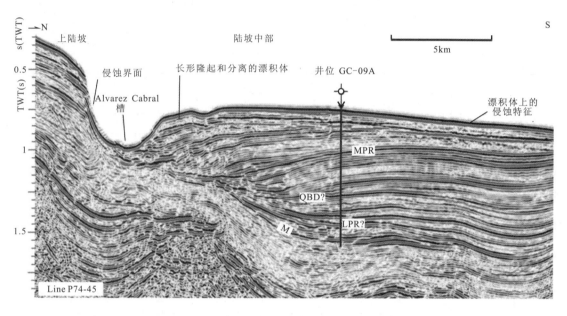

图4-8 穿过 Faro-Albufeira 漂积体(drift)的多道地震反射剖面(据 Hernandez Molina 等,2011)

内潮汐和内波:即深水牵引流。内波是存在于两个不同密度水层界面上,或是具有密度梯度的水体之下的水下波(高振中等,2010)。当内波的周期与海面潮汐(半日潮或日潮)的周期相同时,这种内波称为内潮汐(Rattray,1960)。通常在潮差较大的地区,内波的平均周期,在深度超过 250 m 时趋近半日潮或日潮;而在潮差较小的地区,则需要更大的深度才能趋近于表面潮汐的周期(Shepard,1976)。海洋学调查表明,内波和内潮汐产生的深水双向流动的流速最大可达 20~50cm/s。深水潜水装置还观察到,这种流动能搬运的沉积物的粒度可达细砂级,并能在数千米深处形成大量波痕(Mullins 等,1982)。这些研究表明,在深水区内波及内潮汐是重要的地质营力,这些营力对深水沉积作用有重要影响。

二、陆源沉积物通量及其影响因素

陆源侵蚀作用导致沉积物从源区搬运到沉积区,通常有两种方法估算沉积物或溶解物被河流搬运到海洋的总量。一是估算河流输送沉积物进入海洋的量,另一种是依据大陆区剥蚀量估算。实际上,根据后者估算沉积物量要明显大于前者,因为还有大量剥蚀沉积物根本没有到达海洋。

1. 沉积物通量

陆表侵蚀作用导致一定的沉积物从物源区搬运到沉积区,通常采用沉积物通量(sediment flux)来描述,代表单位时间内通过某一断面水体中的沉积物的量。通常采用3种方法来估算沉积物的输送量:①通过某个断口或河口直接测量的悬浮沉积物量;②通过某个封闭湖盆或人工水库沉积物充填速率估算沉积物量,或称中期沉积物通量估算方法;③长期沉积物通量估算方法,也就是通过沉积区沉积物厚度图来估算沉积物总量(Allen P A 和 Allen J R,2005)。

沉积物输送到海洋的总量估计为 $20×10^9$ t/a(Milliman 和 Syvitski,1992;Walling 和 Webb,1996)。最高沉积物通量来自于从巴基斯坦到日本的环太平洋和印度洋岛弧地区,这些地区以新生代造山作用、崎岖陡峭地形、高年降雨量为特征;低沉积物通量地区主要是欧洲、加拿大的沙漠、寒冷及低起伏地区(Allen P A 和 Allen J R,2005)。表 4-1 列出了全球主要河流的沉积量和溶解量。

表 4-1 世界主要河流的沉积量及溶解量(据 Summerfield 和 Hulton,1994,及其引用文章)

流域	面积 (10^6 km^2)	沉积量(t·km^{-2}/a) (等价机械剥蚀速率 mm/ka)	溶解量(t·km^{-2}/a) (等价化学剥蚀速率 mm/ka)	化学剥蚀在总剥蚀量中 所占百分比(%)
亚马逊河	5.98	221(82)	29(11)	11.6
阿穆尔河	2.04	28(10)	6(2)	17.6
雅鲁藏布江	0.64	1808(670)	49(18)	2.6
长江	1.73	281(104)	72(27)	20.4
科罗拉多河	0.70	239(89)	19(7)	7.4
哥伦比亚河	0.67	48(18)	32(12)	40.0
多瑙河	0.79	94(35)	45(17)	32.4
第聂伯河	0.54	2(1)	12(4)	85.7
恒河	0.98	694(257)	42(16)	5.7
黄河	0.79	127(47)	18(7)	12.4
印度河	0.93	323(120)	42(16)	11.5
科雷马河	0.65	9(3)	4(1)	30.8
拉普拉塔河	2.86	30(11)	9(3)	23.1
勒拿河	2.45	7(3)	22(8)	75.9
麦肯齐河	1.77	62(23)	23(9)	27.1
湄公河	0.76	232(86)	36(13)	13.4
密西西比河	3.20	189(70)	20(7)	9.6
墨累河	1.14	30(11)	6(2)	9.7
纳尔逊河	1.24	—	16(6)	—
尼日尔河	2.16	19(7)	4(1)	17.4
尼罗河	3.63	28(10)	3(1)	9.7
鄂毕河	2.98	6(2)	11(4)	64.7
奥兰治河	0.89	65(24)	11(4)	14.5
奥里诺科河	0.92	179(66)	23(9)	11.4
格兰德河	0.63	48(18)	4(1)	7.7
圣弗朗西斯科河	0.62	11(4)	—	—
阿拉伯河	0.89	56(21)	14(5)	20.0
圣劳伦斯河	1.05	2(1)	34(13)	94.4
托坎廷斯河	0.76	—	—	—
叶尼塞河	2.55	5(2)	18(7)	78.3
育空河	0.84	94(35)	23(9)	19.7
扎伊尔河	3.63	14(5)	6(2)	30.0
赞比亚河	1.41	34(13)	6(2)	15.0

2. 沉积物通量控制因素

影响全球沉积物通量的因素较多,比如:源岩类型及其风化能力、剥蚀区表层土壤厚度、气候变化、降雨量速率、地形起伏、植被状况,甚至人类活动均会对沉积物通量产生影响。

(1)降雨量速率:大量学者调查表明沉积物通量与年均降雨量密切相关。沉积物通量在植被较稀少的半干旱地区达到最大,其次是年均降雨量超过 1000mm 的地区。大部分山坡地区降雨强度对沉积物通量影响十分明显,此外植被影响也十分明显(Allen P A 和 Allen J R,2005)。

(2)地形影响:源区剥蚀速率与各种地形参数,如平均高程、最高高程、大范围或局部起伏、坡度、流域面积等密切相关。一些成果显示地形和气候参数与剥蚀速率并非简单的线性关系,多元回归分析表明环境和地形综合效应仅能解释全球沉积物通量数据库一半数据的变化(Hovius,1997,1998)。一些成果显示构造活动区和构造不活动区存在较大差异,如构造不活动的克拉通地区沉积物通量通常极低,小于 $100 t \cdot km^{-2} a^{-1}$,而构造活动的挤压山区带沉积物通量可达 $100 \sim 10\ 000 t \cdot km^{-2} a^{-1}$(图 4-9)。Pinet 和 Souriou(1988)同样也发现年轻的构造活动的造山带比老的构造不活动地区的沉积物通量要大得多。

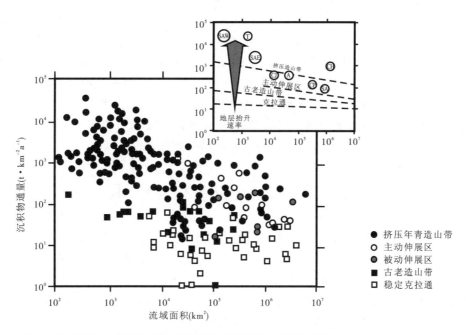

图 4-9　五种构造背景下沉积物通量与流域盆地面积之间的关系(据 Hovius,1995)

SAW:南阿尔卑斯新西兰西翼;SAE:南阿尔卑斯新西兰东翼;T:台湾;CJ:日本中部;
A:阿尔卑斯;CP:科罗拉多高原;SA:南非;CH:喜马拉雅中部

三、沉积物搬运通道体系重建

沉积物分散样式及古水流分布是识别沉积物搬运通道体系的有效方法。20 世纪 80 至 90 年代,沉积物分散样式在沉积环境分析(Snedden,1992;Torra 等,1998)、盆地恢复(Holst 和 Fossen,1992;Soregham 和 Soregham,1999)、盆地综合分析(Kittredge 和 Malcuit,1985;Buza,1987;Sandefur 和 Fisk,1987;Parnell 和 Wheeler;Colombo,1990;Zwartz,1992;Tollestrup 等,1993)等方面得到广泛应用。通过沉积岩中沉积组构和沉积构造方位测量便可识别、描述和解释过去的水流形式(Potter 和 Pettijohn,1977)。

古水流测量和校正方法大致可分为野外和室内两种。对于野外测量方法,与普通的构造面理、线理测量方法相同,这里不作详细介绍。需要注意的是,不但要测量反映古流水的构造(面状、线状)产状,如走向、倾向、倾角,还必须对背景岩层的倾向、倾角进行测量;要弄清倾角、视倾角、倾向之间的关系,尤其是线状构造。对于测得的大量古水流数据,借助球面旋转原理和方法将其走向和倾向恢复到原始的沉积状态,即可得到原始古水流方向。21世纪上半叶,前人就已经利用赤平投影原理来校正,而且应用十分广泛。但是,这种方法现已基本被淘汰,一般都是直接通过计算程序软件包在计算机中完成。

通过砂粒组构统计、含砂率编图、地球物理资料综合解释等沉积学方法,可有效地判别沉积物分散样式,结合沉积物古水流平面分散样式,就可以对沉积物搬运通道体系进行合理的判断和解释。

盆地在演化过程中,古水流方向和样式会发生变化。例如,对于裂谷盆地中的坳拉谷盆地而言,盆地早期和晚期的古水流方向截然相反(Dickinson,1976):早期古水流由坳拉谷流向裂谷边缘楔,而在夭折后的造山过程中,古水流则正好由造山带反向流向坳拉谷,不过总体古水流样式并无变化,都呈现汇聚式。

汇聚盆地的古水流模式方向和分散样式多变。总体来看,应当是发散的(弧前浊积盆地)、平行的(边缘盆地)、双极的(弧后或弧间盆地),但是,Ingersoll等(1990)在研究美国新墨西哥州中北部汇聚盆地晚新生代的盆地演化时,发现不同时期的古水流分散样式不尽一致:从早期的平行—发散—汇聚的样式,中期的双极—倒流的样式,发展到晚期的发散—多向的样式。

对碰撞造山过程中形成的周缘前陆盆地来说,古水流样式主要分为两个时期(Dickinson,1976):早期在前陆地带是平行的和汇聚的古水流样式,在残留洋盆带则是发散的样式;晚期在前陆地带则是汇聚的三极多向模式,在残留海地区古水流样式与早期相同,没有变化。Tandon等(1985)在研究Siwalik第三纪前陆盆地时,认为碰撞造山盆地的古水流一般为多向样式,且同沉积构造控制了古水流的发散样式。

走滑盆地的古流模式相对单一,主要为沿走滑带的发散、平行和汇聚样式。但是不同层位样式稍有差别。沉积体系级主要为发散和平行的古流向样式,盆地级则主要为垂直于走滑方向的平行和汇聚样式,而且一般情况下在走滑断裂两侧古水流方向正好成镜像对称。

第三节 沉积区域陆海相互作用分析

1999年,美国国家科学基金委员会(NFS)和联合海洋学协会(JOI)组织专家为大陆边缘计划(MARGINS)沉积学和地层学项目组制定了"源到汇"科学计划。此外,为了加强在大陆边缘研究领域的国际合作,1999年成立了国际大陆边缘研究计划(InterMARGINS)。InterMARGINS的主要目的就是针对MARGINS中无法通过一个或几个国家来实现的科学主题和目标开展有效的国际合作。欧洲9个国家20多个实验室和研究机构结合InterMARGINS和IODP发起了EUROSTRATAFORM计划。这些计划的主要目的之一就是了解从源到汇的沉积系统,理解大陆边缘沉积物作用过程,确定沉积物搬运过程、通道和通量的时空变化特征及其对沉积地层形成的作用和贡献。

亚洲大陆边缘的源到汇过程日益受到海洋地学界的重视。2002年日本结合InterMARGINS计划提出了"亚洲三角洲:演变与近代变化"计划。2002年11月由JOI/USSSP发起的AGU会议上,对东亚大陆边缘气候-构造相互作用、陆地-海洋气候变化、大型河流的物质通量以及印度和亚洲板块碰撞后亚洲构造活动怎样影响西太平洋板块进行了讨论。大陆边缘的沉积作用是IODP的一个重要研究方向。因此,沉积区域海陆相互作用是源-汇系统中重要而复杂的组成部分,是研究构造-气候相互作用的重要桥梁。

一、大陆边缘沉积作用分析

大陆边缘作为地球上沉积物堆积的主要区域,一方面巨厚沉积楔状体构成沉积盆地中丰富矿产资源保存场所,如滨岸砂矿、石油、天然气水合物等;另一方面,大陆边缘沉积层保存着全球海平面变化、气候变化、岩石圈变形、大洋环流、地球化学循环、有机生产力和沉积物补给等重要信息(李铁刚等,2003)。

这些信息为我们提供了一个建立现代全球变化模型所必需的地球-海洋-大气系统演化高分辨率的历史记录。在地质时间尺度上,组成大陆边缘物质扩散系统的各个单元都一直处于不断变化的状态中,它们之间强烈的相互作用深刻地影响着大陆边缘的时空演化过程。反之,要了解和预测这些变化过程就必须查明各单元之间的联系和反馈特征。显然,源到汇的科学构想就是要探求大陆边缘不同单元之间的联系,以期提高对大陆边缘物质扩散系统的理解和认识能力。

源-汇系统将物源区到沉积区分割成两个陆地单元、两个海底单元和一个依赖海平面变化而变化的陆架单元,即陆上高地、陆上低地、大陆架、大陆坡、大陆隆和深海平原。大陆边缘的沉积作用是受沉积物从源到汇过程的影响,每个环境单元都会通过侵蚀作用产生沉积物而形成源,或通过沉积作用而成为暂时或永久的汇,它们之间通过穿过各个边界的沉积物通量互相连接。此外,分隔大陆边缘不同环境单元的界限是动态变化的。由于沉积通量和沉积环境的不断变化,这些界限也会发生相应的改变。如海岸线随海平面的变化而变化;陆架坡折带会因斜坡沉积的向海侵进而向外移动;在构造作用影响下粗粒沉积物的增加会引起砾石-砂过渡带向下流动。每个环境单元都有一个特有的与沉积物通量相互作用的地貌类型。无论在哪一个构造单元,只要存在净沉积作用,地层剖面就会记录它们相互作用的历史过程。这些过程并不是孤立的,而是整个系统变化的一部分。因此,源到汇研究的核心目标就是实现在气候变化、构造运动、海面升降驱动下不同环境单元间相互作用动态过程的定量分析。

近年来,在深海钻探计划(DSDP)和大洋钻探计划(ODP)实施中,完成了大量围绕大陆边缘沉积作用过程的研究成果。比如,针对印度洋深海扇(印度河扇和孟加拉扇)的钻探。印度与欧亚早新生代碰撞以及随后的喜马拉雅山和青藏高原的隆升产生的大量陆源沉积物堆积在海底,因此印度河扇和孟加拉扇记录了世界上最高地貌单元的构造演化和侵蚀过程。DSDP23航次证明印度河扇形成于渐新世晚期到中新世初期,上新世以后沉积速率明显降低(Weser,1974)。ODP116航次结果显示中新世早期喜马拉雅山的剥蚀物已经到达孟加拉扇的远端(Cochran,1994)。但是,这两个扇体彼此之间并不存在镜像关系。孟加拉扇主要排出的是喜马拉雅山的物质(France Lanord等,1993),而印度河扇的最大源区则是卡拉可兰山脉和印度河缝合带(Clift,2001)。因此,孟加拉扇主要代表的是造山作用形成的剥蚀岩屑,而印度河扇则更多地补充了造山带间的记录。

二、深水沉积作用分析

近年海洋调查及深海油气勘探的深入,揭示了深海沉积作用的复杂性。深水区域不仅堆积丰富的重力流沉积物,而且还发育丰富的洋流或等深流沉积物(图4-10)。

图4-10 发育于大陆坡、深海平原的深水沉积体系示意图(据Mayall等,2010)

重力流作用是沉积物从浅水向深海搬运的基本机制之一。早在20世纪前半叶，浊流和浊积岩的发现揭示了深海粗粒沉积物存在(Kuenen和Migliorini,1950)。起先仅限于砂质沉积，随着20世纪90年代被动大陆边缘（如巴西、墨西哥湾、西非、北海）海底油气的勘探，发现细颗粒浊流沉积广泛构成海底扇的储集层(Bouma,2000)，于是人们认识到除粗粒浊积岩以外，还有富含泥质的细粒浊积岩发育。海底滑坡是深水重力流堆积的另一种表现形式。大型块体流沉积广泛发育于大陆边缘。已知规模最大的是挪威岸外的Storegga滑坡，体积3000km³的沉积物，移动距离800km，受影响的陆坡面积达95 000km²(Haflidason等,2004)。

除由于重力驱动的滑坡、碎屑流、浊流等突发事件沉积外，入海河水如果悬移物浓度达到一定限度（如36～43kg/m³），就会产生超密度流(hyperpycnal flow,亦译高密度流)，这种浓度界限当对流不稳定时还可以大大降低(Mulder等,2003)。山区中小型河口的洪水季节，最容易造成这种超密度流，属于陆源沉积物由河口输入海洋的一种重要途径。入海以后，还会造成海底峡谷(submarine canyon)（图4-11），成为向深海输送沉积物的通道(Van Weering等,2007)。法国南岸外Var峡谷，在洪水期的超密度流便是一例(Mulder等,1998)。台湾南部的高屏溪集水盆地高差达3000m，年雨量逾3000mm，平均年输砂量3500万吨，洪水期河水入海后成为超密度流，切割陆坡形成的高屏峡谷，深度从起点的166m增到陆架外缘的400m。在洪水、台风和地震时快速输送沉积，是超密度流的典型(Liu等,2006;Chiang等,2007)。显然经典的浊流绝不是陆地沉积物向深海输运的唯一形式，广泛出现的是悬移物浓度超过一定阈值的超密度流，只要有微小的坡度，甚至陆架内的缓坡，就可以向海盆运送沉积物。所以，细颗粒重力流是深海沉积过程的一种常见形式(汪品先,2009)。

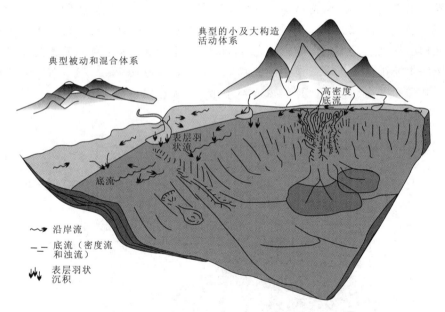

图4-11　垂直岸线和平行岸线沉积物搬运以及两种峡谷类型示意图(据Sømme等,2009)

洋流或等深流作用是导致深海沉积物产生非重力驱动的搬运和沉积的基本机制之一。20世纪60年代中期，在深海海底照片和沉积柱状样中都发现有海流的踪迹，而深海海底观测到的雾状层(nepheloid layer)也无法用浊流解释，于是提出了深海沉积物可以由地转流沿着等深线搬运，亦即等深流的概念(Heezen等,1966)。沿大陆坡形成大型漂积体(draft)等一系列与等深流相关的沉积体。

第五章　盆地充填分析编图方法

第一节　物源区分析方法

物源区研究内容涉及岩石学、矿物学、沉积学、地球化学、地质年代学、地球动力学等相关学科,为古地理、古气候重建提供了最直接的支持,因此物源区分析是盆地分析和古地理研究重要内容之一。

一、物源区分析主要内容

物源分析主要目的是寻找母源区位置、确定母源区性质、恢复沉积物搬运过程,其研究内容涉及以下几个方面:识别暴露侵蚀区、恢复地形起伏地貌、分析古河流体系、确定物源区母源性质(王成善等,2003)。

暴露侵蚀区是地质上持续上升的地区,在一定地质时期内暴露地表并遭受各种地质作用侵蚀,在相当长的时期内向沉积区和盆地内提供陆源碎屑及可溶性物质。通过物源追索,有助于确定暴露侵蚀区的位置和类型。

地质历史时期的地形地貌控制了河流的发育和走向,进而影响了被剥蚀物质的沉积和充填过程,对盆内沉积物的充填和分析起着重要的控制作用。

古河流体系反映了古水系网的分布形式,有利于理清地质历史时期沉积体系发育过程。但是,仅有古水流数据是不够的,没有物源方面的证据难以将盆地的沉积作用、构造背景查清。

在实际操作过程中,物源区分析更主要的任务是通过各种物源分析方法、技术手段,确定物源方向、侵蚀区或母岩区位置、搬运距离及母岩性质。

二、物源区分析具体方法

(一)重矿物分析法

重矿物分析法是目前最为常用且是最有效的一种物源区分析方法,被广泛地用于物源体系分析。所谓重矿物是指赋存于陆源碎屑岩中的一些比重大、含量少的透明或非透明矿物,它们主要集中于细砂岩和粉砂岩中,其含量一般不超过1%。重矿物因其耐磨蚀、稳定性强,能够较多地保留其母岩的特征,在物源分析中占有重要地位。

地质学家很早就根据重矿物的物性特征(如颜色、形态、粒度、硬度、稳定性等)及其组合关系来判断物源。随着电子分析技术的应用,单颗粒重矿物的地球化学分异特征得到充分利用,不少学者利用不同的重矿物(如锆石、电气石、石榴石、辉石、角闪石、尖晶石等)分析提出了判断物源的指标和端元图。一般来说,重矿物分析法包括单矿物分析法和重矿物组合分析法。

1. 单矿物分析法

用于重矿物分析的单矿物颗粒主要有:辉石、角闪石、绿帘石、十字石、石榴石、尖晶石、硬绿泥石、电气石、锆石、磷灰石、金红石、钛铁矿、橄榄石等。用电子探针可分析上述矿物的含量、化学组分及其类型、光学性质等,针对每个重矿物的特性及其特定元素含量,用其典型的化学组分判定图或指数来判定其物源。Morton等(1987)通过分析认为水动力条件和埋藏成岩作用是影响物源信息的两个主要因素。

因此，在相似水动力条件和成岩作用下，稳定重矿物的质量比值能更好地反映物源特征，将这些比值称为重矿物特征指数。常用的重矿物特征指数有：①磷灰石-电气石指数（ATi），指示层序是否受到酸性地下水循环的影响；②独居石-锆石指数（MZi），含 TiO_2 矿物-锆石指数（RZi）：可显示深埋砂岩物源区的情况；③石榴石-锆石指数（GZi）：用来判断层序中石榴石是否稳定；④铬尖晶石-锆石指数（CZi）：用来指示物源特点。

2．重矿物组合法

矿物之间具有严格的共生关系，所以重矿物组合是对物源变化极为敏感的指示剂。在同一沉积盆地中，同时期的沉积物碎屑组分一致，而不同时期的沉积物所含的碎屑物质不同。据此，利用不同时期水平方向上重矿物种类和含量变化图，可推测物质来源的方向（图 5-1）。

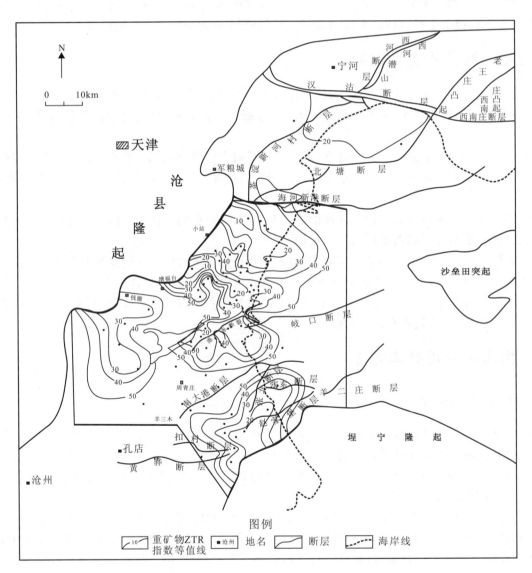

图 5-1　Es_1 中＋Es_1 下重矿物 ZTR 指数等值线图

重矿物组合分析法对物源区用处颇大，尤其是在矿物种类较复杂、受控因素较多的地区特别有用。具体组合形式、分析方法根据不同地区特点不同而有差异。目前在物源判断中常用的重矿物组合如表 5-1 所示，其应用方法是结合一些数学分析方法，如聚类分析（R 型或 Q 型）、因子分析、趋势面分析等方法来研究矿物组合特征、相似性等指数，从而提取反映物源的信息。

表 5-1 常见的矿物组合与母岩类型（引自据刘宝珺、曾允孚，1985）

母岩	重矿物组合	轻矿物
酸性岩浆岩	磷灰石、普通角闪石、独居石、金红石、榍石、锆石（自形）、电气石（粉红变种）、锡石、黑云母	石英 正长石
花岗伟晶岩	锡石、萤石、白云母、黄玉、电气石（蓝色变种）、黑钨矿、独居石、磷钇矿	微斜长石 酸性斜长石
基性、超基性侵入岩	橄榄石、普通辉石、紫苏辉石、角闪石、磁铁矿、铬尖晶石、钛铁矿、铬铁矿、尖晶石	基性斜长石、蛇纹石
中基性喷出岩	普通辉石、普通角闪石、蓝铁矿、锆石、石榴子石、磷灰石	中基性斜长石 玄武岩、安山岩屑
变质岩	红柱石、石榴石、硬绿泥石、蓝闪石、蓝晶石、硅线石、十字石、绿帘石、黝帘石、镁电气石（黄、褐色变种）、黑云母、白云母、硅灰石、堇青石	石英、长石等具有波状消光或锯齿状接触边缘，各种变质岩岩屑
沉积岩	重晶石、赤铁矿、白钛石、金红石、电气石（磨圆的）、锆石（磨圆的）、石榴子石（圆的）	极圆的石英、玉髓，既有次生加大的石英边，又有磨圆的石英

重矿物方法对不同母岩性质反映的精度并不一致。火山岩和变质岩作为母岩时，如果所含重矿物经历的搬运、沉积次数较少，受后期的影响小，保留的一般较好，能够很好地反映源区的性质。而对沉积岩母岩而言，沉积物可能经历了多次的搬运、沉积和改造作用，具有多旋回性，其中所含的重矿物随之受到影响，发生组分或含量的变化，用它进行物源判断时应慎重。同时，重矿物方法对沉积物的时代也有一定的要求，一般对新生代的沉积物，其判断较为准确、可靠；对中生代、古生代等时代较老的沉积物，重矿物自保存至现今，会因不同时期温度、埋深等条件不同而使其种类增多，含量分布较分散，保留原岩的信息减少，对判断物源不利。因此，沉积物时代越新，利用重矿物判断物源时的准确性会越高。同时，水动力会影响沉积时重矿物性质，成岩作用会改变沉积时的部分沉积组分，如矿物的层间溶解等，会使不稳定重矿物含量变化，故应慎重分析。此外，对自生重矿物，如白云石、黄铁矿等，也应加以考虑。

有些重矿物可以来自不同母岩，如电气石在酸性岩浆岩、伟晶岩及变质岩中均有。因此在推断母岩类型时，主要是应用重矿物并结合轻矿物组合来判断母岩，而不是只用单个矿物。

（二）碎屑岩类分析法

1. 碎屑砾岩物源分析

砾岩主要分布在盆地边缘，接近于物源区，对近源物源区分析特别有用，可提供较完整的岩样信息，优势是其他岩石类型所不能比拟的。砾岩中砾石的成分、砾径等变化是确定物源的直接证据。利用砾石中不同成分的含量、粒径大小及所占百分比等统计资料，能区分源岩的主要岩性、搬运距离，砾石的分选、磨圆、砾岩体的形态等都可作为有用的参考。

2. 碎屑砂岩物源分析

砂岩的研究在沉积学领域一直占有重要的位置。20 世纪 60 年代板块构造理论的兴起，为地质各学科注入了新的生机。进入 70 年代，砂岩与板块构造的关系研究便应运而生。它将砂岩碎屑组分的物源意义与一定板块构造背景下的沉积盆地类型紧密地联系在一起，并将砂岩成因的大地构造属性分析拓展到与全球构造相对应的更为广阔的应用领域。由于是建立在岩石薄片的微观鉴别和进行样品点的统计学基础上的模型分析，而研究对象为宏观的大地构造分区及较大尺度的物源区，因此有人将这种研究方法比喻为大地构造的"指纹"分析法则。

自 20 世纪 80 年代中期，Dickinson(1979，1982，1985，1988)，Crook(1974)及 Valloni 等(1981)根据

已知构造背景的现代和古代砂岩样品的统计分析,各自制定出了较为系统的碎屑组分-物源区-板块构造三位一体的分类方案,提出了专用于砂岩构造背景分析的"碎屑模型"和"颗粒指数"概念,尤其是Dickinson 的碎屑模型中板块构造物源区的研究,已成为应用最广的方案之一。

砂岩物源区分析取决于三个端元:石英质碎屑、长石颗粒和岩屑颗粒。按照端元特性,可以将碎屑砂岩的物源区分析方法归纳为:单碎屑分析(石英碎屑分析、长石碎屑、岩石碎屑分析)和多碎屑分析(三角图方法)。

(1)单碎屑分析法:包括石英碎屑分析、长石碎屑、岩石碎屑分析三种类型。单碎屑分析主要结合镜下观察、阴极发光技术开展工作。

石英碎屑分析法:主要采用石英中的包裹体、石英消光类型、形状、多晶现象、同位素等手段进行分析(表5-2、图5-2)。例如:①来自深成中酸性侵入岩、岩浆岩中的石英包裹体是电气石、磷灰石和锆石气液包裹体;来自中酸性深成岩的石英,常含有细小的液体、气体包裹体,或含锆石、磷灰石、电气石、独居石等岩浆岩副矿物包裹体。矿物包裹体颗粒细小,自形程度高,排列无一定方位;尘状气液包裹体使石英颗粒呈云雾状;在深成岩中,特别是在时代较老的岩石中,石英因受变形作用,常表现为明显的波状消光,只有火山岩中的石英才不具波状消光。②来自变质岩的石英表面常见裂纹,不含液体和气体包裹体,却可见有特征的电气石、硅线石、蓝晶石等变质矿物的针状、长柱状包裹体。大多数的石英晶粒都具有波状消光。来源于区域变质岩及动力变质岩的石英常见明显的带状消光。正交偏光镜下观察,颗粒像碎裂成几个条带状的亚颗粒,各亚颗粒的消光位不同。来自接触变质岩的石英可具有云状的波状消光。③来自喷出岩及热液岩石的石英为β-石英(高温)。岩石冷却至573℃以下高温石英不稳定,会转变为α-石英(低温)。这种α-石英仍保留着β-石英的六方晶系外形。因此,具有β-石英外形的碎屑石英颗粒是来源于喷出岩的证据。另外颗粒具有破裂纹、湾状熔蚀边缘等也都是喷出岩石英的特征。喷出岩石英多为单晶,不具波状消光,不含包裹体,表面光洁如水;来自热液脉的石英常含很多水包裹体,有时含有电气石、金红石等矿物包裹体或绿色蠕虫状绿泥石包裹体,可显微弱波状消光。④再旋回石英,来自石英砂岩的再旋回石英具有自生加大边,可以是单晶石英,也见有多晶石英,呈浑圆状或带状。另外,可见圆化程度很高的石英颗粒。再旋回石英主要见于古老的高成熟度的滩坝相石英砂岩中,有时也见于陆相中新生代砂岩中。再旋回石英应是单晶的非波状消光石英。

表5-2 石英阴极发光特征与结晶温度的关系

类型	阴极发光特征	温度条件	产状		
Ⅰ	紫色发光石英(蓝紫—红紫)	>573℃	火成岩	深成岩	接触变质岩
Ⅱ	褐色、红棕、棕色石英	>573℃	高级区域变质岩	变质的火山岩、变质的沉积岩	
		300~573℃	低级变质岩	接触变质岩外带区域变质岩 回火沉积岩(自生石英)	
Ⅲ	不发光石英	<300℃	沉积物中自生石英		

长石碎屑分析法:长石碎屑是砂岩中仅次于石英碎屑的组成成分,可以利用其微量元素和长石类型来区分母岩性质。例如,利用电子探针技术测得 Ca、K、Na 数据,可判别物源。火山岩中的斜长石 K 含量随 Ca 减少而增加,变质岩中的斜长石含 K 少,成岩中的斜长石 K 的含量介于其间;酸性火山岩中的长石主要为透长石,酸性侵入岩则为正长石和微斜长石,中性岩以环带构造斜长石为主,中性火山岩中长石常具细环带构造。

除了上述岩屑成分可以直接反映母岩的性质外,一些碎屑特别是石英颗粒的表面特征也能对物源区分析提供有用信息,应当引起重视。

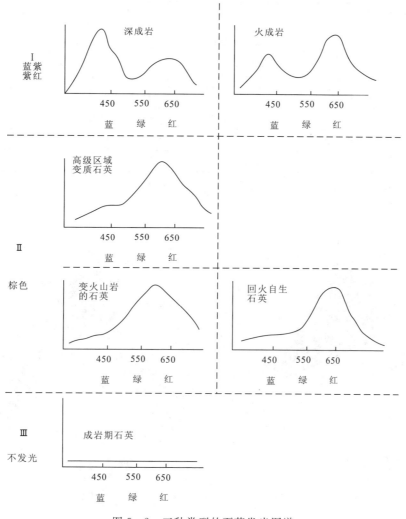

图 5-2 三种类型的石英发光图谱

(2) 多碎屑分析法。Dickinson 图解法是研究最细、研究时间最长、最全面,引用最多的一种物源区分析方法,是最有效的方法之一。Dickinson(1979)通过对现代和古代一万多个砂岩样研究后提出的物源区划分模型,模型参数见表 5-3。模型依据物源区板块构造背景划分出 3 个一级、7 个次级物源区类型(图 5-3 左图):大陆板块(含克拉通内部、过渡大陆和基底隆起)、岩浆岛弧(含切割岛弧、过渡弧、未切割岛弧)与再旋回造山带。再旋回造山带分出石英再旋回、过渡、岩屑 3 个分区(图 5-3 右图)。1985 年,Dickinson 进一步总结出 4 大物源区构造单元的三角图含义,提出了 4 个辅助图模型(图 5-4),将物源区进一步区分为:大陆块的稳定克拉通、上升基底地块或侵蚀火山弧深成岩体、活动火山弧链或大陆边缘、再旋回造山带。再旋回造山带又可划分为上升俯冲复合体、碰撞缝合带、弧后褶皱逆冲带 3 个次级物源区。对于混合岩屑多源特征来说,Dickinson 图解表示了来自混杂缝合带物源区的 3 个砂岩点,各种不同的构造单元沿碰撞缝合带在构造上互相穿插,共同上升(图 5-5)。

概括起来,上述三角图解的物源区解释可归纳为 5 种主要岩相:①石英质岩相,主要为 Qm,强烈的克拉通陆块或次生沉积产物;②火山碎屑岩相,以 Lv 和 F 为主,如活动火山弧物源区;③长石砂岩质岩相,以 F 和 Qm 为主,为上升基底地块或侵蚀的深成岩体;④火山-深成岩屑岩相,混合的 Qt·F·L,主要是受不同程度切割的火山弧;⑤石英碎屑岩相,为 Qm、Qp 和 Ls,位于隆起的逆冲断层带。

表 5-3 Dickinson 碎屑岩模型参数表(据 Dickinson,1979)

物源区类型		样品数	Qt	F	L	Qm	Lt
大陆块物源区	克拉通内部	1136	94	5	1	89	5
	隆升基底	256	50	44	6	44	12
岩浆弧物源区	浅切割岛弧	181	6	28	66	5	67
	深切割岛弧	1262	33	37	30	30	33
再旋回造山带物源区	消减杂岩区	84	45	13	42	8	79
	碰撞造山带	>120	71	12	17	63	35
	前陆隆升区	>521	67	7	26	51	42

注：Qt 为总石英；Qm 为单晶石英；F 为总长石；L 为总岩屑；Lt 为多晶质岩屑。

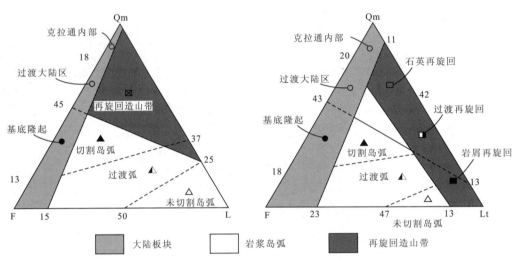

图 5-3 QFL 和 QmFLt 三角图解的板块构造物源类型(据 Dickinson,1983)

需要注意的是，对于混合物源区的情况，判别图仅说明了沉积物通过直接和短途搬运进入邻近盆地而形成砂岩相的物源区地块性质。对于多物源情况，应用时应慎重。如碰撞带和活动大陆边缘，各种各样的构造单元可能并列在一起，并且一起抬升遭受剥蚀；同时，流经性质极不相同的构造单元的大水系也会形成混合物源区的岩相。同时，分化、搬运和成岩作用不可避免地要破坏不稳定碎屑颗粒，进而影响物源区的岩相。

(3)砂岩组分的统计方法。值得注意的是，在进行物源成分统计过程中采用不同的方法会得到不同的结果，有时甚至会有很大偏差。一般来说，陆源碎屑岩尤其是砂岩碎屑组分含量统计主要有筛析法和薄片法两种方法。根据研究目的不同，筛析法可以分为碎屑粒度和碎屑重量法，但是要将不同碎屑成分按粒级或重量区分出来，其工作量极大，目前除了特殊用途外已较少采用。

薄片法是通用的碎屑组分含量统计方法，常见的有面积目估法和计点法。面积目估法相对来说镜下操作人为性较强，因为视觉误差估算的碎屑面积含量不够准确。计点法则是在镜下确定网格范围内统计不同成分出现的频次，此方法在欧美 20 世纪 50 至 60 年代广泛使用。然而，20 世纪 70 年代以来，美国的沉积学家率先对这种方法进行了改进，形成了 Indiana 和 Gazzi-Dickinson 两种流派。因后者的优点明显，使用者逐渐占有多数。Gazzi-Dickinson 计点法最初是由 Gazzi(1966)提出，其后 Dickinson(1970)、Zuffa(1980)等对有关问题进行了讨论，Ingersoll 等(1984)则详细介绍了 Gazzi-Dickinson 计

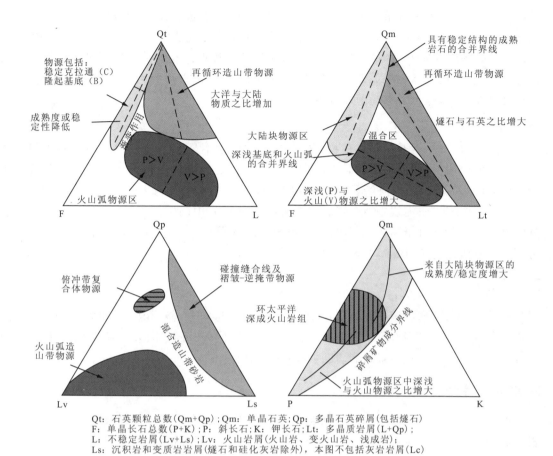

图 5-4 来源于不同类型物源区的砂岩平均碎屑成分三角图解(据 Dickinson,1983)

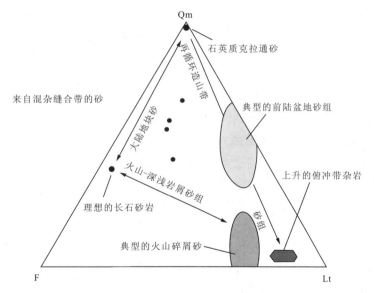

图 5-5 不同类型物源区混合岩屑反映的混合物源区的碎屑矿物成分三角图解
(据 Dickinson,1983)

点法的使用原理、技术及其与传统计点法和 Indiana 计点法的差别和优点。

一般来说,盆地中碎屑组分的组成受 4 个因素控制:物源区岩性、搬运作用、沉积环境和成岩作用。在统计过程中,假设后面 3 个因素对碎屑组分含量变化的影响很小,甚至忽略不计。Gazzi-Dickinson

计点法的准则主要有 7 点：一般情况下只对大于 0.03mm 的碎屑进行统计，并按 4～3、3～2、2～1、1～0、0～−1 五个 Φ 值范围读数；杂基和胶结物均不计数；统计点应大于 300 个；较大岩屑内存在大于 0.0625mm 的单矿物或其他砂级颗粒均被视为正常颗粒予以计点。在这种准则下操作获得的碎屑成分含量统计有 3 方面优点：统计结果无论是任何颗粒都趋于一致；该方法省力、省钱，而且快速，基本可以在同一个视域下操作完成，无需移动薄片寻找相同成分的颗粒。

3. 泥质岩物源分析

泥质岩是分布最广的一种沉积岩，在物源区分析中的应用不是很多，近期一些探索性的研究很值得关注。一些研究实例表明，泥质岩中的黏土矿物如高岭石（胡宝林，1996），仍然是细粒物质的物源区分析的一种有效方法，特别是现代河流黏土矿物组合（Buhari 等，1996）及化学组分（何良彪和刘秦玉，1997）的物源追踪效果良好；泥岩中石英颗粒在二叠纪盆地页岩中确定沉积场所到海岸的距离，泥岩的泥砂组分中多晶石英特征可指示片麻岩物源，长石含量和成分可指出花岗岩类物源，角闪石含量和中性斜长石可用于识别闪岩物源（Blatt，1985）。

（三）沉积法

根据盆地钻井、测井、地震等资料，经过详细的地层对比与划分，做出某时期的地层等厚图、沉积相展布图等相关图件，可推断出物源区的相对位置，结合岩性、成分、沉积体形态、粒度、沉积构造（波痕、交错层等）、古流向及植物微体化石等资料，使物源区更具可靠性。

（四）地球化学分析法

沉积物的化学成分与碎屑矿物构成之间存在着一定的关系，在不同构造环境下具有不同的特征，据此可以根据成分变化来判定物源区的性质和构造背景。根据元素含量、在周期表中位置及放射衰变性，可以将沉积物的地球化学属性方法分为常量元素分析法、微量元素分析法、稀土元素分析法及同位素分析法 4 种。

1. 元素分析法

（1）常量元素分析法。随着电子探针技术的发展，获取重矿物光学和高精度地球化学信息变得较为容易。由于其成分上的系列变化与母岩条件息息相关，进而为精确鉴别物源区母岩性质及构造背景提供了可靠依据。视需要可进行单项、多项或全项分析，主要适用于砂岩和粉砂岩。经典的分析方法为元素图解法（Blatt 等，1972；Crook，1974；Bhatia，1983；Daniela，1991；Morton 等，1991）。

在分析过程中，常常利用常量元素之间的相互关系进行岩石类型判别，划分构造环境背景。常见的有利用 Fe_2O_3+MgO、Na_2O、K_2O 三个端元含量来划分构造环境和砂岩类型（图 5-6），区分出优地槽和冒地槽、裂陷槽 3 种构造背景类型和钠砂岩、钾砂岩、铁钾砂岩 3 种构造砂岩类型（Blatt 等，1972）；运用 Fe_2O_3+MgO 分别与 TiO_2、Al_2O_3/SiO_2、K_2O/Na_2O、$Al_2O_3/(CaO+Na_2O)$ 的关系建立板块构造的地球化学模型和判别图解，可将构造背景分为大洋岛弧、大陆岛弧、安第斯型大陆边缘、被动边缘 4 种构造边缘类型（图 5-7），同时可进一步将砂岩构造背景细分为被动边缘（PM）、活动陆源（AM）、大陆性岛弧（CIA）、大洋性岛弧（QIA）4 个区域（图 5-8）（Bhatia，1983）。

相对而言，常量元素在泥岩中应用局限，但总体上 K_2O、CaO 同时偏高时，可认为其物源趋于活动区；MgO、FeO、

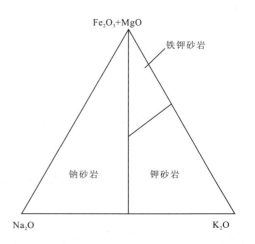

图 5-6　碎屑岩 Fe_2O_3+MgO、Na_2O、K_2O 含量与构造环境的关系三角图解（据 Blatt，1972）

Fe_2O_3同时偏低时,则可视为近于稳定区。

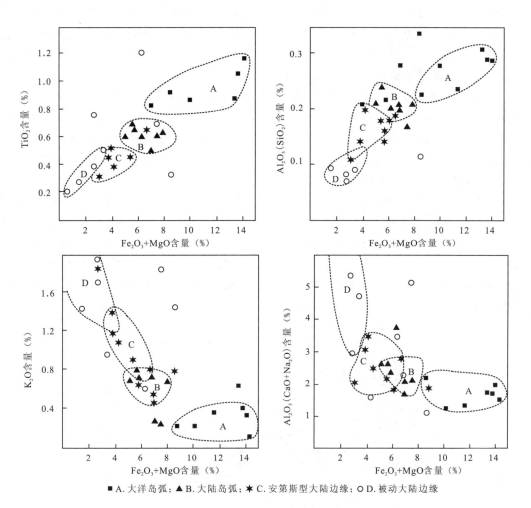

■ A.大洋岛弧;▲ B.大陆岛弧;★ C.安第斯型大陆边缘;○ D.被动大陆边缘

图 5-7 砂和砂岩主要化学成分的构造环境判别图解(据 Bhatia,1983)

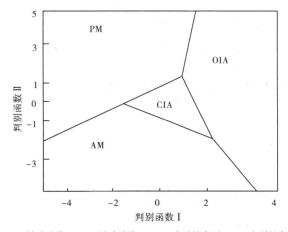

PM:被动陆缘; AM:活动陆缘; CIA:大陆性岛弧;OIA:大洋性岛弧

图 5-8 砂岩构造背景化学成分判别函数值关系图解(据 Bhatia,1983)

(2)微量元素分析法。研究表明,不同的岩石组合,其微量元素分布丰度具有不同的分配状态和类型。利用这些元素分配类型可以划分建造类型,确定陆源区构造性质等。其理论基础是建立在不同岩石组合有不同的微量元素分配模式之上。虽然理论上是成功的,但实践不尽如人意。1960年斯特拉霍夫将潮湿气候下微量元素的变化概括为稳定、非稳定两类及其六种亚型;1985年Bhatia建立了澳大利亚东部古生代杂砂岩不同构造背景下微量元素的分布模式;1990年Hamrous对尼罗河三角洲物源区成功采用微量元素分析法。新近的微量元素分析方法应用到物源区一般都采用单矿物微量元素分析,特别是重矿物用于物源区分析比复成分岩石有效得多。

(3)稀土元素分析法。众所周知,稀土元素(REE)包括周期表中第三周期第三副族、原子序数57到71(包括从La—Lu)的15个元素。由于在成岩过程中改造作用很小的稳定地球化学特性,所以,REE的分布特征可以用来恢复"原始"母岩性质及特点,REE的配分型式也就成为目前物源区分析中应用最广也最有效的地球化学方法、手段之一。无论是砾岩还是砂岩、泥岩,都经常采用标准化后的REE分析数据进行对比,解释母岩性质(王成善,2003)。

Ronvo等1972年建立了砂岩REE配分型式,认为从优地槽到地台大地构造背景下的砂/页岩轻稀土(LREE)含量增加,到大洋地壳比大陆地壳有更高的LREE(图5-9);Bhatia 1985年归纳总结的不同构造背景下的杂砂岩REE特征值和模式曲线特征(表5-4、图5-10),从次稳定的被动边缘到非稳定的大洋岛弧区,ΣREE、$LREE/HREIE$、La/Yb值明显降低,已经成为后期REE物源区分析的典范被广泛借用。此外,REE分析除了一般的标准化曲线方法外,La/Ya-REE图解还可以反映某些岩石大类的成因特征(图5-11)。

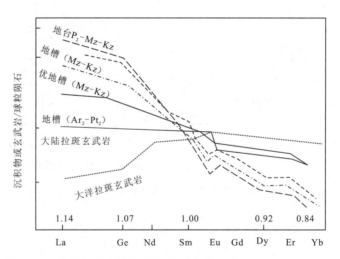

图5-9 地壳发育过程中REE组成变化趋势(据Ronvo等,1972)

表5-4 各种构造背景下杂砂岩的REE参数表(Bhatia,1985)

构造背景	源区类型	样品数	La	Ce	ΣREE	La/Yb	La_N/Yb_N	$\dfrac{LREE}{HREE}$	Eu/Eu^*
大洋岛弧	未切割的岩浆弧	9	8±1.7	19±3.7	58±10	4.2±1.3	2.8±0.9	3.8±0.9	1.04±0.11
大陆岛弧	切割的岩浆弧	9	27±4.5	59±8.2	146±20	11±36	7.5±2.5	7.7±1.7	0.79±0.13
安第斯型大陆边缘	基底隆起	2	37	78	186	12.5	8.5	9.1	0.60
被动边缘	克拉通内构造高地	2	39	85	210	210	10.8	8.5	0.56

注:N表示经标准校正换算;Eu^*为球粒陨石标准值;安第斯型大陆边缘和被动边缘构造背景因数据不多而未给出离差。

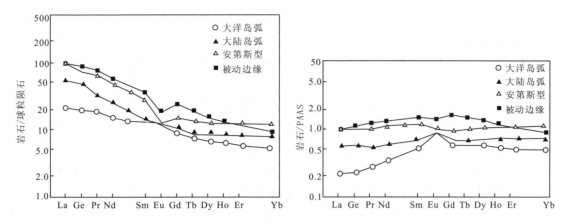

图 5-10 各种构造位置杂砂岩的球粒陨石标准化曲线(左)和晚太古代澳大利亚页岩的
球粒陨石标准化曲线(右)(据 Bhatia,1985)

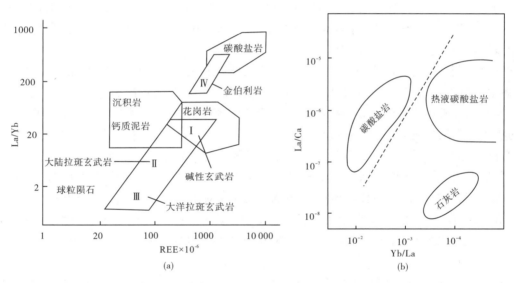

图 5-11 REE 分布的直角坐标模式图及其应用(据 Bhatia,1985)
(a)不同类型的 La/Ya 图;(b)不同成因方解石的 La/Ca - Ya/La 图解

2. 同位素分析法

同位素分析应用于物源区分析,其与沉积属性及其他地球化学属性方法有较大不同,它的研究更主要为物源分析提供源岩的地层年代、隆升史及热史、地壳组成及演化,以及母岩的次生变化等信息。目前常用的同位素分析法包括 K-Ar 和 $^{40}Ar/^{39}Ar$ 法、Rb-Sr 法、Sm-Nd 法、U-Pb 法 4 个方面的方法。

(1)K-Ar 和 $^{40}Ar/^{39}Ar$ 分析法。这种方法普遍应用于矿物的定年研究。其优点在于含钾矿物(如云母、角闪石)在沉积岩中常见,且通过此种方法测年获取的矿物组合年龄谱对分析物源区热演化历史非常有效。这种方法的局限是由于沉积作用过程中 Ar 可能从晶格中逸出,导致矿物年龄测定值偏小,某些低于临界温度的矿物可能代表物源区冷却或隆升年龄而非原始矿物的形成年龄;同时可能因混入不需要成分,使测得的年龄仅能反映物源区矿物的平均值。

(2)Rb-Sr 分析法。Rb-Sr 等时定年可为碎屑矿物提供年龄数据,也可为混积的多源性提供佐证(王成善,2003)。一般解释方法是利用 $^{87}Sr/^{86}Sr$ 比值与 $^{87}Rb/^{86}Sr$ 比值图解分析线性相关程度,如相关则说明存在物源供给关系。这种方法的缺点在于沉积作用可能使成熟砂岩的 Rb-Sr 发生不同程度的偏移,以至于其数据图解可能呈分散的不准确的等时线。

Rb-Sr法目前的应用大多集中在中酸性岩浆岩的测年。一般通过测定碎屑沉积物年龄并结合区域构造历史来判断物质来源和物源区岩浆活动历史。利用该方法的前提是:①在风化搬运过程中,这些碎屑矿物对Rb-Sr系统保持封闭;②在成岩过程中,这些矿物没有发生蚀变或次生加大生长;③这些矿物的源区具有相似的年龄和初始$^{87}Rb/^{86}Sr$比值。

(3) Sm-Nd分析法。Sm-Nd法判断沉积物物源主要采用碎屑沉积岩中Sm、Nd同位素资料来推断沉积物源区性质并估计陆壳从地幔中分离的时间(Goldstein,1984)。Sm、Nd在海水中滞留的时间很短且Nd同位素在海水中的含量极低($w_B \leqslant 3\times 10^{-6}$),因此,沉积岩尤其是细碎屑沉积岩能够使源区岩石中的Sm、Nd同位素保持相对丰度(Mclennan,1983)。由于沉积碎屑来自剥蚀区出露的各时代的岩石,因此沉积岩的Nd模式年龄代表其源区岩石的平均存留年龄。在沉积岩形成过程中,若有新的幔源物质加入,则其模式年龄是壳源物质和幔源物质年龄的加权平均。因此,若模式年龄接近或稍大于沉积年龄,则表明沉积岩中含有大量幔源物质;若模式年龄显著大于沉积年龄,则表明沉积岩中以先存陆壳的再循环碎屑为主(陈江峰等,1989)。Nd同位素也可用来反演山脉源区类型、性质及其多样性特征,从而可以计算出不同沉积层位每一源区端元对该层位沉积物的相对贡献比例及源区的剥蚀量。另外,Sm、Nd属于稀土元素,在变质作用、热液活动或化学风化等因素影响下比Rb、Sr稳定,因此在沉积岩因受强烈变质作用、热液活动或化学风化等作用,引起Rb-Sr系统被重置而不再封闭的情况下,Sm-Nd法仍然能够进行定年(陈俊和王鹤年,2004)。

(4) U-Pb分析法。采用U-Pb法定年主要选取锆石和独居石为研究对象,最常用的是锆石。通常,沉积物中碎屑锆石的年龄谱可以反映锆石的地质历程,不同经历的锆石年龄谱也不同。如:锆石中心的年龄通常代表所在陆块的基底年龄,锆石中间层的年龄代表陆块演化过程中重要热事件的年龄,锆石边缘的年龄代表沉积成岩年龄。传统的锆石定年法是将许多锆石颗粒一起溶解进行分析来测定年龄。这就有可能因不同时代的锆石混合而得到无意义的混合年龄,因此现今对于锆石定年主要采用单颗粒锆石分析方法,主要有离子探针质谱法(SHRIMP)和激光探针等离子质谱法(LP-ICP-MS)。SHRIMP价格较昂贵,测试周期长,但测得的年龄精度高,对于有复杂生长历史和环带构造的锆石,往往还可以给出锆石不同阶段的生长年龄。相反,LP-ICP-MS价格低且分析周期短,精度也可以与SHRIMP对比,主要通过获取单颗粒锆石原位微量元素数据和微区U-Pb同位素年龄来分析物质来源(徐亚军等,2001)。

总的来看,同位素方法在物源区分析方面有着广阔的应用前景。但是,应当注意成分成熟度和颗粒大小对其数值的影响。一般地说,同位素分析应用于不成熟砂岩和细粒碎屑岩(如泥岩)更准确有效。此外,由于同位素研究成本高、时间长,往往需做一些前期工作,即首先要看研究区是否具有物源区分析潜在价值,分析矿物是否易识易得;其次,确定分析对象是否符合同位素处理方法,如成岩后生变化强烈则显然不适;再者,采集样品力求精简,宁缺毋滥(王成善,2003)。

3. 矿物裂变径迹法

裂变径迹法分析物源区是利用磷灰石、锆石中所含的微量铀杂质裂变时在晶格中产生的辐射损伤,经一系列化学处理后,形成径迹,通过观测径迹的密度、长度等分布,并对其加以统计分析,从中提取与物源区的年龄及构造演化有关的信息。磷灰石裂变径迹退火带温度范围约60~130℃,与生油窗口温度带基本一致,故在油气研究中应用广泛。浅部地层中的磷灰石没有受到退火的影响,其裂变径迹的年龄及长度均可代表物源特征。但也常用锆石来判定,因其退火温度较高(160~250℃),不易受退火的影响。若沉积后样品未经完全退火,则其单颗粒年龄还有可能是各物源区母岩组分的混合。针对该情况,Galbraith(1973)提出了用χ^2检验来判定颗粒年龄是否服从泊松分布,即是否属于同一组分,也可用放射图来判定裂变径迹年龄是否由多个组分构成。Brandon(1994)等提出了两种确定总体混合成分的分离方法,从而避免了单个颗粒锆石年龄精确度较低的缺点,并提出了裂变径迹可能反映的三种源区,建立了源区的剥蚀速率模型。Sambridge(1994)等曾成功地用混合模拟的方法来对锆石年龄成分进行了分析,该方法也可用于裂变径迹组分的分离。

该方法的不足之处为:①沉积物的热演化史可能使径迹部分或全部退火,从而调整了径迹的年龄,使其不代表物源年龄。磷灰石的径迹退火温度较低,一般不宜作物源区的区分。②不适当的刻蚀和统计、无法统计蜕晶质高铀锆石等也会引起偏差,应加以注意(赵红格和刘池洋,2003)。

需要指出的是,在物源分析过程中常常用的是综合分析的手段,即几种资料叠合确定物源发育情况,所以,根据资料完善程度,将物源类型分为以下三种类型:①主要物源,几种资料符合程度好,影响范围大,持续时间久;②次要物源,几种资料基本符合,少数不甚一致,影响范围小,持续时间短;③推测物源,几种资料符合差或资料不足,或根据不足。

所以,最后编制的物源综合图是物源分析的总结性图件,应该是选择样品多、分布广、能说明问题、有代表性的几种资料叠加后编制的。

第二节 古水流分析方法

一、古水流分析主要内容

古水流分析最早由 Herng、Clifton、Sorby 等提出,但直到 Mckee Wein(1953)、Pettijohn(1957)、Allen(1963)开始了对底型的水力学研究时,古水流分析才成为盆地分析的重要手段之一。

对于盆地分析而言,古水流分析对解决盆地古斜坡方向、盆地边界和古水流之间的关系、盆地沉积物源的供给方向等问题有明显帮助,甚至可以有助于解决盆地中岩石单元的确定、评价与古水流方向有关的油气储集体等问题。

古水流分析可提供沉积盆地演化四个方面的信息:①古斜坡的倾斜方向;②沉积环境;③沉积物的供给方向;④沉积体的走向和几何形态。所以对古水流的分析有助于确定物源方向及母岩区位置。

二、古水流分析具体方法

(一)古水流的识别与描述

古水流的识别分析主要根据流动构造中的指向构造和颗粒组构,包括交错层理、砾石排列方向、波痕、槽模、沟模、生物定向排列、砂粒定向排列等。

1. 微观古流向标志

(1)沉积构造:是判断某一点古流向最直接、最明显的标志。古水流在流动过程中会在沉积物中留下众多相关的沉积构造,根据这些沉积构造可以恢复古水流的方向。能够反映古水流方向的沉积构造主要有以下几种。

(a)交错层理和波痕。

交错层理都具有指示流向的作用,尤其是大型板状和楔状交错层理,小型交错层理与次要的水流有关。

板状交错层理:流水成因形成的层内沉积构造,前积细层面的倾向代表水流方向[图5-12(a)]。

槽状交错层理:槽状前积层的长轴所在面汇聚的方向代表古水流方向[图5-12(b)]。

爬升砂纹层理:爬升层系界面倾斜方向代表上游方向,沙纹前积层倾向代表下游方向[图5-12(c)]。

逆转变形层理:当沉积物未固结,具有一定黏度,且流动速度可以搅动刚沉积的物质时,常形成比休止角陡的逆转拖曳变形斜层理,变形面倾向与古水流方向相同,但其具体方位角比较难确定[图5-12(d)]。

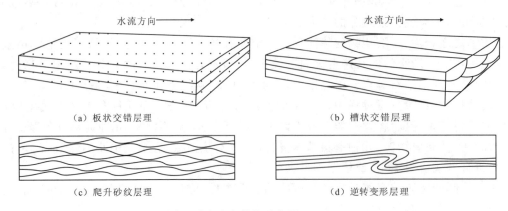

图 5-12 层理对古流向的指示作用(据陈妍,2008,有改动)

波痕:波痕是反映古水流方向的最常见、最明显的层面构造。对于不对称波痕,水流方向垂直波脊的走向,波痕陡倾面的倾向方向指示水流方向。对称波痕代表双向水流,水流方向垂直于波脊走向(图5-13)。

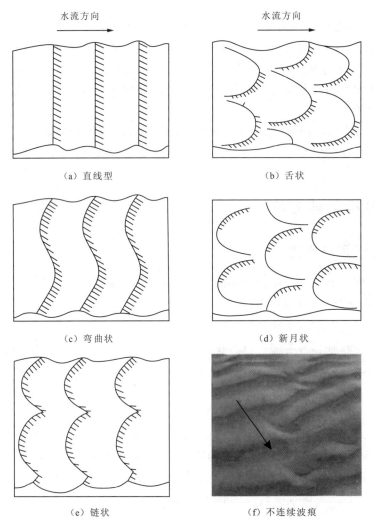

图 5-13 不同形态波痕及其对古流向的指示作用(据陈妍,2008,有改动)

(b)底痕。

底痕发育在复理石或浊流沉积中,总体方向平行于水流。底痕主要有:槽铸型(槽模)和沟铸型(沟模、工具模),其形态与水流方向密切相关(图5-14)。

槽模:是一些规则但不连续的舌状凸起,一般在一端凸起稍高,另一端变宽变平,逐渐并入底面中,显示古流向由凸起一端流向变平方向。槽模是一种底冲刷模构造,大小、形状不一,一般在几厘米到十几厘米,最大可超过1m;平面形态呈舌形、锥状、扁长状、螺旋状等,对称或不对称。槽模常成群出现在浊积体系的地层中(王成善,2003)。

锥模和跳模:是介质中的载荷在床砂表面滚动或间歇撞击形成的。锥模的一端比较钝并且陡而宽,另一端低而尖并逐渐地消失,底模较缓的一端到较陡的一端的方向代表古水流的方向。跳模一般表现为两端尖平的短小脊状体。单个跳模不容易确定古水流方向,但成组出现的复合跳模在一定程度上可以反映古水流的方向(图5-14)。

沟模:平面上的形态为纵长很直的微微凸起的脊和下凹的槽。常成组出现,能够反映出古水流的方向。

锯齿痕:是"V"字形模痕连续排列的直线峰脊,侧面呈锯齿状,形态不对称。一般底模较陡的一端向较缓的一端代表古水流的方向(图5-14)。

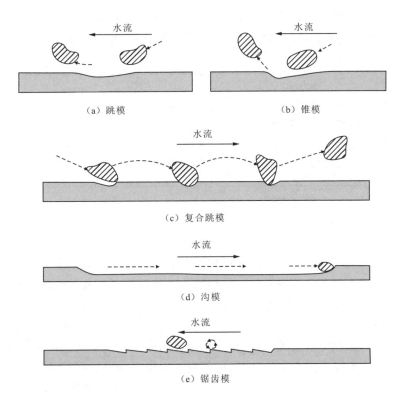

图5-14 不同形态底痕及其对古流向的指示作用(据Collinson和Thompson,1982)

滚动痕:是载荷在沉积表面滚动产生的连续的痕迹,以很短的间距等距排列,并可能演变为跳模,是比跳模的水动力稍弱的水流形成的一种层面构造。古水流方向从底模较陡的一端指向较缓的一端。

此外,水流纵向冲刷、水道充填也可以指示古流向的平行方向。冰川擦痕可以反映冰川搬运的方向。

(2)砾石的定向排列:砾石由于其自身形态等方面的特点,在一定情况下可以反映古水流的方向。对于叠瓦状排列的砾石,古流向与叠瓦面的方向相反。对于定向排列的长条状或扁平状砾石,在不同的沉积环境下对古流向的指示具有不同的意义。在河流、水道等沉积环境中,砾石的长轴方向代表古水流的方向,而在海岸或湖岸等沉积环境中,砾石的长轴方向与古水流方向垂直(图5-15)。圆形或近圆形的砾石对古流向的指示意义不明显(陈妍等,2008)。

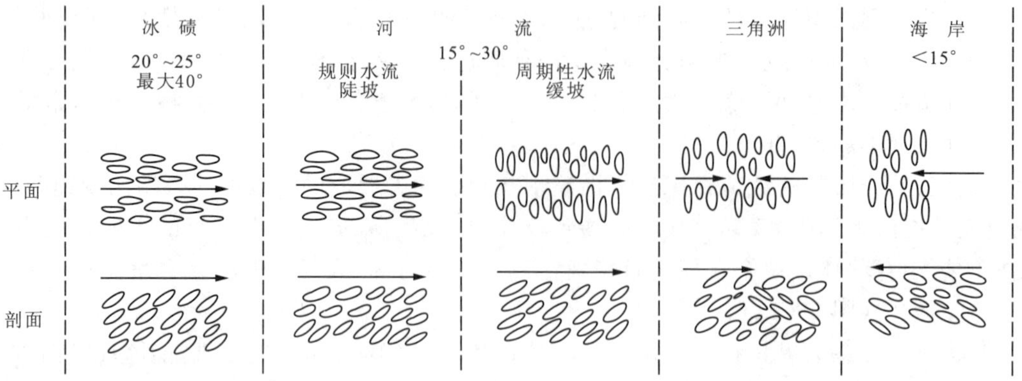

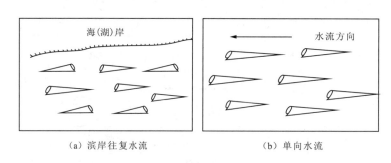

图5-15　砾石叠瓦状构造在不同环境中的发育情况

（3）生物化石的定向排列：长形的生物化石在流水的作用下也能发生定向排列,例如箭石类的鞘、原始头足类、竹节石、植物枝干等也可以作为测量古水流方向的研究对象。其基本原理与研究方法与砾石的定向排列类似,需要结合其所在的沉积环境进行具体的分析和判断(图5-16)。

图5-16　生物化石的定向排列及其对古流向的指示意义(据姜在兴,2003)

（4）地层倾角测井及成像测井：在地层埋藏区或是对岩芯不能准确定位的情况下,借助地层倾角测井判断古流向是一种比较准确和常用的方法。层理构造在地层倾角测井矢量图上有较明显的显示。水平层理,倾角接近0°,倾向不定;波状层理,倾角角度较小且变化不定,倾向也不固定;板状交错层理一般为多组蓝模式,每组蓝模式是同一层系各纹层的倾角矢量;楔状交错层理可能有一系列红、蓝、绿模式,也可能没有某一模式;槽状交错层理,有倾角变化很大而倾向不定的杂乱模式(丁次乾,2004)。地层倾角测井可以测得井眼处地层的倾角和方位角,从而判断出地下地层的产状及层理等层内构造的方向,在此基础上判断古流向。地层微电阻率成像测井技术为沉积构造解释和地下相分析提供了一种重要的手段,常见沉积构造在成像测井图像上均有不同程度的显示(钟广法,2001)。因此也可以利用成像测井识别出地下的沉积构造,利用沉积构造的特征判断古流向。

（5）磁化率各向异性：用磁化率各向异性判断古流向是依据磁化率椭球体的三个主轴方向与磁性颗粒外形相一致,即是沉积物的原生沉积组构控制着其内部磁化率的各向异性,因此通过磁化率各向异性的研究可以恢复与原生组构相关的古流向。野外露头取样应标示出实际的正北方向以便准确恢复古流向。如果样品取自旋转钻岩芯,无法确定其地理北方位,需预先标注一个参考方向——视北方向。经磁化率主轴方向换算得出的古流向是个相对于视北方向的视流向,需经剩磁极性定向,才能计算拟合出真流向。与其他方法相比,用磁化率各向异性判断古流向具有以下优点:可以单井预测流向的变化趋势,适用于研究程度比较低的区域,对流向可作出定量解释,不受原始地形、构造等因素的影响(范代读等,

2000)。

2. 宏观古流向标志

(1) 重矿物分析：沉积学中的重矿物是指存在于陆源碎屑岩中的一些比重大、含量少的透明或非透明矿物，它们主要集中在细砂岩和粉砂岩中。利用重矿物的含量及分布的变化能判断沉积物的搬运方向，反映出古水流的方向。应当注意的是有些重矿物在成岩后生过程中会发生溶蚀。具体方法和细节见本章第一节。

(2) 岩石成分分析：通过对碎屑岩岩石成分的分析可以判断母岩性质、搬运距离和搬运时间，以此来判断古水流的方向（魏斌等，2003）。对于含砾岩石而言，砾石的粒度、成分、百分含量的变化是确定母岩性质及物源方向的基本手段，也是最直接的方法，沿着古水流的方向，砾石的粒度和百分含量均减少。对于碎屑砂岩而言，砂岩的粒度、成分以及成熟度等沿着古水流方向也会有规律的变化。而泥岩一般是静水环境下的产物，对古流向的指示意义不明显（陈妍等，2008）。

(3) 粒径趋势分析：对于单向水流而言，根据沉积学的基本原理，随着搬运距离的增加，水动力逐渐减弱，沉积物呈现出一定的分选性，搬运距离越远沉积物的粒径越小，因此粒径减小的方向大体反映出古水流的方向。

(4) 砂砾岩百分含量：对某地区地层中的砂砾岩含量进行分析，在平面上成图，可以用来判断古流向的大致方向。一般来说，沿着古水流的方向，砂砾岩含量逐渐减小，泥岩含量增多。但对于湖泊沉积，砂岩含量往往呈环带状分布，在深湖—半深湖地区，水动力弱，湖水流动性差，以泥质沉积为主。在滨浅湖地带，湖水的流动主要是垂直于岸线的湖浪，其为双向水流，流动方向近于垂直砂砾岩含量等值线。

(5) 沉积相与沉积体系的分布：研究区沉积相和沉积体系的正确划分是研究古流向的一个重要途径。沉积相是指沉积环境及在该环境中形成的沉积岩（物）特征的综合（姜再兴，2003）。沉积体系是指沉积相在平面和剖面上的组合。在正常的情况下，沉积相在平面上的分布具有一定的组合规律，沉积相依次发育的方向也与古流向相关。

(6) 地层厚度变化：一般情况下，地层厚度变化是沉降幅度的指标，与古水流方向关系不是十分密切，但碎屑岩单层厚度的变化往往与粒度的变化相一致，从而具有指示古流向的意义。在冰碛层、火山灰流和浊流沉积中应用效果较好。沉积盆地砂岩等厚图变化一般可以反映古河流体系的范围和主要扩散方向。

(7) 地震地层学方法：利用地震地层学确定物源和古水流方向主要采用的地震相参数是其外部反射形态和内部反射结构。通过地震地层学中地震相的研究，可以对大型的层理结构、沟道侵蚀和充填、以杂乱反射为特征的滑塌构造进行识别。

(二) 古水流的研究方法

1. 古水流测量和校正方法

相关教程如沉积岩石学、岩相古地理、构造地质学中或多或少均涉及到古水流测量，大致可分为野外和室内两种。对于野外测量方法，与普通的构造面理、线理测量方法相同，要根据实际情况，用罗盘或者借助锤把、三角板、量角器等工具测量倾伏向、倾伏角、侧伏向、侧伏角。需要注意的是，不但要测量反映古水流的构造（面状、线状）产状，如走向、倾向、倾角，还必须对背景岩层的倾向、倾角进行测量。要弄清倾角、视倾角、倾向之间的关系，尤其是线状构造，特别要注意底层面构造的古水流读数。室内工作主要是统计砂粒组构，包括粒度、粒径、球度，各类矿物的组分含量等。

对于测得的大量古水流数据，借助球面旋转原理和方法可将其走向和倾向恢复到原始的沉积状态，即可得到原始古水流方向。20世纪上半叶，前人就已经利用赤平投影原理来校正，而且应用十分广泛。但是，赤平投影手工方法现已基本被淘汰，一般都是直接通过计算程序软件包在计算机中完成（王成善，2003）。

2. 古水流的表示方法

古水流资料收集、测量、校正后要用一种方法表示出来,原则是醒目、直观,可利用性强。一般来说,其表示方法因目的不同而有所差异,可以分为两种:单量方法,包括直方图、玫瑰花图、矢量图;综合方法,有描述性、中心圆(放射)、野外资料投点、迁移平均数、解释性。

(1)单量方法:直方图、玫瑰花图是最常见的图示方法,它简单、形象地标明了古水流方向。通常只能表示某种测量结果,如倾向或走向,直观性很强,在构造地质学、沉积岩石学中常见。一般用 300、400 或 450 的分组间隔将全部古水流方向数据进行分组,计算出每个分组中观测数和观测数的百分比。将它们按横坐标上的分组间隔和纵坐标上的标尺绘在图上,可得出直方图。玫瑰花图实际上就是将直方图变成圆形,即用圆周上的方位间隔代替横坐标上的分组间隔,其和直方图的区别只是作图方法和表达方法不同而已。矢量图则只能是一个倾向(或加倾角)成一箭头,不具统计性,更多的是在平面上由若干矢量之和叠加成主均值。

(2)综合方法。

(a)中心圆方法:这种方法的意义在于将一个局部范围(如一个参观点)的相关水流数据都表示在一个具统一中心的圆上。具体方法为:将某一点的(原始统计或校正的)层理、线理、波痕等统计产状一起表示在同一图上[图5-17(a)、(b)],每一统计产状均为一条从中心引出的直线,总体呈放射状[图5-17(c)]。显然这种方法可以直观地看到多种沉积构造显示的若干水流方向,综合性较强。

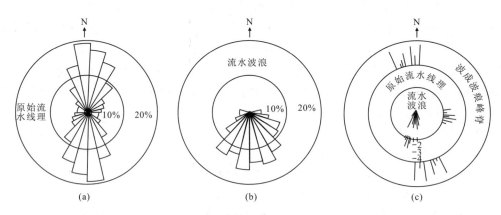

图 5-17　古水流方向的中心圆图示(据 Collinson 和 Thompson,1982)

(b)野外资料投点方法:是将单个矢量线或玫瑰花图直接投到实际位置上,但更多的是用矢量线方法。实际位置可以是平面上的(图 5-18 左上角),也可以是纵向(时间)剖面柱上的。

(c)迁移主均值方法:直接投点在平面图上有时显得杂乱无章,因每一局部范围都有一古水流主均值方向(grand mean),用图表示则相对清楚地见到主流方向(图 5-18 右图)。编制古水流主均值方向平面图的方法是:在工作区内根据需要选择若干等大小的格子(最好是平方数,如 3×3),将每一格子内的古水流数据矢量相加或求取平均趋势面之和,从而可获得工作区的主均值方向数据(图 5-18 左图)。

以上均具直观描述性,往往在总结区域性或古地理时要模式化,即用掌握的这些资料,用自己的观点予以修正,矢量线则可成曲线状(图 5-18 右图)。

3. 古水流分析步骤

第一步:室内学习准备。了解可反映古水流的主要沉积组构和构造类型,系统掌握古水流测量原理、方法和室内古水流数据的校正和表示方法。

第二步:野外(和室内)测量古水流。一般情况下,数据越多越具有统计意义,越具有代表性。普通的古水流分析,在一个点上测量 10～20 组数据基本上可以满足需要,特殊的研究目的则要求测量更多组数据。

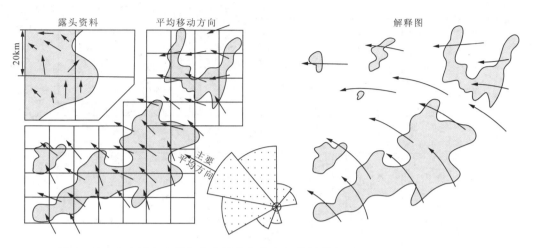

图 5-18 古水流方向的矢量主均值方向和解释图型式(据 Potter 和 Pettijohn,1982)

第三步:室内校正。主要应用计算机程序进行校正,也可以使用人工赤平投影方法。在视窗系统下操作,可以很快获得大量校正后的古水流数据。

第四步:图件表示。在室内校正基础上,将获得的大量数据直接转录入相关软件程序,即可获得古水流直方图和玫瑰花图。

第五步:矢量图化。将这些图尤其是矢量线或玫瑰花图直接投到平面或剖面上。根据需要,决定是否重新投点,进一步绘制矢量图或矢量主均值图。

4. 古水流主要模式

沉积物古水流分散模式有多种,目前常用的有两种:玫瑰花图模式和矢量线分散样式。

(1)玫瑰花图模式:有单向、双向(双极和普通双向)、多向三种模式(图 5-19)。多数情况下大陆环境体系如冲积、三角洲,以及多数深海扇浊积体系等具有单向水流模式;潮汐、滨岸环境体系下的水流方向具双向模式;河流和陆架环境体系的砂岩则能够记录单向或多向模式古水流。

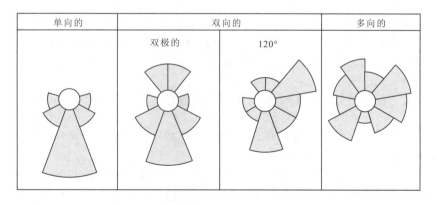

图 5-19 古水流的玫瑰花图模式(据 Potter 和 Pettijohn,1977)

(2)矢量线分散样式:共有平行的、汇聚的、发散(放射)的、曲线的、杂乱的、旋转的和倒流共七种分散样式(图 5-20)。一般地,滨岸环境体系下的水流方向具有平行或倒流的样式;大陆环境体系的冲积、三角洲和深海扇浊积体系等具有发散的水流样式;河流、湖泊、海湾等则具有汇聚的水流样式;陆架环境则有可能是曲线的、杂乱的水流分散样式。

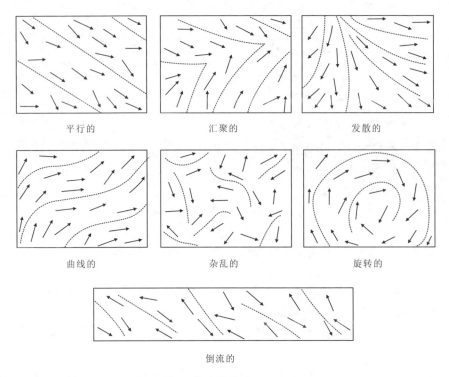

图 5-20 古水流的矢量线分散样式(据 Potter 和 Pettijohn,1977)

第三节 沉积体系分析编图方法

沉积体系分析编图是沉积体系研究成果展示的重要手段。优秀的图件汇聚了主要的研究观点和认识,内容丰富但不杂乱,重点突出且主次明晰,能够帮助读者一目了然地领略主要研究思想和成果。

总体来说,沉积学的研究思路为"点→线→面→体→时"。点的研究包括野外露头分析和钻井(单井)分析两个方面;线的研究即为点上工作的延伸,可以揭示沉积现象在侧向的延展规律;面上工作是刻画沉积体系在平面上的展布规律,无数线的集合即为面;体的工作就是平面成果的三维可视化;时上的工作就是研究地质时间中的演化过程。这五个方面的成果和认识均需要用正确和美观的图件来展示。

一、单井或野外剖面沉积特征观察与描述

野外和单井钻孔提供了沉积体系分析最直观、最原始的第一手资料,因此在分析编图过程中要尽量地提供尽可能多的信息,为后续的工作做准备。

钻孔和剖面的观察主要是借助野外观察和测量工具,如皮尺、放大镜、罗盘、锤子、GPS 定位仪、相机,直观的记录所面对物体的特性。具体说来包括以下内容。

1. 钻孔和剖面的选择

对于一个盆地而言,在进行野外考察过程中首先要进行野外地层剖面的选择。要选择地层出露全、地层剖面延展距离长、横切物源方向和顺物源方向的剖面,目的是最大限度地获得较全面的地质信息,同时要兼顾研究区的道路交通状况。对于钻孔的选择,要求钻遇研究区的典型地层,需要有完整的测井曲线和尽可能多的取芯,并尽可能地均一分布在主要构造带内,能够代表不同区带的面貌。

2. 观察与描述的主要内容

钻孔和剖面选择以后,就要对剖面展开观察和描述。涉及的内容包括:地层界定(分层界面、各层命

名、层内特征、各类单层的组合方式)、岩性充填特征(岩性识别、粒度分析、颜色甄别、层理结构)、构造现象识别与分析(各类断层、褶皱)。在分析过程中,要按比例尺绘制信手地层剖面图,同时,要充分利用照相、录像等现代技术手段,将所观察的地层剖面录制成影音资料,便于后期研究(赵温霞等,2003)。在野外地层剖面观察中,以下内容需要重点强调。

岩性与粒度:对于碎屑岩来说,其岩性分类通常在野外用肉眼就可以观察与识别,而分类的基础是粒度。对于砂级岩石来说,在野外携带一个粒度图标或标尺是很有益的,可用于现场比较以区分主要砂级;对于砂岩和泥岩而言,用手指或舌头可以感觉到砂质结构的存在,这是最原始、最现场的方法;对于砾岩,最大碎屑粒度常常是一个有用的测量参数。一般是通过选取一露头的特殊区间,目测层面的特定区域内可见的最大碎屑的平均值来估计。对于厚的砾岩层,一般需要在剖面垂向间隔上重复进行这种测量。对于碳酸盐岩,一般在露头上难以进行充分或精确的描述,需要通过低倍显微镜下观察薄片或抛光面进行描述。其原因是,碳酸盐对小规模成岩变化的快速敏感性,以及在许多情况下风化作用搞混了而不是增强了这种变化,还有另外一个原因是碳酸盐岩相分析需要的一些信息类型极其微小,肉眼难以辨认得清楚(赵温霞等,2003)。

在野外工作中,需要携带一个浓度为10%的盐酸滴瓶来检验碳酸盐的含量,借以区分石灰岩和白云岩(根据起泡程度),同时更好的办法是使用含茜素红-S的弱酸溶液,这种试剂可将方解石染成鲜艳的粉红色,而白云石则无色,无论是手标本还是薄片,使用这种试剂可以揭示白云岩化的微观格局。

颜色:在盆地中,个别岩性单元可以显示十分明显的颜色,这会有助于辨别和填图,甚至有时,在空中用直升机观察几乎就可以完成填出。然而,颜色的沉积学意义与对其的解释却是难以解决的。

某些颜色容易解释,如砂岩和砾岩常常呈现碎屑成分的混合颜色,石英质沉积物为淡灰色或白色,岩屑质岩石呈暗色。然而,颜色又强烈地受沉积作用条件与成岩作用尤其是氧化-还原作用平衡的影响。还原的沉积物常呈带绿或褐的灰色,氧化沉积物常呈各种色调的红、黄或褐色,如局部是还原环境,可产生局部范围的还原颜色或斑点,因此常常造成的困惑是在野外到底需要花费多少时间来记录颜色。理想的情况是,地层剖面的每一描述单元应以新鲜岩石断面来观察颜色,并与标准颜色色谱对比。

孔隙度:孔隙度对于研究盆地内的流体矿产具有重要的意义。对于野外露头来说,很多情况下地表风化作用对岩石结构和成分有很大的影响,因此观察过程中需要敲开新鲜的岩石。常见的各种类型的孔隙度有粒间的(碎屑岩中)、晶间的(化学岩中)、较大的孔隙如晶洞、鸟眼构造、鲕粒或球粒等异化颗粒的铸模、化石铸模、裂缝孔隙度等。更精细的观察可在薄片下进行,如果需要,样品还可以提交给专业性实验室进行分析测试。

层理厚度:野外观察的一个重要内容就是层理厚度,尤其是碎屑岩。厚度与环境变化的速度及沉积作用的能量有关。在某些情况下,厚度和最大颗粒粒度是相关的,说明两者均由单一沉积作用事件的能量所制约。层厚的变化是环境韵律变化的一个重要标志,因此沉积学家的描述中常见到"向上变薄"、"向上变细"、"向上变粗"等术语。

沉积构造:沉积构造包含了一系列的原生的和沉积后的特征,这些特征蕴含着与岩石沉积、成岩事件密切相关的信息,沉积构造的组合以及在某种情况下的方位,可以具有极为关键的古地理意义,因此在考察中应该进行详细的记录和描述(具体见后文)。

化石:遗迹化石属于沉积岩中存在的最强有力的环境标志,应仔细观察与鉴定。在对露头剖面进行观察时,要对松散的岩石堆、新鲜断面的物质进行系统的考察,或筛选未固结的沉积物,以期找到完整的化石类型组合。化石一般通过三种方式保存下来,从而产生有意义的环境信息(赵温霞等,2003)。

第一种:原地生活组合。这些包括附着在海底的无脊椎动物,如珊瑚、厚壳、某些腕足类、层孔虫、叠层石、树等。原地保存通常因化石的竖立位置和根系的存在而易于辨别。

第二种:保存完好的软体或精美连接的实体化石。这表明它们在死亡之后几乎未经搬运或扰动,保存在安静的水体中,如浅湖、泻湖、废弃河道、深海等。脊椎动物死亡后,由于肌肉和软骨的腐烂,食肉动物对其吃食的肢解,使骨骼趋于支离破碎。然而,多骨鱼、爬行动物和哺乳动物的完整骨骼常常在某些地层中见到,表明是安静条件下的快速埋藏,但是要注意的是,对这种化石组合作解释时要谨慎,因为从生活环境到最终埋藏之间,可能存在短距离的搬运过程。

第三种:化石的遗体组合。这些可能经受了相当长距离的搬运,常常以介壳碎屑滞留集中的形式出现,如介形虫、腕足类碎片、三叶虫碎片、鱼骨或鳞。

地层接触关系及识别标志:岩层之间的接触关系可分为整合、平行不整合(假整合)、角度不整合。野外观察的重点是这些接触界面及界面上下地层的差异,尤其要注意是否存在不整合现象。

特殊的构造现象:断层的产状包括走向和倾向,一般用罗盘可以测出;断层的性质主要是判断正断层、逆断层的性质,一般根据断层两盘的运动方向、两盘的新老关系、断层牵引构造的方向来判断;断层的伴生构造是断层上下盘在相互错动过程中,由于拖拽或挤压作用,形成了牵引构造、小褶皱、断层角砾岩;断层规模及期次,野外要追索断层延伸的长度及涉及的宽度,并结合相关方法测定断距大小来确定断层规模;同时早期形成的断层由于受后期构造改造或本身重新活动,使得原有的方向或断层性质发生转变,因此,在地层剖面分析中要收集相关的地质证据,准确地判定断层相对的时序关系;褶皱的野外观察,包括几何形态、发育状况等。

典型的沉积构造:沉积构造是沉积岩和变余沉积岩的成因标志,是恢复古环境、古气候及古地理的重要依据,它们在野外大都可以观察到。因此在野外必须认真仔细观察、做好必要的记录,重要的沉积构造必须进行素描和影像存档。观察内容包括:层理构造、层面构造、变形构造、化学和生物成因构造等。

沉积相初步分析:主要依据岩矿标志、生物标志、沉积构造标志,可综合已得到的各类测井曲线进行分析。

岩石样品的采集:总体要求采集目的明确,采样具有代表性和真实性,不可随手拈来来源不明的岩块;一般要求采集新鲜岩石,认真进行样品记录。如果采集样品用于陈列标本,一般不小于 $9cm \times 6cm \times 3cm$;如果样品用于鉴定和化验分析,一般不小于 $6cm \times 4cm \times 3cm$。对于采集的样品应立即填写标签、登记和编号,在记录簿中应注明采样位置和编号,标本和标签应当一起包装,对于特殊或易磨损的样品要用棉花或软纸包垫(赵温霞等,2003)。

对于钻孔样品,在采集过程中要严格按照分析项目需要进行,切记不可贪大求全,浪费样品。同时要注意,对于做标记的岩芯,不能取样;对于已经取样的部位,尽量少取或不取;对于已做同一分析的层段,不得取样;对于一些特殊的构造现象、生物化石部位,不得取样。上述要求的目的是为了保证岩芯柱最大可能的完整性,为后来者的研究提供最原始、最充分的信息。

二、单井或野外剖面沉积体系分析编图

野外剖面或单井沉积体系分析中的核心图件有:野外写实剖面(宏观照片和实测剖面)、局部沉积构造微观写实图(照片和素描)、野外剖面或单井沉积体系分析柱状图。

(一)野外写实剖面编图

露头写实可以提供丰富、直观、可靠的地质信息,是盆地分析中非常重要的一个环节。目前针对野外露头开展的研究工作包括对野外露头的定点观察、取样和选取具有典型地质特征的露头进行记录、拍照。野外写实剖面(图5-21)主要是从宏观上把握剖面的整体特征。主要分析内容有:剖面的分层,按照野外剖面中岩性、颜色等的不同变化将剖面分为若干套岩性组合段,作为实测剖面的分层,分层界线用红油漆做出鲜明的标志;剖面的测量,按照初步的分层,分段进行测量和描述。层段的厚度利用皮尺测量,要求皮尺的走向尽量垂直岩层的倾向,这样测量的厚度最接近岩层的真实厚度。如果受地形限制,不能做到垂直,则需要用罗盘测量皮尺与岩层倾向或走向之间的角度,将皮尺所测的视厚度换算成真厚度。在剖面测量过程中,尽可能地全面记录野外的资料,包括照相和采样记录。完成测量后,需要

绘制野外写实剖面图。一般由宏观照片和写实剖面构成。宏观照片反映宏观格局，一般是远景的高清晰照片，要求有方位、参照物等。写实剖面主要是依据实测资料，将记录的文字内容转化为图件表示，图件反映信息要尽量地全面，包括岩性、分层、倾向与倾角、方位、岩性描述、沉积相。

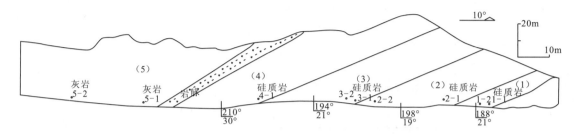

图 5-21　繁昌县桃冲矿业旁大隆组露头剖面写实实测材料图

局部沉积构造微观写实图（照片和素描）：在进行野外剖面观测过程中，会碰到特殊的地质现象，对于这些地质特征，需要进行单独的描述、记录、拍照和素描。

(二)野外剖面或单井(钻孔)沉积体系分析柱状图编绘

野外剖面或单井沉积体系分析柱状图主要反映沉积地层垂向上的变化序列。这类图件通常包括以下元素：地质年代、深度、厚度、岩性柱状图、采样点、岩性文字描述、典型微观照片、沉积相分析、层序划分。野外剖面描述大致与岩芯描述内容相同，主要增加地层产状及剖面延展性等方面的相关信息（图5-22）。

常见单井岩芯描述如图5-23所示，常见图例如图5-24所示。比例尺按照实际需求定，一般有1∶200、1∶500、1∶1000。

单井沉积体系分析柱状图通常包括两类：取芯段沉积体系分析柱状图和单井沉积体系综合分析图（图5-25）。取芯段沉积体系分析柱状图是对观察岩芯段的详细分析，包含要素有：地层系统、观察井段测井曲线、回次、深度、颜色、岩性柱、沉积构造、含有物、岩芯微观照片、孔隙度、渗透率、准层序划分、沉积体系划分（相、亚相、微相）。此图的基础是现场工作对岩芯的详细描述。在现场工作中，要详细的对岩芯进行分析甄别，精度要求达到厘米级别。此类图件的比例尺一般为1∶50、1∶100、1∶200。

单井沉积体系综合分析图是在岩芯观察的基础上，结合各类测井曲线和录井综合柱状图，对目的层段进行综合沉积体系分析。图件包含的要素有：地层单元（系、统、组、段）、层序单元划分（二级层序、三级层序、体系域）、地层柱状与测井曲线、取芯段、油气显示、高频单元（准层序、准层序组）、沉积环境解释（相、亚相、微相）。此类图件的比例尺一般为1∶500、1∶1000、1∶2000。

三、岩石类型或比率平面图编绘

此类图件的编绘是面上工作的展示，主要由以下几个核心图件组成：地层厚度图、砂岩厚度图、含砂率（砂地比）图、沉积体系平面图（古环境图）。

(一)数据的统计和处理

数据的统计和处理是编图的基础工作。需要统计的数据有：研究区单井目的层段地层厚度、砂岩厚度（泥质粉砂、粉砂、细砂、中砂、粗砂、砾岩均需统计）；处理的数据为含砂率数据（砂岩厚度与地层厚度比值）。

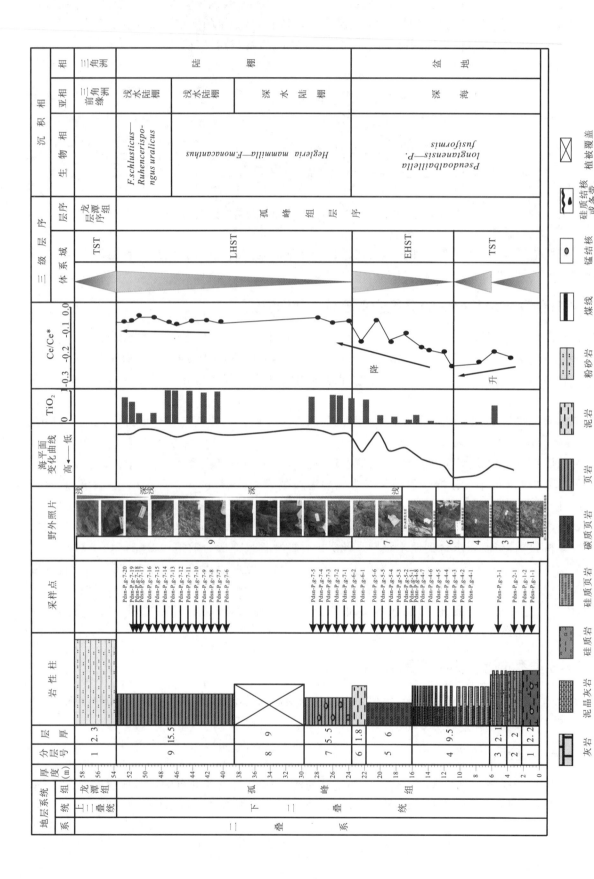

图 5-22 平顶山孤峰组沉积序列

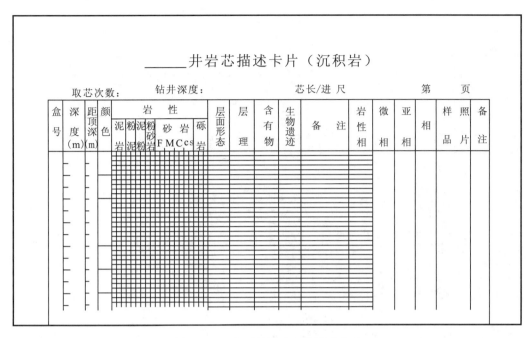

图 5-23 常用的钻井岩芯描述卡片

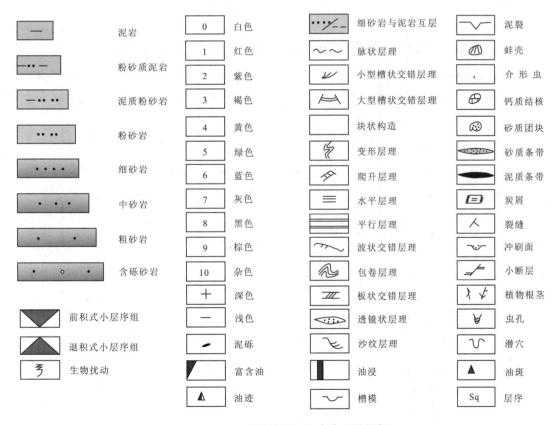

图 5-24 沉积学编图过程中常用的图例

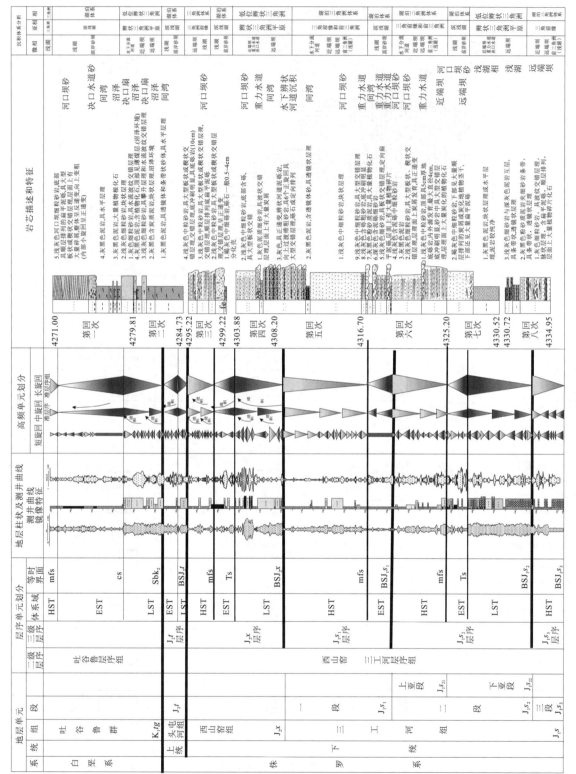

图 5-25 准噶尔盆地庄 102 井单井沉积相和高频层序单元划分图（据陆永潮，2009）

(二)地层厚度图编绘

地层厚度图是根据某时间地层单位或岩石地层单位内地层厚度编制的一种等值线图。在无井或者少井地区,主要成图数据为地震资料解释数据。从工作站直接导出层位数据,用相关成图软件(如Sufer、Petrel)即可生成地层厚度图;在钻井较多的地区,成图数据依据单井统计结果,图件可用软件或者手工绘制(图5-26)。需要注意的是,通过工作站地震解释后导出来的地层数据只能反映残余的地层厚度,要恢复原始的地层厚度还必须通过地层的校正。

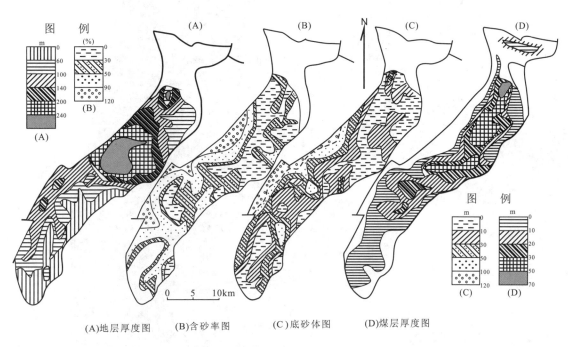

(A)地层厚度图　(B)含砂率图　(C)底砂体图　(D)煤层厚度图

图 5-26　霍林河盆地下含煤段 17 煤组各类参数平面分布图(李思田,1988)

(三)砂岩厚度图编绘

砂岩厚度图又称为砂(砾)岩层累积厚度等值线图,是根据某时间地层单位或岩石地层单位内砂(砾)岩层的累计厚度或某砂(砾)岩集中段的厚度编制的一种等值线图。用来反映同一地点或不同地点若干成因不同或成因相同砂岩体的总体几何形态和累计厚度的分布趋势,并在一定程度上可以用来解释主要砂岩体的沉积成因。无井或者少井地区,由于地震资料无法提供岩性厚度数据,因此无法绘制砂岩厚度图;但是在多井地区,可以依据单井统计的数据绘制图件。需要注意的是,虽然目前计算机编图十分方便,但是砂岩厚度图依然以手工编绘为主,因为图件中蕴含沉积学的含义是软件无法实现的(如物源口、砂体延伸方向等)(图5-27)。

勾画砂岩厚度等值线图时需要按照一定厚度值勾绘等值线,并划分出不同的厚度级,并以不同的填充花纹表示。由于井的覆盖毕竟有限,因此在编制砂岩厚度图过程中,一方面需要根据地震综合信息,如地震属性和地震相对其展布的边界进行控制,另一方面还得考虑同生隆凹、沟谷以及断裂等对砂厚和延伸的控制作用。

(四)含砂率(砂地比)图编绘

含砂率图是根据各控制点编图单位中砂、砾岩所占的百分率值勾绘编制而成的一种等值线图,又称粗碎屑百分率图。含砂率图的编制方法比较简单,在确定编图单位之后,在砂岩厚度图编制的基础上,

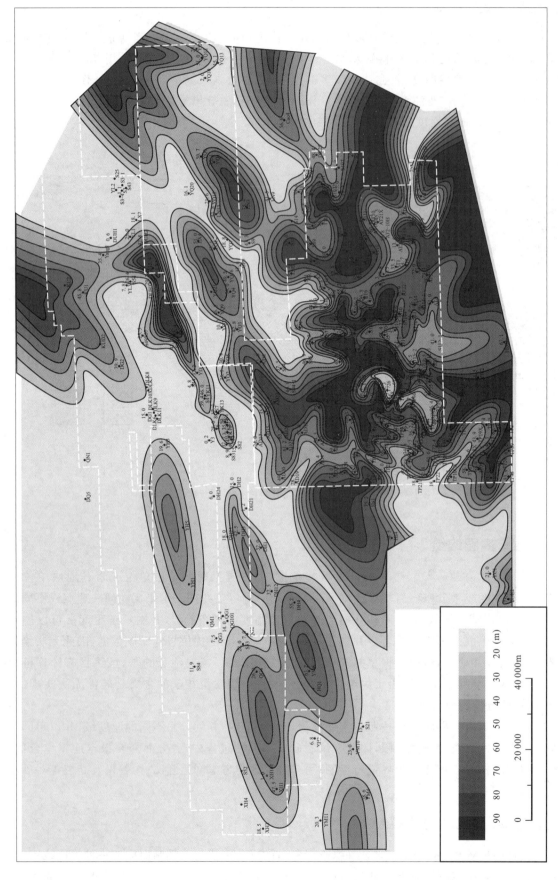

图 5-27 SqK_1y-SI 序列-EST 砂岩厚度平面图

计算每口井砂(砾)岩累厚占编图单位总厚度的百分数,然后在平面图上勾绘等值线,划分百分率级,用不同的填充花纹表示不同的岩相分区(图5-26)。

(五)沉积体系空间配置图编绘

沉积体系空间配置图或称岩相古地理图(古环境图)是在砂岩厚度图和含砂率图的基础上编制的沉积体系展布图,反映了沉积体系及成因相带在空间上的配置和变化。需要注意的是,相带的划分要根据各种地质资料综合分析,包括以下几方面:①地质标志,结合钻孔岩芯、砂砾分散体系图对沉积相的判定,确定沉积体系在平面上的沉积相;②测井标志,测井相及其组合,通过测井相也可以对沉积体系及其微相进行判定;③地震标志,属性、反演和地震相,随着地震资料分辨率的不断提高,通过地震属性、反演等信息可以在平面上对沉积体系的展布和延伸进行分析;④其他标志,岩矿分析和地化分析等,这些信息也可以为我们提供对沉积相判定的进一步佐证;⑤构造古地理,地形地貌、同生隆凹、地形地貌等古构造背景对沉积体系具有控制作用,因此在进行沉积体系展布研究中,必不可少地需要考虑构造背景对沉积体系的控制。

通过"点"上和"面"上的沉积体系分析,同时结合古构造背景对沉积体系的控制作用,就可做出沉积体系的平面展布图。具体沉积体系展布图的编制方法为:收集资料,详细进行地层对比,确定编图单位;编制各层的岩石类型分布(以及层的等厚图),作为编制沉积体系展布图的预备性基础图;沉积体系展布的编制。在前面两方面的基础上编制沉积体系展布图(图5-28)。

在图件编绘过程主要注意以下几点。

1. 制图单位的划分和比例尺的选择

制图单位的划分和比例尺的选择目前尚无统一规定,主要根据研究课题的需要、资料的丰富程度和地质条件的复杂情况而决定。大、中、小三种比例尺的一般划分如下所述:①小比例尺平面图,比例尺一般小于1∶300万,甚至1∶1000万以下,这种图件是全国或大区域性的,是在大地构造单元划分的基础上进行编制的,制图单位的时间间隔为代或纪或世。此类图件可以作为大区域预测的基础图件。②中比例尺岩相古地理图,比例尺一般为1∶300万~1∶50万,此类图件包括范围较小,一般为一个沉积盆地。制图单位间隔为世或期。这类图件可作为指明进一步勘探方向,提供岩性、岩相方面的依据。③大比例尺岩相古地理图,比例尺一般为1∶50万以上,通常是为盆地内某一凹陷或地区进一步勘探而编制的。制图单位为段、亚段或砂层组。总之,沉积剖面或钻孔越多,资料越丰富,制图比例尺可以越大。制图单位分得越详细,图件的精度也越高。在我国一些含油气盆地的勘探过程中,经常编制的是中-大比例尺的岩相古地理图。

2. 软件与手工编绘的取舍

随着计算机技术的快速发展,越来越多软件可以自动绘制相关的图件。如前文提到的Sufer、Petrel均依据统计数据可以自动生成平面图件。然而,计算机成图只是单纯的对数据的展示,没有接受地质思维的干预,因此所绘的砂体图、含砂率图、古环境图中往往看不出物源方向,也缺乏砂体平面展布形态,成图边界也无法限制。因此,在编绘平面图件过程中,最重要的手段还是人工操作,在地质模型指导下的绘图。

3. 绘图颜色的选取

在绘图过程中,由于要涉及到不同的沉积相带变化,因此要用形象的符号、颜色表示不同的地质体。比如说湖相沉积常常用蓝色,砂质沉积往往用黄色,含砾石沉积用褐黄色。对于砂岩厚度图而言,用不同深度的黄色来表示砂岩厚度,并且厚度越大,黄色越深。

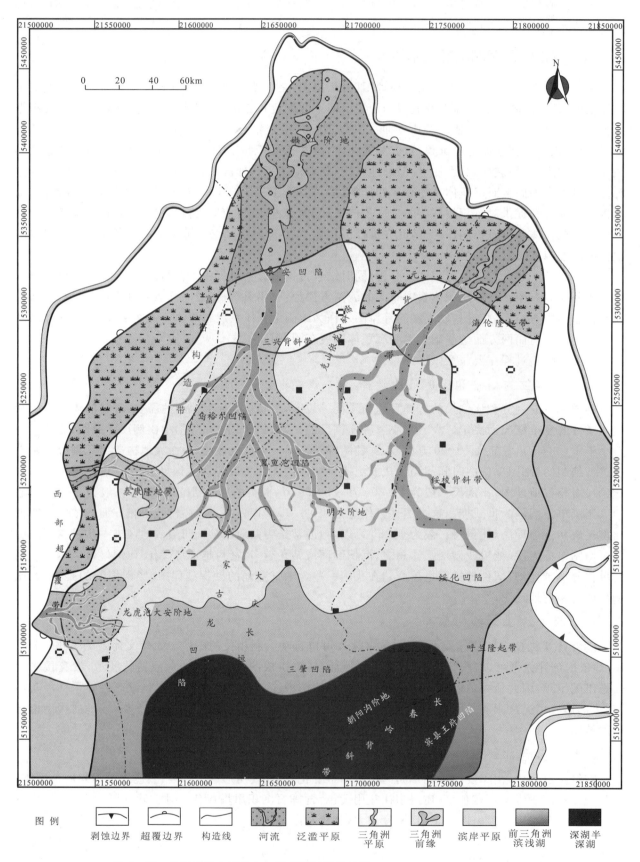

图 5-28 松辽盆地北部青山口组时期沉积体系图(据解习农等,2007 内部研究报告)

第四节 层序地层学分析编图方法

层序地层学分析核心任务包括层序界面识别、层序单元划分、骨干剖面编绘以及沉积体精细刻画编图。

一、层序界面分析及层序单元划分方法

层序是以不整合面及其对应的整合面为边界的、内部相对整合的地层系列。层序地层学研究首要的工作是主要等时界面(不整合面或整合面)的识别,进而对不同界面进行定义和归类。

(一)层序界面的识别

以不整合为特征的层序界面是一个将新、老地层分开的界面,沿着这个界面,既有地表侵蚀和削蚀,也具有明显的沉积间断的标志(Van Wagoner 等,1988)。目前层序界面的识别主要是借助地震、测井、岩性、古生物、地球化学分析等资料进行判断。

1. 地震识别

地震反射界面是地下地层界面的地球物理响应,是使用最广泛的一种层序界面识别方法。地震波的不整合关系主要表现为:削截、顶超、上超、下超。图5-29是上述不整合接触的示意图。图5-30是准噶尔盆地层序界面特征及其对应的地震识别标志。

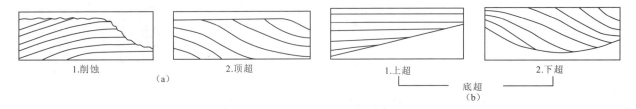

图5-29 不整合面地震识别标志示意图

不整合面类型	不整合面形态		不整合面的特征	不整合面分布
底超/削蚀		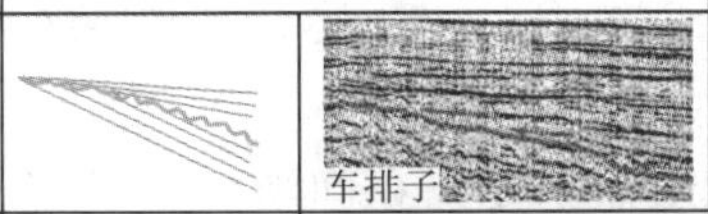 车排子	下伏地层顶界面削蚀,上覆地层底界面上超或下超为特征	盆地边缘带 盆地隆起带
整一/削蚀		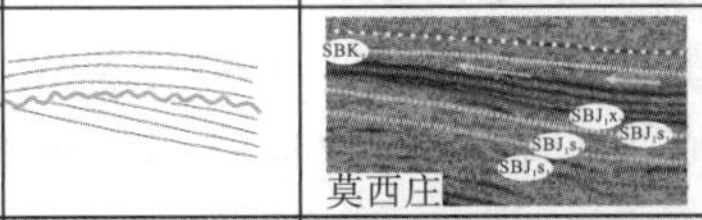 莫西庄	下伏地层顶界面削蚀上覆地层平行底界面为特征	盆地斜坡带 盆地隆起带
底超/整一		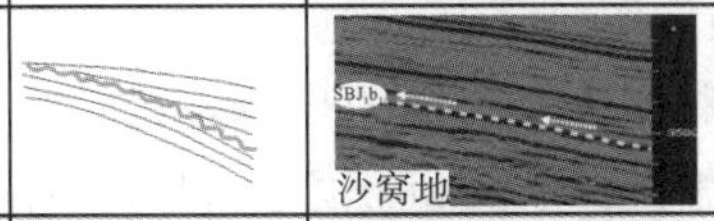 沙窝地	下伏地层顶界面微弱削蚀倾斜上覆地层超覆为特征	盆地斜坡带 盆地隆起带
整一/整一		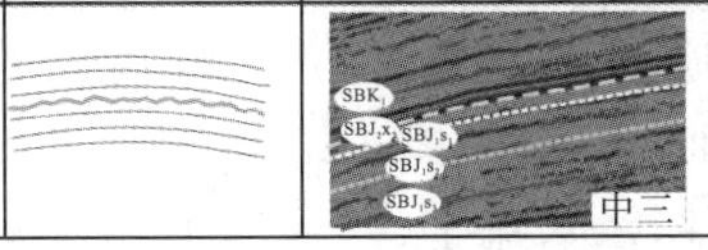 中三	界面上下地层平行,其间为剥蚀面,地震剖面上较难识别	盆地斜坡带 盆地凹陷带

图5-30 准噶尔盆地区域不整合面的类型及其地震识别特征

2. 测井识别

层序界面在测井曲线上也有明显的反映,而且,比地震反射更精确。地震反射同向轴一般来说只能识别到三级层序界面,对于四、五级等更高级别的界面来说,测井曲线可作为最主要的分析工具。一般

来说,当层序界面为不整合面或较大沉积间断面时,测井曲线基值会发生明显改变。由于界面上下地层岩相和压实作用差异性大,测井曲线基值会发生明显的改变。常用的测井曲线有自然电位(SP)、自然伽马(GR),有时候也会用到自然伽马能谱曲线,层序界面位于伽马能谱基值和铀、钍含量基值由小变大的部位(图5-31)。

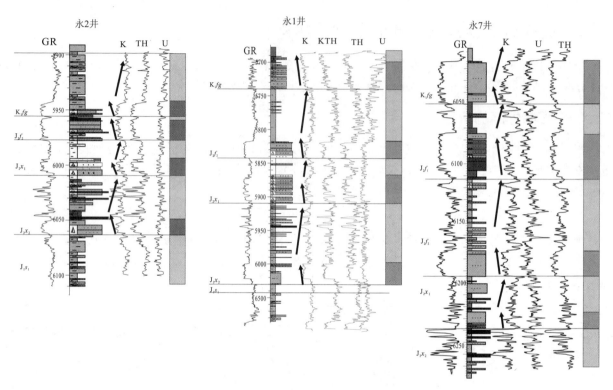

图5-31 准噶尔盆地层序界面测井曲线特征(能谱测井)

3. 露头和岩芯识别

最直观的层序标志是野外露头和岩芯观察,往往可以提供第一手的界面证据。常见的有古风化面、滞留沉积层、相突变界面、沉积旋回和事件沉积。图5-32是对主要层序界面在不同地区露头和岩芯识别标志的总结。

古暴露风化面:根土岩、古风化壳和古土壤层都是沉积间断面、不整合面和古暴露面的标志,也是最为可靠、最直接的层序边界标志。暴露标志一般表现为红土层、钙质风化壳、铁质风化壳和铝质风化壳等。

河床滞留沉积:沉积基准面下降引起了河流回春作用和河流形态调整,从而形成了粗的河床底砾岩。其河床底砾岩与老地层呈切割冲刷接触。

岩相突变:由于层序边界两边的地层常常形成于不同的环境,故在岩性剖面上可以观察到相的突变现象。这种突变主要有两种:浅水相直接覆盖在深水相沉积之上和深水相直接覆盖在浅水相沉积之上。

沉积旋回:岩相剖面上存在红色、绿色碎屑岩—灰色、深灰色碎屑岩—红色碎屑岩这样的多个沉积旋回时,红色碎屑岩地层中通常存在层序界面。

事件沉积:事件沉积主要是指风暴流事件、洪水流事件、浊流事件和火山事件。这些事件对层序特别是湖泊层序的影响是不容忽视的。

4. 古生物标志

在层序边界处,由于湖水深度、沉积环境都存在较大的差异,且存在地层缺失,代表了较长地质时间的间断,因此在古生物演化史中必然存在生物种群和数量的突变。在层序边界附近,由于局部地区暴露地表,水体浅而盐度高、生物种属单调、丰度和分异度都较低;同时界面上下古生物组合存在比较明显的

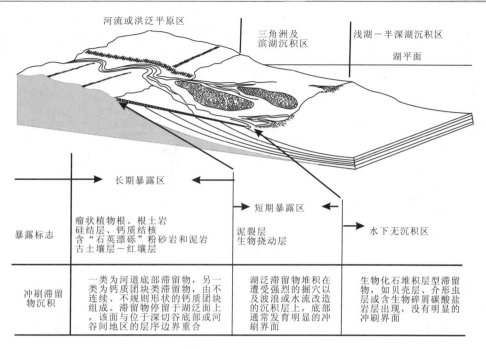

图 5-32 三级层序界面主要特征

差异,如果沉积间断时间比较长,有可能存在化石带缺失的现象。

生物碎屑岩:生物碎屑岩是浅水环境中的介壳生物被波浪搬运到滨线附近堆积而成的。当其顶部覆盖深湖相地层时,生物介壳层的底界面可以代表层序的边界。

植物根迹化石:当在岩芯中发现植物根迹化石时,就表明了该处是极浅水或陆上环境,在其附近必然存在层序界面。

生物数量的变化:层序界面上下沉积环境是发生改变的,因此必然造成生物数量和种类的变化。所以生物数量和种类变化的界面可能是层序界面。

生物种群的变化:由于层序界面上下地层时代差异大,因此古生物化石种群会在层序界面上下发生突变,出现生物演化的不连续性。这可以说明层序界面附近发生过不整合或长时间的沉积间断。

遗迹化石:遗迹化石对层序界面的识别有很大的辅助作用。因为在层序界面处,生物的痕迹学记录十分明显。生物在水和沉积物界面上的活动,除水深、氧含量、碎屑供应等因素控制外,还受底部物质固结程度的控制,因而可以识别出不同的痕迹和软痕迹、硬底痕迹等。界面上留下不同的痕迹结构,可以作为界面识别的标志。

5. 地球化学标志

微量元素地球化学标志:层序界面附近地层常处于极浅水或暴露环境,导致层界面附近氧化铁含量增加,因此,氧化铁含量的高值在某种程度上可以指示层序边界的存在。Fe^{2+}、Mn^{2+}、Mn/Fe 比值、Fe 族元素(Fe、Cr、V、Ge)、S 族元素(Pb、Zn、Cu、Co、Ni)和 Mn 族元素(Mn、Co、Ni)这些元素对水深也比较敏感,所以它们的变化也可以反应层序边界。相对高的 Fe^{2+} 含量、相对低的 Mn/Fe 比值以及相对高的 Fe 族元素和相对低的 S 族元素及 Mn 族元素含量都可能是层序界面存在的标志(图 5-33)。

有机地球化学标志:在不同的水深和氧化还原环境下,有机质的丰度、类型、热解指标、气相色谱、生物标记化合物特征都有明显变化,可作为界面的识别特征;黏土矿物也是一种很有效的识别层序界面的方法。砂砾岩中黏土矿物的类型及含量反应了湖盆古水体物理化学条件的变迁。在一个准层序、层序甚至更小级别的层序地层学单元中,湖平面呈现高—低变化,砂砾岩中黏土矿物相对含量呈现规律变化,即高岭石呈高—低变化,蒙脱石呈低—高变化。同时,胶结物含量也可以识别层序界面。在准层序、层序界面处,砂砾岩中的白云质胶结物含量呈现相对较高值,钙质胶结物和泥质胶结物含量相对较低。

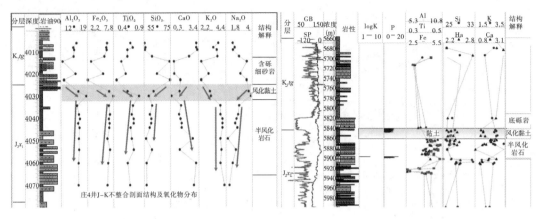

图 5-33 腹部永进油田 K/J 不整合的识别与结构——元素及其氧化物的变化
(据陆永潮,2010,内部研究报告)

目前可概括的形成界面的主要地质事件有四大类：由区域构造运动事件造成的古构造不整合面（地层缺失、生物缺带、角度不整合；底砾岩层和古分化壳）；由海平面升降或物源供给造成的沉积事件，如沉积相转换面和沉积事件面（界面上下的沉积相不连续）；沉积"硬底"面或沉积时间凝聚面；水上暴露（如雨痕、泥裂、植根和风化土）或侵蚀（下切谷）和水下侵蚀（或冲刷）；火山活动事件形成不整合面；地质时期灾变地质事件形成的不整合面及其对应的整合面，其识别特征是稀有元素或宇宙元素密集层等。其中古构造运动事件和全球海平面周期升降事件形成的不整合面是划分盆地一、二级层序单元（巨层序、超层序）的主要界面；沉积相转换面和局部沉积事件面是划分三级、四级或高频层序单元的主要界面；火山活动和灾变地质事件形成的界面是划分二级和三级层序的主要界面（表 5-5）。

表 5-5 松辽盆地主要层序界面归属

地层单元			层序边界	层序边界属性	层序单元划分			构造演化阶段
统	组	段			一级	二级	三级	
上白垩统	四方台组 K_2s		Sb03	构造不整合面（构造反转强化面）	反转构造层序 III	III1		构造反转阶段
	嫩江组 K_2n	嫩五段	Sb04	超覆不整合面	裂后构造层序 II	II4	II4-n5	热沉降晚期
		嫩四段	Sb05	超覆不整合面			II4-n4	
		嫩三段	Sb06	压扭性构造界面			II4-n3	
		嫩二段	Sb07	超覆不整合面		II3	II3-n2	
		嫩一段	Sb1	超覆不整合面			II3-n1	
	姚家组 K_2y	姚三段					II3-y	
		姚二段						
		姚一段	Sb11	区域型湖退面（张扭向压扭转换面）				
	青山口组 K_2qn	青三段	Sbqn3	超覆不整合面		II2	II2-qn3	热沉降晚期
		青二段	Sb12	超覆不整合面			II2-qn2	
		青一段	Sb2	超覆不整合面			II2-qn1	
下白垩统	泉头组 K_1q	泉四段	Sb21	构造不整合面		II1	II2-q4	
		泉三段	Sb22	超覆不整合面			II1-q3	
		泉二段	Sb23	超覆不整合面			II1-q2	
		泉一段	Sb3	裂后不整合面			II1-q1	
	登娄库组 K_1d	I 3-1	Sb31	超覆不整合面	裂陷构造层序 I	I3	I 3-1	多幕裂陷阶段
		I 3-2	Sb4	构造不整合面			I 3-2	

(二)体系域的划分

层序地层学的核心就是识别这些不同级别地层单元和确定它们在垂向上、横向上的变化规律。每个三级层序常常由多个体系域组成,而一个体系域又往往由多个准层序组构成。因此,在识别出层序界面后,接下来的工作就是划分层序单元,尤其是划分更高级别的层序单元,在实际工作中一般是体系域和准层序的划分。

体系域的划分主要是依据地震反射特征、岩性组合标志和测井曲线组合进行。在地震反射剖面上常常能识别出初始海(湖)泛面和最大海(湖)泛面。初始海(湖)泛面往往是第一个上超点所在的界面,代表着从该点开始,海(湖)平面开始处于上升状态;最大海(湖)泛面往往是最后一个上超点所在的界面,代表着海(湖)平面已经达到最高位置。层序界面与初始海(湖)泛面之间为低位体系域,初始海(湖)泛面和最大海(湖)泛面之间为海侵体系域,最大海(湖)泛面与层序界面之间为高位体系域。这些上超点往往发育在坡折或者斜坡的位置,找到了初始上超点和最终上超点,往往能够轻易地确定体系域界面。

岩性组合与测井曲线组合也是一种划分体系域的有效手段。低位体系域往往是在暴露环境下形成的,因此岩性往往以颗粒沉积为主,如砾岩、粗砂岩等,颜色中含有氧化色,如红色、褐红色、杂色;测井曲线往往是大套箱型为主;海进体系域(湖扩体系域)由于是处于水体覆盖状态,因此岩性以细粒沉积为主,如泥岩、页岩,颜色以灰色、深灰色、黑色为主,测井曲线平直、稳定,没有大幅波动现象;高位体系域是最大水面达到稳定以后物源的再次推进过程,岩性以粗粒为主,主要为砂岩,由于这一过程并不处于暴露环境,因此颜色以灰色居多;测井曲线组合上以指状、锯齿状、圣诞树状见多。

(三)准层序的划分

由于地震资料分辨率的限制,准层序的划分多依据露头和单井资料开展。在有露头的地区,通过分析展示的岩性、层理、颜色、含有物等的变化,可以识别出研究区精细的地层旋回,有时候旋回大小可达厘米级别;在只有探井的地区,一般利用测井曲线结合岩性资料进行识别,因为测井资料不但是陆相盆地中最为常见的资料,而且测井曲线连续、深度准确、信息全面(岩性、物性、流体、结构等都有反映)。在测井曲线分析中主要应用自然电位测井曲线(SP)、视电阻率测井曲线(Rt)、自然伽马测井曲线(GR)、声波时差测井曲线(AC)。一般是自然电位测井曲线—视电阻率测井曲线组合、自然伽马—电阻率测井曲线组合、声波时差测井曲线作为辅助手段(在以上三种测井资料缺损时)。在具体应用时为了使测井曲线直观,可以将测井曲线的表现形式多样化,包括镜像不同曲线的相对组合(图5-34)。

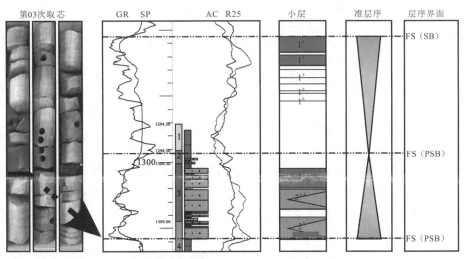

XT5-241井(H25油组)准层序边界和类型的测井、岩芯响应特征

图5-34 南阳油田XT5-241井准层序划分特征

除了露头和测井的识别外,还可借助分析化验、小波分析技术、Fisher图件、天文旋回等研究手段进行高精度界面的识别和划分,从而形成多学科、多参数的界面识别综合技术。

完成对单元识别和划分后,需要对特定区域的准层序单元进行横向对比,其目的是掌握区域上的层序单元变化规律。准层序对比与传统的岩石学地层对比存在着明显的不同。传统的对比是"砂对砂,泥对泥"的对比,而层序对比是时间界面的对比。对比能够揭示高频单元在区域上的变化规律,完成更小精度内的层序地层格架建立,为砂体、小层、单砂体的对比建立等时框架。在对比过程中,必须遵循"分级对比,逐层控制"的基本原则,要根据对比的目标体在空间中发育的位置、厚度、相特征、相分布、岩石特征等信息,分析高频层序单元在不同区域的变化特征,只能将同一时间单元内的地质现象相互对比,不能发生越层对比。层序单元划分思路和对比方法如图5-35所示。

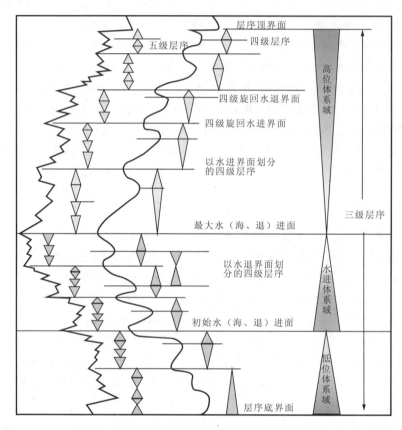

图5-35 层序体系域内高频层序单元划分原则

二、盆地充填序列编图

盆地充填序列演化图与常规的地层柱状图有所不同。它是在对盆地充填物作了比较全面细致的沉积学研究的基础上,经过概括和模式化而编制成的一种柱状剖面图。其目的是为了表现一个盆地或一个盆地的某一地段(通常是大的岩相带)充填物的性质、结构、演变序列特征和成因。这种图应当具有模式化特征,在该盆地或该地段(岩相带)又有强的代表性。其充填序列还应当有清楚的古构造和古地理方面的成因意义。因此,对同类盆地或者相同岩相带的工作具有预测指导意义。它是对所研究沉积盆地或研究区的地层充填序列、垂向上层序地层划分及构造演化的综合认识,是在大量资料及工作的基础上完成的。图中主要包括沉积盆地发育的地层单元、地层岩性特征、层序地层单元、地震反射界面、沉积环境分析、构造演化、沉积沉降和构造特征、构造动力学背景和海平面变化等要素(图5-36)。

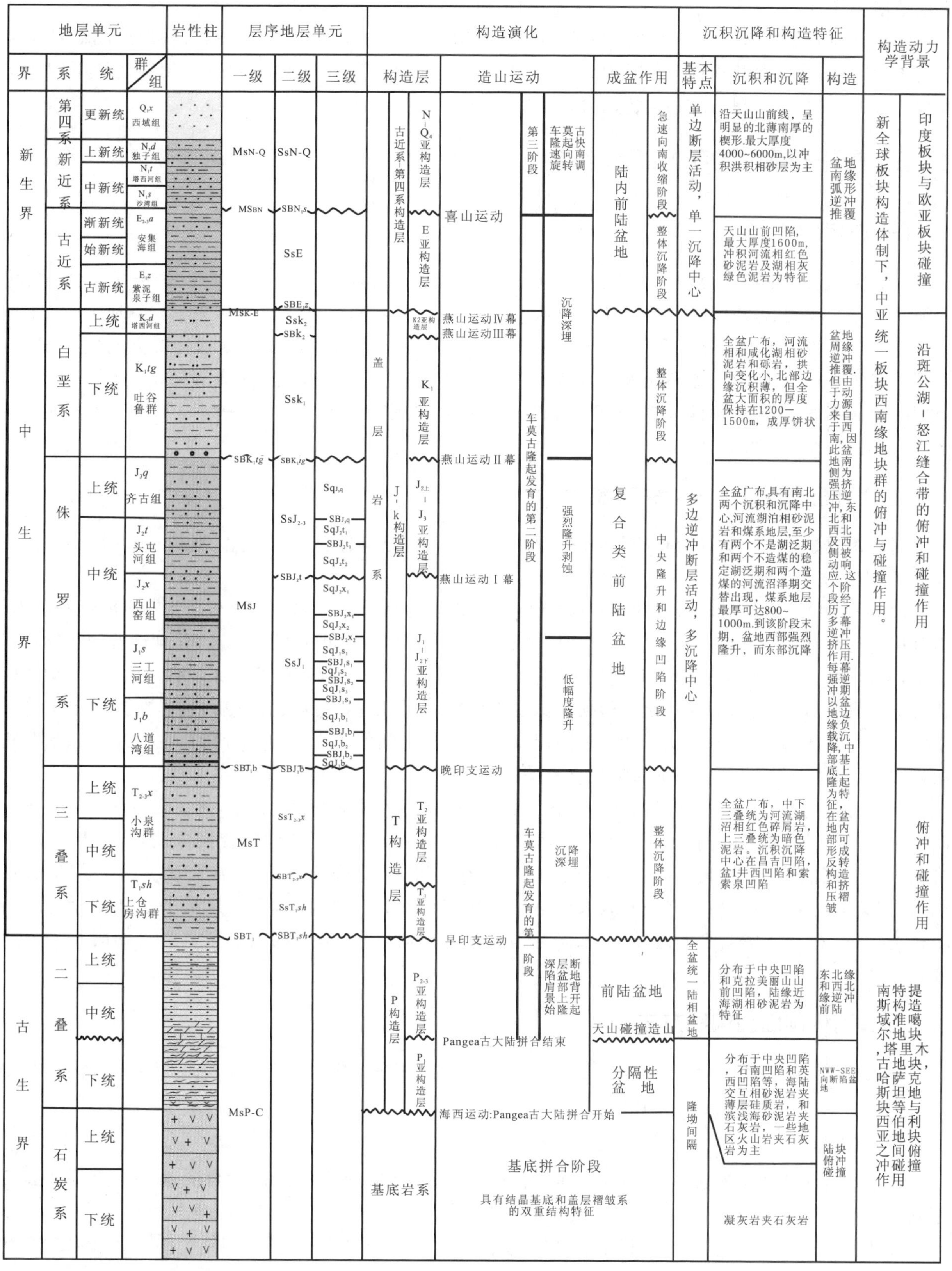

第五章 盆地充填分析编图方法

地层单元				岩性柱	层序地层单元			构造演化		成盆作用	沉积沉降和构造特征			构造动力学背景
界	系	统	群组		一级	二级	三级	构造层	造山运动		基本特点	沉积和沉降	构造	
新生界	第四系	更新统	Q_1x西域组		MsN-Q	SsN-Q		古近系第四系构造层	第三阶段	陆内前陆盆地	单边断层活动，单一沉降中心	沿天山山前线，呈明显的北薄南厚的楔形，最大厚度4000-6000m，以冲积洪积相砂层为主	地缘形冲推盆南弧逆推	新全球板块构造体制下，中亚统一板块西南缘地块群的俯冲与碰撞作用
	新近系	上新统	N_2d独子组								急速向南收缩阶段			
		中新统	N_1t塔西河组						喜山运动		整体沉降阶段			印度板块与欧亚板块碰撞
			N_1s沙湾组		MSBN	SBN₃s		E亚构造层						
	古近系	渐新统	$E_{2-3}a$安集组			SsE						天山山前凹陷，最大厚度1600m，冲积河流相红色砂泥岩及湖相红绿色泥岩为特征		
		始新统												
		古新统	E_1z紫泥泉子组		MsK-E	SBE₂z			燕山运动Ⅳ幕		沉降深埋			
中生界	白垩系	上统	K_2d塔西河组			Ssk₂		K₂亚构造层	燕山运动Ⅲ幕		整体沉降阶段	全盆广布，河流相咸化湖相砂泥岩和砾岩，拱向变化小，北边缘沉积薄，但全盆大面积的厚度保持在1200-1500m，成厚饼状	盆周边冲逆覆，由动源力来于西南，因盆南为挤逆冲，东北和西北被动应。这阶段经历多幕冲压作用，幕逆期盆边负沉降，中基上起特征，在地部形反构和压皱	沿斑公湖-怒江缝合带的俯冲与碰撞作用
		下统	K_1tg吐鲁群				Ssk₁	K₁亚构造层		车莫古隆起发育的第二阶段				
						SBK₁tg			燕山运动Ⅱ幕					
	侏罗系	上统	J_3q齐古组				SqJ_{2-3} SBJ₂t	J·k构造层		强烈隆升剥蚀	中央隆升和边缘凹陷阶段	全盆广布，具有南北两个沉积和沉降中心，河流湖泊相砂岩和煤系地层，至少有两个不是潮泛期的稳定潮泛期和两个造煤期的河流沼泽期交替出现，煤系可达800~1000m。到该阶段末期，盆地西部强烈隆升，而东部沉降	多边逆冲断层活动，多沉降中心	
		中统	J_2t头屯河组				SBJ₁t SBJ₂tg		燕山运动Ⅰ幕					
			J_2x西山窑组		MsJ	SsJ₂-₃	SBJ₂x₁ SBJ₂x₂	J_{1-2}^F亚构造层		低幅度降升				
		下统	J_1s三工河组			SsJ₁	SBJ₁s₁ SBJ₁s₂ SBJ₁s₃							
			J_1b八道湾组				SqJ₁b SBJ₁b₁ SBJ₁b₂ SBJ₁b		晚印支运动					
	三叠系	上统	$T_{2-3}x$小泉沟群			SsT₂-₃x	SBT₂-₃x	T构造层		沉降深埋	整体沉降阶段	全盆广布，中下三叠统为河流湖沼相红色碎屑岩，上三叠统为暗色泥岩，沉积沉降中心在昌吉凹陷、盆1井西凹陷和索索泉凹陷	车莫古隆起发育的第一阶段	俯冲和碰撞作用
		中统			MsT		T₂亚构造层							
		下统	T_1sh上仓房沟群			SsT₁sh	SBT₁sh	T₁亚构造层	早印支运动					
古生界	二叠系	上统						P_{2-3}亚构造层		深层断陷盆地陷部肩始隆起	前陆盆地	全盆统一陆相前海相特征	分布于中央凹陷和克拉美丽山前凹陷，盆缘近海湖相砂泥岩为主	东北缘西北缘陆前
		中统								天山碰撞造山				
		下统						P构造层			分隔性盆地		分布于中央凹陷、石南凹陷和英雄海互相砂泥岩夹硅质岩夹灰岩，西南交凹陷互相砂岩海相砂岩夹泥岩硅质岩夹灰岩	NWW-SEE向断陷盆地	提斯构造域尔造准地里木块、克地萨塔和利块克斯坦等伯亚地间俯冲碰撞南斯特域准噶块里木地、萨斯克古哈塔和利等伯亚地块西之冲作用
					MsP-C				海西运动:Pangea古大陆拼合开始		隆坳间隔		陆块俯冲碰撞	
	石炭系	上统						基底岩系	基底拼合阶段 具有结晶基底和盖层褶皱系的双重结构特征			凝灰岩夹石灰岩		
		下统												

图5-36 准噶尔盆地垂向充填序列图（年代地层、层序地层划分及构造演化）

（据陆永潮，2010内部研究内容）

需要指出的是，充填序列柱状图应从盆地基底地层开始编起，包括盆地起始阶段到封闭阶段的所有充填地层。换言之，应当包括下、上两个不整合面之间的所有盆地充填物。

依据盆地充填序列与构造演化的相互对应关系，分析盆地充填序列中存在的古构造运动面及构造演化阶段、各演化阶段基本构造单元划分、构造样式及其配置和盆地整体构造格架，编制盆地不同地层发育阶段构造演化、沉积沉降和构造动力背景特征。

三、骨干剖面-沉积断面图编制

(一)剖面的选择

剖面图是层序地层研究中的重要图件，它是线的工作开始，点的工作升华。"线"的选择要以"点"为依托，由"点""点"相连成"线"。需要注意的是，"线"要尽量地穿越盆地内的构造单元，以便能够完整地反映盆地不同构造带的层序面貌；"线"的走向既要有顺物源方向的，也要有横切物源方向的；"线"与"线"之间的距离不能太近，亦不能太远，近则太过相似，远则差别太大，要比较合理地调整距离；"点"和"线"的数目不能太少，亦不能太多，少则不能完整控制区域，多则工作量大。一般来说，大型的盆地骨干剖面一般控制在 8~12 条。

(二)剖面建立过程中的关键技术

剖面构建是进行储集体分析、有利相带预测的基础。在分析过程中，要遵循"地震-连井配合、时间-深度校正"的方法原则。

地震-连井配合：针对已选择的以井为主的剖面，需要在地震数据体上切取与之相对应的地震剖面，而分析过程要从地震剖面开始。在地震剖面上利用界面识别技术，识别关键界面，并且沿着同相轴进行追踪，从而建立时间格架剖面；随后利用不同盆地不同时间-深度之间的转换关系，将界面的时间刻度转化成深度刻度，从而将时间格架剖面转换为深度格架剖面；深度格架剖面建立后，可以在其基础上进一步完成体系域横向展布分析，沉积相带横向展布分析及有利储集体横向展布分析。在上述一系列分析的过程中，强调地震-连井之间的密切配合是关键。

时间-深度校正：此技术是时间界面转化为深度界面的关键，在操作过程中，其主要依据不同盆地时间与深度之间的转换关系进行。一般来说，每个盆地都有各自的时间-深度转换公式，如济阳坳陷的济阳尺；然而需要注意的是，有一些盆地没有统一的时间-深度转换公式，这需要研究者根据测井曲线、合成记录进行标定；另外有一些较大的盆地虽然有统一的时深关系，但是这种关系并非在每个区块都适用，会存在或多或少的差异，如果研究精度较高的话，需要每个区块都拟合各自的时深关系公式。

(三)沉积剖面图编图方法

在沉积学研究过程中，正确的研究方法都是通过恰当的图件来体现。笔者根据多年研究经验，提出了一套较为适用的区域沉积学剖面编图方法与流程。

1. 编图原则

在编制区域格架图件过程中，为了使得图件能够达到"准确、适用、全面"的目的，要遵循以下的编图原则。

规范化：所编图件需要在统一框架下进行，图件要有统一的格式和规范，同一类图件要具备统一的组成要素。

系统化：所编图件要能够从不同层次、不同角度系统地反映图件的构建过程。

标准化：通过图件编制要形成一套相关的编图标准，以后类似的分析均可遵照此原则进行。

工业化:绘制的图件应该具有工业化的应用价值,具有工业化制图的比例尺,可以直接指导生产实际。

2. 编图方法

通过对中国东部主要典型盆地的分析,在研究实践的基础上,提出区域沉积剖面编图可以用"三图"来反映,即地震格架图、等时地层格架图、沉积剖面图(图5-37)。

地震格架图:根据已经选择的区域剖面,在地震数据体中切取与之对应的地震剖面,并在此剖面上识别出所需层序界面。在解释过程中,要尽可能多地提取地震数据揭示的地质信息,不仅要注意对地震反射特征的识别,亦要注意对断层的解释,同时还要注意特殊地质体的识别(图5-38)。

等时地层格架图:此图是完成地震剖面到地质剖面的重要一环。需要借助研究区时-深关系,将地震剖面上获得的层序时间界面转换为深度界面,并标注在与地震剖面对应的连井剖面上。需要注意的是,连井剖面应根据研究要求以某个层段的顶拉平,以便真实地反映当时的沉积形态(图5-39)。

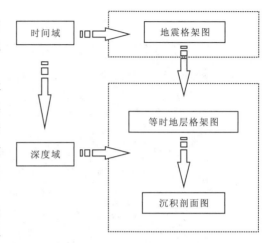

图5-37 区域沉积剖面编图方法与流程

沉积剖面图:在完成等时地层格架图后,研究区以三级层序为单元的格架就已建立。在此基础上,需要在每一个三级层序内进行体系域划分及沉积体类型识别和横向对比。此图可以刻画不同体系域内不同沉积类型的展布情况,但是刻画精度可以视资料情况而定,既可以到沉积亚相级别,局部区域也可能达到沉积微相的精度(图5-40)。

在编图过程中,要遵循"逐级编绘"的原则,要严格按照地震格架图→等时地层格架图→沉积剖面图的顺序,这一流程体现地震与地质的有机结合,最后形成研究区在层序地层格架下的沉积剖面图。

四、沉积体精细刻画编图

运用层序地层分析方法,不仅可以揭示沉积体系的内部构成要素的基本特征,还可以揭示各种沉积体系在等时地层格架中的空间分布以及随时间的迁移变化规律,特别是地震沉积学的应用,更好地揭示储集体精细微相带的展布,大大提高了储集体的预测精度。其方法主要是利用地震沉积学手段进行展开,是基于高精度地震资料、现代沉积环境和露头古沉积环境模式的联合反馈,以识别沉积单元的三维几何形态、内部结构和沉积过程,是当今沉积学研究的主要方向,涉及到的技术手段包括多元标定、90°相位转换技术、测井约束反演技术、地层切片技术、砂体描述、分频解释和综合属性分析等,其研究内容和思路上总体如图5-41所示。

沉积体精细刻画需要根据实际研究需要,选择合适的研究方法,对主要的目标体进行精细解剖。常用方法主要有测井约束反演技术、地层属性分析技术、地层切片分析技术,主要涉及的图件有反演剖面图、属性平面图、地层切片图,依次综合分析构成沉积体精细刻画图。

反演剖面图是利用测井约束反演技术描述和刻画储层、砂体在横向上的变化规律,尤其是在无井或少井地区,对于砂体预测具有重要意义(图5-42)。

属性平面图是描述和预测目标体在平面上展布规律的图件。目前已广泛应用于地震构造解释、地层分析、油藏特征描述以及油藏动态检测等各个领域,在油气勘探与开发中所发挥的作用越来越大。目前常用的属性有振幅属性(波阻抗、反射系数、速度、吸收)和相位属性。同时近年来还发展了相干分析技术、频谱分解技术、AVO技术和波阻抗反演技术。在实际操作过程中,一般遵循"建立地震解释和属性分析的工区→进行层位解释和闭合→依据研究任务筛选和提取相关的地震属性→地震属性优化→按

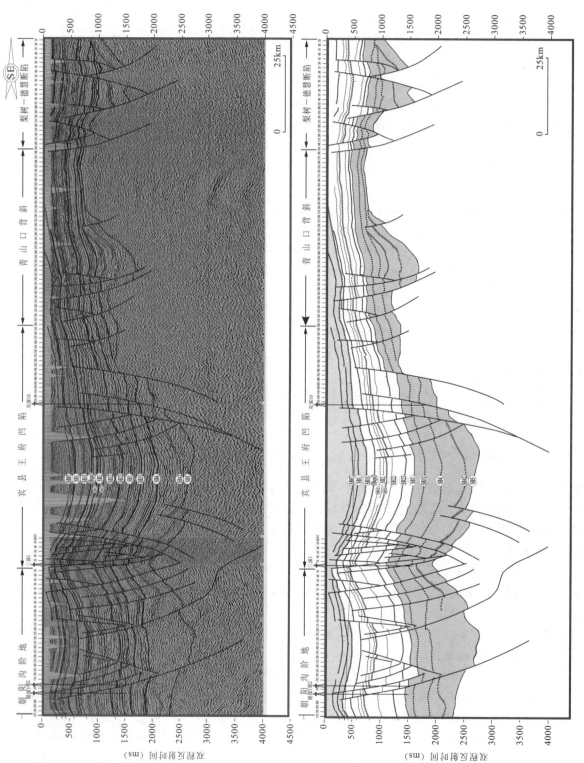

图5-38 松辽盆地北部东西向地震格架图(据解习农等,2007)

第五章 盆地充填分析编图方法

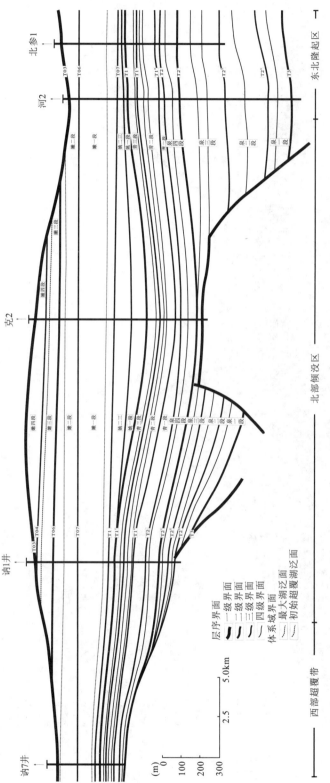

图 5-39 松辽盆地北部东西向等时地层格架图（据解习农等，2007）

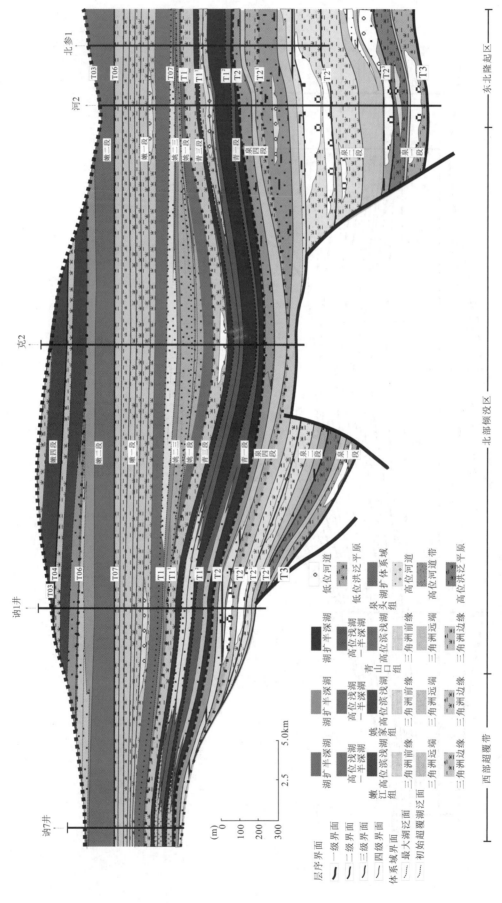

图 5-40 松辽盆地北部东西向沉积体剖面图（据解习农等，2007）

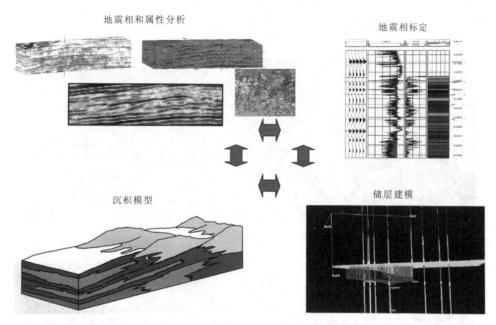

图 5-41 地震沉积学研究思路和流程图

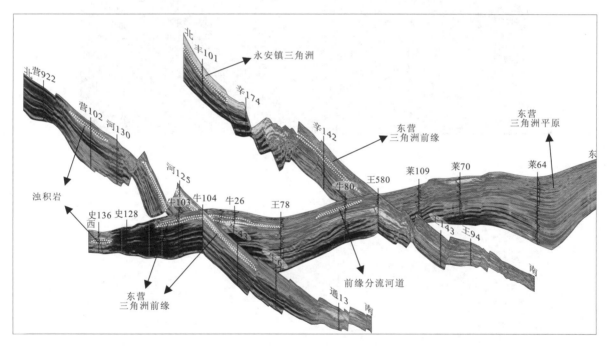

图 5-42 东营凹陷综合反演剖面图

需求成图"流程。

地层切片图是利用三维地震的水平成像(即时间切片)基础绘制的高分辨率的沉积相图像。常用的切片类型包括时间切片和沿层切片。时间切片是沿某一固定地震旅行时对地震数据体进行切片显示,切片方向是沿垂直于时间轴的方向,它切过的不是一个具有地质意义的层面;沿层切片是沿着或平行于地震层位进行切片,它更倾向于具有地球物理意义。

要注意的是,切片和属性分析必须要具有地质含义,不但可最大限度地识别并刻画沉积砂体的时空分布,且可证实砂体的物源方向。

沉积体精细刻画图是在利用多种技术对沉积体系进行刻画的基础上,结合钻井资料,对各类沉积体在空间上的展布规律进行精细描述的图件,是多种资料综合分析的结果(图5-43)。

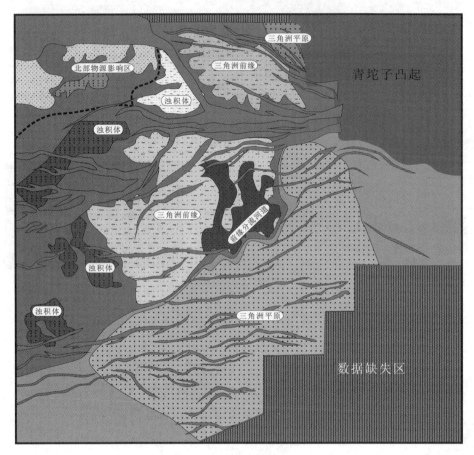

图5-43 东营凹陷沉积体系精细刻画综合图

第六章 盆地类型及其发育的动力学背景

第一节 盆地沉降作用

一、盆地沉降机制和类型

沉积盆地是地球表面的长期沉降区,盆地的沉降是岩石圈动力学演化的基本过程之一。许多学者根据地质观测和模拟研究确定了 7 个产生和维持盆地沉降的机制(Dickinson,1974,1976,1997;Ingersoll 和 Busby,1995)(图 6-1)以及几十种盆地沉降机制的类型(Dickinson,1976;Bally,1980;Ziegler 等,1988),大多数盆地是其中几个机制共同作用的结果,但是,从岩石圈机制的角度,盆地的沉降机制可以分为 3 类(图 6-2)。

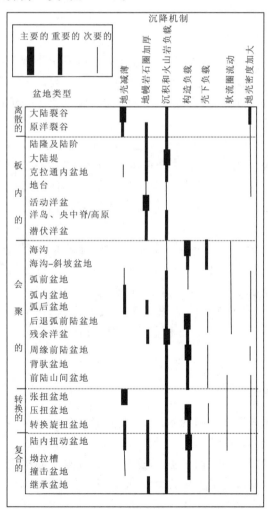

图 6-1 26 种盆地类型的沉降机制

(据 Ingersoll 和 Busby,1995)

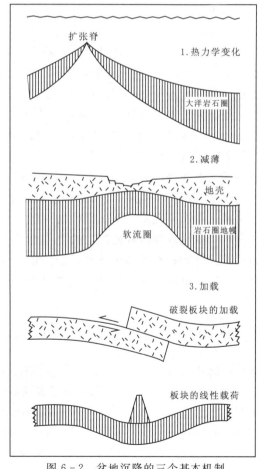

图 6-2 盆地沉降的三个基本机制

(据 Allen 等,1990,修改)

(一)热沉降机制

由于先前受热岩石圈的冷却及伴随的密度增大而产生的均衡沉降。岩石圈和地壳加热造成隆起，随之地表侵蚀使地壳变薄，然后又变冷导致这种热衰减壳的沉降。热沉降机制是被动大陆边缘、大洋盆地和大陆裂谷裂后坳陷的重要的沉降机制之一。在大洋中脊的顶部，热的岩石圈地幔突然置于冷的海底温度之下，然后随着海底背离扩张中心，地幔岩石圈不断地将热量散失到冷的海水中。因此，岩石圈在背离扩张中心时会不断冷却沉降，离开大洋中脊越远，沉降越深。热作用还会引起深部准稳定的辉长岩或下地壳的麻粒岩相向稳定的榴辉岩相的转化，从而使深部收缩，造成岩石圈表面沉降。

岩石圈的热来源于多个方面，但最主要的是来自软流圈的热对流，其他次要的热源有岩浆的生成和侵入作用、放射性矿物衰变等。

(二)构造应力作用

地壳或岩石圈厚度的变化与两个大的岩石圈构造动力学背景有关。一是地壳的变薄作用，属于拉张作用动力学体制，一般与裂陷作用所对应。拉张作用所产生的机械伸展引起地表张性断裂控制的沉降，地壳变薄，而深部软流圈上涌导致岩石圈变薄并产生热隆起；二是挤压作用动力学体制，由于岩石圈板块的俯冲、碰撞等会聚作用引起岩石圈向下牵引弯曲和地壳岩石圈的挠曲沉降，常见于俯冲带或造山带，热流作用较弱。

(三)负载(重力)作用

负载作用是指岩石圈加载造成的挠曲或弯曲变形作用。加载方式可以是链式火山或海山小规模载荷，也可以是山脉式大规模加载，形成大型前陆盆地。此外，盆地内水和沉积物产生的沉积载荷也是驱动盆地沉降的基本机制。特别是大型三角洲发育地区和海湾地区接受了大量的沉积，其负荷作用可以导致均衡下沉，使岩石圈变形弯曲成为一个宽阔的区域下坳带。

上述3种盆地的基本的沉降机制并非孤立地起作用，而通常是以一种为主，多种机制综合作用，共同构成盆地沉降的构造-热体制。其中由构造应力作用、热力作用产生的构造沉降是基本的沉降，而重力作用促使盆地沉降持续发展，并常常在盆地演化的晚期转化为主要的沉降机制。尽管各种沉降机制有一定的限制条件，但是，它们有些是相互联系的，一个机制可能触发另一个机制，如热对流作用可以触发岩石圈的拉伸作用或者是岩石圈底部的底侵作用。

因为作用力的时空范围广泛，而且它们以错综复杂的方式作用于具有非均匀性的地球物质，因此，盆地的沉降机制非常复杂。除了很少的例子外，目前的知识基础和研究水平仍然不足以预测盆地沉降的确切过程。盆地沉降过程的确定需要一个综合性的研究方法，这一方法既包括理论研究，又包括了由各种地质观测作为补充的实验研究。新的理论概念和技术的出现意味着有大量的发展机会，在地幔和地壳尺度上进行盆地形成和演化过程的研究，对于了解岩石圈的热历史和盆地的经济潜力是至关重要的。

二、盆地沉降中心及其与沉积中心的关系

盆地沉降中心、沉积中心和堆积中心是沉积盆地文献中常被提到的术语，一些学者曾比较详细地讨论过这些术语的定义、它们之间的关系及其实际应用(刘池洋，2008)。

沉降中心是受沉降作用控制的盆地基底顶面在盆地内沉陷最深的地区，这是一个与盆地的构造动力作用密切相关的术语。沉积中心是一个与沉积有关的术语，是指盆地内最细沉积物分布区，为沉积中心相发育区，主要受沉降作用及物源等因素控制。一般沉积中心区水体最深，常常是盆地内生烃灶发育的主要区域。堆积中心是盆地内沉积物堆积最厚的地区，主要受物源、水动力和沉降作用的控制。

沉积中心、堆积中心与沉降中心在成因上密切相关，在位置上相互关联，但其含义和主控因素则有

所不同,互相之间不能简单替代。如图6-3(a)、(b)所示,沉降中心、沉积中心和堆积中心分布位置一致,而图6-3(e)和(f)则表示沉降中心分别与沉积中心和堆积中心的分布位置大体一致,上述四种情形比较常见。3个中心完全分离的情况可能存在,但并不常见,这种类型在盆地一侧物源充足的地区,如受低角度正断层或逆掩断层控制的箕状断陷或前陆盆地[图6-3(c)、(d)]有可能存在。在地貌高差大、物源充足的前陆盆地[图6-3(f)]以及箕状断陷盆地,沉积物堆积最厚的地区或在沉降较深的洼陷靠物源区一侧[图6-3(c)、(d)、(e)],或是位于较深洼陷之中[图6-3(f)]。

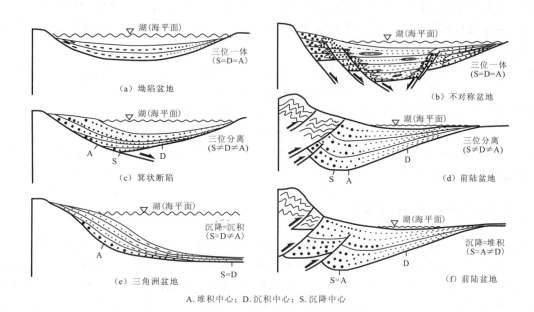

图6-3 盆地的沉降中心、沉积中心和堆积中心之间的关系(据刘池洋,2008)

盆地沉降及其类型通过对可容空间变化的一级控制,在宏观上制约着沉积作用和沉积岩的总体特征,反过来盆地内巨厚的沉积堆积的重力负荷又可以进一步产生明显沉降效应。对稳定构造背景的大型海相克拉通盆地,沉积中心与沉降中心的分布大多一致,但对于大多数盆地而言,上述三个中心的分布及其相互位置关系非常复杂,除了构造动力因素之外,水动力(水系、海或湖平面变化等)、物源(物源区性质及远近等)、古地理和气候等因素对这些中心的分布也会产生明显的制约和影响。对于这些中心及其相互关系的确定需要综合研究盆地发育的区域构造背景、影响盆地沉积作用的各种因素。

厘定和揭示盆地上述三个中心的分布位置、演变规律及其相互关系有助于分析和认识盆地的发育过程。尤为重要的是沉积盆地的沉积中心多为生烃凹陷,盆地沉积中心和堆积中心的迁移,多随着时间的推移而发生有规律或方向性的迁移,进而控制盆地内油气的成生、运聚和分布。因此,盆地沉降中心、沉积中心和堆积中心的研究具有重要的盆地动力学和能源地质意义。

第二节 沉积盆地的成因类型

一、概述

沉积盆地的类型划分是盆地分析的基础和盆地油气资源评价的重要依据之一。沉积盆地的分类不仅应当揭示盆地的发育机制,而且应当能够反映盆地之间特征的差异。迄今为止,人们已开展了大量的工作,以盆地与实际的构造区和构造过程的关系划分盆地的类型(Dickinson,1976;Bally等,1980;Allen等,1990,2005;朱夏,1982;叶连俊和孙枢,1980;李德生,1982;赵重远,1978;田再艺和张庆春,1996;

刘和甫等,1983)。由于沉积盆地形成背景和演化过程的复杂性,在盆地分类的研究中研究者往往各自从不同的方面强调盆地的某些特征。20世纪40至50年代时期,盆地的分类以槽台学说为指导,从60年代开始,人们开始研究盆地成因机制与板块构造的关系,并出现了许多以板块构造为基础的沉积盆地分类体系。不管是应用于沉积盆地理论研究的,还是应用于油气工业的分类,普遍以板块构造为基础,从板块相互作用的机理上考虑盆地的成因、演化和构造类型的划分,是许多盆地分类主要考虑的大地构造背景,如Dickinson(1976)强调盆地位置与岩石圈基底类型的关系、盆地离板块边缘的距离和接近盆地的板块边界的类型,划分了五大类型的沉积盆地。Bally和Snelson(1980)依据盆地位置与巨型缝合带的相互关系来进行盆地分类。我国学者朱夏(1982)将槽台学说与板块构造学说相结合,提出了"两个世代,两种体制"的盆地分类系统。

沉积盆地分类存在多种的争议,但是,沉积盆地的分类原则一般考虑下列因素:①盆地发育的大地构造环境,如克拉通内、离散边界、汇聚边界和转换边界等,相应地划分为克拉通盆地、离散边缘盆地、汇聚边缘盆地和转换边缘盆地;②盆地的基底性质、地壳类型等,如大陆壳、洋壳或过渡壳等,依此划分为陆内盆地、大洋盆地和大陆边缘盆地;③盆地形成的动力学过程,如拉伸作用、挤压作用和剪切作用过程等,划分的盆地类型有张性盆地、压性盆地、张扭盆地;④盆地的沉积充填史、构造古地理,可以划分出海相盆地、陆相盆地、过渡相盆地等。

二、沉积盆地的成因分类

由于盆地沉积和构造样式的演化主要受到地球动力学构造环境的影响,因此,从岩石圈动力学角度进行盆地分类是近年来人们比较强调的一种分类方案。Beaumont和Tankard等(1987)主编的《盆地形成机制》专著中将盆地构造类型简化为五类,即伸展、张扭、压扭、前陆和克拉通内盆地。更为简单的分类是按照盆地形成的力学机制所划分的三种盆地类型:①由岩石圈伸展作用形成的伸展型盆地;②由岩石圈弯曲产生的挠曲类盆地;③与走向滑动或巨型剪切带有关的走滑带盆地。

这种简单明了的盆地的动力学分类被人们普遍采用,其中,大多数盆地的动力学类型与断层的动力学类型一致。从水平应力场考虑,与伸展型盆地、挠曲类盆地和走滑带盆地相对应的盆地形成的动力学背景可以分为张性的、压性的和剪切的,相应的沉积盆地的边界断裂性质为正断层、逆断层和平移断层(图6-4)。

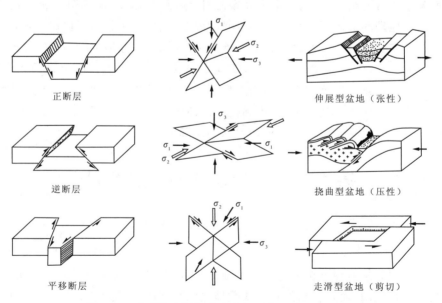

图6-4 盆地发育的构造应力场及类型(据Liu,1986)

Allen 等(2005)将岩石圈表面沉降的基本机制划分为均衡作用(isostatic)、挠曲作用(flexural)和地幔动力作用(mantle dynamic)(图 6-5)。均衡作用是由于地壳和岩石圈的厚度变化所致。岩石圈的冷却作用过程,如大洋中离开洋中脊向其两侧移动的岩石圈,会由于逐渐变冷而加厚,同时引起岩石圈表面沉降。拉伸作用和深部岩石圈的去根作用(delamination)会使岩石圈变薄,而大陆碰撞带内地壳的加厚作用,一般引起地表的均衡上隆。

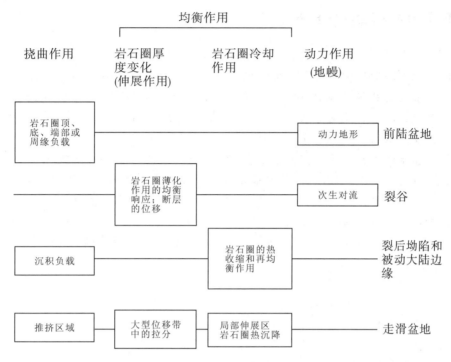

图 6-5　盆地的类型及各类盆地形成主要机制(据 Allen 等,2005)
(各个机制的重要程度由矩形框的大小表示)

在岩石圈表面和底部施加载荷或者去载荷过程可以引起岩石圈的挠曲作用。在火山和海山周缘的加载范围小,岩石圈表面产生小尺度的挠曲沉降,而山脉带则为大范围的加载,可致岩石圈表面大规模挠曲沉降。盆地中充填的沉积物由于重力加载,可以进一步强化盆地的挠曲沉降。

地幔温度变化可以通过物质的黏性流动来传递,由此引起的浮力作用可以使岩石圈表面抬升或者下降,形成所谓的地幔的动力作用效应。岩石圈内软流圈的流动、地幔对流和地幔柱均可以在岩石圈表面产生地幔的动力作用效应。

上述三种基本机制在不同类型盆地发育过程中所起作用的重要程度是不同的(图 6-5)。伸展型盆地实际上代表一个"裂陷-漂移沉积盆地序列",控制这类盆地的主要机制开始是岩石圈拉伸变薄的均衡作用,然后是拉伸作用停止后岩石圈冷却所致的热收缩作用。挠曲作用形成的盆地有两种,一种是板块俯冲带大洋岩石圈的挠曲产生的深海沟,另一种是板块碰撞带内或者弧后区域岩石圈挠曲形成的前陆盆地。海沟发育的力学机制是下插大洋板块的重力和岛弧重力的合力;而造山带的负载、岩石圈侧向密度变化(如由高密度的俯冲地幔引起)和板块碰撞带内水平挤压应力形成的合力是控制前陆盆地发育的主要力学机制。

地幔内部的动力过程对盆地的发育有重要的作用。起源于核幔边界的地幔柱上升并撞击岩石圈的底部,同时由于岩石圈的遮挡而大规模侧向扩展。这一过程将有助于大陆分离、新洋壳的形成、板底岩浆垫托作用和区域性均衡上隆。现今活动的地幔柱之上的热点或地幔对流的上升翼表现为地表穹窿和裂谷,而对流系统的下降翼之上发育所谓的"冷点盆地"(cold-spot basin)则表现为宽阔的浅坳陷。地质历史时期规模巨大的超级大陆的盖层可以对岩石圈之下温度产生屏蔽而使得岩石圈内温度升高,导致地表长期的、极度宽缓的低幅隆起。

第三节 沉积盆地发育的板块构造背景

一、沉积盆地的板块构造分类

从板块相互作用的机理上考虑盆地的成因、演化和构造类型的划分,是许多盆地分类主要考虑的大地构造背景,而且,从不同板块构造背景上研究盆地的沉降、沉积作用、构造演化和油气聚集的特征,对油气资源的战略评价曾起到了重要作用。20 世纪 90 年代,在大西洋两侧中新生代被动边缘盆地中一系列与深水斜坡扇及盆底扇有关的大油田的发现,更清楚地显示了以板块学说为基础的盆地研究在油气战略预测中的意义(Klemme 和 Ulmishek,1994)。

以板块构造为基础的沉积盆地分类最早出现在 Dickinson(1974)发表的文献中。Dickinson(1974)强调了沉积盆地所在的岩石圈的性质、沉积盆地相对于板块边缘距离的远近和邻近沉积盆地的板块边界类型(离散型、聚敛型和转换型)(图 6-6),沉积盆地的演化过程则由板块构造背景的变化和板块之间的相互作用所控制。据此,Dickinson(1974)提出了 5 类沉积盆地:大洋盆地(oceanic basins)、伸展大陆边缘(rifted continental margin)、弧-沟系统(arc-trench systems)、缝合带(suture belts)和陆内盆地(intracontinental basins)。

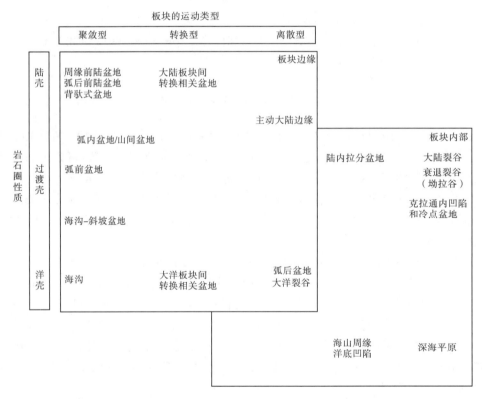

图 6-6 据岩石圈性质、板块运动类型和相对于板块边界位置的沉积盆地分类(据 Allen 等,2005)

在这个分类中走滑型或转换型盆地没有体现出来,后来,Reading(1980)的分类对此进行了修改和补充。Bally(1975)和 Bally 等(1980)依据沉积盆地相对于大型缝合线的位置,划分出三大类盆地系列,包括了与挤压收缩造山运动和岩浆活动有关的所有盆地类型。Ingersoll 和 Busy(1995)发展了 Dickinson(1974)的分类,划分出 26 类沉积盆地类型,并归并为离散、板内、汇聚、转换和复合(hybrid)等多种区域板块构造背景。表 6-1 为 Einsele(2000)根据 Kingston 等(1985)、Mitchell 和 Reading(1986)的理论综合而成的盆地分类,是根据板块构造理论提出的一个比较简洁的沉积盆地分类,考虑了以下 5 种成盆背景:①陆内或克拉通内;②被动边缘;③活动边缘;④碰撞边缘;⑤转换边缘。

表 6-1 沉积盆地的板块构造分类(据 Einsele,2000)

盆地类别	盆地类型	下伏地壳	动力背景	盆地特征
陆内或地台内坳陷	大陆边缘盆地 地台内盆地	陆壳	离散	面积大,缓慢沉降
陆内或地台内断陷	地堑构造 大陆裂谷 裂谷盆地带 坳拉槽	陆壳	离散	断裂为边界的比较窄盆地,早期裂陷阶段快速沉降
被动边缘盆地	张性断陷盆地 张剪性盆地 潜没的边缘盆地	过渡壳	离散+剪切	不对称,部分欠沉积补偿,晚期沉降速率中—慢
大洋坳陷盆地	初始洋盆 (生长的洋盆)	洋壳	离散	面积大、不对称,缓慢沉降
与俯冲带有关的盆地	深海沟	洋壳	汇聚	部分不对称
	弧前盆地 弧后盆地 弧间盆地	过渡壳	离散为主	深度和沉降变化大
与碰撞有关的盆地	残余洋盆	洋壳	汇聚	由于快速的沉积负载激活了沉降作用
	前陆盆地,后退弧前陆盆地(山间),破碎前陆盆地	陆壳	地壳挠曲,局部汇聚或转换运动	不对称盆地,沉降趋于加速,隆起和沉降共生
	与地体有关的盆地	洋壳		与弧后盆地相似
走滑和扭断裂盆地	拉分盆地(张扭性盆地) 压扭性盆地	陆壳/洋壳	走滑运动伴有汇聚或离散	较小的窄长形盆地,快速沉降

针对油气工业应用的沉积盆地分类以 Halboulty(1975)的分类为典型,后来又被 Fischer(1975)和 Klemme(1980)进一步发展和修改。基于沉积盆地的构造样式,如线形分布特征、不对称性和横剖面几何形态等,Klemme(1980)划分出 8 类主要的沉积盆地类型。这方面的盆地分类的目的主要是强调要有利于预测还未进行油气开发的盆地。如 Exxon 小组(Kingston 等,1983)确定了每一类盆地的特点和对比规则,以便于沉积盆地之间的比较分析,从而有利于对盆地的油气潜力快速得出判断。

二、各类盆地的基本特征

如上所述,现今的沉积盆地的构造分类大体都以板块构造框架为基础,盆地分类的基本原理相似,下面对与能源资源密切相关的盆地类型作简要解释和评述。

(一)陆内或克拉通内盆地

克拉通(craton)一词由 Stille(1936)提出,指被冒地槽所包围的稳定的褶曲或地盾(shield)。现代克拉通（陆台）的概念强调具有稳定性并在长时期内变形很小的地壳，包括地盾、地台和一些增生地体，都是大陆上相对稳定的地区，其形成时代古老，基底是前元古代或元古代岩石。

克拉通盆地就是发育在克拉通之上接受沉积的区域。关于克拉通盆地的确定还存在一些争议，Bally(1989)认为克拉通盆地必须具有前中生代的刚性基底，与中生代或新生代大型缝合线无关。不过目前一般认为即使是位于中生代基底，甚至是早期裂谷或其他类型盆地之上，但只要是长期保持稳定、只有微弱变形的都可以叫作克拉通盆地。从定义上说，从形成于克拉通边缘及其附近的克拉通边缘盆地到克拉通内部盆地都属于克拉通盆地的范畴，本书一般指"克拉通内盆地"或"内克拉通盆地（intracratonic basin）"，简称"克拉通盆地"（图6-7）。

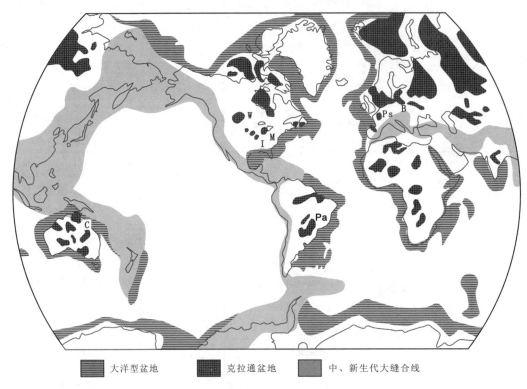

图6-7 全球克拉通盆地分布图（据Bally等，1988）
I：伊利诺斯盆地；W：威利斯顿盆地；M：密歇根盆地；B：波罗的盆地；Ps：巴黎盆地；
C：卡奔塔利亚盆地；Pa：帕拉那盆地

从图6-8可见，在坚硬的厚层陆壳上发育了两个克拉通盆地，其中一个发育在裂谷之上，另一个下伏无裂谷，其发育可能与下伏地壳的非均质性有关。在图中的A型俯冲和B型俯冲带之间有一条挤压型的大型缝合线正在发育，洋壳俯冲到陆块边缘之下，并与之聚敛，叠瓦冲断层形成弧后前陆盆地的载荷，该前陆盆地是由克拉通边缘盆地演化而来的。从图中可以看出正在发育的大缝合线与克拉通盆地有一定的距离，克拉通盆地是沿陆壳和洋壳聚敛边缘产生出挤压作用的结果。

现今的克拉通盆地在全球分布广泛（图6-7），多为规模巨大、构造较为稳定的坳陷型盆地，如北美克拉通区的伊利诺斯盆地、密歇根盆地和湖得孙湾盆地以及南美的巴拉纳（Parana）盆地，盛产油气的西西伯利亚盆地的面积可以达到350万km²。在我国中朝陆台上面积广阔的古生代坳陷即属于此种类型。"陆内"的范畴则大于克拉通，现今所知的大陆块多数是复合的，即包括了陆台、微地块或地体以及其间的造山带，许多具复合基底的盆地用"陆内"更为贴切。

克拉通盆地平面形态多样，圆形、短轴椭圆形常见，长宽比一般为1：1～2：1，盆地边界轮廓不太规则。剖面上一般为碟状，通常顶部受到剥蚀和侵蚀，底界面平坦或受下伏裂谷影响有较大的起伏（图

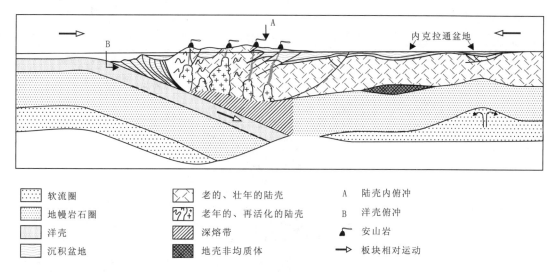

图 6-8 克拉通盆地发育的构造背景(据 Leighton 等,1990)

6-9)。克拉通盆地的基底沉降比较缓慢,沉降速率较低,Leighton 等(1990)对典型克拉通盆地的统计表明,沉降速率在 8~25m/Ma。内克拉通盆地常以大面积的滨浅海沉积和一部分海陆交互相沉积为主,由于处于构造的稳定环境,沉积速率缓慢,沉降中心与沉积中心基本一致。沉积物以稳定型的内源沉积碳酸盐岩沉积和陆源沉积为主,常形成横向上相变不明显的、宽而薄的席状砂体。

克拉通上发育的裂谷及坳拉槽盆地则是受巨大规模断裂系统控制的活动构造带,这些构造可跨越陆台和较老的造山带。对于受断裂控制的较小和较浅的断陷,则按其构造样式称为地堑或半地堑,而不称之为裂谷。较小的断陷可成群或成带出现,如北美的盆-岭式盆地系和晚中生代我国东北断陷盆地系(李思田等,1988;Ren 等,2002),它们同样代表着大规模裂陷作用的结果。

对克拉通盆地的发育机制曾经存在过多个假说,如岩石圈伸展和热隆(Ziegler,1988)、造山带构造载荷(Leighton 等,1990)、非造山花岗岩侵位(Klein 等,1987)、相变和热变质作用(Flower 等,1986;Haxby,1976)、板内应力(Cloetingh,1988)和均衡补偿(Derito 等,1983)等。其中,板内挤压应力是一个引人关注的克拉通盆地沉降理论,Cloetingh 等(1985)认为,大陆板块聚合产生挤压应力,应力传播到克拉通内部,加之克拉通内部水和沉积物负荷使克拉通弯曲沉降,并达到沉积盆地的规模。

克拉通盆地可以划分出全球或大区域可对比的、表现为显著不整合接触的构造层序界面,如北美 4 个大型克拉通盆地内可以划分出相同的古生代层序边界(图 6-9)。这些构造层序显示出克拉通盆地多阶段发育的特点,而且,尽管各个克拉通盆地形成的时间不同,但是各个大陆内克拉通盆地的主要层系都可以对比,表明盆地的发展具有全球范围内的控制因素。因此,许多学者从板块构造演化和相互作用的角度研究克拉通盆地的形成和演化,发现克拉通盆地层序的沉积间断期,也是主要板块构造重组和应力场发生变革的时期,板块构造应力场确实影响和控制了克拉通盆地形成、周期性的构造-地层事件、层序和沉积体系发育等过程(Ziegler,1988;Quinlan 等,1984;Cloetingh,1986,1988;Leighton 等,1990)。板块构造活动所产生的应力场成为克拉通盆地动力学演化最为直接而明确的机制。图 6-10 表示了板块构造运动及其对克拉通盆地发育演化的控制。

拉张阶段:内克拉通盆地的拉张阶段与两次超级大陆和泛大陆的裂解密切相关。第一次为晚元古代—中寒武世,元古代超级大陆裂解,如伊利诺斯和波罗的海盆地中的裂谷系;第二次为古生代末期—中生代早期海西造山运动之后,泛大陆裂解,形成了巴黎、北海和西西伯利亚盆地中对应的坳陷层系。这些事件以裂谷和坳拉槽的发育为标志,伴随着裂陷发生了快速的沉降和沉积。

聚敛阶段:以弧前和弧后盆地、环克拉通前陆盆地和新的克拉通盆地的发育为特征。密歇根盆地、威利斯顿盆地、巴拉纳盆地都是在板块构造演化的汇聚阶段发育而成的。

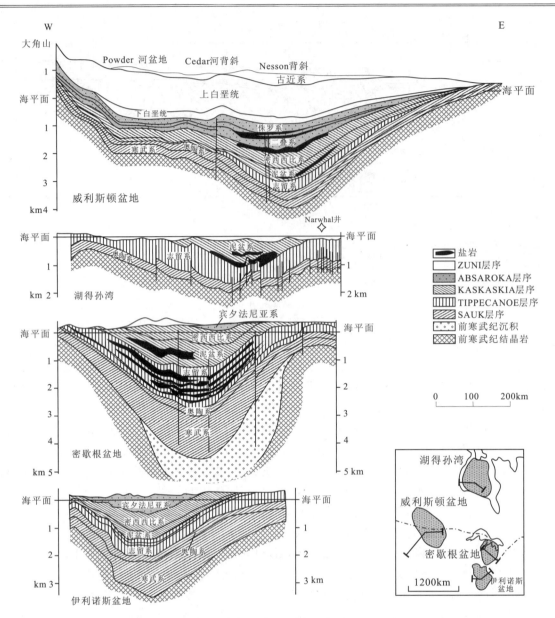

图6-9 北美4个克拉通盆地的剖面图(据Leighton等,1990)

碰撞阶段:有两种类型的碰撞作用,即陆陆碰撞和陆内碰撞作用。构造负荷作用对这个阶段盆地发育具有重要作用,导致了克拉通边缘岩石圈弯曲和周缘或弧后前陆盆地的发育。板块碰撞边界产生的挤压应力可以传递到克拉通内部,沿克拉通内先存的薄弱带发生变形,克拉通内盆地反转,这种特点在古生代北美克拉通尤为明显。

碰撞晚期及终止阶段:板块碰撞和终止期,强烈的挤压使得地壳缩短、增厚以及巨型缝合线定型。加厚的地壳抬升,并上升到海平面之上,发生强烈的剥蚀作用,大套地层的缺失和广泛不整合面形成。剥蚀作用导致碰撞带上的构造负荷作用减小并最终被卸载,地壳均衡作用使得大陆板块均衡回弹,产生大陆表面区域性的倾斜。

显然,板块的张开、聚敛及碰撞事件与克拉通盆地的发育演化阶段相对应。但是没有一个简单的模式可以适用于所有的盆地的演化。所有克拉通盆地的演化不一定都经历上述4个演化阶段,一些盆地可能开始于拉张阶段,另一些则可能开始于聚敛阶段,还有一些则可能发生在更晚的阶段;在克拉通盆地的演化中也可以终止于其中的某个阶段,这些都取决于构造应力场的方向和强度。

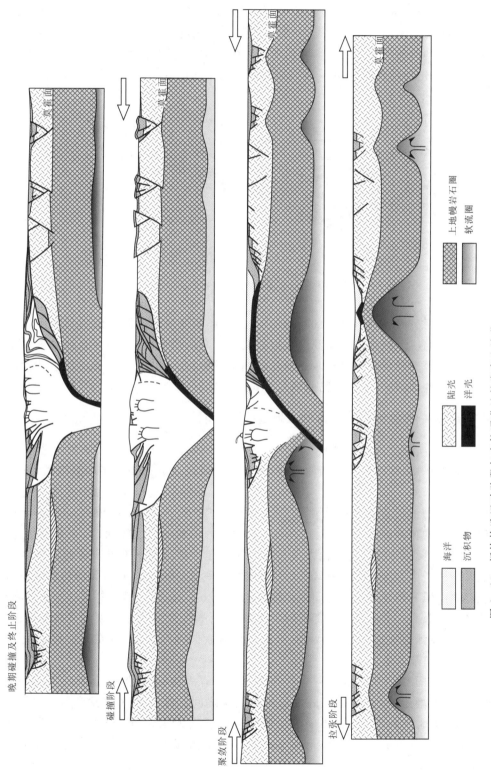

图 6-10 板块构造运动阶段与克拉通盆地的发育和演化(据 Ziegler,1988;Leighton 等,1990)

(二)被动大陆边缘盆地

被动大陆边缘盆地(passive continental margin basin),又称大西洋型大陆边缘盆地,是一个从大陆向大洋过渡的广阔带,地壳稳定。此类盆地起源于超级大陆的裂解,此种过程从初始的裂谷开始,在深部的超级地幔柱和地幔流的驱动下形成洋壳,并逐渐扩张。在此过程中于离散的大陆边缘普遍形成了拉伸背景下的盆地。最典型的代表是大西洋两侧中新生代盆地。这些盆地下部为断陷结构,上部为不对称坳陷,其基底跨越陆壳和过渡壳(图6-11),如大西洋边缘的尼日尔三角洲坳拉槽盆地归属于被动大陆边缘类型。

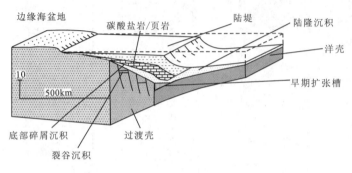

图 6-11 被动大陆边缘盆地的结构(据 Einsele,2000)

近十余年来,世界油气勘探领域最重大的发现是在大西洋两侧被动大陆边缘盆地深水领域大型和特大型油气田勘探取得的巨大成功。晚侏罗世至早白垩世特富的烃源岩、大型深水浊积扇储集体以及盐构造变形和输导断裂等有利成藏条件相匹配形成的油田规模巨大、储层物性好。在这些盆地中已发现了一系列世界级的大油田,最典型的如巴西的 Campos 盆地。

(三)与俯冲带有关的盆地(亦称活动大陆边缘盆地)

在聚敛型板块边缘,质量重而厚度薄的大洋板块俯冲到大陆板块或另一个大洋板块之下,俯冲板块在岩石圈深部产生熔融作用,熔融岩浆逐渐向上运移,并在上覆板块靠近俯冲带位置喷发,形成火山岛弧或陆缘岛弧。

与俯冲带相关发育的沉积盆地有两种情况(Dickinson,1976;Dickinson 和 Seely,1979)。在大洋板块与大陆板块俯冲形成的弧沟体系中[图 6-12(a)],俯冲带的位置一般比较深,形成海沟盆地;在海沟靠弧的一侧,俯冲板块上覆沉积物往往在俯冲没入海沟的过程中被刮削下来堆积成俯冲增生楔体。在增生楔体内部通常形成增生盆地(accretionary basin)或斜坡盆地(slope basin);弧沟体系沉积盆地的主体部分是位于陆缘火山弧和俯冲增生体之间的弧前盆地(forearc basin)。弧前盆地的基底可能是洋壳,也可能是陆壳或者二者兼有。在陆缘弧内部有时发育弧内盆地,主要接受来自火山弧的沉积;弧前地区的俯冲动力作用,可以在弧后地区产生 A 型俯冲,形成弧背褶皱冲断构造,并在其前缘形成弧背盆地(retroarc basin)或弧后前陆盆地。

对于洋洋俯冲作用[图 6-12(b)],弧沟体系的弧前地区有海沟发育,但是由于弧体规模通常比较小,有时不发育弧前或者增生盆地;但是在岛弧和大陆板块之间的弧后地区常发育弧后盆地(backarc basin),也成为边缘海盆地(marginal sea basin)。弧后盆地下伏为洋壳;若俯冲带向大洋方向俯冲后退,先前的岛弧停止活动,就形成了残余弧(remanent arc),新生的火山弧为前缘弧,两个岛弧之间则发育弧间盆地(interarc basin)。

事实上,活动大陆边缘盆地类型极为多种多样,其中,俯冲带与大陆之间形成的边缘海盆情况更为复杂,如鄂霍茨克海、日本海和南海。以南海及其边缘盆地的形成为例,其发育过程既有东侧、南侧板块俯冲的影响,又有印度和欧亚板块碰撞的影响及深部地幔流的控制,所形成的盆地类型也多种多样。迄

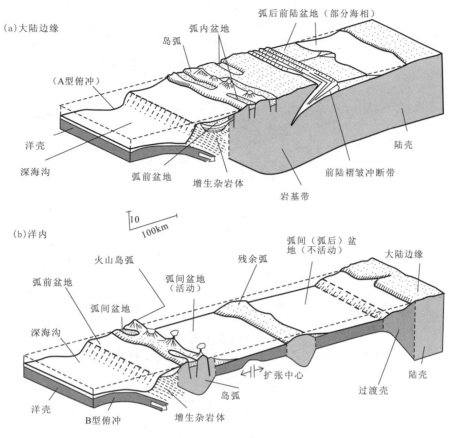

图 6-12　与板块俯冲有关的盆地(据 Einsele,2000)
(a)洋陆俯冲边缘；(b)洋洋俯冲边缘

今活动大陆边缘盆地的成因尚有许多疑难问题有待解决。

(四)与碰撞有关的盆地

从板块俯冲到大陆碰撞,这一过程中形成了一系列相关的盆地,包括残余海盆、前陆盆地和山间盆地等(图 6-13),其中前陆盆地对油气聚集最为重要。前陆盆地发育于大型克拉通或较小的地块边缘并紧邻造山带,其形成演化体现了沉积与造山的耦合过程。造山带的挤压和山体的推覆在克拉通边缘上产生的负载效应引起了前陆盆地的不对称沉降。Dickinson(1974)识别出了两种类型的前陆盆地,并分别命名为周缘前陆盆地(peripheral foreland basin)和弧后前陆盆地(retroarc foreland basin),后者也曾被译为"后退弧前陆盆地",这两类盆地已经在有关章节作了深入阐述。与弧后盆地(backarc basin)不同,弧后前陆盆地是挤压背景下形成并发育于陆壳之上,而弧后盆地是在伸展背景下形成,其下常有过渡壳和洋壳。周缘前陆盆地发育于大陆碰撞期俯冲板块之上,通常以海相地层占优势,充填序列相对较薄。弧后前陆盆地发育于挤压性的岛弧或造山带之后,盆地发育时间长,充填序列在前渊(foredeep)部位巨厚。此类盆地油气潜力巨大,如北美科迪勒拉山带以东的西加拿大盆地,以及中东的阿拉伯/伊朗盆地。在许多油气地质文献中常统称前陆盆地,并不精细划分周缘或弧后两种类型。

(五)与转换带有关的盆地

转换带通常都是大型走滑带。板块学说的早期转换断层(tranform faults)指横切洋中脊有特定运动形式的断层。以后这一术语使用范畴较广泛,也包括划分构造单元边界的大型走滑带。在转换带处可形成拉分盆地和压扭性盆地(图 6-14),圣安德列斯断裂带旁侧的 Ridge 盆地常被作为此种类型的典型代表。

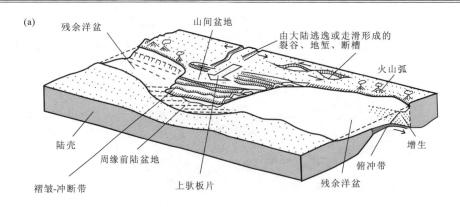

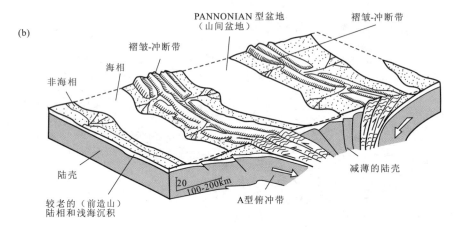

图 6-13 与碰撞有关的盆地模式图(据 Einsele,2000)

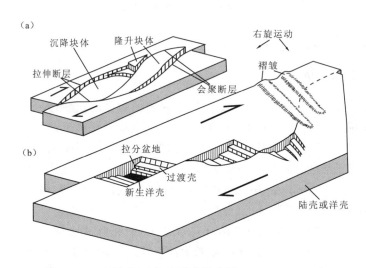

图 6-14 走滑/扭动盆地形成模式图(据 Einsele,2000)

一些直接发育于大型走滑带之上,受其走滑运动和伸展作用双重控制的盆地可能更为普遍和重要,如马来盆地和莺歌海盆地。此种类型可称为转换-伸展盆地。

第四节 沉积盆地构造样式

很久以来,人们就认识到地球上众多的含油气盆地以及盆地内不同级别、不同规模的构造,油气聚集带和油气圈闭,虽然在形态、结构和油气聚油特点上千差万别,但它们都不是孤立存在的,相互间往往有成因联系,空间分布上也是有规律可循的,这些构造上相互联系的若干单体在空间上的排列组合即构造样式(structural styles)。构造样式分析涉及对盆地性质、类型及变形机理的认识和判断,是沉积盆地构造研究的基础内容之一。正确的构造样式分析不仅可以为盆地内地震剖面的解释提供合理的构造模型,而且对于含油气沉积盆地来说,也是油气资源评价的重要依据之一。相似的构造样式具有类似的油气圈闭,因此,构造样式的分析可以用于预测地下油气圈闭,了解盆地内成矿规律,建立盆地构造模式和油气聚集模式。长期以来,许多学者曾以不同方式、从不同的角度讨论盆地构造样式问题(Harding等,1979;Lowell等,1985;王燮培等,1991,1996;刘和甫,1993;漆家福,1995,2006;田在艺等,1996;姚超等,2004),其中美国地质学家Harding(1979)和Lowell(1985)的构造样式的概念和类型划分有着广泛的影响。

一、构造样式的概念

构造样式的概念不是针对单个地质构造,而是针对一组有着一系列共同特点和规律的构造组合而言的。任何一个特定的地质构造,如一条断层、一个背斜,只要仔细分析就会发现它们的几何形态、发育历史都有些差异,但是,从大区域范围来看,这些局部构造相互间往往在几何特征、运动演化和应力机制上有着密切联系,形成特定的构造组合。变形条件相似的地区,其构造组合也类似。因此,构造样式就是指同一构造变形期或同一构造应力作用下所产生的一系列在几何学和运动学关系上有密切联系的相关构造变形的组合。可以看出,构造样式的概念十分强调的是构造组合的含义,也就是说构造样式是以同一应力环境下所产生的构造变形的总体特征来反映的。

二、构造样式的分类

(一)Harding 和 Lowell 的构造样式分类

Harding 等(1979)和 Lowell 等(1985)首先强调基底是否卷入,将沉积盖层的变形是否受基底构造的控制作为分类的一级标志,划分出基底卷入型和盖层滑脱型两大类构造样式。基底卷入型表明盆地的基底卷入了盆地的构造变形,且对盖层的变形有重要的控制和影响,因此,该类构造又称之为厚皮构造。盖层滑脱型变形构造亦称薄皮构造,指盖层变形未直接透入基底,滑脱面可以是基底层的顶界面或盖层内部的某个界面,滑脱面在变形过程中起重要的作用。构造变形应力决定了构造样式的基本特征,根据变形所承受的主要力学环境,上述基底卷入型和盖层滑脱型构造样式进一步划分为8种(次级)构造样式(表6-2,图6-15)。

表6-2 Harding 和 Lowell 的构造样式分类简表(Lowell J D,1985)

类型	基底卷入型构造				盖层滑脱型构造			
构造样式	扭动构造组合	压性断块和逆冲断层	张性断块	基底翘曲、穹隆和坳陷	逆冲-褶皱组合	正断层组合	盐构造	泥构造
变形应力	力偶	挤压和隆起	拉张和隆起	隆起	挤压	拉张	密度差、差异负荷	
油气圈闭	雁列褶皱	不对称断块	掀斜断块	拱起、穹隆	逆冲上盘前缘褶皱	滚动背斜	盐(泥)核背斜、边缘上掀地层	
板块背景	转换边缘	会聚边缘	离散边缘	板内	会聚边缘	被动边缘	离散边缘、板内	被动边缘

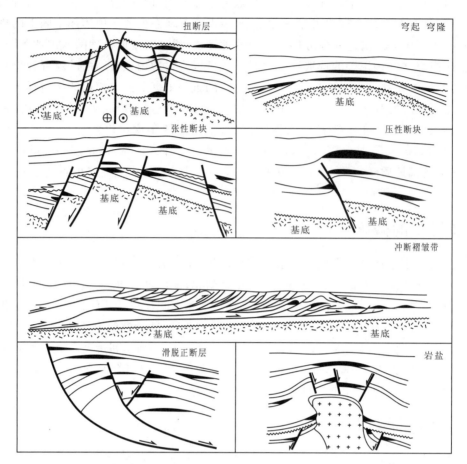

图 6-15 沉积盆地中一些典型的构造样式及其伴生的油气圈闭（黑色部分）（据 Lowell,1985）

基底一词来自地槽-地台大地构造学说,系由前震旦纪或前寒武纪巨厚的、已变质的沉积岩系与火山岩组成,构造复杂,一般遭受过较强的区域变质作用。地台具有双层结构,下部为基底,上部为盖层,二者之间以角度不整合接触。盖层由震旦纪或寒武纪以来的沉积岩系组成,未经受区域变质作用,其沉积物组成地台型建造序列。

在沉积盆地分析中,基底（basement）是相对的概念,指的是盆地形成之前的地层,例如中、新生界盆地的基底,指的是前中生代地层,包括古生界的沉积岩、岩浆岩以至更古老的变质岩。根据岩性组成和变质程度可以分为结晶基底、准沉积基底和变质基底等类型;按其地壳的性质,基底可以是陆壳、洋壳和过渡壳。基底是沉积盆地的基础和底盘,是沉积盆地赖以生存的基础。对于石油勘探来说,基底卷入程度是很关键的,因为它不仅表明构造演化的机制,而且,还大致说明了盆地中油气圈闭所影响、所包括的沉积厚度。沉积盆地分析中的盖层（cover）是指盆地发育期沉积的地层。这里的盖层与油气田勘探开发研究中所称的盖层是有区别的,油气勘探开发中的盖层（caprocks）是相对于生油层-储层而言的,它位于储集层之上,能够分隔储集层并能阻止储集层中的油气向上溢散的岩层。

Harding 和 Lowell 的构造样式分类将盆地内各种变形的构造样式和区域板块构造相联系,不同的板块构造背景和不同的板块部位（板内和板缘）具有不同的构造样式,从而深化了构造样式形成机理和空间分布规律的分析。此外,该分类把构造样式和油气构造圈闭类型紧密地联系在一起,不同的构造样式伴生不同的油气圈类型。按照这样的思路和比较大地构造学的方法,就可以在石油勘探新区资料较少的情况下,去认识和预测含油区中可能出现的构造样式及有关的油气圈闭类型。因此该分类具有重要的理论和实践意义。

(二)构造样式的成因机制类型

许多学者认为,构造样式类型与盆地形成的地球动力学过程密切相关。由于盆地所处的大地构造位置,经历的演化阶段,各演化阶段所受的地球动力学特征等方面的不同,各盆地不同构造层及同一构造层的构造样式都有差异。按照盆地形成的地球动力学背景和机制,可以划分出伸展构造样式、收缩构造样式和走滑构造样式三大类构造样式,然后按其卷入深度进一步划分为基底变形和盖层变形(刘和甫,1993;田在艺等,1996)。在我国,东部中新生代裂谷盆地在地壳张裂或扭动构造动力环境下,多形成由犁式正断层控制的半地堑、半地垒等构成的伸展构造样式;西部在挤压构造动力环境下形成收缩构造变形样式,在塔里木盆地、准噶尔盆地等盆缘地带广泛发育了山前逆冲褶皱系统;沿着大型的走滑断裂系统,如郯庐断裂、阿尔金断裂则发育了大量的花状构造为代表的走滑构造样式。

1. 伸展构造样式

伸展构造样式是在拉张应力作用下形成的构造组合。它广泛分布于被动大陆边缘、洋中脊及陆内裂谷系中。

在岩石圈尺度上,由于物质组成具有垂向非均质性,导致岩石圈不同层次的变形特点不同。浅部主要表现为脆性变形,形成高角度正断层;深部则主要表现为韧性变形,形成韧性剪切带。这些韧性剪切带常常沿着岩石圈内的薄弱面或层圈界面形成大型韧性滑脱拆离面,浅表层次发育的正断层大都在深部消失于这种近水平的大型滑脱拆离面上。伸展盆地中广泛发育各种伸展构造样式,主要以正断层系及其伴生构造为主,按其卷入深度呈现不同特征。基底卷入型构造,深层次主要表现为韧性剪切带,广泛发育为糜棱岩前锋带,亦称为基底拆离断层,其上、中层次则为基岩中的脆性正断层,浅层次为断陷盆地沉积中正断层系。依据断陷盆地中断层产状及其与地层的组合关系,常见有以下几种类型的伸展构造样式。

(1)堑-垒式断块。该构造在伸展盆地中常见,特别是裂谷型盆地。其构造组合主要为相邻两条相向倾斜的正断层共同具有一个下降盘,构成地堑,而相邻两条相背倾斜正断层具有一个共同的上升盘,构成地垒,一系列地堑和地垒组合在一起则形成堑-垒式断块系;单条正断层其上下盘可分别构成半地堑和半地垒,一系列同向倾斜的正断层系则形成了半地堑-半地垒式断块系。如果堑-垒式断块系和半地堑-半地垒式断块系区域广大,则形成所谓的盆岭省,如著名的北美西部盆岭省和东北亚晚中生代盆岭式断陷盆地系(李思田等,1988;Ren等,2002)。

(2)铲式正断层与滚动背斜。广泛发育于伸展构造体系的沉积盖层中,特别是三角洲沉积体系的进积层序中。铲式正断层是一种凹面向上的正断层,断面产状随着深度加大而变平,有时呈台阶式,这与岩层中岩性差异或超压作用有关。铲式正断层可以由伸展作用、重力作用和塑性岩层浮力作用所产生。由伸展作用或重力作用所产生的铲式正断层组合,常形成叠瓦状正断层系,一般是从盆地边缘向盆地轴部发展,向盆地轴部断层时代也逐渐变新。由于伸展作用在铲式正断层两盘之间产生潜在间隙,断块滑动时,顶部岩层的重力逆牵引将导致铲式正断层上盘内滚动背斜形成,这是断陷盆地中的一类重要的储油构造。当断块两侧有相向断层发育时,则对偶断层上产生的水平位移相当于对所夹断块的挤压作用,此时的滚动背斜为补偿性挤压背斜,特征为背斜形态比较完整,幅度较高。而同向断层导致的滚动背斜则形态相对较为平缓或成为鼻状构造。

(3)拱断背斜。拱断背斜是由于盆地内部塑性岩层,如岩盐、石膏、软泥等的挤入上拱形成的背斜构造。由于局部张应力场作用,背斜顶部往往发育一系列"卷心菜"式的对倾断层组合。我国东部断陷盆地的中心地带,多发育有此类构造。此外,也有火山岩侵位造成的拱断背斜,或者是由于基岩断块形成的古潜山,其周边伴生铲式正断层,并在其上形成披盖构造。

2. 收缩构造样式

挤压构造环境与板块的俯冲、碰撞造山作用有关,在挤压动力环境下,岩石圈发生挠曲产生盆地,并形成各种构造组合构成的收缩构造样式。褶皱冲断层系是收缩构造样式最主要的构造表现,广泛分布于沟-弧系及与造山带伴生的前陆盆地或山前挠曲盆地之中。根据是否卷入基底,收缩构造样式也分为两大类:基底卷入厚皮构造,深层次的冲断层主要呈现为韧性剪切带,伴生流动褶皱与相似褶皱,劈理发育,韧性剪切带之上为基底冲断层及挤压断块;盖层滑脱薄皮构造,中、浅层次发育叠瓦冲断带及双重冲断层带,伴有中等变形的同心褶皱,渐变为前陆盆地向斜带,变形微弱,发育平缓褶皱。

(1)基底冲断层与压缩断块。基底冲断层主要发育在弧前盆地的靠陆一侧,以及前陆盆地的造山带一侧。位于弧前区的基底冲断层常遭受俯冲作用的高压变质作用,而位于弧后区的基底冲断层则常受岩浆活动的高温变质作用。基底冲断层的各种组合可将基岩切割成不同几何形态,基底冲断层的同向组合可将基岩切成阶状叠瓦断块;基底冲断带的反向组合可将基岩拱曲隆起或楔状上隆。

(2)盖层冲断层系与伴生褶皱构造。盖层滑脱变形盖层冲断层系与弯滑褶皱构造从靠近造山带向前陆盆地具有不同的变形特点,主要可以分为3种组合:第一,叠瓦冲断层系,主要由相同倾向的断层系组成;第二,冲起构造与三角带构造,主要由不同倾向的断层组合,在背冲断层组合时,其间出现隆曲,称为冲起构造。在对冲断层组合时,其间出现坳曲或三角带;第三,双重冲断层系,当冲断作用连续发育时可以在上部形成一个顶板冲断面,同时在下部也形成一个底板逆冲滑脱面,运动连续进行时就形成双重冲断构造。

与冲断层伴生的褶皱构造是由冲断层及滑脱面位移产生的。它可以沿冲断层台阶状轨迹发育形成断弯褶皱;或当冲断层向更高层位扩展时,在锋端形成断展褶皱;也可以沿冲断层滑脱面在锋端附近发育形成滑脱褶皱。

3. 走滑构造样式

在力偶作用下沿平移断层作扭转运动时,可以形成走滑构造样式。走滑应力大多伴有拉张或挤压,因而一般情况下,走滑环境形成的是以走滑为主的构造样式,同时沿平移断层的拉伸分量或挤压分量可以形成坳陷或隆起。走滑构造大多是基底卷型构造,但也发育一些属于盖层走滑构造。因而走滑构造样式也可分为基底卷入性和盖层变形型。

(1)走滑断层与花状构造——基底卷入型。根据走滑断层所卷入的岩石圈性质可以划分为"板间"和"板内"两种类型。板间的走滑断层称为转换断层,切穿岩石圈;板内的则一般所称的走滑断层。此外仅发育在盖层滑脱带上的可称为横推断层或捩断层。走滑断层常具较大位移,如我国东部郯庐断层和西部阿尔金断层,位移距离可达几百千米。走滑断层在基底中断面陡立,断裂带破碎,两侧反射层中断,在地震剖面上不易追索对应的同相轴,向上至浅部或盖层中散开和分枝,常形成"花状"构造。由于走滑断层带中的分量不同可以形成正花状构造和负花状构造。正花构造是在压扭性应力场情况下形成的,基底中走滑断层向上分枝,并形成背形构造,主要发育在挠曲盆地中;负花构造是在张扭性应力场情况下形成的,走滑断层向上分枝并形成向形构造,主要发育在拉分盆地中,如伊兰-伊通盆地和渤海盆地的郯庐断裂带附近。由于走滑断层的弯曲,可以在同一断层带上发生走滑-伸展构造和走滑-压缩构造。

(2)盖层横推断层与雁列褶皱——盖层变形型。横推断层主要是在横向上调节冲断层带在走向上位移量的不一致,以达到冲断构造带在空间上的平衡。同样在一些拉分盆地或裂陷盆地内也广泛发育横推断层,用以调节各断块之间的伸展量。有时断层不明显或不发育,是以构造转换带形式出现,对两侧的断层位移和倾向发生变换。横推断层主要发育在盖层中,有些情况下切割到基岩。雁列褶皱是受走滑断层影响,在扭动带中形成极有油气远景的构造圈闭,如我国西北地区中新生代受扭动应力场控制的横推断层及伴生褶皱亦十分丰富,具有良好的油气圈闭条件。雁列褶皱与走滑断层之间的夹角最初呈45°,随着走滑作用进行,褶皱轴与断层之间夹角逐渐小于45°,大多数情况下为30°左右。在强烈扭动情况下夹角更小,褶皱枢纽变陡。

三、构造样式的复合与叠加

在实际中,单一应力作用形成的具简单力学性质的盆地并不多见,沉积盆地的形成过程中其力学性质常常表现为多种应力的联合、复合作用,或先后经历了多种应力的综合作用,由此导致由单一因素控制的构造样式并不多见,大部分盆地的构造样式具有成复杂多样的复合或叠加变形的特征。在含油气盆地中,拉张或挤压作用为主的构造变形,由于应力传递的差异性或传递方向与构造带的差异性,往往导致构造变形兼有平移特征。而大部分走滑构造不同程度地兼具引张或挤压的特征。

反转构造样式是沉积盆地中典型的复合构造样式之一,反转构造与区域应力场变化有关,如由伸展构造体系转化为压缩构造体系,称之为正反转构造;或由压缩构造体系转化为伸展构造体系,称之为负反转构造。在正反转构造中,一个张性或张扭性盆地的演化后期,由于大地构造体制的转化和区域应力场的变化,转变为压性或压扭性应力场,盆地由引张下沉到挤压上隆,断裂由正断层转变为逆断层,剖面上表现为下凹上隆,下正上逆;在负反转构造中,压性或压扭性应力场转变为张性或张扭性应力场,构造变形由下部的挤压变为上部的引张盆地,断裂由逆冲断层转变为正断层,剖面上表现为下逆上正。例如,我国西部塔里木盆地塔北隆起带的构造演化前期受南天山南缘海西运动的影响,在自北向南的强大挤压作用下,发育"背冲断裂系"。中—新生代南天山继续抬升造成库车前陆坳陷的快速挠曲沉降,此时塔北隆起正处于前陆盆地南翼的前缘,在库车坳陷快速沉降的影响下,隆起带顶部局部纵张,使早期发育的背冲型逆断层发生正断活动,出现负构造反转。在这些负反转断裂的两侧形成了与之相关的断背斜、断块、断鼻等极为有利的油气圈闭类型。

因此,由于本质上不同的构造变动的叠加和符合等原因,可以使构造样式的识别变得相当困难。但是,只要熟悉以上基本类型,结合当地地震地质资料,通过认真的分析、对比,构造样式是可以鉴别的。鉴别构造样式的基本准则是局部构造的平面和剖面形态以及这些构造平面展布特征,特别是沿走向排列上的重大差异。根据前人总结与实际经验,鉴别构造样式要特别注意以下几点:第一,识别关键性的构造特征,如褶皱和断层的雁行排列,正断层下降盘时逆牵引现象;第二,构造在走向排列上局部的重大变化;第三,总体的区域构造格局。

第五节 沉积盆地的叠合演化和深部活动

一、沉积盆地的叠合演化

中国及世界许多大型盆地研究的结果表明,盆地在漫长的演化过程中随地史发展呈阶段性演化,在不同的演化阶段构造性质不同。所以现今的盆地大地构造单元实际上是由不同运动体制下形成的具有不同沉降结构的盆地原型所组成的叠合盆地。

叠合盆地的演化遵循板块构造的一般原理,大洋沿裂谷带张开并通过新生洋壳的增生形成深海洋盆。当洋壳的俯冲速率超过了扩张速率的时候,洋盆地开始闭合,并最终导致了陆-陆碰撞,这一洋盆的演化过程即"威尔逊(Wilson)旋回"。威尔逊旋回的延续时间可以达到几亿年的时间,而某一个地区的演化有可能经历一个或几个威尔逊旋回。由此导致了盆地演化经历多个盆地原型的转换和叠加。例如由裂谷盆地向大陆边缘盆地的转化,或者是由发育复理石的残余海盆地向发育磨拉石的周缘前陆盆地的转化。

朱夏(1986)特别强调盆地原型的划分和叠合关系与世代的研究,曾划分了中国大陆晚三叠世—早白垩世,晚白垩世—古近纪和新近纪三个时期的变革盆地,指出我国大陆变革盆地与古生代盆地是两大阶段运动体制的产物。我国东部变革原型盆地的最普遍的叠加形式是由断陷转化为坳陷,即断—坳转化,表现为不同世代的断陷与陆内或陆缘坳陷的叠合关系,典型的如松辽盆地早白垩世晚期到晚白垩世坳陷叠合在晚侏罗世—早白垩世断陷之上,在华北和苏北盆地,新近纪坳陷叠合在古近纪断陷之上。华北和苏北盆地的古近纪盆地原型与中生代盆地原型的叠合,反映的是另一种类型的盆地原型的叠合关系,这两个时期的盆地原型都是断陷盆地或走滑断陷盆地。四川盆地和鄂尔多斯盆地发育在我国的中部,古生代为台地坳陷,被中生代的前渊坳陷所叠合。我国西部的塔里木盆地,其北部由天山海西早期弧后洋盆关闭造山所保存的早古生代裂谷边缘坳陷和弧后边缘沉积被晚古生代和中生代长期发育的前陆盆地所叠合。

盆地原型的叠合还对油气分布有重要的意义,许多世界上超大型含油气盆地一般都具有叠合结构。在叠合盆地中,油气形成、运移和聚集通过输导系统连通,早期盆地中生成的油气可在年轻的盆地中聚集,因此,对盆地进行整体研究很有必要。但在盆地分析中需识别和划分每种单型,以及后期成盆过程对前期盆地的改造。不同类型盆地的合理叠合有利于大规模的油气聚集,例如前期的裂谷有利于形成烃源岩及有机质的高效转化,而后期挤压背景下的挠曲类盆地则有利于形成大型构造圈闭。表6-3为全球与晚中生代烃源岩有关的14个巨型含油气系统所处盆地的性质及演化序列,这14个巨型油气系统占当时全球石油储量的1/4(Klemme,1994)。这些盆地演化的早中期大多经历了裂谷阶段,而后期许多盆地经历了前陆或其他类型挠曲盆地阶段,如阿拉伯/伊朗、西西伯利亚以及中里海等著名的大盆地。Klemme(1991)通过大量资料归纳总结出全球重要的已知油气都归属于北方域和特提斯域,在特提斯域内的阿拉伯-伊朗盆地经历了地台—裂谷—坳陷—前陆四个盆地原型的叠合,为形成超大型含油气系统提供了极为理想的构造条件。

表6-3 世界上14个形成超大型油气系统的叠合盆地的演化序列(据 Klemme H G,1994,简化)

油气系统编号	所在油区或盆地名称	盆地演化序列
1	阿拉伯/伊朗盆地	P—R—S—F
2	西西伯利亚盆地	R—S
3	西北欧大陆架	R—S—R—S
4	墨西哥湾盆地	R—S—HS
5	阿姆河-塔吉克区	R—S—F
6	中里海区	R—S—F
7	也门区	P—R—S
8	Neuquen 盆地(阿根廷)	R—S—F
9	大巴布亚区	R—S—F
10	澳西北陆架(Barrow - Dampier 亚区)	R/S—R—S—HS
11	Grand Bank - Jeane d' Arc 盆地	R—S—HS
12	Grand Bank - Scotia 盆地	R—S—HS
13	Vienna 盆地(奥地利)	复合型
14	Vulcan 地堑(澳西北陆架)	R/S—R—S—HS

注:表中 R 为裂谷;P 为地台;S 为坳陷;F 为前陆盆地;HS 为半坳陷。

二、地幔对流系统与盆地演化

盆地与板块构造格架及板块相互作用的关系对认识盆地形成、演化起了重要作用,但也有其局限性。20世纪90年代,一些盆地研究者提出的"盆地动力学"思想(Dickinson 等,1994,1997)突出强调了研究盆地形成、演化与地幔对流系统的关系。这一思路的提出与90年代整个地质界提出"认识地球系统"的重要思潮密切相关。研究和认识地球系统对整个地球科学提出了更为宏伟的目标,是超越板块学说的地学革命新思潮。地质家认识到只有对地球的各层圈乃至核幔边界和地核进行全面研究才能解决许多重大的理论问题。因此,盆地动力学研究不仅要研究与板块相互作用的关系,还进一步研究与地幔对流系统的关系。关注的焦点是岩石圈与软流层间界面的起伏形态,因为这一界面是岩石圈与地幔对流系统的冷热边界层。沉积盆地的形成与此边界层的起伏和软流层的流动密切相关。地幔对流系统驱动了板块运动并派生了不同的沉降机制,控制了沉积盆地的形成和演化。在裂谷类及大陆边缘盆地研究中,地幔动力过程对盆地的影响最为显著,地球物理探测已经证明裂谷盆地都对应于软流层的上隆区。

在大区域成盆规律研究中,地幔对流系统中与盆地成因关系的研究也取得了重要进展,这与研究方法和技术的进步密切相关。20世纪90年代基于天然地震数据所进行的地震层析(tomography)技术取得了重大进展,获得了地球深部圈层的完整图像,并进一步提出了超级地幔柱构造的学说(Fukao等,1992;Maruyama等,1994)。区域性的地震层析研究,如环太平洋边缘深部结构也出现了较多的科研成果。利用固定地震台站资料结合流动地震接收台站已经能获得大型沉积盆地深部的精细资料。从岩石学及地球化学研究入手,结合地球物理资料已获得许多有重要影响的成果,例如对150Ma以来在超级地幔柱上升、地幔对流驱动下超大陆的裂解、大西洋扩张及其两侧被动大陆边缘盆地的形成过程方面均已获得大量令人信服的多学科的定量资料。Flores和Tamaki等于1998年对东亚及南亚从岩石地球化学角度也进行了地幔动力学研究,提出印度板块与欧亚板块的碰撞导致软流层向东侧挤出,并引起俯冲板片的后退,对边缘海及其周缘盆地的形成提出了新的解释。由于研究深部过程的高难度,对盆地演化与地幔对流系统的关系研究目前还仅处于起步阶段,预计在未来20年内将取得重大进展。

第七章 伸展型盆地

第一节 岩石圈伸展作用模式

一、伸展型盆地的基本概念

伸展盆地是与引张作用下地壳和岩石圈伸展、减薄作用有关的一类裂陷盆地,由陆内裂谷到被动大陆边缘这一盆地演化序列所构成(图7-1)。

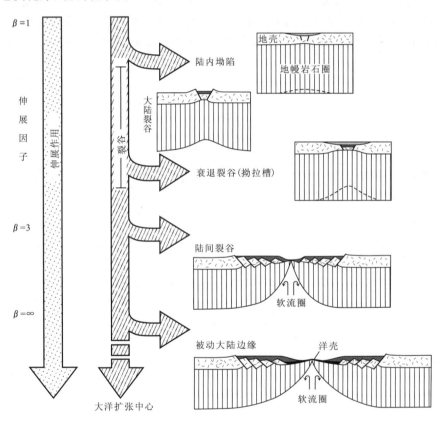

图7-1 坳陷、裂谷、拗拉槽与被动大陆边缘之间的关系

裂谷(rift)是最常见的一种伸展盆地。这一概念是1942年Gregory描述东非裂谷时第一个采用的术语。他给裂谷下了一个定义,即裂谷是在平行的正断层之间的一种狭长的凹陷。后来Burke(1980)对Gregory的定义作了较大的修改,指出裂谷是由于整个岩石圈遭受伸展破裂而引起的狭长凹陷。Burke对该定义还作了如下解释:第一,由于许多裂谷边界不是两条平行断层,而仅仅是在一边具有大型断层,此外,还有一些裂谷,难以肯定其界限是断层还是陡的单斜挠曲,因此,裂谷定义中未提到平行断裂;第二,定义中提到的整个岩石圈遭受破裂是强调裂谷作为一种大尺度构造,而把中、小型构造(例如浅层由于挤压作用在轴部发育的张性地堑系,盐丘构造上部产生的小型地堑系)排除在外;第三,定义

中所提到的伸展破裂是将裂谷与贯穿岩石圈的其他大型断裂(例如转换断层)区别开来。综合上述,裂谷比较完整的定义应当是"由于整个岩石圈遭受伸展破裂而引起的,并且常常是一侧为正断层限制的断陷盆地"。

除了裂谷外,坳陷(sag)、拗拉槽(aulacogen)和被动大陆边缘也属于伸展盆地。图7-1表示了裂谷与只经过区域沉降但缺乏大型伸展断层的坳陷、拗拉槽和被动大陆边缘的主要差别。在真正的裂谷中,由于岩石圈上隆、减薄或区域应力场产生的张性偏应力足以克服岩石的破裂强度,从而形成断层。如果张性偏应力不足以造成脆性破裂,那么隆起或沉降作用就会在无断裂的情况下进行;如果热源供应中断并不再有新的热源,那么岩石圈就会发生热收缩作用并引起热沉降。当裂谷继续伸展,在扩张中心形成新的洋壳时,就开始了裂谷系向被动大陆边缘的演化阶段,即裂谷-漂移阶段,被动大陆边缘楔状沉积体记载了岩石圈对其持续不断的冷却作用及大量沉积物本身负载的响应。

二、岩石圈伸展作用模式

(一)主动裂陷作用和被动裂陷作用

一般将裂陷作用归为两类,即主动裂陷作用(active rifting)和被动裂陷作用(passive rifting)(图7-2)。在主动裂陷作用中,地表变形与地幔热柱或热席对岩石圈底部的撞击作用(impingement)相伴

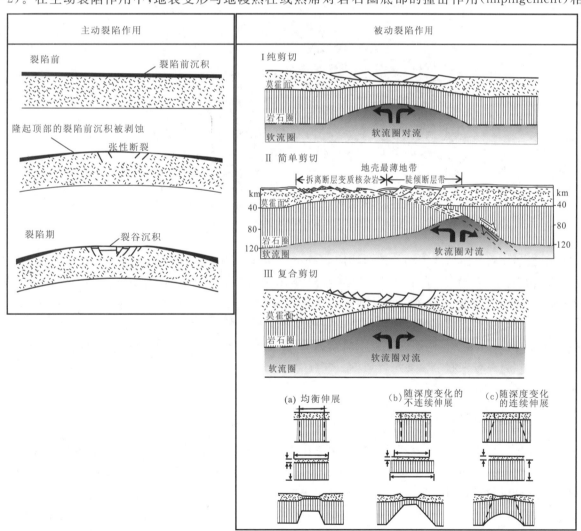

图7-2 主动和被动裂陷作用模式(据Allen等,1990;Wernicke,1985等综合编绘)

产生,来自地幔柱的传导加热作用来源于岩浆生成的热传递作用或者是热对流作用,均可以使岩石圈变薄。如果来自于软流圈的热流很大,大到可使大陆岩石圈迅速地减薄,这将引起均衡隆起,于是隆起产生的张应力引起岩石圈表面的裂开作用。主动裂陷作用产生的破裂往往表现为三联式(triple junction)破裂,红海-亚丁湾-埃塞俄比亚裂谷系(图7-3)是这种三联裂谷的典型实例。三联裂谷中每支裂谷发育均不平衡,如红海-亚丁湾-埃塞俄比亚裂谷系,其中红海南部和亚丁湾一支已发育为陆间裂谷,而红海北部一支处于陆内裂谷向陆间裂谷过渡阶段,另一支埃塞俄比亚裂谷仍处于陆内裂谷状态,发育不足。

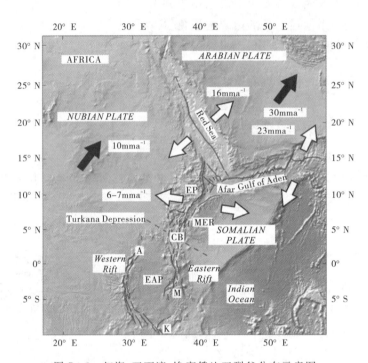

图7-3 红海-亚丁湾-埃塞俄比亚裂谷分布示意图
白色箭头表示板块相对运动速度,黑色箭头表示板块绝对运动方向
M:Manyara盆地;A:Albert盆地;CB:Chew Bahir盆地;EAP:东非高原;EP:埃塞俄比亚高原

被动裂陷作用是区域应力场的被动响应,在被动裂陷作用中,首先是岩石圈的张应力引起它破裂,其次才是灼热地幔物质贯入岩石圈。地壳穹隆作用和火山活动仅是次要过程,Rio Grande裂谷和McKenzie(1978)所提出的有关沉积盆地成因的模式属于这类被动裂陷作用。

主动和被动裂陷作用模型是裂陷作用的两种理想的端元模式。将裂陷作用划分为主动和被动两种类型有其合理性,但是在实际研究中是很难掌握的,在很多情况下,将"应力"产生的被动裂谷与地幔柱产生的"主动"裂谷对立起来也是不合适的。实际上,在裂谷的发育过程中,这两种裂陷作用常常是彼此互补、交替发挥作用的。

(二)纯剪切和简单剪切模式

从构造运动学角度来看,岩石圈的被动裂陷作用可以概括为两种端元体制,即以McKenzie模式为代表的纯剪切(pure shear)变形体制和以Wernicke模式为代表的简单剪切(simple shear)变形体制。在构造变形分析中,纯剪切变形是指一种共轴递进变形,即在整个递进变形过程中,应变主轴的方向保持不变;而简单剪切变形是一种非共轴递进变形,在整个递进变形过程中,应变主轴随递进变形的发展而发生改变,用一叠卡片可以形象地模拟这一过程。

图7-2概括了大陆岩石圈的各种伸展模式。其中McKenzie模式和Wernicke模式是盆地定量模

拟的基础,也是进一步研究更为复杂的地壳伸展变形作用的基本出发点。

1. 对称伸展作用和McKenzie模式

McKenzie(1978)模式有三个重要的假设:①假定地壳和岩石圈的伸展量相同,即均匀伸展假设。②伸展作用是对称的,不发生固体岩块的旋转作用。在由此导致的岩石圈的伸展过程中,主应变轴的方位不会随时间而发生变化,因此,这是纯剪切变形状态。③当岩石圈受到瞬时和均匀的拉伸作用而变薄时,热的软流圈为了保持岩石圈均衡而被动上隆,此时,如果大陆岩石圈的初始表面相当于海平面,可以得到机械伸展造成的沉降量和隆起量。基于上述假定,McKenzie(1978)提出了均匀伸展定量模型,基本的要点如下。

(1)盆地的总沉降量由两部分组成:一是由断层控制的沉降,它取决于地壳的初始厚度及伸展系数β,称之为同裂陷沉降;二是岩石圈等温面向着拉张前的位置松弛,从而引起的热沉降,热沉降只取决于伸展系数β的大小,并且不受断层活动的控制,又称为裂后热沉降。

(2)模拟结果表明,断层控制的同裂陷阶段的沉降是瞬时性的,由于热流值随时间而减小,因此,裂后热沉降的速率随时间呈幂指数减小(图7-4)。一般情况下,大约50Ma后,岩石圈的热流值将降低到其初始值的1/e。因此,裂谷活动停止以后,热流值对β的依赖程度很小。

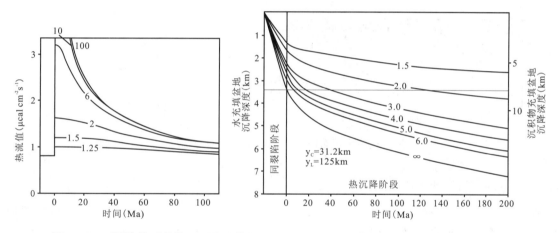

图7-4 不同拉伸系数情况下热流值与时间(左图)以及沉降深度与时间(右图)的关系图
($1\mu cal=4.1868\times 10^{-6}$J)

许多盆地的实例显示出上述盆地沉降特征的普遍性,我国东部几个典型伸展型断陷盆地均显示出断-坳型或"牛头"型结构(图7-5),实际上这种结构就代表了上述两阶段的沉降模式,即断层控制的同裂陷期(synrift)沉降和热作用控制的裂后期(postrift)沉降。

将盆地的沉降区分出断层控制的同裂陷期(synrift)沉降和热作用控制的裂后期(postrift)沉降是McKenzie均匀伸展模型的最主要的贡献,它揭示了岩石圈裂陷作用所导致的盆地沉降的普遍特征。

应该明确,由McKenzie均匀伸展模型预测的地壳伸展系数β、初始沉降以及热沉降与地质观测结果存在误差。实际的地壳伸展量和初始沉降量要比根据McKenzie模型预测的小得多,而热沉降值要比根据McKenzie模型的伸展系数β预测的大得多(Sclater等,1980)。因此,在McKenzie均匀伸展模型之外,许多学者又提出了不少的改进模型(Roydon和Keen,1980),如随深度变化的非连续性拉张模型或随深度变化的连续性拉张模型等(图7-2),这些模型为研究岩石圈的伸展过程以及地壳伸展量对热沉降值和高程变化的影响提供了基础。

对称伸展作用导致盆地两侧对称构造的发育,如果盆地的发育进入到漂移阶段,裂谷张开的中心将与洋盆扩张的中心一致(图7-6)。

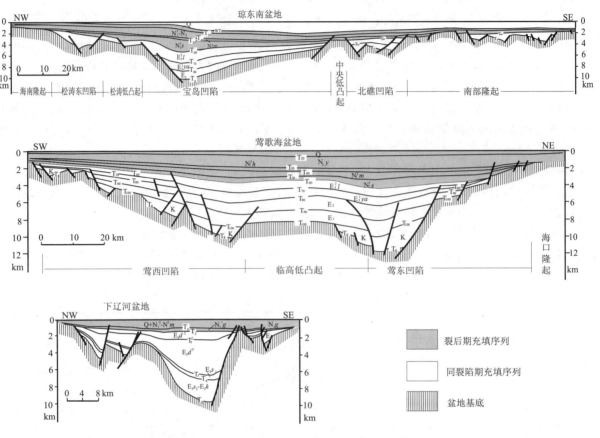

图 7-5 中国东部几个典型断陷盆地横剖面图

2. 非对称伸展作用和 Wernicke 模式

Wernicke(1981,1985)在北美西部盆岭区变质核杂岩构造研究的基础上提出了一个岩石圈伸展模型(图 7-2),认为岩石圈的伸展作用可以通过一个巨大的、贯穿整个岩石圈的低倾角剪切带来实现。因此,低角度正断层构成了许多伸展构造区内的主体构造。这种断层可以发育在中地壳构造层内,也可以切穿整个岩石圈。从构造变形的角度分析,这种低角度正断层是由地壳或岩石圈内的简单剪切变形作用而形成的。在简单剪切变形作用下,岩石圈变形过程中主应变轴的方位随时间发生了递进变化。

从图 7-2 可以看出,与纯剪切作用的显著区别是,简单剪切产生强烈不对称构造,壳幔明显拆离,地壳变薄区和地幔变薄区位置显著不一致,岩石圈的伸展作用通过低角度的剪切带从一个地区的上地壳转移到另一个地区的下地壳或地幔岩石圈中。这就必然会导致断层控制的伸展带与软流圈的上涌带发生分离。因此,与纯剪切状态下对称的伸展作用不同,这是一种非对称的伸展变形状态,盆地构造上表现为盆地两侧或被动大陆边缘两侧构造几何学可以完全不同,形成了所谓的上盘边缘和下盘边缘(图 7-6)。

Wernicke 模式可以解释一些盆地的形成机制问题,但是难以解释空间上同裂陷沉降和裂后热沉降重叠一致的盆地的形成机制。

3. 联合剪切模式

McKenzie 模式描述了岩石圈伸展的一级响应,其假设岩石圈是局部 Airy 均衡,岩石圈随深度均匀拉伸,忽略了基底断裂在岩石圈伸展过程中的作用。相反,Wernicke 模式中缓倾的剪切面切过地表,穿过整个岩石圈进入软流圈。深层反射资料表明,在大陆岩石圈伸展和裂谷盆地形成的过程中,大的基底断裂非常重要,并控制了不对称盆地的发育。这些大的基底断裂一般局限于上地壳地震脆性层内,延伸

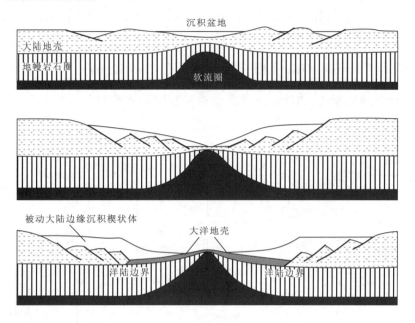

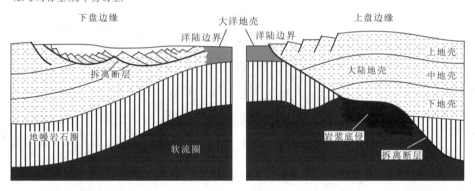

图 7-6 对称型(纯剪切型)(a)、非对称型(简单剪切型)(b)共轭大陆边缘(据 Lister 等,1986;Louden 等 1999)

到下地壳后,脆性破裂变形被弥散式韧性变形作用所代替(Barbier,1986;Kusznir 等,1991)。在下地壳和地幔韧性变形区,岩石圈伸展是通过纯剪切(即上述弥散式韧性变形),而不是岩石圈上部的简单剪切作用来完成的。因此,大陆岩石圈的变形是简单剪切作用和纯剪切作用共同作用的结果。

上地壳脆性断裂、下地壳和上地幔岩石圈呈纯剪切变形的简单-纯剪切拉伸模式是目前人们广为接受的岩石圈拉伸模式。Kusznir 等(1991)曾详细论述过挠曲悬臂梁模型及大陆伸展和沉积盆地的形成机制。Lister 等(1991)系统论述过大陆伸展、被动大陆边缘形成的拆离模式,并以此解释被动大陆边缘构造的不对称性。在拆离加纯剪切模式中,地壳的拉伸是沿低角度的拆离断裂进行的,盆地的构造样式明显具有不对称性,而地壳之下的上地幔则是纯剪切变形的,图 7-2 为裂谷盆地形成的简单-纯剪切拉伸模式,上地壳的脆性断裂可以用挠曲均衡或"多米诺骨牌(Domino)"等模式进行模拟计算(Lin 等,1997)。

上述 3 类岩石圈伸展变形模式一般用来研究和解释大陆裂谷的变形和演化特征。近些年来,国外学者在澳大利亚西北裂谷边缘、挪威裂谷边缘、英格兰西南的深水区和伊比利亚半岛西海岸的调查研究发现,在洋陆转换带(COT)附近或者洋脊扩张轴向上,岩石圈的伸展在很大程度上与深度相关,并且伸展量随深度而增大。Davis 和 Kusznir(2004)提出了一种深度相关的伸展模式,给出了不同深度岩石圈伸展定量计算方法,即上地壳拉张量通过对地震剖面上断层水平断距的统计求和求取;整个地壳的伸展利用地震折射成像、地震反射成像或重力反演的方法所确定的地壳的减薄量进行计算;整个岩石圈的伸展则是依据裂后热沉降,通过裂谷边缘破裂后沉降历史的沉积地层信息,应用挠曲回剥、去压实和反演模拟等方法恢复裂后热沉降来确定整个岩石圈的伸展程度。

(三)窄裂谷作用(narrow rifting)和宽裂谷作用(wide rifting)

Buck(1991)考虑了地壳厚度、热流和应变速率对岩石圈伸展作用的控制和影响,提出了3类大陆拉伸作用模式(图7-7)。

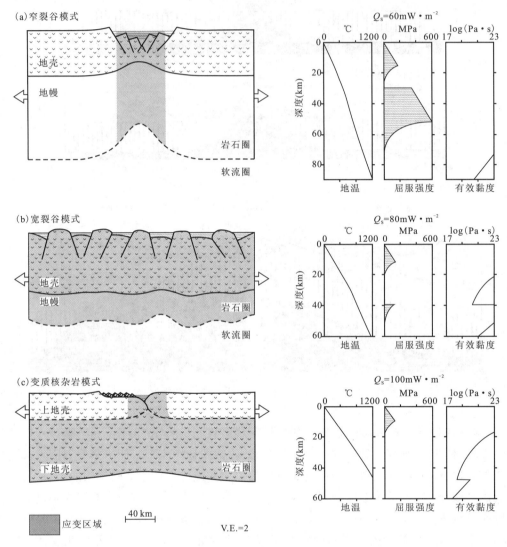

图7-7 大陆岩石圈拉伸模式(据Buck,1991)

(a)窄裂谷模式;(b)宽裂谷模式;(c)变质核杂岩模式。岩石圈为有效黏度大于10^{21}Pa·s的区域;右边一栏表示拉伸作用开始时的地温、屈服强度(对于应变速率为$8\times10^{-15}s^{-1}$时)和有效黏度(实验条件为地幔是干橄榄岩,上覆地壳为干石英);从上到下地壳厚度为30km、40km和50km;Q_s为初始地表热

窄裂谷中强烈正断层作用一般不超过100km宽的区域,多发育在正常地壳上(厚度30~40km,地温梯度30℃ km^{-1}),如Rhein地堑、Sues湾裂谷、Baikal裂谷和东非裂谷等,其伸展量小(β<2),裂谷之下的Moho面抬高,地壳厚度和地形侧向变化明显。窄裂谷有时会演化为被动大陆边缘,这时其裂谷宽度可达100~400km,Moho面会由未拉伸区的30~40km深显著抬升到洋陆边界处的8~10km深。

宽裂谷发育在先期地壳厚度加大的地区，裂谷区的宽度与地壳加厚区的宽度一致，典型实例是北美西部盆岭省，广泛的裂陷作用区域达到 1000 km 宽，而地壳厚度侧向变化不大。位于软弱下地壳之上的加厚的脆性上地壳在其自身重力作用下扩展，并驱使地壳厚度恢复到正常厚度（约 30 km）。

变质核杂岩（metamorphic core complex）是韧性下地壳的局部剥露带，其周边被低级变质岩或沉积岩环绕，二者之间为低角度拆离断层分隔。变质核杂岩最早在盆岭省被发现（Wernicke 等，1988），之后在很多地区，如阿尔卑斯造山带（Frisch 等，2000），甚至大洋中脊被发现。变质核杂岩的形成机制还有争议，争议的焦点是低角度正断层的发育过程。一般认为变质核杂岩的形成是一个比较窄的岩石圈区域（<100 km）遭受快速的拉伸作用所致，低角度正断层可以是最初就形成，或者是早期的高角度正断层，在后来的持续的拉伸作用过程中旋转到低角度倾斜。图 7-8 表示了变质核杂岩发育的典型模式。在地壳规模的持续拉伸中，上地壳变薄，Moho 面抬升，同时断层下盘断块的上升和剥蚀，最终导致了拆离断层下盘岩石剥露地表，在图中拆离断层下盘侧（右侧）的垂向右旋剪切作用逐渐停止，而上盘侧相反的左旋剪切作用持续。活动并向左迁移，与此同时上盘的断层系保持持续的活动状态。如果把地壳的挠曲看作为一个大的褶皱，那么褶皱的枢纽在拉伸作用过程中随上盘伸展而迁移或滚动，这种变质核杂岩的发育模式称为"滚动枢纽模式"，这是一个适用比较广泛的变质核杂岩发育模式。

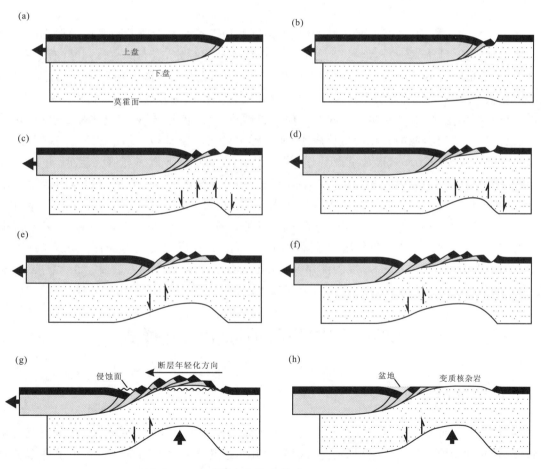

图 7-8　变质核杂岩发育模式（据 Wernicke 等，1988）

Buck（1991）认为，浮力和下地壳的流变是上述 3 种大陆伸展模式的重要控制条件。岩石圈的拉伸作用除了导致地壳薄化作用和地温增高，还形成了影响应变局部化的两种浮力。一种是在裂谷的内部和外部，温度的侧向变化及其所引起的岩石圈密度的侧向变化形成了促进岩石圈水平伸展的热浮力（thermal buoyancy force）（图 7-9 中的 $\overline{F}_{TB}$），强化岩石圈内部的应变集中。另一种是当地壳拉伸变薄，高密度的物质被带到裂谷之下的浅部,由于局部均衡效应(Airy 均衡)将产生地壳浮力(crustal buoyancy force)。因为地壳的密度小于下伏地幔的密度,因此地壳的薄化作用将使得裂谷中部的地表下降,并由此导致裂谷处于挤压作用状态,形成拉伸作用的反作用力(图 7-9 中的 $\overline{F}_{CB}$),致使同一位置的变形难以持续,应变迁移到更易于变形的区域。

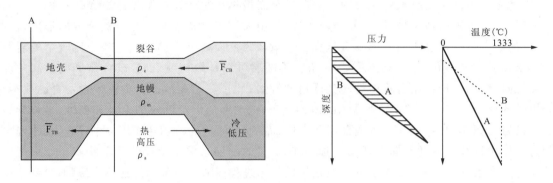

图 7-9 裂谷作用期间热浮力和地壳浮力产生示意图(据 Buck,1991)
A 和 B 分别代表裂谷内和裂谷外的直立剖面,右侧图表示每个剖面的温度、压力和深度的关系

在大陆拉伸作用过程中,地壳或岩石圈的厚度、强度和应变速率都会强化或者减弱地壳的浮力。如果在岩石圈拉伸初始,地壳薄而冷,地幔岩石圈比较厚,应变速率稳定,岩石圈整体强度(有效黏性)比较高的条件下,地壳的浮力效应减弱,而岩石圈细颈化的热效应增强,岩石圈的屈服强度和伴随岩石圈伸展产生的热浮力的变化支配了力的平衡作用,使得伸展应变集中在细颈化区域,因此形成了窄裂谷[图 7-7(a)]。与此相反,如果地壳的初始厚度厚而热,地幔岩石圈比较薄,岩石圈整体强度较小,在这种情况下,细颈化能导致的岩石圈的软化的量比较小,地壳浮力处于支配地位,促使细颈化区域向易变形的区域迁移(strain delocalization),形成宽裂谷作用带[图 7-7(b)]。下地壳屈服强度低,并处于流变状态是变质核杂岩形成的基本条件[图 7-7(c)],在这种情况下,地壳的浮力效应对岩石圈变形的控制很弱,近地表的快速应变使得地壳的薄化作用带保持固定(Hopper 等,1996)。热浮力和地壳浮力的相对大小受应变速率和大小的影响。Davis 等(2002)模拟计算表明,在低应变速率条件下,当裂陷作用结束之后较长的时期(>30Ma)内热扩散作用比较显著时,岩石圈的变形主要受地壳浮力的影响;当应变比较小时,裂陷作用刚结束期间,地壳厚度的侧向变化小,热浮力比地壳浮力更重要。在大陆裂谷发育过程中,地壳浮力和热浮力之间的平衡和变化可能导致大陆伸展模式之间的变化和转换。

第二节 伸展型盆地同生构造样式

一、同生构造的类型

同生构造,也称同沉积构造、生长构造,主要发育在伸展型或走滑伸展型沉积盆地内,表现为宽缓的褶皱和张性、张扭性断层。同生正断层的类型众多,尤其是近几十年来大量的研究产生了许多新的术语(图 7-10),关于图 7-10 中的所有术语的定义见 Peacock 等(2000)的文章,对一些常用的和重要的术语将会在下文中简要介绍。

由于同沉积构造和生油凹陷的发育以及储集相带的分布与油气聚集和圈闭的形成有密切的关系,因而受到人们普遍的重视。当前世界上相当一部分大油田与同沉积构造有直接的关系。一些巨大的油气聚集带往往本身就是一个二级的同期隆起带或生长断裂带,这些同期隆起和生长断裂在其生长过程中,不仅直接控制着生油凹陷的形成和转移、储集相带的分布,而且在褶皱隆起和同沉积断裂的相关部

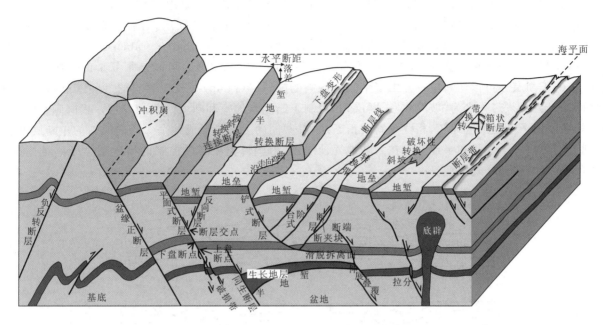

图 7-10 伸展盆地中主要正断层的类型和几何学特征（据 Peacock 等,2000）

位形成一系列有利的油气圈闭,构成一个不同层系叠合连片、多种油藏类型组合的复式油气聚集带。因此,研究同沉积构造以及它的演化历史对油气勘探有着很现实的意义。

同沉积构造包括同沉积断裂和同沉积褶皱两种主要的类型。同沉积断裂又可以进一步分为同生盆缘和同生盆内断裂,前者在国内文献中一般称为一级断裂,后者在国内文献中一般称为二级、三级,甚至四级断裂。依据盆内断裂与盆缘断裂的产状关系,将盆地内发育的与盆缘断裂同向倾斜的断裂称为同向断裂,反向倾斜的断裂称为反向断裂。

从形态上,同沉积褶皱又可划分为同沉积向斜和同沉积背斜。同沉积褶皱可以在盆地基底古隆起的背景上发育,以继承性背斜为主,多见于凹陷缓坡构造带和洼间等低隆起的顶部。在伸展背景下,同沉积褶皱常常受同生断裂控制而形成断裂伴生褶皱。断裂伴生褶皱类型有褶皱枢纽平行于断裂走向的纵向褶皱(longitudinal folds),以及与断层大角度相交或垂直于断层的横向褶皱(transverse folds)。

同沉积构造与沉积作用密切相关,广泛分布于中、新生代沉积盆地中。我国东部的断陷盆地中的沉积断裂分布很广,数量很多,所有的一级断层和大部分的二、三级断层都具有同沉积性。盆内同沉积断裂的生长性可用生长系数来描述,如沾化凹陷和东营凹陷盆内的(二、三级)同沉积断层生长指数一般为1.2~2.0,著名的尼日利亚三角洲油田为1~2.5。研究表明,同沉积断裂在整个发育时期生长速率或活动强度是变化的,在某一时期相对活动,而另一个时期则相对静止或不活动,受控于构造应力场演化和幕式构造作用。幕式构造作用普遍存在于断陷盆地区,如北海 $J—K_1$ 断陷盆地中,在延续数十个百万年的同裂陷作用期间,存在以 4~6Ma 为间隔的裂陷幕。东营凹陷古近纪同裂陷期构造演化也可以划分为与二级层序相对应的 4 个裂陷幕(任建业,2004)。

二、同沉积断裂

(一)平面式断层和铲式断层

从断层几何学的角度,伸展型盆地中的正断层可以划分为平面式和铲式两类。如果同时考虑到断块的运动学特征,则可以组合成 3 种类型(Wernicke 等,1982),如图 7-11 所示,分别是:断面和断盘均不发生旋转的非旋转平面式正断层;断面和断盘均发生旋转的旋转平面式正断层;断盘旋转而断层面不发生旋转的铲式正断层。这3种断层控制了3类不同结构特征的断陷盆地(图7-12):①由非旋转平面式正断层控制的"地堑与地垒"(graben and horst);②由旋转平面式正断层控制的"多米诺式掀斜半地堑"(domino-tilting half-graben);③由铲式正断层控制的"半地堑"(half-graben)或"滚动式半地堑"(rollover half-graben)。大量的油气勘探资料表明,正断层的几何形态可以是很复杂的。在盆地伸展构造中的正断层亦可像逆断层一样由多个较陡倾斜的"断坡"(ramp)和较缓倾斜的"断坪"(flat)连接成台阶式断层面形态,称之为"坡坪式"正断层,它控制了断陷半地堑和断坡凹陷的发育。相向倾斜的正断层,其共同的下降盘形成地堑,相背倾斜的正断层,其共同的上升盘形成地垒。同向倾斜的正断层上、下盘则分别形成了半地堑和半地垒。在大陆地壳伸展区,由旋转类正断层控制的半地堑类断陷结构是裂陷盆地的主要构造样式类型。

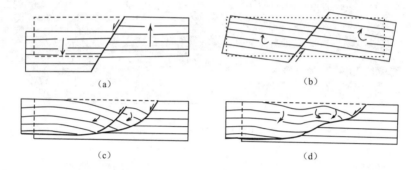

图7-11　正断层的几何学和运动学特征分类(据Wernicke等,1982;漆家福等,1995)
(a)非旋转平面式正断层;(b)旋转平面式正断层;(c)铲式正断层;(d)坡坪式正断层

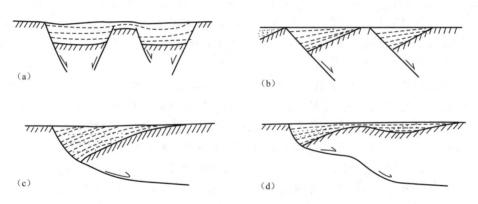

图7-12　盆地伸展构造的4种基本样式(据漆家福等,1995)
(a)地堑与地垒;(b)多米诺半地堑系;(c)(滚动的)半地堑;(d)复式半地堑;
(c)图为基本型;(d)图为可能的复杂型

陡倾平面式断层控制的盆地和铲式断层控制的盆地的含油性有较大的差别。一般平面式断层控制的盆地比较深,多导致深湖的发育,因而往往富含油气资源。铲式正断层控制的盆地较浅,深湖范围局限或不发育,因而这种类型的盆地贫油。这种特点在我国河南油田的南阳凹陷和泌阳凹陷表现特别明显。南阳凹陷是一个典型的由铲式断层控制的断陷盆地,盆地深度不超过5km,盆地面积很大,但是油气资源量很小;而相邻的泌阳凹陷边界断层为平面状正断层,产状陡,盆地深度达到8km以上,其面积不到南阳凹陷的一半,却是全国著名的"小而肥"含油气盆地。

(二)正断层的位移特征

露头和地震剖面研究表明,一般在正断层中部位移最大,而向断端位置位移逐渐减小以至等于零[图7-13(a)]。对于未切穿地表的正断层(即盲断层,Blind Fault),断层面上零位移的等值线(断端线环)显示出椭圆形态[图7-13(b)],椭圆的短轴一般平行于滑移方向。这种位移几何学特征常导致正断层上盘地层表现为向斜形态,而下盘表现为背斜形态[图7-13(c)]。对于大型的、切穿地表的正断层,其断端线顶部可以被地表截切而成水平线,其断端线底部也常常被脆性地壳底界面截切。一般情况下,对于千米级以上规模的大型断层,向斜部位即为长形沉积盆地发育位置,而上隆的下盘可以成为盆地的重要的沉积物源区。对于单条盲断层而言,上盘的沉降量和下盘的上隆量大体是相等的,而对于切穿地表的正断层,当断层的倾角减小时,上盘的沉降量减小。对于大型断层,下盘的上隆是正断层位移几何和均衡效应共同作用的结果;而对米级或更小规模的断层,均衡作用可以忽略不计。

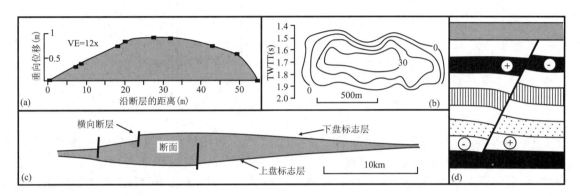

图7-13　正断层位移的几何学特征(据Barnett等,1987;Schlische 1995)

断层的位移除了沿着走向方向变化之外,沿着断面倾向离开断层的方向位移也会逐渐减小。对于单条盲断层,这种位移的几何学特征可以导致断层端线周缘岩层变形。如图7-13(d)所示,有4个变形象限,其中2个象限表现为扩容变形[图7-13(d)中的"+"号],另2个象限为收缩变形[图7-13(d)中的"-"号],这种变形几何特征可能影响断层带内的渗透性和孔隙度。

(三)伸展型盆地中断层区段式活动

正断层系常由多个断层区段(segment)组成,并由上下盘内发育的局部高地和凹陷表现出来。一般情况下,正断层系内每一个断层区段均会显示出上述单条正断层位移的基本特征。露头和实验研究表明(Gawthorpe等,2000;Cowie等,2000),单条正断层位移与长度之间存在定量关系:

$$D=cL^n$$

公式中D是最大断层位移,L是断层长度,幂指数n一般在0.5~2之间,c是与岩性有关的常数。D/L的变化反映了不同类型的断层生长模式(图7-14)。当$n=1$时,$c=D/L$,即D、L之间的关系为线性关系,表明随着断层的生长,D/L值保持恒定不变,即D/L比率恒定生长模式[图7-14(a)];图7-14(b)显示随着断层的生长,D/L比率增加,为D/L比率增加生长模式;图7-14(c)显示在断层发育的初期阶段,其长度迅速增加,并在之后的位移增加和累积过程中长度保持不变,称为断层长度稳定生长模式。

如图7-15所示,3条断层A、B和C,在初期阶段[图7-15(a)]各自独立活动,A断层与B断层之间相距比较远,二者之间没有相互作用,A断层的D/L剖面是对称的形态。B和C断层之间尽管是独立活动的,但是二者之间相距较近,并有相互作用,B断层和C断层的D/L剖面图是向相互作用端斜歪的形态。在相互作用和连接阶段[图7-15(b)],A断层和B断层开始接近并相互作用,二者的D/L剖面图由原先的对称形态开始向相互作用端偏转而成不对称形态,这时B断层和C断层通过侧断坡上的破坏性断层(breached fault)连接在一起而形成一条断层。B断层和C断层二者连接部位的位移比较小,这是因为这两条断层连接之后,断层长度骤增,因而导致D/L骤减,这个过程使D/L图呈阶梯状[图7-14(d)],之后快速的位移增加使得曲线恢复到连接之前类似的变化趋势。在断裂带贯通阶段

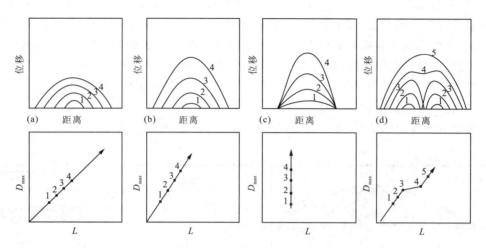

图 7-14　断层的生长模式(据 Kim 等,2000)

[图 7-15(c)],A、B 和 C 三条断层最终连为一条,由于 B 断层两端分别与 A 断层和 C 断层相互作用并连接,因此,其有最大的长度和最大的位移。D/L 图上的低位移的位置指示了先前 A、B、C 断层的边界,这种断层发育模式称为断层连接发育模式[图 7-14(d)]。实际研究中,可以对实测的 D、L 进行对数线性拟合,拟合后,一些不符合 $D-L$ 关系的散点能反映断层曾发生过相互作用或连接,这些散点所分布的位置即为现今断层连接和贯通之前各个断层区段的边界部位。

上述断层的位移、连接和贯通阶段的阶段性演化控制了断陷盆地的发育过程(图 7-16)。在初始阶段[图 7-16(a)],发育了许多具有较小位移的小断层,沿小断层中部向两端位移的变化产生的上盘

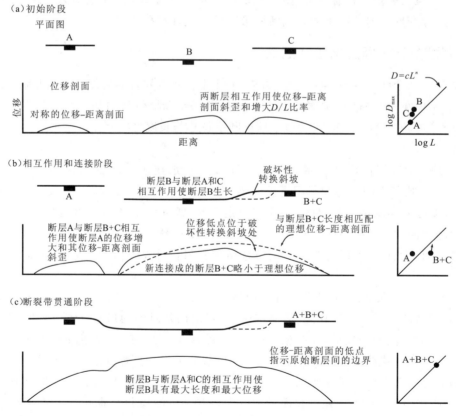

图 7-15　区段式断层的连接贯通演化图(据 Gawthorpe 等,2000)

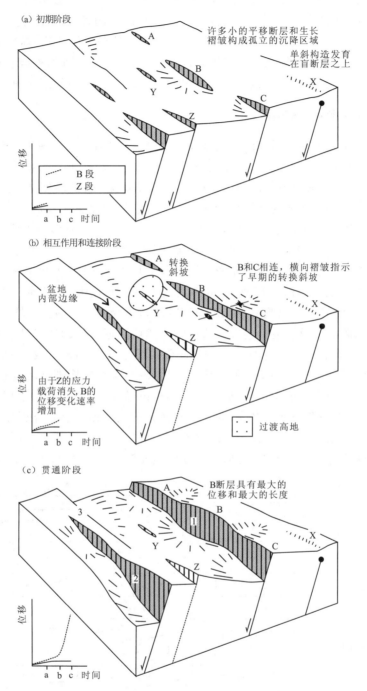

图 7-16 正断层系及其所控制的断陷盆地发育演化立体图(据 Gawthorpe 等,2000)
(附有 B 断层和 Z 断层不同时期位移图)

同生向斜构成了小型孤立断陷盆地的沉积沉降中心。盲断层之上(如图 7-16(a)中 X 处)的地表发育了单斜构造或挠曲构造,地表地形起伏较小。在断层相互作用和连接阶段[图 7-16(b)],盆地内的变形开始集中于几条主要断层(如图中的 A、B、C 断层),处于应力屏蔽区的断层,如 X、Y、Z 断层停止活动,B 断层和 C 断层连接,断层上、下盘发育的横向褶皱(上盘背斜和下盘向斜)指示了二者早先为两条断层及其之间存在转换斜坡。A 断层和 B 断层之间的相互接近和相互作用形成了侧向斜坡(即转换斜坡),相背倾斜的断层之间发育了地垒式盆内高地,盆地内部地形起伏较先前的阶段显著加大。在断层的贯通阶段[图 7-16(c)],变形集中在主要的边界断层上[图 7-16(c)中的 1,2,3],形成了大型的地堑和半地堑沉积沉降中心,A 断层和 B 断层之间连通,其上下盘的横向褶皱指示了二者早期的区段式活动和转换斜坡连接阶段。B 断层处于边界断层的中部,具有最大的长度和最大的位移。从图中的初始阶段、相互作用和连接阶段,一直到贯通阶段,Z 断层位移几乎没有变化,而 B 断层的位移在相互作用和连接阶段增大,到贯通阶段则快速增加。在贯通阶段,盆地边界断层区段的连接使得转换斜坡和盆地内的横向基底凸起消失,原先孤立封闭的盆地连接在一起形成统一的大型开阔盆地。

(四)伸展型盆地中构造转换带

构造转换带发育于相邻的分段活动的断层之间,是伴随断层活动而形成的一种构造形式。通常表现为转换构造脊、转换断层、传递变形带、传递断坡等形式。构造转换带对入盆水系起着非常显著的控制作用,进而对同裂陷地层和盆地内砂体的分布产生明显的影响。构造转换带构造类型复杂,是盆地内潜在的有利圈闭发育区,因此,盆地内转换带构造的研究对油气勘探非常重要。

构造转换带可以发育在相邻的盆地之间,也可以发育在同一盆地内部相邻的主断裂之间。前者被称为盆间转换带,一般为几千米至几十千米规模,连接两相邻的断陷盆地;后者被称为盆内转换带,一般为几百米至几千米规模。关于构造转换带比较系统的分类是由 Morley(1990)提出的,该分类方案首先将转换带分为 3 种基本类型,如图 7-17 所示,Ⅰ和Ⅱ为共轭式转换带,两条断层的倾向相反,形成了一系列的相反掀斜的断块,前者为相向倾斜,后者为相背倾斜;Ⅲ为同向倾斜式构造转换带,该类转换带连接的相邻断层或盆地的倾向以及构造掀斜方向均一致。然后根据断层的位置进一步划分为接近型(approaching)、叠覆型(overlapping)、平行型(collateral)和共线型(collinear)。接近型转换带的两条断层彼此接近,但不会重叠,表现出一些斜交的伸展作用的转换;叠覆型转换带是两条断层彼此部分重叠,断层的位移从一条断层通过一个所谓的侧向断坡(relay ramp)传递到另外一条断层;平行型转换带彼此完全叠复,位移的传递发生在两条断层之间;共线型转换带的两条断层在一条线上,位移沿断层走向直接从一条断层传递到另一条断层之上,二者之间常常有走滑型转换断层发育。

穿过共轭式断层转换带,盆地的滑移方向或极性发生反转(图 7-18),由此将会导致水系或沉积物

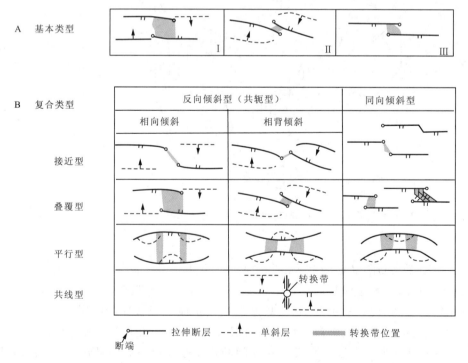

图 7-17 构造转换带的基本类型(据 Morley,1990)

运移方向的变化。实际盆地中的构造转换带非常复杂,而且可以在不同的规模和尺度上发育。

构造转换带是断层的区段式(segment)活动的几何表现,典型的实例如渤海湾盆地中的东营凹陷(图7-19)。东营凹陷北部陈家庄凸起南侧的盆地盖层内发育了一套断裂体系,从西南向北东有高青-平南断裂带、滨南断层带、利津断裂带、胜北断裂带及永北断裂带。这一套断裂带非单条发育,而由一系列的小断层以非常复杂但又有序的方式组合。总体上看这些断裂延伸长度在20km左右,延伸方向为NEE,并呈左阶斜列展布。在断裂发育的主体区段,断层的断距较大,而断层的几何特征相对简单。但是,在断层消失部位及两条断裂的相互交错部位,断层的几何特征变得相当复杂,表现为断裂频数增高,单条断层的断距明显变小,这些部位即所谓的断层位移传递带或将两条主断层连接起来的"桥式构造区"。

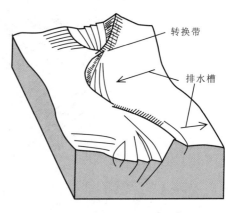

图7-18 断陷盆地和盆地极

从图7-19中可以看出,东营凹陷北部边界主要存在3类桥式构造区,第一种为同向"平行型转换带",以滨南断裂带与平南断裂带之间的过渡为代表;第二种为同向接近型转换带,以滨南断裂带和利津断裂带之间的过渡为代表;第三种为同向叠复型过渡带,以利津断裂带向胜北断裂带的转换为代表。

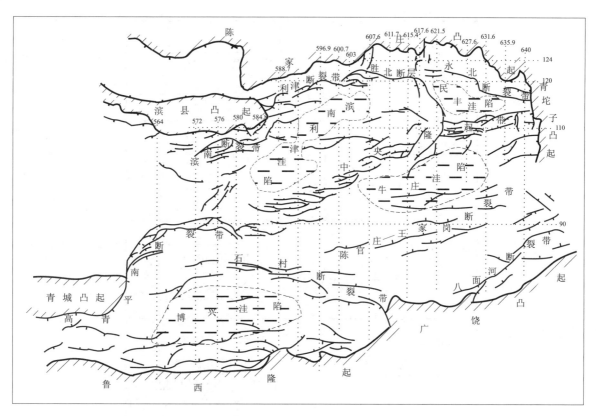

图7-19 东营凹陷构造单元图

上述同向接近型或同向叠覆型转换构造带常表现为断块沿水平轴或垂直轴的旋转掀斜而形成的斜坡,被称为侧向斜坡(relay ramp)或转换斜坡,这是伸展断陷盆地内常见的构造转换带类型(图7-20),沿着一条断层的位移通过侧向斜坡被传递转移到相邻的断层中。转换斜坡规模变化很大,从野外露头数十厘米到数十千米长均有发育,世界上已发现的规模最大的转换斜坡位于格陵兰岛东北部的Hold With Hope转换斜坡,斜坡边界断层的间距为100 km,整个转换斜坡覆盖面积近25 000 km²。

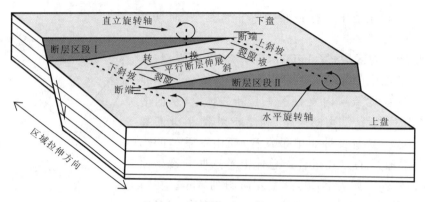

图 7-20 转换斜坡的立体示意图

在转换斜坡的发育演化过程中,其几何形态经历软连接(soft-linked)[图 7-20,图 7-21(a)、(b)]到硬连接(hard-linked)[图 7-21(d)、(e)]的变化。软连接以简单的侧向斜坡为特征,转换斜坡内无破坏性断层发育,而硬连接是以发育切过侧向斜坡并将转换斜坡两侧断层区段连接起来的破坏性断层(breaching fault)为特征。图 7-21 表示了转换斜坡发育的 4 个阶段,阶段一[图 7-21(a)],各个断层区段孤立发育,相互间没有作用。阶段二[图 7-21(b)],断层扩展延长并相互重叠,断层区段之间开始

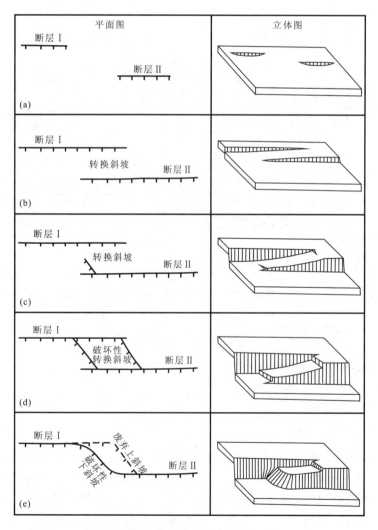

图 7-21 转换斜坡的演化阶段和形态变化(据 Peacock 等,2004)

相互作用,转换斜坡将一条断层的上盘与另一条断层的下盘连接起来,通过转换斜坡的变形,一条断层的位移被传递到另一条断层之上。位移的传递和转换有 3 种方式(图 7-20):①绕直立轴的旋转调节了转换斜坡边界断层水平断距的变化梯度;②绕一个或者多个水平轴或低角度倾斜轴的旋转,即掀斜作用,调节了转换斜坡边界断层的落差变化;③横向断层作用和破裂作用调节了沿断层走向方向的伸展。阶段三[图 7-21(c)],转换斜坡上断裂开始发育。到阶段四[图 7-21(d)],转换斜坡被破坏性断层切割,构成沿两个断层区段的弯折,并将两个重叠的断层区段连接了起来。破坏性断层可以发育在上斜坡或下斜坡,抑或上下斜坡均发育,取决于转换斜坡处的应力状态。随着断层连接持续,其中的一条破坏性断层会废弃不再活动,如图 7-21(e)中的上斜坡发育的破坏性断层,两个断层区段沿着转换斜坡上的下斜坡破坏性断层贯穿成为一条走向发生弯折的大型断层。

通常在转换斜坡内发育的断裂系统比较复杂,方向各异,常构成网结状形态,这类复杂断层系称为"箱状断层"(box faults)。这种小断层在转换斜坡演化过程中对主断层起连接作用,对转换斜坡起破坏作用。转换斜坡上裂缝或者小型破坏性断层的出现常预示着转换斜坡的边界断层已经在深部连接,这些小断层也对烃类运移或聚集具有重要意义。

(五)正断层断面形态及其对上盘变形的控制

如前所述,从断面形态上,正断层又可以区分为平面式正断层和铲式正断层。小型平面状正断层一般发育在地壳脆性层(地震层)内,当断层穿过不同的岩性时可以在产状上显示出明显的坡坪式变化。大型平面状正断层一般以中等倾角穿过整个地壳脆性层,断层上盘发育半地堑式沉积盆地。铲式正断层产状上陡下缓,凹面向上,往往沿具有超压特征的软弱层内拆离滑脱,在上盘发育生长构造。铲式正断层在被动大陆边缘巨厚的三角洲沉积序列中发育最为典型,东营三角洲沉积的前缘相带内也常见到这种构造类型。

理论计算及物理模拟研究(Withjack,1995;Xiao 和 Suppe,1992 等)表明,盆地内部的变形与控盆主边界断层的几何形态有密切关系。平面状的正断层一般导致上盘断块简单的旋转掀斜作用,形成典型的在直立剖面上呈楔状的、平面上呈勺状形态的半地堑式可容空间。上盘的沉降可以达到相当大的深度,聚集巨厚的地层。同时,上盘可以发育次级的同向或反向断层。

比较而言,铲式正断层系可以导致上盘更为复杂的变形,这主要是由铲式正断层的几何特征所决定的。铲式正断层的伸展作用不仅导致上盘滚动褶曲、伸展断弯褶皱的发育(下文详述),而且在上盘中产生了反向或同向调节断层。这些调节断层发育的几何特征、产生的构造位置和发育序次具有规律性。如图 7-22 所示的物理模拟实验,黑色区为铝块,代表断层下盘的刚性块体,层状空白区为湿泥层,代表断层的上盘。刚性块左侧为—45°的倾斜面,它与水平箱底面一起代表向上凹的铲式正断层面。

变形开始阶段,主边界正断层从铝块顶部边缘向上扩展到泥层顶面。拉伸作用继续进行时,产生两个变形带(图 7-22A 中 X 区和 Y 区),其中一个带位于主断层 45°倾斜区段之上(图 7-22A 中 X 区),主要由从主断层面向上扩展的多个陡倾同向小型正断层组成。在实验的早期阶段,这些断裂很快就不再继续活动。第二个变形带从主断层面的弯折带(从 45°倾角变为水平的位置,即铝块的底部边缘)部位向上扩展(图 7-22A 中 Y 区),变形带由向上变宽的反向断层带构成。这些反向断层的位移从下到上逐渐减小。继续拉伸,第二个变形带向左移动离开断层的弯折部位(图 7-22A 中的 b 剖面),而且不再活动。而在断弯带部位重新产生一个新的、同样由反向陡倾断层带组成的变形带。继续拉伸(图 7-22A 中的 c 剖面),这个变形带又移动,并离开断弯带。在断弯带部位,新的反向变形带又继续形成。从该实验可以看出,靠近主断层弯折带部位的反向断层形成的时代最晚,而远离主断层弯折带部位的反向断层的形成时代最老。东营凹陷梁家楼-现河断裂带和陈官庄-王家岗断裂带(图 7-19)的形成可以用上述形成机制解释。前者在沙河街组沙三段上亚段时期形成,后者远离断弯带在沙河街组沙三段中亚段时期活动。八面河断层比较特殊,这是一条同向调节断层带,其发育可能与盆地上盘的先存组构有关,主活动期是沙河街组沙三段下亚段时期。

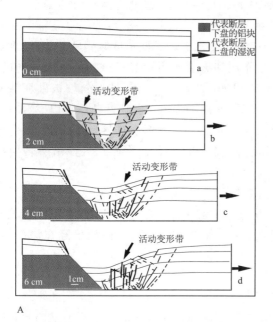 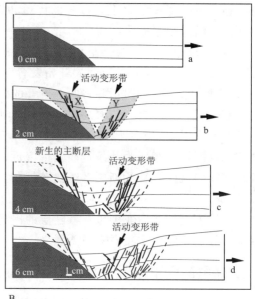

图 7-22 断层上盘变形实验模型(据 Withjack 等,1995)
A.简单铲式正断层;B.由上凸变为上凹型的正断层

图 7-22B 代表第二个实验模型,其特点是主断层上部较缓(30°),向下变陡(45°),然后到底部又变平。在这种模型中,上盘主断层上凹弯折带部位的变形与图 7-22A 所示模型一致。所不同的是,第二个变形带(图 7-22B 中 X 区)从主控边界断层上凸弯折处(由 30°变为 45°处)向上扩展,这个变形带主要由陡倾正向断层组成,随着拉伸的继续,最终只有一条同向正断层向上扩展穿过整个泥岩层,从而构成新的主边界正断层。东营凹陷中部盆地单元的主边界断层,如胜北断层、滨南-利津断层等,具有类似的成因机制,这些断层都是从陈南断层上凸部位向上延伸而形成的。

(六)同生正断层的组合样式

1. 剖面组合样式

伸展盆地中的断层常常是成群发育的,这些断层有不同的规模和级别,相互之间构成复杂的组合样式(图 7-10)。如从剖面上描述,常考虑的断层组合有阶梯状断层系、"Y"或"反 Y"型断层系、"X"型断层系、多米诺骨牌式断层系(书斜式断层系)等;考虑断层与主断层关系有同向断层系、反向断层系(油田产业部门常常在考虑断层与所切割地层的倾向的关系时使用相同的描述术语)等;考虑断层控制的盆地形态时描述为半地堑系、地堑系、复合地堑系、堑垒式盆地系(盆岭式盆地系),等等。许多断陷盆地陡坡带盆缘同沉积断裂系大都具有铲式断裂面,由于断裂面向下产状变缓,在下降盘常伴生同生的滚动背斜及次级伴生断裂。沿陡坡断裂带这类构造尽管规模不等,但十分发育。在陡坡带发育滚动背斜的情况下,缓坡带反向重力调整断层也可引起地层弯曲滚动,从而形成跨过洼陷的大型"双向滚动背斜",典型的例子如渤海湾盆地黄骅坳陷南部发育的孔店背斜。

2. 平面组合样式

从平面组合上,同沉积断裂组合有多种样式(图 7-23)。梳状断裂构造系:是指由主干断裂和与之垂向的一组伴生次级断裂构成的同沉积断裂系[图 7-23(a)]。实例见于渤海湾盆地沾化凹陷孤北东五号桩、孤北西次洼、四扣洼陷、埕北洼陷等。发育于下降盘的次级断裂的形成与多种机制有关,沿主干断裂断距变化引起的断裂调整,或者是近于垂直的另一组主干断裂活动产生的断裂调整均可能形成这种组合样式。在穿过弧北东五号桩梳状断裂构造系的南北向的三维地震剖面上可观察到双向滚动背斜,该背斜被一系列调节性断裂切割。梳状断裂构造带是一种控制着洼陷内砂体分布和油气聚集的重要同沉积构造组合类型,它的发现在指导油气勘探上具有重要意义。

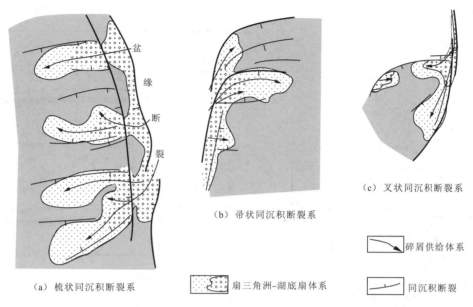

图 7-23　同生断层的组合样式(据林畅松等,2000)

帚状断裂构造系:帚状断裂组合一般是由一两条主干断裂向一端发散或分叉成多条规模和断距均变小的次级断裂系,在平面上呈帚状,如沾化凹陷义东帚状断裂带、邵家帚状断裂构造带等[图7-23(b)]。凹陷内的帚状断裂系多呈左步阶排列,表明盆地曾受到过右旋张扭作用。

复合叉形断裂构造系:由两条断裂带相交形成的叉形断裂构造系[图7-23(c)],如沾化凹陷弧南洼陷东端控制洼陷发育的叉形断裂系是由孤南断裂和孤东弧形断裂相交构成。交叉的内角带控制着洼陷的沉积中心。此外,沉积盆地中还经常可观察到鱼鳞状、平行状、棋盘状等断裂组合样式。

三、伸展型盆地内的同生褶皱

(一)纵向褶皱

如前所述,同生褶皱可以划分为纵向褶皱和横向褶皱两类,前者在垂直于断层的剖面上观测较为清晰,而后者在平行断层的剖面上显示最为清楚(图7-24)。

拖拽褶皱(drag folds)即牵引褶皱,是最常见的一种纵向褶皱,发育局限于断层面相邻的区域[图

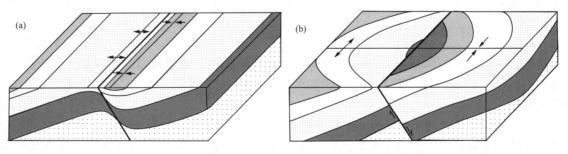

图 7-24　纵向褶皱和横向褶皱立体图(据 Schlische,1995)

7-25(a)]。在断层的上盘内表现为向形,而在下盘内表现为背形,是由于沿断层面的摩擦拖拽作用所致。当同生断层生长过程中向上扩展或侧向扩展时,在断层扩展的断端部位(位移为零)也可形成这种褶皱,这时拖拽褶皱又称为断展褶皱(fault-propagation fold)或强制性褶皱(forced fold)。

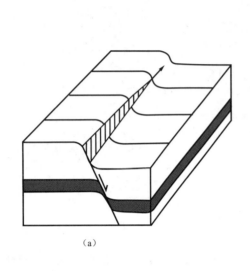 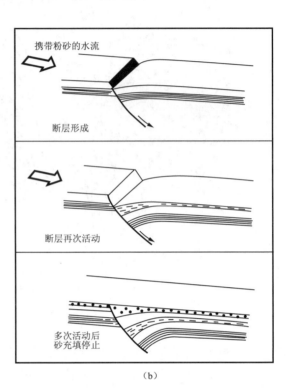

图7-25 拖拽褶皱和逆牵引褶皱的几何学特征(据Schlische,1995)

逆牵引褶皱(reverse-drag fold)具有与牵引褶皱相反的几何学特征,断层的上盘发育背形,而下盘有时发育向形[图7-25(b)]。与拖拽褶皱比较,逆牵引褶皱规模更大,是断层作用的挠曲响应,其规模随着断层位移距离的增加而增大。一般断层上盘的背斜规模要大于下盘的向斜规模,在东营凹陷的胜北断层,梁家楼-现河断层等部位可见这种类型的褶皱发育。

伸展断弯褶皱(extensional bend-fold)普遍发育在铲式断裂系统控制的断陷盆地内,是上盘岩层在沿正断层向下滑移过程中,由断层产状变化控制而在其上盘岩层内形成的一种褶皱类型。理论计算及物理模拟结果表明,铲式正断层控制的盆地内部的变形与其几何形态有密切关系。图7-26(a)表示一个切过先存地层并随深度向上弯折变缓的正断层。如果岩层是刚性体,当断层上盘与下盘拉开时,会在二者之间形成一个空隙,实际上岩层并非刚性体,因此将会向下"崩塌"来充填这个空隙,从而导致岩层变形。图7-26(b)表示受重力作用,上盘岩块将沿着倾斜角大约为70°的Coulomb剪切破裂面滑移而充填这个空隙。在这一个过程中,将沿Coulomb剪切破裂面方向发生变形,从而形成膝折型滚动背斜,即伸展断弯褶皱。上盘岩层的弯折会形成两种类型的轴面,一种轴面是沿断层弯折部位定位的活动轴面(active axial surface),在持续的滑移过程中初始活动轴面会随上盘岩层的滑移而逐渐远离断层的弯折部位,形成不活动轴面(inactive axial surface)。活动轴面和不活动轴面之间的膝折型变形区构成了滚动背斜的前翼,并随正断层位移的增大而逐渐加宽[图7-26(c)、(d)和(e)],并因此而导致伸展断弯褶皱规模变大。

图7-27表示在具有两个弯折点的铲式正断层上盘同沉积地层中伸展断弯褶皱的发育过程。断层上盘初始滑移时会在两个上凹弯折点位置形成初始活动轴面[图7-27(a)]。伴随着断层上盘的滑移,在上盘半地堑盆地内沉积了层1和层2两套同生地层[图7-27(b)],同生地层的变形区被限制在一个由先存地层顶面、活动轴面和生长轴面(growth axial surface)围限的楔形生长区内。在图7-27(b)所

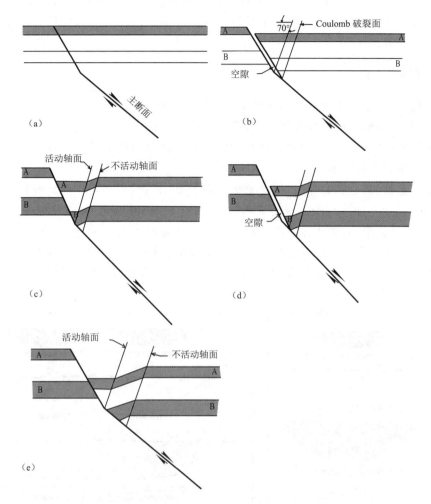

图 7-26 先存地层中伸展断弯褶皱的发育

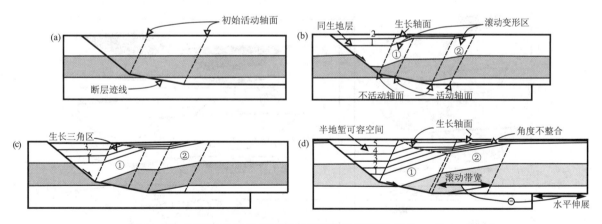

图 7-27 同沉积地层中伸展断弯褶皱的发育过程（据 Shaw 等，1997）

示的情形下，岩层 2 顶界面处正在形成沉积物，而处于该界面上活动轴面和生长轴面交汇点的沉积物正在进入上述楔形变形区内。早先进入楔形生长区内的岩层 1 已遭受到平行于活动轴面的变形而弯折，并形成"①"和"②"两个弯折变形区，变形区内岩层倾斜，且由下到上逐渐变窄，以致到层 2 顶界面处变为一点，弯折变形区外岩层保持沉积时的水平状态，由此，整个上盘岩层显示出背斜形态。图 7-27(c) 和(d)表示铲式断层持续滑移并控制同生地层 3、4、5 的发育过程中，"①"和"②"两个楔形生长区逐渐变宽变大，并逐渐接近，甚至重叠，从而导致伸展断弯褶皱的幅度和规模变大。实验模拟和理论计算结果显示滑移速率或沉积速率的变化将会导致生长轴面产状发生变化，而且，"①"和"②"两个弯折变形区的宽度等于沿铲式断层滑移距离。

(二)横向褶皱作用

以前一般强调滚动背斜、拖拽褶皱和逆牵引褶皱等纵向褶皱，实际上横向褶皱在沉积盆地内也广泛发育，而且其类型复杂多样。从发育机制上看，绝大多数横向褶皱作用与断层位移沿走向的变化有关，也有一些横向褶皱的形成与先存构造和特殊地质体相关。横向褶皱的发育有不同的规模，其发育样式主要取决于正断层系的几何特征。

在单条正断层上盘，断层位移沿走向的变化导致宽阔、向断层倾伏的长形向斜(图 7-24(b)、图 7-28、图 7-29)。对于一条大型的单条盆缘断层而言，这一向斜构成了沉积盆地的发育范围。在断层的下盘发育宽阔的、拉长形的、倾伏方向离开断层的背斜。这两个褶皱的枢纽位于同一条直线上，并处在断层位移最大的区域。由于上盘的位移一般大于下盘的位移，所以上盘向斜的规模要大于下盘背斜的规模。尽管褶皱的枢纽位置比较固定，但是褶皱的幅度和宽度会随着盆地和断层的不断生长而扩大。

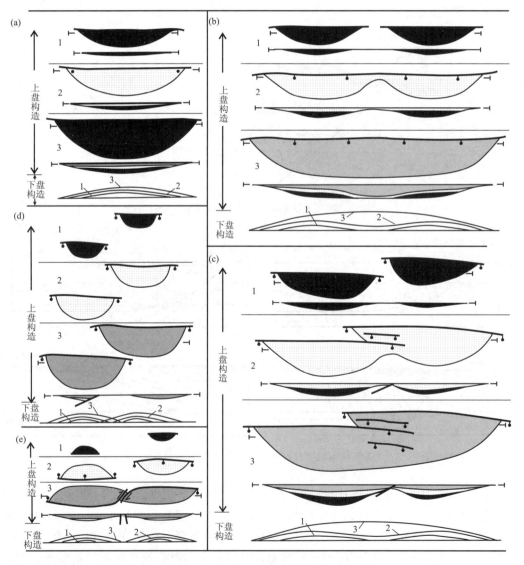

图 7-28　断层生长作用与沉积盆地的演化(据 Schlische，1995)

如果断层最大位移的区域发生了迁移,褶皱的枢纽线位置也会随着发生变化,这时褶皱的轴面将表现为曲面。

区段式正断层系发育多个位移最大和最小区域,与区段式正断层系相伴的横向褶皱表现出不同的特点。在断层的上盘,向斜一般发育在位移最大的断层区段的中心部位(图7-29),而背斜发育在局部位移距离最小的部位,一般位于断层区段边界附近,并与叠覆断层区段之间的侧向断坡相伴,向斜要比背斜宽阔。

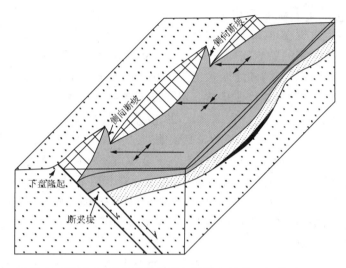

图7-29 区段式正断层系、侧向断坡和横向褶皱之间的几何关系(据Schlische,1995)

在区段式断层的下盘,在局部位移最大的部位形成背斜,一般位于断层区段的中部或中部附近。在局部位移最小的部位形成向斜,一般发育在断层区段的边界上。断层的上盘和下盘横向褶皱发育的范围取决于活动的断层区段的数目、断层系的演化阶段和断层区段几何特征。

如图7-28(b)所示,在非重叠同向断层的情形下,在各个断层区段的上盘发育独立的向斜形次级盆地[图7-28(b),阶段1],下盘的上隆剖面显示了一个与独立的断层区段有关的宽阔的背斜。当位移增大时,断端侧向扩展,断层的区段最终连接在一起[图7-28(b),阶段2]。在下盘,褶皱的几何特征正好相反。到阶段3,连接带内的位移增大,横向高地逐渐沉降,最终在上盘内形成一单一的长形向斜,在下盘内形成一单一的背斜。

图7-28(c)表示重叠型的同向断层的情形。阶段1的构造特征与上述非重叠同向断层的情形相似。当断层断端侧向扩展并开始重叠时横向背斜形成,并分隔上盘的两个向斜[图7-28(c),阶段2],在重叠部位的下盘,形成横向向斜。在各个断层区段同时活动的情况下,位移被分配到每一条活动的断层之上,以致断层系上盘的沉降量减小,这时断层系上盘的横向背斜将持续发育(阶段3)。

第三节 断陷盆地构造沉积演化模式

前文介绍了断陷盆地主断裂系统的区段性及其阶段性演变过程,表现为区段式断层的扩展、生长、连接、贯通和停止活动,伴随着正断层的这一演化过程,其所控制的断陷盆地也经历了初始断陷、断陷高峰和断陷萎缩停止等发育演化阶段。为了突出断陷盆地断裂演化特点,对断陷盆地演化阶段的划分采用初始发育、相互作用及连接、贯通和断层活动性消亡四阶段划分方案。断陷盆地主要断裂系统的幕式活动及其活动性沿走向的迁移造成断陷盆地内构造古地貌的极大变化,进而又与气候变化和海/湖平面变化等非构造因素一起控制了盆地沉积充填格架的规律性变化。

一、陆相断陷盆地构造沉积演化

1. 初始发育阶段[图 7-30(a)]

该阶段表现为小型正断层和挠曲褶皱控制的一系列孤立的沉积盆地。断层开始发育时往往处于地下深处，是以隐伏式，即盲断层的方式活动，然后才向上扩展延伸到地表，使地表破裂形成断陷（图7-31）。在正断层隐伏式活动过程中，由于断层两盘基底的差异升降，在地表表现为生长单斜或生长挠曲褶皱[图 7-31(a)、(b)、(c)]，随着断层的持续扩展，直到突破地表，即形成典型的半地堑盆地[图7-31(d)]。上述的过程也出现在正断层沿走向的位移迁移和变化过程中。如图 7-32 所示，该图显示了一个断层区段的一半，立体图的前侧剖面显示了断裂位移最大的剖面，从右向左，沿断层的走向其地表层的位移逐渐减小，直至断端为零，随之断裂的活动由地表显现的正断层逐渐转变为盲断层活动，断端之上发育位于盲断层之上的单斜或挠曲构造。沿正断层走向位移的变化可以导致断陷盆地内不同部位相对海/湖平面变化特征的明显变化。在断层区段中心位移速率最高的位置，断层上盘快速的沉降可以超过全球海平面的下降速度，因而相对海平面变化曲线总体表现为持续上升（图 7-32 位置1）；而在处于断层区段边界的断端部位，沿断层的位移速率小于全球海平面的下降速率，因此，相对海平面仍然表现为下降（图 7-32 位置3）。无论是盲断层活动，还是地表断层活动，均可以记录在其所控制的上盘盆地的充填地层中。在盲断层之上的生长褶皱控制的盆地中，充填的地层格架表现为向上盘挠曲向斜加厚撒开，向断端挠曲背斜变薄，甚至削截的碟状；而在边界正断层控制的断陷盆地中，地层格架则表现为典型的向控盆边界断层加厚的楔状。

因此，在陆相断陷盆地发育的初始阶段，分布全区的众多的小型盆地中，可以识别出上述两种地层格架样式[图 7-30(a)]。在盆地的这一演化阶段，主要的沉积物输送体系受控于断陷盆地开始发育之前的先存水系网络，在断陷作用开始初期，受到与挠曲褶皱作用和断层作用有关的地形改造，引起河流向盆地偏转，形成了所谓的"地形漏斗"(topographic funneling)。此外，由于断陷盆地边缘的不对称性，会在盆地边缘引起一系列横向水系发育，这些横向水系的流域面积受拉伸作用期间产生的构造斜坡长度的控制，也与汇水区基岩的岩性和抗风化能力有关。流域区的面积控制了水和沉积物的输出量，进而控制了盆地内沿地堑发育的各类扇的大小。在断陷盆地发育的初始阶段，河流和滨浅湖是这一阶段盆地内发育的主要沉积体系，在干旱和半干旱气候区的盆地易形成封闭断陷盆地，发育盐湖沉积。具体的沉积体系类型见图 7-30(a)的标注。

2. 区段式断层相互作用和连接阶段[图 7-30(b)]

在这个阶段，各个断层区段侧向扩展，相邻的断层区段之间相互作用并连接在一起，由此导致断层上盘早期小的沉积中心扩大，连接在一起形成更大范围的沉积中心。与此同时，一些断层不再活动（图中前侧剖面标成虚线的断层），如果这些不活动断层控制的盆地位于主断层的上盘，则会随着主断层上盘的沉降而被埋藏；如果位于主断层的下盘，并位于脊部附近，则会随着主断层下盘的上升而上隆，遭受下切和侵蚀。这个时期，汇水区在下盘断崖和上盘缓斜坡部位持续发育，构成进入半地堑沉积中心的横向物源区，形成一系列不同类型和特征的陡坡和缓坡边缘扇体，这些扇往往连接在一起构成连续展布的山麓冲积平原体系。向断层区段的边界方向，下盘汇水区面积逐渐减小，其所形成的扇体面积也随之而逐渐变小。相对于下盘汇水区短而陡来说，上盘的汇水区则长而缓，因此，源于上盘物源的扇体规模要比源于下盘物源区的扇体规模大，这些扇体连接在一起会形成低缓的山麓平原。另外，控盆断层上盘的旋转掀斜作用会引起入盆水道和盆内扇体的扇面坡度增加，导致扇面下切和扇舌退积。图 7-30(b)中表示了两类物源背景的断陷盆地，图中右侧的断层带控制的盆地具有高流量、低沉积物供给特征；而左侧的断层带控制的盆地显示高流量和高沉积物供给背景，图中进一步标示了这两种背景下沉积体系的类型和配置特征。

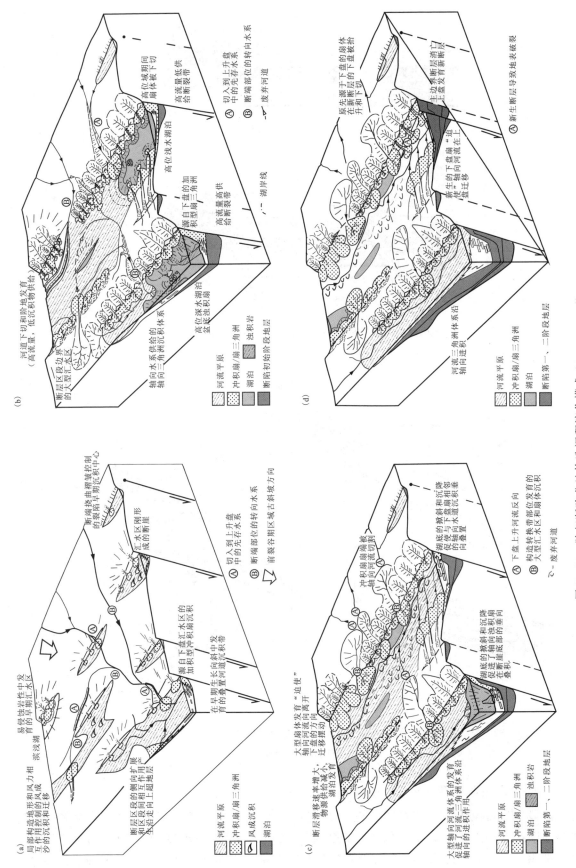

图 7-30 陆相断陷盆地构造沉积演化模式(据 Gawthorpe 等, 2010)

(a)初始发育阶段;(b)断层区段相互作用和连接阶段;(c)控盆边界断层贯通阶段;(d)控盆断层活动性消亡阶段

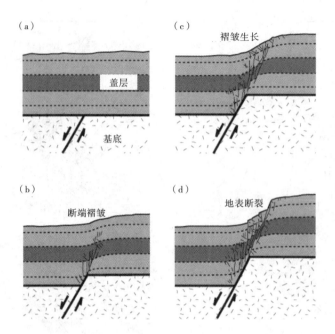

图 7-31 正断层演化实验模型（据 Withjack 等，1990；Gawthorpe 等，2010）

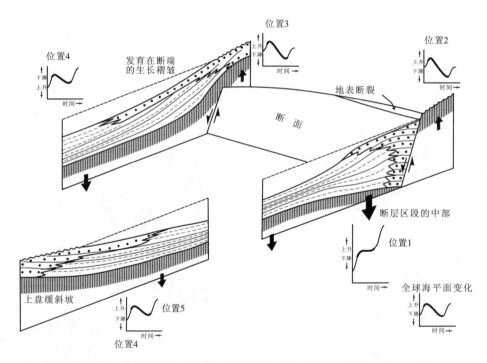

图 7-32 裂谷盆地断裂活动、相对海平面变化及地层格架特征（据 Gawthorpe 等，1997）
（箭头大小与下降或上升幅度成正比）

3. 区段式断层贯通阶段[图 7-30(c)]

在这个阶段，相邻的断层区段连接在一起，形成连接式控盆断裂带，限定了大型的半地堑盆地。这个时期也是断陷盆地发育规模最大、沉积地层最厚、断裂活动最为强烈的时期，与通常所讲的断陷盆地发育高峰时期相对应。从构造成因机制的角度来讲，这个时期最重要的特征是原先断层的连接切穿了原先各个断层区段之间的构造转换带,并随着上盘的下滑位移减缓了构造转换带以及横跨在构造转换带之上的横向背斜所致的盆内凸起带地形,使得轴向河流可以流经原先由各个断层区段所控制的孤立的、分隔的盆地区,即原先孤立封闭的盆地在这个阶段已经连接在一起形成大型开阔的、统一的大盆地。轴向曲流河与横向扇之间常常出现明显的相互作用,大型的扇的发育可以"迫使"轴向的曲流河向离开边界断层的方向迁移,而曲流河发育过程中也可以切割扇端。通过侧向迁移和频繁的改道,轴向曲流河可以在源于半地堑两侧的扇体之间建造起广阔的冲洪积平原沉积体系。

在封闭断陷湖盆中,盆地水系受周边高地(从构造的角度,一般是发育在区段式断层边界附近)的限制,发育独立的、封闭的汇水系统,盆地充填可以被大量保存下来,并以湖泊沉积[图7-30(b)]为特征。在开阔断陷湖盆中,穿过盆地的水系实际上是区域河流系统的一部分,大量的水和沉积物被输出,盆地中央轴部和边缘扇的沉积作用特点主要表现为轴向水系河道的侵蚀和沉积作用[图7-30(c)]。

在区段式断层的贯通阶段,由于控盆边界断层的快速位移,断层下盘明显旋转掀斜,先存的河流体系将产生逆向流动。

4. 断层活动性消亡阶段[图7-30(d)]

这个阶段控盆边界断层活动性显著减弱或停止活动,盆地内部可能会出现一些小的断层活动。图7-30(d)显示新的断层作用出现在先前断层的上盘,原先源于下盘的扇体被新断层抬升和下切。同时,由于新的下盘扇体的发育,使得轴向河流向远离边界断层的方向迁移。

二、海相断陷盆地构造沉积演化

目前,关于与海相连的断陷盆地的构造样式和地层格架可了解的信息比较少,图7-33所示的模式主要依据Suez湾裂谷渐新世—上新世期间的构造沉积体系的研究而建立(Gawthorpe等,1997,2010;Sharp等,2000)。这是一个孤立的浅水海湾,有小到中等程度的潮汐作用,发育较大规模的继承性先存水系和小规模的新生水系。

与陆相断陷盆地类似,在海相断陷盆地发育的初始阶段[图7-33(a)],早期的小型断层和挠曲褶皱控制了低缓的低地和大量孤立的沉积中心,其中有部分沉积中心在海平面高位期间会连接在一起,形成长而浅的海湾和湖泊。先存水系局部受活动断层作用和褶皱地形控制影响而向局部沉积中心偏离,流入早期盆地,构成主要的沉积物源体系。这个阶段发育的盆地会接受不同类型的沉积体系,取决于海平面、物源和地形之间的关系。

图7-33(b)表示了海平面高位期间,区段式断层相互作用和连接阶段盆地的构造和沉积状态。由于区段式断层相互作用和连接,导致早期的断层沉积中心扩大,并连接在一起。而且,沿控盆边界断层上隆的下盘发育的汇水系统形成了分别源于下盘和上盘的各类扇沉积体系。先存水系往往由断层区段边界的低地(构造转换带)进入盆地,为盆地提供物源(图中右侧的断裂带);图中左侧的断裂带形成孤立的下盘岛屿。来自这些岛屿的沉积物有限,因而形成了饥饿型深水盆地。在构造转换带部位,盆地内部的横向基底凸起形成了沿裂谷轴的浅水台地,成为浅海和潮汐沉积物的主要沉积场所。盆底的掀斜作用会促使浊积体系沿盆地轴向发育,大量的浊积体可以叠置在一起,并与源于控盆边界断层下盘的横向水系形成的扇体指状交互产出。由于沿控盆边界断层的变形集中,盆地的沉降速率增加,并超过了物源供给的速率,因此形成了整体向上海水加深的沉积充填序列。

图7-33(c)表示了海平面低位期间,区段式断层相互作用和连接阶段盆地的构造和沉积状态。这是一种全球海平面下降的背景,断陷盆地上盘斜坡、区段式断层转换带以及横跨在转换带之上盆内高地出现了广泛的暴露和下切,沉积相出现了显著向盆地方向的"跃迁"。由于横向高地的出现使得盆地内部出现了多个孤立的沉积中心,在断层区段的中心,断层快速活动,沉降速率超过了海平面的下降,可以产生相对海平面的上升,形成了沉积体系的进积或者加积。

海相断陷盆地控盆边界断裂的贯通阶段如图7-33(d)所示。持续的断层生长和连接致使盆地区

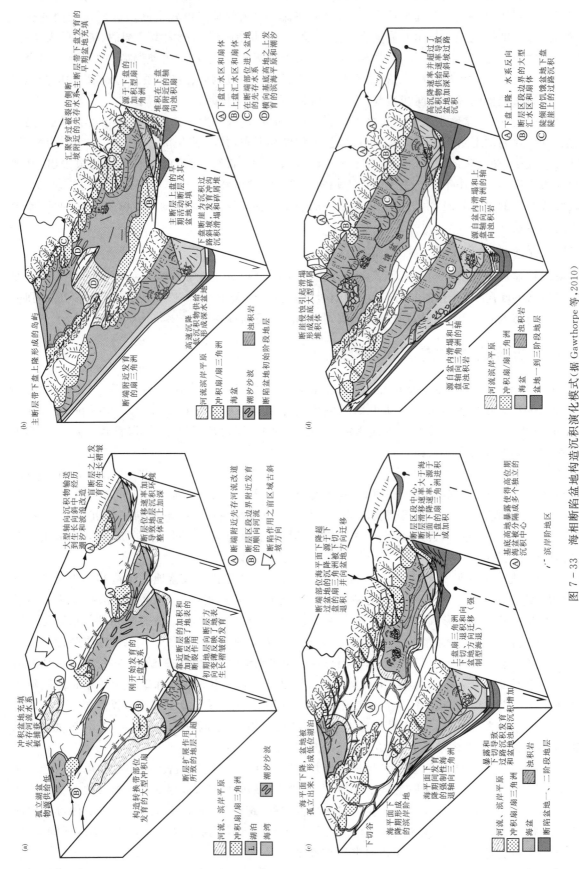

图 7-33 海相断陷盆地构造沉积演化模式（据 Gawthorpe 等，2010）

(a) 初始发育阶段；(b) 断层区段相互作用和连接阶段（低水位期）；(c) 断层区段相互作用和连接阶段（高水位期）；(d) 控盆边界断层贯通阶段

域的变形集中在有限的几条大型控盆断裂之上,原先孤立的沉积中心连接在一起形成大型盆地。总体上,沿边界正断层带的快速滑移,超过了沿断裂带的物源供给速率,导致盆地两侧边缘扇体的退积和盆地中央深水饥饿环境的出现。断崖成为沉积物过路区域,以发育沟槽、滑塌和碎屑流为主要特征。

第八章 挠曲类盆地

第一节 岩石圈的挠曲作用及其形成的盆地类型

一、岩石圈的挠曲作用

挠曲(flexure)作用是岩石圈和地球表层演化中常见的动力表现形式之一,既有宏观规模的岩石圈挠曲,也有局限在地球沉积层之内的相对中等规模或者在露头和手标本上发育的更小尺度的挠曲表现形式。本书所指的岩石圈挠曲是指大洋岩石圈或者是大陆岩石圈内发育的长波长弯曲。从岩石力学的角度来看,岩石圈挠曲作用是岩石圈在负荷作用下产生的弹性弯曲形变。在挤压、拉伸和走滑等多种构造背景下,均可产生复杂的、类型多样的挠曲形变响应。

根据岩石圈的流变学性质的差异,可以将岩石圈(特别是大洋岩石圈)划分为上下两层,上层为弹性层,它储存并传递弹性应力;下层则以幂函数式蠕变为特征,起消耗应力的作用。岩石圈挠曲变形作用的理论研究便建立在基于上述特征建立的简单弹性薄板模型的基础上(Walcott,1970,1972),即上浮在流体层的薄层弹性板在受到垂直外力、水平外力及扭动或弯曲力矩作用时板块的变形特征。据此模型可以建立一系列弹性薄板的挠曲变形公式,通过改变其相应的边界条件,可以将以此模型建立的挠曲变形公式运用于不同的地球动力学环境,具体详见 Allen 等(1990,2005)发表的盆地分析专著,在此不再赘述。

在岩石圈挠曲作用的理论分析中,挠曲刚度以及由挠曲刚度计算出来的有效弹性厚度是两个重要的概念。岩石圈的挠曲刚度是岩石圈板块抵抗变形的能力。通常认为,在地质时间尺度上施加的负载(大于10^6年的负载,包括地形、岩石圈内部负载和下部负载)会使大洋岩石圈产生类似于上浮在流体层之上的薄层弹性板的变形,此弹性板的厚度就是岩石圈的有效弹性厚度(T_e),它标志着在地质时间尺度内岩石承受压力超过 100MPa 时发生弹性行为和流变行为转变的深度(Mcnutt,1990)。岩石圈有效弹性厚度与挠曲刚度的换算公式为:

$$T_e = [12(1-\nu^2)D/E]^{1/3}$$

上式中,T_e 是弹性板厚度,单位:km;D 是弹性板的挠曲刚度,单位:Nm;ν 是弹性板的泊松比,通常取 0.25;E 是弹性板的杨氏模量,通常取 10^{11}Nm^{-2}。

大洋岩石圈的有效弹性厚度是以(450 ± 150)℃等温面来确定的(Walcott,1980)。大洋岩石圈会随着年龄增加,地温梯度下降,(450 ± 150)℃等温面的深度也增加,因此,大洋岩石圈的强度随年龄呈指数增加。在洋中脊轴部岩石圈厚度不到 6 km,而到最老的(侏罗纪)大洋岩石圈的厚度则达 100 km。大洋岩石圈的承载能力也是其年龄的函数,这是由于大洋岩石圈的挠曲刚度强烈地依赖于岩石圈的温度结构,同时也正因为如此,大洋岩石圈的有效弹性厚度随时间也呈指数关系增加。这种有效弹性厚度和板块加载时年龄之间的简单关系,已经被很多的研究和数据所证实(Parson 等,1977)。

大洋岩石圈的挠曲作用主要发生在海沟、洋中脊、海山链和火山岛所在的岩石圈部位,最显著的特征是负自由空气重力异常。沿海山链发生的大洋岩石圈的挠曲作用可以由作用于连续板块的垂向负荷产生,也可以是在垂直外力作用下,板块发生破裂而挠曲所致,其挠曲的形态可以通过简单弹性薄板模型来定量描述(Allen 等,1990,2005),挠曲形态的描述参数包括最大挠曲幅度、盆地的宽度、前隆的位置和高度。挠曲的波长取决于板块的挠曲刚度,最大挠曲幅度则与挠曲刚度和加载力的大小有关。发生在海沟-岛弧系环境中的大洋岩石圈的挠曲类似于末端加载的弹性板块模型,是垂直外力、水平外力和弯力矩综合作用的结果。

大陆岩石圈与大洋岩石圈的变形特征不同,且有较大的差异。大洋岩石圈发育时间短,一般不老于180 Ma,基本上没有什么应变,边界清晰狭窄;而大陆岩石圈发育时间长,在其长期的地质历史中经历了多期应变,边界模糊,岩石圈结构的不均一性和继承性特征也非常复杂,其挠曲作用没有简单的参数和观测结果作对比,争议比较大。一般认为,由于大陆岩石圈热结构和流变结构的复杂性,大陆岩石圈的有效弹性厚度变化范围可以从几千米到100多千米,并且不与任何物质界面和深度对应。

大陆岩石圈的挠曲作用的研究主要集中在碰撞造山带,其特点是穿过造山带和前陆盆地的布格重力异常变化较大,同时导致大陆岩石圈挠曲的外力变化很大,这主要是由于碰撞带内或碰撞带之下地壳和地幔楔以及俯冲板片的动力学特征的复杂性所致。前面讲到,随着岩石圈年龄的增加和冷却,大洋岩石圈的挠曲刚度增大,但是大陆岩石圈挠曲刚度与年龄没有关系,可能有许多因素决定了大陆岩石圈挠曲刚度的变化,如地壳放射性热导致的地热梯度的变化、挠曲变形期间岩石圈各个圈层之间的拆离等。

在碰撞造山带中,聚敛的造山带可以看作为一个楔状体,称之为造山楔(orogenic wedge)、构造楔(tectonic wedge)或增生楔(accretion wedge)。造山楔的垂直负载是导致大陆岩石圈弯曲、前陆盆地发育的重要动力因素,其形态和构造控制着前陆板块的挠曲作用。造山楔的缩短、增厚或伸展迁移都会使负载的大小和分布方式发生改变,而造山楔的构造抬升与侵蚀为沉积盆地提供物源。

在大陆岩石圈挠曲作用的动力学分析中,造山楔一般被看作为一个连续的动力学单元,其后部沿板块边界的水平挤压力与底部滑脱带滑动摩擦阻力以及沿楔状体长度方向在楔体斜坡造成的重力之间相互作用,从而维持动力学平衡状态。当造山楔内每个点的应力相对于变形岩石的强度处于屈服极限状态,即楔状体呈完全屈服应力状态时,楔体的前缘角度称为临界锥角(critical taper)[图8-1(a)]。如果这种应力的平衡状态和楔体的稳定状态被改变,如图8-1(b)所示,楔体底部的基底卷入式逆冲断层活动,基底岩系卷入楔体内部并导致地表抬升,这时地表将发生伸展断裂作用,楔体厚度减薄并试图恢复到原先稳定状态。

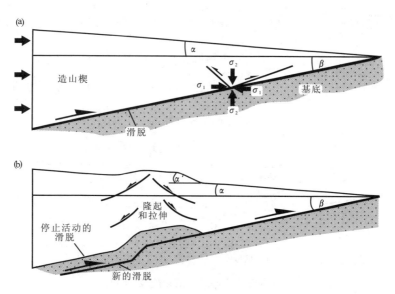

图8-1 造山楔动力学模型

(a)为水平外力、底部滑脱带摩擦应力和楔体表面的重力相互之间处于稳定状态,α为地表坡度,β为基底坡度,$\alpha+\beta=\theta$为楔体前缘角度,σ_1为最大主压应力,σ_2为最小主压应力;(b)楔体核部逆冲叠置导致表面抬升,构造楔失稳,发生伸展断层作用试图恢复到先前的临界坡度状态

图 8-2 表示造山楔的演化和几何形态的变化。早期阶段[图 8-2(a)]以前缘加积为主,楔体内部缩短增厚,楔体斜坡上重力作用小,不发育正断层;第二阶段[图 8-2(b)]楔体底部发生底侵加积作用导致楔体增厚,地表坡度增大,超过临界坡度时,楔体后部将伸展拉长,促使地表坡度减小;第三阶段[图 8-2(c)]楔体底部的加积作用持续,伸展作用使得深部的高压岩层向地表抬升,同时造山楔顶部的伸展作用促使前缘发生某种程度的缩短作用,即重力扩展作用产生的晚期逆冲推覆构造;发育成熟时期[图 8-2(d)]底部加积与伸展作用使得高压岩层抬升到近地表,并遭受剥蚀。此外,如果俯冲作用停止,则造山楔也会因为后部伸展而塌陷,这种作用也可以使得深部高压岩石抬升到地表。

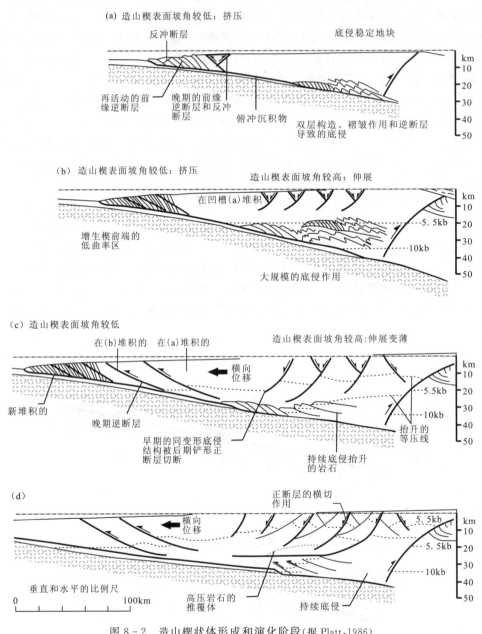

图 8-2 造山楔状体形成和演化阶段(据 Platt,1986)

显然这种动力学模型在盆地构造和充填演化方面具有重要意义。板块的俯冲速率、挤压应力的大小和楔状体物性的变化都将使得岩石圈的负载挠曲形态发生很大的瞬时性变化。尤其是楔状体的拉长与缩短作用,将使得俯冲板片之上前渊和前隆的位置相对于造山带前缘的位置发生改变。许多学者提出各类模型,如弹性岩石圈模型(Beaumont,1980)、黏弹性岩石圈模型(Catuneanu,2004;Quilan 和

Beaumont,1984)等模拟前陆盆地的挠曲变形及其对盆地构造和充填地层的控制。对此,将在后文予以详细介绍。

二、挤压盆地的类型

岩石圈挠曲作用可以产生挠曲沉降,形成相关的沉积盆地,这类盆地主要发育于板块聚敛处及其附近,常见的盆地类型有海沟、弧前盆地、残留洋盆、前陆盆地和山间盆地等。海沟盆地的发育是俯冲的大洋岩石圈经受水平挤压、垂直负荷和弯力矩的综合作用的结果。前陆盆地的发育与碰撞造山带密切相关,主要形成于造山带的翼部和克拉通盆地边缘。在碰撞造山带形成的末期有残留大洋盆地形成。介于陆壳碰撞挤压带间可形成大型复合盆地和小型山间盆地。此外,由于相邻板块的作用,在克拉通内也能形成挤压挠曲类盆地。鉴于前陆盆地在大陆盆地研究和油气勘探中的重要性,下面重点对这种盆地发育的控制因素、沉降模式和构造特征作比较详细的介绍。

第二节 前陆盆地的概念和类型

前陆(foreland)指与造山带毗邻的稳定克拉通或地台的边缘地区,造山带的岩石向其逆冲或逆掩。前陆盆地是在前陆地区发育起来的盆地,表现为线性收缩造山带和稳定克拉通之间、平行于造山带展布的狭长槽地。前陆盆地的发育与盆地造山带一侧的叠瓦褶皱冲断体构造加载引起的岩石圈挠曲有密切关系,实际上是一种造山作用过程中伴随的地质现象,因而属于造山环境中发育的挤压型沉积盆地。这类盆地形态上高度不对称,其一侧被褶皱冲断带所限制,另一侧是稳定的克拉通,由造山带侧翼的褶皱冲断带向克拉通方向呈逐渐减薄的不对称楔状沉降区(图8-3)。前陆盆地的沉积物主要来源于相邻的造山带,少数来源于盆地的克拉通一侧。沿其延伸方向,前陆盆地通常消失于边缘洋盆或残留洋盆中(Ingersoll等,1995)。在复杂的情况下,前陆盆地的范围也包括发育在靠近造山带一侧、位于逆冲断层上盘的背驮式盆地,以及前缘隆起被逆冲隆升而在隆后凹陷带产生的相对独立的沉积盆地。

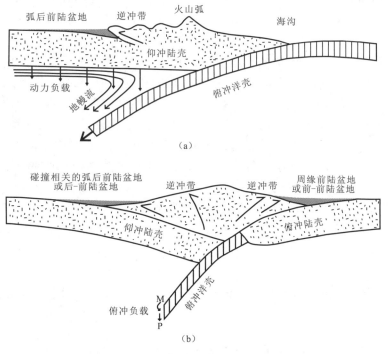

图8-3 前陆盆地发育的板块构造背景和类型(据Allen等,2005)

M:弯曲力矩;P:垂向剪切力

关于前陆盆地的类型，不同的学者依据不同的分类准则对其有不同的划分。应用最为广泛的是 Dickinson(1976)的成因分类，该分类根据盆地发育的板块构造背景及其所处的板块构造位置，划分出两类前陆盆地。

一、周缘前陆盆地

周缘前陆盆地(peripheral foreland basin)发育于陆-陆碰撞的板块构造背景下，与 A 型俯冲有关(Bally 等，1980)。在洋壳消减后，陆陆碰撞带附近形成造山带，周缘前陆盆地发育于俯冲板块一侧的大陆壳之上。周缘前陆盆地的板块构造位置接近蛇绿岩带，而远离岩浆弧带。最著名的实例是波斯湾周缘前陆盆地、研究程度最高的阿尔卑斯山前磨拉石盆地(晚白垩世—中新世)、古生代发育于北美东部的阿巴拉契亚山前盆地以及新生代发育于印度和巴基斯坦北部的喜马拉雅山前盆地等。

二、弧后前陆盆地

弧后前陆盆地(retroarc foreland basin)发育于洋陆俯冲的板块构造背景下，与大洋岩石圈的俯冲，即 B 型俯冲有关(Bally 等，1980)。在洋壳向陆壳俯冲时，沿陆块的边缘形成陆缘岩浆弧，弧后前陆盆地发育于陆缘造山带的后面，即向陆一侧，其板块构造位置远离蛇绿岩带，而接近岩浆弧带。北美落基山弧后前陆盆地位于太平洋板块向北美大陆板块俯冲所产生的内华达岩浆弧之后(Dickinson，1981；Jordan，1995)，如加拿大的阿尔伯达盆地、安第斯山东侧的新生代盆地和我国台湾西部的上新世—更新世前陆盆地等。

弧后前陆盆地实际上也可以发育在陆-陆碰撞、弧-陆碰撞或弧-弧碰撞的板块动力学环境之下。这种环境下发育的弧后前陆盆地位于仰冲板块一侧之上，也有学者称之为后前陆盆地(retro-foreland basin)，而对应地将前述的周缘前陆盆地称为前前陆盆地(pro-foreland basin)(Johnson 和 Beaumont，1995)(图 8-3)。

典型的前陆盆地的基底简单、宽缓而且连续，在同期变形中一般没有被卷入。但是个别前陆盆地中，由于基底卷入了前陆的变形作用，造成了块状隆起和基底褶皱所分隔的孤立的盆地，这种类型的前陆盆地又称为破裂前陆盆地(broken foreland basin)，如北美拉拉米构造带所造成的破裂前陆盆地(Dickinson，1981)。

从盆地的基本成因机制上来看，前陆盆地主要有上述周缘前陆和弧后前陆两种类型，不过这两种类型前陆盆地的确定和划分的主要依据是板块构造动力环境和俯冲板块的极性，其划分和确定标准来自于与阿尔卑斯和科迪勒拉造山带有关的前陆盆地的研究，这些盆地主要发育于板块边界部位。中国西部和中亚地区的中新生代造山作用与同期俯冲作用或者碰撞作用缺乏直接的联系，也缺乏同期的岩浆弧和蛇绿混杂岩带，因此这些造山带是陆内造山带或称再生造山带(邓起东等，1999)。许多学者将与之相邻的盆地与周缘前陆盆地和弧后前陆盆地并列为第三类前陆盆地，称为"再生前陆盆地"(刘和甫，1995；卢华复等，2000)、"碰撞后继盆地"(汤良杰，1996)或"中国型盆地"(Bally，1980)。由此可见，再生前陆盆地与典型前陆盆地的差别在于再生前陆盆地主要受到板内远程挤压应力的控制，而且在其成盆期的层序中也不存在海相烃源岩，其海相烃源岩来自下伏的成盆期之前的被动大陆边缘层序，主要为克拉通海相沉积。

第三节 前陆盆地系统及其沉积充填序列

一、前陆盆地系统的结构单元和沉积构成

图 8-4 表示了一个典型的前陆盆地系统及其构造充填分带。在该图中，地表可确定的冲断带的前

锋构成了前陆盆地结构系统的内边界，即图中的地貌前缘(TF)，但是真正的造山带前锋隐伏在盆地深部，位于 TF 界线向前陆盆地内部延伸的方向上。整个前陆盆地可以被分为四个次一级构造充填带：楔顶带(wedge top)、前渊沉降带(foredeep)(简称前渊带)、前隆带(forebulge)和隆后带(backbulge)。

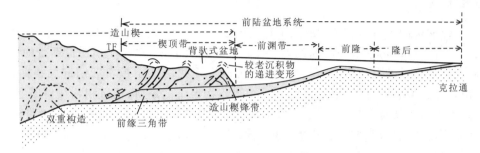

图 8-4　前陆盆地的结构单元(据 Decelles 等，1996；Ensele，2000)

(一)楔顶带

位于褶皱冲断带的地貌前缘界线(TF)和隐伏的造山楔锋带之间的区段，大量同造山期的沉积物覆盖在褶皱冲断带的前缘部位之上，构成了楔顶沉积带。楔顶带一般长约 100~150km，宽约 30~70km。楔顶带下伏的前缘冲断层一般是隐伏的，逆冲断层带由若干条邻近的冲断层以密切相关的排列形式联合组成，其中有位移大、控制该区构造演化的主逆冲断层，也包括一些小型分支断层。由它们组合在一起而构成的冲断层系常显示出叠瓦状或双重式几何结构型式。冲断层带常伴随褶皱，位于冲断层上盘，并受到断裂破坏，它们沿大断面发育，脱离其下岩层而向前陆盆地内逆冲。冲断层系中逆冲断面多向造山带方向倾斜，但有时也出现少量后冲或反冲断层。

由于前陆盆地基底先存构造的非均匀性，或者是沿盆地走向方向地壳岩石圈的差异缩短作用，往往导致盆地的区段性(segmentation)，形成一系列的次级盆地。另外，在迁移的逆冲断层的前锋，盆地的充填过程中常常形成许多生长逆断层(图 8-4)和相应的生长地层，它们记录了活动逆冲断层的时间间隔和逆冲作用的强度。这种断层若规模比较大，也可以划分盆地内部的构造带边界。

发育构造不整合、由褶皱、断层和逐渐旋转的劈理表现出来的递进变形构造(同生断层)，以及向造山楔一侧沉积厚度区域性变薄和沉积物成分及结构极不成熟等是楔顶带主要的特征。这些特征表明楔顶沉积物沉积在同造山期的侵蚀面或沉积作用面上，然后发生变形，发生变形时楔顶带实际上是造山带的一部分。在造山楔前缘未发生变形(或者变形较弱)阶段，陆上广泛的冲洪积相和河流相沉积物或浅海陆棚沉积物通常披覆在造山楔之上，造山楔内部发育有大型的长期补给型峡谷和峡谷充填。楔顶带沉积物前缘可以因为下伏造山楔的活动而发生横向迁移，由此导致与古前陆盆地系统中近源的前渊带分隔开来。不过，在保存比较完整的造山带内，楔顶带常与前渊沉积带相连，且与前渊沉积物的区别是十分明显的。

(二)前渊带

位于造山楔前锋与前隆之间，是前陆盆地系统内沉积最厚的单元，向(被埋藏)褶皱-冲断带前锋沉积物厚度增加，而向克拉通边缘变薄，总体呈楔状。前渊带是前陆盆地系统中最重要的构造沉积单元，是前陆盆地研究的重点。该带一般宽约 100~300km，沉积物厚度 2~8km。陆上前渊沉积带主要由横向和纵向分布的河流和冲积扇沉积组成，而水下前渊沉积带由三角洲、浅海陆棚和浊积扇构成的湖相和海相沉积物构成。典型前陆盆地的前渊带沉积体系研究表明，早期的前渊沉积是深海复理石相沉积，晚期是粗粒陆相和浅海磨拉石相沉积。前渊带沉积物主要来自于褶皱冲断带，少量来自于前隆和克拉通。前渊带内的沉积速率向造山楔方向迅速增大，这是由于陆壳变厚及造山带加载引起的高沉降速率和大量沉积物供给所致,因此,前渊带的轴部应以整合接触为主。不过,在与远源楔顶沉积带合并的近端前渊,过水冲刷侵蚀和广泛的不整合界面是常见的特点。

(三)前隆带

由克拉通一侧的挠曲抬升区构成,由于前隆是正地形,且易于迁移,在遭受区域侵蚀以后仅残留不整合面,根据不整合面可以追溯地史时期的前隆的位置。研究表明,来源于褶皱冲断带的沉积物前积至前隆抬升区向克拉通一侧的盆地中时,附加的沉积负载会干扰由造山带负载引起的挠曲,使得前隆隐伏,且表现不出具体的形态。这时,前隆实际是一个沉积物聚集的场所,但沉积物聚集厚度一般比较小。此外,一些前隆不能稳定持续移动,相反会保持长时间静止,然后"跳离"或"跳向"造山带。如果在向上挠曲的陆壳区原先就存在薄弱带,那么可以形成局部受断层控制的隆起和沉积中心,而不是表现为平滑的挠曲剖面。前隆迁移形成的不整合面表现为向克拉通方向前渊地层逐渐上超在不整合面上,且地层的间断向克拉通方向增大。前隆上若有沉积发育,常常会与前渊带的远源沉积混淆,主要区别特征是前隆沉积多表现为区域性均一、较小的厚度、岩相上为远源水成和风成沉积、大量古土壤的发育和相对低的沉降速率等。

(四)隆后带

隆后带由前隆与克拉通之间的沉积物构成,其中包括来自克拉通和碳酸盐岩台地的沉积物。隆后带中沉降速率比较低,所以地层单元比前渊沉积要薄得多。该带的沉积体系以浅海和非海相为主,由于远离造山带物源区,沉积物粒度较细,局部粗粒的沉积物出现在抬升的前隆区的翼部。

图8-5是西加拿大的前陆盆地的一个研究实例。临近逆冲岩席前缘的盆地的沉降量和沉积速率最高,沉积物堆积的数量也最大,形成了向西增厚的碎屑岩楔形体。盆地内非对称沉积也影响了流水系统,一般对于过补偿盆地具有垂直造山带的流水体系,而快速的逆冲推覆导致的欠补偿盆地产生了轴向的水系。当褶皱冲断带向克拉通方向迁移的时候,先前的前陆盆地沉积不断被卷入构造变形带。图8-5西端为构造活动高地,以雁列式褶皱冲断带及其相伴的侵入岩和喷出岩构成,构造活动高地东侧紧邻的为最大沉降和沉积速率带(浅水区),接受来自构造活动高地的厚层粗粒沉积物,由冲积相、海岸平原相和浅海相交替排列的韵律层组成,该带也称"前陆盆地轴",并随着雁列式变形带向前(克拉通方向)推进而逐渐向东迁移。高沉降沉积带是一个宽阔的槽地,是盆地中水深最大的部分,接受了最厚的细粒—中粒沉积物。枢纽带比较宽阔,伴随雁列式变形带活动不断迁移,以中等的沉积速率和沉降速率为特征,发育细粒碎屑岩和碳酸盐岩沉积,地层比较薄,含有显著的不整合,水深在100~200m之间。剖

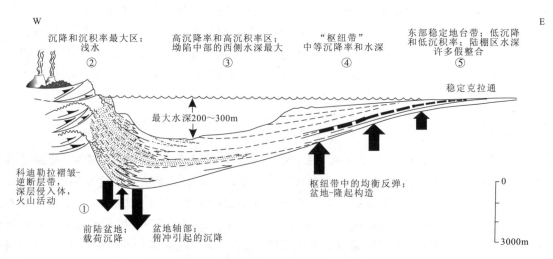

图8-5　西加拿大前陆盆地构造沉积剖面图(据Macqueen R W等,1992)

(双箭头长度和粗细与前陆盆地沉降或抬升幅度成正比)

面的东端为稳定的台地区,是一个以低沉降和低沉积速率为特征的陆架,除了在海岸一带,沉积相均为细粒,富含碳酸盐岩沉积,地层比较薄,水深一般小于100m。

前陆盆地是一个几何形态复杂、沉积物分布广泛的有机整体,其沉降模式和沉积特征是多种多样的,任何单一的模式都不可能完全反映前陆盆地系统的特征。在一个前陆盆地系统中,上述4个结构单元不一定全部发育,特别是前隆和隆后带可能不发育或者缺失。此外,每个结构单元中的沉积物量取决于其沉积时的位置,而各个带之间的边界随时间会横向迁移。

二、前陆盆地的沉积充填序列

前陆盆地的充填演化从大陆碰撞、逆冲造山带的形成开始,初期褶皱造山带处于海下,形成一个低于海平面的海底隆起高地,因此,仅引起缓慢沉降,提供有限的沉积物。褶皱-冲断岩片进一步推进扩展进入盆地,导致逆冲带前缘挠曲和地壳沉降速率增加,在沉降史曲线上显示出上凸形沉降曲线(这与裂谷盆地上凹形沉降曲线明显不同)。当巨厚的褶皱-冲断岩席不断推进扩展到变薄的陆壳上,并高出海平面时,沉降开始加速。因此,许多前陆盆地在这一阶段可以相当深,沉积物特征上表现为海底扇和复理石。在盆地靠近克拉通台地一侧,浅海(海相磨拉石)或河流三角洲沉积(淡水磨拉石)占主体,沉积层一般上超到前陆台地顶部。当造山带的隆升被剥蚀所平衡时,山脉带的抬升和其剥蚀速率达到高峰,因而向克拉通方向形成冲击扇和湖相沉积。浅水碳酸盐(大多数是碳酸盐台地)常常被局限在盆地的远端边缘。所以,前陆盆地充填表现出来的总的趋势常常是向上变浅的充填序列,即从下到上由深水沉积物、浅海沉积物、三角洲沉积物变化到陆相沉积。在前陆盆地中这种向上变粗或变细的超层序一般是逆冲带幕式构造演化的响应,反映了盆地在一个构造旋回(从活动逆掩作用到均衡回弹)期间的演化。前陆盆地冲断片体活动到冲断体前锋剥蚀卸载的多幕构造运动可以从不规则的沉降曲线和前隆带的迁移所表现出来。活动逆掩断层作用形成粗粒碎屑进积楔状体。构造平静阶段导致后退式相带(向逆冲前锋)、沉降速率减小(上凹曲线)和最终的上隆(图8-6)。

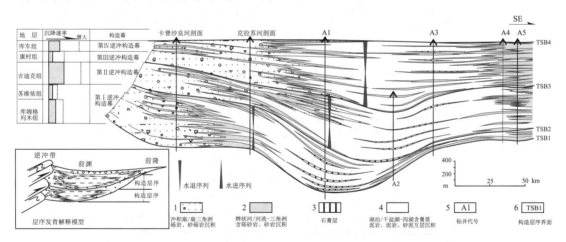

图8-6 库车前陆盆地的充填序列(据林畅松等,2002)

第四节 前陆褶皱冲断带构造变形及其组合样式

一、概述

前陆盆地内构造变形主要集中在两个构造单元,一个是前陆褶皱冲断带,另一个是前隆带。前隆带的构造变形主要为披覆背斜,其披覆层序内可见多期的不整合面发育。在前隆带也可以见到逆冲断层、断块潜山,甚至正断层,与前陆盆地演化过程中在前隆部位的构造应力场有关。不过相比前陆褶皱冲断带来说,前隆带的构造变形是很简单的。下面重点阐述前陆盆地褶皱冲断带的构造变形及其组合样式。

从盆地构造上来看,前陆盆地靠造山带一侧发生的构造变形强烈,表现为由逆冲断层和褶皱组合而成的褶皱冲断构造系统。前陆褶皱冲断构造与造山带内的结晶岩推覆构造无论是几何学特征还是发育机制方面均有显著的差别(图8-7)。造山带内的结晶岩推覆构造是基底推覆体,遵循厚皮构造变形规律,发育于中深构造层次,表现出显著的韧性变形,相关的褶皱大多为大型平卧褶皱或倒转褶皱。而前陆褶皱冲断带主要是盖层逆冲推覆构造,一般遵循薄皮构造变形规则(Suppe,1984,1992)。前陆褶皱冲断带呈一楔形体,其中的逆冲断层一般为由断坪(flat)和断坡(ramp)组成的台阶式几何结构,楔形体内的主干逆冲断层的位移向前陆一般逐渐减小,因而表现出多种变形构造样式。如图8-8所示,冲断层位移量的减小有两种方式,一是位移量沿分叉断层向高部位传递,二是位移量为岩石的内部变形所调节。图中的左上角图显示位移量向前陆传递,主干断层断坡部位形成的断弯褶皱"吸收"一部分位移量,另一部分位移量继续向前陆传播,导致"钉线"明显错移;右上角的图表示上盘的变形可以逐渐"消耗"位移量,形成分支断层和断展褶皱,或者是位移量通过反冲断层向高部位传递(左下角图),这两种情形下,"钉线"并不错移,但是在向前陆方向形成一个"前缘单斜"。右下角图表示并非所有的断层位移都会被地块的内部变形"吸收",一些冲断层也可能到达同造山期的剥蚀面,在该地表面上冲断席位移可能大量"丢失"。

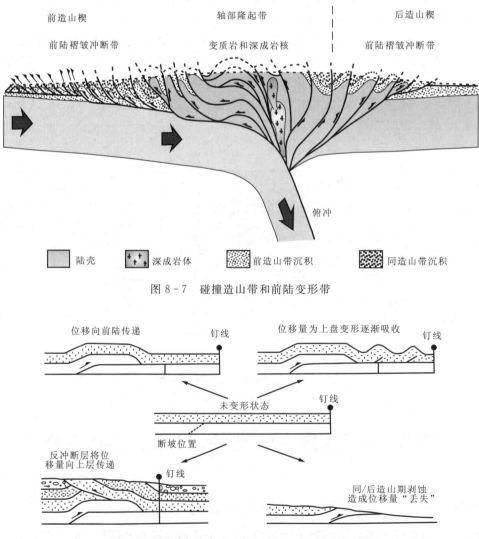

图8-7 碰撞造山带和前陆变形带

图8-8 冲断系位移量的传递方式(据Cooper,1996)

二、断层相关褶皱

(一)断层相关褶皱的基本类型

断层的产状多受控于被其切过的地层的力学性质。一般在页岩、盐岩等软弱岩层中断面常平行于地层层面而形成断坪;而在石灰岩、白云岩和砂岩等强硬岩石中断面以某一角度截切这些岩层而形成断坡。一条逆冲断层可能由几个断坪-断坡间隔组成。发生位移以后,沿断层面上下盘的断坡、断坪就不再一致了。断坪-断坡构成的台阶式逆冲断层是前陆地区常见的逆冲断层面几何样式(图8-9)。沿断层上盘地层的运动可能与断层面垂直、斜交或者平行,相应的部分称为前缘断坡、斜断坡和侧断坡(图8-10),上盘地层沿这几种断坡发生位移时将形成断层相关褶皱(图8-11)。

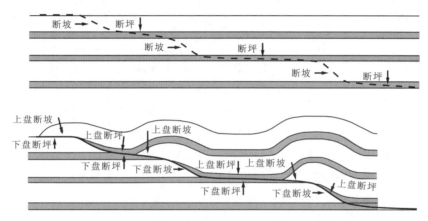

图8-9 逆冲断层断坪-断坡几何学特征及相关术语

(灰色为非能干层,白色为能干层)

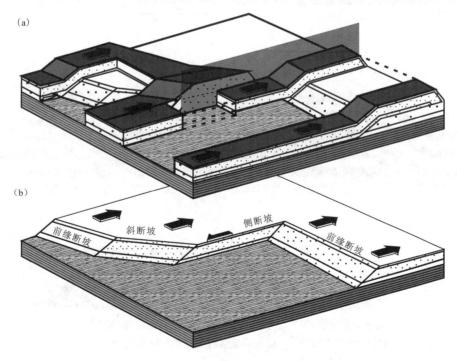

图8-10 各类断坡及其几何学特征

(a)为有上盘;(b)去掉上盘

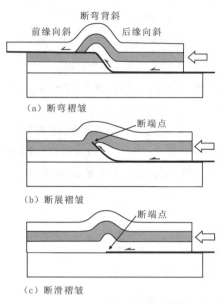

图 8-11 断层相关褶皱的类型

1. 断弯褶皱

逆冲岩席沿逆冲断层的运移会使得上盘断坡部分逆冲到下盘断坪之上,上盘地层受断层面形态制约而发生褶皱变形,形成断弯褶皱(fault and fold),这是台阶式逆冲断层相关褶皱的最基本的样式。图 8-12 表示了断弯褶皱的形成过程。断层上盘刚开始滑动时形成两个小的膝折带[图 8-12(b)],随着位移的增大,膝折带变宽,幅度加大,断坡区上盘岩层旋转并向腹陆区域倾斜,然后当这些岩层离开下盘断坡区域时又转向水平。当后翼长度稳定时,前翼被动地向逆冲方向移动,断弯褶皱的下盘断坡控制了后翼长度。一般情况下断弯褶皱表现为后翼长而缓,前翼短而较陡,背斜一般发育平顶。这类褶皱形成过程中,台阶状逆断层在各处同步发育,并且滑动位移量各处基本相同。

2. 断展褶皱

断展褶皱(fault propagation fold)是指逆冲断层端点附近发育的褶皱。断展褶皱是断层扩展过程中在断层上盘岩层内形成的一种褶皱构造,逆冲断层与褶皱是同时发育、同步发展的。其断层面由断坪和下盘断坡组成,下盘断坡上的位移量沿着断层向断端方向逐渐减小,在断层端点位移量为零,所有位移均被褶皱变形吸收。断展褶皱大多产生在褶皱冲断带的前缘位置,或者在主要逆冲岩席的次级叠瓦构造上发育,是消减主逆冲断层位移的机制之一。断

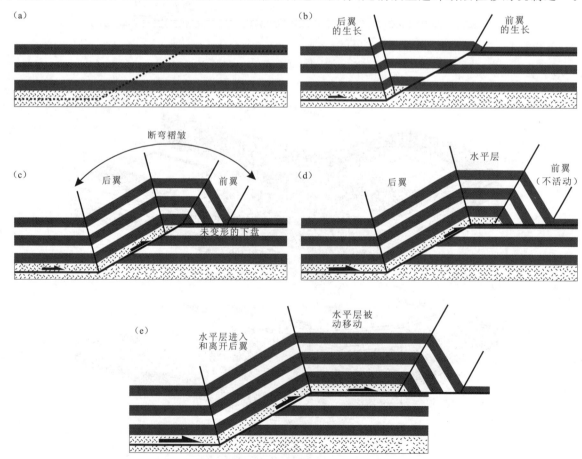

图 8-12 断弯褶皱及其发育过程(据 Haakon Fossen,2010)

展褶皱的主要特征是：褶皱陡翼是先经过一个有一定倾角的向斜枢纽发展起来的；下盘不变形，断坡沿向斜枢纽发育，沿断坡位移向上均一减小；它的前翼短而陡，有时直立甚至倒转，后翼相对宽缓；在断层端点（位移为零的点）之上的地层中背斜为双轴面，在断层端点之下的背斜中为单轴面。图 8-13 表示了断展褶皱的发育模式。在断层的生长速率（扩展速率）小于滑动速率，或者在断层活动量增加而断层端点固定的情况下，就容易形成上述断展褶皱。

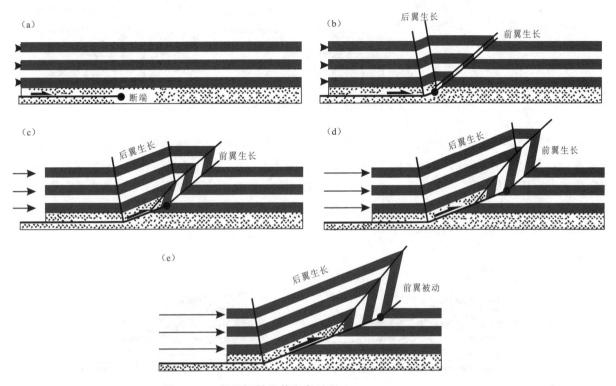

图 8-13 断展褶皱及其发育过程（据 Haakon Fossen, 2010）

模拟断展褶皱的发育过程的模型有多种，包括厚度不变的断展褶皱模型、轴面固定的断展褶皱模型等（Suppe 等, 1990）。还有学者提出三角形变形带（trishear zone）来解释断展褶皱的发育（Erslev, 1991; Allmendinger, 1998）。如图 8-14 所示，断层的端点引发剪切变形，形成向外扩展的三角形剪切变形带。弯曲岩层的长度和厚度发生变化，显示出清晰的变形范围和褶皱形态。其中左图断层的形态决定三角形剪切带的对称性，右图显示三角形剪切断展褶皱在冲断坡的端点发育，前翼的几何形态由三

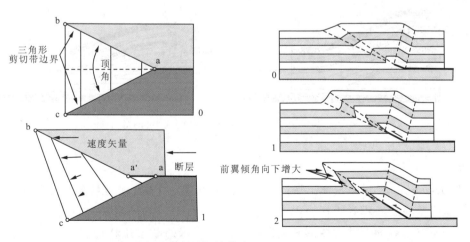

图 8-14 三角形变形带断展褶皱模式（据 Erslev, 1991; Allmendinger, 1998）

角形剪切带的顶角、断层倾角和断层扩展长度(P)与滑移量(S)的比值(P/S)决定。小顶角一般形成窄而陡的前翼，大顶角则形成宽而缓的前翼。随着滑移量的增加，前翼变陡。随着深度的增加，前翼地层的倾角增加。P/S值对褶皱的形态影响显著，表现为P/S值较高时形成前翼陡倾的褶皱，变形岩石明显增厚；P/S值较低时形成前翼缓倾的褶皱，变形岩石加厚不明显(图8-15)。

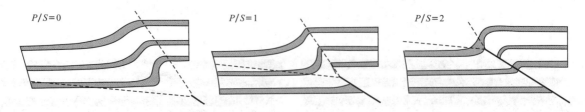

图 8-15　P/S 比值和断层形态之间的关系(据 Allmendinger,1998)

断展褶皱发展到后期可能被断层突破，几何形态随之发生改变。常见的情况是断层经常突破褶皱的前翼或并入上层滑脱断层(图8-16)。如果滑移量足够大，或者构造被强烈侵蚀，断展褶皱只能保留残余构造。突破断层发育于断层端点之上，主要依据断距变化来识别这类断层。突破断层上断距基本不变，多发生在断展褶皱的前翼、背斜轴面、背斜前方的向斜轴面，这时称之为正向突破断层；偶尔也可产生在背斜的后翼，则称之为反向突破断层。

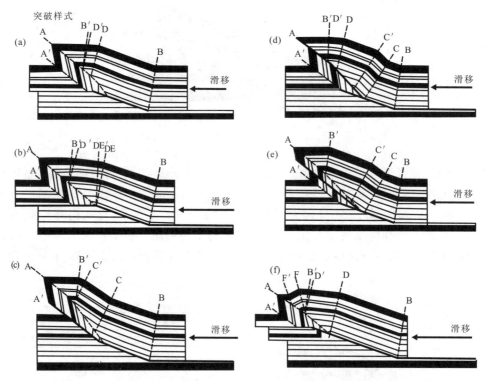

图 8-16　断展褶皱突破断层发育模式(据 Suppe 等,1990)

3. 滑脱褶皱

滑脱褶皱(detachment fold)发育于平行层面的滑脱断层之上，表现为一套地层沿基底滑脱面滑动，并单独形成褶皱而基底岩石不卷入褶皱中，滑脱多发生在盐岩、页岩、泥灰岩、石膏或其他韧性岩层中，以及先存的角度不整合界面上。滑脱褶皱的形成是沿层平行的断层位移传递到上盘的地层褶皱之中，因此，它与逆冲断层的断坡无直接关系，这也是滑脱褶皱与断弯褶皱和断展褶皱的主要区别。也就是说滑脱褶皱的逆冲断层实际为断坪,没有断坡。滑脱褶皱核部有一个加厚的、软弱的、韧性的底部岩石单元;滑脱断层或拆离断层位于滑脱褶皱向深部消失的部位;如果在前生长地层中含有能干层,其地层厚度一般保持不变;同生长地层向褶皱顶部厚度减薄,褶皱翼呈扇状旋转;滑脱褶皱变形复杂且常不协调,褶皱的核部韧性层加厚,背斜愈向上面积愈大。

上述断弯褶皱、断展褶皱和滑脱褶皱是断层相关褶皱的三种基本端元模型,这些褶皱与下伏断层滑移之间的定量关系是断层相关褶皱基本理论的核心,为指导地震剖面地质构造解释,定量化研究前陆褶皱冲断带的几何学、运动学,以及编制地质构造平衡剖面提供了理论依据和技术方法。断层相关褶皱理论和技术的相关内容非常丰富,在此不再赘述,详见Suppe等(1983,1990)、Jamison(1987)、Shaw等(2005)及Poblet和McClay(1996)等学者的论著。

4. 前陆基底卷入型构造

前陆基底卷入型构造是在盖层或盖层-基底分界面附近由基底逆冲断层的位移向上传递而形成的构造。它也是断层相关褶皱的一种类型,常以狭长的、不规则的链状隆起带形式出现在前陆褶皱冲断带。基底卷入型构造不但涉及沉积盖层,而且也涉及到不同岩石力学性质的基底,主要的特点是:与一条错断基底、进入盖层的逆冲断层有关,该断层可以消失于盖层中;在地表通常表现为单斜构造,但是在基底错断边缘之上的盖层在断层上盘抬升时形成褶皱的陡翼,陡翼地层常倒转;变形主要存在于盖层内部向上变宽的三角形带内。

现已经提出多种运动学模型来解释这类构造的发育(Eerslev,1993;Narr和Suppe,1994)。图8-17表示的是Narr和Suppe(1994)提出的模型,断层发育于基底,断层与褶皱轴面构成了三联点,当断层的滑移量增大时,三联点随着断层的滑动向上移动,断层下盘的基岩发生剪切作用,盖层发育单斜构造;断层上盘抬升引起盖层弯曲褶皱,褶皱的前翼与下伏基底断层的上部区段平行。在这一模式中,三联点的迁移控制了盖层岩石的变形。

(二)生长断层相关褶皱

在前陆盆地生长构造(如生长逆断层-褶皱带)翼部或顶部,与褶皱构造变形同期沉积的地层为同生地层或同构造地层,它是与构造运动同时进行的沉积作用的产物。在构造横剖面上,整个同生地层序列在褶皱翼部具有楔形几何状态。与正断层上盘的同生地层加厚相反,对于逆断层而言,断层上盘的同生地层减薄。而对于与逆冲断层相关的褶皱而言,生长地层在褶皱翼部厚,而向顶部减薄(图8-18)。

同生地层的最终形态受各种地质作用影响,其中的主要因素是褶皱作用机制以及沉积与隆升的相对速率。挤压褶皱作用的机制有两种:膝折带迁移和翼部旋转(kink-band migration and limb rotation)。为了更接近真实的褶皱形态,在一些模式中,褶皱表现为弧形,而不是膝折形,

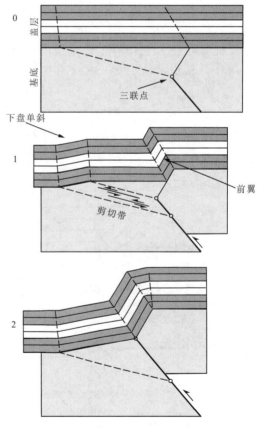

图8-17 基底卷入型断展褶皱模型
(据Narr和Suppe,1994)

这时的膝折带迁移机制又称为枢纽迁移(hinge migration)(Rafini等,2002)。断层相关褶皱类型不同,褶皱翼部生长地层形态也不一样。如对于以翼部旋转为变形机制的褶皱,生长地层通常呈楔形或扇形,地层倾角从深层到浅层逐渐变缓(图8-19);而对于以膝折带迁移或枢纽带迁移为变形机制的褶皱,如

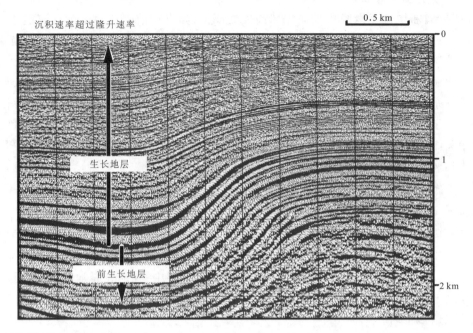

图 8-18 地震剖面中显示的与褶皱活动有关的生长地层(据 Shaw 等,2005)

生长断弯褶皱,褶皱前翼生长地层的长度从生长地层底界向上逐渐变短,从而构成生长三角(growth triangle)(Suppe 等,1992;Shaw 和 Suppe,1996)(图 8-19)。

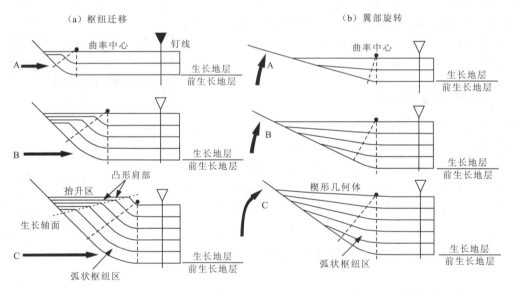

图 8-19 枢纽迁移型和翼部旋转型褶皱的同生地层的形态和演化(据 Rafini 等,2002)
(该图表示了变形速率和沉积速率之比 R 值恒定,且无剥蚀作用的情形)

轴面是构造几何学分析中最为常见的要素,其类型主要有"固定轴面"、"活动轴面"和"生长轴面"等。所谓"固定"和"活动",是指轴面相对于其所在的地质体是否发生相对运动而言。活动轴面的端点通常固定在深部的断层的拐点上,沉积物则通过活动轴面进入褶皱翼部。在同生地层中,活动轴面和不活动轴面(即生长轴面)构成褶皱翼部的边界,同时又与前生长地层的顶界面一起限定了一个三角形区,该三角形区称为生长三角形(图 8-20 模型 1)。

对于通过膝折带迁移而形成的断弯褶皱中(图 8-20 模型 1),当沉积速率大于抬升速率时,地层通

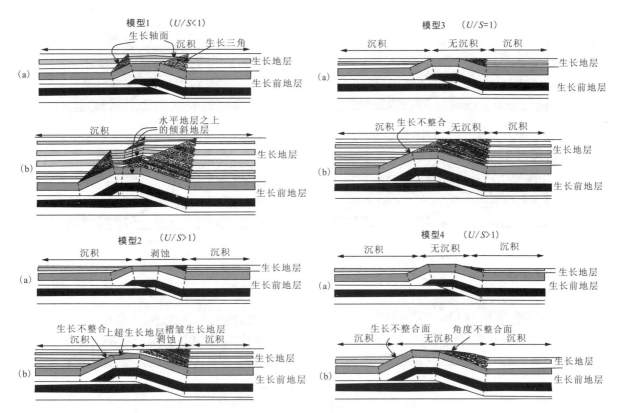

图 8-20 生长断弯褶皱的几何学和运动学模型(据 Suppe 等,1992)

U:构造抬升速率;S:沉积速率

过向斜轴发生褶皱,并入加宽的褶皱翼中,褶皱的同生地层的倾角与前生长地层褶皱翼部的倾斜地层的倾角相等。同生地层新地层的褶皱翼比老地层的褶皱翼窄,形成向上变窄的"生长三角形"。图 8-20 模型1中的(a)表示断层的滑移量小于断坡的宽度,断弯褶皱在断坡上发育,褶皱处于抬升的高峰时期,随着断层滑移的继续,膝折带加宽,背斜顶部变窄,一直到断层的滑移量大于断坡宽度时,先前形成的同生地层会从背斜的后翼迁移到背斜的顶部,因此发生再弯曲[图 8-20 模型1中的(b)],褶皱的顶部随着断层的滑动而逐渐加宽。

当抬升速率大于沉积速率时(图 8-20 模型 2),褶皱作用的每一次增量都会造成一个不连续的褶皱陡坡,陡坡位于活动轴面在地表的投影。断层的滑移量小于断坡的宽度的时候[图 8-20 模型 2 中的(a)],断弯褶皱发育于断坡之上,后翼上的同生地层与下伏的膝折带同步褶皱,未变形的同生地层上超于前翼之上,在褶皱的翼部形成地层尖灭和生长不整合。滑移量增加时,膝折带加宽。一直到滑移量大于断坡宽度的时候[图 8-20 模型 2 中的(b)],地层被再弯曲,从后翼迁移到褶皱的顶部,随着断层的滑动,背斜的顶部加宽。当褶皱陡坡和地层尖灭进入到不断加宽的翼部时,会被侧向移动并褶皱。

在翼部旋转形成的断层相关褶皱中[图 8-19(b)],随着褶皱作用的加强,褶皱翼部的倾斜地层的倾角加大。当沉积速率大于抬升速率的时候,地层被逐步旋转,同生地层中老地层倾角比新地层大,因此同生地层倾角向上呈扇状减小,形成一个明显的同生地层翼部倾斜扇,但是褶皱翼部的宽度不变。当沉积速率小于抬升速率的时候,同生地层也形成翼部倾斜扇,不过同生地层上超在褶皱翼上。

图 8-21 表示了断展褶皱的同生地层形态。其中图 8-21(a)为由膝折带迁移而形成的断展褶皱,褶皱的后翼以两个活动轴面为界,前翼以一个或两个活动轴面为界,褶皱翼部的同生地层形成"生长三角形"。若沉积速率大于抬升速率,后翼会出现两个生长三角形。图 8-21(b)为轴面固定的断展褶皱,只有一个前翼生长三角形,而层厚不变、轴面固定的断展褶皱可能有一个或者两个前翼生长三角形。

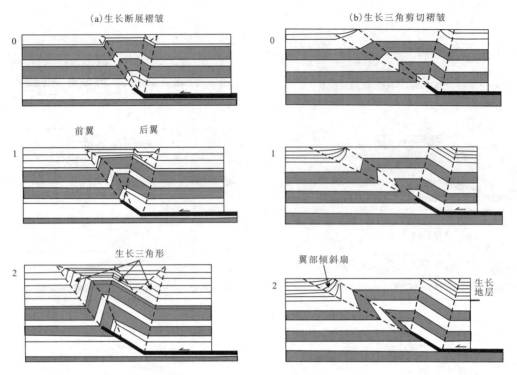

图 8-21 断展褶皱同生地层运动学模型(据 Suppe 等,1990;Hardy 等,1997)
(模型 0—1—2,断坡倾角为 29°,滑移量逐渐增大)

图 8-22 表示滑脱褶皱的同生地层模型。该图显示了三种不同的滑脱褶皱机制,其同生地层呈现出不同的形态。对于翼部旋转为主的滑脱褶皱,同生地层表现为倾斜扇的形态,反映了褶皱两翼的逐渐旋转。小型生长三角形的形成表明同生地层迁移过有限活动轴面;对于膝折带迁移机制的滑脱褶皱,由于地层迁移过活动的向斜轴面,同生地层形成生长三角形;对于翼部旋转和膝折带迁移共同作用形成的

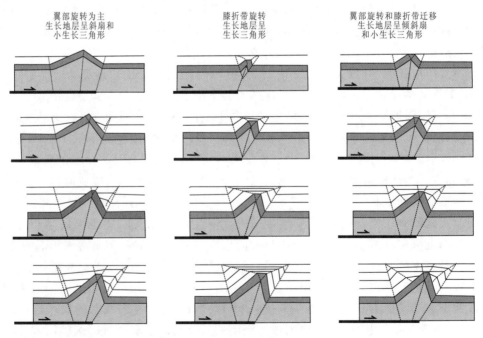

图 8-22 滑脱褶皱同生地层运动学模型(据 Poblet 等,1996)

滑脱褶皱,由于褶皱两翼的旋转,同生地层形成倾斜扇,同时由于地层迁移过活动向斜轴面,出现了生长三角形。

同生地层记录了大量的构造变形和沉积历史信息,主要形成于褶皱冲断造山带前陆盆地边缘,在前陆构造解析中应用非常广泛。保存良好的同生地层可以给出构造沉积相互作用的精确信息,不完整的和埋藏的同生地层同样也可以提供有关的信息。由于同生地层是在变形期间发育的,因此同生地层的年龄可以用来确定变形作用的时间。同生构造的几何形态主要由褶皱机制和沉积速率/抬升速率之比控制,因此,地震剖面上的同生褶皱样式常用来确定褶皱发育机制和沉积/抬升速率。

三、逆冲断层系统

逆冲断层系统(thrust system)是指几何学、运动学和动力学机制上密切相关的,由两个以上的逆冲断层及相关的冲断席组成的冲断层带,包括双重逆冲构造、叠瓦状冲断系和三角带等构造样式。

1. 双重逆冲构造

双重逆冲构造(duplex thrust)是由底部的底板逆冲断层和顶部的顶板逆冲断层及夹于其间的次级叠瓦式逆冲断层和断片组合而成的逆冲断层系统(图8-23下部图),简称双重构造(duplex)。顶板逆冲断层和底板逆冲断层在前锋和后缘汇合,构成一个封闭体系。如果各叠瓦状次级断层在上部没有连成顶板逆冲断层,则构成叠瓦扇。双重构造的叠瓦断片形态可以呈膝折式挠曲,也可形成拉长的背斜-向斜对。根据断片产状、次级逆冲断层倾向及其排列关系,可将双重构造分为:倾向腹陆式(后倾式)、倾向前陆式(前倾式)和背形叠置式(叠瓦堆垛)三种型式(图8-24)。三种类型中以倾向腹陆式最常见。在走向上双重构造断夹块可以变成分支断层或者是叠瓦扇。双重构造的成因模式一般假定为一前展式或背驮式逆冲断层发育序列,每条较早的断层叠置在较晚的断层之上,每个冲断席(断夹石)内的地层呈宽的"S"型或"Z"字型,首尾均被断层切断,形成一个小型的断弯褶皱(图8-23)。

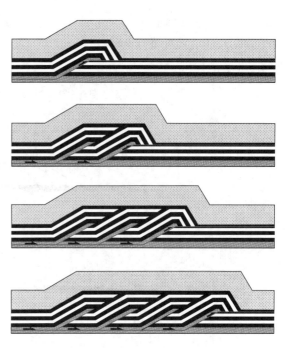

图8-23 双重构造及其发育模式

(据Haakon Fossen,2010)

2. 叠瓦状冲断系和叠瓦扇

叠瓦状冲断系(imbricate thrust system)由一系列形状、大小相近和倾向一致的逆冲断层组成,逆冲断层之间的冲断席体呈叠瓦状。如果一系列倾向一致的逆冲断层向下产状逐渐变缓并归并于底部的逆冲断层,向上呈扇状发散,则称之为叠瓦扇(imbricate thrust fan)(图8-25下部图)。最大位移量位于前端的叠瓦扇称为锋缘逆冲断层系(leading thrust system),最大位移量位于尾端的叠瓦扇称为尾缘逆冲断层系(trailing thrust system)。

叠瓦状冲断系可以是由一叠加的断展褶皱系统构成,也可以由具有前缘分叉线的双重构造经剥蚀而形成。叠瓦状冲断系内的断层一般有一个发育的时间序列,若逆冲断层的活动时间沿冲断方向变新,则称为前展式或背驮式逆冲断层(图8-25);反之则称为后展式逆冲断裂。

此外在叠瓦状冲断系的发育过程中,常常形成与主逆冲断层逆冲方向相反的次级断层,称为反冲断层(back-thrust)或者后冲断层。逆冲断层与相邻的逆冲断层相背逆冲,其间的断夹块则形成所谓的冲起构造(pop-up);若相对逆冲,其间的断夹块则构成逆冲三角带构造(图8-26)。

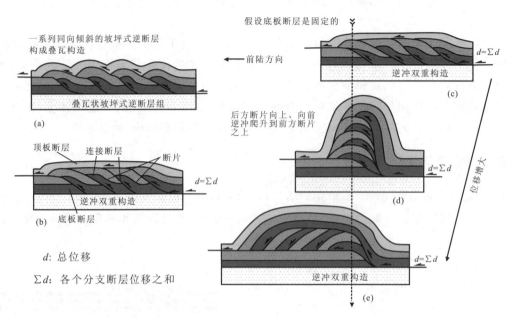

图 8-24 双重构造的基本类型(据 Suppe 等,1990)

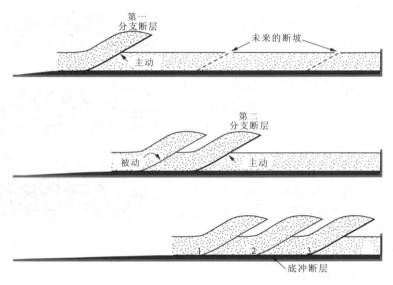

图 8-25 叠瓦状冲断系及其前展式发育过程(据 Fossen,2010)

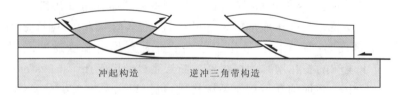

图 8-26 反冲断层、冲起构造和逆冲三角带构造

3. 三角带或构造楔

三角带(triangle zone)或构造楔(tectonic wedge)由两个相互连接的、逆冲方向相反的逆冲断层区段围限的一个楔形区构成(图8-27)。这两个断层区段可以是两个断坡段,也可以是分别是断坡和断坪,两者的交点即楔端点。沿两个断层段的滑动调节着楔端点传播引起的变形,形成褶皱。三角带或构

造楔的基本特点是在三角带冲断系中前冲断层和后冲断层同时发育(图 8-27 中的①),地层在楔形体端点限制的活动轴面之内发生褶皱变形(图 8-27 中的②);后冲断层的下盘发生褶皱,同时前冲断层向前陆方向的滑移致使上盘地层抬升(图 8-27 中的③),此类背斜具有指示意义,可作为判断深部构造楔形体存在的直接依据。

三角带或构造楔主要发育在褶皱冲断带的前缘、前陆变形带和未变形带的分界处,是构造楔冲的结果,属于隐伏构造。有两种基本类型。

第一种类型(Ⅰ型)。Ⅰ型三角带是由底部拆离断层以及两条源自该底部拆离断层的并分别倾向前陆和腹陆的次级冲断层一起组成的三角带(图 8-26)。这种类型的三角带只有一个拆离层位,通常沿盐岩层或蒸发岩层等软弱的地层发育,多见于以褶皱为主的前陆褶皱冲断带内。

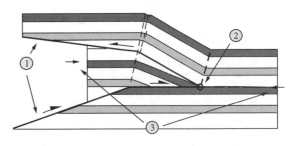

图 8-27 楔形构造变形几何学模型(据 Shaw 等,2005)

第二种类型(Ⅱ型)。Ⅱ型三角带与两个或者多个滑脱面有关,通常发育在以冲断层为主的前陆褶皱冲断带内(图 8-28),类似于 Gordy 等(1977)研究加拿大科迪勒拉山系提出的"三角带"构造,以及 Banks 和 Warburton(1986)以巴基斯坦吉萨尔山脉前陆冲断带为例提出的"被动顶板双重构造"。被动顶板双重构造的内部几何形态类似于背形叠置式双重构造,二者的区别在于被动顶板双重构造的顶板冲断层为反冲断层,而背形叠置式双重构造的顶板冲断层为前冲断层。此外,被动顶板双重构造的顶板冲断层未形成"顶部构造"(culmination)。Ⅱ型三角带常见于被动顶板双重构造的前缘部分。

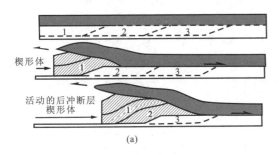 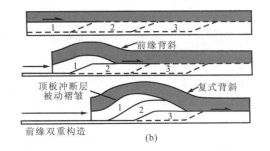

图 8-28 Ⅱ型三角带及其与双重构造的区别(据 Roure,1990)

因此,"三角带"、"被动顶板双重构造"和"构造楔形体"在很大程度上具有一定的通用性,经常被混用,但"三角带"或"被动顶板双重构造"多作为一种描述性术语,而"构造楔形体"则多被应用于定量化的几何学和运动学模型,如 Shaw 和 Suppe(1996)、Shaw 等(2005)运用断层相关褶皱理论建立了 4 种构造楔模型。

Ⅰ型和Ⅱ型三角带的不同之处是Ⅰ型三角带的前冲与后冲断层影响相同的地层层序,而Ⅱ型三角带中反冲断层上盘的地层较外来的冲断席地层年轻,但基本整合。另外,Ⅰ型三角带后冲断层下盘无背斜高点形成,原地系统未隆升。

借助于生长地层,可以区分构造楔或其他断层相关褶皱引起的变形。此外楔形体上覆的生长地层结构也提供了构造变形过程完整的、可恢复的时间记录,对于确定构造的变形机制以及与沉积作用的交互影响有实际应用价值。

四、前陆褶皱冲断带的横向结构变化

在一个造山带中,其两侧往往具有同期发育,并分别从造山带内部(腹陆)向外部(前陆)逆冲的褶皱冲断带，整体上表现出扇形的结构特点(图8-3、图8-7)。这种双指向褶皱冲断构造与地壳规模的构造楔有密切的关系，其楔入作用和构造拆离作用是调节造山带缩短变形的、具有普遍性的一种构造机制。

前陆褶皱冲断带普遍具有地质结构和构造样式的分带与分段现象，这是由于前陆褶皱冲断带在侧向上受地层岩石的组成、受力条件的差异等所控制。通过揭示构造分带和分段的控制因素以及不同区段地质结构的特点，比较不同区段的构造样式的差异性，分析其制约条件，可以对一个前陆褶皱冲断带的地质结构构造特征形成较为完整和系统的认识。

根据逆冲断层是否切入基底或基底是否参与了构造变形，可以划分出基底卷入型和盖层滑脱型构造。基底卷入型构造又称为厚皮构造，即基底卷入到变形之中。基底卷入型构造常发生在造山带内部、前陆地区基底断裂的继承性活动或早期控盆断层的反转等部位。盖层滑脱型构造又称为薄皮构造，是前陆褶皱冲断带的主要构造类型，其变形主要是由沉积盖层在基底岩系之上发生滑脱实现的。从厚皮构造向薄皮构造的过渡常常是控制前陆褶皱冲断构造的主要因素。有多种方式可以实现从厚皮构造向薄皮构造的过渡，如断坡背斜、Ⅱ型三角带、叠瓦状断层系、反转构造、反冲断层、叠加构造，或者上述这些方式的联合。

图8-29表示了两种常见的厚皮构造向薄皮构造的过渡方式。图8-29(a)表示了巴尔干褶皱冲断带中厚皮构造向薄皮构造的过渡方式，是通过一个断坡背斜来实现的。该褶皱冲断带基底是古生代地层，褶皱冲断变形发生在中始新世，主逆冲断层在西部Luda Kamchia背驮式向斜盆地之下从基底岩系向上切入三叠系，然后沿三叠系复理石发育为主逆冲断层带。Srednogorie褶皱冲断带的深部和Luda Kamchia背驮式向斜西翼的深部发育的基底"隆起"构造，实际上是一个位于基底断坡之上的"断坡背斜"，其前翼北倾，逆冲断层继续向北扩展传播形成了前巴尔干带的断展褶皱。图8-29(b)为大高加索褶皱冲断带的一个实例，侏罗系不整合在下伏的基底岩系之上，基底前锋逆冲断层向南逆冲上切进入上侏罗统蒸发岩形成断坪，在高达10km的断坡上形成以基底地层为核部的断坡背斜。该逆冲断层上盘断坡的水平位移达到30km，但是在前缘单斜部位(由J—K地层组成)位移迅速减小，沿K地层的底界发育了一个大型的后冲断层，底部滑脱断层和顶板后冲断层一起形成了一个Ⅱ型三角带。自造山带向前陆盆地，基底卷入型的叠瓦逆冲带向前陆薄皮冲断带的过渡是先通过断弯褶皱"吸收"部分位移，然后以构造楔或三角带消散其余位移的方式来实现的。

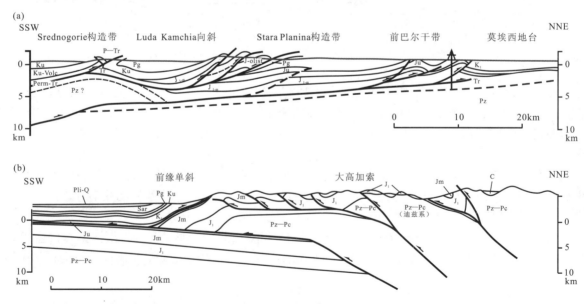

图8-29 厚皮构造向薄皮构造的过渡方式(据Banks等，1997)
(a)巴尔干前陆褶皱冲断带；(b)大高加索山Achara-Trialet褶皱冲断带

从全球典型的前陆褶皱冲断带来看,其结构类型和构造样式非常复杂,难以用一种或几种类型来囊括所有前陆褶皱冲断带的结构构造变化。下面主要以阿尔卑斯前陆褶皱冲断带为例作简单介绍。

图8-30是横穿阿尔卑斯造山带和前陆盆地的岩石圈断面图,在造山带内部(腹陆区)是厚皮构造的主要发育区,古老结晶岩系在造山带核部大面积出露。前陆褶皱冲断带包括了外阿尔卑斯带(或称次阿尔卑斯带)、磨拉石盆地和侏罗山构造带三个部分。外阿尔卑斯带为复杂的褶皱-冲断体系,多层次、多期次冲断推覆构造和双重逆冲构造向磨拉石盆地逆冲。由于依次逆冲作用形成叠瓦构造和几个主冲断层分隔的楔形冲断岩席带,断面倾斜多向造山带方向,楔形块体向前陆逆冲,但有时也出现后冲或反冲断层,许多老地层出露造成重复加厚。整个冲断系统构成大型的构造楔,其底部滑脱面位于三叠系蒸发岩和泥岩地层中,在外阿尔卑斯带之下进入基底内部。冲断层切割了整个中生界,形成了一系列断弯和断展褶皱。在中下侏罗统之间、上侏罗统—下白垩统之间发育次级的滑脱面,形成了盖层滑脱构造。在磨拉石盆地内,外阿尔卑斯前缘的逆冲断层切割了磨拉石层的下部,成为平行层面的盲冲断层,一些冲断层系将前陆盆地切割改造或形成背驮式盆地,但是总体上磨拉石盆地变形较弱。侏罗山地区以断层相关褶皱的发育为特征,可见少量后冲断层,褶皱样式为断展褶皱,但主要是沿三叠系蒸发岩层滑脱拆离而形成的侏罗山式滑脱褶皱。到侏罗山高原的外带,地层产状变平,褶皱冲断变形消失。

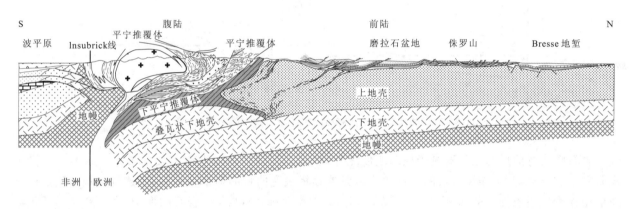

图8-30 阿尔卑斯造山带和前陆盆地的岩石圈断面图(据Haakon Fossen,2010)

因此,自阿尔卑斯山到前陆地区,由造山棱柱体开始,经过双重构造和叠瓦构造,过渡为前陆区的薄皮构造。

第五节 前陆盆地的发育机制和过程

一、前陆盆地发育演化的主要控制和影响因素

前陆盆地的沉降和沉积演化过程与相邻造山带的褶皱冲断构造带的演化之间存在着密切的关系。在造山带的垂向负荷以及岩石圈内部的水平挤压应力作用下,岩石圈挠曲变形而形成前陆盆地。由于褶皱冲断带的地表剥蚀及其前缘前陆盆地的沉积作用,垂向负荷的空间分布和盆地的几何形态将不断变化。这些演化过程都可能被记录在盆地的同生地层序列中,通过盆地地层和逆冲带构造的研究,分析盆地沉降的各个控制因素和各种参数,就有可能定量确定前陆盆地沉降与构造载荷之间的关系,建立前陆盆地发育的理论模型。

(一)造山带负载对前陆盆地沉降的控制

逆冲造山带与前陆盆地的关系最早是由Price(1973)在研究加拿大阿尔伯达省南部的前陆盆地时

提出,他认为造山带的巨大质量造成下部岩石圈的区域均衡沉降,从而导致了山前深陷带的形成。

前陆盆地岩石圈动力学模拟是阐明和证实逆冲造山带与前陆盆地沉降关系的主要手段。岩石圈的流变学性质控制了岩石圈对载荷的响应,因此,如果将岩石圈看作一个简单的弹性薄板,逆冲岩席的叠置、加载在该薄板上的负载将使得薄板在一定的波长范围内下弯,下弯的程度及其所产生的空间取决于薄板的强度,即挠曲刚度。岩石圈弯曲引起的坳陷即前渊,将是沉积物的堆积场所,为了协调和平衡岩石圈的向下弯曲,在前渊的远端边界发育一个上升的前缘隆起区,即前隆。

在弹性条件下[图 8-31(a)],若岩石圈载荷(图中的阴影柱)以及薄板的强度不随时间而发生改变,则挠曲体的形状也不会随时间而发生改变;但是在黏弹性条件下[图 8-31(b)],由载荷引起的弯曲应力可以随时间而发生松弛,从而有效地减弱了薄板的挠曲刚度。图 8-31(b)中的 1 相当于图 8-31(a)中的弹性响应,是载荷瞬时作用时黏弹性薄板的初始形态。随着时间的延续,薄板的挠曲形态逐渐变为曲线 2 和曲线 3 的形态,前隆向载荷方向迁移的距离和隆起的幅度也随之增大,临近载荷部位的盆地变深变窄。

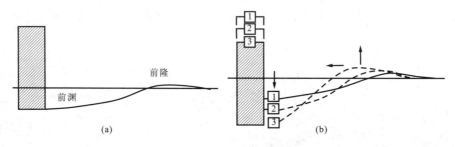

图 8-31　弹性和黏弹性薄板的挠曲响应(据 Stockmal 等,1992)

岩石圈的弯曲形态除了取决于挠曲刚度之外,也与岩石圈的连续性有密切的关系。给定岩石圈的挠曲刚度和点载荷,不连续板块的下弯幅度将是连续板块弯曲量的两倍。同时,不连续板块所引起的前隆也比连续板块条件下的前隆大(Cant 等,1989)。而按照弹性(elastic)岩石圈模型,岩石圈在逆冲加载下发生沉降以后,在造山运动的平静期,造山带和前缘带会迅速发生反弹(Flemming 等,1990)。

Beaumont(1981)首先用黏弹性(viscoelastic)的岩石圈模型定量模拟证实了 Price(1973)的认识,Quinlan 等(1984)模拟了黏弹性岩石圈对逆冲加载和侵蚀卸载的响应。从图 8-32(a)可以看出,岩石圈初始加载瞬时产生曲线 1 所示的弹性挠曲变形;随后由于岩石圈下部的黏弹性层应力松弛、蠕变,岩石圈的有效弹性厚度变薄,盆地加深变窄,前隆区上升侵蚀并向负载方向迁移,形成如曲线 2 所示的形态。由于受到上部变薄的高黏度岩石圈的阻碍,最终的变形类似于变薄的弹性岩石圈的变形,如曲线 3 所示。图 8-32(b)表示侵蚀卸载对岩石圈挠曲变形的影响,其产生的挠曲响应与负载产生的响应呈镜像关系。当地表被侵蚀时,盆地充填沉积物表面将发生回调(曲线 4),随后岩石圈发生应力松弛,临近卸载处的表面继续上升(曲线 5、曲线 6),前隆区反而下沉,并向负荷方向迁移。

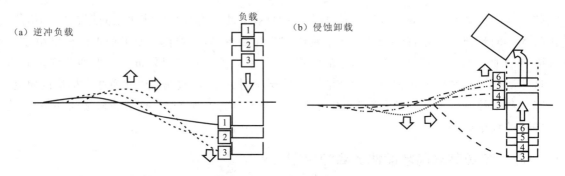

图 8-32　黏弹性岩石圈对逆冲加载和侵蚀卸载的响应(据 Quinlan 和 Beaumont,1984)

岩石圈有效弹性层厚度控制着与逆冲推覆体负荷有关的前隆位置,逆冲推覆体负荷与前隆之间的距离是岩石圈厚度的 3/4 次幂。有两种情形:如果上覆的构造负载随时间增加,冲断带之下的强(厚)岩石圈上面(如厚的陆壳)形成的前陆盆地则以低速沉降,往往形成过补偿盆地,远离负载的前缘,发育前隆。相反,如果在弱(薄)岩石圈上(如薄的陆壳或过度壳)迅速上叠厚的构造负载,将产生快速沉降,形成狭窄的欠补偿盆地。

应用弹性岩石圈模型,对美国西部科迪勒拉山的逆冲历史和盆地内不同时期相对应的沉积物定量地模拟造山带负荷对盆地沉降的控制作用的结果表明(Jordan,1981):造山带的逆冲作用产生的负载,以及随后的侵蚀和沉积作用,足可以形成一个几百千米宽的前陆盆地。其他的因素,例如热沉降作用(裂谷盆地沉降的重要因素)及全球海平面的升降,对前陆盆地的沉降影响很小。因此,造山带的负载是前陆盆地沉降和演化的最主要的控制因素,对前陆盆地的发育和演化具有决定性的影响。

(二)控制前陆盆地沉降和地层充填的主要参数

造山带剥蚀搬运系数(造山带沉积物供应速率)、盆地内沉积物搬运系数(沉积物在盆地内分散的有效性)、岩石圈挠曲刚度及造山带逆冲速率四个参数对前陆盆地的形成和演化具有重要的控制作用。这方面的研究主要是以弹性岩石圈模型为基础来进行的(Flemings 和 Jordan,1989;Sinclair 等,1991),模拟过程中假设造山带是按均匀速度向盆地内推进,另外假定其他三个参数不变,通过改变第四个参数的大小来反映这个参数与盆地充填的关系。如图 8-33 所示,剥蚀搬运系数 $K_m = 1000 m^2/a$;盆地内沉积物搬运系数 $K_s = 5000 m^2/a$;岩石圈挠曲刚度 $D = 10^{23} Nm$;逆冲速率 $V = 10 mm/a$。模拟结果表明,随着造山带剥蚀搬运系数的增大,因为盆地要储集更多的沉积物,前陆盆地的体积会变大[图 8-33(a)];高的盆地内沉积物搬运系数反映造山带搬运到盆地内的沉积物可以顺利地分散到盆地其他部位,因此高的沉积物搬运系数会形成宽的盆地,冲积扇会从造山带一直覆盖过前隆沉积带[图 8-33(b)];低的岩石圈强度形成一个宽而浅的盆地,高的岩石圈强度形成一个宽而深的盆地[图 8-33(c)];由于低的造山带逆冲速率造成的盆地沉降很快会被造山带提供的沉积物充填,因此低的逆冲速率形成宽而深的盆地,而且有利于盆地内老地层的保存,而高的逆冲速率会导致盆地的不断抬升和剥蚀,从而形成的盆地浅而窄,盆地内的地层也非常新[图 8-33(d)]。实际上,前陆盆地和造山带的关系非常复杂,盆地的地

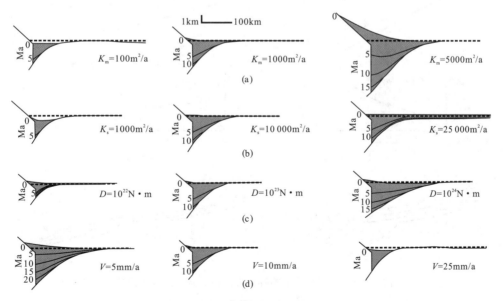

图 8-33 前陆盆地形态的主要控制参数(据 Flemings 等,1989)

(a)、(b)、(c)和(d)分别为剥蚀搬运系数 K_m、盆地内沉积物搬运系数 K_s、岩石圈挠曲刚度 D 和逆冲速率 V 的变化对盆地几何形态的控制

层充填形态不可能简单地受某一个因素控制。但是,这些模拟表明造山带的剥蚀作用、盆地内的沉积作用以及造山带的逆冲速率可以严重地影响盆地的几何形态。

(三)海平面变化对前陆盆地层序的控制和影响

海平面变化包括全球海平面变化和相对海平面变化,前者是指在全球范围内海平面的升降,不是指在某局部地区由于构造或沉积充填等因素造成的局部相对海平面升降。在被动大陆边缘,构造沉降相对稳定,海平面变化,特别是相对海平面的变化直接控制了可容纳空间的变化速率,并导致以层序界面或最大海泛面为界的旋回式沉积。然而,相对海平面的变化速率取决于全球海平面的升降速率与盆地沉降之间的关系。海平面的变化不仅影响盆地是海相或陆相沉积,而且也控制和影响了前陆盆地层序类型。

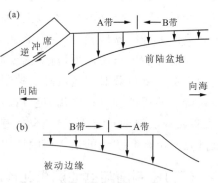

图 8-34 前陆盆地(a)与被动大陆边缘(b)沉降剖面对比图(据 Posamentier 等,1993)

如图 8-34 所示,沉积盆地可以划分为 A 和 B 两个带(Posamentier 等,1993),A 带的沉降速率大于全球海平面的下降速率,因此在 A 带中,相对海平面一直处于上升状态[图 8-35(a)];B 带的沉降速率小于全球海平面下降速率,因此在 B 带中,相对海平面有升降变化[图 8-35(b)]。在前陆盆地中,由于盆地的沉降速率主要受控于挠曲负载,因此盆地的沉降速率自盆地内向盆地边缘造山带一侧递增,这与被动大陆边缘的情形正好相反(图 8-34)。对于前陆盆地而言,在全球海平面的升降旋回中,如果海岸线位于 B 带中,则可能形成 I 层序与界面;如果海岸线位于 A 带中,则可能形成 II 型层序与界面(图 8-35)。

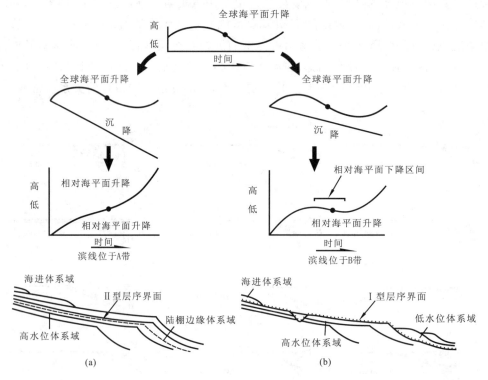

图 8-35 前陆盆地滨线位于 A 带和 B 带的相对海平面变化曲线与层序类型
(据 Posamentier 等,1993)

(四)俯冲作用对前陆盆地沉降的影响

首先是俯冲作用对弧后前陆盆地沉降的影响。在活动大陆边缘，洋壳的俯冲作用可造成动力沉降，增加弧后前陆盆地的沉降量和沉降范围[图8-3(a)]。由于厚的陆壳的热绝缘作用，在大陆壳下部的地幔会产生异常高的温度。在洋壳俯冲时，冷而高密度的洋壳与热的地幔相遇，在俯冲洋壳附近形成冷的向下流动的地幔流，该地幔流的向下牵引导致俯冲带附近产生由地球表面的垂向移动而引发动力沉降(Richards和Hager,1984;Mitrovica等,1989)。

动力沉降主要是在研究北美西部的前陆盆地沉降过程中提出来的概念，动力沉降的范围与俯冲洋块的俯冲倾角有密切的关系。一般俯冲倾角越小，在水平面上沉降的范围越大。从海沟到内陆板块，一般动力沉降范围的宽度可达上千千米，比如北美西部前陆盆地有一千多千米宽，而造山带负载造成的盆地沉降范围的宽度一般只有几百千米。因此，Mitrovica等(1989)把北美西部前陆盆地广阔的沉积范围归因于由俯冲带地幔流导致的区域倾斜。Liu和Nummedal(2004)认为晚白垩世太平洋板块对北美板块的俯冲作用在美国西部前陆盆地中产生了高达800～1800m的动力沉降。

俯冲负载对周缘前陆盆地形成的早期也有明显的影响。当洋壳向陆壳俯冲发展到陆-陆碰撞时，周缘前陆盆地发育于俯冲陆块的一侧。在盆地发育的早期，由于高密度俯冲洋壳的重力牵引作用，会给盆地产生一个非常强烈的俯冲负载。俯冲负载可能是意大利境内亚平宁(Apennine)山前的亚得利亚(Adriatic)前陆盆地沉降的主要原因(Royden,1993)。但随着陆-陆碰撞的持续进行，俯冲负载会越来越小。

(五)板内应力对前陆盆地沉降的影响

板块边界的构造运动，例如洋脊推动(ridge push)和陆-陆碰撞，可以在板块内部产生区域性的水平应力(Zohack,1992)。Molnar和Tapponnier(1975)把中国西部在新生代的构造变形归因于印度板块与欧亚大陆碰撞和聚敛在欧亚大陆内产生的远程应力作用。Cloetingh等(1985,2008)认为区域应力场在非均一岩石圈内的变化可以使表层地壳产生垂向运动，从而增加或减少盆地的变形幅度。板块运动产生的1～2kb的水平应力可在板块内局部地区产生高达100m的隆升和沉陷，并导致盆地沉积的上超和退覆现象，这些现象不一定是全球海平面升降的产物。在挤压应力较高时，宽缓而低幅度的隆起和沉陷会发育在早先存在的低角度断层附近。当岩石圈存在不均匀的高低强度带时，仅需要较小的挤压应力作用，就可在不同强度带的过渡区形成宽缓而低幅度的隆起和沉陷(Heller等,1993)。

二、与幕式逆冲有关的地层模型

逆冲楔临界角模型(Allen等,2005;Davis等,1983;Dahlen等,1990)阐明了造山带幕式逆冲的机理(图8-1、图8-2)。在挤压应力作用下，造山楔总是向临界角控制的几何形态演化，当楔体角度小于临界角时，楔体不发生向前运移，而经历内部变形增厚，使坡角变陡，达到临界角状态。当楔体角度大于临界角时，造山楔向前逆冲，楔体角度降低。在挤压应力下，造山楔向前的逆冲和其内部的变形增厚会循环出现，因此，造山带向盆地方向的逆冲呈幕式进行。

在前陆逆冲过程中，由于活动的逆冲断层出露地表，导致地形增高，为前缘盆地或后缘的背驮盆地提供物源，形成与物源区地层序列相反的倒序沉积地层(图8-36)。根据充填序列中出现的不同碎屑类型或特征重矿物组合，可以确定褶皱冲断带各类岩石的被侵蚀脱顶的次序和年龄，进而推断冲断楔体前进的序次和年龄，显然这对于反演造山带的动力学发展和演变过程是非常重要的。不过在实际研究中要注意，前陆盆地沉积碎屑的岩石学反映的褶皱冲断系统剥蚀的时间会在一定程度上滞后于冲断时间。

前陆盆地的沉降主要是造山带负载作用的结果，如果逆冲带被剥蚀掉，造山带负载消失，那么，造山带就会反弹抬升重建区域性的均一平衡。造山带遭受持续剥蚀和盆地持续隆升的结果会导致盆地最终

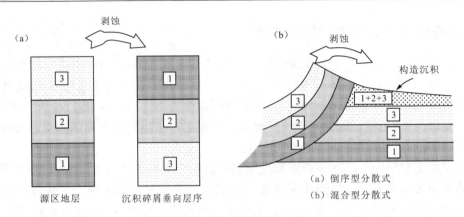

图 8-36 逆冲构造作用下盆地沉积序列(据 Steidtmann 等,1988)

被全部剥蚀掉,而留下一个区域性的不整合面。在一个大的逆冲运动驱动下,临近造山带的盆地必然经历分别与逆冲运动期和随后的构造运动平静期相对应的"两相"的盆地演化(Heller 等,1988)。

造山带是前陆盆地的主要源区,其逆冲作用直接控制了前陆盆地沉积物的类型和沉积物的供给量。造山带的每次逆冲作用均可在前陆盆地中形成相应的粗碎屑楔状体。图 8-37 中,在同造山运动期(synorogenic phase),逆冲作用产生的造山带负载造成山前岩石圈的快速沉降,最厚的沉积物堆积在山前,粗粒的冲积扇沉积物聚集在盆地最近源区,朝盆地远源区快速地递变成细粒沉积物。在后造山运动期(postorogenic phase),在逆冲带主要发生剥蚀作用,造成了造山带负载减小,造山带下部岩石圈反弹,进而引起了盆地近源区的抬升和剥蚀,在前陆盆地近源区形成了一个区域性的不整合面,从造山带和盆地近源区剥蚀而来的粗粒沉积物在盆地的远源区沉积下来。

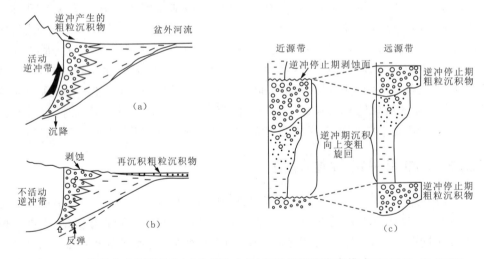

图 8-37 前陆盆地中同造山(a)和后造山(b)运动期沉积发育模式(据 Heller 等,1988)

因此,根据前陆盆地边缘粗碎屑楔状体的层位和数量,可以推断造山带逆冲推覆的次数和规模。

图 8-38 是在逆冲期和构造运动平静期交替出现时前陆盆地内地层的充填状况的数字模型定量模拟结果(Flemings 等,1990;Jordan 等,1991)。当一个沉降较大的逆冲事件在造山带发生时,造山带地壳的增厚很快造成下部岩石圈弯曲,在前陆盆地的近源带形成大的可容空间,粗粒的陆相沉积物在造山带前快速堆积,而在盆地远端的前隆沉积带遭受剥蚀,地层也逐渐向隆起带超覆[图 8-38(a)]。当逆冲停止下来,可容空间迅速从造山带前部向前隆沉积带迁移[图 8-38(b)]。造山带侵蚀产生的大量碎屑在盆地中分散,造成了由沉积物负载引起的大范围的挠曲沉降[图 8-38(b)]。当前渊带的沉积负载中心随着海岸线向克拉通方向迁移时,地层不断向克拉通方向进积,前隆沉积带也发生向克拉通方向的

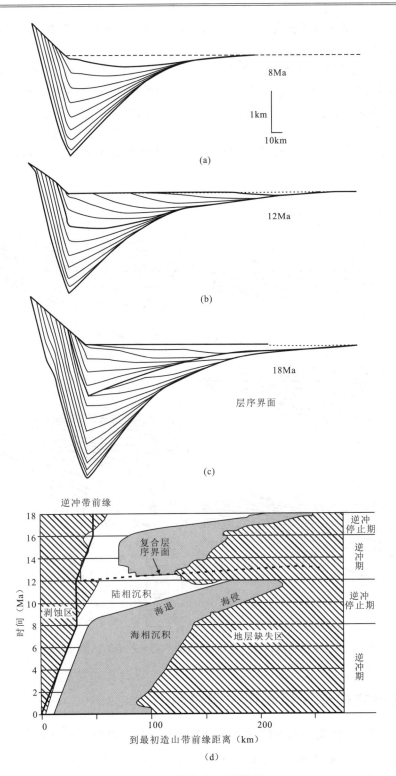

图 8-38 幕式逆冲作用下前陆盆地的构造-地层模型(Jordan 等,1991;杨永泰,2011)
(a)0—8Ma,造山带逆冲;(b)8—12Ma,逆冲作用停止;(c)12—16Ma,造山带逆冲,16—18Ma,逆冲作用停止;(d)0—18Ma 演化过程的构造-地层分析

不断迁移,而盆地近源端的沉积物遭受了剥蚀。当第二个较大的逆冲事件发生时,盆地的沉降中心又迅速回迁到造山带前部,盆地开始了新的沉积旋回[图 8-38(c)]。因此,构造运动状态的变化产生了两种完全不同的地层充填样式,并分别在盆地近源端及远源端发育两个不整合面[图 8-38(d)]。在逆冲

期,盆地远端的前隆沉积带形成不整合面;在构造运动平静期,在盆地近源端发生海退,该区形成一个不整合面,而盆地远端发生了海侵。

图8-39是阿尔伯达前陆盆地幕式逆冲与盆地充填演化的一个实例。受幕式逆冲负荷的控制,该盆地的充填序列显示出明显的幕式充填特征。构造负荷增加时,盆地快速沉降,形成厚的页岩[图8-39(a)];构造负荷减少时,盆地缓慢沉降,薄的(5~20m)临滨砂岩快速进积[图8-39(b)];再次负荷,滨岸平原后退,形成加积沉积[图8-39(c)];继续快速沉降,形成厚的页岩[图8-39(d)]。因此,在强烈逆冲负载时期,如前陆盆地的早期形成深水相的泥岩,构造平静期形成浅水相砂岩,从而构成若干由深变浅的退积旋回。

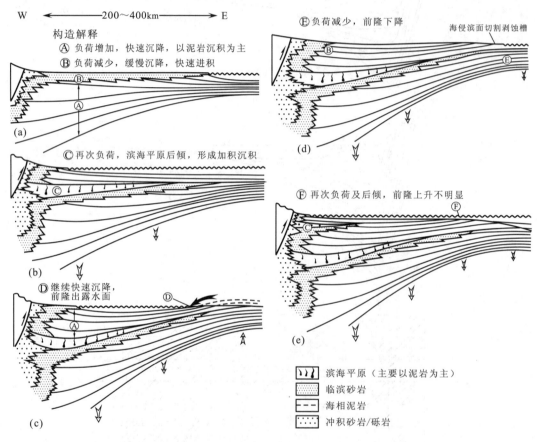

图8-39 阿尔伯达前陆盆地幕式逆冲与盆地充填演化(据Pint等,1993)

三、前陆盆地的构造沉积演化过程分析

从动态演化的角度来看,典型的前陆盆地的构造沉积演化可以划分为以下三个主要的演化阶段。

1. 早期深海—半深海复理石沉积阶段[图8-40(a)、(b)]

根据Wilson旋回,前陆盆地形成的前期是残余洋盆发育的晚期阶段。这个时期洋壳俯冲闭合,造山带开始形成,盆地的发育表现出从残余洋盆到周缘前陆盆地的转化。残余洋盆下伏为洋壳,表现为一深而窄的盆地。残余洋盆主要接受深水复理石类型的沉积,其一侧为楔形的、老的碎屑岩和碳酸盐沉积物组成的被动大陆边缘,而另一侧为正在向盆地推进的褶皱-冲断增生楔体。褶皱-冲断增生楔体是盆地中典型的厚层海相浊积岩深水扇和重力流沉积等各种碎屑沉积物的主要物源区。深海沟和弧前盆地沉积物多被卷入到俯冲增生楔中,并被俯冲消亡或被抬升和剥蚀,往往难以保存下来。但是,残余盆地的沉积物可以较好地保存在后期造山带的冲断岩片中。

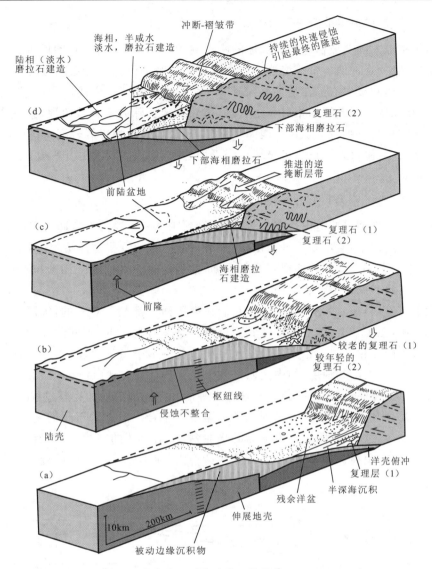

图 8-40 从残余盆地到前陆盆地的演化(据 Ensele,2000)

这个时期的逆冲楔远低于海平面,并加载于极薄的克拉通边缘,岩石圈厚度小,刚度明显降低,因此,在逆冲楔体的负荷作用下,远离克拉通方向形成深的前渊坳陷,前陆盆地处于欠补偿阶段,沉积速率远小于盆地的沉降速率。在逆冲楔体出露水面之前,由于沉积作用滞后于盆地的沉降,盆地处于沉积饥饿状态或欠补偿状态,主要形成深水类沉积。同时,在靠近克拉通方向的盆地远端,因受到地壳岩石圈刚度的影响,形成逐渐变浅的沉积层序。主要的沉积类型有以下几种。

深海—半深海泥质沉积:主要沉积在毗邻逆冲楔的前渊中,以富含有机质的泥岩和页岩为主。

深海—半深海浊积岩:在邻近逆冲楔体的前渊,来自造山带的粗粒碎屑物质直接进入前渊深水区,形成浊积岩和深水扇。

滨浅海碎屑岩和碳酸盐岩沉积:由前渊向克拉通方向,由于水体变浅,主要以滨海相沉积为主。该区因远离逆冲造山带,之间又有深的前渊相隔,其沉积类型主要受到克拉通内部物源区的影响。在克拉通内部碎屑供给有限的情况下,主要以浅水台地相碳酸盐岩沉积为主;但是当克拉通内部碎屑供给充分时,该相带则以滨浅海相碎屑岩沉积为主。

在深水复理石阶段,由于海平面变化、构造抬升和海槽沉降的周期性变动,可以形成多旋回的复理石韵律。

2. 海相磨拉石沉积阶段[图8-40(c)]

当逆冲造山带越过大陆斜坡枢纽线到较厚的刚性克拉通地壳上时，岩石圈厚度增大，刚性变大，挠曲沉降较前一阶段减小，逆冲造山带最终达到最大高度并长时期保持相对稳定的状态。这时，自造山带所剥蚀的碎屑物质也达到最大值。在挠曲量减小时，盆地被逐渐充填变浅，一旦盆地充填至海平面附近，前陆盆地将长期保持沉积充填的相对稳定状态，前陆盆地实际处于补偿阶段，盆地内的沉积速率等于沉降速率。海水能量足够维持沉积物在浅海环境时，形成滨浅海相碎屑岩沉积；但是当沉积物大量输入或海水能量变小时，入海口处沉积物将充填至海平面之上，形成陆相冲击沉积或者闭塞环境下的碳酸盐岩和蒸发岩沉积。

3. 陆相磨拉石沉积阶段[图8-40(d)]

上述闭塞的前陆盆地随逆冲造山带进一步向更老、更刚性和更厚的克拉通内部推进，盆地内的沉积速率远大于盆地的沉降速率，盆地处于过补偿状态，来自造山带的沉积物开始越过前隆向隆后盆地和克拉通方向迁移，盆地的大部分区域被冲积环境所占据，盆地的沉积转变为陆相磨拉石沉积，沉积类型为冲积相、扇三角洲、河流和湖泊沼泽相沉积。

不管是周缘前陆盆地，还是弧后前陆盆地，它们在横剖面上都是不对称的，沉降历史和沉积物的充填历史也类似。然而，在细节上，前陆盆地及其充填特征是非常复杂的，不同的盆地或者是同一盆地的不同地区可以有很大的变化。以上也是前陆盆地沉积演化的一般特征，世界上许多前陆盆地缺乏海相深水沉积，只保存了巨厚的陆相地层，如中国西部的中新生代前陆盆地（贾承造等，2000；周新源，2002）。

图8-41表示了从挠曲负载、松弛到前陆盆地反弹的一个构造旋回的完整过程中，前陆盆地的演化特点。前陆盆地的反弹常常在盆地充填序列中产生角度不整合。由于岩石圈的挠曲作用特性，岩石圈对负荷的初始弹性响应是在负荷附近产生下坳的挠曲盆地，沿盆地的克拉通边缘则形成隆起。如果岩石圈仅具有弹性层性质，负荷保持不变时，岩石圈保持稳定，而不发生进一步的变形。但是岩石圈一般

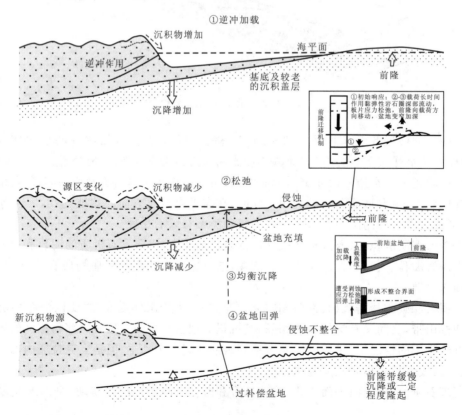

图8-41　前陆盆地的一个完整的构造演化旋回（据Ensele等，2000，改绘）

显示黏弹性变形性质,特别是在应力长时间的作用之下,岩石圈深部的流动将使板片弯曲应力产生松弛(relaxation)。松弛作用导致盆地加深,前缘隆起抬升,并向负荷方向运移。

这个阶段之后,盆地发生大范围均匀沉降。随着剥蚀作用增强,负荷卸载,下伏地壳发生均衡回弹上隆。来自褶皱-逆冲带的沉积物沉积在盆地中,并因此而进一步引起沉降区向外或向前陆迁移,导致先前隆起区产生沉降。

当每个新的逆冲断层席向前推进加载,引起岩石圈的另一个挠曲响应时,上述过程重复发生。因此,挠曲的加载和卸载可以交替多次,并相互叠加。在盆地演化的晚期阶段,冲断推覆体的推进受到下伏陆壳顶面向克拉通挠曲抬升和加厚的阻力逐渐增大,从而导致盆地的发育逐渐停止。

第九章 走滑带盆地

第一节 走滑断层概述

一、基本概念

走滑断层(strike slip fault)是指相对位移方向与断层走向平行,即与地表平行的断层。根据观察者面向的对盘错移方向可描述为左行(sinistral)走向滑动断层和右行(dextral)走向滑动断层。走滑断层产状陡倾,平面上一般都表现为直线延伸,弧形或不规则形态也比较常见,尤其是在垂直断层走向的断面上。走滑断层的不规则产状对于分析和研究走滑相关构造非常重要。走滑断层可以在各种尺度上发育,往往形成世界上最长的断层,如美国西部的San Andreas断裂、我国东部的郯庐断裂、新西兰Alpine断层,由于其活动性和破坏性地震频发,因而成为世界上最著名的一些走滑断层。这些断裂延伸长,切割深度大,位移可以达到数百千米。

走滑断层有不同的运动学特征,并因此而有不同的命名。传递断层(transfer faults)是指将位移从一条断裂传递到另一条断层的走滑断裂,其端部往往终止于伸展或收缩断裂。因此,传递断层是被其他性质的构造所限定约束的,不能自由生长。

传递断层发育有不同的规模,甚至是在露头尺度上都可以见到小型传递断层连接矿物充填的张裂隙。传递断层也可以连接相同或不同类型的构造,图9-1中传递断层发育于伸展或挤压背景下侧断坡部位,其两端分别连接正断层[图9-1(a)]或逆断层[图9-1(b)],这类传递断层可以获得很大的位移,而且沿断层走向位移大小几乎不变。图9-2中传递断层两端连接了极性相反的两个断陷盆地,在东非裂谷系、Rio Grande裂谷系和英国北海裂谷等地区常见。在更大的尺度上,大陆裂谷轴或者是大洋裂谷轴也可以被传递断层错移。在板块构造中,大洋中发育的这些传递断层称为转换断层(transform fault)(图9-3),转换断层的规模在千米级以上,常常是划分洋中脊区段的边界或构成板块的边

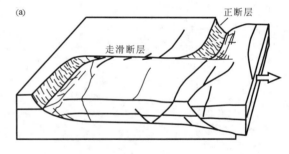
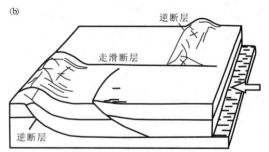

图9-1 伸展或挤压背景下发育的传递断层
(据Fossen,2010)

界。转换断层只在洋中脊之间的区段活动,其长度随洋中脊扩张的速率成比例延长。在洋中脊的外侧[图9-3(a)中的虚线],断层不活动,偶见微弱的上下运动,形成洋底的小陡坎。转换断层还可以连接洋中脊和俯冲带[图9-3(b)],或连接两条俯冲带岛弧[图9-3(c)]。作为板块边界的转换断层可以很长,如San Andreas断裂是北美板块和太平洋板块之间的边界。大型的转换断层实际上是一个断层带,而不是一个简单的断层,San Andreas断裂带可以达到100km宽,断裂带内可以发育各类次级断层和褶皱。

Transcurrent fault 也是国外文献中常见的走滑类断裂的术语,一般被翻译为平推断层,通常是指两端自由,即不被其他构造所限制,发育在陆壳中的走滑断裂。这类断层的自由端随着断裂位移的累积和增大而滑移延长,其发育演化遵循正常的位移-长度比例关系,即最大位移量随着断层长度的增加而增加,没有转换断层或传递断层那样特殊的运动学特征。平推断层发育在板块内部,是板内断层(intraplate fault),类似地沿板块边界发育的转换断层即为板间断层(interplate fault)。大型的平推断层向上切过地表,向下可以终止于其他的构造,如逆冲断层、伸展拆离断层或俯冲带,也可以向下穿过脆韧性转换带,以陡倾的韧性剪切带切入地壳深部。

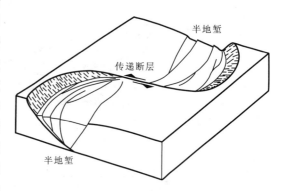

图 9-2 连接两个极性相反断陷盆地的传递断层
(据 Fossen,2010)

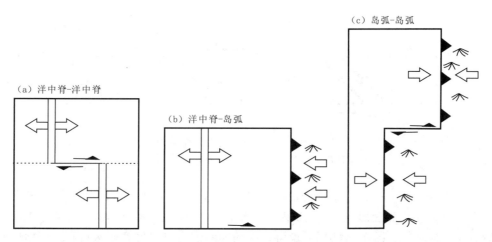

图 9-3 连接洋中脊和不同类型板块边界的传递断层(据 Fossen,2010)

此外,相关的术语还有横推断层(transverse fault)、挫断层或扭动断层(wrench fault)等。它们的涵义有的相同,大多又略有区别或大同小异,分别用于特定的场合和不同的地质条件。

二、走滑断层的发育和结构分析

(一)简单剪切走滑断层

20 世纪初期,Riedel 泥巴实验已经揭示出,当以走滑运动的方式移动底部的木块的时候,覆盖在木块之上的泥巴层中的走滑断层并不是发育成一个清晰的、单一的走滑断层面,而是发育成几个由相关的次级断层组成的走滑断裂带。

根据次级断裂的方位及其与主断裂的关系,可以划分出不同类型的次级断裂。首先形成的是一套剪切断裂,称为 Riedel 剪切断裂(Riedel shear faults),简称 R 断裂。R 断裂与主断裂带小角度斜交,且具有相同的剪切运动方向[图 9-4(a)]。P 断裂通常发育在 R 断裂形成之后,可能与走滑作用过程中局部应力场的暂时性变化有关,与主走滑运动方向一致,并常常连接 R 断裂。图 9-4(a)中的第三套剪切断裂(图中的粗虚线)与主走滑带高角度斜交,运动方向相反,称为 R′断裂。相对于 R 断裂而言,R′断裂一般不太发育。

因此,走滑断裂带发育初期,表现为由一系列小型断裂规律组合连接而成的走滑断裂带。除了上述 R、R′断裂和 P 断裂之外,还可见伸展断层或 T 断裂[图 9-4(b)],该断裂垂直于走滑带内派生出来的

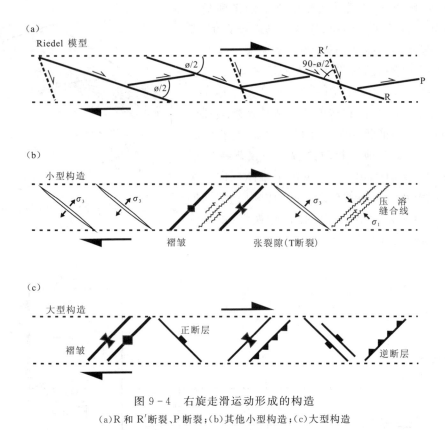

图 9-4 右旋走滑运动形成的构造
(a)R 和 R′断裂、P 断裂;(b)其他小型构造;(c)大型构造

最大瞬时主张应力[σ_3,图 9-4(b)]。走滑带内也可见褶皱发育[图 9-4(b)、(c)],一般发育在走滑变形开始集中在一个不连续界面形成之前,如果岩层水平的话,褶皱的轴(或轴面)垂直于走滑带内派生出来的最大瞬时主压应力[σ_1,图 9-4(b)]。走滑带内的倾斜层也可以发育褶皱,但是这种情况下,褶皱轴和主应力之间的关系更复杂些。另外一些挤压构造,如压溶缝合线、逆断层也可以在走滑带内发育,它们的延伸方向大体与褶皱的延伸方向一致。

(二)纯剪切共轭走滑断层

走滑断层还可以呈共轭状态产出(图 9-5),这意味着它们发育于同一时间和同一构造应力场之下。

共轭(conjugate)走滑断层的发育过程遵循 Anderson 模式和库仑剪切破裂准则,其锐角等分线为 σ_1 的方向(图 9-5 中的空心箭头,最大主压应力方向),角度大小与岩石的内摩擦角有关。在运动学上,这类断层是平面纯剪切作用的结果,一个方向的缩短被同一平面内垂直方向的伸展来补偿。共轭走滑断层最著名的实例是在喜马拉雅的北侧,印度大陆向北运动楔入欧亚大陆,一部分聚敛运动被区域走滑断层系统所调节,大型的地块沿共轭走滑断层挤出逃逸(图 9-6)。

(三)走滑断层重叠带和弯曲带

最理想的走滑断层应该是一个平直陡立的断面,但是,即使是最简单的模拟实验产生的走滑断层也会显示出走滑断层实际是一个由一系列次级断层或者断层区段(fault segment)组成的断层带。这些次级断层或断层区段常常以左阶(观察者站在断层位置沿断层走向向前观察,另一条断层或断层区段出现在左侧,即为左阶,出现在右侧即为右阶)或者是右阶排列。相邻的次级断层或区段之间即为走滑断层的阶状重叠区(step over),也称为岩桥区(rock bridge),是一条断层的位移传递到相邻断层的过渡区。

次级断裂或者是断裂区段排列方式的不同和主走滑带运移方向(即左旋或右旋)的差异,将会在次

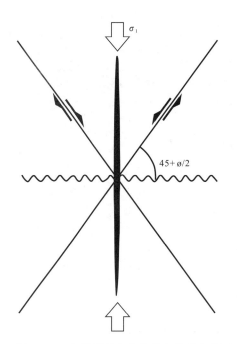

图 9-5 走滑断裂发育的共轭纯剪切模式

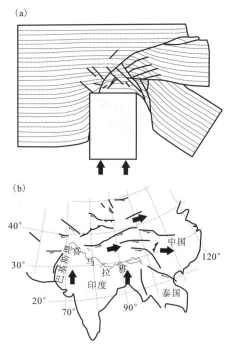

图 9-6 刚性块体前锋发育的共轭走滑断裂系
(据 Tapponnier 等,1986)
(a)和(b)印度-欧亚大陆碰撞形成的区域共轭断裂系

级断裂或者是断裂区段阶状重叠区产生不同的构造应力场,形成不同类型的构造。对于一条右旋走滑断裂,同时又是右阶排列的断裂区段组成的阶状重叠区[图 9-7(a)],将形成局部的拉伸构造应力场,在该部位出现正断层和拉分盆地[图 9-7(a)上图]。左旋左阶产生的局部构造应力场也是拉张构造应力场;而对于右旋左阶断裂,在阶状重叠区将形成局部挤压构造应力场,出现褶皱、逆冲断层和挤压所致的地形隆起高地[图 9-7(a)下图]。左旋右阶走滑断裂在阶状重叠区产生的构造应力场也是挤压构造应力场。在上述情形下,走滑和伸展的复合作用称为走滑伸展或转换伸展(transtension),而走滑和挤压的复合作用称为走滑挤压或转换收缩(transpression)。

在断层连续延伸的走滑断层中,断层的走向可以局部偏转形成一个小的弧形,该弧形区段称为走滑断层的弯曲区段或弯曲带(bends),它可以沿走滑断层的延伸方向向左偏转或向右偏转[图 9-7(b)]。类似于走滑断层的阶状重叠区,走滑带的走滑运动方向和弯曲带的偏转方向共同控制了弯曲区段的局部构造应力场。右旋右偏[图 9-7(b)上图]将产生局部拉张构造应力场,称为离散弯曲带或释压弯曲带(releasing bends),发育拉分盆地或正断层、张裂脉等伸展构造。左旋左偏同样也是产生离散弯曲带;若是右旋左偏[图 9-7(b)下图]将在弯曲带部位产生局部的挤压构造应力场,称为聚敛型或限定型弯曲带(restraining belts),发育挤压隆起、逆冲断层、褶皱和压溶缝合线等挤压构造。左旋右偏同样也会产生聚敛型弯曲带。

(四)走滑双重构造、扇形或花状构造

走滑双重构造(strike-slip duplex)发育在走滑断层的阶状重叠区或弯曲带部位,由夹持在两条边界走滑断裂之间的两个或多个断块或盆地的叠瓦状排列构成[图 9-7(c)、图 9-8]。走滑双重构造在结构上类似于发育在逆冲断层断坡之上的逆冲双重构造,走滑双重构造控制的盆地呈典型的透镜状。

一条正断层,在其整个延伸范围内的任何一点做横剖面,它都表现为正断层,逆断层的情况也一样。但是对于走滑断层则不然,有一定规模的走滑断层的轨迹通常都不是一条光滑的直线,而是弯曲的。如

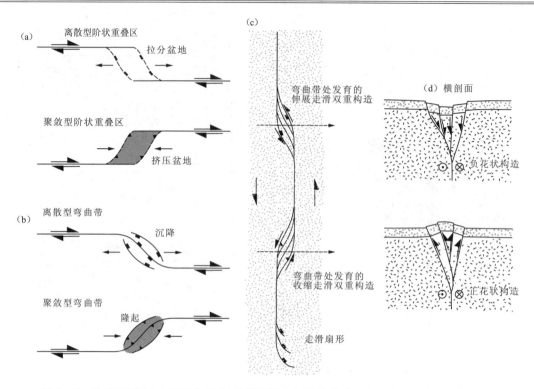

图 9-7 阶状重叠区(a)和弯曲带(b)的平面图和相关的构造(据 McClay 和 Bonora,2001);
走滑双重构造和扇形或花状断裂的平面图(c)和剖面图(d)(据 Woodcock 和 Rickards,2003)

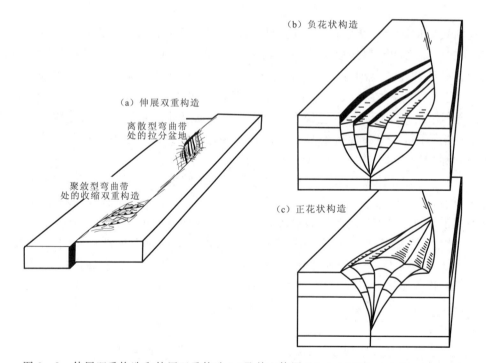

图 9-8 伸展双重构造和挤压双重构造(a)及其立体图(b)、(c)(据 Haakon Fossen,2010)

前所述,走滑断层在聚敛弯曲处的剖面特征表现为逆断层,在离散弯曲处表现为正断层。同一条走滑断层,从剖面上看既是正断层又是逆断层,时而正时而逆。断层的两盘不像倾向断层那样可以十分明确地分为上升盘和下降盘,而是此起彼伏,高低错落,由此导致走滑断裂带在平面上的典型的辫状交织延伸的特点。在走滑断裂的尾端[图 9-7(c)],走滑位移可以分散到一系列与主走滑断裂斜交的次级小断层上,走滑断层逐渐消失。这些次级断裂与主走滑带相连构成扇形(fans)或马尾状断裂(horsetail splays),是走滑断裂带消失的常见方式。这些马尾状断裂可以是正断层也可以是逆断层,具体与主断层的走滑方向和这些次级断裂相对于主断裂的偏转方向有关。

在剖面上,走滑断裂带内的所有分支断裂可以向地壳深部收敛到相对狭窄、近于直立的主位移带上,整个剖面显示出一种特征性的走滑构造样式——花状构造[图9-7(d);图9-8(b)、(c);图9-9]。有负花状和正花状两种花状构造类型。负花状构造(negative flower structures)中向上延伸的分支断层为正断层,有时上覆一向斜或地表凹陷;正花状构造(positive flower structures)向上延伸的分支断层为逆断层,上覆背斜或地表隆起。

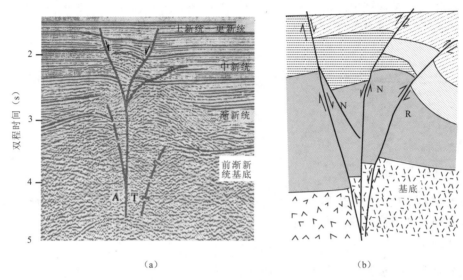

图9-9 理想走滑断层横剖面的主要特征(据Christie-Blick等,1985)
N:正断层;R:逆断层;A:断盆向读者运动;T:断盆离开读者运动

综合上述,盆地走滑构造系统中,最主要的是走滑断层,这类断层的特征是在平面上表现为直线型或曲线型位移带。聚合型扭动会形成雁列褶皱,并可能伴生雁列式逆冲断层,而离散型扭动则主要出现雁列式正断层。在深部,由相对狭窄、近于直立的主位移带组成;在沉积盖层中,断层向上并向侧旁分叉张开,重新组合成辫状撒开的断裂带。向上分叉断层撒开的形状,形成"花状构造"。一些走滑断层在深部(或向上)终止于低角度的拆离构造。盆地走滑构造系统复杂有序,平移构造多种多样,图9-10表

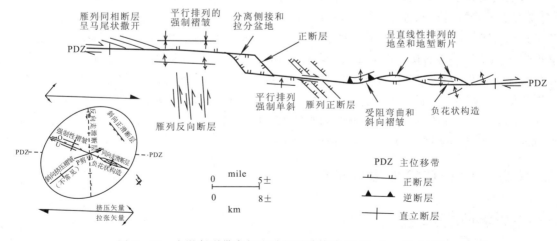

图9-10 走滑断裂带旁侧有关的平移构造(据Harding等,1985)

示了各种平移构造的综合模式。这些平移构造的发育受控于：①在走滑过程中，相邻断块汇聚或分离的程度；②位移的规模；③发生变形的沉积物和岩石的物性；④前期先成构造的格局。以上每一种因素都具有沿同一条断层随时间发生变化(除最终结果外)的趋势。

第二节 走滑带盆地类型和特征

一、走滑带盆地类型

与走滑断层作用有关而产生的盆地，总称为走滑带盆地。这些盆地发生在走滑断层同构造产生的局部拉张地区(图 9-11)，分为以下四种基本类型，其中以拉分盆地最为重要。

图 9-11 走滑盆地的发育及类型

1. 雁列式伸展盆地

雁列式伸展盆地以正断层为边界，长轴与主干走滑断层斜交，常有一定分量的旋转。我国山西汾河地堑系及鲁西北西向断陷系均属这类盆地。

2. 纵向松弛盆地

纵向松弛盆地常呈尖菱形或豆荚形，产生在离散松弛的断层区段。盆地长轴平行主干断层，其中常有张剪性断层通过，并在边缘出现有雁列褶皱。其拉张轴垂直主断层，盆地底面往往高低不均一，常一侧翘起，另一侧下倾。在盆地中主断面向上分支，呈现负花状构造。这类盆地在我国研究还不多，东部某些具有负花状构造的古近纪盆地(王燮培等，1989)有可能属此种类型。

3. 拉分盆地

拉分盆地产生在两个走滑断层羽列重叠部位的拉张区，其拉伸轴基本上平行主断层。这类盆地表现为菱形断陷。

4. 转换伸展盆地

近年来发现有许多与大型走滑带有关的盆地，其形成演化并不能很好地用走滑带的"拉分"模型解释，而是受伸展与走滑运动双重机制控制，引起伸展的拉伸作用力的方向与走滑方向垂直。Ben Avrabam 和 Zoback(1992)描述了死海等盆地的转换-伸展过程。在我国，发育红河断裂带之上的莺歌海第三纪盆地也显示了伸展与右旋走滑双重机制的联合作用。此外多重机制对沉积盆地形成演化的控制在中国东部第三纪盆地中有普遍性，如渤海湾盆地受伸展与走滑双重机制影响，且以前者为主。各种作用的强度因地而异。转换-伸展盆地区别于拉分盆地的主要特征是盆地结构的不对称性，即沿盆地长轴方向其一侧是呈线状的走滑断层，而另一侧为与走滑断层平行或近平行的正断层。我国东北第三纪盆地伊舒地堑即显示了转换伸展盆地的典型特征(图 9-12)。

二、拉分盆地和转换伸展盆地的发育模式

(一)拉分盆地的发育模式

关于拉分盆地的发育机制有以下 4 种模型(图 9-13)：①走滑断裂的叠覆；②离散断层段的滑动；

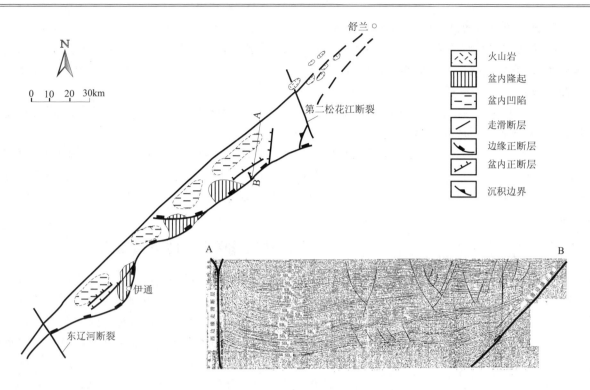

图 9-12 伊舒地堑转换伸展盆地及其地震反射剖面

③雁行式断裂或里德尔剪切的集结作用;④相邻的小次级盆地结合成较大的系统。

最简单的模型基于前人对活动拉分盆地的研究,例如死海和新西兰的 Hope 断层带,具有水平分离作用的、不连续的平行断层区段会出现重叠现象。当主断层延长时,断层的叠覆也加长,由于平行主断层的拉伸,使盆地伸长而宽度保持不变(图 9-13)。随主断层叠覆量的增加,拉分盆地出现明显变化。尤其是,当叠覆量约等于分离量时,拉分盆地在伸展区内发育两个被基底的次级走滑断层带分开的沉积

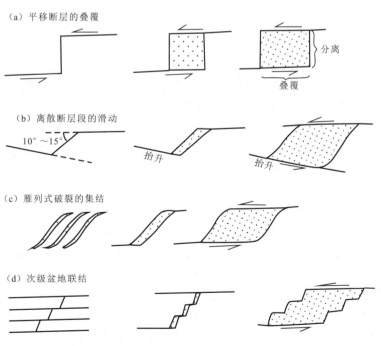

图 9-13 拉分盆地发育模型(据 Mann 等,1983)

中心。随着叠覆量的增加,沉积中心变得越来越大,而且,走滑断层干涉带越来越宽。

一些活动拉分盆地的野外详细填图表明,边界走滑断层可能是不平行的。这种情况下,非叠覆的断层稍微离散,它们之间由短的倾斜区段相连,继续走滑可能会在倾斜断层的一侧形成盆地,而在断层的另一侧造成挤压(图9-13)。

剪切箱实验表明,拉分盆地在构造上类似于产生在黏土实验材料上的雁行式伸展破裂,随着变形的继续,剪切破裂连接形成拉分盆地。

通过对世界范围内大量的拉分盆地规模的统计可以看出,盆地长度(断层叠覆)和盆地宽度(断层分离)之间存在线性关系:一般拉分盆地的长度是宽度的三倍,而与它们的绝对大小无关。这可能是随着水平断错的增加,相邻的拉分盆地聚合成一个较大的盆地,或者新形成的断层与原有的断层平行(Aydin和Nur,1982)。

(二)转换伸展盆地的发育模式

转换-伸展型盆地形成机制非常复杂,Ben Avraham和Zoback(1992)在死海盆地和圣安德列斯断层带应力状态研究的基础上,提出了走滑断层带强度对应力作用方向的控制机制。其核心是一个高强度岩石圈包裹一软弱走滑断层带的应力方位模型。在这一模型中,地壳强度以经典的断层力学模型为基础确定。他们的计算结果认为,断层附近最大主应力的方位是区域应力方位和断层带岩石强度的函数。图9-14是这一模式的进一步引申,可以用于解释转换-伸展盆地的发育机制。该图表示走滑断层的摩擦强度(τ_f)和相邻地壳最大剪应力(τ_c)比值(τ_f/τ_c)不同的情况下,强度较小的走滑断层带附近最大主应力方位的变化。从图中可以看出,除了区域应力与断层夹角为45°的情况外,走滑断层附近的应力方位均会发生明显的变化,以便尽力减小平行走滑断层带的剪切应力。当区域应力(β)与走滑断层夹角大于45°时,走滑带附近的应力场方位(α)为近于垂直走滑带的挤压作用,而当区域应力与走滑断层夹角小于

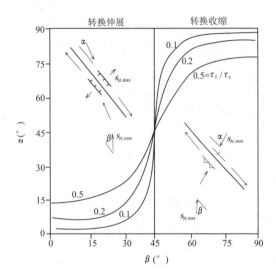

图9-14 区域应力方位和走滑断层带附近主应力方位之间的关系(据Ben Avraham等,1992)
α走滑带附近主应力方向;β区域主应力方向

45°时,走滑带附近产生近于垂直走滑断层的拉伸作用,由此即可导致平行走滑断层的正断层形成。上述研究对垂直或近于垂直走滑带的拉伸作用的解释仍然基于平面应力场的分析。我国学者的研究除了考虑平面应力场之外,更强调岩石圈深部过程的影响。这方面在伊舒地堑和莺歌海盆地的研究中比较突出(Li等,1995;龚再生和李思田,1997)。莺歌海盆地发育于古红河断裂带之上,呈北西向延伸,快速沉降、高地温、大规模的异常压力体系及泥-热流体底辟是盆地最突出的特征。从整个南海来看,盆地的裂后期一般开始于约23Ma,但莺歌海盆地的充填一直到约16Ma仍然受到断裂的控制,这表明该盆地的演化一方面受控于整个南海的大背景,另一方面又直接受控于走滑伸展作用。莺歌海盆地的另一个重要特点是具有巨厚的裂后期沉积,其晚第三纪充填达到8~10km,远大于裂陷期的充填,这与一般裂谷盆地裂后期沉积和沉降均小于裂陷期形成鲜明的对比。结合整个盆地演化历史中的频繁的热事件和盆地定量动力学模拟可看出,莺歌海盆地的形成和演化受控于深部软流圈的高抬升引起的岩石圈伸展和右旋走滑派生的拉分效应。岩石圈深部软流圈的抬升及区域岩石圈的减薄导致的伸展是盆地演化的主控因素,其中后者则导致了盆地沉降中心的迁移。

走滑伸展(转换伸展)拉分盆地的沙箱模拟研究表明(Wu,2009),转换伸展应力状态下发育的拉分盆地与纯走滑应力状态下形成的拉分盆地几何学特征显著不同(图9-15)。这两种应力场都可以形成菱形的拉分盆地,但是转换伸展作用下形成的拉分盆地规模更大,盆地更宽,盆地边缘为斜列式正断层

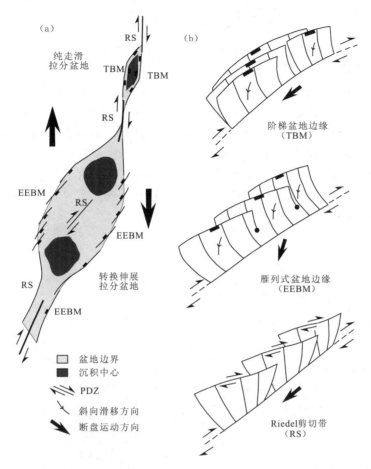

图 9-15 纯走滑拉分盆地和转换伸展拉分盆地的盆地结构和断层样式(据 Wu,2009)

系,而不是像纯粹走滑拉分盆地那样的走滑断层边界。纯走滑拉分盆地发育单中心,而转换伸展拉分盆地发育极性相反的双中心,其间以主走滑断裂带分隔开。

第三节 走滑盆地充填演化特征

走滑盆地可以发育在多种板块构造背景之下,其中的充填地层在沉积环境方面也有很大的变化,经受的气候条件也千差万别。尽管存在这些明显的差别,但是其在盆地充填演化方面仍然显示出一些独特的特点。

一、盆地结构的不对称性

盆地结构上的不对称性是走滑型盆地的特征之一,特别是断层最先沿盆地一侧发育时,或者转换伸展盆地更是如此。在转换伸展盆地中,其不对称性表现为盆地的一侧为走滑断层,而另一侧边界为正断层,盆地内部的充填由走滑断层一侧向正断层边界一侧增厚。除了以上横向上的不对称性之外,在纵向上即平行盆地长轴方向上转换伸展盆地也具有明显的不对称结构特征。在转换伸展盆地中,盆地的横断层往往伴有一定的走滑运动,断层的延伸常常超过盆地范围而切入到盆地相邻的基底地区,如死海埃拉特湾北部和南部边界断层,我国伊通地堑北部的第二松花江断层和南侧东辽河断裂等均具有上述特征(图 9-12)。

二、盆地沉积充填的不对称性

一般在主走滑断裂一侧堆积巨厚的沉积物,湖相沉积主要集中在靠近主走滑断裂的盆地轴部(图9-16)。从沉积体系的发育看,在走滑断层一侧往往发育陡坡扇三角洲体系,并常常有小型碎屑流占优势的冲积扇、湖底扇等形式的粗粒沉积角砾岩。该相带呈窄长状,其向盆地轴部延伸的距离很小,陆上的碎屑流沉积横向上可追索进入水下碎屑流沉积。总体上看,走滑断层侧的沉积物在总充填物中所占比例较小。在拉分盆地中次级走滑边界或转换伸展盆地中正断层构成的缓坡边缘沉积有更大规模,并以河流为主的冲积扇辫状河、曲流河缓坡型三角洲和三角洲沉积体系发育为特征。这些河流为主的扇体具有较好的分选、磨圆,粒度一般也较细,它们在总充填物中占的比例相当大,盆地内的多数沉积物都是从这一侧进入盆地。盆地的基底从正断层一侧向走滑断层一侧倾斜,因此,盆地的长轴及沉积中心都与该边缘平行,并朝该边缘迁移。

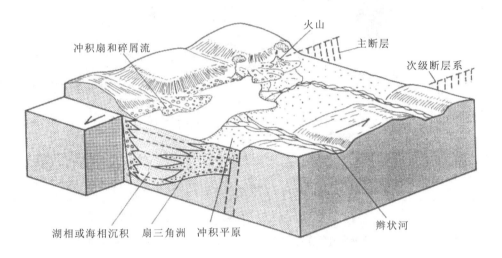

图 9-16　走滑盆地的充填格架(据 Steel 等,1980)

三、盆地沉降中心有明显的迁移性

走滑作用是走滑型盆地的最基本的构造特征之一。由于走滑平移活动的影响,盆地的沉降中心会随时间发生迁移,沉降中心轴向也随时间改变。

图 9-17(a)、(b)表示盆地主物源位于盆地的端部或侧边时所导致的盆地沉降中心的迁移变化。如果盆地的主物源来自盆地的一端,可以形成如图 9-17(a)所示的盆地充填格架,表现为盆地的沉降中心向离开走滑运动的方向迁移,沿地层倾向方向(河流上游方向),沉积地层逐渐变得年轻;如果主物源来自另一端,沉降中心向下游迁移。在上述情形下,形成的盆地倾斜地层的厚度可能大于盆地的沉降深度。我国伊舒地堑(图 9-12)和中东死海裂谷盆地等沉降中心的迁移是典型的实例。

四、快速沉降和幕式演化

由于走滑断层的快速滑移(普遍可以达到 1~10cm/a),盆地的沉降非常快速,甚至比一般伸展裂谷盆地的沉降速度还要快,这主要是由于走滑盆地非常狭窄,拉伸作用期间形成的热异常可以很快地损耗散失,从而促进了岩石圈的冷却沉降。

在盆地演化的早期阶段,由于盆地迅速沉降,河流和其他沉积物输送系统还没有完全调整适应新形成的盆地地形地貌背景,因此,盆地发育的初期常常仅被湖水或海水注入填充。之后,适应新的地形地

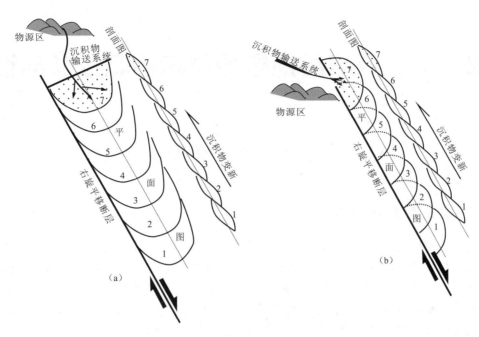

图 9-17 走滑盆地沉降中心的迁移模式

貌背景而受到改造的先存的和新形成的河流或海底峡谷等沉积物输送系统形成,并向盆地输送大量的沉积物。已知的走滑盆地的沉积速率很高,变化范围为 0.5~4m/ka,如此高的沉积速率常常可以保持与盆地沉降同步或超过盆地的沉降。陆相拉分盆地一般被冲积扇或湖相沉积体系充填,相带窄且变化快。受盆地幕式的走滑作用和沉降的控制,可以产生从湖相到辫状河平原或从辫状河平原到湖相的多次变化。当然,气候从潮湿到半干旱的变化也可以导致上述的旋回。

海相拉分盆地的沉积充填以深海相沉积开始,包括碎屑流和浊积岩,当盆地的流域范围增大时,其沉积环境转变为浅海相,最终盆地填满后可以保持陆相沉积环境。

第十章 沉积盆地中的盐构造和反转构造

第一节 盐构造变形

一、盐构造变形的基本概念

在克拉通盆地、裂谷盆地、前陆盆地等各类沉积盆地中，盐岩层常构成盆地充填地层的组成部分。在含盐地层受到拉伸、挤压或走滑变形时，盐岩层将起到重要的作用。原始沉积时近水平的、厚度基本均匀的盐岩层，被卷入变形后会在平面图上显示出圆形、椭圆形等环状形态，剖面上显示出丘状隆起、狭长状背斜和盐柱状底辟等复杂形态。这种情况下，盐岩层的存在已经显著控制和影响了所形成构造的类型、形态、变形的部位和规模，我们用一个专门的构造术语，即盐构造（salt structures, salt tectonics）来描述发育在沉积盆地中的这类特殊构造。

具体地讲，盐构造是指由于岩盐或其他蒸发岩的流动变形所形成的地质变形体，包括盐变形体本身及其周围的其他变形岩层（Jackson，1995）。构造变形过程中，盐岩影响的大小取决于盐岩层在地层中的厚度、位置、延伸范围、基底的再活动程度和上覆地层的物理性质。变形可能是局部的，与板块构造没有关系，完全是由盐岩层和上覆层之间的密度差异来驱动。但是，更为普遍的盐构造是区域构造应力场所产生。

盐构造是重要的油气聚集成藏的构造，因此在石油地质领域内该类构造的研究受到了极大重视，波斯湾、墨西哥湾、北海、滨里海、巴西深海、我国的塔里木盆地和非洲被动大陆边缘等油气资源丰富的地区都发育有丰富的盐构造（Jackson 等，1994，1995；Volozh 等，2003；Fort 等，2009；贾承造等，2003；汪新，2009；汤良杰等，2005；戈红星等，1995；李世琴等，2009），与盐构造相关的油气藏将是今后极为重要的油气储量增长点。下面我们将简要介绍盐岩的物理性质，然后详细介绍与盐岩的运动相关的各类主要构造特征及其发育机制。

二、盐岩的物理性质

（一）盐岩的密度

严格意义上，盐岩指的是纯净的氯化钠（NaCl）晶体，但是自然界沉积盆地中的盐岩极少由纯盐组成，多是蒸发岩，如硬石膏、石膏、盐以及泥岩等岩石组成的混合物。

盐岩是沉积盆地地层中常见的组成成分，具有一些不同于其他岩石的独特的物理性质：力学性质非常软弱，低密度（2.16g/cm^3），高热传导性，几乎不可压缩性，非渗透性，类似流体的黏性，可以引起大范围的变形，易于产生水平拆离，并产生构造圈闭。

纯盐的密度比较低，为 2.16g/cm^3，不纯的盐岩的密度要稍高一些，但是小于大多数碳酸盐岩，而比未固结的硅质沉积物要大。以往人们认为密度差驱动了盐底辟构造的发育，不过实际情况并非如此简单，因为这涉及到盐岩与空隙沉积物之间的压实作用的差异。即使埋藏非常浅，盐岩没有孔隙度，几乎是不可压缩的，不会随上覆负载的加大而密度变得更大。然而，随着埋深的增加，页岩及其他大多数沉积岩的孔隙度都会持续减小，密度和强度却逐渐增大。从图 10-1 可以看出，页岩随埋深增加发生脱水作用,岩石的密度持续增大。当上覆层的埋藏深度在1200～1300m,岩石的密度和盐岩的密度基本相当,这个埋藏深度被称为临界深度(Warren,2006)。当盐岩埋深超过临界深度时,盐岩的密度就小于上覆层密度,盐岩和上覆层将发生密度倒置。在临界深度上盐岩开始出现重力不稳定性,产生浮力,在一定的地质条件触发下,将会向地表流动。

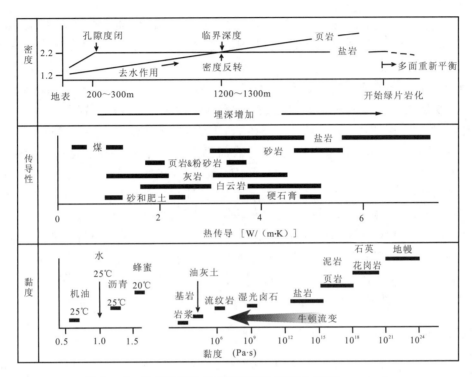

图10-1 盐岩和其他岩石的物理性质对比(据Warren,2006)

大约在1～2km深度,硅质碎屑沉积物的密度将为2.2g/cm³,具体的深度与沉积物的粒度、分选度、矿物和沉积物的类型有关,泥质沉积物的压实度要大于砂质沉积物。如下式所示:

$$\rho = \varphi\rho_f + (1-\varphi)\rho_s$$

式中:φ为孔隙度;ρ为岩石密度;ρ_f为流体密度;ρ_s为固体颗粒密度。

φ表示沉积物的压实程度。对于硅质碎屑沉积物,若$\varphi=30\%$,矿物颗粒的平均密度应该为2.7g/cm³,含盐孔隙水的密度为1.04g/cm³,那么岩石的密度为2.2g/cm³,大体等于不太纯的盐的密度(2.2g/cm³)。要使得岩石的孔隙度低于30%,必须继续接受沉积(上覆岩层加载),继续压实以使得沉积物的密度大于盐岩的密度。如果沉积物比较细,在比较浅的深度,大概在600～700m即可以超过盐岩的密度,而对于密度为2.2g/cm³的砂质层,则要达到1500～2000m深度才可以。

因此,若单独由浮力使得盐岩底辟上浮到达地面,上覆层的平均密度必须要超过下伏盐岩的平均密度,这将要求埋深至少达到1600m,一般要接近3000m,墨西哥湾的临界深度为2300m。

(二)盐岩的热传导性

盐岩是热传导性最好的沉积物之一(图10-1),在43℃时盐岩的热导率为5.13W/(m·K),而在相同温度下,页岩的热导率仅为1.76W/(m·K)。因此,地温梯度变化对盐岩的流动性有很大影响,其体积也会随地温梯度的不同而发生改变。盐岩埋藏越深密度越小,越有利于发生密度反转产生浮力作用。在地下5km的埋深处,地温梯度为30℃/km时,盐岩受热将发生2%的体积膨胀,而受压力作用则只发生0.5%的体积收缩(Jackson等,1994)。

理论上讲,热作用可以导致盐岩内部的流动,Warren(2006)研究表明,当盐岩埋藏超过2.9km,地温梯度为 30℃/km 时,假设盐岩黏度小于 10^{16} Pa·s,盐岩就会发生热传导流动。然而,盐岩的流动机制与岩浆截然不同,岩浆是温度越高流动越快,而盐岩如果含水,比如雨后的湿盐,即使出露在地表也会发生流动。因此,热传导作用并不是沉积盆地内盐岩流动的主要机制(Jackson 等,1994)。

(三)盐岩的黏度

如图 10-1 所示盐岩的黏度较岩浆、蜂蜜、沥青等要高,但比地幔、页岩和泥岩的黏度要低。盐岩的黏度或者说它的流动性与其含水量密切相关,盐冰川的流动速度(10~100km/Ma)远比盐舌(0.5~3km/Ma)和盐底辟(10~2000m/Ma)隆升过程中盐的流动速度要快(Jackson 等,1994)。0.05%含水量的盐岩,其黏度远远低于未含水盐岩的黏度,细粒的含水盐岩接近于牛顿流(Warren,2006)。

盐岩的塑性或黏性变形有两种机制,湿扩散作用(wet diffusion)和位错蠕变(dislocation creep)。当盐岩含水时,湿扩散作用是其主要的塑性变形机制,盐岩中的流体薄膜会溶解颗粒边界并携带溶解的物质搬运传输而产生这种变形。随着颗粒的减小,表面积增大,湿扩散作用会进一步加快。因此,在细粒含水盐岩层中,湿扩散作用机制更为重要,具有类似于其他大多数流体的流动特征。一旦细粒盐岩流至地表,它将在自身的重力作用下扩散并发生塑性流动,盐冰川就是盐底辟上升到地表在重力作用下流动扩展形成的。另外,低应变速率和高的差异应力也会强化湿扩散作用。

对于干盐来说,没有流体传输物质,位错蠕变是其发生塑性变形的主要机制,除非是应变速率很高的情况下,如地震、开矿和用锤子敲击,盐岩会产生脆性断裂变形。根据塑性稳态蠕动定律,当干盐在温度为 50℃,差应力为 25MPa 的背景下,导致脆性变形发生的应变速率必须达到 $5\times10^{-9}\mathrm{s}^{-1}$(Davison,2009)。一般来说,在盐构造发育地质背景下的应变速率很少有超过 $10^{-12}\mathrm{s}^{-1}$ 的。

(四)盐岩的强度

图 10-2 表示几种典型岩石的强度随埋深的变化关系(Weijermars 等,1993;Jaekson 等,1994)。在 $10^{-14}\mathrm{s}^{-1}$ 应变速率下,对比干盐/湿盐与相同深度的其他沉积岩的蠕变和摩擦强度可见:即使是干盐的强度比其他沉积物的强度低,只有近地表含水量大于 50%的泥土才有可能比干盐更软弱(Warren 等,2006)。此外,当盐岩的含水量超过 0.01%后,盐岩就表现为软弱的结晶流体(Urai 等,1986)。因此,湿盐的强度更是比干盐低数倍,湿盐更为软弱,总是表现为牛顿流体。从图 10-2 中还可以看到,在 $10^{-14}\mathrm{s}^{-1}$ 的应变速率下,湿盐的强度保持在 0.01MPa,不随埋深发生改变。

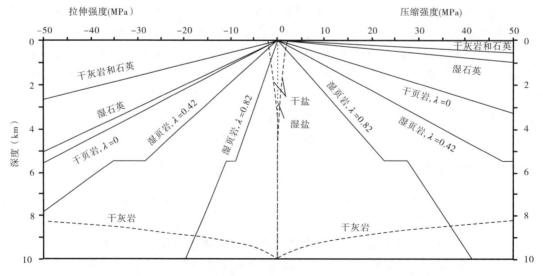

图 10-2 几种典型岩石强度随埋深的变化(据 Jaekson 等,1994;Weijermars 等,1993)

$\lambda=0$(干岩石);$\lambda=0.46$(岩石处于静压);$\lambda=0.86$(岩石处于超压)

Warren 等(2006)通过对墨西哥湾地区发育的外来盐席进行地震剖面分析发现,盐席能主动刺穿上覆层的平均厚度为120m,最大厚度为250m。因此,当上覆层的厚度超过250m,即使是松散的页岩,它的强度都足以阻止盐岩发生刺穿。此外,由于在常规的地质环境中盐岩非常软弱,故盐岩的黏滞力不足以拖曳或扩展到上覆层。

三、盐构造变形的类型和特征

在各种地质条件下,岩盐发生塑性流动,并与上覆层和围岩发生复杂的相互作用,形成形态各异的盐构造变形(图10-3)。

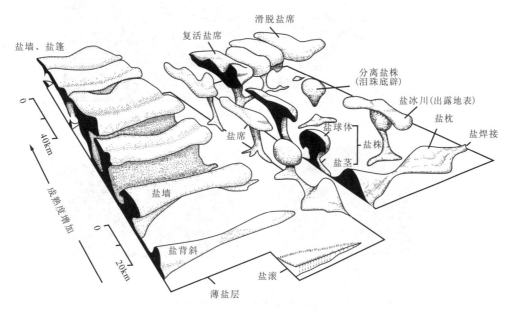

图10-3 各类盐构造变形立体图(据 Hudec 和 Jackson,2007)

(一)盐构造的基本组成单元和相互关系

盐构造的基本组成单元包括上覆层(overburden)、盐层(substratum)和盐下地层(subsalt strata)。

上覆层是比盐岩年龄更新的脆性(brittle)地层的总称;盐层是构造变形中的韧性(ductile)岩层,一般为盐岩、石膏、硬石膏、泥岩等的混合物;盐下地层则指盐层下面的地层,有时也把盐下地层统称为基底层(basement)。

盐层和上覆层的接触关系有整合型(concordant)和非整合(discordant)型/刺穿型。前者指的是盐层与上覆层的接触面是整合的,类似于地层之间的整合接触,反之则为刺穿型。

根据变形后盐岩所处的位置,盐岩可分为本地或原地盐体(autochthonous salt)和外来盐体(allochthonous salt)。本地盐体指的是变形后盐岩所处的位置是盐岩最初的沉积位置,反之则为外来盐体。

(二)盐构造形态类型

盐构造的形态非常复杂,平面上常常是沿区域断裂分布的长条形,圆形和椭圆形也比较常见,剖面上常见板状、柱状、冠状、三角形或泪珠状等(图10-4)。

盐枕(salt pillow):是指从地下深处盐源层中上隆而形成的萌芽状态的枕状盐丘。盐枕一般是与断层无关的枕状体,与上覆层呈整合接触。比较厚的含盐层系盐层有利于隆起幅度较高的盐枕构造发育。

盐背斜(salt anticline):盐岩在外力作用下上隆形成的狭长状背斜,与上覆层呈整合接触。

盐丘(salt dome)：也称盐穹，褶曲的平面形态中一种浑圆形的褶曲，大部分为地下地质构造，由埋藏在水平或倾斜岩层中的垂直柱状盐体构成。从广义来说，该术语既包括盐核，也包括周围被"穹起"的岩层，一般用来概略性地描述核部由盐岩核组成的丘状隆起。盐岩和上覆层的接触关系可以为整合接触，也可以为刺穿型接触。

盐滚(salt roller)：指幅度低缓，两翼不对称，缓倾一翼盐层与上覆层整合接触，陡倾一翼为正断层上盘的盐构造形态。

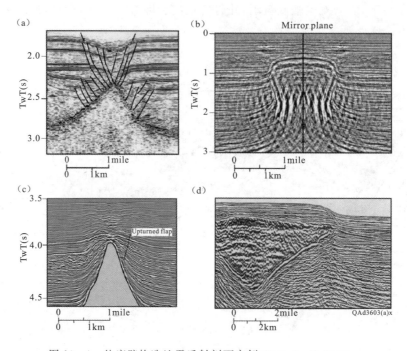

图 10-4　盐底辟构造地震反射剖面实例（据 Hudec 等，2007）

(a)墨西哥湾响应式盐底辟构造；(b)墨西哥湾目前被埋藏的被动式盐底辟；(c)刚果盆地主动式盐底辟；(d)墨西哥湾盐席

盐底辟(salt diapir)：密度较小的高塑性、低黏度的盐岩向上流动，拱起甚至刺穿上覆岩层所形成的穹隆或蘑菇状构造。底辟的直径可从几米到几千米，核部的盐体常成圆柱状，其内盐层变形复杂。盐核之上的上覆岩层往往形成穹隆或短轴背斜及伴生的放射状或环状断层。盐核周边与围岩常为陡倾的断层接触，围岩倾角也变陡。盐丘周围的岩层因盐丘上隆而相对下坳，形成周缘向斜。盐底辟构造中盐岩与上覆层之间呈刺穿型接触关系。

以泥质为核的底辟称为泥质底辟，又称泥火山，泥质中的甲烷气体在泥火山形成中起了重要作用。由岩浆上拱并侵入围岩而形成的底辟称岩浆底辟。我国莺歌海盆地发育一种特殊类型的底辟构造，核部是由泥-热流体组成，被称为泥-热流体底辟构造。

盐墙(salt wall)：指狭长状隆起的盐底辟，一般成排呈弯曲状展布。

盐席(salt sheet)：是盐岩的宽度远大于其最大厚度的外来盐体。根据形态还可以进一步描述成盐舌(salt tongue)、盐盖(salt laccolith)、盐篷(salt canopy)等。

盐冰川(salt glacier)：当席状盐流暴露于地表形成裸露底辟时，盐岩在空气或水的作用下扩散流动，便形成盐冰川。

许多盐底辟形态类似柱状，称为盐株(salt stock)，还有一些发育盐茎(salt stem)，同时其上部还有一个更大的头部，称为盐球(salt bulb)，整体上又是一个盐蘑菇(salt mushroom)。在极端的情况下，盐球可以与盐源层分离，形成孤立的盐球体，这种底辟体也称为泪珠状底辟(teardrop diapir)。这种分离的盐底辟体常常由于更上层岩层中的侧向运动而形成不对称的外来体(allochthounous)。比较少见的情形,底辟体也可以是扁平的,多是几个底辟体连接在一起形成各种样式的盐篷(salt canopy)。

盐底辟体的形态资料主要来自于地震剖面解释,盐岩层在地震剖面上常表现为均匀反射,形成所谓的"空白"区。一般,盐岩层的顶界面在地震剖面上具有清晰的反射(图10-4),但是其侧壁由于太陡而在地震剖面上反射模糊。盐岩层还可能屏蔽能量,因此盐下构造往往难以识别出来。不过,随着技术的进步,更多的3D地震资料已经显示出更为清晰的盐构造。

(三)盐构造的沉积记录

图10-5所示为伸展和挤压背景下盐构造沉积记录。

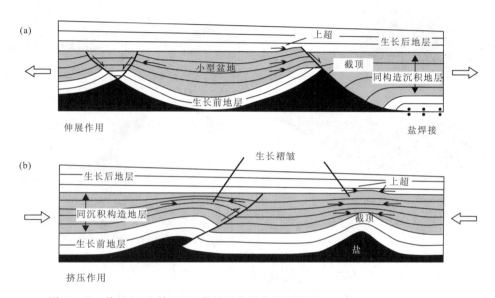

图10-5 伸展(a)和挤压(b)背景下盐构造沉积记录(据Jackson和Talbot,1991)

生长前地层/变形前地层(prekinematic layer/isopachous layer):指盐开始流动变形之前沉积的地层。地层的厚度保持不变或者说地层的厚度在一定区域保持一致。

生长地层/同构造沉积地层(synkinematic layer):在盐构造变形过程中沉积在生长前地层之上的地层。同构造沉积地层记录了盐岩流动以及其他构造活动的过程。根据同构造沉积地层的厚度变化以及地层发生的上超(onlap)、截顶(truncation)关系,可推断盐构造的构造演化过程。

生长后地层/构造变形后地层(postkinematic layer):指盐岩停止流动而且其他构造活动也停止后沉积的地层。

袖珍盆地(minibasin或intrasalt basin):或称小型盆地,陷入相对较厚的外来或者本地盐体的同沉积盆地。

周缘向斜(rim syncline)和边缘向斜(peripheral sink):盐岩上隆形成褶皱的过程中,外缘的盐岩发生撤离,使得地层发生同沉降,形成轴线呈弓形或者亚圆形的向斜,称为周缘向斜。其他构造作用,如岩浆喷发、撞击坑也会发育周缘向斜。如果沉积物沉积在盐岩撤离形成的周缘向斜内部,形成地层局部发生增厚的同沉积向斜,则称为边缘向斜或边缘沉降。

(四)盐撤离和盐焊接

来自盐源层的盐流动进入一个盐构造,通常称为盐撤离(salt withdrawal),或者更准确地称之为盐排出(salt expulsion)。简单来说,变形盐岩层的流动有两种主要类型,即泊肃叶流(poiseuille flow)和库艾特流(couette flow)(图10-6)。在流体力学中常把管内不可压缩黏性层流称为泊肃叶流动,是一种特殊的流态,其速度剖面是抛物线形。泊肃叶流动发生在盐背斜或盐底辟发育期间,盐岩流入盐构造的时候,这种流动受限于分布在盐边界的黏性剪切力,表现为边界拖曳效应(boundary drag),使得顶底的盐岩层流动速度要比中间层更慢。因此,薄盐岩层要比厚盐岩层流动速度慢,当盐岩层减小到几十米以下的厚度时,其流动速度将变慢。当盐岩完全被排空,边界层将相互接触,这种接触关系称为盐焊接(salt weld)。除了盐焊接构造之外,盐撤离还可以形成龟背构造(salt turtle)和盐滚构造,如图 10-7 所示。

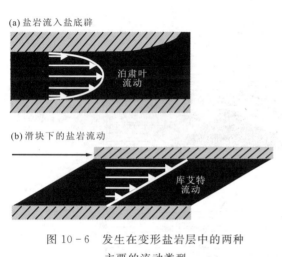

图 10-6 发生在变形盐岩层中的两种
主要的流动类型

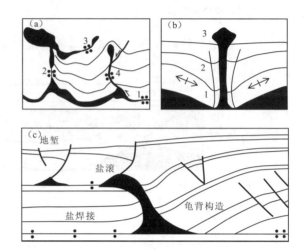

图 10-7 盐撤离过程中产生的各类盐构造
(a)盐焊接构造,数字是焊接构造发育序次;(b)边缘向斜,数字是边缘向斜发育序次;(c)盐焊接和龟背构造

盐焊接总是会有一些残余盐存在,即使是只有几厘米或几十厘米厚,仍然是一个岩层系中的薄弱层,极易导致应变集中。盐焊接构造的重要性在于它可以固定盐背斜和盐穹,因此,终止了盐构造的继续生长。根据盐岩发生塑性流动的时间先后及其周缘地层厚度变化特征,可将盐焊接构造进一步分为初次盐焊接、二次盐焊接和三次盐焊接,边缘向斜也可分为初次边缘向斜、二次边缘向斜和三次边缘向斜(图 10-7)。

牛顿流体是指在受力后极易变形,且切应力与变形速率成正比的低黏性流体。库艾特流实际上是最简单的牛顿流体流动,是相互平行运动时,两板间黏性流体的低速稳定剪切运动,其速度剖面呈线形。如图 10-6(b)所示,当盐上层相对于盐岩层平移时,盐岩层内经历简单剪切作用。在一个岩层系中,当盐岩层作为滑脱层时,就以这种流动形式变形。库艾特流和泊肃叶流可以相互叠合,但是库艾特流不存在泊肃叶流那样的边界效应。

四、盐构造模拟研究

盐构造的研究始于 20 世纪早期,当时主要着重于研究盐丘的形成机制,并用带孔的固体板模型以及黏性/黏性模型来模拟盐构造的变形过程。

在黏性/黏性模型中,盐层和上覆层均为黏性流体,但是上覆层密度大于盐层密度,在密度倒置作用下,盐层隆升并刺穿上覆层形成盐底辟。研究认为,盐构造变形中可能存在 Rayleigh-Taylor 不稳定性流动,导致盐枕和盐株的形成。

在 20 世纪 60 年代时期,离心机(centrifuge)成为盐构造变形模拟的先进设备。同时,在这个时期,相似性比例原则(scaling)被应用于模型设计,连同 Rayleigh-Taylor 不稳定性流动等在 20 世纪 60 年代之后被广泛用于相似实验和数字模型,来说明地壳浅部盐底辟构造的侵位作用和发育过程,得到了与实际观测非常接近的模拟实验结果。

图 10-8 是一个典型的实例,是在著名的瑞士 Hans Ramberg 实验室完成的,主要是模拟再现伊朗

Dashte Kavir 巨大的蘑菇形盐底辟构造的发育过程。模拟结果显示了盐底辟构造从一个宽缓的盐穹和盐枕[图 10-8(a)],逐渐长高长大[图 10-8(b)],然后形成孤立的或蘑菇形的、穿过上覆地层的刺穿型底辟体[图 10-8(c)]。实验过程中可以暂时停止,以添加沉积物。模拟的最后,这些底辟体上升到模型表面(类似于天然盐岩出露地表)连接在一起,形成盐篷[图 10-8(d)]。这个模拟实验成功地再现了伊朗 Dashte Kavir 盐底辟构造的蘑菇形和盐篷形态(图 10-9),在这个地区,由于地层中散布很多盐岩层,导致整个地层的塑性状态,形成复杂的褶皱,而不是断裂构造。

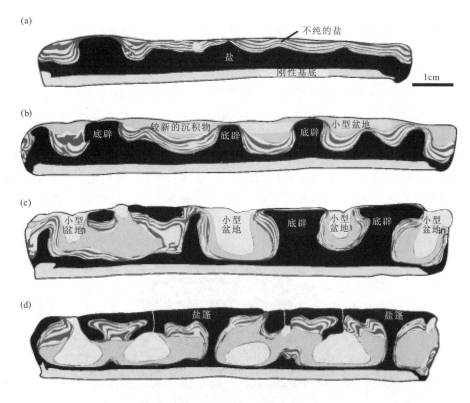

图 10-8　盐底辟构造发育过程的离心机模拟实验(据 Jackson 等,1990)

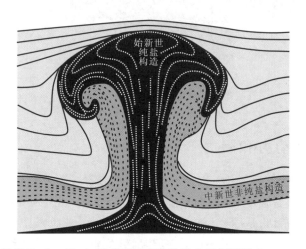

图 10-9　伊朗 Dashte Kavir 蘑菇形盐底辟构造典型剖面形态(据 Jackson 等,1990)

将盐上覆层作为流体层来进行底辟构造模拟过于简化,也不符合实际情况。对墨西哥湾地区盐构造变形的深入研究发现,上覆层的变形表现为脆性行为(Nelson 等,1989),Rayleigh-Taylor 不稳定性流动可能仅会在特殊情况下才能发生,如地表浅部上覆层本身包含很多的盐岩时,盐岩能降低岩石的有效黏度从而使其呈韧性流动特征(Weijermars,1993)。

流体没有剪切强度,而实际的岩石和沉积物具有剪切强度。重力的确是盐底辟构造的驱动力,但是要触发盐底辟构造必须要克服其顶部的剪切强度。如果上覆层是强硬的脆性岩层,如灰岩和压实的硅质碎屑沉积,密度倒置本身不足以触发底辟作用。如前所述,要产生密度倒置,需要一个比较厚的(大约2~3km)盐岩沉积,意味着盐岩上覆层通过石化作用获得了强度。实例研究和物理条件的分析表明,触发底辟作用须借助于构造应力产生的断裂作用。换句话说,一旦盐岩顶部软化或破裂了,重力就会驱动盐底辟作用。脆性断裂可以降低盐岩层顶部的强度,诱导盐岩层上升形成底辟构造。

为此,在20世纪80年代末期之后,早期使用的离心机盐构造的模拟实验被沙箱实验所代替(Vendeville,1989,2005;Riehard,1991;Jaekson等,1994,2003,2008;Gaullier等,2005;Roea等,2006;Rowan等,2003,2006)。在这种实验中,通过移动侧板就可以产生拉伸或收缩应力,底板的掀斜可以制造重力作用,同时底辟过程中的沉积作用也可以得到控制。模型的地层是硅树脂(代表盐岩层),上覆沙层(脆性)已经成功地模拟了沉积盆地中在地震剖面上识别的大量的盐底辟构造(图10-10)。沙箱物理模拟实验证实了拉张作用在诱发盐底辟发育以及拉张后期盐岩耗尽发育龟背构造等的一系列演化过程。此后,上覆层是脆性地层,其变形遵循Mohr-Coulomb破裂准则,以及上覆层的厚度到达一定限度后,盐岩无法主动刺穿上覆层等的盐构造变形机制得到广泛的认可和应用。目前,沙箱模拟实验结合高品质的地震剖面用于盐构造研究,两者相辅相成,已成为盐构造研究的主要手段。

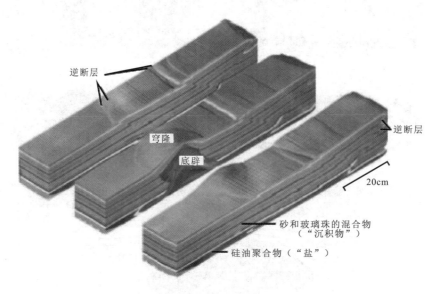

图10-10　挤压背景下盐底辟构造沙箱模拟实验(据Fossen,2010)

五、盐岩流动的驱动力和阻力

除非存在某种重力或力学异常,否则,即使密度倒置代表了重力不稳定状态,盐岩也不会流动。负载厚度和密度(有时也考虑岩石强度)的侧向变化称为差异负载(differential loading)。差异负载与盐岩层中的侧向应力变化关系密切,是导致盐流动的重要原因。由于盐岩具有类似流体的行为,差异负载会引起盐岩内部的差异压力(differential pressure),因此,差异负载作用的结果将是促使盐岩向低压区域流动。差异负载引起的盐岩流动与密度倒置无关,因此也与浮力存在根本的差异。这意味着即使是深度很浅,一旦沉积物沉积在起伏不平的盐岩顶部,差异负载作用将导致盐岩流动。

如果出现差异负载,那么盐岩将会流出最大负载区域。图10-11表示了几种差异负载产生的情况,一种情况是盐上层厚度的侧向变化、出现坡度,或者是岩性或岩石密度的侧向变化,如河流三角洲的相变化，局部夹有熔岩层等，均可以引起压力的差异，从而使得盐岩层流动[图10-11(a)]；第二种情况是掀斜作用使得盐岩和上覆层倾斜，产生了地形高差，引起盐岩流动[图10-11(b)]；第三种情形如普遍在大陆边缘所见，是上述两种情形的复合[图10-11(c)]。

大多数的盐构造与褶皱和断层作用关系密切，表明区域构造应力在盐构造的发育过程中起了重要的作用。如果盐岩体被挤压，那么盐岩层将向上流动，而水平方向缩短，类似于挤出牙膏的情形；在区域拉伸的背景下，水平拉伸和去载作用将引起盐岩层侧向扩展，垂向变薄。在这种简单的模式中，盐岩体的每一侧都控制了盐岩的流动，这种边界效应称为位移负载(displacement loading)。

因此，垂向(沉积物)和侧向(区域构造应力作用)负载均可引起盐岩的流动，与密度倒置和埋藏深度无关。

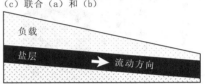

热负载作用(thermal loading)指的是热的盐岩膨胀使得浮力增大，可以加速盐岩向地表的流动。热负载也可能使盐岩内部热盐上升，冷盐下沉，从而产生热对流作用。热负载作用在大多数盐构造中不一定是一个重要的过程，但是有可能解释一些特殊的盐构造，如在伊朗Dashte Kavir盐底辟构造发现的旋卷构造(vortex structure)(图10-9)。

图10-11　差异负载导致盐岩流动的几种情形(据Fossen, 2010)

上覆层的强度和盐岩的边界牵引力是阻止盐岩流动变形的两个主要因素。沉积岩的剪切和摩擦强度随着埋深和围压的增加而呈线性增大，上覆层越厚越难发生变形。盐层的边界摩擦力会阻碍盐体流动，阻力的大小与岩石的粒度以及差异应力有关。此外，盐岩的厚度也是重要的影响因素，盐层厚时，边界摩擦力小，易于流动；反之，盐岩难以发生流动变形。

六、盐底辟周缘构造

在盐岩运动期间，盐岩和围岩之间的边界摩擦力可以在盐底辟翼部产生拖曳褶皱(drag fold)。这种褶皱多形成在围岩未固结状态，因为绝大多数情况下，盐岩要比围岩软弱得多，因而不存在拖曳褶皱发育的前提条件。

然而，在盐构造周缘地层的旋转褶皱(rotation folding)作用普遍存在，除了边界摩擦力之外的另一个成因解释是差异压实作用(differential compaction)。当与盐岩相邻的硅质碎屑沉积物被压实时，由于盐岩的不可压缩性，会使得上覆层具有向下运动的趋势，形成一个宽的拖曳带。

拖曳带的波及范围和变形特征与上覆层的物性密切相关。均质坚硬的上覆层形成宽缓的弱拖曳带，上覆层作为一个整体发生变形，且越靠近底辟边界微裂缝越发育；盐底辟过程中，底辟周缘沉积的软弱页岩、粉砂岩等埋藏浅且未固结的沉积可形成窄条的拖曳带。如果砂岩、灰岩等岩石含有页岩、泥岩等软弱夹层时，靠近底辟翼部还易发生层间滑脱和拉张断层。

另一种情况是，盐岩强制性侵入围岩时，翼部岩层将被迫向上推起[图10-12(a)]。此外，盐撤离过程也可以形成围岩的褶皱作用，当盐进入底辟体时，源盐层变薄，上覆层局部沉降，在盐构造周缘形成边缘向斜(rim syncline)和小型盆地(minibasin)。盐撤离机制往往与差异压实机制一起共同形成底辟体翼部的小型盆地，表现为向下沉降和褶皱的幅度逐渐增大。

还有一种更复杂的褶皱构造发生在快速沉积，浅部底辟体生长期间。如图10-13所示，当底辟顶部和周缘被薄的沉积物覆盖时，由于沉积物压实和底辟体上升，表面的起伏增大。到一定的差异高度，陡倾翼在重力作用下将会破裂，盐岩穿出地表暴露。同时，沿底辟周缘的地层会进一步变陡，甚至倒转，直至被新的沉积物再次覆盖。这种过程会随着幕式底辟不断重复发生，从而形成盐构造附近被一系列不整合面分隔的所谓的"盐运动旋回"(halokinetic cycles)叠置。

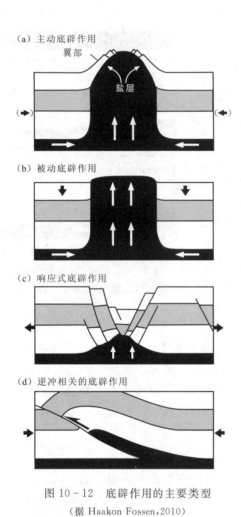

图 10-12 底辟作用的主要类型
(据 Haakon Fossen,2010)

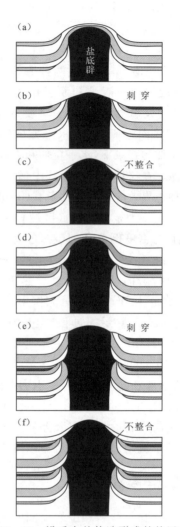

图 10-13 沿垂向盐构造形成的盐运动序列
(据 Rowan 等,2003)

盐岩底辟出露地表之前,其上覆一般会发育一个宽缓的穹状隆起(图 10-14)。这种穹窿构造与差异压实和底辟生长有关,由于盐运动期间,岩层的弯曲和伸展,其顶部断裂普遍发育。极少数情况下在底辟边缘可能发育逆断层,这是由于盐岩顶层被盐岩底辟上升强力推起所致。某些理想的情况下,盐构造之上的断裂反映盐构造的平面形态,如环形底辟发育环形和放射状断裂,而椭圆形和岩墙之上的断裂更多表现为线性展布。区域构造应力和先存构造也可以影响盐构造之上的构造样式。许多情况下,盐构造顶部的环形断裂与盐核的崩塌有关,而放射状断裂则是下伏盐岩的膨胀作用的结果。

由于向相邻的围岩靠近,盐岩的流动速度逐渐减小,因此,盐岩内部存在比较大的应变梯度。盐源层内部的流动比较简单,但是盐构造内部则更为复杂,盐矿和暴露的盐穹中常常可以观察到盐岩内部的非线形流动变形所产生的复杂的构造形态。

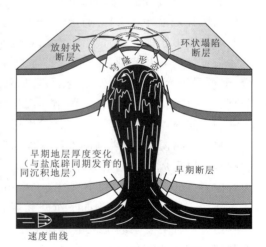

图 10-14 与盐穹伴生的构造类型
(据 Haakon Fossen,2010)

七、盐底辟作用机制和发育的区域构造背景

(一)盐底辟构造的成因类型

一旦盐岩层开始上升时,它将生长成具有一定形态的底辟体,而底辟体的形态则取决于沉积速率或剥蚀速率、构造应力场、上覆层的强度、重力负载、盐岩的温度和厚度以及盐岩层的分布范围和体积量的大小等。在经典的底辟作用模式中,通过差异负载、热负载和位移负载作用,底辟体向上强力开辟通道并刺穿上覆地层。在这样一种主动底辟作用(active diapirism)过程中,顶部的岩层被向外推开,沿着盐壁的上部大幅度旋转[图10-12(a)]。如前所述,与重力反转有关的浮力一般不足以驱动主动底辟作用,只有当底辟作用被触发,底辟的格局建立起来,且上覆层变薄了之后,浮力才可能起作用,驱动底辟体生长。

被动底辟作用(passive diapirism)用于描述暴露或非常浅的底辟体,而且在这种底辟构造中底辟体的上升速率与沉积速率基本同步[图10-12(b)]。这类底辟构造开始是由其他的机制所触发的,一旦开始活动,周缘沉积物就会由于压实作用而下沉,并且由于盐流动进入到底辟构造使得盐源层变薄,这会使得周缘沉积物进一步下沉,在盐底辟周缘产生小型盆地,同时又被新的沉积物加积充填。这一不断重复的过程有时也称为"下沉建造作用"(downbuilding)。如果这一过程长期持续,而盐岩层也足够厚的话,就可以形成比较高的盐底辟体。

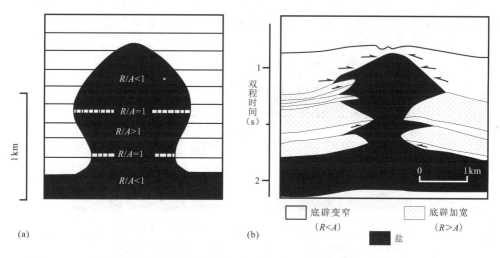

图10-15 底辟隆升速率(R)与沉积物加积速率(A)对底辟形态的控制(据Warren,2006)
(a)概念模式;(b)北海底辟构造实例

被动底辟的形态受底辟的净隆升速率(底辟的净隆升=盐岩的隆升高度-因溶解而减小的盐岩高度)与沉积物的加积速率控制。当底辟净隆升速率(R)等于沉积物加积速率(A)时,盐岩与沉积物的接触边界基本直立,底辟宽度基本不变[图10-12(b);图10-15];当底辟净隆升速率小于沉积物加积速率($R<A$)时,沉积物上超在盐岩之上,底辟变窄(图10-15);当底辟净隆升速率大于沉积物加积速率($R>A$)时,盐岩隆升超覆于上覆层之上,底辟变宽(图10-15)。当沉积物的加积速率和盐岩的溶解速率远远小于底辟的上升速率时,盐岩会发生扩展形成盐席,盐席的形状由母盐的供给速率和盐席所处的构造背景决定。盐源层的消耗可以降低或停止盐岩的运动,导致底辟体被沉积物埋藏。

前文已经讲到,对于大多数盐构造的发育来说,盐底辟顶盖层的断裂作用是必须的,这样可以使得顶盖层的强度减弱。一般情况下,这类断裂作用的应变是比较小的,但是在一些情况下,盐上覆层将受到比较大的区域断裂构造作用,盐岩将充填进入断层位移产生的空间[图10-12(c)]。这种情况下,盐

底辟上升实际是对区域构造应变(通常是伸展作用)的响应,因而,这类底辟过程称为响应式底辟作用(reactive diapirism)。实验研究表明,一旦区域变形作用停止,那么响应式底辟作用也会停止活动,显示出二者之间的密切关系。收缩变形也可以驱动底辟作用,因为盐岩可以沿逆冲带侵位到逆冲断层上盘的负载层中[图10-12(d)]。

从上所述,盐底辟作用有3种主要的类型,即由负载作用所驱动的主动底辟作用;由底辟体隆升和沉积物在底辟体周缘的下沉加积之间的相互作用所控制的被动底辟作用;响应区域构造应变的响应式底辟作用。这3种类型是盐底辟作用的端元组分,实际的底辟作用大多是包含有上述两种或所有端元组分的复合。

(二)盐底辟发育的地质构造背景

1. 区域伸展构造背景中的盐底辟作用

许多盐沉积在大陆伸展盆地和被动大陆边缘盆地中,这些地区都经历了长期不断的拉伸作用。盐岩层受到了区域伸展构造的影响,即使一些盐构造受到后期挤压构造的改造,但是其发育演化过程往往是由区域拉伸作用触发的。

模拟实验表明,伸展断裂作用可以降低盐上覆层的强度,引发响应式底辟作用。当伸展作用进行时,盐岩层上升充填到上覆层中的地堑构造底部,可以形成典型的三角形盐底辟体[图10-16(a)]。在这一阶段,尽管盐的上升侵位可以使得盆地的深度减小,但是在盐上层中地堑的顶部发育了一个小型盆地。图10-16(a)的地堑是对称的,但也可以是单侧发育主断层的不对称半地堑,这时在主断层的下盘中,会发育不对称的三角形盐底辟,即盐滚构造,盐滚的持续发育会使得下盘的盐岩加厚。

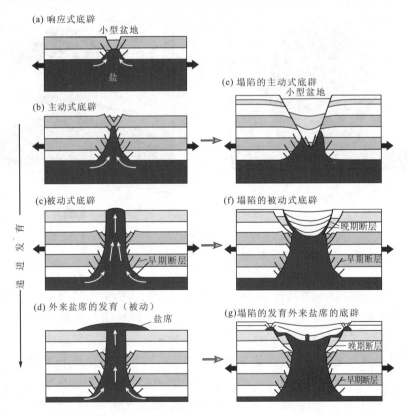

图10-16 盐构造完整而理想化的演化过程(据Hudec等,2007;Haakon Fossen,2010)

在伸展断裂区域,当盐岩上覆层变得足够薄,并由于强烈断裂作用,上覆层的强度降低到一定程度时,盐可能会停止运动。之后,如果上覆层的平均密度大于盐岩的密度,盐岩将借助浮力作用主动上升,盐构造的演化进入主动底辟作用阶段[图10-16(b)]。在这个阶段,盐岩和围岩之间的密度差以及盐底辟体周缘压实的沉积物的净重量会挤压盐源层的盐岩流入盐底辟体。因此,负载即可驱动底辟作用,而不像响应式阶段的底辟作用那样需要区域应力作用来驱动。这一演化阶段中,上覆顶盖层会穹状隆升和伸展,导致盐底辟体上部岩层变陡。

如果盐源层很厚,盐岩将会上升到地表,以被动底辟作用的方式活动[图10-16(c)]。可见,在盐岩上升期间可以经历响应式、主动式和被动式底辟作用的演化过程,最后,盐岩流动到地表形成外来盐席[图10-16(d)],停止流动,结束盐构造的发育演化过程。保存在盐壁深部的断裂[图10-16(c)、(d)]揭示了盐构造早期的伸展历史。

盐构造可以经历上述所有4个阶段[图10-16(a)~(d)],也可以在上述过程的任何阶段停止活动,甚至如同图10-16右边一栏图所示的在某个阶段之后发生崩塌作用。天然盐构造实际的演化过程取决于伸展速率、沉积速率、盐岩温度和盐岩量之间的平衡。伸展作用期间,盐岩的宽度增加,因此必须有更多的盐岩流动进入盐构造,以维持盐构造的生长。

如果在伸展作用期间,盐构造加宽速度太快,那么盐构造可能会崩塌。显然,如果盐源层被消耗殆尽,盐焊接构造发育,这时,不管伸展速率快慢,持续伸展将导致盐构造崩塌。伸展和崩塌的历史,就是盐构造上升和下降的历史,是普遍发生的。在实验室中,伸展速率和沉积速率能够有效控制,可以不断再现上述过程。

2. 区域挤压构造背景中的盐底辟作用

在区域挤压作用下盐上层被挤压缩短,发生褶皱弯曲,在背斜的脊部形成一个低压的、盐岩层可以流入的空间。盐岩层以这种变形方式调节盐上层的缩短作用,并常常形成一个长的盐背斜,而且,如果这个过程是同沉积进行的,可以导致沉积厚度的极大变化,向背斜的脊部同沉积层变薄或者尖灭。

盐背斜中上覆层没有破裂,是完整的。在挤压作用下,逆断层的发育可以导致刺穿盐顶盖层的底辟作用,正如图10-12(d)所示的那样。挤压作用背景下盐构造很不对称,可以完全不同于上述讨论的伸展背景下盐构造的典型形态。

挤压构造背景下,褶皱弯曲和逆冲断层是触发盐底辟作用的一种方式,挤压地区的大多数规模巨大的盐构造可能开始是在伸展作用期间发育的,之后在挤压作用期间再次活动或改造。重要的是要认识到已经形成的盐底辟构造在挤压作用下是易于变形的软弱区域,挤压作用会使得盐构造进一步收缩变窄,或者是向上或侧向挤出,形成一些特征性的挤压盐构造。

(1)泪珠状底辟(tear drop diapirs):已经形成的盐构造挤压收缩将会导致泪珠状盐构造的发育。如图10-17、图10-18,挤压作用可使得沙漏状的被动底辟两翼中下部逐渐靠拢形成盐焊接,母盐被挤出孤立,上覆新的沉积地层沉积在被挤出的盐底辟周缘,并在持续的挤压变形中形成泪珠状底辟。下根部的盐岩层称为"支架"(pedestal)。泪珠状盐构造是挤压作用区最普遍的盐构造类型之一。如果盐焊接面产状是倾斜的,在持续的挤压作用中,焊接面可以转变为逆断层,不过其上下盘不代表真正意义上的断层上下盘。泪珠状底辟最终的形态和相关的构造取决于先存构造的几何特征和沉积速率。

(2)盐席(salt sheet):一些情况下,盐岩可以上升到陆表或海底,并且被不断地挤压溢出地表形成盐席。一般要定义为盐席,其宽度至少

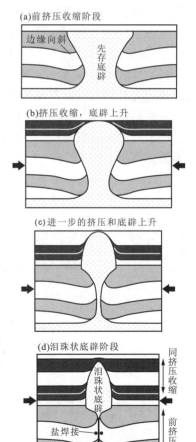

图10-17 沙漏型底辟体在挤压作用下转变成泪珠状底辟体

(据Hudec等,2007)

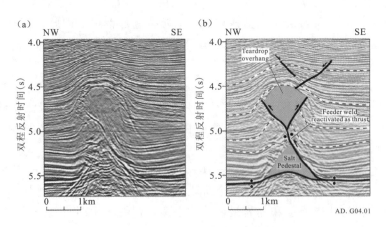

图 10-18　加蓬下刚果盆地盐底辟构造（据 Hudec 等，2007）

要达到其厚度的 5 倍以上。盐席的发育可以不是挤压作用的结果，正如图 10-16(d)所示，沉积速率小于盐底辟的上升速率，盐岩会流出地表形成盐席。但是在收缩"挤出"背景下，盐岩更容易到达并覆盖地表或海底，盐席发育得更好。

在地表或地层之间侧向流动的盐称为外来体（allochthonous），这是因为它位于更年轻的、地层层位上更高的岩石或沉积层之上，与外来逆冲推覆体类似。因此，盐席也称为盐推覆体（salt nappe）。

图 10-19 表示在挤压作用下，一个早期为被动底辟发展为挤压盐席的过程。被动底辟受挤压作用后盐岩就被挤出地表形成盐席[图10-19(b)]，盐席持续发育直至上覆层沉积速率大于盐的上涌速率[图10-19(c)]。之后，继续的挤压作用会使得底辟两翼形成断层焊接，盐席之上新地层还可能因盐岩被挤压隆升而发育拉张断层[图10-19(d)]。不同盐底辟演化而成的盐焊接和断层焊接形态各异。

在挤压变形过程中，由于发生构造缩短，上覆层和盐岩的厚度都会增厚，上覆层的强度会大大增加，阻碍盐岩刺穿上覆地层。一般说来，除非受到后期剥蚀影响，否则，挤压作用不会形成新的底辟，而是加速盐体挤出母盐。

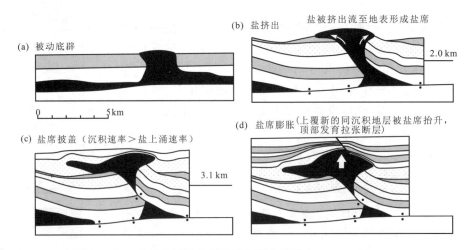

图 10-19　挤压背景下盐席的发育演化过程（据 Jackson 等，2008）

3. 走滑构造背景下的盐底辟作用

一般在走滑断层的局部拉伸区，如释压弯曲部位和拉分盆地区，由于伸展断裂作用，上覆层强度降低，易于发育响应式底辟构造。如果伸展速率很大，盐岩供给不足的话，盐构造也可以发生崩塌作用。

在走滑断层的局部挤压区,盐岩层可以作为滑脱层,是逆冲断层易于发育的位置。

4. 盐岩的滑脱拆离作用

盐岩最重要的作用之一是无论是挤压构造中还是伸展构造中都可以作为力学上的软弱层。厚的盐岩层存在时发育盐底辟构造,但是,对于几米厚度,甚至更薄的盐岩层,只要其分布范围广,就可以在构造变形中成为应变集中的滑脱层。

盐岩层可以导致上覆层和盐下层的解耦作用(decoupling),表现为上覆层的变形样式不同于盐下层的构造变形样式。在造山带中,盐滑脱带可以分隔开强烈变形的褶皱冲断带与下伏基本未变形的基底,易于形成薄皮式前陆冲断带(图10-20)。盐岩层的应变集中避免了上覆岩层的进一步变形,使得推覆体可以运移数十至数百千米,造山楔可以进一步变宽变长。

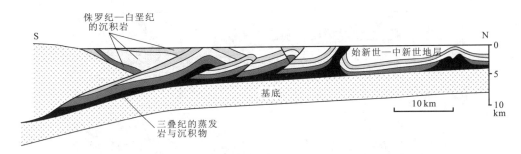

图10-20 比利牛斯造山带中的薄皮构造(据Hayward等,1989)

在被动大陆边缘,大陆斜坡上坡的上覆层由于受到重力滑脱和重力扩展作用处于伸展应力背景,发育拉张断层。这些正断层在向斜坡下坡传播的过程中,随着盐岩在斜坡坡脚处尖灭,构造变形无法继续向深海传播,因此在大陆斜坡的坡脚发育挤压盐构造来吸收上坡的拉张断距(图10-21)。在被动边缘的上部,强烈的伸展可以使得盐上层内的断块拉开,断块完全分离开的部位,形成所谓的盐筏(salt raft)构造。在被动边缘的下部挤压构造区,滑脱褶皱、挤出盐构造等均可发育。盐席也是挤压区的常见构造,如果有足够的盐岩,还可以发育盐篷构造。

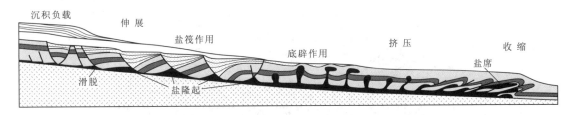

图10-21 被动大陆边缘的盐滑脱构造(据Haakon Fossen,2010)

第二节 反转构造

一、反转构造的概念

构造反转(structural inversion)指的是变形作用的反转,如原来的构造低地后期发生了上隆,早期的正断层晚期又以逆断层方式重新活动等。构造反转有两种基本类型:正构造反转(positive structural inversion)和负构造反转(negative structural inversion)。前者指早期沉降,发生正断层,晚期上隆,转变为逆断层,形成正反转构造;而后者的情况则恰恰相反,形成负反转构造。对油气勘探工作来讲,正反转构造的石油地质条件优于后者。对负反转构造现象过去重视不够,研究得也很不深入,近期的研究发现,这种构造实际上也是非常普遍的。在渤海湾盆地济阳坳陷的研究表明,许多第三纪伸展盆地的边界断层是在中生代末期挤压逆冲断层的活动基础上形成。下面只着重讨论正反转构造。

在同生断裂发育区,如半地堑(箕状断陷)裂陷盆地中,随着断裂的发育,在断层下降盘将会堆积很厚的地层,如果该地区后来又遭受了挤压或压扭应力,将会上升、隆起,从而使正向构造(背斜)直接覆盖在构造凹陷上,如图10-22所示。同时,控制凹陷的边界断层,在浅层也常常转化为逆断层。反转构造可以出现在相当不同的构造环境中,油气工业勘探比较注重盆地尺度范围内的反转,这是因为构造反转形成的背斜隆起直接覆盖在可能具有生油能力的深凹陷之上,之间以断裂相通,对油气聚集非常有利。我国大庆油田著名的大庆长垣构造实际上就是一种典型的正反转构造(图10-23)。在极端的情形下,反转也可以引起山脉,如比利牛斯山脉的形成。

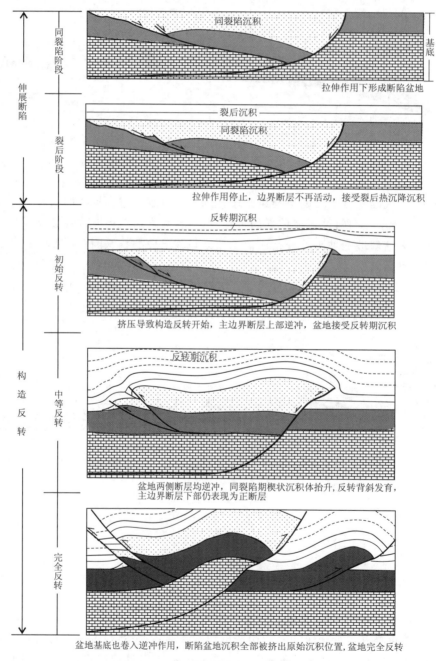

图10-22 半地堑的构造反转及演化过程

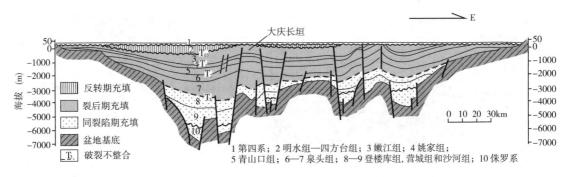

图 10-23 松辽盆地构造剖面图（资源来源于大庆石油管理局）

二、反转构造样式

伸展构造体系中由于反转作用而形成的冲断层与褶皱，在几何形态和发育序列等方面与前陆薄皮褶皱-冲断层带不同，并表现出更为复杂的几何学形态，主要受先存的伸展断层几何形态控制。McClay（1989）比较系统地总结了以下几种反转构造样式（图 10-24）。

(一)铲式正断层反转

铲式正断层控制的伸展作用常在断层的上盘出现滚动背斜，背斜顶部多发育塌陷式小型地堑。当发生构造反转，即随着区域应力场由拉伸转化为压缩时，断陷盆地将出现以下的反转构造演化序列：①伸展主断层发生倾向反转，形成鱼叉式构造（harpoon structure），该处同裂谷期沉积楔抬升，断层上部具有冲断层位移，下部仍为正断层；②主断层下盘发育截切式断层（short cut fault）；③滚动背斜顶部塌陷地堑发生再活动，向上冲起，可产生假花状构造；④在主断层上盘发育与主断层倾向相反的反冲断层（back thrust）；⑤同反转（syn-inversion）层序中在主断层下盘沉积较厚，而在上盘变薄并形成断坡背斜（ramp-anticline）及断展生长褶皱（fault-propagation growth fold）。

(二)断坡-断坪式正断层反转

断坡-断坪式正断层的几何形态与铲式正断层的几何形态类似。在断坡-断坪式正断层上部的铲式断面上发育有滚动背斜，并伴有顶部塌陷小地堑。同样在坡坪式断层下部也发育有滚动背斜和上叠的地堑构造，在两者之间可以发育与断坡对应的上盘向斜。反转作用的结果与铲式正断层反转模式相似，但在反转的盆地边界断层与其上盘发育的反冲断层呈共轭产出，其间可以发育宽而广的突起构造（pop up structure）。

(三)多米诺式正断层

在伸展构造体系中常出现一系列多米诺式断层，并构成半地堑，其间被同裂陷期沉积楔所充填。伸展转化为挤压的过程促使多米诺式正断层做向上逆冲滑移，并在其下盘发育了截切式断层。在断层上段，后裂陷期层序和同裂陷期上部层序处于纯压状态；而断层下段层序则处于纯张状态，同时形成典型的鱼叉构造。

三、构造反转强度和反转率的测定

不同盆地的反转程度有很大的变化，有的盆地仅表现为先前盆地基底的掀斜作用，或先前盆地充填地层的局部变形和挤出[图 10-25(b)]。当整个盆地的充填全部被推挤出其原始位置时，盆地实际发生了强烈的反转。盆地边缘断层可以转变为逆掩断层，将盆地边缘的沉积推移到先前盆地的中央[图

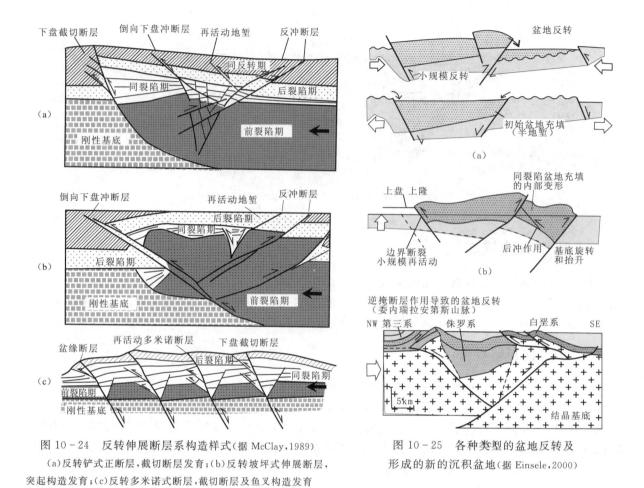

图 10-24 反转伸展断层系构造样式(据 McClay,1989)
(a)反转铲式正断层,截切断层发育;(b)反转坡坪式伸展断层,突起构造发育;(c)反转多米诺式断层,截切断层及鱼叉构造发育

图 10-25 各种类型的盆地反转及形成的新的沉积盆地(据 Einsele,2000)

10-25(c)],我国东北的第三纪伊舒地堑和密山-抚顺盆地均发育有这种强烈反转的构造。盆地的反转造成了新的地形起伏和剥蚀,因而也可形成与先前盆地相邻的新的构造凹陷和充填[图 10-25(a)、(c)]。

盆地的反转程度可以定量表述。同裂陷期层序中零点位置可用来确定剖面中的收缩量与拉张量。收缩与拉张位移之比即为反转率(R_i)。在平行于断面的方向上测量同裂陷期层序上盘的厚度及零点在其中的位置,可以计算出反转率(图 10-26)。

$$R_i = \frac{d_c}{d_h} \quad (Ⅰ)$$

式中:d_h 为平行于断面的同裂陷期层序的厚度;d_c 为同裂陷期层序中处于挤压状态的地层厚度(零点之上)。我们可将其改写为:

$$R_i = 1 - \frac{d_e}{d_h} \quad (Ⅱ)$$

图 10-26 方程(Ⅰ)和方程(Ⅱ)中计算反转率所用的参数

式中:d_e 为零点之下平行于断面的同裂陷期的厚度。

从方程(Ⅰ)和方程(Ⅱ)可以看出,若零点位于同裂陷期层序的顶上,则 $R_i=0$($d_c=0$ 且 $d_e=d_h$),就是说没有发生挤压反转。若零点位于同裂陷期层序的底面上,则 $R_i=1$($d_c=d_h$ 且 $d_e=0$)。同裂陷期层序全部发生反转,同裂陷前层序的所有标志层均被抬升到其变形前的区域高程上。

第十一章 沉积盆地构造分析技术和方法

盆地的构造作用是控制盆地形成、演化的重要因素,对盆地的沉降、沉积及沉积矿产和油气分布具有重要的控制作用。因此,盆地构造分析无疑是沉积盆地研究中的主要内容之一,同时也是地质构造研究的重要组成部分。近年来,随着科学技术的进步和认识水平的提高,国内外学者及科研人员以活动论和动态平衡的观点来认识沉积盆地的形成与演化过程,进行盆地的分类和构造样式的研究,揭示构造与油气的关系,丰富和完善了沉积盆地构造分析的理论、技术和方法,并使得盆地构造分析逐渐由定性研究向半定量、定量的方向发展。

第一节 盆地构造制图技术

盆地构造分析工作中图件的编绘是进行构造分析的必要手段。编图的目的主要是恢复和了解盆地的范围和形态,确定盆地坳陷的幅度和方向,查明盆地内部低级别的同生构造(如同沉积背斜、向斜和同生断裂等),分析盆地类型及形成机制,弄清盆地古构造与周围区域构造背景的关系,分析古构造对盆地沉积的控制作用等(李思田等,2004)。

盆地构造学研究的主要图件一般包括:构造纲要图、(古)构造剖面图、构造格架图、界面构造图、构造-沉积充填模式图、构造-岩相分区图、构造等高线图、构造高程趋势面图及残差图、盆地基底构造图、盆地基底等高线图、构造演化剖面图等。下面简要介绍几种常用图件的编制方法。

一、盆地构造剖面图的编制

盆地构造剖面图是在盆地范围内的地震剖面的构造-地层综合解释的基础上,所编制的可以反映盆地基底的构造形态和性质,包括基底的隆起、坳陷、基底断裂、同沉积断裂及后期主要断裂的性质和形态等构造信息的构造图件。构造剖面图的编制是进行盆地构造解释和分析的基础。通过构造剖面图的编制不仅可以使我们了解一个盆地总的构造变形特征、盆地的结构及构造组合样式,同时也是进行盆地的形成演化分析、构造对沉积和盆地流体的控制作用分析的重要基础。很多关于盆地构造的半定量、定量分析工作,例如断层的活动性分析、沉降史分析和盆地的构造演化史分析等,都是在此基础上完成的。

编制盆地构造剖面图的方法要点如下。

(1)构造剖面一般选取穿过整个盆地的倾向地震剖面,这样可以反映出控制盆地形成和演化的构造特征。

(2)编图所依据的资料主要包括地质和地球物理资料,特别是深钻孔和地震时间剖面等资料,同时辅以反映盆地深部构造的重、磁、电资料。

(3)编图过程中,地震剖面的构造-地层综合解释是关键,要做好这一步,首先要以钻孔资料的解释为基础,进行地层的划分和沉积间断面的识别。然后,在地震剖面上,通过盆地构造形迹的识别,进行基底断裂、同沉积断裂和后期主要断裂的组合和分期配套,并通过井-震结合以及地震反射界面的追踪、闭合,确定盆地充填序列中的主要地层界面。

(4)构造剖面图应该尽可能反映基底的隆起、坳陷、基底断裂、同沉积断裂和后期主要断裂的性质和形态。同时,还要考虑盆地充填序列中各地层单元与基底的接触关系,各地层单元的厚度变化、相互关系及组合形态。

(5)为了突出反映构造剖面图上的构造格架和地层格架的基本特征,通常适当放大垂直比例尺加以表现。

图 11-1 为东营凹陷 NS 向地震测线构造-地层解释剖面图。盆地的总体形态表现为受同沉积断裂控制的北断南超的半地堑断陷,具断陷(孔店组—东营组)—坳陷(馆陶组—第四系)双层结构。同沉积断层的长期活动对断陷内地层的沉积具有明显的控制作用。

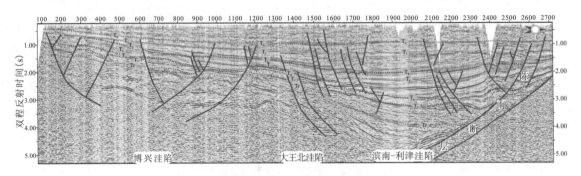

图 11-1　东营凹陷 NS 向地震测线构造-地层解释剖面图

图 11-2 为穿过塔里木盆地巴楚隆起的 NS 向的构造-地层剖面图。可以看出巴楚隆起的构造性质以挤压逆冲和推覆作用为主,构成了一两侧受边界断裂控制、内部被断层复杂化的冲起型高隆起,"背冲式"断裂组合是巴楚隆起最主要的断裂组合样式。由于经历了多期构造活动,造成了隆起上部分地层的缺失,其上部地层从两侧向隆起逐渐超覆。

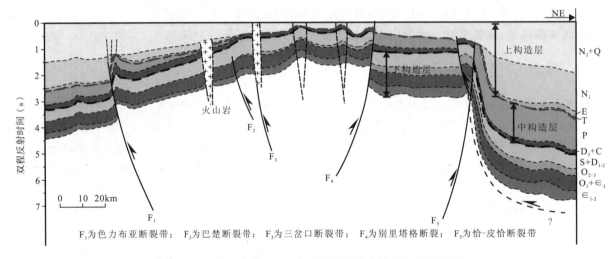

F_1为色力布亚断裂带;　F_2为巴楚断裂带;　F_3为三岔口断裂带;　F_4为别里塔格断裂;　F_5为恰-皮恰断裂带

图 11-2　塔里木盆地 NS 向地震测线构造地层解释剖面图

二、界面构造图的编制

界面构造图是一种以地震资料为依据作出的平面或立体图件,它用等值线(等深线或等时线)以及一些符号(断层、超覆、尖灭等)直观地表示出某一地层现今的基本构造形态,特别是褶皱形态及主要断裂的位置和展布方向。界面构造图是地震勘探工作中最重要的成果图件,包含了丰富的地质信息,可以作为钻井提供井位的主要参考资料,同时也是进行盆地构造分析必不可少的图件之一。

一般来说,在地震资料解释工作中通常使用两种剖面:以时间(s)表示深度的剖面称为时间剖面,以米表示深度的剖面称为深度剖面。用时间剖面作出的构造图称为等时间构造图,也叫做等 t_0 构造图;用深度剖面作出的构造图称为等深度构造图。等 t_0 构造图可由时间剖面的数据直接绘制出,在地质构造比较简单的情况下,可以反映构造的基本形态,其偏移也小。当地下地质构造相对复杂时,时间构造图上反映的构造形态与真实的构造形态差别较大。等深度构造图反映了地下构造的形态,但其精度取决于时深转换过程中速度的准确度及地震剖面的质量。

选择界面构造图层位的主要原则如下。

(1)能严格控制含油气地层的地质构造特征的层位。进行油气勘探是我们地震勘探的目的,所以编制构造图就应以选择这样的目的层为目标。

(2)所选的地质层位应能代表某一地质时代的主要地质构造特征。

(3)能在全区连续追踪且反射特征明显的标准层。

不管用哪一种剖面编制界面构造图,其基本步骤是一样的,即包括绘制工区平面位置图、取数据、断裂系统的平面组合、勾绘等值线等几大步骤。

绘制工区平面位置图:包括图名、工区经纬度、每条测线的线号、起止桩号、主要地名、地物、已钻井位、比例尺及图例等。

标注数据和特殊现象:将对比解释好的地震剖面按一定的距离间隔,依次读取作图层位的深度数据,并标注在平面图对应的位置上,同时剖面上反映的特殊地质现象,如断点、地层不整合点及尖灭点等也要标注在对应的位置上。按此方法,将工区内所有的剖面都这样标注。

组合特殊地质现象和勾绘等值线:在勾绘等值线之前,先将断点、不整合点等特殊地质现象根据它们的变化特点在平面图上组合好、连接好。等值线的勾绘就是将标注在平面图上的深度数据相同的数值按一定间隔连成一根一根的或一圈一圈的比较圆滑的曲线。勾绘以后还要认真检查平面上的形态变化与剖面上反映的现象是否合理一致,是否符合地质变化规律。

通过上述三步工作,构造图就基本制作完了。过去制作界面构造图是手工完成的,20 世纪 80 年代出现了工作站解释系统以后,可以在全区地震测线的精细构造-地层综合解释的基础上,由计算机直接绘制二维、三维界面构造图,后期由解释人员根据实际地质情况对构造图进行修正。

界面构造图的解释就是把平面构造图上的断层的性质、产状,等值线展布,高、低点位置,构造类型及其他地质现象等描述成实际的地质术语的过程。在进行构造图的解释过程中,要注意以下几点:① 单斜构造表现为一系列近于平行的等值线;② 构造等值线不连续的地方是断层的反映;③ 从构造等值线间的关系和断层两盘的断距等可以判断断层的性质,上下盘断层线间出现空白的为正断层,出现等值线重叠的为逆断层;④ 由落差和断距可以得出断层面的倾角;⑤ 构造图上如出现两组以上不同方向的断层时,可以根据断层的切割关系判断断层形成的先后次序,继而探讨构造发育史,从切割的关系来看,被切割的断层为老断层,受较大断层控制的小断层往往为晚期新断层。

依前述方法,在对研究区的二维和三维地震测线进行全区的精细构造-地层解释和闭合的基础上,编制了渤海湾盆地歧口凹陷 Es_3 底界面构造图(图 11-3)。从图上我们可以看出,在 Es_3 沉积时期,盆地以 NE 向、近东西向断层的强烈活动为特征,发育了一系列沿 NE 向展布的地堑、半地堑,同生断层的活动对盆地的沉降、沉积和隆坳构造格局具有明显的控制作用。

三、盆地构造格架图的编制

构造格架(structural framework)是指盆地演化过程中起控制作用的主要构造所构成的系统。盆地的构造格架的研究在盆地构造分析中具有重要的意义。要了解一个盆地的构造特征应首先识别盆地的构造格架,不仅要研究现今的盆地构造格架,更重要的是研究盆地形成演化过程中不同时期的古构造格架。在裂谷和断陷类盆地中,最重要的是对盆地形成演化起重要作用的主干断裂系统的分析,这些断裂具有同生性并将盆地划分出一系列断隆带和断陷带,构成了盆地的构造格架。在此基础上还可以划分出凸起和洼陷等次一级的构造单元。

盆地构造格架图的编制方法与界面构造图类似,所不同的是,构造格架图要反映出盆地不同时期的

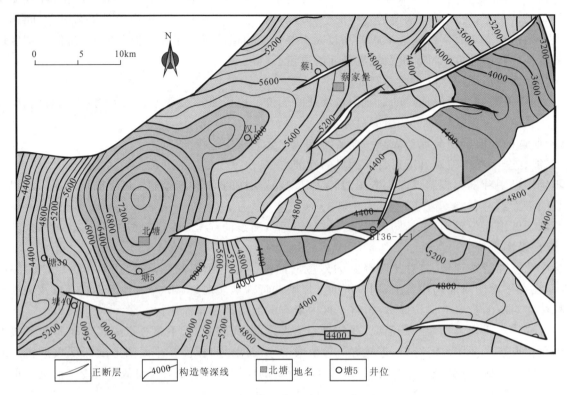

图 11-3 北塘凹陷 Es_3 底界面构造图

构造活动特征,以及构造对盆地沉降和沉积的控制。因此,要编制构造格架图,首先要综合区域地质和地球物理资料,对研究区的构造背景有一个整体的了解。在此基础上,还要结合盆地的构造演化史和沉降史以及断层活动性的分析,确定不同地质时期盆地内的活动构造以及盆地沉积和沉降中心的分布,查明边界控盆或控凹断层的活动性以及盆内断层的发育情况,将这些信息反映在平面图上,并以此来确定不同时期的盆地的构造变形特征和隆坳格局的展布规律。

从黄骅坳陷中北区古近纪沉积时期构造格架图(图 11-4)上可以看出,早期(Es_3沉积期)断层的展布以 NE 向为主,显示盆地当时的构造应力场以 NW 向的伸展作用为主;从 Es_1 沉积期开始,盆地的伸展方向由 NW 向转变为近 NS 向,在此过程中,沿岸基底走滑断裂带也开始强烈活动,盆地的沉降中心也由陆地向海域迁移,使得歧口凹陷海域成为盆地沉降最深的地区。

第二节　构造活动性定量分析技术

目前进行构造活动性定量分析的方法主要有:断层生长指数、断层古落差、断层活动速率、位移-距离法,以及断层相关褶皱的生长地层分析等。通过这些方法,可以反映活动性构造的运动学特征,判断构造拉张或挤压的时间、期次及速率等。

一、断层生长指数法

自从 Thorsen 于 1963 年提出断层生长指数以来,生长指数在国内外,尤其是在我国含油气盆地同生断层的研究中得到了较为广泛的应用。通过对同生断层生长指数进行分析,可以定量分析生长断层的相对活动强度和活动历史。

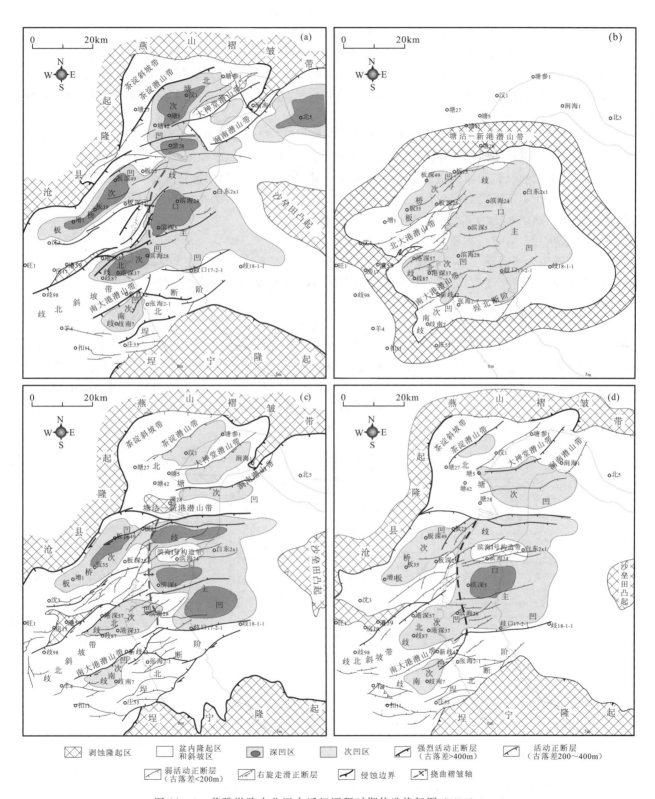

图 11-4 黄骅坳陷中北区古近纪沉积时期构造格架图（据祁鹏，2009）

(a)Es_3沉积时期；(b)Es_2沉积时期；(c)Es_1沉积时期；(d)Ed沉积时期

(一)前提或假设条件

应用生长指数反映断层活动强度有以下前提和假定条件。

(1)假定在断裂活动期间,沉积及时,补偿完全,凹陷内不同部位的沉积速率一致,否则沉积厚度不能代表断裂的沉降幅度。但是,实际上沉积补偿原理不是在任何地区、任何层位都适用,它受到沉降速度、物源区的剥蚀速度以及搬运距离等很多因素的影响。因此,在确定上、下盘对比单位时大小要适当,不能过小。

(2)断层上下盘没有较大的沉积间断。在同生断层发育过程中,可能发生短暂的局部抬升或沉积速率超过沉降速率,沉积表明高出侵蚀基准面,从而发生水下剥蚀,使地层厚度减小。因此,在进行地层对比时,区分开断层和沉积间断造成的地层缺失非常重要,对于一些小型的沉积间断只能忽略不计。

(3)准确对比上下盘的地层单位来计算生长指数的地层单位。因为生长指数应用正确与否及其精确程度,取决于地层对比的可靠程度和上、下盘地层的保存条件。

(4)生长指数没有将沉积压实因素考虑进去。

只有当凹陷内不同部位的沉积速率一致时,才能用生长指数对比断层之间活动的相对强弱;只有各时代的沉积速率保持不变时,才能用生长指数确定断层在时间演化上的强度变化。

(二)生长指数的定义

断层两侧同一地层单元的上盘厚度与下盘厚度的比值,称为断层生长指数(growth index,缩写为GI)。在断层生长指数图上比较不同时代断层生长指数的大小,可以了解断层在不同时代的活动强度(图11-5)。从图11-5上至少可以反映出几点:①断层开始发育的时间,即上盘地层出现厚度增大的最老时代(图11-5A);②断层活动最强烈时期,即上盘地层增长最大的时代(图11-5B);③断层活动的终止时期,即上、下盘地层厚度差消失的层位(图11-5C)。

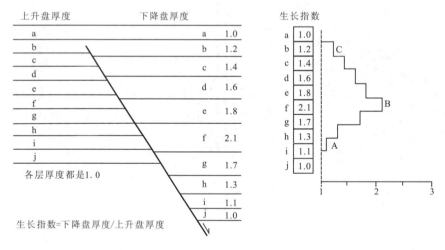

图11-5 断层生长指数图(据Thoresn,1963,转引自赵孟为,1989)

(三)生长指数的应用

生长指数是一个能判定伸展和挤压时间及速率的参数。生长指数大小反映了断层的生长速度,也即断裂的活动强度,生长指数的比值越大,反映断层的活动强度越大。

(1)当GI=1时,说明断层两盘厚度相等,断裂没有发生活动。

(2)当GI>1时,说明同生正断层活动,其值越大,断层的活动越强烈。断裂活动最强烈时期,即下降盘地层增长最大的年代,GI表现为最大值,可达5~10,我国渤海湾盆地区同生断层主要发育期的GI

大多为 1.3~2.5。

(3) 当 GI<1 时，表示上盘厚度小于下盘厚度，说明逆断层或反转断层活动，发生同生逆断（挤压）作用，其值越小，逆断层的同生活动越强烈。

值得注意的是，在生长指数最大的层位，其断层落差并不一定是最大的，这是因为同生断层的落差是一个累积数，断层落差最大的层位往往是断裂活动最早的层位。

如果选择某断层两盘一系列的地层进行系统的 GI 值对比，将 GI 值连成一条曲线，称为 GI 值生长曲线，可以定量地划分生长断层活动的旋回，并可以确定每一旋回的活动阶段。在断陷盆地中，一组生长断层的分布情况有一个总的趋势，一般规律是断层的时代在边缘形成较老，由边缘向盆地的凹陷中央断层逐渐由老变新（表 11-1）（陈刚等，2007）。如果将一组平行的生长断层的生长指数排列起来加以对比，就可以基本判断生长断层在盆地中演化的趋势，并可以比较确定地掌握一组生长断层在区域上的活动历史。

表 11-1 中，丁家屋子、纯化镇、王家岗及梁家楼断层均为东营凹陷自南西向北东排列的平行断层，其中丁家屋子断层位于南部边缘，向北依次是纯化镇、王家岗和梁家楼断层。丁家屋子断层在孔店期已开始活动，在古近系沙三段沉积时活动加速，至沙二段沉积时收敛。其北面的纯化镇断层，在沙二段沉积时活动最强。再往北是王家岗断层，活动最强期在沙一段沉积时。最北面的一条是梁家楼断层，实际上在沙一段沉积时才开始活动，东营期该断层的活动达到最强。表 11-1 说明，生长断层在东营凹陷的南斜坡自南西向北东转移。

表 11-1 东营凹陷南斜坡生长断层的生长指数（据陈刚等，2007）

断层活动时期	丁家屋子	纯化镇	王家岗	梁家楼
Ed	1.15	1.45	1.15	2.62
Es_1	1.24	1.60	1.32	1.08
Es_2	1.42	1.85	1.11	
Es_3	1.92	1.45		
Ek	1.38			

二、断层古落差和活动速率

断层生长指数是指断层上盘厚度与下盘厚度之比。由于断层的下盘往往受剥蚀甚至缺失，在实际研究过程中，应用断层生长指数经常遇到无法克服的困难，计算起来具有诸多缺陷，因此通常在进行断层活动性分析时考虑断层古落差和活动速率。

断层落差是指在垂直于断层走向的剖面上两盘相当层之间的铅直距离，也称铅直断层滑距，能反映断层两盘差异升降的幅度。断层落差可以在地质剖面图和地震剖面上测量，也可以根据构造图计算。大多数生长断层在发育过程中两盘都在下降，只是下降幅度不同，其落差是上盘下降幅度与下盘下降幅度之差。在沉积补偿的情况下，沉降幅度等于沉积物的厚度，可以用两盘地层厚度分别代表生长断层两盘的下降幅度。只要断层线附近沉积表面没有明显的高度差，就可以用两盘的地层厚度差代表两盘的下降幅度差，而不必考虑整个盆地是否沉积补偿。实际上，除了盆地边界主控断层和盆地内部凸起与凹陷的分界断层之外，盆地内部其他断层很难造成沉积表面的明显高度差。因此，生长断层的落差可表示为上盘厚度与下盘厚度之差。

研究同生断层的活动历史需要计算各地质历史时期的断层落差，即断层的古落差。在计算古落差

时,可以用同一地质历史时期两盘沉积地层的厚度差表示该时期同生断层的古落差(图11-6),即:

$$D_i = H_i - h_i \tag{11-1}$$

式中:D_i为第i时期同生断层的古落差,单位为m;H_i为第i时期上盘厚度,单位为m;h_i为第i时期下盘厚度,单位为m。

如果考虑下盘抬升造成的剥蚀量,那么同生正断层的断层落差表示为:

断层落差(D)＝上盘沉积厚度＋下盘剥蚀厚度

计算断层古落差的原始数据是两盘的地层厚度,可以从构造演化剖面或地质剖面上直接量取;也可在地震剖面上量得顶底界面的反射时间后,经时深转换得到厚度;还能通过顶底层构造图进行测量计算。同时,计算断层古落差还应考虑压实作用、剥蚀作用、塑性流动、古水深等因素的

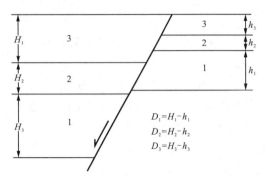

图11-6 生长断层古落差示意图

影响。

与断层生长指数相比,断层落差避开了断层生长指数的缺陷,具有不受下盘是否存在地层缺失的限制,地质含义明确,计算方法简单,可操作性强。对于伸展型盆地中的同生断层,尤其是我国东部地区断陷盆地边界具有相对升降幅度差及缺失下盘地层的同生断层,断层古落差法能更直观、有效地反映同生断层的相对活动强度和活动历史。但是这种方法没有体现出地质时间的概念,反映的仅仅是某一地质时期的断层两盘升降的总体差异。

断层活动速率是断裂系统定量研究中的常用方法。断层活动速率是指某一地层单元在一定时期内,因断裂活动形成的落差与相应沉积时间的比值。该参数既保留了断层落差能定量反映断层活动量的优点,又引入了时间的概念,便于不同时期断层活动性的对比,弥补断层落差和生长指数由于缺少时间概念所带来的不足,能够更好地反映断层的活动特点。断层活动速率(V_f)的计算公式为:

$$V_f = \Delta H / T = (H_i - h_i)/T \quad (V_f > 0) \tag{11-2}$$

式中:V_f为第i时期同生断层的活动速率,单位为m/Ma;H_i为第i时期上盘厚度,单位为m;h_i为第i时期下盘厚度,单位为m;T为相应的沉积时间,单位为Ma。

图11-7为东营凹陷的北部的滨南断层古落差与活动速率图。该断层自新生代以来长期活动,总体上控制了北断南超的半地堑盆地的发育。断层古落差最大时期为Ek沉积期,而对断层活动速率的分析表明,该断层的强烈活动时期为Es_3沉积期,自Es_3沉积末期之后,断层的活动强度逐渐减小,新近纪之后,盆地进入了坳陷演化期,断层基本上停止了活动。

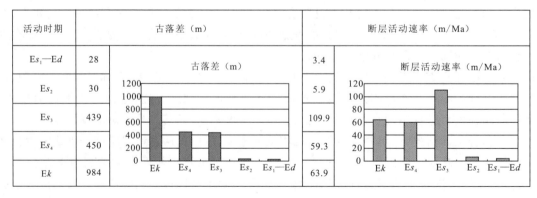

图11-7 东营凹陷滨南断层古落差与活动速率图

三、位移-距离法

位移-距离法是研究断裂系统发育史的一种重要方法，传统的正断层研究主要描述其几何形态，或者只能说明断层二维剖面上的位移而不涉及断层的长度，断层位移（displacement）和长度（distance）关系的研究从二维扩展到三维（Cowie 和 Scholz，1992a，1992b），能够更精确、更直观地揭示生长正断层的生长发育历史，在对断层的生长及相互作用研究中得到了广泛的应用。

人们很早就发现断层的位移和长度具有一定的比例关系，并且通过野外测量以及在岩石破裂机制的理论基础上提出了单条断层的位移模式。Watterson（1986）和 Walsh 等（2002）提出 $D \propto L^2$ 的断层生长模式，其中 D 表示断层位移，L 表示断层走向长度。该模式假设脆性断层以椭圆滑移方式生长，断层的长度以恒量增加。Marrettson（1991）和 Allmendinger 对 $D \propto L^2$ 的模式提出修改，认为滑移事件之间的不同增量与滑移的数量呈线性关系，得到 $D \propto L^{1.5}$ 的断层生长模式。考虑到断层两端的韧性变形，Cowie 和 Scholz（1992）提出 $D \propto L$ 的断层生长模式，认为断层的最大位移、长度成线性比例关系，且取其对数值投点后可用直线拟合；断层位移剖面为钟状，中间最大，向两端逐渐减小直至为零。但仍有一些断层不符合这种情况，这些断层的位移沿走向变化很大，其位移长度比值不在上述拟合线范围内。Cartwright（1995）认为这是由断层连接造成的。

正断层生长是一个动态的过程，大量短小和小位移的正断层随着外部应力的增大，将逐渐连接少量较长的大位移大断层，从而表现出在不同的演化阶段具有不同的位移模式。Cartwright 等（1995）综合前人的研究成果，提出了两种不同的断层生长模式。第一种为沿径向扩展的断层生长模式[图 11-8（a）]。断层的生长表现为沿走向方向的不断扩展，断层在不同的演化阶段始终按照 Cowie 和 Scholz（1992）所提出的生长模式线性的生长，其最大位移 D 和断层长度 L 之间的关系可以通过公式 $D = cL^2$ 或 $D = cL^n$（幂数 n 一般在 0.5～2 之间）进行拟合。与径向扩展模式不同的是，区段式连接的断层生长模式包含了区段式断层的径向扩展、叠覆相互作用和连接等过程。在这种模式中，断层将沿着一个复杂

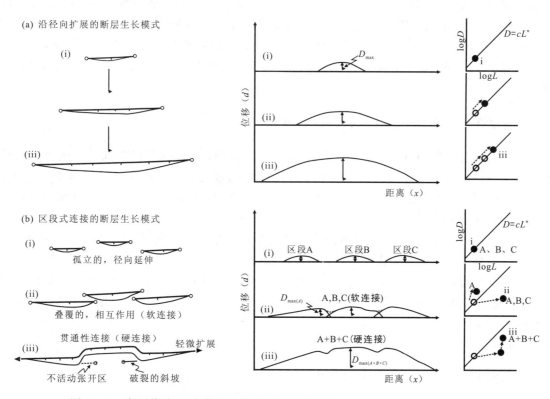

图 11-8　断层位移-距离曲线及相应的演化阶段（据 Gawthorpe 和 Leedert，2000）

的、阶梯式的路径生长[图 11-8(b)]。在初始阶段，几个孤立的断层区段将各自按照径向扩展的模式生长(图 11-8b,阶段 i)，每一个断层区段的生长曲线将按照图 11-8(a)所示的生长模式发展，即断层的最大位移 D 与长度 L 之间具有线性相关性；当孤立的断层区段发生叠覆时，由于相邻区段之间的相互作用，断层作用端区域的应力场将发生改变，断层的径向扩展将受到抑制，单个断层区段的 D_{max}/L 比值增大(此阶段也称为断层的软连接)。原来的单个断层区段以及新形成的断层区段的生长都将偏离径向扩展的拟合曲线[图 11-8(b)阶段 ii]，其中单个断层区段的生长可能偏于理想的生长曲线的上方，而新形成的断层区段由于断层连接过程中断层长度的突然增大，因而导致 D_{max}/L 骤减，生长曲线将偏于理想曲线的下方(Scholz 等,1993)；在最终的贯通性连接阶段[图 11-8(b)阶段 iii]，多条小断层生长贯通，连接为一条大断层(也称为断层的硬连接)，连接后的大断层的 D_{max}/L 增大，断层的生长曲线将向理想的生长曲线方向移动。断层交叠处位移曲线出现低值，低点有规律分布，与断层连接位置对应。

分析正断层位移-距离曲线的几何形态是研究正断层位移-长度关系的一个重要方法。位移-距离曲线以沿断层各个时期轨迹测得的长度(距离)为横坐标，以该点在该时期的位移为纵坐标，将测得的断层位移、距离数据投在其中连线而得，重点反映沿断层走向上断层位移的变化。

如何得到较为可靠的数据是该研究方法的一个重要环节。对于地下的断层，一般可通过对地震资料构造解释得到。当然最好采用三维地震数据，一是因为其精度较高；二是由于测线较密，能够用较多的测点描述位移剖面曲线的形态。如果是二维地震或地震剖面线跨度大，则难以描述位移沿断层走向的变化(董进等,2004)。

由于地震剖面是以时间为纵轴，而所用断层位移却是以长度为单位，因此最好能对位移进行时深转换。有时为了测量方便也可以用落差或地层断距来代替位移。在地震剖面中，由于以时间为纵轴，倾角无法确定，因此无法得到位移，所以一般用落差代替(Dawers 等,2000;Childs 等,2003)。

沧东断裂为黄骅盆地的边界断层，该断裂的活动和发展直接控制着相邻构造单元的形成和演化，因而深入研究沧东断裂形成演化是认识黄骅盆地形成演化的关键。沧东断层歧口段可按其产状变化大致分为三段：沈青庄段、板桥段和新港段。图 11-9 是沧东断层位移距离曲线图，其中位移以落差值代替。位移曲线由下至上分别表示累计以前各个沉积时期的落差值。由图分析得知：Es_{2+3} 时期，沧东断层歧口段中间部分活动较强烈，往南、北两个方向活动减弱；Es_1 时期，整个范围内活动增强，板桥段活动强度大于沈青庄段；Ed 时期，沈青庄段落差值较大，至板桥段，几乎不活动；新近纪时期，沧东断层落差值较小，几乎停止活动。

四、断层相关褶皱的生长地层分析

近几十年来，与生长构造相伴生的生长地层(growth strata)的研究越来越引起地质学家的重视。同构造沉积已经成为构造地质学和沉积学中重要的研究内容之一。究其原因，主要是由于这些同构造沉积中记录了大量的构造变形和沉积历史信息(Zapata 和 Allmendinger,1996;Gawthorpe 和 Hardy,2002)，以及构造活动的大量有用信息。

一般认为，生长地层是指在前陆盆地生长构造(如生长逆断裂-褶皱带)翼部或顶部与褶皱构造同期沉积的地层，是构造运动与沉积作用同时进行的产物(Suppe 等,1992)。由于生长地层是在变形期间沉积的，因此生长地层的年龄可以确定构造变形作用的时间。在构造横剖面上，整个生长地层序列在褶皱翼部具有楔形几何状态，即从背斜脊至向斜轴，其厚度逐渐增厚，但地层倾角逐渐变缓(Suppe,1983;Poblet 等,1997)。前生长地层(pregrowth strata)则是指构造变形前沉积的地层。与生长地层相伴随并具有明显时代意义的是生长不整合。

(一)生长地层的影响因素及发育模式

断层相关褶皱是前陆盆地逆冲-褶皱带构造变形的一种主要表现形式，根据形成方式的不同，断层相关褶皱可以分为断弯褶皱作用、断展褶皱作用及滑脱褶皱作用(Suppe,1990;Suppe 等,1992;Hardy

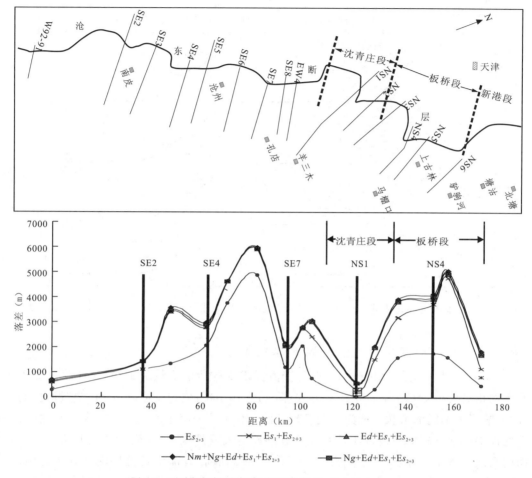

图 11-9 沧东断层位移-距离曲线图（据史双双，2009）

和 Poblet，1995；Poblet 和 Hardy，1995；Hardy，1997）。这三种褶皱都有其特殊的几何学和运动学特征，褶皱作用按何种方式发育主要取决于构造活动的背景和强弱、断层的角度变化以及地层的岩性和性质等。但是不管是何种方式，褶皱的翼部都是按两种方式活动：膝折带的迁移和翼部的旋转（Salvini 和 Storti，2002）。生长地层一般都是发育于褶皱的翼部，因此，研究褶皱翼部的活动方式，对研究生长地层的发育模式非常重要。同时，生长地层的几何形态还取决于构造抬升速率、沉积速率和剥蚀速率三者之间的关系。无论是以膝折带迁移还是以翼部旋转为变形机制的生长断层相关褶皱，都可以通过确定生长地层底界的时代来判断构造变形起始时间。

1. 翼部活动方式对生长地层形态的控制

如前文所述，断层相关褶皱作用的机制有两种：膝折带迁移和翼部旋转。假设两种翼部活动方式下构造形变量和沉积速率是相同的，并且没有侵蚀作用的影响，那么生长地层的最终形态就只和褶皱翼部的活动方式有关。图 11-10 中假设沉积速率恒定，仅改变构造抬升速率。对于膝折带迁移方式[图 11-10(a)]，生长地层产生一个凸出的肩部和一个弯曲的生长三角，肩部和下部弯曲部分由一个假设的生长轴面[类似于 Suppe 提出褶皱发育模式中的生长轴面分开。轴面以下地层厚度是恒定的，并且与前生长地层平行。随着褶皱的发育，轴面上面的肩部地层将抬升。对于翼部旋转褶皱方式[图 11-10(b)]，地层厚度从翼部弯曲部位向上逐渐减薄，各地层单元倾向保持不变（不发生弯曲），但不相互平行，整个地层序列倾角从老到新倾向逐渐变小，形成一个楔形体（Hardy 和 Poblet，1994）。该模式可以应用在没有剥蚀作用的情况下，用生长地层的形态来判断生长逆冲褶皱的活动方式。

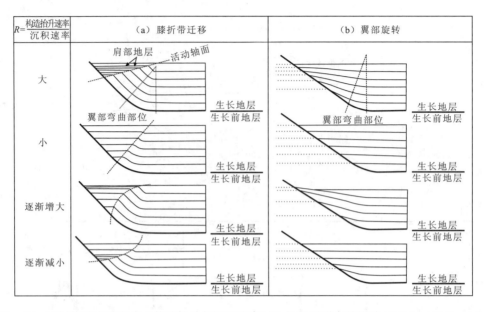

图 11-10　不同构造变形方式下构造抬升与沉积速率对生长地层形态的影响(据 Salvini 和 Storti,2002)

2. 构造抬升和沉积速率对生长地层形态的影响

图 11-10 中沉积速率是定值,构造形变是变值。改变构造形变量的大小,从而就改变了构造形变与沉积速率的相对大小。对于膝折带迁移方式[图 11-10(a)]:生长轴面受 R 值(构造形变与沉积速率的比值)的影响形成不同的形状。R 为一定值时,生长轴面是一个平坦面,且 R 值大的轴面倾向较缓,肩部发育的地层厚度也较薄一些。如果 R 比值逐渐地增大或是减小(改变构造抬升速率),生长地层的生长轴面就会发生弯曲。并且 R 逐渐变大时产生上凸的轴面,肩部生长地层由老到新逐渐减薄;R 值逐渐变小时,产生下凹的轴面,肩部地层由老到新逐渐加厚。在膝折带迁移这种褶皱翼部发育方式下,构造活动的突然加强或是减弱都可以反映在生长地层生长轴面的形态及生长地层单元厚度的变化上。因此,生长轴面的倾向变化很好地记录了构造活动的强弱变化。当然,如果构造抬升速率足够大,或者是沉积速率比较小,那么肩部就可能不会发生沉积作用,而是发生生长前地层或是前生长地层的剥蚀,这种情况下,就不会有生长轴面存在。

对于翼部旋转的方式[图 11-10(b)]:没有上述那么明显的构造抬升记录,但是还可以根据各地层单元的厚度变化、倾向变化及尖灭方式(退覆、超覆或上超)来体现构造活动的强弱变化。当沉积速率一定时,对于 R 值的逐渐增加,地层将会由开始的超覆生长逐渐过渡到退覆生长。而对于 R 值逐渐减小的情况,生长地层一直以超覆的形式生长,但是地层单元厚度会逐渐趋于稳定,地层单元倾角逐渐变小,趋于平行。

3. 侵蚀作用对生长地层形态的影响

在褶皱-冲断带中,发生侵蚀作用是很常见的,同时侵蚀面对我们研究构造活动是很重要的。一旦侵蚀面被上覆地层覆盖,随着构造和沉积的持续进行,侵蚀作用面将会卷入后期的构造变形,与上覆的沉积地层产状一致,在地震剖面上就很容易被误认为是后期的沉积地层。

对于生长地层来说,持续的构造抬升和侵蚀作用将会使生长地层长期处于剥蚀状态下,并被卷入后期多次构造变形,给构造分析带来很大困难。而对于幕式的构造活动来说,侵蚀作用面形成后很快就会被再次覆盖,相对能很好地保存下来。在盆地的构造演化过程中,这种幕式的活动可能发生多次。图 11-11 给出了幕式构造活动的模式,分别讨论了不同侵蚀强度以及侵蚀面是否水平的几种情况。如果侵蚀作用面是水平的,不管是侵蚀作用强弱如何(只剥蚀生长地层或者同时剥蚀生长地层和生长前地层),剥蚀面都会卷入后期的构造变形,从而保持和剥蚀面之上生长地层相似的产状。也就是说,膝折带迁移方式剥蚀面也有明显的肩部水平的特征[图11-11(a)]。而翼部旋转方式下,褶皱翼部弯曲部位以上的剥蚀面倾向不变[图11-11(b)],而且两种翼部活动方式下,剥蚀面都与下部被剥蚀地层呈角度不整合接触关系。而发生倾斜剥蚀(本例剥蚀面倾角为5°)的情况下,剥蚀作用不仅削蚀了下部地层,所形成的侵蚀面还是上部生长地层的超覆面,但是侵蚀面上下地层之间并不是平行的。

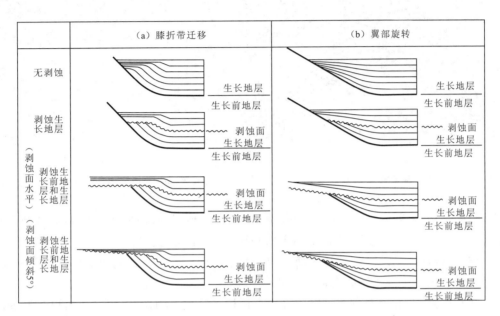

图11-11 幕式的侵蚀作用对生长地层形态的影响(据Salvini和Storti,2002)

(二)生长地层在构造活动性分析中的应用

生长地层在形成过程中记录了构造变形动力学过程和逆冲相关褶皱作用过程。研究褶皱-冲断带内部构造变形演化的动力学问题(Suppe等,1992;Medwedeff,1989;Zoetemeijer等,1993;Storti和Poblet,1997;Ford等,1997),一个重要证据就是构造变形的时代以及变形期次的确定,生长地层所表现出的构造变形连续性为这一研究提供了条件。在复合生长地层和生长不整合同构造沉积过程中,各个不同阶段均代表了生长地层的不同形成时期,生长地层的底界年龄就是构造变形作用的起始时间。生长地层在沉积过程中形成不整合面,随着这个过程的持续进行,可能形成不同层次的不整合面。如果考虑到构造变形的期次和强弱,那么不整合面可能在一定范围内表示一次构造变形的结束。利用生长不整合面发育的地层序列可以很好地划分构造活动的幕次。

吐木休克构造带位于塔里木盆地西部,为巴楚隆起的北部边界断裂带。新近纪以来该断裂带的逆冲活动强烈,构造变形同期在其断裂带翼部沉积了较厚的新近纪—第四纪地层。对生长地层的沉积特征的研究,可以用来分析吐木休克断裂新近纪以来的构造活动特征。

吐木休克断裂带逆冲作用强烈,前翼地层发生强烈褶皱,翼部背斜部位地层减薄,向斜轴部加厚,属于典型的断展褶皱[图11-12(a)]。断展褶皱是生长褶皱,其翼部沉积的地层通常为生长地层。从地震剖面上分析可以看出在褶皱翼部,T_{21}界面以上地层呈明显的楔形,即从背斜脊部至向斜轴部,其厚度逐渐增厚,形成一个楔形体,T_{21}界面以下地层厚度基本不变。这是生长地层发育的最典型的几何形态。因此可以认为,以T_{21}界面为分界面,下部为前生长地层,其上为同沉积生长地层,生长地层于T_{21}界面形成时期开始发育。

中新世中晚期强烈的挤压应力作用导致吐木休克断裂发生强烈逆冲,上盘地层遭受剥蚀,T_{21}界面开始形成;之后,构造运动强度减弱,生长地层开始沉积,并以超覆的方式逐渐向褶皱的翼部上超减薄;

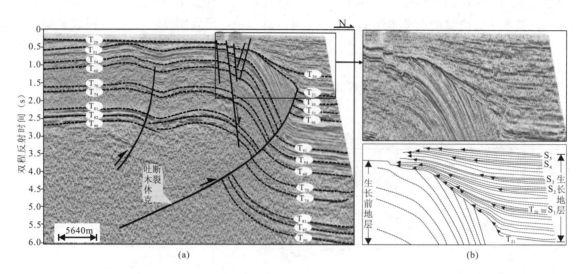

图 11-12 吐木休克断裂带地震剖面和构造解释(a)以及褶皱翼部生长地层内部结构和展布方式(b)

至中新世末期，断层构造活动再次增强，抬升速率变大，生长地层被剥蚀，形成明显的削蚀不整合面 S_1（对应于中新世末 T_{20} 界面）。之后，构造活动再次趋于稳定，生长地层沿削蚀面 S_1 界面超覆沉积。这个过程基本上反映了构造活动从强烈—趋于稳定的一个小旋回。在吐木休克构造带翼部同沉积生长地层中，可以明显地识别出 5 个削蚀不整合面[图 11-12(b)中的 S_1—S_5]。

利用生长地层的形态和展布方式可以很好地分析构造演化及构造-沉积之间的相互关系，每个削蚀面的形成也对应于一次构造活动加强的过程。从生长地层的分析可以基本确定，新近纪以来，吐木休克断裂主要经历了 5 次构造活动幕。

第三节 沉降史分析

沉降史分析目前已成为盆地分析中的一种常规技术。它是通过盆地沉降历史时期沉降量的定量分析再现盆地的地质历史，以调查盆地沉降的构造驱动机制，研究盆地的形成和演化，以及研究含油气盆地的热演化史，来预测油气的生成窗口。沉降史分析可恢复地质历史时期地层的形态特征及其沉积速率和沉降速率的变化，同时也是其他模拟的基础，为地层、热演化和油气生成聚集模拟提供时空框架。近年来，这种方法得到了广泛的使用(Steckler 等，1978；Sclater 等，1980；Bond 等，1984；Guidish，1985；石广仁，1994；林畅松等，1995，1996)。

定量沉降史模拟的方法有两种，一种是反演法，即回剥法(backstriping method)，另一种是正演法。

一、沉降史模拟的反演法——回剥法

回剥法就是在保持地层骨架厚度不变(除断层或剥蚀外)的条件下，以盆地内地层分层为基础，按地质年龄从新到老把地层逐层剥去，从而恢复每个时代末所有沉积地层的形态及古厚度，进而恢复沉积速率和沉降速度。

沉积盆地的总沉降量主要与构造作用、沉积物压实均衡作用、沉积物基准面变化或古水深等因素有关。各种构造作用可导致盆地基底的沉降，比如岩石圈的拉薄导致盆地沉降。表层沉积物具有较高的孔隙度，随着埋深加大而压实，可产生不可忽视的沉降量。海平面或湖水平面的变化使盆地相对沉积基准面发生变化。因此，盆地的构造沉降(纯水载盆地沉降)可表述为：构造沉降＝总沉降－(沉积物和水负载沉降+沉积物压实沉降+湖水面的变化)。显然,为了求得构造沉降,必须对沉积物压实、负载沉降、古水深和海(湖)平面等进行校正。

(一)压实校正

沉积物的压实过程受到岩性、超压、成岩作用等因素影响。岩性往往起到主导的作用。在正常压实情况下,孔隙度和深度关系服从指数分布(Athy,1930):

$$\phi = \phi_0 e^{-cZ} \tag{11-3}$$

式中:ϕ 是深度为 Z 时的孔隙度,ϕ_0 为地表孔隙度,c 为压实系数。

假定某地层的砂岩和泥岩百分含量分别为 P_s 和 P_m,则

$$\phi = P_s \phi_s + P_m \phi_m \tag{11-4}$$

式中:

$$\phi_s = \phi_{0s} e^{-c_s Z} \tag{11-5}$$

$$\phi_m = \phi_{0m} e^{-c_m Z} \tag{11-6}$$

ϕ_{0m}、ϕ_{0s} 分别代表砂岩、泥岩的原始孔隙度,c_s、c_m 分别代表砂岩、泥岩的压实系数。

沉积层孔隙度在受压实过程中,沉积物颗粒部分的体积不变,只有孔隙部分(空气和水)发生变化(图 11-13)。

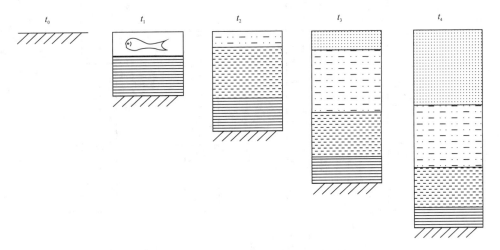

图 11-13 压实过程中岩石厚度变化,注意不同时期的水深和压实

如果 L 层深度在 Z_1 至 Z_2 时,层内孔隙水所占体积 V_w 为:

$$V_w = \int_{Z_1}^{Z_2} \phi_0 \cdot e^{-cZ} dZ = \frac{\phi_0}{c}[e^{-cZ_1} - e^{-cZ_2}] \tag{11-7}$$

设地层总体积为 V,岩石颗粒体积 V_s,则

$$V = V_s + V_w \tag{11-8}$$

纯岩石颗粒的高度 H_s:

$$H_s = (Z_2 - Z_1) - \left[\frac{\phi_0}{c}(e^{-cZ_1} - e^{-cZ_2})\right] \tag{11-9}$$

当 L 层恢复到新的深度 Z_1^1 到 Z_2^1 时,纯岩石颗粒的高度不变(图 11-14),则有:

$$Z_2^1 - Z_1^1 = Z_2 - Z_1 + \frac{\phi_0}{c}(e^{-cZ_2} - e^{-cZ_1}) + \frac{\phi_0}{c}(e^{-cZ_1^1} - e^{-cZ_2^1}) \tag{11-10}$$

利用式(11-10),采用数值迭代法计算,即可求出逐层回剥后的厚度及其深度。

(二)负载校正

地壳的均衡补偿作用就是当沉积盆地空间被沉积物充填时，沉积物本身的重量又使基底进一步下沉，形成被动增加的沉降，即沉积物负载沉降。负载沉降是建立在艾里(Airy)地壳均衡原理之上的。该学说认为，当盆地基底因某种动力作用产生沉降时，地壳表面形成的空间将由水来充填。由于沉积作用，这些水域全部[图11-15(a)]或部分[图11-15(b)]由沉积物取代。这样，由于密度的增加，地壳表面将产生一定的负载沉降(S_L)，从而达到地壳变形前后的均衡。

图11-15中，I为原始洼地的水深(m)，H为沉积物填充深度(m)，W_d为沉积时水深(m)，C、M分别为地壳和地幔厚度(m)，ρ_w、ρ_s、ρ_c、ρ_m分别为水、沉积物、地壳和地幔的密度(kg/m³)。

由于图11-15(a)中的两个地壳剖面处于均衡状态，因而有：

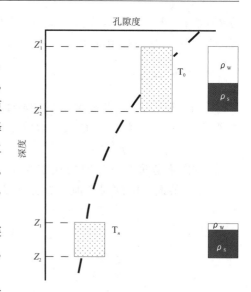

图11-14 压实校正后孔隙度的变化

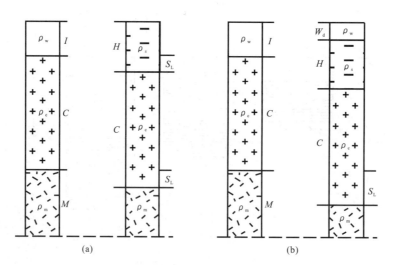

图11-15 地壳均衡模型图(据田在艺,1996)
(a)原始洼地已被沉积物填平；(b)原始洼地未被沉积物填平

$$I \cdot \rho_w + C \cdot \rho_c + M \cdot \rho_m = H \cdot \rho_s + C \cdot \rho_c + (M - S_L) \cdot \rho_m \tag{11-11}$$

即：

$$I \cdot \rho_w = H \cdot \rho_s - S_L \cdot \rho_m \tag{11-12}$$

由于$I = H - D_L$，代入式(11-12)，得：

$$S_L = \frac{\rho_s - \rho_w}{\rho_m - \rho_w} \cdot H \tag{11-13}$$

由图11-15(b)同样可以导出式(11-13)。式(11-13)即为艾里均衡模型导出的负载沉降公式。

(三)古水深与海平面变化校正

沉积物沉积时，其沉积界面在水下一定深度，所以沉积物厚度不能代表其沉降深度，而古水深在各地质历史时期是有差异的，故需进行校正。

地质历史时期的盆地通常是有一定的古水深(W_d)，且各个沉积单元沉积时古水深不同，尤其是深水相区，水深对沉降量的计算不容忽视。这时盆地的总沉降幅度(S_B)应为沉积厚度(H)和古水深(W_d)

之和,即:
$$S_B = H + W_d \tag{11-14}$$

古水深可通过底栖生物和微体化石、沉积相和地球化学标志等方面的资料进行综合分析后确定。目前根据微体古生物资料进行水深的研究大都是定性的,即根据古生物与现代生物种属对比确定它们的生活环境是深水还是浅水。

通常,要求精度不高或古水深与沉积物厚度相比很小时,可省略此项。例如,松辽盆地是一个陆相沉积盆地,与海相盆地相比,其沉积过程中古水深均较浅,最深不过数十米。因此,古水深变化对沉降量计算影响很小,可以忽略不计。

如果海平面发生变化,则上述总的沉降曲线并不能代表盆地总沉降,解决的办法是消除海平面变化影响,进行海平面变化校正。

一般是以现今海平面为基准计算沉降幅度的,而古水深是以当时的海平面为基准的,两者之间的关系如图11-16所示。由此可以得到校正后的基底沉降公式:
$$S_B = H + (W_d - \Delta S_L) \tag{11-15}$$

式中:ΔS_L是古海平面相对现今海平面的升降值,高水位为正,低水位为负。

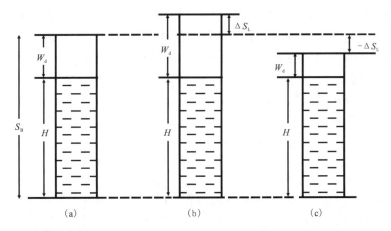

图11-16 古水深(W_d)及海平面升降(ΔS_L)与基底沉降(S_B)关系图
(a)现今水位;(b)古海平面比现今高;(c)古海平面比现今低

(四)构造沉降量的计算

沉积地层经过压实、负载和古水深或海平面校正后可得到盆地的总沉降量,也就是说总沉降量包括了构造沉降、沉积物负载沉降、水深和海(湖)平面变化。要确定盆地的构造沉降,应从总沉降量中去掉沉积物负载沉降、水深和海(湖)平面变化的影响。

由于基底沉降量(S_B)等于负载沉降量(S_L)与构造沉降量(S_T)之和,并等于地层总厚度(H),即:
$$S_B = S_T + S_L = H \tag{11-16}$$

因而:
$$S_T = H - S_L \tag{11-17}$$

将式(11-13)代入式(11-17),可得:
$$S_T = \frac{\rho_m - \rho_s}{\rho_m - \rho_w} \cdot H \tag{11-18}$$

由于海平面上升时,盆地的水位会相应地升高(ΔS_L),增加的水亦会增加基底的负载沉降,其沉降量(S_w)同样可按艾里均衡原理导出:
$$S_w = \frac{\rho_w}{\rho_m - \rho_w} \cdot \Delta S_L \tag{11-19}$$

考虑式(11-15)、式(11-19)后,式(11-16)应修正为:
$$S_B = S_T + S_L + S_W = H + (W_d - \Delta S_L) \tag{11-20}$$
将式(11-13)、式(11-19)代入式(11-20),有:
$$S_T = \left(\frac{\rho_m - \rho_s}{\rho_m - \rho_w} \cdot H - \frac{\rho_w}{\rho_m - \rho_w} \cdot \Delta S_L\right) + (W_d - \Delta S_L) \tag{11-21}$$
上式即为构造沉降量的计算公式。

(五)沉降史模拟的工作流程及成果解释

上述沉降史模拟过程可以在计算机上自动实现,工作流程如图11-17所示。

整个盆地沉降史分析可划分为以下四步。

首先,根据地层剖面作一个简单的埋藏史曲线。如果地层剖面中有剥蚀,就必须计算剥蚀厚度。计算剥蚀厚度的方法很多,如地震剖面外推法、平均剥蚀速率法、R_o法、泥岩孔隙度法等,这些方法在专门的书籍中有详细论述。

第二步,进行压实校正。沉积岩石的孔隙度随深度的变化关系,一方面与岩石组成有关,如砂岩、泥岩或灰岩;另一方面与地层压力系统密切相关,比如欠压实地层与常压地层在岩石的压实系数方面存在很大的差异。不同盆地砂岩、泥岩和灰岩的压实系数也具有较大差异,因此,模拟中需要根据研究区资料计算其不同岩性的压实系数。此外,在模拟过程中,由于地层单元常常是多种岩性的互层,所以,在孔隙度的计算中,可根据混合的比例加权求得。在以上分析的基础上,对式(11-10)进行逐层求解,计算中一般采用迭代法求解。

第三步,进行古水深校正,包括沉积期古水深及海平面的校正。

第四步,计算构造沉降量。

图11-18、图11-19为东营凹陷主测线的回剥剖面及沉降速率图,反映了盆地不同时期沉降及其空间分布的特点。图11-20为东营凹陷单井沉降速率和沉降曲线图。从盆地演化来看,盆地四幕裂陷期均具有不同的沉降速率,其沉降速率均在50m/Ma,最大可达400m/Ma;而在裂后期沉降速率很小,除明化镇组沉积期外,大多小于50m/Ma。从沉降机理来看,沙河街组二段上部沉积之前(38Ma),构造沉降和负载沉降均占有较大比例,在38Ma之后构造沉降明显减弱。

二、沉降史模拟的正演法

引起沉积盆地沉降的原因有两个,一个是由于盆地深部动力作用而导致盆地下沉;另一个是盆地内充填沉积物和水的载荷。因此,盆地基底总沉降量等于由构造作用(构造沉降量)和沉积载荷(负载沉降量)所引起的下沉的总和。20世纪后期,多种拉张型盆地的构造沉降模型被提出(McKenzie,1987;Roden 等,1980;Wernicke,1985;Kusznir 等,1992),下面重点介绍McKenzie的纯剪拉伸模型。在他的模型中构造沉降分为两部分,即初始裂陷沉降(S_i)和裂后热沉降(S_T)。即总的构造沉降量(S)为:
$$S = S_i + S_{T(t)} \tag{11-22}$$

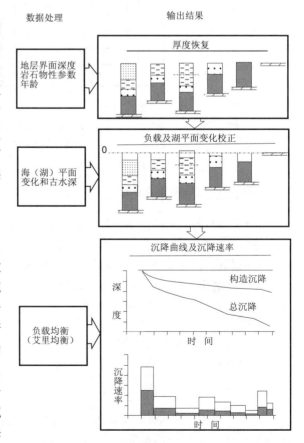

图11-17 沉降史分析的工作流程图
(据李思田等,2004)

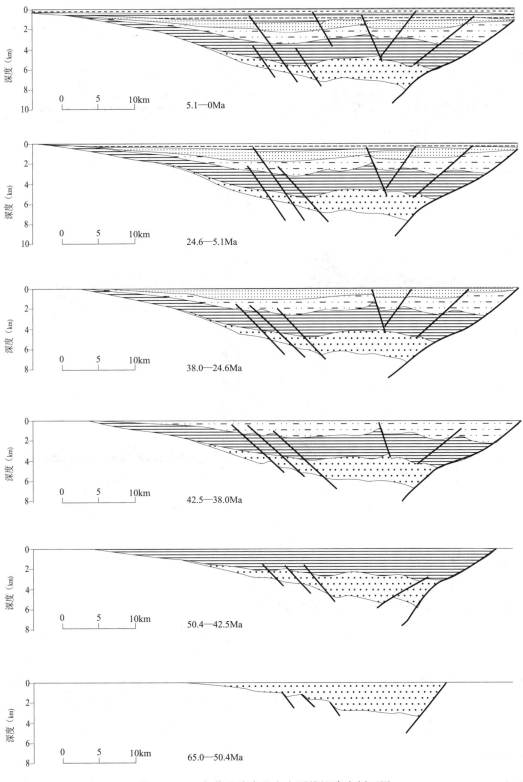

图 11-18 东营凹陷南北向主测线沉降史剖面图

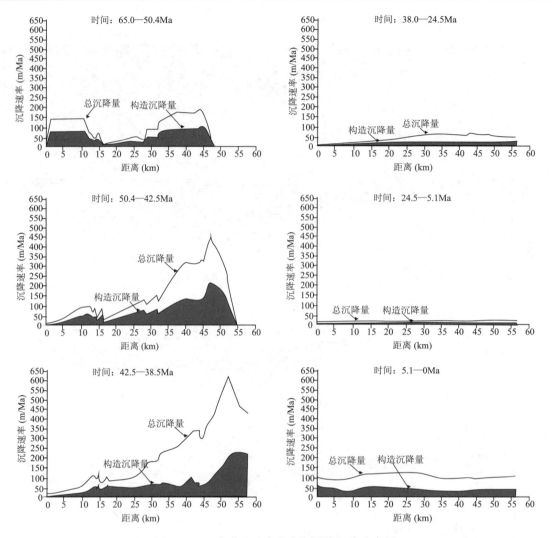

图 11-19 东营凹陷南北向主测线沉降速率图

(一)初始沉降

初始沉降是由于岩石圈在拉张前后的均衡补偿作用造成的最早沉降量。初始沉降量(S_i)的数学表达式为:

$$S_i = \frac{h_1\left\{(\rho_m-\rho_c)\dfrac{h_c}{h_1}\left(1-\alpha\dfrac{T_1 h_c}{2h_1}\right)-\dfrac{\alpha T_1 \rho_m}{2}\right\}\left(1-\dfrac{1}{\beta}\right)}{\rho_m(1-\alpha T_1)-\rho_w} \tag{11-23}$$

式中:h_1 为岩石圈厚度(km);ρ_m 为地幔密度(3.33g/cm^3);ρ_w 为海水密度(1.00g/cm^3);ρ_c 为陆壳密度(2.8g/cm^3);h_c 为原始陆壳厚度;T_1 为软流圈顶界温度(1330℃);α 为岩石圈热膨胀系数(3.28×10^{-5}℃$^{-1}$);β 为地壳的初始拉伸量。

(二)热沉降

热沉降是由于岩石圈冷却收缩引起的缓慢下沉的沉降量。热沉降量(S_T)的数学表达式为:

$$S_{T(t)} = \frac{4h_1\rho_m\alpha T_1}{\pi^2(\rho_m-\rho_w)}\left[\frac{\beta}{\pi}\sin\left(\frac{\pi}{\beta}\right)\right]\left[1-\exp\left(\frac{t}{\tau}\right)\right] \tag{11-24}$$

式中:τ 是一个常数,$\tau = h_1^2/\pi^2 K$,它的意义为瞬时热流影响地温的最大限度时间,在 McKenzie 模型中定为 62.8Ma;t 为盆地沉降时间(Ma);π 为圆周率;K 为岩石圈的热扩散率($8.04\times10^{-7}\text{m}^2\cdot\text{s}^{-1}$)。

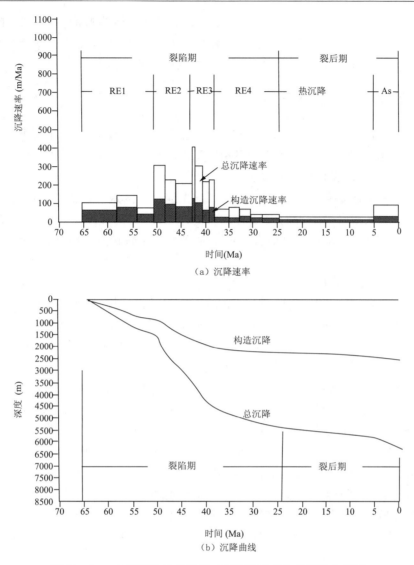

图 11-20　东营凹陷单井不同时期沉降速率和总沉降曲线图

在 McKenzie 模型中,初始沉降 S_i 是重力均衡补偿的结果,岩石圈的拉伸是在瞬间内完成的,因此其初始沉降量 S_i 与时间无关。热沉降 $S_{T(t)}$ 是热冷却随时间的变化。其中,拉伸量参数 β 是一个重要的参数,在他的模型中 β 值被认为是一常量,而事实上,在盆地拉张期 β 值是有变化的,即随着时间的增加而增大,直到拉张停止时达到最大值;此外,在盆地的不同位置其拉张量也不同,因而 β 值也不相同,它是随盆地位置的不同而变化的。

第四节　平衡剖面和盆地构造演化图的编制

平衡剖面技术诞生于石油勘探的实践。1969 年加拿大学者 Dahlstrom 提出了平衡剖面比较系统的研究方法,并应用于阿帕拉契亚构造区带的研究之中。此后,平衡剖面技术不断发展、完善,许多学者从平衡剖面的概念到方法进行了系统的研究,并进行了大量的实践,积累了丰富的经验(Elliott,1983;Gibbs,1983;Ramsay,1987;Woodward,1989)。如今,该项技术已成为地质研究与油气勘探中的一项重要技术,对于正确判断地下构造,恢复盆地构造演化史和沉积发育史以及进行资源量计算具有重要的意义。平衡剖面方法本身也在不断得到发展和完善,其应用范围和领域从最初的挤压性盆地,逐步扩展到伸展型盆地的构造复原及演化历史研究，而且也可以应用于对反转构造的分析。近年来，随着计算机软、硬件技术的飞速发展，国内外出现了众多的平衡剖面制作软件，大大促进了平衡剖面在盆地分析和地质构造演化中的应用，并逐步由二维模拟发展到三维模拟的研究阶段。

一、平衡剖面技术的基本原理

平衡剖面技术是一种遵循几何守衡原则而建立的地质剖面正、反演方法，它是构造变形恢复的重要手段。Ramsay(1987)在解释平衡剖面的概念时用图示形象地表示了天秤一端为变形岩层，另一端为未变形的岩层，平衡剖面就是要保持二者相等。

Elliott(1983)对平衡剖面的概念作了严格定义，首先剖面应该是可以被接受的剖面，即剖面上的构造应是在露头上观察到的或者经地震剖面证实是确实存在的，这一点是从地质学含义上所作的限制。其次，它必须是合理的剖面，即能够使剖面合理地恢复到变形前的状态。因此，合理又可以被接受的剖面就叫做平衡剖面。

目前，平衡剖面技术主要应用于以下几个方面。

(1)进行地震剖面解释的合理性检验，对解释中的错误进行及时的修正。剖面解释的正确与否直接影响到我们对区域构造的认识和油气勘探的效果。在建立剖面时，已有资料往往无法使我们建立一个完整的剖面，尤其是对地下构造的认识，由于缺乏资料而需要进行判断，如何合理地进行解释而不是人为地简单推出，这正是平衡剖面方法所要研究的范畴。

正确的构造解释剖面应该包含以下四点：一是准确，必须吻合已知数据和资料的约束；二是合理，必须与区域或构造相似地区的已知构造形态相一致（包括理论和实验的结果）；三是可恢复，能够恢复到变形前的几何学形态；四是平衡，恢复过程中面积和体积守恒，线形合理。不正确的解释则可以通过手工修改、断层预测以及正演模拟等手段来分析和完善，使之合理正确（李本亮等，2010）。

(2)构造变形的定量分析，确定盆地的构造演化史，动态地认识构造的形成过程。通过剖面的平衡，能够真实再现地质运动时期不同构造应力场下的构造演化过程，深入分析构造变形演化历史，进而分析构造圈闭的形成演化阶段，为油气运移及聚集规律研究提供依据。

(3)更精确地圈定油气藏的几何形状、分布范围及其演变，为油气成藏的时空匹配分析提供必要的保证。

二、平衡剖面的几何学法则

(1)面积守恒：面积守恒是指一个逆冲席，或者其中的某个岩层的剖面面积，在变形和复原两种状态下相等，即剖面由于缩短所减少的面积应当等于地层重叠所增加的面积。对于张性盆地而言，剖面拉张增加的面积应当等于其后新地层的沉积空间。根据这一原理，可以计算剖面的变形量或滑脱面的深度，其前提是应先推算出二者之一。滑脱面的深度可以从地震剖面上求得，或根据地层组合和断层分布来推断。在滑脱面深度为未知时，可以用变形量和剩余剖面面积来计算。变形量可以通过将岩层长度拉平来求得。变形量的计算公式为：

$$面积变形量 = 剩余剖面（沉积空间）/原始地层厚度（滑脱面深度）$$

(2)层长守恒：层长守恒在剖面平衡中应用较多，在两条固定线之间各层的长度应当一致，也就是说恢复后的层长应当相等。在具体测量层长时首先要选择参照线，也称固定线、钉线(pin line)。参照线一般选在未变形的前陆或褶皱的轴面，只有在两条参照线之间的地段才能保证层长的一致。

(3)位移一致：即沿同一条断层各对应层的断距应当一致，但实际上断距不一致的情况很常见，应当作出合理的解释。断距不一致的情况可以用多种方法来解释，如断层向上分叉，这样分支断层的断距之和应当等于主断层的断距；断层的位移也可以由向上的褶皱所代替或发生透入性变形。如果发现断层断距不等，应根据实际情况作出相应的解释。同生断层本身断距不守恒，不能用断距一致的原则进行检验。

(4)缩短量一致原则:指造山带中各剖面间应当具有大致相同的缩短量。由于边界条件的差异,构造样式会沿走向发生变化,同时,断层向两侧也不会一直延伸,常会变小或消失。但为了保持造山带缩短量的一致,一个断层的消失往往会伴随着另一个断层的出现或者是褶皱的出现。该方法有利于剖面间的相互验证。

对不同的构造环境,上述各种几何法则均有一定的应用前提条件。面积守恒的前提是变形主要发生在沿构造运动的方向上,而在构造走向上的岩层没有发生变形。层长守恒是在面积守恒基础上简化而来的,其前提条件是在变形过程中地层的厚度未发生明显的变化,地层只是发生了断裂、褶皱,而没有发生透入性变形。这样,变形过程中各层的长度应当是一致的。层长守恒仅适用于刚性岩层的压性构造中;面积守恒适用于沿构造走向岩石未发生变形的构造环境,因而应用最广。

三、建立平衡剖面的基本步骤

最初利用平衡剖面技术是以手工操作为主。随着计算机软硬件的飞速发展,繁重的手工操作正逐步被计算机所取代。近年来,国内外出现了众多的可以开展平衡剖面正、反演模拟的软件,如2Dmove和3Dmove(Midland Valley exploration Ltd)、GeoSec(Paradigm geophysical Ltd)以及LithotTect(Geo-Logic Systems)等专业软件。这些软件能够快速分析和评估构造解释的合理性和准确性,并进行平衡剖面的恢复工作。

建立平衡剖面的基本步骤如下所示。

(1)剖面的选择:为了正确反映构造变形量以及变形率,所选择的剖面要求垂直于区域构造的走向,与构造运动的方向近于一致。对于不具备与区域构造走向正交剖面的地区,可以选择与构造运动方向具有一定夹角的剖面,但在定量分析构造变形时,须消除由于剖面斜交而引起的误差,其夹角不应超过30°(梁慧珍等,2002)。还要求剖面的一端未发生构造变形,以利于平衡时确定钉线。

(2)资料的收集:通过对研究区岩层与构造情况的地表露头、钻井资料的收集与分析,将地表所见地层界线及产状、断层位置及产状和井下所见地下情况准确投影并标记在剖面线上,以确定滑脱面和断层面。

(3)压实与去压实校正:岩石在有限应变过程中,体积发生减小,而且沿走向拉张也能产生垂直方向上剖面面积的减少。为了准确反映构造变形量,在剖面平衡时,针对不同的平衡方法,须对岩层进行压实或去压实校正。

(4)钉线确定:钉线是未受构造变动的线,须与层理面相垂直,应设置在具有最小层间剪切作用的地方,可分为区域钉线和局部钉线两种。区域钉线一般设置在推覆体的前缘和尾缘,局部钉线则设置在每一个次级逆冲岩片的尾缘上(汤济广等,2006)。在设置钉线时,尽量避开强褶皱或者有明显次级干扰因素的地段。

(5)模型选择:根据研究区的构造应力环境和剖面所反映的构造样式,选取相应的平衡模型,如挤压构造环境下的断层相关褶皱(断弯褶皱、断展褶皱)模型、伸展构造环境下的滑移线模型、垂向剪切模型、"多米诺"模型和伸展断层转折褶皱模型等。即使在同一构造环境情况下,由于岩层变形机制的差异,亦须选取不同的平衡机制。

(6)剖面的平衡:剖面的平衡实际上是一个反复调整的过程,根据几何学法则对剖面进行检验,如果不平衡,则应进行调整。

(7)剖面复原:固定区域钉线,将各岩层展平且移回到变形前的位置和水平状态上。变形剖面上的主要断层须标识在变形前的复原剖面中。

在对伸展型盆地进行剖面复原时,往往采用逐层回剥的方法。首先将最顶层(第1层)剥掉,将第2层的顶面按前述变形恢复方法复原到未变形状态,其下第3层、第4层等各层的顶层也做相应的等量恢复,得到第2层沉积后的构造剖面;再将第2层剥去,将第3层的顶面恢复到未变形状态,其下各层做相应的等量恢复,又可以得到第3层沉积后的构造剖面。依此方法类推,直至得到初始状态的剖面,由此可以绘制出剖面的构造演化史(图11-21)。

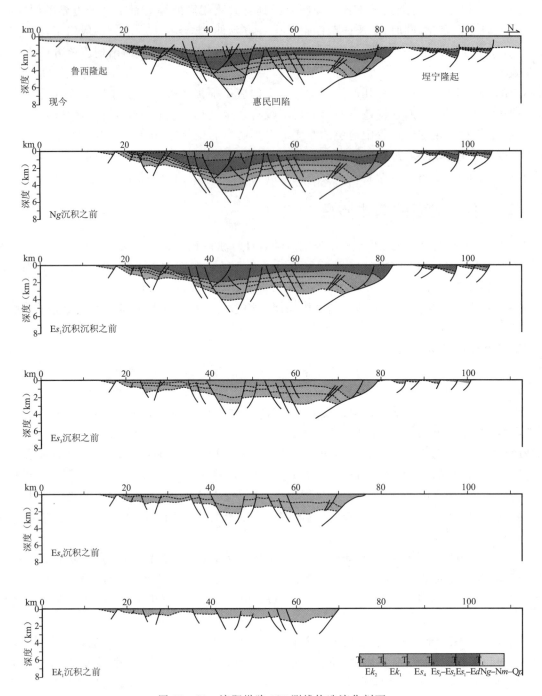

图 11-21 济阳坳陷 483 测线构造演化剖面

一个盆地的地质构造演化史是一个复杂的过程,地层当中每一个大的不整合面都对应一个地壳的抬升和地层的剥蚀过程,而这个过程中又往往包含了一次构造运动中多期次的变形作用、沉积作用和剥蚀作用,因此,平衡剖面制作过程中,一个不整合面上剥蚀量的恢复是平衡剖面的制作合理与否的关键性问题。平衡剖面制作人员不仅要熟悉计算机的操作,更重要的是要了解研究区的大地构造格架,盆地周边的地质构造演化史及盆山的耦合关系,盆地内地层与钻井资料的对比。这样,才能在剖面制作过程中加入一定的人工干预,使剖面尽量符合地质实际。

第五节 低温热年代学技术

热年代学是在封闭温度和冷却年龄的概念基础上发展起来的,与高温锆石 U/Pb 定年方法相比,低温热年代学[磷灰石裂变径迹(AFT)和(U-Th)/He]由于其封闭温度较低(约 60~120℃)和对上部地壳(约 2~12 km)岩石运动的敏感性,从而被广泛应用于地质体定年、盆地构造-热演化史分析、造山带抬升剥露、断裂活动时间约束、古地形研究及矿产开发等方面的研究,现已成为地球科学领域的常规测试分析方法。

裂变径迹技术从 20 世纪 60 年代兴起以后,经过几十年的发展,已经成为一种比较成熟的技术方法。由于裂变径迹的方法携带着年龄、长度及其分布等丰富的热历史信息,其在确定各种岩石的地质年代及反演盆地的热历史方面具有其他方法无法比拟的定量性与系统性,因而迅速成为定量研究热历史的关键方法。本节主要介绍目前在低温热年代学研究中应用比较广泛的磷灰石裂变径迹的相关原理与方法。

一、裂变径迹定年方法的基本原理

1. 裂变径迹

自然界的矿物中都或多或少地含有一些放射性元素,如铀(U)、钍(Th)等。这些放射性元素的原子核在发生核裂变时将分裂成两个相似的碎片。由于核裂变的同时将释放出约 200MeV 以上的能量,因此带电的两个高能碎片将向相反的方向发生运动,当这种快速运动的原子核碎片通过矿物晶格时,就产生一个放射性损伤的狭窄痕迹。这就是裂变径迹(fission track)。

关于裂变径迹形成的根本原理,至今没有最终的解释,但 Fleischer 等人在 1965 年提出的"离子爆炸尖峰模型"对其形成给予了令人满意的解释。该模型认为裂变碎片是急剧打来的带电质点经过晶格的时候,使得其旁边原子电离化,这些电离化的带正电离子,由于强烈的库仑排斥力而向四周晶格挤压,造成晶格的损伤,留下损伤的痕迹,这种损伤的痕迹就叫做裂变径迹。

裂变径迹的长度约 10μm 左右,其直径约 $(50\sim100)\times10^4$ μm,只有在电子显微镜下才能观察到。但 Price 和 Walker(1962)发现,晶格内的这个损伤区域的显著特点之一,就是它可以被特制的化学试剂所溶解,溶解后直径可以扩大到在普通光学显微镜下能够观测的范围,这也为我们观察和统计裂变径迹信息提供了便利。

2. 自发裂变径迹和诱发裂变径迹

放射性元素的核裂变可以分为自发核裂变和诱发核裂变两种。相应的裂变径迹也分为两种,由自发核裂变形成的裂变径迹称为自发裂变径迹,由诱发核裂变形成的裂变径迹称为诱发裂变径迹。

大量的实验表明,^{235}U 的自发裂变半衰期为 1.9×10^{17} a,^{238}U 为 6.5×10^{15} a,^{232}Th 为 10^{21} a 以上。同时自然界中 ^{238}U 的丰度比 ^{235}U 的丰度高近 140 倍。所以,可以认为矿物中的自发裂变径迹的 99% 以上都是由 ^{238}U 的自发裂变形成。通常又把地质时期中形成的 ^{238}U 自发裂变径迹称为古裂变径迹或古径迹。

由于自发裂变的半衰期很长,即衰变速率很低,为了使裂变以较大的几率进行,必须给重核以附加能量。可以使核裂变发生的最小附加能量称为裂变阀能,也就是裂变的激活能。^{235}U 的中子结合能为 6.4MeV,大于 ^{235}U 的裂变激活能(5.3MeV)。因此,不管 ^{235}U 吸收多大动能的中子,都会引起核裂变。而 ^{238}U 和 ^{232}Th 的中子结合能都小于裂变激活能,当吸收一个中子时,很难发生核裂变。所以可以认为,重核经中子反应堆辐射后所产生的裂变径迹主要来自 ^{235}U,而 ^{238}U、^{232}Th 的贡献可以忽略不计。

3. 裂变径迹定年的原理

裂变径迹法是透过对铀裂变产物在矿物晶格内形成的辐射损伤即裂变径迹的统计,来完成年龄测

试的,其年龄公式如下:

$$t=\frac{1}{\lambda_a}\ln\left(1+\frac{\lambda_a}{\lambda_f}\cdot\frac{\rho_s}{\rho_i}\cdot\phi\cdot\sigma\cdot I\right) \quad (11-25)$$

式中:t 为裂变径迹年龄;λ_a 为 ^{238}U 总衰变常数,$1.551\times10^{-10}a^{-1}$;$\lambda_f$ 为 ^{238}U 自发裂变衰变常数,$8.46\times10^{-17}a^{-1}$;ϕ 为热中子通量;σ 为 ^{235}U 的热中子裂变有效截面积,$580.2\times10^{-24}cm^2$;I 为 $^{235}U/^{238}U$ 的同位素丰度比值,7.2527×10^{-3};ρ_s/ρ_i 为自发裂变径迹与诱发裂变径迹密度比。

其中 λ_a、I、σ 作为常数已被较好地标定,为国内外各实验室广泛采用的数值如上所列,而常数 λ_f,由于多种原因,始终存在着 $6.9\times10^{-17}a^{-1}$,$7.03\times10^{-17}a^{-1}$ 或 $8.42\times10^{-17}a^{-1}$ 等不同数值的选择,热中子通量 ϕ 则是每次辐照时监测得出。至此,不难看出一个裂变径迹年龄的给出将取决于以下几点:①自发和诱发裂变径迹密度的准确统计;②热中子通量 ϕ 的准确监测;③常数 λ_f 的选择。

为了避免因选取不同衰变常数 λ_f 和中子通量计带来的误差,Hurford 和 Green(1982)提出 Zeta 校正法。具体为已知年龄的标准矿物和用于监测中子通量的 U 标准玻璃加盖外探测器后与待测样品一起辐照,并置于同一实验流程中蚀刻揭露径迹,然后测定标准矿物颗粒的自发裂变径迹密度和对应的诱发裂变径迹密度,以及 U 标准玻璃对应的诱发裂变径迹密度,计算 Zeta 值,公式如下:

$$\xi=\frac{(e^{\lambda_a T_{STD}}-1)}{\lambda_a(\rho_s/\rho_i)_{STD}G\rho_d} \quad (11-26)$$

式中:T_{STD} 为标准矿物年龄;ρ_d 为 U 标准玻璃对应的诱发裂变径迹密度;G 为几何因子;其他参数的意义同上。把式(11-26)代入下式即可求得未知样品年龄。

$$T_{UNK}=\frac{1}{\lambda_a}\ln\left(1+\lambda_a\xi\frac{\rho_s}{\rho_i}G\rho_d\right) \quad (11-27)$$

式中:T_{UNK} 为待求样品年龄。

拥有年龄标准样的矿物并不多,IUGS 推荐的标准样为:磷灰石包括 Fish Canyon 磷灰石($27.8\pm0.7Ma$)和 Durango 磷灰石($31.4\pm0.5Ma$);锆石包括 FCT($27.8\pm0.7Ma$)、BMT($16.2\pm0.2Ma$)和 TR($58.7\pm1.1Ma$)。

上述裂变径迹测年方法,现已被各实验室所普遍接受,在裂变径迹数据国际对比中被广泛使用。

随着裂变径迹技术的发展,先后建立起多种测年方法,每种方法各有优缺点。目前应用最多的主要有三种方法,分别是:总体法(POP 法),外探测器法(ED 法)(Wagner 和 Haute,1992)和减去法。由于总体法主要适用于样品颗粒来自同一年龄组分的情况,主要应用于火成岩的样品测试,而减去法主要用于火山玻璃和玻璃陨石。外探测器法的自发径迹和诱发径迹的比值是由每一单独的颗粒确定得出的,因此它一般情况下,适用在样品中的颗粒来自不同年龄组分(主要是沉积岩、变质岩)或者包含高 U-异质的颗粒,还有颗粒比较少等情况。由于外探测器法可以运用的范围更宽,加之由于 ζ 校正技术的发展,使其成为目前应用最广泛的裂变径迹测年方法。

外探测器法的测年过程是:在辐照之前先对矿物的内表面进行抛光,然后蚀刻使自发径迹显现,辐照时将外探测器(ED)固定在包含自发径迹的矿物内表面的蚀刻面上,之后送入反应堆进行辐射,使外探测器可以记录样品矿物中的诱发径迹,再对外探测器进行蚀刻,显现诱发径迹,最终在外探测器上统计和测量诱发径迹,在矿物内表面上统计和测量自发径迹。需要注意的是:用来制作外探测器的材料本身必须不含铀元素,以便最后在外探测器上观察到的诱发径迹完全来自于样品,而不是来自于外探测器材料本身。

塑料薄片(铀含量 0.0001×10^{-6} 以下)可以用来制作外探测器,但制作外探测器材料中应用最多的是低铀白云母(铀含量 $0.1\sim0.0001\times10^{-6}$)。作为一种矿物,云母是一种各向异性探测器,因其径迹记录特征与研究矿物样品很相似而得到了普遍应用。

二、裂变径迹退火特性

(一)退火及部分退火带

裂变径迹并不总是稳定存在的。大量的实验表明,矿物中的径迹都具有随温度的增高而径迹密度减少、长度变短直至完全消失的特性,这一特性称为退火(annealing)。其原因是裂变径迹在晶体内部造成的放射性损伤在特定的时间和外因的作用下,这种损伤将复原,径迹消失。矿物经历的温度越高,时间越长,退火作用就越强。因此,裂变径迹退火的程度反映了矿物所经历的热史,这一点正是裂变径迹法研究盆地热史的基础。

1973年,Dodson提出了封闭温度的理论假设,放射性同位素定年从此具有了"热"的含义。由于矿物扩散或退火动力机制及累积速率的相互作用,针对不同的同位素测年体系,不同的矿物具有自身独特的计时方式,即封闭温度(closure temperature)范围。当外界温度低于同位素封闭温度的上限时,同位素"时钟"启动,开始计时;反之,当外界温度高于同位素封闭温度的上限时,"时钟"停止计时。因此,热年代学定年测定的是矿物的"热年龄",并非其结晶年龄。然而,由于封闭温度的概念过于简单,只能用于单一冷却过程,不能满足裂变径迹定年实际应用的需要,Wagner和Reimer(1972)提出了部分退火带的概念。

部分退火带(partial annealing zone)也称为部分保持带,指裂变径迹开始积累至完全稳定所处的温度区间。在仅考虑温度影响的情况下,如果环境温度高于矿物的部分退火带的上限温度,裂变径迹发生完全退火;如果环境温度处于矿物部分退火带温度范围之内,裂变径迹发生部分退火;如果环境温度低于部分退火带的下限温度,裂变径迹不会发生退火。

磷灰石裂变径迹的退火温度是所经历的最高古地温和时间的函数(Naeser,1969;Wagner,1972)。在地质历史研究中,通常认为磷灰石裂变径迹的退火温度约为120℃,随着样品的不断埋深,地温不断升高,裂变径迹发生退火作用。对于磷灰石裂变径迹,当温度大于60℃时,裂变径迹发生部分退火,当温度大于110~120℃,裂变径迹完全退火,磷灰石裂变径迹发生部分退火的温度范围约为60~120℃。当样品经历的最高古地温大于完全退火温度时,裂变径迹不再保存,年龄为零。如果后期发生一次快速冷却事件,使样品所处的温度小于退火温度,裂变径迹开始保存,矿物的裂变径迹体系的时钟也重新启动,地层底部记录的几乎相同的裂变径迹年龄要远小于其沉积年龄,这就是快速冷却事件发生的时间。

(二)影响裂变径迹退火的因素

1. 结晶离子成分的影响

Green等(1988)在奥特韦盆地热历史的研究中发现,处在退火带高温部分的磷灰石样品的单颗粒年龄分布呈奇特的分散状态,年龄在近退火带下限仍大小差异悬殊,于是对磷灰石成分进行了研究,发现裂变径迹年龄与参与结晶的离子Cl、F的含量有明显关系。随着Cl含量的增加,磷灰石单颗粒年龄可以从0变化到120Ma,这说明Cl磷灰石比F磷灰石更能抵抗退火作用。

另外,挪威Snarum纯氧磷灰石的退火实验也得出了同样的结论。Snarum纯氧磷灰石的裂变径迹长度约为15μm,在370℃条件下加热1小时后仍没有发现明显的裂变径迹缩短现象,而同样条件下Durango磷灰石[Cl/(Cl+F)≈0.1]的裂变径迹已基本完全退火。

2. 结晶各向异性的影响

磷灰石中不同结晶方位的裂变径迹退火速率是不同的,平行于C轴的裂变径迹比垂直于C轴的裂变径迹表现出更强的抵抗特征(Green等,1986)。随着退火程度的提高,各向异性变得更加明显。Durango磷灰石退火实验表明,在366℃加温1小时后,只有很少的裂变径迹存在,并且都平行于C轴,在磷灰石裂变径迹长度测量时,应选择大致平行于C轴的柱面上的裂变径迹。当磷灰石在被化学试剂腐蚀时,其平行于 C 轴的腐蚀速率和垂直于 C 轴的腐蚀速率也存在各向异性,为 3:1 左右,因而在统计时,平行于 C 轴的裂变径迹非常细小,不易被发现,而垂直于 C 轴的裂变径迹非常明显。

3. 裂变径迹退火动力学

裂变径迹的退火特征最早是通过裂变径迹密度减少的退火实验来研究的,在裂变径迹退火过程中,退火时间和退火温度之间的关系可以用阿累尼乌斯方程来表示:

$$\ln t = \ln a + E/RT \tag{11-28}$$

式中:t 为退火时间;a 为与物质退火程度有关的常数;E 为径迹退火的活化能(eV);R 为气体常数;T 为绝对温度。

在阿累尼乌斯图上,裂变径迹退火程度相同的点成为一条直线,直线斜率的大小与裂变径迹退火的活化能有关,斜率越大,活化能越高(图 11-22)。

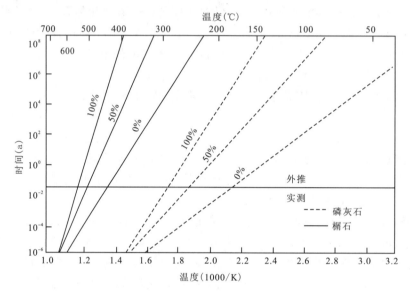

图 11-22 磷灰石和榍石裂变径迹退火过程中时间和温度的关系
(据 Naeser 和 Faul,1969;转引自陆克政等,2001)

实验室得到的裂变径迹退火的时间与温度之间的直线关系,可以外推到地质年代中去(表 11-2),并可用于估算矿物所经历的最高古地温。从表 11-2 可以看出,在沉积盆地的年龄范围内($10^6 \sim 10^9$ a),只有磷灰石裂变径迹的退火温度位于沉积盆地地温的分布范围内,所以磷灰石的裂变径迹在沉积盆地热史研究中是最常用的。

表 11-2 部分矿物中裂变径迹退火的时间和温度(据王庆隆等,1984;转引自陆克政等,2001)

矿物	退火时间(a)	退火温度(℃)		
		100%退火	50%退火	0%退火
磷灰石	10^6	171	110	50
	10^9	127	72	13
榍石	10^6	419	355	269
	10^9	362	315	215
石榴石	10^6	509	422	407
	10^9	462	372	360
绿帘石	10^6	622	560	325
	10^9	596	530	319

三、裂变径迹长度分布特征与热历史

裂变径迹长度分布是裂变径迹热历史分析中最敏感和最有效的方法。因为磷灰石裂变径迹是以恒定的速率产生的,磷灰石中的每一条裂变径迹实际上是在不同时期、不同温度条件下形成的,其形成后又经历了不同的热历史,每条径迹所经历的总热历史对其长度都有影响,所以温度-时间对裂变径迹的作用除直接在表观年龄上有体现外,更多更详细的信息是被累积径迹的长度所记录。Green 等(1985)对磷灰石裂变径迹退火过程的研究表明,每个径迹的最终长度是由其经历的最高温度所决定的,在超过退火带下限的温度时(通常为150℃),径迹不能留存;在退火带温度范围内,径迹开始保存。当温度下降时,径迹长度就像"冻结"一样,保持在温度最高时的长度。当温度继续下降,低于退火带上限时,新生径迹将以原始长度保存。如此径迹长度可以记录接近到150℃以下所有热历史,所以对径迹长度的研究是获得有关温度-时间信息的重要途径。Wagner(1991)也认为,由于样品中每一条自发裂变径迹自生成以来都经历了不同的发展历史:高温阶段的消失,中温阶段因退火或多或少的缩短,而低温阶段保持其完整长度,因而,不同时间-温度历史的样品具有不同特征裂变径迹长度分布。通过分析径迹长度分布频次图的形态、平均径迹长度和标准偏差等参数,结合径迹年龄就可反映样品所经历的热演化史。

径迹长度的测量有两种方法,即投影裂变径迹长度测量法和围限裂变径迹测量法。Laslett 等(1982)和 Gleadow 等(1986)认为,投影裂变径迹长度的测量不能敏感地反映出岩石所经历的热历史,具有很大的偏离;而围限裂变径迹长度的分布却可以最大限度地提供岩石所经历热历史的信息。Gleadow 等(1986)研究了磷灰石裂变径迹的不同类型及其所反映的热历史(图 11-23),将围限裂变径迹的分布类型分为以下几种。

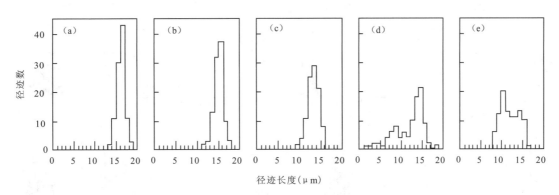

图 11-23 磷灰石围限径迹长度分布及分类(据 Gleadow 等,1986)
(a)诱发型;(b)无扰动火山型;(c)无扰动基岩型;(d)双峰型;(e)混合型

(1)诱发型:分布窄,绝大部分径迹长度在 $15\mu m$ 至 $17\mu m$ 之间,平均径迹长度为 $16.3\mu m$,标准偏差约为 $0.9\mu m$[图 11-23(a)]。

(2)无扰动火山型:大部分径迹长度在 $13\mu m$ 至 $16\mu m$ 之间,平均径迹长度为 $14.04\sim 15.69\mu m$,长度分布的标准偏差为 $0.77\sim 1.33\mu m$,大部分为 $0.8\sim 1.0\mu m$。它们反映的热史是岩石迅速冷却后,没有受到热作用的扰动,一直处于较低的温度(<50℃)状态下[图 11-23(b)]。

(3)无扰动基岩型:平均径迹长度为 $12.5\sim 13.5\mu m$,标准偏差为 $1.3\sim 1.7\mu m$,分布具明显的负向偏差(即短长迹比例偏大)。它们反映的热史是岩石处于缓慢冷却环境中,很少有或没有明显的加热作用[图 11-23(c)]。

(4)双峰型:长度分布上具有两个明显的峰值,平均长度小于 $13\mu m$,标准偏差大于 $2\mu m$。其径迹亦由两部分组成,一部分是热事件前或热事件过程中形成的,长度较短;另一部分是热事件后,冷却到低温条件下形成的[图 11-23(d)]。

(5)混合型:长度分布范围很宽,偏差大于 $2\mu m$。它反映了裂变径迹由两部分组成,一部分具较短的长度,是高温前或高温过程中形成的;另一部分具较长的长度,是岩石经受高温后的冷却过程中产生的[图 11-23(e)]。

周成礼等(1994)对简单热史和复杂热史下磷灰石裂变径迹长度分布特征作了一个简单的总结和讨论,在利用磷灰石裂变径迹长度特征进行盆地热史恢复方面进行了有益的尝试。当样品处于稳定降温过程时,最初退火速率快,但随着温度的降低,退火速率变慢,径迹长度分布不对称,呈负偏(图 11-24A);稳定升温过程中与稳定降温过程相反,退火速率由快变慢,裂变径迹长度对称分布,近似正态分布(图 11-24B);恒低温过程中,刚开始迅速退火,至一定程度后发生极缓慢退火,长度分布特征类似于 Gleedow 所定义的"未搅动型"(图 11-24C);但是自然界的地质过程都是复杂的,因此当样品经历先升温后降温的过程时,裂变径迹呈现升温期退火,降温期基本不退火,径迹长度分布不对称,略显正偏,这种热史过程类似于地层沉积埋藏—抬升剥蚀过程(图 11-24D);当样品经历的过程为升温—降温—升温过程时,径迹长度分布与简单的升温过程类似,径迹平均长度稍大,其差值取决于复杂的地史路径(图 11-24E);当样品经历的过程为升温—降温—恒低温过程时,在冷却前后所生成的裂变径迹形成两个不同的总体,二者平均长度相差不大,总的径迹长度分布呈双峰状(图 11-24F)。

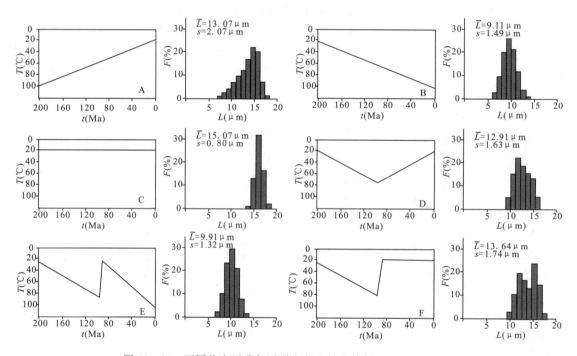

图 11-24 不同热史下磷灰石裂变径迹长度特征(据周成礼,1994)

四、裂变径迹技术在盆地反转构造研究中的应用

盆地沉降接受沉积,由于后期构造作用,往往会引起地壳隆升,造成地层剥蚀或缺失,这种现象在世界上许多盆地都存在。我国西部及东部的诸多油气盆地都经历过一次甚至多次构造反转。地层的缺失使确认反转时代及反转持续时间成为难点,而裂变径迹技术则可较好地解决此问题(Green 等,1995;Hill 等,1995)。沉积埋藏过程是一个增温过程,埋藏到一定深度即可导致矿物裂变径迹退火或部分退火,而地壳隆升的冷却事件则可重新启动已退火的裂变径迹时钟,从而较准确地记录构造反转发生的时间,通过与其他地质资料相结合,还可以估算出构造反转的幅度。

Mitchell 等(1994)利用裂变径迹方法确认了澳大利亚西 Otway 盆地的两次反转隆升。早白垩世时,盆地接受沉积,从中白垩世(约 95Ma)始,盆地开始反转隆升,但隆升幅度及剥蚀量均较小,盆地处于初始构造活动期,晚白垩世盆地进入隆升高峰期,并以盆地边缘隆升为主,隆升结束于古近纪。

构造分析和镜质体反射率研究表明,吐哈盆地在晚侏罗世—早白垩世发生过构造反转,Zhu 等(2005)根据磷灰石裂变径迹分析将盆地反转时代定于120~100Ma 之间(图 11-25)。

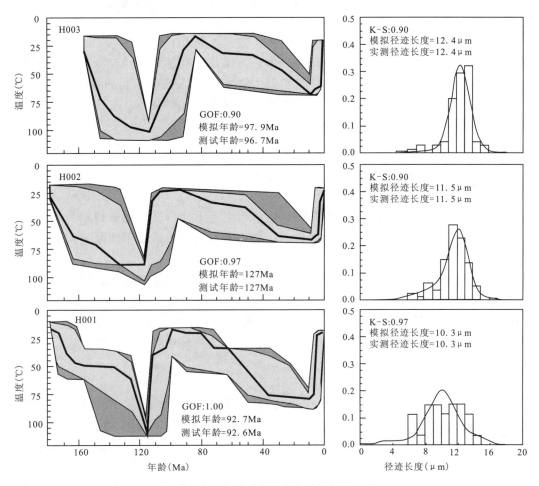

图 11-25 吐哈盆地侏罗系样品的热史模拟图(据 Zhu 等,2005)

(深灰区代表"可以接受的"热史拟合曲线集,浅灰区为"高质量的"热史曲线集,黑线代表"最佳"热史拟合曲线;"K-S 检验"表示径迹长度模拟值与实测值之吻合程度,"年龄 GOF"代表径迹年龄模拟值与实测值之吻合程度,若"年龄 GOF","K-S 检验"都大于5%时,表明模拟结果"可以接受",当它们超过50%时,模拟结果则是高质量的)

松辽盆地晚白垩世以来发生了多幕构造反转。宋鹰(2010)结合地震、测井、沉积、古生物和构造等方面的分析,利用磷灰石裂变径迹的方法,对松辽盆地裂后期构造-热演化历史进行恢复和模拟,提取了反映构造反转事件的低温热年代学信息,确定了松辽盆地晚白垩世主要有四幕构造反转,时间分别为 88Ma、77Ma、73Ma、65Ma。构造反转在盆地的东部强烈,向西逐渐减弱。

第十二章 盆地热历史分析

盆地热历史分析是盆地分析中的一个重要内容,它不仅是研究盆地形成与演化过程中不同时期的古地温场和岩石受热历史的一个有效手段,而且可以为盆地成因、形成和演化的深部过程研究提供重要信息。此外,盆地热作用也是影响和控制地层中有机质煤化作用、油气成藏、层控矿床形成以及沉积物成岩作用的重要因素。

第一节 基本概念

地球内部主要通过岩石的热传导以及岩浆、火山和温泉等不同形式向地表传递和散失热。其热源主要由幔源热、放射性元素产生的热和岩浆热构成。盆地的地热状态可以用地温和大地热流两个参数表示。

地温(T)是指地球内部某一深度处的温度,其单位为℃。地温在地球内部是深度的函数。在正常情况下,由地球表面向深部温度是逐渐增高的。地温的增高率即为地温梯度(G),是指沿地下等温面的法线向地球中心方向单位距离上温度所增加数值,其单位为℃/100m 或℃/km。大地热流(Q)是指地球内部单位时间内向地球表面单位面积上传递的热量,是地球内部热释放的主要形式。大地热流是地温梯度和岩石热导率的函数:

$$Q = K \times G$$

岩石热导率(K)是表示岩石导热性能的大小,即沿热流传递的方向单位厚度上温度降低1℃时单位时间内通过单位面积的热量。

大地热流不受深度的影响,它反映了地球内部的实际热流量。深部软流圈的上隆或沿深大断裂的热流体活动都可以导致大地热流的增高。

存在于地球内部的地温能量实际上是一种物理场。这种物理场被称为地温场,是地温能量存在的空间和赋存的基本形式。在地球演化历史中,由于地球深部的作用以及表层的沉积作用和压实作用,地温场随地球演化而变化。因此,在地球内部过去某一地质时期在某一深度的温度可能是变化的。为了与现今的地温和地温场相区别,把在地球内部过去某一地质时期在某一深度的温度称为古地温,过去某一地质时期的地温场称为古地温场。

第二节 盆地热历史研究方法

盆地热历史研究是一个复杂的地质问题。由于沉积盆地中有机物质的受热史、自生成岩矿物的变化和矿物的核裂变与其所在盆地的构造发育史及地层的埋藏史密切相关,因此,盆地的热历史分析应建立在盆地演化分析的基础上。目前盆地热历史的研究主要采用古温标、模拟计算以及古温标和模拟计算相结合的方法。

一、古温标法

地史中的古温标可分为两类,即直接古温标和间接古温标。在地史中能够保存的直接古温标是比较少的,目前比较常用和测试方法比较完善的直接古温标为矿物流体包裹体。而间接古温标较多,并可分为两类,即有机古温标和无机古温标。比较常用的有机古温标主要为镜质体反射率(R_o)、孢粉体的颜色和荧光性变化、有机地球化学参数,以及牙形石色变指数;而比较常用的无机古温标主要为自生成岩矿物和磷灰石裂变径迹。

(一)镜质体反射率法

镜质体反射率法最早是由 Hoffmann 和 Jenkner 在 1932 年提出的。当时,他们使用 Berek 光度计测定煤中镜质体反射率,并发现测试的结果与煤阶有很好的对应关系。因此,从 20 世纪 60 年代开始,它主要被用于确定煤的变质程度。70 年代开始在石油和天然气勘探中得到广泛应用,主要用于确定干酪根的成熟度。近 30 年来,镜质体反射率一直是最重要的有机质成熟度指标,并用来标定从早期成岩作用直至深变质阶段有机质的热演化。

1. 镜质体

地层中的镜质体是由高等植物木质素经生物化学降解、凝胶化作用而形成的凝胶体再经煤化作用转变而形成的一种特定的显微组分。它普遍存在于从泥盆纪以来的地层中,但在煤和炭质泥岩中含量最高,而在海相碳酸盐岩中含量最低。镜质体与其他显微组分(壳质组和惰性组)相比,在整个煤化作用过程中,能够保持最好的热演化特征。

2. 镜质体反射率与古地温的关系

镜质体反射率具有两个重要特征,其一,镜质体反射率是其达到的最高温度以及该温度所持续时间的函数;其二,它具有不可逆性。这两个重要特征是其能够进行古地温推算的重要依据。基于镜质体发射率恢复古地温和热历史的方法很多,如图解法(Karweil,1956)、公式法(Cannan,1974;Hood 等,1975;Barker 和 Pawlewicz,1986)、拟合法(Lerche 等,1984;Sweeney 和 Burnham,1990)等。此外,还有肖贤明等(1998)以 Arrhenius 方法为理论基础,应用 Karweil 图解法提出的镜质体反射率梯度法。

Karweil(1956)图解法是通过对煤的模拟实验所建立的有机质成熟度、温度和受热时间之间的关系来推算古地温(图 12-1)。在这个关系图中,对已知时代的地层,只要测定出地层中镜质体反射率,就可以推算出所经受的最高古地温。Hood 等(1975)认为该方法使用的活化能偏低,夸大了受热时间的作用。

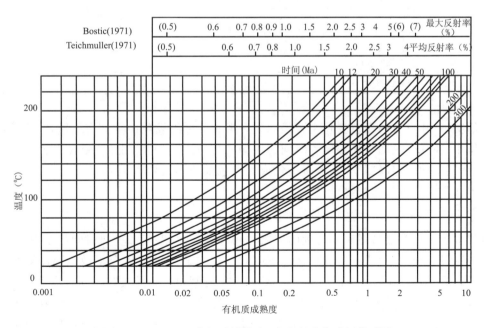

图 12-1 Karweil 有机质成熟度、温度和受热时间关系图

Barkerr 和 Pawlewicz(1986)的公式法是基于世界 35 个地区 600 多个腐殖型有机质的平均镜质体反射率与其对应的最大温度建立起来的统计方法,可用式 $\ln R_o = 0.0078 T_{peak} - 1.2$ 表示。该方法剔除了时间因素的影响,尤其适用于存在地层剥蚀的多旋回沉积盆地。

(二)牙形石色变指数法

牙形石是一种形体还不清楚的海相动物的硬质微体化石,广泛分布于寒武纪至三叠纪海相地层中,在海相碳酸盐岩地层中尤为丰富(周中毅等,1992)。由于这些地层中镜质体往往非常稀少,因此,牙形石是镜质体反射率的一种补充。牙形石的无机成分主要为磷酸盐矿物,用甲酸或乙酸很容易从碳酸盐岩中分离出来。分析仪器简单,成本低,分析和鉴定易于掌握。牙形石色变指数 CAI(Color Alteration Index)是在双目实体显微镜下,根据牙形石的颜色色度标定的颜色蚀变指数。周中毅等(1992)对利用牙形石色变指数(CAI)测定古地温进行了系统概括。

1. 牙形石色变特征及机理

牙形石加热实验表明:在受热情况下牙形石的颜色发生规律性变化,随受热温度和时间的增加而相应地由原色(浅黄)变成褐色,以至黑色。在高温条件下,牙形石褪色成乳白色及透明无色,并具有不可逆性。其不同的颜色与一定的温度和有效持续时间是对应的。Epstein 等(1977)根据野外牙形石颜色和加热实验的资料与 Munsell 土壤色谱的对比,将牙形石颜色分为 8 级(表 12-1)。在实际应用中还可在这个分级的基础上进行更细的划分。

表 12-1 牙形石颜色分级表(据 Epstein 等,1977)

CAI	
1	淡黄色(2.5YR7/4 至 8/4)
1.5	极淡褐色(10YR7/3 至 10YR8/4)
2	褐至深褐色(10YR4/2 至 7.5YR3/2)
3	深褐灰(10YR4/2)—黑褐红(5YR5/2)—黑(10YR2.5/1)
4	黑色(5YR2.5/1 至 10YR2.5/1)
5	黑色(7.5YR2.5/0 至 2.5YR2.5/0)
6	灰色
7	不透明乳白色
8	无色透明

在受热情况下,牙形石的颜色变化主要是因为牙形石的微细孔隙中含有有机质,有机质随温度作用而发生炭化作用,使其颜色随受热温度和时间的增加而相应地由原色(浅黄)变成褐色,以至黑色;在高温条件下,由于其中的固定碳挥发,牙形石褪色成乳白色及透明无色。因此,牙形石的色变过程实际是牙形石的微细孔隙中有机质的炭化过程。

2. 牙形石色变指数与古地温的关系

牙形石的颜色变化直接与埋深和持续的埋藏时间有关,并与温度和受热时间成函数关系,符合热动力化学反应规律(Epstein 等,1977)。Epstein 等(1977)建立的牙形石色变指数(CAI)与古地温阿雷尼乌斯坐标图(图 12-2)表明了牙形石色变指数(CAI)、古地温和有效受热时间的对应关系。

我国的牙形石色变指数研究大致从 1979 年开始,主要对我国古生代—中生代海相地层进行了研究,讨论了牙形石色变指数(CAI)与古地温的关系;并应用牙形石色变指数(CAI)与古地温的关系对盆地的古地温场进行恢复,指导油气勘探(周希云,1980,1985,1987;蒋武,1980;钟瑞等,1982;杜国清,1983)。但大量研究表明,当色变指数(CAI)为高值时用阿雷尼乌斯坐标图估算的最高古地温可能接近

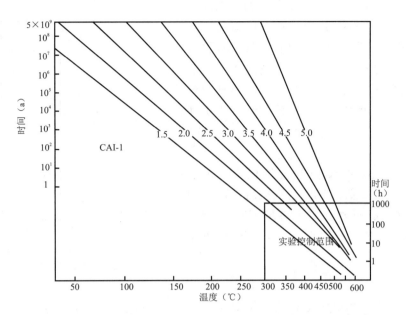

图 12-2　牙形石色变指数(CAI)与古地温阿雷尼乌斯坐标图(据 Epstein 等,1977)

实际的古地温,当色变指数(CAI)为低值时用阿雷尼乌斯坐标图估算的最高古地温则明显偏低(周中毅等,1992)。因此,用 CAI -古地温阿雷尼乌斯坐标图估算最高古地温必须进行古地温校正。周中毅等(1992)介绍了 3 种校正方法。

第一,用实验方法。Epstein 等(1977)的实验表明,在有水密闭的高压、550℃下加热 3 小时,CAI 为 1.5;在其他条件下加热,CAI 为 3。两者相差 1.5 级值。有人曾利用此差值来校正古地温(包德宪和王元顺,1984),但校正的最高古地温要比实际的偏高。

第二,用镜质体反射率(R_o)估算的古地温校正牙形石 CAI -古地温。利用此法,只要找到 R_o 与 CAI 的对应关系,就可以求得它们的古地温比值(即校正系数 N 系列)。周希云(1985)和蒋武(1986)曾分别用此法求得过校正系数 N 系列。由于对 CAI 与 R_o 及 R_o 与地温的对应关系各学者看法不一致,因此用此法得到的校正系数 N 系列有待于实验检验。

第三,选择持续埋藏至今的地区,用探井中的牙形石 CAI 与实测地温的直接对应关系求校正系数 N 系列。我国冀中地区多数奥陶系(含牙形石)埋藏较深,上覆地层为石炭系至第四系,部分地区缺失石炭系和二叠系。现在奥陶系的埋深和地温基本上就是它所经历的最大埋深和最高地温。包德宪和王元顺(1984)以及张放和连弟(1984)分别对冀中地表及深井中的奥陶系牙形石 CAI 与地温关系作了总结。

(三)自生成岩矿物法

沉积岩中的自生成岩矿物主要包括黏土矿物、沸石类矿物、氧化硅系列矿物、碳酸盐、硫酸盐和硫化物矿物。这些自生矿物受围岩环境的影响均发生不同程度的变化。碳酸盐、硫酸盐和硫化物矿物易受化学因素影响。而黏土矿物、沸石类矿物、氧化硅系列矿物在成岩过程中的演变与温度、压力及反应时间等物理因素密切相关,其演变具有不可逆性。因此,它们可用作标定沉积岩成岩作用程度和古地温的指标。

1. 黏土矿物

黏土矿物属层状含水硅酸盐类矿物,主要由蒙脱石、伊利石、绿泥石和高岭石组成。通常把能被层间水或层间有机分子侵入而引起晶体结构层间距增大的黏土矿物称为膨胀性黏土矿物,如蒙脱石以及含有蒙脱石晶层的间层矿物。而不具备这种性能的矿物就叫作不膨胀黏土矿物,如高岭石、绿泥石以及不含蒙脱石晶层的伊利石等云母类黏土矿物。在深埋藏成岩作用中,膨胀的蒙脱石会分阶段脱去层间水,同时,K^+、Ca^{2+}、Mg^{2+}、Fe^{2+}等阳离子进入层间或结构层中,使蒙脱石最终转变成伊利石或绿泥石族矿物。

蒙脱石转变为蒙脱石-伊利石混合层矿物时所需的温度为104℃,蒙脱石-伊利石混合层矿物转变成伊利石时所需的温度为137℃(Aoyagi 和 Kazama,1980)(图12-3)。

Weaver(1960)和 Kubler(1968)分别提出了伊利石锐度比和伊利石结晶度指数作为伊利石成岩作用的两个指标。这两个参数与镜质体反射率有较好的对应关系(Guthrie等,1986)(图12-4、图12-5),因此,也可作为推测古地温的参数。

2. 沸石类矿物

沸石是一族含水的架状硅酸盐矿物。沸石所含的水是一种特殊形式的水,介于结晶水和吸附水之间,被命名为沸石水。这种水受热时可以连续脱出,而不是分阶段

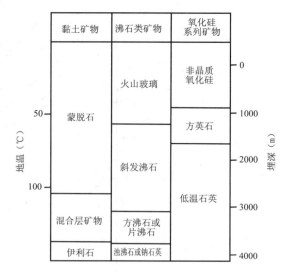

图12-3 日本新生代盆地泥质沉积物中黏土矿物、沸石类矿物和氧化硅系列矿物成岩转变时所需的温度和最大埋藏深度

(据 Aoyagi 和 Kazama,1980)

排出,故主要属于吸附性质的水。脱水或半脱水后的沸石,原有晶格并无变化,遇水仍可重新复原。在碱性环境的沉积成岩过程中,凝灰质沉积通常首先形成斜发沸石,随着埋藏深度的增加和温度的升高,斜发沸石变为方沸石或片沸石,继而转变成浊沸石或钠长石。

日本学者 Aoyagi 和 Kazama(1980)的研究结果表明火山玻璃形成斜发沸石时所需的温度为56℃,斜发沸石转变成方沸石或片沸石时所需的温度为116℃,最后变成浊沸石或钠长石时的温度为138℃(图12-3)。

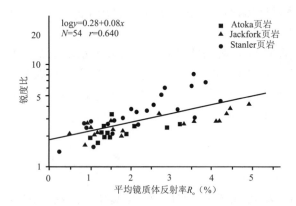

图12-4 美国活沃托山 Atoka、Jackfork 和 Stanler 页岩镜质体反射率与伊利石锐度比的关系

(据 Guthrie 等,1986)

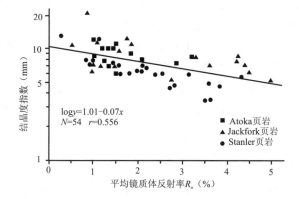

图12-5 美国活沃托山 Atoka、Jackfork 和 Stanler 页岩镜质体反射率与伊利石结晶度指数的关系

(据 Guthrie 等,1986)

3. 氧化硅系列矿物

根据 Aoyagi 和 Kazama(1980)的研究,非晶质氧化硅转变成方英石时所需的温度为45℃,低温方英石转变成低温石英时所需用的温度为69℃(图12-3)。

二、模拟计算法

目前国内外广泛采用的热历史模拟方法可归纳为两大类,即岩石圈尺度的构造-热演化正演模拟和盆地尺度的古温标反演模拟。岩石圈尺度的构造-热演化正演模拟是一种地球热力学方法。目前应用比较广泛的是 McKenzie 模型。盆地尺度的古温标反演模拟的方法较多,包括盆地古地温的拟合计算(随机反演法)、盆地热演化史(古地温梯度法)、盆地底部热流史(古热流法)和磷灰石裂变径迹法。周中毅等(1992)系统介绍了盆地古地温拟合计算方法;胡圣标等(1998)介绍了盆地热历史的分析方法;王世成(1998)介绍了磷灰石裂变径迹在地质热历史研究中的应用。近 10 余年来,我国在含油气盆地热历史研究方面取得了大量的研究成果,为指导我国油气勘探作出了重要贡献。

地球热力学方法是根据地热传递原理和盆地演化特征恢复盆地的热演化史,McKenzie(1978)提出的均匀扩张模式得到比较广泛的应用。该模式描述了岩石圈对拉伸作用的基本响应,把拉伸盆地的沉降分解为同裂陷期和裂后期沉降;提出了拉伸指数(β值)的重要概念,并确定了拉伸指数与盆地沉降和盆地热流演化的定量关系。

古地温的拟合计算总体可以分为三种方法,即时间-温度指数法(TTI)、化学动力学模型法和镜质体反射率的热演化动力学法,将在后文详细论述。

第三节 热史在盆地分析中的应用

盆地的形成和演化与地球的深部过程和岩石圈板块的相互作用密切相关。不同成因类型盆地的热作用和热演化存在较大差异。研究它们的地温场特征和热演化历史对研究盆地中油气的形成和聚集具有重要的实用价值。

一、中国东部不同类型盆地的地温场特征

以贺兰山、龙门山和大雪山径向造山带为界,从地质上可以将中国分为两大区域,即西部和东部。中国东部由于受印支板块和太平洋板块的联合作用,形成了数以百计的中、新生代盆地。这些盆地由于形成时代、所处大地构造位置以及岩石圈深部活动的差异,由西向东以大兴安岭、太行山、大娄山一线为界被划分为 3 个带,即西带、中带和大陆边缘带。这 3 个带以及不同带内单个盆地的地温场存在明显差异。

1. 盆地的今地温场特征

根据汪集暘和黄少鹏(1990)发表的中国大陆地区热流数据汇编,以东经 100°为界,计算出中国东部大陆地区平均地温梯度为 29.1℃/km,平均大地热流值为 65.65mW/m^2。这两个值基本代表了中国东部大陆地温场背景值,其平均地温梯度低于地壳平均地温梯度(30℃/km);平均大地热流值高于 Lee(1970)所得全球大陆平均热流值(61mW/m^2),而低于 Champman 和 Rybach(1985)所报道的全球平均热流值(76mW/m^2)。

中国东部西带的四川盆地和鄂尔多斯盆地的平均地温梯度和热流值明显低于中国东部大陆地区的平均地温梯度和平均热流值(表 12-2)。中带的渤海湾盆地、苏北盆地和松辽盆地的平均地温梯度和热流值都高于中国东部大陆地区的平均地温梯度和平均热流值(表 12-2)。中国东部大陆边缘盆地的平均地温梯度明显高于中国东部大陆地区,平均热流值接近中国东部大陆地区(表 12-3)。大陆边缘盆地都表现出向海一侧地温梯度和热流值逐渐增高的趋势(夏戡原和陈雪,1981)。

表12-2 中国东部大陆地区主要盆地的地温梯度和热流值(据汪集旸和黄少鹏,1990)

	四川盆地	鄂尔多斯盆地	渤海湾盆地	苏北盆地	松辽盆地
地温梯度 (℃/km)	21.5	20.3	37.5	30.0	40.7
	10.7~27.5	13.1~26.0	13.0~61.4	27.0~61.4	32.4~56.8
热流值 (mW/m²)	50.3	55.2	67.4	68.0	70.1
	34.3~73.8	34.8~72.4	43.5~100.1	5.0~83.0	44.4~95.0

表12-3 中国东部大陆地区大陆边缘盆地的地温梯度和热流值
(据饶春桃等,1991;李雨梁等,1990;陈雪英,1995)

	东海盆地	珠江口盆地	琼东南盆地	莺歌海盆地	北部湾盆地
地温梯度 (℃/km)	35.0	36.5	39.7	40.3	37.1
		26.2~60.8	36.5~43.9	37.0~45.5	30.3~45.1
热流值 (mW/m²)	69.5	67.8	63.6	59.0	61.7
		46.2~98.3	56.8~73.6	45.3~71.8	47.7~79.3

就单一盆地而言(表12-4),四川盆地川中地区的平均地温梯度和热流值较高,川西最低。鄂尔多斯盆地西南部的平均地温梯度和热流值较高,西部较低。四川盆地和鄂尔多斯盆地的今地温梯度和热流值具有很好的正相关关系,表明地温场已处于均衡状态。松辽盆地的地温梯度和热流值表现为盆地中部较高,向边缘降低,地温梯度和热流值相关关系明显,表明地温场已处于均衡状态。渤海湾盆地的地温场特征比较复杂,冀中坳陷具有低的地温梯度和高的热流值,渤中坳陷的地温梯度和热流值均比较低,在盆地内隆起区的热流值高于坳陷区,今地温梯度和热流值相关关系不明显,表明地温场仍处于未均衡状态,现今热流活动仍相当频繁。

表12-4 中国东部大陆地区主要盆地内部的地温梯度和热流值(据汪集旸和黄少鹏,1990)

	四川盆地			鄂尔多斯盆地		渤海湾盆地				
	川西	川中	川东	西部	西南部	冀中坳陷	黄骅坳陷	济阳坳陷	下辽河坳陷	渤中坳陷
地温梯度 (℃/km)	20.5	25.8	22.6	17.8	22.7	19.1	34.4	36.6	45.8	26.1
	10.7~27.0	22.4~27.5	21.7~23.5	13.0~22.5	18.8~26.6	13.0~27.0	33.5~35.4	19.0~57.4	30.5~61.4	21.8~30.5
热流值 (mW/m²)	47.7	69.1	60.1	42.8	67.6	72.4	74.1	67.9	66.0	60.7
	34.3~59.7	62.2~73.8	55.4~64.7	34.8~50.7	62.8~72.4	48.1~90.0	55.3~100	48.1~82.1	43.5~93.8	56.5~64.9

2. 盆地的古地温场特征

沉积物中的有机质是对热作用最敏感的物质成分。现今地层中有机质的热记录是漫长地质时期中热作用的综合记录。考虑到恢复盆地古地温场的实际困难,下面利用镜质体反射率和镜质体反射率梯度近似地反映古地温场特征。

四川盆地主体发育时期为晚三叠世到白垩纪。盆内晚三叠世地层最高镜质体反射率值可达2.8%。通过上三叠统香二段顶面镜质体反射率等值线图可以看出(图12-6),盆地东南部镜质体反射率值较低,并向西部和北部逐渐增高,邻近西部边缘逆冲带镜质体反射率又逐渐降低。镜质体反射率梯度范围从(0.24~0.72)%/km,西部最低[(0.24~0.40)%/km],南部最高(0.72%/km),东部略高于西部[(0.44~0.55)%/km]。可见,镜质体反射率高值区与镜质体反射率梯度高值区并不重合。盆地西部和北部镜质体反射率的增高与盆地深沉降有关,西部边缘向造山带一侧镜质体反射率值逐渐降低与造山带逆冲、盆地边缘地层逐渐抬升有关。高镜质体反射率梯度区与高地温场有关。

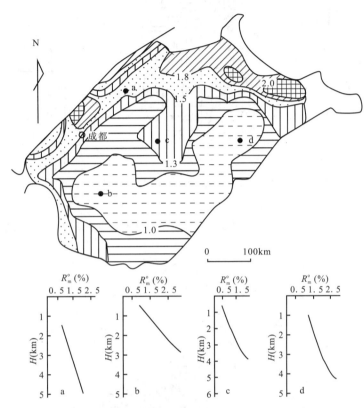

图 12-6　四川盆地上三叠统香二段顶部镜质体反射率等值线和 $R_m^o - H$ 相关曲线图

(据四川石油管理局地质勘探开发院资料,1985)

鄂尔多斯盆地发育于晚三叠世至侏罗纪。盆地内晚三叠世地层最高镜质体反射率为1.1%左右。上三叠统延长组第五段顶面镜质体反射率等值线图显示(图12-7),盆地西部、西南部镜质体反射率值相对较高,并向东北部逐渐降低。西缘和西南边缘隆升区镜质体反射率值也逐渐降低。鄂尔多斯盆地镜质体反射率梯度与四川盆地比较接近,其范围在(0.3~0.88)%/km之间。盆地西部镜质体反射率梯度较低,为0.3%/km左右;中南部庆阳、环县一带最高(0.83%/km左右),中北部伊盟隆起区中等[(0.44~0.55)%/km左右]。镜质体反射率梯度高值区位于庆阳、环县一带,大致呈北西-南东向展布,向北东方向逐渐降低。由此可以看出,镜质体反射率高值区与镜质体反射率梯度高值区基本吻合。因此,盆地西南部镜质体反射率增高与盆地地层现有赋存深度有关。

松辽盆地发育于白垩纪。盆地内早白垩世地层最高镜质体反射率值可达5.0%左右。早白垩世登娄库组镜质体反射率等值线图呈环带分布(图12-8)。镜质体反射率高值区位于盆地中部中央坳陷。松辽盆地镜质体反射率梯度较高,变化较大,其范围在(0.40~1.1)%/km之间。镜质体反射率梯度高值区主要位于盆地中部,与镜质体反射率高值区基本吻合。

渤海湾盆地发育于古近纪至新近纪。盆地内古近系最高镜质体反射率值可达5.0%左右。古近系沙三段镜质体反射率等值线图表明(图12-9),镜质体反射率高值区主体呈北东-南西向展布。渤中坳陷南部可见一高值带呈北西西-南东东向展布,济阳坳陷高值带近北东东-南西西向展布。镜质体反射

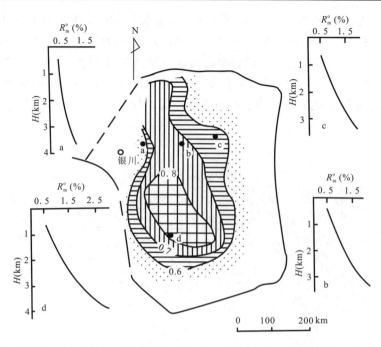

图 12-7 鄂尔多斯盆地晚三叠世延长组顶部镜质体反射率等值线和 $R_m^o - H$ 相关曲线图

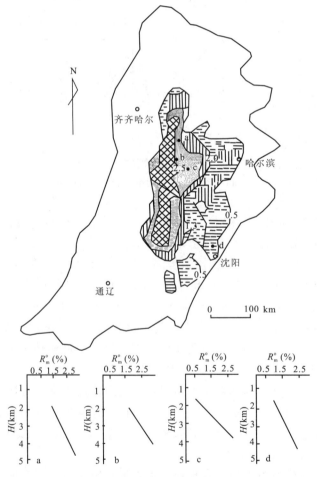

图 12-8 松辽盆地早白垩世登娄库组顶部镜质体反射率等值线和 $R_m^o - H$ 相关曲线图

(据地质矿产部石油研究所资料,1990)

率高值区一般位于坳陷中部。辽河坳陷和渤中坳陷镜质体反射率值明显高于其他坳陷。渤海湾盆地镜质体反射率梯度一般在(0.35~0.65)%/km，但随深度增加镜质体反射率梯度明显增大，其转折带一般在 3000~3500m 深度。渤海湾盆地除冀中坳陷镜质体反射率梯度较低外(0.4%/km 左右)，其余坳陷深部 3000~3500m 以下的镜质体反射率梯度均在 0.6%/km 左右。

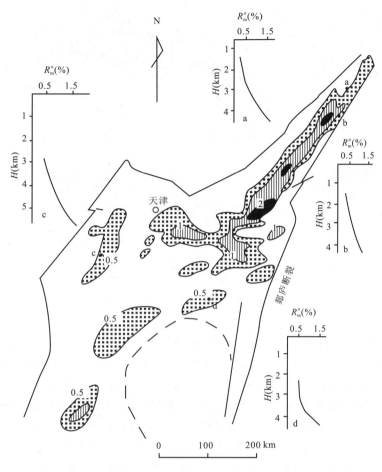

图 12-9 渤海湾盆地古近系沙三段顶部镜质体反射率等值线和 $R_m^o - H$ 相关曲线图

中国东部大陆边缘东海盆地、珠江口盆地、琼东南盆地、莺歌海盆地和北部湾盆地均发育于古近纪至新近纪。东海盆地镜质体反射率高值区分布于盆地东部邻钓鱼岛隆起带一侧，而且北部高于南部。西湖坳陷镜质体反射率梯度一般在(0.35~0.54)%/km 之间。中国南海北部陆架盆地古近系上部镜质体反射率等值线图表明(图 12-10)，珠江口盆地珠一和珠三坳陷镜质体反射率高值区主要位于坳陷的东南侧。镜质体反射率梯度一般在(0.11~0.41)%/km，东南侧镜质体反射率高值区主要与深部镜质体反射率的急剧增加有关，其镜质体反射率梯度最高可达 1.02%/km。琼东南盆地镜质体反射率由北向南逐渐增大，镜质体反射率高值区主要位于中央坳陷(李雨梁等，1990)。琼东南盆地北部边缘崖北坳陷带镜质体反射率梯度为(0.21~0.30)%/km，并由北往南逐渐增高。崖南坳陷深部镜质体反射率梯度明显增大，达(0.6~1.3)%/km。莺歌海盆地浅部镜质体反射率梯度较低(0.25%/km)，深部增大，达 0.78%/km。北部湾盆地镜质体反射率等值线表明，镜质体反射率由南往北降低，而镜质体反射率梯度表现为由南往北增高，其范围在(0.1~0.45)%/km 之间。

3. 盆地的地温场演化

从中国东部盆地的今地温场特征与古地温场特征的比较可以看出，中国东部盆地今地温场和古地温场的展布规律是一致的，但地温场的演化规律存在较大差异。根据镜质体反射率和镜质体反射率梯

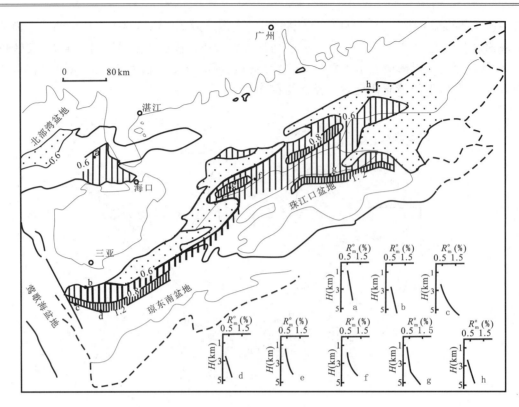

图 12-10　中国南海北部陆架盆地古近系上部镜质体反射率等值线和 $R_m^o - H$ 相关曲线图

度,并结合盆地沉降史分析,四川盆地的最高古地温梯度平均大约为 3.2℃/100m,西部和北部大约为 2.7℃/100m,东部和南部大约为 3.4℃/100m,局部达 4.1℃/100m,这一高地温场可能出现于晚侏罗世。鄂尔多斯盆地的最高古地温梯度平均大约为 3.0℃/100m,东北部大约为 2.6℃/100m,西南部大约为 3.4℃/100m,这一高地温场同样出现于晚侏罗世。从以上可知,四川和鄂尔多斯盆地古地温场的地温梯度高于今地温场。它们的热演化表明,从晚侏罗世以来盆地逐渐冷却。松辽盆地总体古地温场明显高于今地温场,据计算,在早白垩世中晚期,该盆地中央坳陷古地温梯度可达 7.0～8.0℃/100m,盆地周缘可达 4.0～5.0℃/100m 左右(何生等,1995)。但与邻近早白垩世断陷盆地相比,可以看出松辽盆地早期伸展和裂陷期的地温梯度要小于现今盆地所显示的地温梯度。因此,松辽盆地在早白垩世裂陷以后逐渐升温,在晚白垩世晚期开始缓慢降温。渤海湾盆地总体古地温场比较接近今地温场,新生代早期地温梯度较高,中期约有降低,晚期再一次回升,最高古地温梯度平均大约为 3.7℃/100m(汪集暘等,1986;杨绪充,1988)。中国大陆边缘南海诸盆地均表现出早期地温场较低,晚期地温场增高的趋势(李雨梁和黄忠明,1990)。

4. 地温场与盆地类型、岩石圈状况的关系

根据中国东部古地温场和今地温场特征,可以将中国东部地热体制划分为两大类,即挠曲盆地热体制和伸展盆地热体制。挠曲盆地热体制主要出现于中国东部的西带,由于中朝和扬子地块的碰撞以及特提斯域的会聚在中国东部地区的西带形成向东的侧向挤压力,在克拉通盆地边缘形成挠曲式前陆盆地。伸展盆地热体制主要出现于中国东部地区的中带和大陆边缘带,由于太平洋板块的俯冲在中国东部地区的中带和大陆边缘带出现伸展环境,大量的断陷盆地、陆内裂谷和边缘扩张形成,同时岩浆活动十分频繁。伸展盆地热体制又可分为主动伸展热体制和被动伸展热体制。主动伸展热体制表现为地热增温滞后于伸展作用,而被动伸展热体制为地热增温先导于伸展作用。挠曲盆地热体制下的盆地深部莫霍面和软流圈的隆升与盆地的深沉降部位不一致,而伸展盆地热体制下的盆地深部莫霍面和软流圈的隆升与盆地的深沉降部位是一致的。

二、中国东部中新生代盆地热体制及其地球动力学背景

1. 地温场分带和主要盆地的地温场构成

中国东部盆地的地温场分带与盆地的分带基本一致,同样被划分为3个带,即西带、中带和大陆边缘带(图12-11)。在不同带内单一盆地的地温场构成不一致。根据盆地地温梯度和热流值,盆地内部

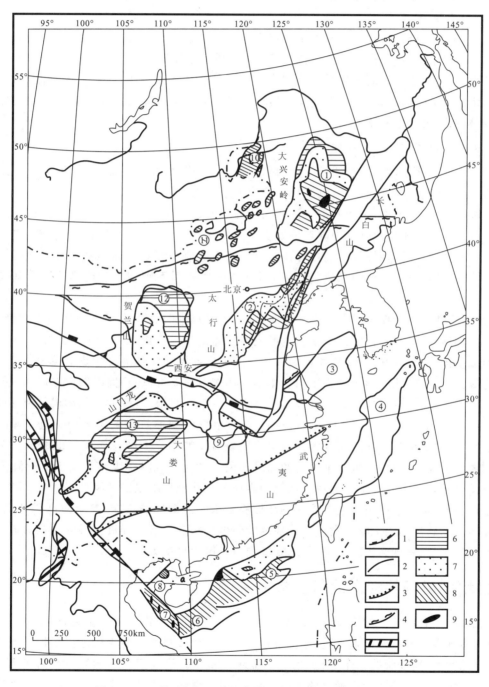

图12-11 中国东部地温场分带和主要盆地的地温场结构

1.汇聚带;2.主要断裂;3.扬子地台边界;4.中朝地台边界;5.蛇绿岩带;6.低热地温区(2.5℃/100m);7.中热地温区(2.5~3.5℃/100m);8.热地温区(3.5~4.5℃/100m);9.高热地温区(4.5~5.5℃/100m);①松辽盆地;②渤海湾盆地;③苏北-南黄海盆地;④东海盆地;⑤珠江口盆地;⑥琼东南盆地;⑦莺歌海盆地;⑧北部湾盆地;⑨江汉盆地;⑩海拉尔盆地群;⑪二连盆地群;⑫鄂尔多斯盆地;⑬四川盆地

可以划分为不同的地热区。

(1)西带:包括四川盆地、鄂尔多斯盆地、海拉尔盆地群和巴音和硕-二连盆地群。该带主要由挠曲盆地和断陷盆地组成。总体地温场偏低。在四川和鄂尔多斯盆地内部,挠曲区和陆台区地温场较低,陆隆区地温场较高。

(2)中带:包括松辽盆地、渤海湾盆地、苏北盆地、江汉盆地等。该带主要由陆内裂谷盆地组成。总体地温场明显偏高。在单一盆地内部中央深坳陷显示热和高热的地温场。盆地边缘显示低和中热的地温场。

(3)大陆边缘带:包括东海盆地、南海北部陆架珠江口盆地、琼东南盆地、莺歌海盆地和北海湾盆地。该带主要由边缘裂陷槽、离散边缘盆地和转换带盆地组成。总体地温场特征介于西带和中带之间,但向海一侧明显增高,表明它们的地温场受东海弧后扩张和南海洋壳扩张的影响。东海盆地总体为热盆。珠江口盆地北部显示中热的地温场,南部显示热和高热的地温场。琼东南和莺歌海盆地北部显示热的地温场,南部显示高热的地温场。

2. 盆地热体制的地球动力学背景

中国东部中新生代盆地热体制明显受中国东部地球动力学背景的控制,是印度板块和太平洋板块联合作用的结果,从晚三叠世开始,可以明显划分为4个演化阶段。

第一阶段:晚三叠世至早、中侏罗世。该时期特提斯域的会聚、扬子地块和中朝地块的碰撞、太平洋板块对扬子板块的斜滑碰撞使整个中国东部处于挤压收缩状态。该时期热活动不发育,整个地壳处于较冷状态。在克拉通盆地边缘形成挠曲式前陆盆地,四川盆地和鄂尔多斯盆地发育于该时期。盆地深部热作用以均衡调整为主,盆地的形成、演化与深部热作用关系不密切。盆地热体制受基底隆升的影响。

第二阶段:晚侏罗世晚期至早白垩世。该时期特提斯域碰撞增强,太平洋板块斜滑碰撞减弱,整个东部形成右旋伸展环境,在先存的褶皱基底上形成断陷盆地群。中国东北断陷盆地群和中国东南断陷盆地群均形成于该阶段。此阶段主要表现为以地壳的脆性伸展和深部突发性热上涌为特征。大多数盆地基底发育有火山岩,盆地的形成演化受构造作用和热作用的双重控制,但以构造作用为主。

第三阶段:晚白垩世至古近纪。该阶段太平洋板块由东向西俯冲,整个东部形成伸展环境。在伸展背景下盆地的形成、演化经历了脆性变形阶段的断陷期和塑性变形阶段的坳陷期。地壳深部热活动频繁,由脆性变形阶段局部热上涌过渡为塑性变形阶段软流圈的明显上隆。松辽盆地继早白垩世断陷作用后软流圈明显上隆,在晚白垩世发生明显的坳陷作用。盆地的沉降幅度与软流圈的上隆高度呈镜像关系。渤海湾盆地以及大陆边缘盆地在古近纪均表现为脆性变形阶段的断陷伸展。

第四阶段:新近纪至第四纪。主要受太平洋板块由东向西俯冲的影响,整个东部仍处于伸展环境。热活动主要表现为软流圈的上隆。渤海湾盆地由断陷伸展转变为塑性伸展。大陆边缘盆地由于受边缘扩张的影响,新近纪均表现为坳陷沉降,沉降幅度向海一侧明显增大。

三、盆地地温场特征对油气生成的影响

在沉积盆地中,有机质是对热最敏感的物质成分。有机质在热作用下产生裂解,形成低分子可迁移物质,而使母质逐渐缩合形成富碳物质,这个过程就是油气生成过程。盆地的地温场控制着油气的生成深度、油气窗的宽度、油气藏的工业基底,并决定盆地的油气成藏规模。以镜质体反射率 $R_o=0.5\%$ 为生油门限,$R_o=0.5\%\sim1.3\%$ 为生油窗的宽度,$R_o=2.0\%$ 为干气生成门限,中国东部不同盆地相应的深度值见表 12-5。除四川盆地、鄂尔多斯盆地为上升剥蚀盆地的门限深度外,其余盆地基本为原始门限深度。四川盆地和鄂尔多斯盆地后期抬升剥蚀程度在盆地不同部位有很大差别,四川盆地西部抬升剥蚀较少,东部抬升剥蚀较强烈;鄂尔多斯盆地西部和西南部抬升剥蚀较少,而东北部和西南缘抬升剥蚀较强烈。根据地层时代和古地温场特征推算,四川盆地西部和鄂尔多斯盆地西部及西南部的原始门

限深度大致分别为 2100m 和 1800m。四川盆地中部的原始门限深度可能要浅于 2000m。四川盆地和鄂尔多斯盆地生油门限窗较宽,分别为 2100m 和 2400m。鄂尔多斯盆地中新生代地层均未进入干气生成深度,四川盆地仅西部和北部大约 5500m 深度进入干气生成深度,因此四川盆地和鄂尔多斯盆地中新生代地层主要以生油为主。松辽盆地生油门限深度较浅,生油门限窗窄,3100m 深度已进入干气生成深度,因此松辽盆地中新生代地层以生油和生气兼之。渤海湾盆地生油门限中等,生油门限窗宽,但盆地内不同坳陷有较大变化,中新生代地层总体以生油为主。东海盆地生油门限中等,生油门限窗宽度略小于渤海湾盆地,4400~5200m 深度已进入干气生成深度。从地温场的分布来看,东海盆地西部中新生代地层以生油为主,东部生油和生气兼之。珠江口盆地生油门限中等,生油门限窗宽,主要以生油为主。琼东南盆地、莺歌海盆地生油门限较深,生油门限窗窄,主要以生气为主。由以上分析可以看出,中国东部中新生代盆地西带以生油为主,中带以生油和生气兼之,大陆边缘带东部邻陆一侧以生油为主,而邻海一侧以生气为主。

表 12-5 中国东部主要盆地的生油门限窗深度　　　　　　　　单位:m

R_o	松辽盆地	渤海湾盆地	苏北盆地	东海盆地	珠江口盆地	琼东南盆地	莺歌海盆地	四川盆地	鄂尔多斯盆地
0.5%	1200~1400	2000~3100	1900~2500	1900~2500	2000~3000	3100~3300	2400~2600	1000	1400
1.3%	2400~2800	4000~5300	3800~4100	3600~4400	4500~5500	4100~5500	4100	3100	3800
2.0%	3100	>6000	4400~5200	局部 4600	—	4700	5000	5500	

第十三章 盆地流体分析基本原理

作为地壳中重要的大地构造单元的沉积盆地,是流体活动最活跃的场所。沉积盆地包括沉积骨架和孔隙流体两部分。长期以来,人们普遍侧重于沉积骨架岩石研究,而对岩石骨架孔隙中的流体研究较少。近十多年来,随着盆地动力学分析的深入,盆地流体研究受到了广泛关注,并成为当今国际地学界的热点问题。"地质流体"(geofluid)一词首次在1993年国际流体会议上被正式使用,它包括了通过地下岩石流动的所有流体。盆地流体是指存在于盆地沉积物孔隙空间并通过其进行流动的任何流体(Lawrence等,1995),它广泛参与沉积盆地演化的全过程,包括沉积物的各种成岩-后生变化、盆地的热结构和热历史以及各种矿床、石油、天然气的生成。

第一节 盆地流体概述

一、盆地流体的成分

盆地流体是一种溶液,溶液中有各种不同的离子、分子、化合物以及不同的气体。到目前为止,在盆地流体中已发现60多种不同元素。这些元素含量取决于赋存方式及其溶解度。各种物质在水中的溶解度,除取决于它们本身的物理化学性质外,还与水温有关。大多数盐类的溶解度随温度增高而加大,而气体的溶解度则恰恰相反,它随着温度升高而减小。此外,某些物质的溶解度还与其他物质在水中的浓度有关。例如,当水中含有CO_2气体时,水对碳酸盐的溶解能力可增加3倍。在油田水中由于有机酸的存在,流体对某些金属元素(如金)还具有萃取和富集作用。

(一)无机组成

盆地流体中溶解成分通常以下列几种形式存在,即离子状态、化合物分子状态以及游离气体状态。离子成分中常见阳离子有H^+、Na^+、K^+、NH_4^+、Mg^{2+}、Ca^{2+}、Mn^{2+}、Fe^{3+}等;常见阴离子有Cl^-、SO_4^{2-}、OH^-、NO_2^-、NO_3^-、HCO_3^-、CO_3^{2-}、SO_4^{2-}及PO_4^{3-}等。以未离解的化合物状态存在的有Fe_2O_3、Al_2O_3和H_2SiO_3等。气体成分有N_2、O_2、CO_2、CH_4以及氡等。

在盆地流体中分布最广的离子有7种,即Na^+、K^+、Ca^{2+}、Mg^{2+}、Cl^-、SO_4^{2-}、HCO_3^-。地表河水和海水与盆地流体中离子浓度差异较大(表13-1)。

1. 主要阳离子

钠是碱金属元素中丰度最高的一个。Na^+在盆地流体中广泛存在,它不易与阴离子结合而沉淀出来,与铯、铷、钾、锂、钡和镁相比(Collins,1975)。盆地流体中的Na^+主要来源为岩盐矿床沉积。在海相沉积区,Na^+来自于海水。此外,火成岩与变质岩中某些矿物,如钠长石的风化也能产生Na^+(李正根,1980)。

K^+在盆地流体中含量远低于Na^+,其含量一般小于1g/L。K^+的来源与Na^+相同。钾盐的溶解度也很大。但是K^+在盆地流体中含量不高。这是因为K^+易被黏土矿物或胶体所吸附,又易被植物吸收。

表 13-1 各种水中化学成分(g/L)(据 Hunt,1995)

离子	河水	海水	泥中孔隙水[①]		油田水[②]	
			9.5m	335m	1570m	1814m
Na^+	0.006	10.8	10.5	7.8	53.9	57.0
K^+	0.002	0.4	0.4	0.3	—	—
Ca^{2+}	0.004	1.3	1.3	0.4	2.1	2.2
Mg^{2+}	0.015	0.4	0.4	2.7	15.0	18.0
Cl^-	0.008	19.4	19.6	23.4	115.9	126.0
SO_4^{2-}	0.011	2.7	2.8	2.8	0.1	0.07
HCO_3^-	0.059	1.4	0.1	0.05	0.05	0.06
合计	0.105	36.4	35.1	37.4	187	203

注：①孔隙水数据取于菲律宾东 292 号孔深海钻探中钙质泥样(据 White,1975)；②样品取于德克萨斯和俄克拉荷马 Tonkawa 和 Morrow 组宾夕法尼亚砂(据 Dickey 和 Soto,1974)，其中钾离子没有分析。

Ca^{2+} 在盆地流体中分布很广，但含量不高。盆地流体中 Ca^{2+} 主要来源于碳酸盐岩石以及含石膏岩石的溶解。海水中碳酸钙的溶解度，随含盐度和二氧化碳分压的增高而增加；但随 pH 值含量和温度的增高而降低。硫酸钙的溶解度也随温度的升高而降低。

Mg^{2+} 在盆地流体中分布也较广，但含量不高。其主要来源于海水，或者白云岩以及基性岩石中某些矿物如辉石与橄榄石类矿物的风化。

2．主要阴离子

Cl^- 是盆地流体中分布最广、含量最高的阴离子，但含量的变化范围很大，每升水中由数毫克至数百克不等。Cl^- 主要来源于海水、岩盐矿床或其他含氯化合物。此外，Cl^- 还可能为有机来源，即自于动物及人类的排泄物。

SO_4^{2-} 含量仅次于 Cl^-。在每升地层水中 SO_4^{2-} 的含量变化范围由十分之几毫克至数克不等。SO_4^{2-} 主要来源于石膏及其他含硫酸盐的沉积物。其次，也有来自天然硫及硫化物的氧化产物。在油田水中常发现硫化氢，是厌氧细菌形成的，它从硫酸根离子中获得氧，使硫酸还原而形成硫化氢。

HCO_3^- 也广泛分布于盆地流体之中，但其含量相对较低。HCO_3^- 主要来源于碳酸盐岩石，如石灰岩、白云岩与泥灰岩等的溶解。

此外，在有些盆地流体中还存在 CO_3^{2-}，它主要来源于碳酸盐岩石的溶解。

(二)微量元素

盆地流体中含有几十种微量元素，常见的有碘(I)、溴(Br)、硼(B)、钡(Ba)、锶(Sr)、氟(F)、铁(Fe)、锂(Li)、铝(Al)、铜(Cu)、银(Ag)、锡(Sn)、钒(V)和硒(Se)等，其中有些微量元素组合特征、异常值或比值能较好地反应地层水的起源、沉积环境、水的浓缩程度及水文地质的封闭性(陈荣书,1994)，比如，氟化钙和高 Br 值能指示封闭的沉积环境，B 的富集与水文地质的封闭性有关；Ba 和 Sr 的含量和比值也可反映油田水是来源于大陆淡水，还是海水。

(三)有机组成

在含有机质沉积物的沉积盆地中，地层水通常含有许多可溶的有机组分。一般而言，盆地流体中有机组成含量及成分差异较大，与油气田伴生的地层水中常见的有机成分包括有机酸、烷烃、苯和酚。这些组分含量变化常可作为寻找油气的重要水化学标志。

油田水中常含数量不等的环烷酸、脂肪酸和氨基酸等。松辽盆地北部葡萄花、扶余和杨大城子油层水中脂肪酸含量最高可达 2060mg/L(黄福堂,1999)。

油层水的烃类有气态烃(C_{1-4}烃类)和液态烃。而非油层水常只含少量甲烷。重烃含量可用甲烷系数(CH_4/总烃)或干燥系数($CH_4/\Sigma C_2^+$烃)表示之。

油层水中苯系化合物含量高,一般可达 0.01～1.58mg/L,最多可达 5～6mg/L,且甲苯/苯大于 1;非油层水中苯系化合物含量低,且甲苯/苯小于 1。

酚在油层水含量较高,一般大于 0.1mg/L,最高达 10～15mg/L,且以邻甲酚和甲酚为主;非油层水中的含量低,且以苯酚为主(陈荣书,1994)。

二、盆地流体的性质

盆地流体具有典型的中低温热液地球化学特性,其温度以 80～150℃为主,最高可达 200～250℃,主要受盆地热演化史和盆地热结构控制。盆地流体的化学成分复杂,其物理和化学性质具有明显差异。了解盆地流体的性质,对研究盆地流体的成因和演化是十分重要的。

(一)物理性质

1. 颜色

盆地流体的颜色取决于地层水中溶解物、胶质、有机烃类、矿物质。含有硫化氢的地层水,由于氧化时分解出游离硫磺胶体,故常呈翠绿色。含氧化亚铁的水呈浅蓝绿色,含氧化铁的水呈褐红色。

2. 密度

密度(ρ)是指单位体积中的质量(kg/m^3)。密度在流体动力学中具有标定矢量流体动量、动量通量以及流体压力的重要作用。水比空气密度大很多,因此在给定的速度(v)下,单位容积水的动量(mv)也更大。同样,在不同密度的两种流体及沉积物中变化也很大,它的一个特点就是在密度不同的两种地质流体中能够产生浮力,这是作为盆地中有机流体的油气运移聚集成藏的最主要动力。

在纯流体中密度主要受温度和压力影响。海水中富含的各种溶解离子导致海水比淡水的密度要大(图 13-1)。在河口海岸带,淡水和海水的混合普遍形成了侧向的密度梯度。这些混合和密度梯度产生了控制局部流体运动的浮力效应。对于任何流体来说,其中所含有的固体矿物颗粒都会增加其有效密度(ρ_b),$\rho_b=(1-c)\rho+c\sigma$,这里 c 指固体的百分比浓度,σ 指固体物质密度(图 13-2)。

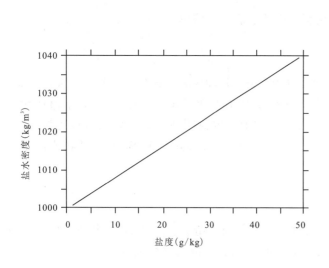

图 13-1 盐水密度与盐度关系图(据 Denny,1993)

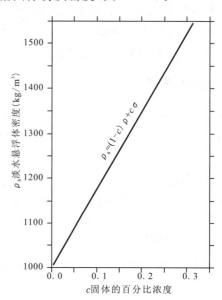

图 13-2 随着水中固体物质含量的增加水的密度变化特征图

3. 黏度

黏度对于盆地内流体流动具有非常重要的影响。分子黏滞性或动力黏滞度控制着流体的形变，这些可以通过对比搅拌流体物质的作用力来显示其影响。从冰箱刚拿出来的蜂蜜很难搅动，但是随着温度的逐渐升高，搅拌会变得更加容易和省力（有些温度的升高是由于能量用于剪切流体）。对比而言，搅拌水通常更容易。牛顿将黏度称为"defectus lubricitatis"，其通俗的意思为缺乏滑动性。黏滞性如同摩擦制动一样通过剪切应力来控制着流体的形变速率。我们需要对两个流体层或者流体与固体层做功来抵抗黏滞力作用，以此来启动并保持住流体的相对运动。一个简明的黏度定义为：维持单位面积、单位距离、单位速率差的作用力。为了纪念 Poiseuille 在黏滞流动研究中作出的开拓性贡献，有时黏度的单位用 poises 表示，1poises = 10^{-1} Pa·s。黏度是标量，它有数量但没有方向（图13-3）。

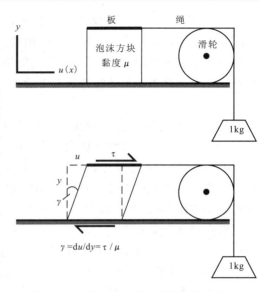

图 13-3 受力时流体黏度的行为特征

黏滞力的产生原因很复杂。我们将牛顿第二定律中的造成动量衰减率的作用力称为黏性切变或黏滞阻力。在液体中，除了分子的扩散作用，还有氢键形成的牢固的聚合力。黏度相对温度的变化较敏感（图13-4）：在气体中黏度随温度升高而增加，这是由于动能扩散的增强；相反，水中黏度则随着温度增加而降低，这是因为分子聚合力由于氢键减弱。

动力黏度(ν)等于密度除以分子黏度，$\nu = \mu/\rho$，单位为 $L^2 \cdot T^{-1}$，国际单位制为 m^2/s。它表征了流体抵抗形变的能力与加速阻力之间的比值（图13-5）。密度和黏度受其中混合的沉积物颗粒影响（图13-6）。根据爱因斯坦-罗克斯方程：$\mu_m = (1-3.5c)^{-2.5}\mu$，$\mu_m$ 为流体-固体混合物的表观黏度，c 为体

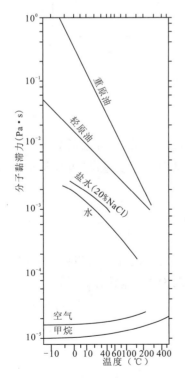

图 13-4 一些天然流体的分子黏滞力随温度变化特征

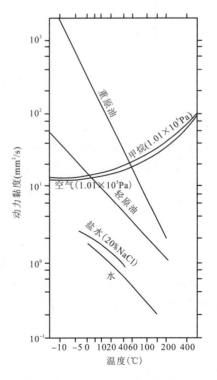

图 13-5 一些天然流体的动力黏度随温度变化特征

积分数浓度。每个沉积物颗粒代表了在流体中的固体表面，因此是一个能增加流体内部抗剪切作用的潜在滑动面。为了保持整体的速度梯度，需要增加施加的剪切应力。比如，搅拌有花生混合的蜂蜜比单独搅拌蜂蜜更费力，而且花生越多，越费力。

与牛顿流体不同，塑性流体开始时会表现出对剪切的抵抗，然后才出现形变，这称为屈服应力（图13-7）。随着剪切速率的改变，宾汉塑性流体显示恒量的宾汉黏度，而非宾汉塑性流体则显示变化的黏度。将固体物质加入牛顿流体中，当接近极限浓度（30%单位体积）时，最终会产生塑性行为。有限屈服强度伴随着塑性行为在流体流动和流动停止时，将有一些表面凸起形态特征保存下来，如堤岸等。在这个流动过程中，颗粒很难甚至不可能沉积下来。宾汉流体中的黏性切变各不相同：边缘部分受到高应变，而流动的核心部位像固体塞一样运动。

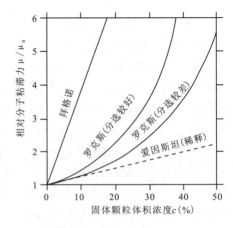

图13-6 固体颗粒含量与动力黏度的关系图

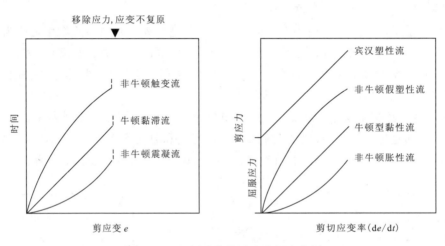

图13-7 不同流体的受力特征变化图

4. 导电性

盆地流体因其矿化度较高，所以具有良好的导电性，如松辽盆地北部地层水的导电率为 $1.30\times10^3 \sim 6.76\times10^4$ s/m，最大值达 8.30×10^4 s/m。一般而言，地层水的总矿化度越高，电导率也越大。

(二) 化学性质

1. 矿化度

矿化度是指水中所含各种离子、分子及化合物的总量，或称为水的总矿化量（TDS），以克/升（g/L）表示。其中包括所有溶解状态及胶体状态的成分，但不包括游离状态的气体成分。

按照矿化度大小，可将地层水划分为以下几类。

(1) 淡水：矿化度 <1 g/L。
(2) 微咸水：矿化度 $1\sim3$ g/L。
(3) 咸水：矿化度 $3\sim10$ g/L。
(4) 盐水：矿化度 $10\sim50$ g/L。
(5) 卤水：矿化度 >50 g/L。

盆地流体的矿化度变化很大,大多在5~35g/L之间;且矿化度通常随深度的增加而有所增加。此外,砂岩储水层中盆地流体的矿化度往往比相邻泥岩中盆地流体的矿化度要高;欠压实高压带中盆地流体的矿化度比正常压实带中盆地流体的矿化度要高。

2. 水型

地层水的分类方法通常依赖于水中所发现的溶解组分及其化学性质。在含油气盆地的地层水分类中多数采用苏林分类法(Sulin,1946),即根据水中溶解盐类的不同组合提出的一种分类方案(表13-2)。水的组分以毫克当量数来表示。为了排除水的矿化大小对水型的影响,采用当量总和的百分数来比较水中所含有的不同溶解固体的重量。根据三组特征系数,即 Na^+/Cl^-、$(Na^+-Cl^-)/SO_4^{2-}$、$(Cl^--Na^+)/Mg^{2+}$ 的变化,将地层水划分为四类水型。

表13-2 苏林的原生水型分类

水型	Na^+/Cl^-	$(Na^+-Cl^-)/SO_4^{2-}$	$(Cl^--Na^+)/Mg^{2+}$
硫酸钠型	>1	<1	<0
重碳酸钠型	>1	>1	<0
氯化镁型	<1	<0	<1
氯化钙型	<1	<0	>1

(1)硫酸钠型水:代表大陆近地表环境的地层水。
(2)重碳酸钠型水:代表大陆条件的地层水。
(3)氯化镁型水:代表海洋环境或连续蒸发条件下的地层水。
(4)氯化钙型水:代表深层停滞状态下的地层水。

3. 酸碱度(pH)

pH值是氢离子浓度的反对数(以10为底)。纯水在25℃时的pH值为7.0,其含意是每升溶液中 H^+ 为 10^{-7} mol。当其他组分被水溶解时,由于新的离子与 H^+ 或 OH^- 相结合,导致pH值的变化。

当 $[H^+]$ 为 10^{-7} 时,pH 等于7,说明水为中性。当 $[H^+]$ 大于 10^{-7} 时,则pH小于7,呈酸性,反之则呈碱性。根据pH值,可将地层水的酸碱度分为强酸性、弱酸性、中性、弱碱性及强碱性五个等级(表13-3)。

表13-3 水的酸碱度

酸碱性	pH
强酸性	<5
弱酸性	5~7
中性	7
弱碱性	7~9
强碱性	>9

盆地流体的pH值主要由其中的有机酸阴离子和 CO_2 浓度所控制。有机酸能在较宽的pH值范围内起缓冲作用,且有机酸热解和生物降解均能产生 CO_2。总的看来流体特性变化很大,且与沉积物的关系也十分复杂。从浅到深往往显示 SO_4^{2-} 被还原、Ca^{2+} 和 Mg^{2+} 作为碳酸盐矿物沉淀而浓度降低、H_2S 增加、pH值降低等趋势。

三、盆地流体来源

(一)盆地流体来源的分类

李思田等(2004)将盆地流体总体上分为内源和外源两种类型。

内源流体主要是指产生在盆地内并在其中流动的流体,包括沉积水、成岩水和烃类等。其中,沉积水系指在沉积物堆积过程中保存于岩石孔隙或裂隙中的水;成岩水系指在沉积物成岩和烃类生成过程中,因化学作用所产生的水,如黏土矿物转化(蒙脱石转化为伊利石)脱出的层间水、埋藏有机质向烃类转化分解出的水等;烃类则指有机质在热演化过程中通过生物降解和热裂解作用而形成的有机流体。

外源流体包括大气降雨渗入到地下岩层中的渗入水、从岩浆中游离出来的初生水和变质过程中形成的变质流体等(卢焕章,1997)。

李胜祥等(2005)进一步将盆地流体细分为表生渗入、自生和深部外源三种类型,并阐明了三种流体的基本特征和性质。

表生渗入流体是指由盆地边缘隆起区补给的大气降水,其温度较低,一般低于70℃,形成初期常常富氧,基本不含H_2S,Eh值较高,pH值7~10左右,矿化度较低,通常低于1g/L,流体成分以HCO_3^-型和CO_3^{2-}型水为主。

自生流体主要指来自沉积盆地内部由有机/无机沉积物压实和相变所释放的各种流体,包括沉积物间隙水、沉积物颗粒吸附水、黏土矿物的层间水和结构水以及由沉积有机物热解而成的各种有机流体等(刘建明等,2000),其温度较高,一般为70~150℃,矿化度总体高于1g/L。自生流体的性质明显受控于沉积物的地球化学性质,由红色泥岩及杂色岩系压实所释放的自生流体含较高的自由氧,CH_4、H_2S含量较低,呈弱碱性,流体成分以CO_3^{2-}-HCO_3^-型水为主;而由深色泥岩及黑色岩系压实的自生流体一般不含自由氧,CH_4、H_2S含量较高,呈弱酸性,流体成分以Cl^--SO_4^{2-}型水为主。

深部外源流体是指沿盆地基底断裂上升的深部流体,包括岩浆热液、火山热液、变质热液、地幔深部流体及受热的地下水循环热液等,其最大的特点是富含挥发分和成矿元素等组分。这类流体温度较高,一般在150℃以上,有时可达250℃以上;流体呈碱性,成分以CO_3^{2-}、Cl^-、SO_4^{2-}、K^+、Na^+和Ca^{2+}为主。岩石圈深部的高温高压环境导致这类流体呈现非气非液的超临界状态,而超临界流体往往具有比较单一的液相或气相流体更强的化学活性,使得一些在正常温压条件下无法发生的流体—岩石相互作用得以产生。

富水的新鲜沉积物一旦被覆盖,就开始了连续的脱水排水过程。第一次脱水以压实作用为主,排出孔隙水和黏土矿物的层间过量水,泥质沉积物的孔隙度将由80%~50%下降到30%~20%。第二次是随温度升高(100℃左右),蒙脱石脱水作用使黏土矿物放出大量层间水和结构水,向伊利石转化。第三次脱水是伴随伊利石相变为云母等矿物而发生的缓慢脱水过程,此时岩石处在高温高压的地下深处。上述第二次和第三次脱水期间正是沉积物中有机质大量生成石油和天然气的阶段(刘建明等,1997)。

大气降水的渗入往往发生在盆地边缘的滨岸地带,且多位于造山带一侧的处于上升阶段的盆地边缘。大气降水渗入地下的流体在盆地中央的排泄口排出,它的渗入和排泄强度受盆地地形和降水量等因素影响较大。大气降水的渗入特点是流体运移的距离可以很远,流体运移持续的时间可以很长(刘建明等,1997)。地幔流体在上升过程中也可能与地下水混合,形成热液在沉积盆地内运移,最后在排泄口渗出。

现代水文地质学常将沉积盆地分为地层水渗入型和地层水压出型。前者多出现在地台和造山环境的构造稳定地段,盆地下陷弱,沉积厚度小,而周缘相邻地区的上升有利于下渗大气降水从隆起补给区向卸载沉陷区运动。后者通常位于强烈下陷的构造活动区,沉积厚度巨大,堆积速度快,从而强烈地表现出沉积物携带的流体在埋藏压实阶段被大量压出的特征。在时间上,常将一个完整的海侵—海退过程划分为两个水文地质阶段:从区域沉降和海侵开始,并发生沉积-成岩作用和形成埋藏沉积水的时段称为沉积水文地质阶段;而将区域隆起、海退、含水岩石遭受剥蚀并发生大气降水渗入的整个时期划为渗入水文地质阶段。

(二)盆地流体来源的分析方法

盆地流体的来源不尽相同,且在埋藏过程中都不同程度地受流体-岩石相互作用的改造。考虑到沉积岩中重矿物和长石类矿物与盆地流体的相互作用,几乎所有元素和同位素组成都受流体-岩石反应的控制(Land等,1992),因此可利用地层水化学重塑可能的地球化学过程,进而判断盆地流体的来源。

当前,地层水来源与演化主要通过对比海水的蒸发曲线来研究。Davisson等(1996)提出了用Ca相对海水富集(Ca_{excess})和Na相对海水亏损($Na_{deficit}$)来反映水-岩之间的阳离子交换作用的方法(图13-8),其计算方法是:

$$Ca_{excess} = [Ca_{means} - (Ca/Cl)_{SW} \times CL_{means}] \times 2/40.08 \qquad (13-1)$$

$$Na_{deficit} = [(Na/Cl)_{SW} \times Cl_{means} - Na_{means}]/22.99 \qquad (13-2)$$

式中：Ca_{means}、Na_{means} 是溶液中钙、钠的毫克当量浓度；$(Ca/Cl)_{SW}$、$(Na/Cl)_{SW}$ 是海水中相应离子的毫克当量浓度比。

某些微量元素也是很好的盆地流体来源示踪剂。一般认为，溴是地层水中的稳定元素，因而可采用地层水中 Cl、Ca、Mg、Sr、CF(CF=Ca+Mg+Sr-SO_4-HCO_3)与 Br 的相对关系来反映这些元素相对海水蒸发趋势的富集或贫乏，并结合岩石学资料，推测其可能的水-岩相互作用过程及盆地流体的来源(Wilson 等,1993)。$^{87}Sr/^{86}Sr$ 也可指示盆地流体的来源，高含放射性 ^{87}Sr 的地层水被认为是来自碎屑黏土(尤其是伊利石)和钾长石的溶解作用，文石的方解石化对 $^{87}Sr/^{86}Sr$ 比值影响较小(Stueber 等,1984)，而来自火山沉积物的火山灰和斜长石则引起 $^{87}Sr/^{86}Sr$ 的降低(Connolly 等,1990)。硼同位素的变化可以说明地下咸水的来源及古蒸发环境，一般海相成因咸水和非海相成因咸水的 $\delta^{11}B$ 值变化范围分别为 39‰~70‰和 0~31‰，共存海水和大气降水 $\delta^{11}B$ 值的变化范围分别为 8‰~39‰和-31‰~0 (Vengosh 等,1992)。稳定氯同位素也可用于研究地层水的来源，大部分自然水的 $\delta^{37}Cl$ 值在-1‰~1‰之间，海相孔隙水的 $\delta^{37}Cl$ 值可达-8‰(Kharaka 等,2003)。此外，根据地层水中 HCO_3 的 $\delta^{13}C$ 也可以判断其中碳的有机或无机来源，一般无机来源碳的 $\delta^{13}C$ 大于-8‰(PDB)，而有机来源碳的 $\delta^{13}C$ 小于-10‰(Land 等,1992)。

不同来源的盆地流体，除含有不同的化学成分外，其水本身的氢、氧同位素组成也往往不同。根据 V-SMOW 标准，平均海水的 $\delta^{18}O$ 和 δ^2H 值为 0，δ 呈正值则富重同位素，反之则富轻同位素。图 13-9 描述了各种类型水的 $\delta^{18}O$ 和 δ^2H 值关系(Morad 等,2003)。大气降水 ^{16}O 和 ^1H 分别相对 ^{18}O 和 ^2H 富集，而且随纬度和海拔降低，这种富集趋势逐渐减弱(Garzione 等,2004)。闭流盆地海洋水和潜水的 $\delta^{18}O$ 和 δ^2H 随干旱蒸发逐渐增大，直至盐度升高以致析出石膏时 $\delta^{18}O$ 和 δ^2H 值开始逐渐下降。各种成因的有机水都富集 ^1H，但烃类流体与 SO_4^{2-}、Fe^{3+} 等离子发生氧化-还原反应形成的有机水为正常的氧同位素值。所以，作为上述各端元混合物的成岩水的 $\delta^{18}O$-δ^2H 区域位于大气降水的 $\delta^{18}O$-δ^2H 线和高岭石风化 $\delta^{18}O$-δ^2H 线之间。地层水与成岩矿物之间在水-岩反应过程中还会发生氢、氧同位素分馏，并且在不同温度条件下两者具有不同的分馏平衡值。黏土矿物一旦成岩，除非经历重结晶或其他成岩转变，否则将保持其原始的同位素特征(Morad 等,2003)。温度是控制氢、氧同位素分馏的主要因素。因此通过黏土矿物氢、氧同位素研究可以有效地揭示黏土矿物析出温度、古气候条件，追踪与之存在成因联系的地层水来源。研究表明，随着水-岩相互作用的增强，$\delta^{18}O$ 值增大(Land 等,1992)；成岩改

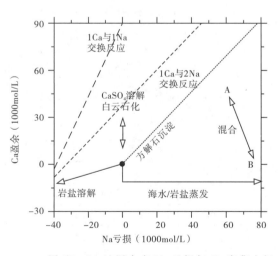

图 13-8 地层水中 Na 亏损与 Ca 富集之间关系及其可能作用过程(据 Davisson 和 Criss,1996)

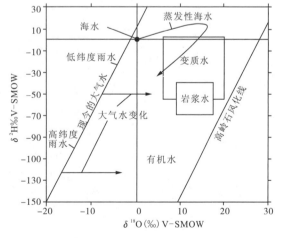

图 13-9 不同类型水的 $\delta^{18}O$ 和 δ^2H 关系图解(据 Morad 等,2003)
(地层水位于大气水线与高岭石风化线之间)

造水 δ^2H 介于 $-35‰\sim-17‰$(SMOW),$\delta^{18}O$ 值介于 $0.2‰\sim4.7‰$(SMOW)(Fisher 等,1990)。烃类与地层水间可直接发生氢同位素交换,而使地层水具有很轻的氢同位素组成(Fisher 等,1990)。沉积封存水在埋藏过程中的蒸发作用对氢、氧同位素演化的影响也不能忽视,在相对潮湿气候和干旱气候下 δ^2H 和 $\delta^{18}O$ 具有不同的演化趋势(Kanuth 等,1986)。

第二节 盆地流体流动驱动因素

沉积盆地流体从水动力势和化学势高的地区向较低的地带流动。由于水动力势也同水的密度相关,因而盐度梯度也可以驱动水流。当孔隙压力 P 超过了静水压力($\rho_w gh$)时,则可称岩石处于超压态,而剩余压力则可用等势面来表达。化学势的差别会导致扩散过程,也会引起压差以及某种有效的流动(如渗滤),压力梯度和浓度梯度均可引起扩散型的搬运。由水动力势差引起的流体流动,在数学上可以采用流动期间(连续方程)的达西方程和质量守恒方程表示。然而,全盆地的流动是极复杂的。

沉积盆地中的流体,按照其成因可分为:①以地下水为水源的大气水流,其等势面水头位于海平面之上并向下流入盆地;②由上覆净压力引起有效孔隙空间减少所驱动的压实驱动水流;③由盐度或温度造成的密度梯度所驱动的密度驱动水流,它可以产生对流。

盆地流体流动的驱动力来自于流体的外压、流体的水头梯度变化以及流体的密度差。而流体的水头梯度变化取决于大气降水的强度以及地表和岩层对大气降水的入渗比率等因素。因此,盆地流体的驱动因素主要有重力(或地形)、压力(实)、由流体密度差导致的浮力以及热对流等。盆地流体的实际驱动机制往往是它们共同作用的结果。决定流体流动速率大小的是沉积盆地孔隙介质的渗透率和孔隙度等介质特性。表 13-4 所列的大多数系统至少都具有几十千米的流动规模。而且不同构造类型盆地中流体的主要驱动力和流速也有差异(图 13-10)。

表 13-4 盆地流体流动系统的类型和主要特征(据马东升,1998)

主驱动力	控制因素		最大流速 (m/s)	一般流动规模及主要特征	有关典型研究
重力	地形起伏		$1\sim10$	几百到上千千米,体积:$n\times10^4 km^3$	Garven et al(1984a、1984b)
浮力	热对流	基底热流	$0.1\sim1$	大陆盆地:水平>100km	Raffensperger(1995a、1995b)
		岩浆加热		侵入岩及洋中脊:周边水平范围内 $n\times10^3 m$,体积 $100\sim1000km^3$	Cathles(1981),Norton(1982)
		高地温梯度		海盆地(无岩浆作用),直径 $10\sim40km$,地温梯度大于 $30\sim35℃/km$	Russell(1983),Jowett et al(1987)
	浓差对流	压溶	$n\times10^{-2}\sim n\times10^{-1}$	发育于大于 $2\sim3km$ 深度	Ortoleva(1994)
		碳酸盐溶		地温梯度约 $10℃/km$,下伏砂岩透水层的浅部碳酸盐地层	Dewers et al(1988)
		盐溶		与含盐层位或盐丘有关	Ranganathan et al(1987)
		甲烷排放		上浮厚透水层的含干酪根岩石	Park et al(1990)
应力	构造驱动	推覆构造	$0.1\sim0.5$	$n\times10km\sim n\times10^4km$	Garven et al(1993)
		地震泵	>10	$n\times10^3 km$	Sibson et al(1975)
		增生楔	$n\times10^{-2}$	$n\times10km\sim n\times10^4km$	Shi et al(1998),Tarney et al(1991)
		沉降压实	$0.001\sim0.01$	$n\times10^4 km$	Bethke et al(1988),Harrison et al(1991)

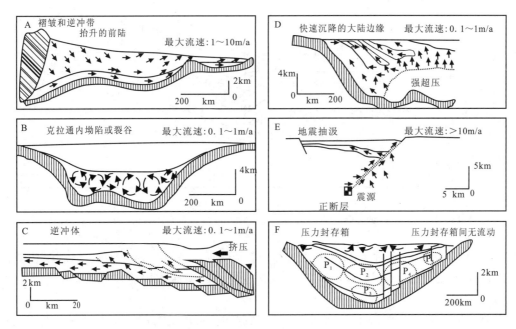

图 13-10　盆地构造体制及其流体流动样式(据 Garven,1995)

一、重力驱动

在水文地质学中,地形是控制地下水水头梯度并进而决定地下水流动的主导因素。地形起伏导致的重力驱动系统也是控制大陆地壳深部和浅部地下水发生大规模运移(区域流和深部流)与混合的主要机制。除地形之外,岩石的渗透率、不均匀性、水力传导系数的各向异性和盆地几何形态都是控制流动模式的主要因素。流体总是沿着具有最小阻力或具有最大水力传导系数的方向流动。流体发生大规模流动还与岩石的渗透性和盆地基底-盖层之间的构造特点有关。

现代盆地流体的研究表明,重力驱动系统的运移距离可达几百千米到上千千米,甚至更远。例如,Banner 对美国密苏里中部泉水和自流井含盐地下水的同位素和微量元素研究表明,这些流体最可能起源于西部约 1000km 处科罗拉多洛矶山山前带的大气降水补给(Banner,1989)(图 13-11)。在澳大利亚大自流盆地的研究中,也曾利用同位素示踪方法揭示出大陆规模的深部重力驱动流动系统(Bentley 等,1986)。其研究表明,埃尔湖(Lake Eyre)附近排放的深部地下水来自于超过 1000km 以外的大分水岭山脉大气降水的补给(Habermehl 等,1980)。^{36}Cl 同位素定年表明,地下水运移这段距离的时间约为 2Ma,在主要砂岩含水层中的流动速度为 0.5～1m/a。显然,在有一定大气降水补给来源的条件下,凡有大范围地形起伏的地区都可能发育重力驱动系统,这在上部地壳是非常普遍的。

二、压力(压实)驱动

随着沉积物不断埋深,由于受上覆沉积物的重力作用而发生压实作用,沉积物孔隙空间减少,孔隙空间的流体被挤出,进而导致盆地内流体的流动。在细粒沉积物中,由于沉积物快速沉积使得孔隙空间中的水不能有效排出,逐渐形成超压带。反之,超压带的形成暗示了流体流动障碍的存在。

超压作用、压实作用、化学成岩作用和区域应力场及构造扩容作用等产生的异常压力梯度常常使盆地内的流体发生流动。资料显示,有大量的沉积盆地显示出非正常的或非静态的流体压力,特别是超压(Hunt,1990;Harrison 等,1992;Fertl 等,1994;Neuzil,1995;Hart 等,1995;Mcpherson,1996)。超压主要是因为盆地流体在某个主要地区负担过量的重量而形成的,在过低的渗透率环境中、在有效的孔隙空

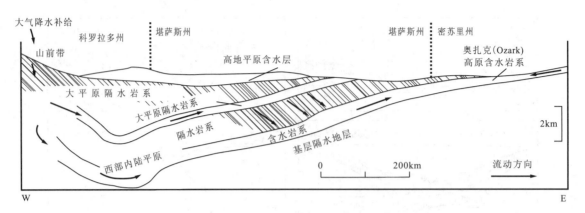

图 13-11　美国中部大平原地区延伸约 1000km 的地下水流体系(据 Banner 等,1989)

间减少以及流体体积增加的条件下都可形成超压(McPherson 等,1999)。例如,加利福尼亚的 Sacramento 河谷盆地就广泛存在着超压(Garcia,1981),构造应力和逆掩作用能在造山带中产生巨大的超压驱使流体运动。

此外,盆地沉降压实产生的脱水反应、压溶作用和碳酸盐形成等过程都可能进一步增高孔隙流体压力。理论计算表明,在这种环境中,含水层流体流动速率为 0.5m/a,但在应力松弛时含水层流体流动则迅速停止(Garven 等,1993)。对增生楔和前陆逆掩带水文地质模拟得到的流速为 cm/a 量级。压实驱动的流体流动速度很低,常低于上述渗入大气降水流动速度一个数量级以上。Bethke 等(1991)对伊利诺斯盆地模拟研究指出:沉积速率为 30m/Ma 时,压实驱动的流动速率小于 2km/Ma。根据体积和速率判断,即使在快速沉降的盆地中压实作用驱动流体流动也是微弱的。另外,在压力的驱动模式下还有张挤压模式或推覆压力模式,即地层在外力的作用下(其孔隙度的变化不大)流体发生的流动模式。

三、浮力驱动

盆地流体的流动由流体密度差导致的浮力驱动系统控制,而流体的温度和浓度变化则是产生其密度差的主要因素。除来自岩浆作用外,任何能造成热梯度异常的过程,如地块的快速隆升和地壳拉张,以及盆地基底热流,都可能成为产生密度差的热源(图 13-12)。温度变化引起的流体运动的速率一般为 1m/a,但热对流系统的规模较小(Hanor 等,1987;Evans 等,1989)。由于其流动是有旋运动,因此如果环境是封闭的,其运动持续的时间也将会很长。根据计算机模拟结果,Norton(1982)给出了热液系统活动期间(2×10^5a)的流体运移途径及其变化。结果显示原先离岩体 2km 以内的流体在运移过程中通过岩体并在地表流出系统,而离岩体 2km 以外的流体则向岩体方向流动,并继续向上环流,但不可能到达地表。England 等(1997,1993)认为非对流性浮力驱动流动是埋深 3km 以内的烃类的二次运移的重要机理。

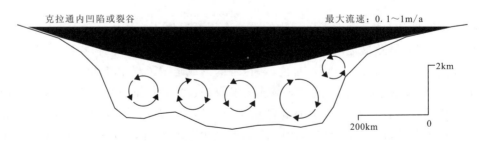

图 13-12　克拉通内坳陷或裂谷盆地中的热驱动自由对流体系(据 Garven,1995)

四、构造应力和地震驱动

构造挤压应力对盆地流体流动的影响主要表现在两方面：一方面是通过骨架岩石的变形改变水文地质单元和流体输导网络的分布以及各输导体的输导能力，另一方面会改变地层压力系统，比如导致超压系统的形成或泄漏。

地震活动常常产生新的断裂，或使先存断裂再活动，从而导致流体的快速流动。Cox(1994)提出的"断裂阀模型"较好地解释了地震活动与断裂带中应力积累和释放的过程。地震活动不仅影响断裂发生、发展、封闭和断裂强度，而且影响断裂带流体活动及附近矿床的形成。断裂带活动为流体循环、水-岩相互作用提供了必要条件，流体的再分配是断裂带中应力积累和释放的响应。流体压力和剪切压力的耦合变化影响断裂带摩擦作用中剪切强度的变化，进而控制断裂发生和停止。因此断裂带流体活动的幕式变化指示了断裂活动事件或地震活动旋回(解习农等，1996)。

五、热对流驱动

热对流是指由于温差所产生的热力而导致流体的流动。由于温度和含盐度的变化产生密度梯度而引起孔隙水的瑞利(Rayleigh)和非瑞利对流驱动。热对流一直被认为是穿过地下岩层溶质运移的机理之一(Wood 和 Hewett，1982，1984；Davis 等，1985)。热对流是解释沉积盆地中溶解物质质量转换的适宜机理，因为相同水体的重复使用可以获得极大的流量。

当流体流动方向与等温线相交时，侧向流体运动将导致热重新分布。热流体活动导致岩石成熟度异常和物质的迁移，根据这些热异常和成岩反应，可以反过来追踪热流体活动的流径和判断热流体的活动范围。

热对流是由水的热膨胀导致的逆密度梯度所驱动的。如果同温层是水平的，则这一逆密度梯度将保持稳定直至达到某一临界条件，此时孔隙水层开始翻转。这一条件可以用瑞利临界值 R 表示：

$$R = g\beta\Delta T H K / k\nu \tag{13-3}$$

式中：β 为水的热膨胀率，H 为对流环的高度，ΔT 是高度 H 之上的温差，K 为渗透率，k 为热扩散率，ν 为动态黏度。

在水发生热对流的情况下，该式可表示为

$$R = 1.2 \times 10^{-2} K H^2 (T_1 - T_2)/H \tag{13-4}$$

式中：K 为渗透率，H 为层厚，$(T_1 - T_2)/H$ 为层中温度梯度。

瑞利对流需要非常厚的、均匀、多孔砂岩(109~300m)的存在，其中不能存在任何低渗层的夹层，如黏土层(Bjorlykke 等，1988)。若渗透率为 $0.987\mu m^2$，则要超过瑞利临界值，从而产生热对流，岩层厚度就必须大于300m。然而，沉积岩极少是均一的，而且砂页岩序列中垂向渗透率常发生突变。瑞利对流的数学模型已表明，砂岩层序中的相对薄层页岩(0.1m)或胶结层段，将会有效地把可能大的对流团分割成较小的对流圈(图13-13)，以致太小而不能超过临界瑞利值。因瑞利对流而引起的孔隙水流动非常之快，足以在10Ma内溶解和沉淀10%的石英(Palm，1990)。这表明，相对于成岩过程而言，如果发生瑞利对流，将对成岩产生积极、快速的影响，但这种情况可能相对罕见。

由于层状序列中垂向渗透率较低，因此沉积盆地中瑞利对流很可能不太重要。当同温层不呈水平状态时，则常发生非瑞利对流(Gouze 等，1994)。非瑞利对流的速度与等温线的倾斜度以及对流圈高度成正比关系。若对流只局限在几米厚、有页岩分隔的砂岩层里，就成岩时期物质运移而言，热对流所产生的层内流体流动速度将会很小(Bjorlykke，1988)。在这种情况下，从成岩作用的角度来看也极不明显，除非同温层在热液侵入点和可能的盐丘周围变陡。由于岩层热导率发生变化时热流量被反射，因此同温层的倾斜也可由岩层的倾斜所引起。

孔隙水的密度主要是水的热膨胀性和盐度的函数。即使是适中的盐度梯度也严重影响着沉积盆地

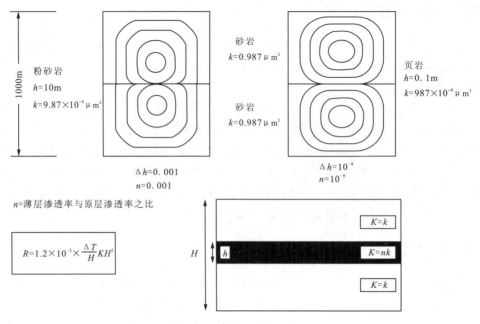

图 13-13 沉积盆地中的热对流

中的流体流动。在盐度梯度为 $30\,000\times10^{-6}$ g/L/km 时,水的热膨胀效应大于其补偿值,使水的密度随深度而加大,从而消除了导致对流的驱动力。

覆于蒸发岩之上的沉积物中孔隙水盐度向下增大稳定了孔隙水。当这一趋势记录在地层水分析资料或测井资料中时,则有力地表明并没有发生垂向混合过程。由于成岩反应中 Cl^- 没有什么明显的消耗,因此盐底辟周围的沉积物中的盐度可用于追踪流体流动。常可以观测到盐度随深度呈近线性增长的现象。对路易斯安纳州近海盐丘周围的盐度分布的分析显示出对流的证据,但观测到的盐度分层性以及孔隙盐水缺乏较多的混合和稀释则表明对流速率是极小的。逆盐度梯度仅可能发育于盐底辟周围和盐层之下。这种逆盐度梯度仅能支持对流环的下行侧,而且强有力的热对流将搅匀孔隙水的盐度。

第三节 盆地流体流动

对应于盆地流体的驱动机制,盆地流体流动的主要特征有:①在重力驱动下盆地流体主要是沿着透水层由地势高的部位向某些较低部位排出。渗透率高的地层其流体的流速就大,因此盆地流体根据各地层的孔隙度和渗透率的关系分配流量。流体排出一旦受阻,则增加透水层的压力,并可能形成超压,结果一方面阻碍大气降水的继续下渗,同时也迫使盆地流体穿过弱透水层继续运移。②在压力(或压实)作用下流体将向压力较小的部位流动,即主要向上、向盆地边缘、向盆地内部的水下高地部位流动。③如果盆地底部的热流值较高,那么盆地流体将受热膨胀、密度降低,从而驱使流体向上流动。如果盆地流体的盐度或浓度较高时,一般会驱使流体继续向下移动。④当流体经过透水层(如渗透率高的砂岩层)、弱透水层(如渗透率低的泥岩或页岩层)的互层时,流体将从弱透水层向透水层垂向流动,且在透水层中会有侧向流动发生。

盆地流体的流动在很大程度上受岩石性质,如渗透率、孔隙度以及水的压缩率的控制。流体流动不必垂直于等势线,其流向是渗透率张量与压力梯度的方向的积。

盆地流体的流动能够传递热并以溶液形式搬运固体物质,因而它是很重要的。孔隙水的流动可能还会导致矿物的溶解和沉淀,从而影响储集岩的品质。

一、盆地流体流动样式

Coustau(1977)根据盆地的水动力特征,将盆地流体活动划分为"青年"、"中年"和"老年"三阶段,分别对应于压实驱动流、重力驱动流和滞流(无水流)三种水流循环样式(图13-14)。在盆地发育过程中,随着沉积物不断沉积,上覆沉积物厚度增大,由压实作用导致岩石孔隙中的流体被挤出,形成压实驱动流,使流体从盆地中心向盆地边缘或从深部向浅部流动。重力驱动流则是由地势高差引起的流体在重力作用下从高势区向低势区的流动。当盆地进入老年阶段,盆地四周被剥蚀夷平,盆地中岩石孔隙也不再发生变化,从而出现不存在任何流动的滞流现象。

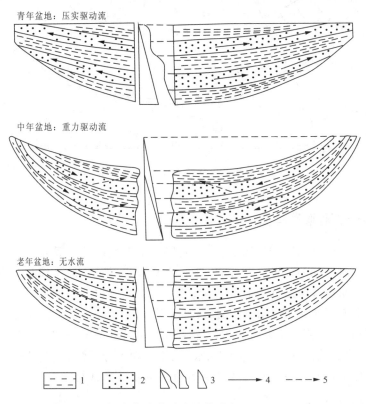

图13-14 沉积盆地水动力演化阶段(据Coustau,1977)
1.黏土;2.砂岩;3.垂直孔隙压力剖面;4.压实驱动流;5.重力驱动流

然而,大量研究成果表明,盆地流体循环样式绝不是这样简单的样式。盆地流体系统可能是一个复杂的流体系统,包括多个互相关联而又各具特色的流体循环系统。盆地流体循环样式决定了盆地内流体区域流动的指向和趋势。它受盆地地球动力学背景、盆地构造、沉积充填、热史及水文体制的控制。在沉积盆地演化过程中,最常见的流体循环样式有重力和地形驱动型、压实和超压驱动型以及构造应力驱动型。大量研究成果表明,在不同盆地的不同演化阶段具有不同的盆地流体循环样式。

(一)重力和地形驱动样式

在构造稳定和无压实的成熟盆地,大气淡水的下渗透重力驱动的流体循环样式控制了区域地下水流系统(Toth,1962,1970)。这种样式主要受控于盆地及其周缘地形的变化,从而构成区域或局部流体循环系统(图13-15)。

重力和地形驱动流是由地形高差引起的流体在重力作用下从高势向低势区的流动,也就是从补给区向排泄区流动。在伴随区域流体流动过程中,流体压力、温度、矿化度的分布也发生明显的变化。比如从补给区到排泄区,沿流线流体压力、温度和矿化度均明显增大,在排泄区会出现明显的温度和热流正异常。这些异常现象在世界上许多盆地见到,如加拿大西部沉积盆地(Garven,1989a)、伊利诺斯盆地(Bethke,1986)、密歇根盆地(Vugrinovich,1989)。

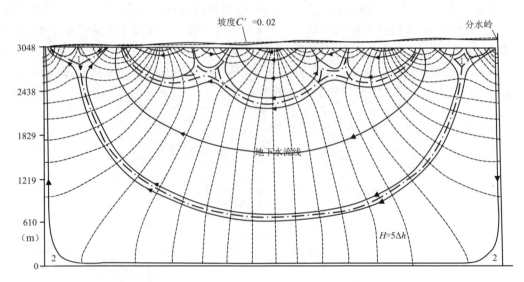

图 13-15　重力和地形驱动流体流动样式(据 Toth,1970)

(二)压实和超压体系驱动样式

压实驱动流是指在上覆沉积物的作用下,由压实作用挤出流体。一般而言,盆地压实流是从盆地中心向盆地边缘或从深部向浅部的流动。Magara(1978)提出的压实盆地水流模型是盆地流体主要通过更好渗透层从盆地中心向边缘或从深部向浅层流动。在正在沉降的盆地中,压实驱动的盆地流体流动系统大致可划分为三个亚系统(Verweij,1993):浅部亚系统流体以垂向穿层流动为主;中部亚系统流体在高渗层中以侧向流动为主,而在细粒岩石中流体被向上或向下挤出,一般没有穿过细粒岩石的穿层流体流动;深部亚系统流体流动受到很大程度的局限,流体流动十分缓慢,以连续或幕式流动,特别是在超压系统内只有当封闭层出现断裂或裂隙时才能导致流体的快速幕式排出。

(三)构造应力驱动样式

板块构造作用控制沉积盆地演化,同时也影响盆地内流体运动和演化。构造应力驱动的盆地流体流动常见于板块俯冲带或附近(Verweij,1993),如前陆盆地。这些盆地受到垂向和侧向挤压应力的影响。首先,侧向应力的增加可加速前陆盆地沉降(Allen,1990),影响沉积速率,进而有利于超压体系的形成。连续侧向构造挤压同时也能直接影响流体压力的大小和分布。此外,俯冲板块垂向负载的增加使俯冲板块之下盆地流体压力增加,导致盆地流体向远离俯冲带的方向流动(图 13-16)。在俯冲板块之下盆地流体沿断裂或输导层的幕式活动可能与俯冲板块幕式活动有关(Bradbury 和 Wooodwell,1987;Roberts,1991)。

二、盆地流体输导系统

盆地流体流动的通道由不同输导体在三维空间上组合构成。这些输导体包括骨架砂体、层序界面、断层及裂缝。输导体的输导能力取决于岩石的孔渗性及不整合界面、断裂和裂隙的渗透能力。

1. 骨架砂体

沉积盆地不同岩性的输导能力的差异很大。一般而言,随着地层埋深增大,孔隙度和渗透率逐渐降

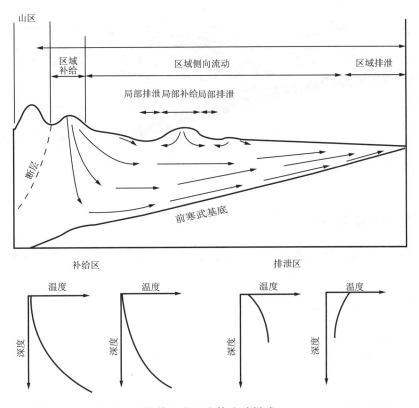

图 13-16　加拿大阿尔伯达盆地流体流动样式（据 Majorowicz 等，1985）

低，其输导能力也减弱。在相同深度条件下，砂岩的输导能力大大高于泥岩。因此，骨架砂体构成盆地流体的良好输导通道。骨架砂体如河道骨架砂体、三角洲骨架砂体等具有良好的孔渗性能，是沉积盆地内发育的重要输导体系。

2. 不整合界面

不整合界面的存在意味着一定时间的间断和暴露，所以，在不整合界面形成时期往往具有较强烈的风化作用，这样大大改善了界面附近孔渗条件；另一方面不整合界面之上往往发育砂砾岩层，比如在层序界面上除存在冲刷不整合面以外，还有下切水道充填复合体，它们可以作为流体流动的输导体系。如下白垩统 Denver 盆地北部 Muddy 砂岩的压力资料和成岩资料研究表明：层序界面上发育的下切水道复合体作为沉积物开始埋藏以来流体流动的输导体系。

3. 断层和裂缝

断层及其裂缝是沉积盆地内最重要的流体输导体之一，也是油气运移聚集的最主要的输导体或封隔体。断层和裂隙的输导能力取决于：①断层两侧的岩性；②断层面上泥岩的涂抹和断层带角砾的胶结程度；③断层力学性质的转换；④地应力和流体压力的幕式变化等。

断层为盆地流体垂向运移的主要输导通道。Hooper(1991)认为流体沿断裂运移是周期流动过程，它与断裂活动期次和性质密切相关。Steven 等(1999)对 Louisiana 远滨南部 Eugene 岛 330 区块分析表明：生长断层在烃类从深层向浅层运移的过程中起着非常重要的作用。断层活动期与油气生成和运移期相同，那么该断层有利于油气沿断层和裂隙运移。进一步的研究表明：虽然沿断层走向聚集的流体量不同，但生长断层为流体(烃)上升的主要输导体系是无疑的。如产油气丰富的尼日尔三角洲体系中发育大量的犁式正断层，构成了良好的垂向输导通道(图 13-17)。

图 13-17 尼日利亚尼日尔三角洲犁式正断层构成烃类垂向输导通道(据 Magoon 和 Dow,1994)

三、盆地流体流动效应

盆地流体流动能够产生能量的交换和物质的迁移,能够形成一些固体矿产和石油、天然气等有机矿产的聚集。

(一)流体流动过程中的热传输

热是通过传导和流体流动(对流)来传输的。

热传输类型的相对影响可以用 Peclet 值(P_e)来表示:

$$P_e = \rho_f C_f L / (\lambda_f^\theta \cdot \lambda_s^{1-\theta}) \tag{13-5}$$

式中:ρ_f 是流体密度,C_f 是流体比热容,L 为流体通道的长度,$L/(\lambda_f^\theta \cdot \lambda_s^{1-\theta})$ 是流体(水)和固相(矿物)的热导率。水的比热容($4200 J \cdot kg^{-1} \cdot K^{-1}$)大约为矿物比热容($800 \sim 900 J \cdot kg^{-1} \cdot K^{-1}$)的 $4\sim 5$ 倍,考虑密度因素,则单位体积水的比热容仅为基质的两倍左右。水的传导率($0.6 W \cdot m^{-1} \cdot ℃^{-1}$)取决于温度和盐度,但它远低于基底的传导率($2.5 \sim 3.5 W \cdot m^{-1} \cdot ℃^{-1}$)。因此,与矿物基质相比,热的孔隙水能更迅速地散失热量。在初始温度梯度的驱动下产生了对流,孔隙水的对流的确改变了温度场,但流动导致的温度扰动并不大。

对现代沉积盆地如墨西哥湾盆地内流体流动的数值计算表明,压实驱动的孔隙水流动对于热量的对流传递而言并不太显著,并且由于压实驱动流体的集中流动,即沿断层流动,局部热异常也不是太明显。

在北海盆地,地热梯度也是在很窄的范围内($35 \sim 40 ℃/km$)变化的。北海 Stord 盆地中局部较高值的出现已归因于现代冰川侵蚀作用产生的瞬变热流的影响。

在密西西比峡谷内老盆地的模拟中,也已证明压实驱动的流动很难产生足够矿石沉淀所需的热液。来源于逆冲带的压实驱动流动可以在相对较小范围内产生显著的热扰动,但模拟表明,这种流动不足以在相邻前陆地区产生大规模的热异常。在类似于莱茵地堑这类裂谷边缘业已暴露和抬升的大陆裂谷中,地下水的流动在很大程度上能够对所观测到的热异常作出解释。

(二)流体流动过程中的溶解物质迁移

孔隙水中溶解元素的浓度是孔隙水初始成分、固体物质溶解速率和沉淀速率的函数。如果忽略大气水的流动,所有的孔隙水都可称为原生水,在海洋盆地中即为海水。

然而,原始海水的成分由于与矿物和非晶质成分的反应会发生显著的变化。在硫酸盐还原带中,大部分海水硫酸盐从正位于海底之下的溶液中析出。

孔隙水会通过沉淀或溶解矿物而与矿物相趋于平衡,但与温度极为密切相关的动态反应速度将决定达到这种平衡所需的时间。

对于硅酸盐矿物而言,低温孔隙矿物沉淀作用的动力学是极其关键的。在与矿物相达到平衡之前,过饱和或欠饱和溶液所能迁移的距离可以用半饱和距离来表示,它是过饱和孔隙水降到原始值一半之前时孔隙水流动的距离,它取决于流动速度和动态反应速度。

如果不考虑动态反应速度的影响,并假定孔隙水与主矿物相处于平衡,则溶解和沉淀速率是溶解度梯度(α_T)和温度梯度(dT/dZ)的函数。

流过多孔岩石的每一部分水所沉淀的胶结物体积(V_c)为:

$$V_c = \sin\beta \cdot \alpha_T \cdot dT/dZ/\rho \tag{13-6}$$

式中:β 是流动方向与等温层的夹角,ρ 是沉淀的矿物相的密度。对于石英,$\alpha_T = 3\times 10^{-6}$($SiO_2$)(150℃)。在垂直的平均地温梯度($dT/dZ = 30$℃/km,即 3×10^{-4}℃/cm)的垂直流动中,$V_c = 3\times 10^{-10}$ cm³。这意味着当单位体积的孔隙水流过单位体积岩石时,沉淀在岩石中的胶结物体积仅为 3×10^{-10} cm³。可见,当水和石英晶体处于平衡时,要沉淀 10% 的石英胶结物,就要求有 3×10^9 份孔隙水。

石英胶结作用的速率还受到结晶动力学的控制,而且在低温条件下(<80℃),胶结速率如此低,以至于即使以百万年计的地质时间来衡量也不甚明显。

碳酸盐矿物具有退缩性溶解度,这意味着孔隙水的上行(变凉)将溶解而不是沉淀碳酸盐矿物。在大多数情况下,碳酸盐矿物的溶解速率要比石英沉淀速率高出好几倍。

孔隙水流动期间,矿物的溶解或沉淀速率与温度的变动速率成正比。在孔隙水向上运移的情况下,温度变动是地温梯度的函数。

第十四章　流体流动与成岩作用分析

第一节　成岩作用概论

成岩作用(diagenesis)一词由 Von Gumbel 在 1868 年首次提出(转引自 Larsen 等,1979),但长期并未受到地质界的重视。直至 20 世纪 70 年代初,随着人类资源需求的快速增长和一些地学重大发现(如板块学说、深海钻探计划等)的积极促进,成岩作用研究才有了巨大的发展(刘宝珺和张锦泉,1992)。然而,成岩作用十分复杂,不同学者在术语使用和阶段划分上还存在很多分歧,至今尚无一个公认的、统一的方案。概括起来,成岩作用包括狭义成岩和广义成岩两类。前者主要是指沉积物被埋藏以后,在较低的温度和压力条件下向岩石转变过程中所发生的所有的物理、化学变化(Walther 和 Wood,1984;刘宝珺和张锦泉,1992)。而后者除包括上述作用外,还包括沉积岩在变质前(Fairbridge,1967)及因构造运动抬升到地表遭受风化以前所发生的一切作用(路凤香等,2004),即包括了沉积物和沉积岩在同生、成岩及后生阶段经历的所有作用。所谓"变质前",即沉积岩中片沸石和浊沸石出现前,即以片沸石和浊沸石的出现作为划分成岩和变质的界限(刘宝珺,2009)。赵澄林等(2001)将成岩和后生阶段发生的作用统称为沉积后作用。按作用性质,成岩作用可分为物理作用、化学作用和生物作用三种基本类型。物理和化学作用可贯穿整个成岩作用的始终并一直延续到变质或风化中去;生物作用主要指藻类和菌类的间接生物化学作用(路凤香等,2004)。

一、成岩作用类型及其特点

碎屑岩和碳酸盐岩是地球表面最重要的两类沉积岩。矿物成分的差异直接导致它们的成岩作用过程也明显不同。下面分别介绍这两类沉积岩的几种主要成岩作用类型及其特点。

(一)碎屑沉积物及碎屑岩

1. 压实和压溶作用

碎屑物质沉积后在其上覆水层或沉积层的重荷下或在构造应力的作用下,发生水分排出、孔隙度降低、体积缩小的作用即为压实作用或物理成岩作用。压实过程中,在沉积物内部可发生颗粒的滑动、转动、位移、变形、破裂,进而导致颗粒的重新排列和某些结构构造的改变(图 14-1)。压实作用在沉积物埋藏的早期表现得较明显。压实过程中排出的水是孔隙流体的主要来源之一。

压溶作用是一种物理-化学成岩作用。沉积物随埋深的增加,碎屑颗粒接触点上所承受的来自上覆层的压力或来自构造作用的侧向应力超过正常孔隙流体压力时(达 2~2.5 倍),颗粒接触处的溶解度增高,将发生晶格变形和溶解作用。随着颗粒所受应力的不断增加和地质时间的推移,颗粒受压溶处的形态将依次由点接触演化到面接触、凹凸接触和缝合接触(图 14-2)。此外,石英压溶后,SiO_2 进入孔隙流体中,增加了其中 Si^{4+} 的浓度,当孔隙流体过饱和时,SiO_2 发生沉淀,为石英次生加大或硅质胶结提供了物质来源,亦能降低岩石的孔隙度(于兴河,2008)。在正常地温梯度条件下,石英大约在 500~1000m 深处发生压溶和次生加大生长现象,因此压溶作用是碎屑岩深埋藏成岩作用的特征,其强度随埋深的增加而增加。一般认为,压溶作用的最大深度值为 6000m。

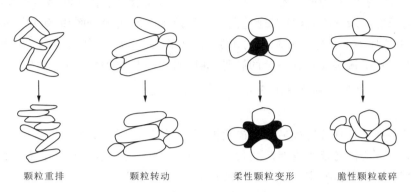

图 14-1　机械压实作用类型示意图(据赵澄林等,2001)

图 14-2　碎屑沉积物经机械压实后的颗粒接触类型(据路凤香等,2004)

2. 胶结作用

胶结作用即矿物质在碎屑沉积物孔隙空间沉淀,形成自生矿物并将松散的沉积物固结为岩石的作用。它是导致沉积层孔隙度和渗透率降低的主要原因之一。

孔隙流体沉淀出的胶结物,即自生矿物的种类很多,概括起来有:①碳酸盐矿物,如方解石、白云石及菱铁矿等;②硅质岩和铝硅酸盐矿物,如石英、长石、黏土矿物等;③沸石类和硫酸盐矿物,如石膏、硬石膏、重晶石等。胶结物的成分在同生作用阶段主要由环境底层水提供,在浅埋成岩阶段主要由埋藏沉积物中不稳定成分的分解提供。如石英砂岩多为硅质和碳酸盐胶结;而一些岩屑砂岩、杂砂岩和火山碎屑砂岩的胶结物主要是蚀变了的杂基和化学沉淀物的混合物,其成分有黏土矿物、沸石矿物和其他硅酸盐矿物。

矿物的胶结方式主要有孔隙充填、孔隙衬边、孔隙桥塞和次生加大边四种类型(图 14-3)。孔隙充填式胶结是最常见的胶结方式,自生黏土矿物(特别是高岭石)、碳酸盐、硫酸盐和沸石类矿物多呈这种产状。孔隙衬边式胶结是指胶结物贴附在颗粒表面垂直生长或平行颗粒分布,包裹整个颗粒,如伊利石、针叶片状绿泥石、菱铁矿等。孔隙桥塞式充填,多为自生黏土矿物的胶结产状,黏土矿物自孔隙壁向孔隙空间生长,最终达到孔隙空间彼岸,形成黏土桥。最常见的是条片状、纤维状的自生伊利石在孔隙中形成网络状分布,分割大孔隙而使其变成微孔隙,使流体流动通道曲折多变。次生加大边式胶结主要为石英和长石的次生加大。

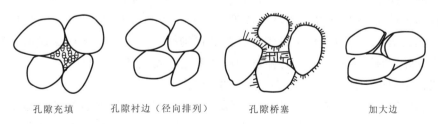

图 14-3　碎屑岩自生胶结物的产状(据吴胜和等,1998)

沉积物被埋藏以后胶结作用能否发生并持续进行，一方面取决于颗粒间是否存在孔隙空间，另一方面更取决于相关离子的不断补给，这只有通过孔隙水的流动才能实现。例如，每单位体积方解石胶结物至少需要5400个单位体积的过饱和孔隙水的沉淀（路凤香等，2004）。因此，胶结作用主要发生在早期成岩阶段。胶结作用对机械压实具有一定的妨碍，伴随着自生矿物的沉淀，孔隙空间逐渐减少，渗透性逐渐降低，导致矿物的沉淀速率也缓慢下来。

3. 交代作用

交代作用是指一种矿物直接置换另一种矿物同时还保持被置换部分的大小和形态的化学过程，可发生于成岩作用的各个阶段乃至表生期。交代作用实质是体系的化学平衡及平衡转移问题。当体系内的物理、化学条件发生改变时，原来稳定的矿物或矿物组合将变得不稳定，发生溶解、迁移或原地转化，形成在新的物理、化学条件下稳定存在的新矿物或矿物组合。

如图14-4所示，当pH值小于9时，非晶质氧化硅的溶解度保持不变，但方解石在pH值小于8的溶液中是非常易溶的。这时碎屑岩中的方解石被溶解，孔隙流体中的氧化硅将沉淀，即发生硅化作用，出现石英交代方解石。SiO_2和$CaCO_3$的平衡条件是pH值为9.9，温度为25℃。当pH值大于9.8，即发生氧化硅的溶解和方解石的沉淀，出现方解石交代石英和石英颗粒被溶蚀的现象。当pH值为8～9时，二氧化硅和方解石均可沉淀。事实上，自然界中成岩孔隙流体的pH值大于9的情况极为罕见，因此温度成为控制石英和方解石溶解和沉淀的重要因素，其次也受压力的影响。

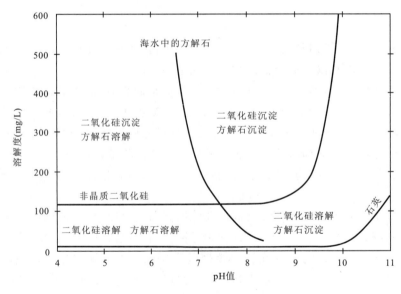

图14-4　pH值与方解石、非晶质二氧化硅和石英的溶解度关系（引自赵澄林等，2001）

碎屑岩中常见的交代作用主要有：氧化硅与方解石的相互交代作用、方解石对长石的交代作用、方解石对黏土矿物的交代作用、黏土矿物与长石的交代作用以及各种黏土矿物之间的交代作用等。交代矿物可交代颗粒的边缘，将颗粒溶蚀成锯齿状或鸡冠状的不规则边缘，也可完全交代碎屑颗粒，从而成为它的假象。晚期胶结物还可以交代早成胶结物。交代彻底时甚至可以使被交代的矿物影迹消失，岩石的结构也发生变化，与此同时，岩石的孔隙度和渗透率也会发生相应的变化。

碎屑岩交代作用的识别标志主要有：①矿物假象，交代矿物具有被交代矿物的假象，矿物的原生成分虽已被交代，但其结晶习性得到完好的保存。②幻影构造，岩石受到强烈的交代作用，原生颗粒只留下模糊的轮廓，称为幻影，其内部结构甚至其边缘已消失，但因其内部有包裹体存在，故显示出颗粒幻影。③交叉切割现象，矿物或颗粒被自形晶体或镶嵌结构的晶体切割或溶（侵）蚀。④残留的矿物包体，残留的矿物包体表示外面矿物是交代矿物，被包矿物是被交代矿物。在岩石中发生了多期矿物交代作用时,主要根据矿物间的切割和侵蚀以及包裹现象来判断其生成顺序。

4. 重结晶作用

一般情况下,重结晶作用是指矿物在不改变基本成分的情况下为减小表面能而自然增大粒度的作用。但广义的重结晶还包括玻璃质或非晶质向晶质的转化、晶格的调整等,即矿物的多形转变。碎屑岩的重结晶现象主要发生在胶结物中。碳酸盐胶结物的重结晶作用可使胶结物形成特征的连晶或嵌晶。在碎屑岩中最有意义的是文石胶结物向方解石的转化及非晶质氧化硅的蛋白石向玉髓及石英的转化。隐晶质的胶磷矿转变为显晶质的磷灰石,隐晶质的高岭石转变为鳞片状或蠕虫状的结晶高岭石,也是常见的矿物重结晶现象。

5. 溶解作用

碎屑岩中的任何碎屑颗粒、杂基、胶结物和交代矿物,包括最稳定的石英和硅质胶结物,在一定的成岩环境中都可以不同程度地发生溶解作用。其结果是形成了碎屑岩中的次生孔隙(图14-5)。研究表明,孔隙流体中有机酸、碳酸及 CO_2 的浓度是控制碎屑岩矿物溶解的主要因素。此外,地温变化和其他的物理化学作用也可能导致矿物溶解。目前,对碎屑岩溶解作用和次生孔隙的研究,已成为含油气盆地碎屑岩成岩作用研究的一个重要方面。

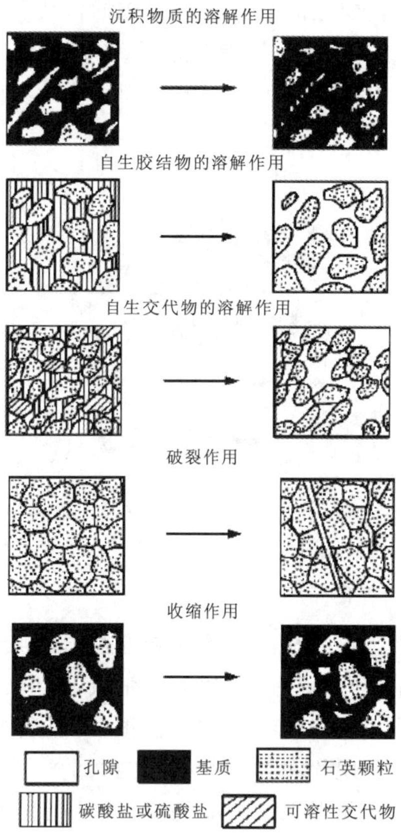

图 14-5 砂岩次生孔隙成因类型
(据 Schmidt,1979)

(二)碳酸盐沉积物及碳酸盐岩

1. 溶解作用

碳酸盐沉积物或碳酸盐岩最大的特征是具易变性和易溶性。溶解作用是碳酸盐沉积物或碳酸盐岩中孔隙水的性质发生了变化而产生的结果。

溶解作用可发生在碳酸盐岩的各个成岩阶段。同生期和成岩早期的溶解作用常具选择性。这是由于海洋沉积物内的不稳定组分(如文石和高镁方解石的生物骨骼及文石质的鲕粒和晶体)比方解石易溶而造成的。这类颗粒溶解后常常形成特征的溶模孔隙。成岩晚期,由于不稳定组分已转变为低镁方解石,其溶解作用多不具选择性,表现为水溶液沿节理、裂缝和原生孔隙流动并将它们扩大的一种溶解作用,形成溶孔、溶缝、溶沟和溶洞。溶解作用的结果是扩大和增加了岩石孔隙,形成的新孔隙系统往往又是油气渗滤和储集的有效空间。关于碳酸盐岩的溶解速率,模拟实验表明,在近地表温度和压力条件(40℃,常压)下的开放体系中,以碳酸作为溶解介质时,碳酸盐岩中方解石含量越高其溶解速率越快,即方解石的溶解速率大于白云石(黄思静等,2001)。在 70℃、20MPa 埋藏温压条件的封闭体系中,以有机酸作为溶解介质时,碳酸盐岩的溶解过程与其中方解石和白云石的相对含量无明显关系,方解石与白云石的溶解速率近于相等;随着温度和压力的增加,方解石溶解速率降低,两者之间溶解速率的差值越来越大。这就是在深埋地层中白云岩油气储层大大多于石灰岩的重要原因。

2. 重结晶作用

单纯的碳酸盐岩重结晶作用是指在成岩过程中,矿物的晶体形状和大小发生变化而主要矿物成分不改变的作用。碳酸盐岩重结晶包括两种情况:使晶体长大的"进变新生变形"和使晶体缩小的"退变新生变形"。前者如由文石或高镁方解石组成的海相碳酸盐泥,在埋藏条件下发生渐进成岩作用时,通过矿物的转化和重结晶作用,转变为低镁方解石,使晶体增长至 $5\sim10\mu m$ 大小微亮晶的作用(图14-6)。

后者如微泥晶方解石组成的古代石灰岩,就是在成岩作用过程中,镁方解石受到富镁孔隙水中镁离子的"毒害",阻碍了晶体的重结晶长大,只能形成极小的微泥晶结构的产物。一般情况下,"进变新生变形"作用比较常见,而"退变新生变形"作用仅在特殊条件下才会发生。

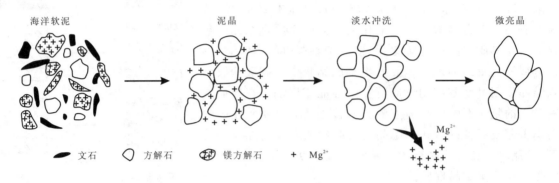

图 14-6　泥晶转变为微亮晶,Mg^{2+} 排出的"进变新生变形"过程(据 Folk,1974)

3. 胶结作用

碳酸盐沉积物或碳酸盐岩的胶结作用是一种孔隙水的物理化学和生物化学的沉淀作用,其结果是在粒间孔隙中发生晶体生长,即形成胶结物,把碳酸盐颗粒或矿物粘结起来使之变成固结的岩石。组成碳酸盐岩胶结物的矿物很多,但最主要的是碳酸盐类矿物。

现代海洋碳酸盐胶结物的矿物成分主要为低镁方解石、文石、高镁方解石和白云石。碳酸盐胶结物的结晶形态主要有泥晶、纤维晶和较粗的粒状晶体三种。任何一种碳酸盐矿物都可以构成泥晶胶结物;纤维状及针状是文石特有的形态,高镁方解石有时也呈纤维状;粒状是白云石和低镁方解石胶结物的特征形态,可呈自形与半自形菱面体、叶片状或他形。

孔隙流体中溶解离子的种类和数量、晶体结晶速度以及底质都会对碳酸盐胶结物形状和大小产生影响(朱筱敏,2008)。在地质环境中,控制 $CaCO_3$ 结晶和形态的离子主要是 Mg^{2+} 和 Na^+,次要的有 Sr^{2+} 和 SO_4^{2-} 等,含不同溶解离子的孔隙水沉淀出的胶结物具有不同的晶形和结晶粒度。结晶和成核速度缓慢有利于形成较大晶体。在某种情况下,结晶速度缓慢有利于排除 Mg^{2+} 的"毒害",使晶体"清洁"生长;而结晶速度快往往形成泥晶结构。在干净的微粒多晶矿物底质上,胶结物与底质共轴生长形成微粒镶嵌结构,后因竞争生长产生优选生长方位,表现为 C 轴或最长的晶轴与底质原始表面垂直,从底质表面向孔隙中心呈现晶体数量减少和个体增大的"孔隙充填"组构。

此外,碳酸盐岩中充填孔隙的胶结物往往具有多个世代,而且不同世代的碳酸盐胶结物其组构和微量元素的组成也可能有所差异。

4. 交代作用

碳酸盐岩中常见的交代作用有白云石化、去白云石化、石膏化和硬石膏化、去石膏化、菱铁矿化和黄铁矿化等。

白云石交代方解石的作用称为白云石化作用。该过程可通过多种反应式进行,对岩石孔隙体积的变化也具有不同的影响(转引自刘宝珺和张锦泉,1992)。具体为:

$$2CaCO_3[方解石] + Mg^{2+} \rightarrow CaMg(CO_3)_2[白云石] + Ca^{2+} \tag{14-1}$$

$$CaCO_3[方解石] + Mg^{2+} + CO_3^{2-} \rightarrow CaMg(CO_3)_2[白云石] \tag{14-2}$$

$$(2-x)CaCO_3[方解石] + Mg^{2+} + xCO_3^{2-} \rightarrow CaMg(CO_3)_2[白云石] + (1-x)Ca^{2+} \tag{14-3}$$

上述几种白云石化作用,究竟按哪一反应式进行,主要取决于有无地层水中 CO_3^{2-} 的加入以及加入数量的多少。式(14-1)没有外来 CO_3^{2-} 的加入,反映结果使岩石孔隙体积增加;式(14-2)有 50% 外来 CO_3^{2-} 加入白云石晶格,使岩石孔隙体积减小 74%~89%;式(14-3)只有少量外来 CO_3^{2-} 加入白云石晶格,岩石孔隙体积基本不发生变化。

方解石交代白云石的作用称为去白云石化作用。该过程主要是在富含硫酸盐的地下水作用下进行的,硫酸盐离子能从白云石中吸取镁形成硫酸镁和方解石。其反应式为:

$$CaMg(CO_3)_2[白云石]+CaSO_4 \cdot 2H_2O \rightarrow 2CaCO_3[方解石]+MgSO_4+2H_2O \quad (14-4)$$

去白云化作用形成的石灰岩称次生石灰岩,一般具有粗粒和中粒结构,常呈透镜状和树枝状出现于白云岩中,有时次生石灰岩中残留有白云岩的团块。去白云化作用比较局限,分布范围不广。

石膏和硬石膏交代碳酸盐矿物或组分的现象叫石膏化和硬石膏化。这是硫酸盐化作用中最常见的类型,其发生可能与含硫酸盐的孔隙水活动有关。交代成因的石膏和硬石膏,一般都具有被交代矿物或颗粒的假象。

石膏和硬石膏的晶体被碳酸盐矿物交代的作用称为去石膏化作用,去石膏化常与地表淡水和细菌的作用有关。在地下,还原硫细菌可将硫酸盐还原,产生硫化氢和硫,同时还伴生有方解石交代石膏的作用,硫或被水带走,或留下富集成自然硫矿床。其反应式为:

$$6CaSO_4[石膏]+4H_2O+6CO_2 \rightarrow 6CaCO_3[方解石]+4H_2S+11O_2+2S \quad (14-5)$$

5. 压实和压溶作用

碳酸盐沉积物的成岩过程很快,有的甚至在地表即已固结成岩,特别是早期发育的胶结作用或白云石化作用,极大地妨碍了碳酸盐沉积物压实作用的进行。因而,碳酸盐岩在埋藏过程中受到的压实作用不如碎屑岩明显。但在某些颗粒碳酸盐岩中,压实作用仍是重要的成岩作用。常见的压实现象有:颗粒点接触频率高;颗粒定向和变形;颗粒间线状接触或曲面接触;颗粒压平;颗粒断裂或破裂;颗粒错断或分离;颗粒表皮撕裂;颗粒表部揉皱;颗粒内部构造形变;颗粒在应力作用下发生粉碎性碎裂和有机质破碎变形为不规则细脉(赵澄林等,2001)。鸟眼构造也是碳酸盐岩经历压实作用的重要标志。它形成于压实过程中同生水运动产生的管道和气泡被碳酸盐胶结物充填。

碳酸盐岩在负荷或应力的作用下,在颗粒、晶体和岩层之间的接触点上,受到最大应力和弹性应变,化学势能不断增加,使应变矿物的溶解度提高,导致在接触处发生局部溶解。主要的压溶构造有:①缝合线,是压溶作用的特征构造;②颗粒间微缝合线;③黏土和石英粉砂含量高(>10%)或有机质较丰富的石灰岩和晶粒较细的白云岩中的密细缝组合等。

影响压实、压溶作用的因素主要有:①碳酸盐颗粒的结构、填积、排列及形状。②连续持久的埋藏,引起压实总效应的增加;地温梯度较低、颗粒表面亲水以及贫镁雨水的渗入,均有利于压溶作用的发生。③早期的胶结和白云石化作用,可增加碳酸盐沉积物的强度,阻碍压溶作用发育。

二、成岩阶段划分

与不同学者在成岩作用术语使用上存在很大分歧一样,不同学者由于研究对象及研究目标的不同,对成岩阶段划分所依据的标准也不相同,导致其划分方案也不一致。

Dapples(1959)将砂岩的成岩作用划分为三个阶段,即初始成岩或沉积阶段、中成岩或早期埋藏阶段以及晚期埋藏或前变质阶段。后来,Dapples(1979)又根据砂岩成岩变化的地球化学环境,将砂岩的成岩作用分为氧化还原阶段(redoxomorphic)、固结阶段(locomorphic)和层状硅酸盐阶段(phyllomorphic)三个地球化学阶段。

Fairbridge(1967)将成岩作用划分为同生成岩(syndiagenesis)、深埋成岩(anadiagenesis)和表生成岩(epidiagenesis)三个时期。同生成岩期埋深0~1000m,与沉积环境关系密切,常导致早期石化作用和自生成矿作用;深埋成岩期埋深1000~10 000m,发生的变化多种多样,是在封存水和其他流体(特别是卤水和石油)向上和侧向运移的情况下发生的,温度可达100~200℃;表生成岩期大气水的影响显著,发生的变化有氧化作用、风化作用等。

Choquette等(1970)将成岩作用分为始成岩(eodiagenesis)、中成岩(mesodiagenesis)和晚成岩(telogenesis)三个阶段。始成岩包括所有发生在沉积物表面及其附近的过程。该阶段孔隙水的地球化学特征明显受控于沉积环境,沉积物埋深0~2000m,地层温度小于70℃(Morad等,2000)。中成岩包括紧随始成岩阶段直到低级变质前发生的所有成岩过程,多数情况下中成岩作用的最高温度在200~250℃左右。晚成岩主要发生在有表层水(如大气水)渗入的盆地反转期。

Schmidt等(1979)为了研究砂岩孔隙演化和次生孔隙的形成,在采用Choquette等(1970)划分方案的同时,又进一步把中成岩阶段划分为未成熟、次成熟、成熟和超成熟四期。其中,未成熟期R_o小于0.2%,主要是未固结的砂质沉积物的机械压实,导致孔隙度和渗透率降低;次成熟期R_o在0.2%~0.55%间,主要变化是砂质沉积物的压溶,被溶物质又以原成分矿物或新矿物充填孔隙,导致孔隙度和渗透率进一步降低,原生孔隙基本消失;成熟期R_o值为0.55%~2.5%,早期砂体中产生大量的次生孔隙,压溶作用仍有影响,但强度远不及次成熟期;超成熟期R_o值大于2.5%,砂岩中的原生和次生孔隙基本消失。

Segonzac(1970)根据黏土矿物演化,将成岩作用分为早成岩、中成岩、晚成岩和近变质四个阶段。早成岩阶段所有黏土矿物都稳定,蒙脱石可以生成;中成岩阶段沉积物变得致密,所有黏土矿物尚稳定,但可见高岭石的地开石化及蒙脱石的伊利石化;晚成岩阶段温度大于100℃,蒙脱石和不规则混层黏土矿物消失;近变质阶段温度约200℃,以伊利石和绿泥石为主。该方案适用于研究黏土岩的成岩作用阶段划分。

Foscolos(1974)根据黏土矿物及地球化学指标,将成岩作用划分为早成岩、中成岩和晚成岩三个阶段。早成岩阶段以含大量分散状的膨胀性黏土矿物为特征,有机质未成熟;中成岩阶段以蒙脱石大量向伊利石转化为特征,早期为黏土矿物脱水的第一阶段,有机质成熟,晚期为黏土矿物脱水的第二阶段,有机质已过成熟;晚成岩阶段伊利石层在混层黏土矿物中大于75%,有机质生烃能力趋于枯竭。此划分方案的优点是把黏土矿物的转化与有机质的成熟度联系在一起,对于油气生成和运移的研究意义重大。

吕正谋(1985)通过对东营凹陷第三系成岩作用的研究发现,成岩作用随埋深增加具有分带性,自上而下分为四个带:①浅成岩带,深度小于1700m,温度小于75℃,R_o<0.4%,成岩作用以机械压实为主,砂岩固结度差;②中成岩带,埋深1700~2100m,温度75~90℃,R_o为0.39%~0.43%,蒙脱石开始向伊利石转化,已进入生烃门限,砂岩为中固结状态,以原生孔隙为主;③深成岩带,埋深2100~3200m,温度90~130℃,R_o为0.43%~0.78%,泥岩中以混层黏土矿物为主,出现绿-蒙混层粘土矿物,阶状石榴石和石英强增生是该带的特征标志,有机质已大量向石油转化,储集空间中原生和次生孔隙均有;④超深成岩带,埋深大于3200~3800m,温度大于130℃,R_o>0.78%,黏土矿物以伊利石和绿泥石为主,碳酸盐矿物含量和溶解作用程度决定了次生孔隙发育。

中国石油天然气集团公司(2003)综合自生矿物、黏土矿物、有机质成熟度、岩石结构和物性特征等把碎屑岩成岩作用划分为同生期、早成岩期(A和B两个亚期)、中成岩期(A和B两个亚期)、晚成岩期和表生成岩期。在此基础上,根据沉积水介质性质的不同,分为淡水—半咸水介质、酸性水介质(含煤地层)和碱性水介质(盐湖)三种成岩环境,分别总结了早、中、晚三个成岩阶段的主要标志(表14-1、表14-2、表14-3;转引自于兴河,2008)。

综上所述,不同学者因研究对象不同,对成岩作用阶段的划分也不相同。在具体研究工作中可依照不同情况在已有的划分方案中选择较为合适者,不能用某一同样标准来评价各种划分,而应从某一研究领域中考虑其合理性和适用性,建立合理的成岩作用阶段划分方案。

表 14-1　淡水—半咸水水介质碎屑岩成岩阶段划分标志(中国石油天然气集团公司规范,2003)

成岩阶段		古温度(℃)	有机质					泥岩		砂岩固结程度	砂岩中自生矿物																	溶解作用			颗粒接触类型	孔隙类型
阶段	期		R_o (%)	T_{max} (℃)	孢粉颜色	成熟阶段	烃类演化	I/S中的S(%)	I/S混层分带		蒙皂石	I/S混层	C/S混层	高岭石	伊利石	绿泥石	石英加大级别	方解石	铁白云石	长石加大	钠长石化	方沸石	片沸石	浊沸石	榍石	石膏	硬石膏	长石及岩屑	碳酸盐类	沸石类		
同生成岩阶段		古常温	①海绿石、鲕绿泥石的形成；②同生结核的形成；③平行层理面分布的菱铁矿微晶及斑块状微晶；④分布于粒间和颗粒表面的泥晶碳酸盐；⑤烃类未成熟																													
早成岩阶段	A	古常温 65	< 0.35	< 430	淡黄 < 2.0	未成熟	生物气	>70	蒙皂石带	弱固结—半固结						粒表		泥晶													点	原生孔隙为主
	B	65 ~ 80	0.35 ~ 0.5	430 ~ 435	深黄 2.0 ~ 2.5	半成熟		50 ~ 70	无序混层带	半固结—固结							I	亮晶	泥晶												状	原生孔隙及少量次生孔隙
中成岩阶段	A	85 ~ 140	0.5 ~ 1.3	435 ~ 460	橘黄—棕 2.5 ~ 3.7	低成熟—成熟	原油为主	15 ~ 50	有序混层带	固结				呈书页状或虫状	呈针状	呈绒球状	II	含铁	亮晶		或呈钠长石										点—线状	可保留原生孔隙，次生孔隙发育
	B	140 ~ 175	1.3 ~ 2.0	460 ~ 490	棕黑 3.7 ~ 4.0	高成熟	凝析油—湿气	<15	超点阵有序混层带						丝发状	叶片状	III				小晶体										线—缝合状	孔隙减少并出现裂缝
晚成岩阶段		175 ~ 200	2.0 ~ 4.0	>490	黑 > 4.0	过成熟	干气	消失	伊利石带						片状		IV															裂缝发育
表生成岩阶段		古常温或常温	①含低价铁的矿物（如黄铁矿、菱铁矿、铁白云石、铁方解石、云母、绿泥石、海绿石等）；②褐铁矿的浸染现象；③碎屑颗粒表面的高阶铁的氧化膜；④新月形碳酸盐胶结物；⑤渗流充填物；⑥表生钙质结核；⑦硬石膏的石膏化；⑧表生高岭石；⑨溶解孔、洞；⑩烃类氧化降解																													

注：①因地壳构造活动，在地质历史过程中有可能在早成岩阶段、中成岩阶段和晚成岩阶段的任何时期出现表生成岩阶段，也可能不出现表生成岩阶段，各地区视具体情况而定；
②“---”表示少量或可能出现的成岩标志。

表 14-2 酸性水介质（含煤地层）碎屑岩成岩阶段划分标志（中国石油天然气集团公司规范，2003）

成岩阶段	期	古温度(℃)	有机质 R_o(%)	有机质 T_{max}(℃)	孢粉颜色	成熟阶段	烃类演化	泥岩 I/S中的S(%)	泥岩 I/S混层带分布	砂岩固结程度	蒙皂石	I/S混层	伊利石	绿泥石	高岭石	石英加大	方解石	菱铁矿	铁白云石	长石加大	钠长石化	重晶石	油沸石	硬石膏	溶解作用 长石及岩屑	溶解作用 碳酸盐岩	颗粒接触类型	孔隙类型
同生成岩阶段		古常温				未成熟					海绿石、鲕绿泥石的形成																	原生孔隙发育的氧化膜
早成岩阶段	A	古常温～65	<0.35	<430	浅黄<2.0	未成熟	生物气	>70	蒙皂石带	弱固结																	点状	原生孔隙发育受压实
早成岩阶段	B	65～80	0.35～0.5	430～435	深黄2.0～2.5	半成熟		50～70	无序混层带	半固结					呈书页状或蠕虫状												点状	原生孔隙及少量次生孔隙
中成岩阶段	A	85～140	0.5～1.3	435～460	桔黄—棕2.5～3.7	低成熟—成熟	原油为主	15～50	有序混层带	半结-固结		呈针状、丝发状、片状	呈线状、球粒状、叶片状				含铁			或呈钠长石小晶体						点—线状	粒内溶孔及铸模孔发育
中成岩阶段	B	140～175	1.3～2.0	460～490	棕黑3.7～4.0	高成熟	凝析油—湿气	<15	超点阵有序混层带	固结																	线—缝合状	孔隙和少量溶孔
晚成岩阶段		175～200	2.0～4.0	>490	黑>4.0	过成熟	干气	消失	伊利石带																			裂缝发育
表生成岩阶段		古地温或常温																										

注：①因地壳构造运动，在地质历史过程中有可能在早成岩阶段、中成岩阶段和晚成岩阶段的任何时期出现表生成岩标志。
② "-----"表示少量或可能出现的成岩标志。

表生成岩阶段：①含低价铁的矿物（如黄铁矿、菱铁矿、铁方解石、云母、绿泥石、海绿石等）的侵染现象；②褐铁矿表面的高价铁的氧化膜；③碎屑颗粒表面的泥晶碳酸盐；④分布于粒间和颗粒表面的泥晶碳酸盐；⑤烃类未成熟；⑥表生氧化降解；⑦硬石膏的钙质结核；⑧表生氧化阶段；⑨溶解孔、洞；⑩烃类氧化降解，也可能不出现表生成岩阶段，各地区可视具体情况而定；

表 14-3 碱性水介质（盐湖盆地）碎屑岩成岩阶段划分标志（中国石油天然气集团公司规范，2003）

成岩阶段	阶段	古温度(℃)	有机质 R_o (%)	孢粉颜色	成熟阶段	烃类演化	砂岩固结程度	石膏	硬石膏	钙芒硝	方解石	含铁方解石	含铁白云石	白云石	铁白云石	菱铁矿	方沸石	长石加大	钠长石化	石英加大级别	伊利石	石英	长石及岩屑	碳酸盐	方沸石	盐类	颗粒接触类型	孔隙类型
同生成岩阶段		古常温																										原生孔隙发育，少量生孔
早成岩阶段	A	古常温~65	<0.35	淡黄<2.0	未成熟	生物气	弱固结~半固结				泥晶	泥晶	泥							一般不发育						点状	
	B	65~85	0.35~0.5	黄2.0~2.5	未成熟	生物气	半固结				泥晶	晶	晶	晶	泥晶					I						点状为主	次生孔隙发育，次生与原生孔隙共存
中成岩阶段	A	85~140	0.5~1.3	桔黄~棕2.5~3.7	低成熟~成熟	原油为主	固结				亮晶	亮晶	亮晶	亮晶	亮晶					II						线状为主	次生孔隙发育、裂缝出现
	B	140~175	1.3~2.0	棕黑3.7~4.0	高成熟	凝析油湿气	固结							晶						III						凹凸缝合线状为主	次生孔隙减少、碱致缝较发育
晚成岩阶段		175~200	2.0~4.0	黑>4.0	过成熟	干气	固结													IV							裂缝发育
表生成岩阶段		古常温或古构造运动																									

注：①因地壳运动，在地质历史过程中有可能在早成岩阶段、中成岩阶段和晚成岩阶段的任何时期出现表生成岩阶段，也可能不出现表生成岩标志；
②"----"表示少量或可能出现的成岩标志。

注：①含低价态的铁的矿物（如黄铁矿、菱铁矿、铁白云石、云母、绿泥石、海绿石等）；②褐铁矿的浸染现象；③碎屑颗粒表面的高价铁的氧化膜，各地区视具体情况而定；④新月形碳酸盐胶结物⑤渗流无沉积物；在硬石膏阶段、钙芒硝出石膏化、溶蚀现象；⑧表生高岭石；⑧烃类氧化降解。

第二节 化学成岩作用基本原理

一、黏土矿物的成岩转化

1. 伊利石化

伊利石主要来自蒙脱石和高岭石的转变(图14-7),在某些条件下也可以直接来自钾长石的转变。蒙脱石通常以混层的形式通过如下两种途径向伊利石转变(McKinley等,2003):

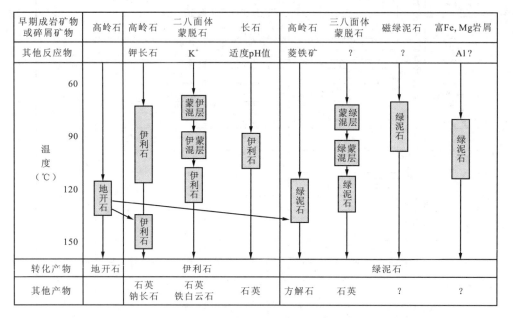

图14-7 碎屑沉积物中黏土矿物成岩转化示意图(据Worden和Morad,2003)
(蒙伊混层指混层内蒙脱石含量高,伊蒙混层指混层内伊利石含量高;同样,蒙绿混层指混层内蒙脱石含量高,绿蒙混层内绿泥石含量高)

$$0.45H^+ + 0.45K^+ + 0.4Al_2O_3 + K_{0.1}Na_{0.1}Ca_{0.2}Mg_{0.4}Fe_{0.4}Al_{1.4}Si_{3.8}O_{10}(OH)_2 \cdot H_2O[二八面体蒙脱石] \rightarrow K_{0.55}Mg_{0.2}Fe_{0.15}Al_{2.2}Si_{3.5}O_{10}(OH)_2[伊利石] + 0.1Na^+ + 0.2Ca^{2+} + 0.2Mg^{2+} + 0.125Fe_2O_3 + 0.3SiO_2[石英] + 1.22H_2O \tag{14-6}$$

$$1.242H^+ + 0.393K^+ + 1.58K_{0.1}Na_{0.1}Ca_{0.2}Mg_{0.4}Fe_{0.4}Al_{1.4}Si_{3.8}O_{10}(OH)_2 \cdot H_2O[二八面体蒙脱石] \rightarrow K_{0.55}Mg_{0.2}Fe_{0.15}Al_{2.2}Si_{3.5}O_{10}(OH)_2[伊利石] + 0.16Na^+ + 0.31Ca^{2+} + 0.43Mg^{2+} + 0.24Fe_2O_3 + 2.47SiO_2[石英] + 2.86H_2O \tag{14-7}$$

随着地温升高,在地层水内K^+或岩石内部钾长石的影响下,高岭石也会发生伊利石化,其中后者还会形成自生石英。这些石英或以结晶体形式沉淀下来,或以增生边形式包裹在碎屑石英周围。

$$3Al_2Si_2O_5(OH)_4[高岭石] + 2K^+ \rightarrow 2KAl_3Si_3O_{10}(OH)_2[伊利石] + 2H^+ + 3H_2O \tag{14-8}$$

$$Al_2Si_2O_5(OH)_4[高岭石] + KAlSi_3O_8[钾长石] \rightarrow KAl_3Si_3O_{10}(OH)_2[伊利石] + 2SiO_2[石英] + H_2O \tag{14-9}$$

若地层水中含有Na^+,钾长石的钠长石化也可以引起高岭石发生伊利石化:

$$2KAlSi_3O_8[钾长石] + 2.5Al_2Si_2O_5(OH)_4[高岭石] + Na^+ \rightarrow NaAlSi_3O_8[钠长石] + 2KAl_3Si_3O_{10}(OH)_2[伊利石] + 2SiO_2[石英] + 2.5H_2O + H^+ \tag{14-10}$$

地开石晶体结构稳定有序,不容易发生伊利石化,但当温度超过150℃时,地开石也完全转变为伊利石。

此外,在弱酸性环境下,钾长石本身也能发生伊利石化(Barclay 和 Worden,2000):

$$3KAlSi_3O_8[钾长石]+H_2O+2H^+ \rightarrow KAl_3Si_3O_{10}(OH)_2[伊利石]+6SiO_2[石英]+2K^+ \quad (14-11)$$

2. 绿泥石化

绿泥石主要来源于蒙脱石、高岭石、磁绿泥石及其他黏土矿物的转化(图14-7)。蒙脱石以混层形式通过得铝或去硅两种途径可以实现伊利石化:

$$Ca_{0.1}Na_{0.2}Fe_{1.1}MgAlSi_{3.6}O_{10}(OH)_2[三八面体蒙脱石]+1.5Fe^{2+}+1.2Mg^{2+}+1.4Al^{3+}+8.6H_2O \rightarrow Fe_{2.6}Mg_{2.2}Al_{2.4}Si_{2.8}O_{10}(OH)_8[绿泥石]+0.1Ca^{2+}+0.2Na^++0.8SiO_2[石英]+9.2H^+ \quad (14-12)$$

$$2.4Ca_{0.1}Na_{0.2}Fe_{1.1}MgAlSi_{3.6}O_{10}(OH)_2[三八面体蒙脱石]+0.88H_2O+1.44H^+ \rightarrow Fe_{2.6}Mg_{2.2}Al_{2.4}Si_{2.8}O_{10}(OH)_8[绿泥石]+0.24Ca^{2+}+0.48Na^++0.04Fe^{2+}+0.2Mg^{2+}+5.84SiO_2[石英] \quad (14-13)$$

由此可见,蒙脱石成岩演化与其化学组成关系密切,二八面体蒙脱石容易发生伊利石化,而三八面体蒙脱石易于发生绿泥石化。此外,砂岩碎屑成分对蒙脱石成岩演化也存在影响。若砂岩富含黑云母、铁镁质火山岩碎屑或赤铁矿涂层,则富镁蒙脱石趋于发生绿泥石化;若砂岩富含钾长石和白云母,则富K、Na蒙脱石趋于发生伊利石化(唐洪明,2001)。

高岭石也可以发生绿泥石化,常见的转变方式有以下三种:

$$高岭石+白云石+铁白云石 \rightarrow 绿泥石+方解石+CO_2 \quad (14-14)$$

$$3Al_2Si_2O_5(OH)_4[高岭石]+9FeCO_3+2H_2O \rightarrow Fe_9Al_6Si_6O_{20}(OH)_{16}[绿泥石]+SiO_2[石英]+9CO_2 \quad (14-15)$$

$$2Al_2Si_2O_5(OH)_4[高岭石]+5Fe_2O_3[赤铁矿]+2SiO_2[石英]+4H_2O+2.5C[有机物质] \rightarrow Fe_{10}Al_4Si_6O_{20}(OH)_{16}[绿泥石]+2.5CO_2 \quad (14-16)$$

含铁磁绿泥石涂层在埋深超过2~3km,温度达到60~100℃条件下也会发生绿泥石化(Aagaard等,2000)。钛云母通过蛇纹石—绿泥石混层(Sp/C)实现绿泥石化(Ryan 和 Reynolds,1996)。

3. 地开石化

地开石主要来源于高岭石的转变(图14-7)。高岭石的地开石化受温度和埋深控制强烈,当埋深2~3km,温度7~90℃时形成杂乱排列的地开石;当埋深3~4.5km,温度90~130℃时形成块状地开石;当埋深超过4.5km,温度超过130℃时,高岭石完全转变为排列有序的块状地开石(Beaufort等,1998)。此外砂岩的高渗透性、地层水酸性增强或K^+/H^+比率降低都有助于发生高岭石的地开石化。而油气充注、强烈压实或其他填隙物的存在都将延缓这种转化(Beaufort等,1998)。

二、石英的成岩转化

石英在酸性及中性的环境中是比较稳定的,但是在碱性溶液中,特别是pH值比较高的碱性溶液中,则比较容易溶解(邱隆伟等,2006)。在碱性的地下成岩环境中,石英溶解并随地层水的流动而迁移,造成局部地段产生次生孔隙或发生胶结,最终使孔隙带发生重新组合。其化学形式为:

$$SiO_2+OH^- \rightarrow HSiO_3^- \quad (14-17)$$

当液体介质的碱度比较高(pH>11),或者硅元素的含量较高时,就会形成硅酸的二聚物或三聚物的聚体离子或离子团,并发生迁移:

$$H_3SiO_4^-+H_3SiO_4^- \rightarrow (H_3SiO_4)^{2-} \quad (14-18)$$

石英在成岩过程中的溶解主要与溶液的pH值有关,在正常的温度和pH值小于9的情况下,表生水中的二氧化硅一般以单分子正硅酸H_4SiO_4或$Si(OH)_4$的形式存在,即:

$$SiO_2+2H_2O \rightarrow H_4SiO_4(水溶液) \quad (14-19)$$

当溶液的 pH 值大于 9 时，$Si(OH)_4$ 离解为 $H_3SiO_4^-$ 和 $H_2SiO_4^{2-}$。在这种条件下，溶解度明显增大。当 pH 值增加到 9.0～9.5 以上时，溶液中的 SiO_2 总量急剧增加，当 pH 值为 11 时，溶液中 SiO_2 的浓度可高达 5000×10^{-6}。当 pH 值小于 8 时，SiO_2 的溶解度很低，溶解速度也很慢，而且几乎不会随 pH 值继续变小而发生变化，这主要是硅酸不离解的缘故。

氧化硅的溶解度还与结晶程度、温度和压力有关。在室温下，非晶质氧化硅的浓度为 100×10^{-6} 至 140×10^{-6}，而石英的浓度仅为非晶质氧化硅的 5%。随着温度的升高，石英溶解度的增加比非晶质氧化硅溶解度的增加明显要快，石英与非晶质氧化硅的溶解度曲线在高温的时候比较接近，在温度接近 0℃时，两者相差较大（图 14-8）。但是，无论是在高温还是在低温条件下，结晶质石英的溶解度都小于非晶质氧化硅，加上石英的内能低于非晶质氧化硅，因此，无论是在实验室溶液中，还是在地层水环境中，石英都是相对稳定的形式，它比非晶质氧化硅更容易发生沉淀，低温时更是如此（邱隆伟等，2006）。

三、长石的成岩转化

长石是陆源碎屑岩中含量上仅次于石英的颗粒组分，其稳定性也低于后者。在埋藏成岩条件下，长石的变化主要有溶解和向高岭石等黏土矿物转化两种趋势。影响长石溶解或转化的因素包括长石的成分、结构、反应的温度、流体 pH 值及其中有机酸的类型和含量等多个方面（史基安等，1994）。其中，反应温度、pH 值及有机酸类型等是最主要的影响因素。

1. 温度的影响

埋藏成岩作用过程是一个随埋深增加而发生温度渐进式增加的过程，温度的改变对长石的溶解和次生孔隙的形成具有非常重要的意义。在长石的溶解过程中，最常见的反应是形成自生高岭石。史基安等（1994）对长石的高岭石化进行了热力学计算，得到了斜长石、钠长石和钾长石在标准状态下的反应自由能

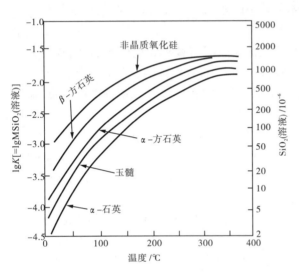

图 14-8 几种氧化硅矿物的溶解度与温度的关系
（据 Loretta 等，1985，转引自刘宝珺等，1992）

（ΔG^0）、生成热（ΔH^0）和熵（ΔS^0）。

$2Na_{0.6}Ca_{0.4}Al_{1.4}Si_{2.6}O_8$[斜长石]$+1.4H_2O+2.8H^+ \rightarrow 1.4Al_2Si_2O_5(OH)_4$[高岭石]$+1.2Na^+$
$+0.8Ca^{2+}+2.4SiO_2$[石英] (14-20)

$\Delta G^0=-162.81$kJ/mol；$\Delta H^0=-192.72$kJ/mol；$\Delta S^0=-100.5$J/mol·K

$2NaAlSi_3O_8$[钠长石]$+H_2O+2H^+ \rightarrow Al_2Si_2O_5(OH)_4$[高岭石]$+2Na^++4SiO_2$[石英]
(14-21)

$\Delta G^0=-78.74$kJ/mol；$\Delta H^0=-87.38$kJ/mol；$\Delta S^0=-30.04$J/mol·K

$2KAlSi_3O_8$[钾长石]$+H_2O+2H^+ \rightarrow Al_2Si_2O_5(OH)_4$[高岭石]$+2K^++4SiO_2$[石英] (14-22)

$\Delta G^0=-67.70$kJ/mol；$\Delta H^0=-45.97$kJ/mol；$\Delta S^0=-72.91$J/mol·K

$\Delta G^0<0$，反应为不可逆过程；$\Delta G^0>0$，反应为不可能发生过程；$\Delta G^0=0$，反应为平衡状态或可逆过程。

可见，若不考虑其他影响因素，在标准状态下各类长石均可自发地向高岭石转化；此外，因斜长石反应的自由能远比钾长石反应的自由能小，所以其更容易发生蚀变和溶解。

在压力保持不变的条件下，随着温度升高，反应自由能将发生变化，由公式：

$$\Delta G_T^0 = \Delta H^0 - T\Delta S^0 \quad (14-23)$$

可以计算得出，在温度从 25℃升高到 175℃过程中，随着温度的升高，钙长石和钠长石的溶解速率

变化不大或略有所降低,而钾长石的溶解能力则有较明显的提高(史基安等,1994)。因而,从理论上讲,钾长石的溶解度对埋藏温度的变化相对敏感。尽管如此,在埋藏成岩过程中,钠长石和钾长石的溶蚀速率还是大致相近,而斜长石则比前两者明显易溶蚀。这说明,除温度以外,还有其他因素影响和控制它们的溶解和转化。

2. 有机酸的影响

长石的溶解和有机酸的存在有着密切的关系。在盆地流体中,醋酸和草酸是常见的有机酸类型,具有较高的浓度和较高的热稳定性,因而有利于其对长石的溶蚀(邱隆伟等,2006)。有机酸对长石矿物溶解的影响主要体现在有机酸阴离子的络合作用和有机酸阳离子提高流体酸度两个方面。

有机酸阴离子的络合作用对长石的溶解产生影响,但这种络合作用又明显受流体酸度和温度的制约,只有在特定的酸度范围内,有机酸阴离子才能通过络合作用提高长石的溶解度(罗孝俊,2001)。有机酸进入盆地流体中对流体酸度的影响表现在两方面:一是提高流体酸度,二是缓冲体系酸度。因为长石矿物的大量溶解,不仅需要盆地流体呈现一定程度的酸性,而且还需要这种酸性不因长石溶解的消耗而快速降低。有机酸的缓冲体系酸度的能力在一定程度上即可缓冲流体酸度降低。实验表明,在酸性及近中性流体中,醋酸能对流体酸度进行有效的缓冲,从而保持流体的高酸度环境,加大长石的溶解量;相比之下草酸对流体酸度的缓冲作用就弱得多(罗孝俊,2001)。

3. pH 值的影响

长石的溶解速率与流体的 pH 值呈 U 型关系:即在酸性区域随 pH 值增大而降低(Oelkers 等,1995);在中性区域溶解速率低且受 pH 值变化的影响小;在碱性区域随 pH 值增大而增快(Hellmann,1994)。在常温常压下,长石 3 种端元随 pH 值的变化趋势相同,随 pH 值的增大,溶解度减小;流体呈弱碱性后,随 pH 值增大,溶解度又开始增大。其中,钙长石溶解度在酸性范围内对 pH 值的敏感性最大。

斜长石、钾长石和钠长石 3 种长石端元向高岭石转化而形成次生孔隙的体积与转化时期流体的酸碱度有关。对钾长石和钠长石而言,在酸度或碱度较大的流体中发生转化所形成的次生孔隙要多于在中性范围内发生转化所形成的次生孔隙;对钙长石而言,在中性和碱性流体中发生转化所形成的次生孔隙多于在酸性流体中转化时所形成的次生孔隙(罗孝俊,2001)。因此可以推论,富含碱性长石的砂岩储层,在较为酸性或较为碱性的介质中,均易发育次生孔隙;而富含斜长石的砂岩储层,只有在偏碱性的介质中才易发育次生孔隙(肖奕,2003)。

四、碳酸盐矿物的成岩转化

1. 碳酸盐的溶解作用

当碳酸盐成岩的条件发生改变时,碳酸盐将溶解并发生不同程度的重新沉淀作用。碳酸盐溶解、重新沉淀的分布范围及其对储层质量的改善程度很难预测。大范围的碳酸盐溶解可能大大改善砂岩储层的物性特征。尽管欠饱和水在渗透性砂岩中流动时会引起碳酸盐胶结物溶解,但往往是在部分胶结而非普遍胶结的砂岩内更容易形成次生孔隙(Morad 等,1998)。

关于碳酸盐胶结物的成岩溶解,一方面认为酸性水和泥岩中有机质热成熟产生的 CO_2 是导致碳酸盐溶解的主要原因(Schmidt 和 McDonald,1979;Morton 和 Land,1987);另一方面认为有机质成熟并不能为碳酸盐溶解和次生孔隙形成提供足够的 CO_2(Lundegard 和 Land,1986),而且酸性水在进入砂岩之前就有可能因与泥岩中的碳酸盐生物碎屑和硅酸盐矿物作用而被中和(Giles 和 Marshall,1986)。当烃类流经含赤铁矿的砂岩储层时,因氧化—还原反应形成的羧基酸和羧基酸阴离子也可导致碳酸盐胶结物的溶解(Surdam 等,1993)。此外,热流体上升冷却及不同类型水的混合也可能导致碳酸盐埋藏成岩溶解,而且 P_{CO_2}、温度、矿化度、碳酸盐饱和度以及混合前各种地层水 pH 值等决定了地层水混合过程中碳酸盐胶结物的溶解状态(James 和 Choquette,1990)。

浅埋藏范围内碳酸盐胶结物溶解主要是含弱碳酸的大气水渗透以及混合侵蚀的结果。大气水的淋滤能力主要取决于近地表 CO_2 溶解数量、与 H^+ 产生或消耗相关的有机-无机反应的类型及程度、砂岩渗透率及其形态特征以及水头等条件(Morad 等,1998)。在具有较高水头的盆地内,若砂岩侧向延伸范围广、渗透性高,则发生明显的碳酸盐溶解。在近地表及浅层,由于大气水已经与碳酸盐、硅酸盐发生作用并达到了平衡,所以很难导致深层的碳酸盐矿物发生溶解;而且这个深度范围内与大气水发生反应的矿物越多,其对矿物溶解的影响深度也就越浅。

2. 碳酸盐的重结晶与交代作用

碳酸盐的不稳定性还可能导致发生重结晶和交代作用。微晶方解石和白云石易于发生重结晶作用。作为钙结层原始胶结物的嵌晶方解石也是砂岩内泥晶胶结物发生埋藏重结晶作用的结果。

重结晶方解石和白云石通常以不规则分布的粗糙结晶体形式存在,结晶粒度从孔隙边缘到孔隙中央逐渐增大。菱铁矿和铁白云石的溶解性较方解石和白云石低,也不容易发生重结晶作用。菱镁矿在深埋藏条件下很少发生重结晶作用,但在较低温度下大气水可能导致其发生重结晶(Spötl 和 Burns,1994)。重结晶碳酸盐胶结物往往较原始微晶胶结物的 $\delta^{18}O$ 值低,这说明重结晶过程中大气水卷入或埋藏温度增加导致了氧同位素的分馏。但重结晶作用并不能引起碳酸盐中碳、锶同位素组成发生变化,尤其在低渗透性岩石中更是如此(Kupecz 和 Land,1994)。

碳酸盐胶结物之间的交代作用在埋藏成岩过程中也是非常普遍的。早期成岩方解石在埋藏成岩过程中容易被含铁白云石、白云石部分或完全交代,但在砂岩中比较少见。砂岩内也存在菱铁矿和内碎屑被铁白云石交代的现象。降水强度变化及海/湖平面波动引起孔隙水地球化学的微妙变化也可能导致在早期成岩体系内出现白云石胶结物的方解石化(Colson 和 Cojan,1996)。

3. 碳酸盐成岩平衡体系

成岩矿物的稳定性往往与温度及地层水地球化学特征相关。孔隙水化学(离子活性、pH 值、碱度、有机化合物溶解性)、动力学及温度等诸多因素控制了碳酸盐的沉淀、平衡关系。在不同条件下碳酸盐之间具有不同的平衡关系。通过 $\alpha Mg^{2+}/\alpha Ca^{2+}$、$\alpha Fe^{2+}/\alpha Ca^{2+}$ 和 $\alpha Fe^{2+}/\alpha Mg^{2+}$ 可以预测不同温度条件下的碳酸盐平衡情况(Morad 等,1998;图 14-9)。

方解石-铁白云石-菱镁矿平衡体系中,随温度升高,铁白云石稳定范围变小,而菱铁矿、方解石的稳定范围变大[图 14-9(a)]。铁白云石是埋藏成岩作用中比较普遍的碳酸盐胶结物,也可形成于近地表环境。而方解石在适当的地球化学和温度条件下可能要迟于铁白云石形成(Girard,1998)。随着温度降低、方解石消耗以及 $\alpha Fe^{2+}/\alpha Ca^{2+}$ 降低可能有助于铁白云石的稳定。在埋藏成岩阶段,如果地层水的 Fe/Ca 活性比率较高,则形成的含铁碳酸盐将是菱铁矿而非铁白云石。菱镁矿-菱铁矿的平衡关系以及溶解程度主要取决于温度和 Fe/Mg 活性比率。随着温度增加,菱镁矿的稳定范围也扩大,此时为了保持菱铁矿的稳定存在必须提高 Fe/Mg 活性比率[图 14-9(b)]。与埋藏成岩菱镁矿相比,形成于深海砂、泥岩沉积中的早期成岩菱镁矿通常具较高的 Ca、Mn 含量(Matsumoto,1992)。海相早期成岩含镁菱铁矿也含大量的 Ca(Morad 等,1998);形成于深海环境的菱铁矿一般富 Mn(Chow 等,1996);而形成于陆相环境的菱铁矿几乎不含镁或含少量镁(Baker 等,1996)。白云石-铁白云石的平衡关系也主要取决于温度和 Fe^{2+}/Mg^{2+} 的活性比率[图 14-9(c)]。方解石-白云石-菱镁矿体系的平衡状态主要受温度和 Mg^{2+}/Ca^{2+} 活性比率控制[图 14-9(d)]。方解石白云石化以及白云石消耗过程中菱镁矿的稳定化通常与较低的 Mg/Ca 活性比率有关(Usdowski,1994)。

4. 碳酸盐成岩与流体活动

流体活动对埋藏成岩碳酸盐胶结的影响主要有以下几种。

(1)当流体运移至高渗透性低压岩相或者沿着与低压带相连的断层流动时,由于 P_{CO_2} 降低会导致形成碳酸盐胶结物。方解石沉淀可表示为:$Ca^{2+} + 2HCO_3^- = CaCO_3 + CO_2 + H_2O$。与这种机制相似的是,产油井附近的压力释放也可能在钻井附近形成碳酸盐沉淀进而降低储层物性。

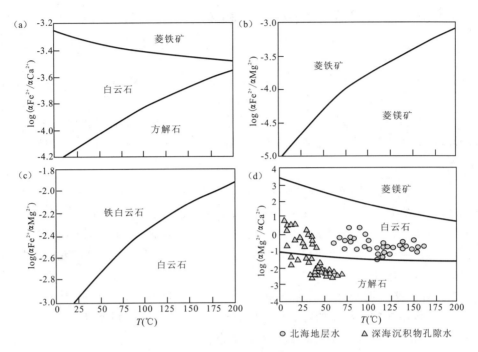

图 14-9 碳酸盐胶结物成岩平衡图解(据 Morad,1998)

(2)当 pH 值变化被缓冲时,增加的 CO_2 也会形成碳酸盐沉淀。CO_2 或以气体形式通过浮力驱动沿着压力梯度方向运移,或以扩散和平流形式溶解在水里沿着压力梯度方向运移。

(3)大气水导致原油降解引起 HCO_3^- 浓度升高也可以形成碳酸盐沉淀。油水界面附近形成的碳酸盐胶结即是这种成岩的产物(Watson 等,1995)。

虽然胶结物沿断裂带的出现指示了流体活动,但是这些沉淀并非形成于流体平流过程,而是沉积物内离子扩散的结果。由于扩散胶结往往需要大量水的循环过程,因此通过平流可以揭示流体活动路径以及由于流体迁移过程中化学组分变化导致的碳酸盐结晶分带性。

埋藏成岩碳酸盐胶结的物源可能来自砂岩内部,也可能来自层间、毗邻层位或者通过地层水沿断裂携带来自深部地层。早期成岩碳酸盐胶结物和生物碎屑的溶解及重新沉淀可能是埋藏成岩胶结的重要内部来源。钙斜长石的钠长石化可能也是胶结物中钙的一个内部来源,在某种程度上可以解释砂岩中的方解石胶结。砂、泥岩界面附近丰富的碳酸盐胶结可能是外源的(Carvalho 等,1995)。在缺乏 pH 值缓冲因素情况下,源自泥岩并具较高 P_{CO_2} 的地层水事实上可能导致碳酸盐溶解而不是沉淀。源自深埋藏碳酸盐岩的含钙白云石化地层水向上迁移也有助于在砂岩内形成方解石胶结(Morad 等,1994)。此外,盆地内热卤水的上升在弱压实沉积物中也可能形成碳酸盐胶结物,并且这种胶结物以较低 $\delta^{18}O$ 值和具较高的流体包裹体均一温度为特征(Sullivan 等,1990)。

第三节 盆地流体-岩石相互作用

尽管早期的或传统的成岩作用研究主要是从矿物学和岩石学角度,以沉积盆地的固体骨架为研究对象,阐明其在盆地演化过程中所发生的物理的、化学的和生物化学的变化,但也非常重视孔隙流体在成岩过程中的作用(刘宝珺和张锦泉,1992;孙永传等,1996)。近些年来,随着盆地流体研究的深入,人们更加深刻地认识到化学成岩作用就是在沉积物埋藏过程中的一定温度、压力条件下孔隙流体的化学组分与各种固体矿物间的一种化学平衡作用(解习农等,2006,2009)。因此,盆地流体研究与成岩作用研究是密不可分的,对于揭示成岩作用过程具有重要的指示意义。

一、盆地流体-岩石相互作用的主要机制

1. 溶滤作用

在水-岩相互作用下,固体沉积物中的一部分物质转入地层水的作用叫溶滤作用。溶滤作用的结果是沉积物失去一部分可溶物质,地层水则补充了新的组分。由溶滤作用形成的地层水的化学成分与岩石中矿物成分密切相关。如蒸发岩的地下溶滤是导致地层水高矿化度的主要原因之一;岩盐溶解的地层水中具有较高的 Na^+ 和 Cl^- 离子;在碳酸盐岩地区的地层水中,往往以 HCO_3^- 和 Ca^{2+} 为主。

2. 蒸发浓缩作用

溶滤作用将固体沉积物中的某些成分溶入水中,地层水流动又把这些溶解物质带到排泄区。在干旱—半干旱地区的平原与盆地低洼处,地下水位埋藏不深,蒸发成为地层水的主要排泄方式。因蒸发作用只排走水分,盐分则保留下来,随着时间延续,地层水溶液逐渐浓缩,矿化度不断增大。与此同时,随着地层水矿化度上升,溶解度较小的盐类在水中相继达到饱和而沉淀析出,易溶盐类(如 NaCl)的离子逐渐成为水中的主要成分(王大纯等,1995)。

产生蒸发浓缩作用必须同时具备下述条件:①干旱或半干旱的气候,低平地势控制下较浅的地下水位埋深,有利于毛细作用的颗粒细小的松散沉积物;②地层水流体体系的势汇——排泄处,因为只有水分源源不断地向某一范围供应,才能从别处带来大量的盐分,并使之聚集。当上述条件具备时,蒸发浓缩作用强烈,甚至可以形成矿化度大于 300g/L 的地下咸水(王大纯等,1995)。

3. 脱碳酸作用

地层水中 CO_2 的溶解度明显受温度和压力控制,随温度升高或压力降低而减小,一部分 CO_2 成为游离 CO_2 从水中逸出,这便是脱碳酸作用。脱碳酸作用的结果是,地层水中的 HCO_3^- 及 Ca^{2+}、Mg^{2+} 减少,矿化度降低:

$$Ca^{2+} + 2HCO_3^- \rightarrow CO_2 + H_2O + CaCO_3 \qquad (14-24)$$

$$Mg^{2+} + 2HCO_3^- \rightarrow CO_2 + H_2O + MgCO_3 \qquad (14-25)$$

深部地层水上升成泉,泉水往往形成钙华,就是脱碳酸作用的结果。温度较高的地层水由于脱碳酸作用使 Ca^{2+}、Mg^{2+} 从水中析出,阳离子通常以 Na^+ 为主(王大纯等,1995)。

4. 脱硫酸作用

脱硫酸作用包括微生物硫酸盐还原作用(BSR)和热化学硫酸盐还原作用(TSR)两种类型。

微生物硫酸盐还原作用(BSR)是指在还原条件下,当地层水中有有机物存在时,脱硫细菌能使水中的 SO_4^{2-} 还原而生成 H_2S,结果导致水中 SO_4^{2-} 减少甚至消失,HCO_3^- 增加,pH 值变大。其反应式为:

$$SO_4^{2-} + 2C + 2H_2O \rightarrow H_2S + 2HCO_3^- \qquad (14-26)$$

热化学硫酸盐还原作用(TSR)包括甲烷气、原油、早期形成沥青的硫酸盐还原作用。其反应式为:

$$SO_4^{2-} + 烃类 \rightarrow H_2S + 蚀变烃类 + 固态沥青 \qquad (14-27)$$

BSR 和 TSR 作用的区分主要是依据地温、H_2S 含量、硫同位素及所处的成岩体系。一般认为,脱硫细菌多生存于 0~80℃,而 TSR 作用发生于 100~140℃ 及以上;BSR 生成的 H_2S 气体含量低于 5%,而后者高于 10%;后者生成的硫化氢和固态硫化物的硫同位素接近于硫酸盐矿物的硫同位素,前者低于此值;TSR 作用多发生在连续埋藏的成岩体系,而 BSR 多发生于不整合面附近及浅层。相对而言,上述标志中硫同位素分布特征是区分 BSR 和 TSR 作用最可靠的依据(蔡春芳,1996)。

5. 阳离子交换吸附作用

岩石颗粒表面往往带有负电荷,能吸附某些阳离子。一定条件下,颗粒将吸附地层水中某些阳离子,而将其原来吸附的部分阳离子转移到地层水中,这便是阳离子交换吸附作用(王大纯等,1995)。

不同的阳离子,其吸附于岩石颗粒表面的能力不同,按吸附能力,自大而小顺序为:

$H^+>Fe^{3+}>Al^{3+}>Ba^{2+}>Ca^{2+}>Mg^{2+}>K^+>Na^+$。离子价越高,离子半径越大,水化离子半径越小,则吸附能力越大。H^+例外。

当含Ca^{2+}为主的地层水,进入主要吸附有Na^+的岩石颗粒孔隙空间时,水中的Ca^{2+}便置换岩石颗粒所吸附的一部分Na^+,使地层水中Na^+增多而Ca^{2+}减少。

地层水中某种离子的相对浓度增大,则该种离子的交替吸附能力(置换岩石颗粒所吸附的离子的能力)也随之增大。例如,当地层水中以Na^+为主,而岩石颗粒原来吸附有较多的Ca^{2+},则水中的Na^+将反过来置换岩石颗粒所吸附的部分Ca^{2+}。海水侵入陆相沉积物时,就是这种情况。

显然,阳离子交换吸附作用的规模取决于岩石颗粒的吸附能力,而后者决定于岩石颗粒的比表面积。颗粒越细,比表面积越大,交换吸附作用的规模也就越大。因此,黏土岩类最容易发生交换吸附作用,而在致密的结晶岩中,实际上不发生这种作用。

6. 渗析作用

渗析作用是由于泥质岩和黏土中Al^{3+}、Si^{4+}被大量的一价或二价的离子置换,使岩石喉道带正电荷,吸引一价或二价的阴离子,阻碍了Cl^-、HCO_3^-等阴离子的通过,由于缺少阴离子,阳离子在喉道表面聚集,从而形成了"水可以自由通过,而离子被阻滞"的现象(Donald,1982)。

7. 混合作用

当不同成分或矿化度的地层水相遇时,所形成的地层水的成分和矿化度均发生变化,这种作用称为混合作用。混合作用的结果,可能发生化学反应而形成化学类型完全不同的地层水。例如,当以SO_4^{2-}、Na^+为主的地层水与以HCO_3^-、Ca^{2+}为主的地层水混合时,析出石膏,形成以HCO_3^-和Na^+为主的地层水。其反应式为:

$$Ca(HCO_3)_2+Na_2SO_4 \rightarrow CaSO_4[石膏]+2NaHCO_3 \tag{14-28}$$

两种地层水的混合也可能不产生明显的化学反应。如当高矿化的NaCl型海水混入低矿化的重碳酸钙镁型地层水中,基本不产生化学反应。这种情况下,混合水的矿化度与化学类型取决于参与混合的两种水的成分及其混合比例。

8. 有机-无机相互作用

有机-无机相互作用包括两个方面:一方面是有机质分解形成的有机溶剂,如有机酸对岩石的溶解,有机酸(尤其是草酸)的存在使得Al^{3+}显著活化,并以络合物形式搬运,这样将有利于铝硅酸盐矿物(长石)等的溶解和次生孔隙的形成(Surdam等,1984);另一方面,无机物质特别是孔隙水参与有机物的热解反应。传统的生油模式包含一个以释放出低分子量的烃类为主的热裂解过程(Tissot等,1984;Hunt,1996)。这些反应被认为是受时间、温度及原始干酪根成分和结构特征影响的不可逆的动力学过程。然而,地下化学环境深刻影响着油气的形成及其组成的演化,特别是水和矿物等无机化合物在有机质成熟过程中可能充当了反应物和催化剂。水不仅促进了干燥条件下无法发生的反应得以进行,甚至可能直接为烃类和氧化产物的形成提供了氢和氧。这说明生油过程本身及其产物的稳定性明显受地下化学环境的影响(Seewald,2003)。沉积盆地中的有机-无机反应对于油气的运移和捕获过程可能具有直接的指示意义,因为很多有机转化产物直接参与了沉积物孔渗性能的改善或破坏。

二、盆地流体-岩石相互作用的主要特征

在正常压力条件下,孔隙流体流动通畅,其在成岩过程中的作用主要表现为能量传递的载体和物质迁移的介质。异常压力条件下流体活动表现为两个重要特征:一是压力仓的封闭性限制了流体流动,导致其内部孔隙流体的运动十分有限;二是压力仓的幕式破裂,导致压力仓内、外流体的快速混合。前者必然导致伴随胶结作用和次生孔隙形成的自由离子供给的减少,可能避免破坏储层的胶结作用,同时,由于异常超压带内原生孔隙水随着温度和埋深的增大,不同流体-岩石相互作用改变孔隙水成分,逐渐

形成不同于静水压力环境的地层水。如在墨西哥湾盆地(Morton 和 Land,1987)和莺歌海盆地(Xie 等,2003)等海相沉积盆地的异常超压带较其正常压力带具有更低的矿化度,从而显示不同的成岩作用特征以及流体-岩石相互作用方式。后者则不仅改变超压流体释放带的温度和压力条件,而且还改变了孔隙流体的化学组成,进而导致新的流体-岩石反应,表现出不同的成岩作用分带以及流体-岩石相互作用过程。下面以莺歌海盆地和松辽盆地十屋断陷为例,分别介绍异常超压和异常低压条件下流体-岩石相互作用的特征(解习农等,2006)。

1. 异常超压条件的流体-岩石相互作用特征

莺歌海盆地是我国南海北部大陆边缘重要的新生代走滑-伸展盆地,其裂后期地层中发育了明显的异常超压和强烈的底辟活动,原生孔隙水大多为海水。总体上该盆地可分为3个区,即具有静水压力的非底辟带、具有静水压力的底辟带和超压带。图14-10显示了该盆地地层水矿化度特征。在非底辟带,如莺东斜坡带,地层水矿化度介于30~38g/L之间,大致接近于正常海水的35g/L(Hunt,1996),其阴、阳离子浓度也与海水相近;在超压带尽管具有相近的沉积环境,但地层水矿化度明显低于正常海水,介于9.983~31.619g/L,其水型为$NaHCO_3$型,其中Na^+、Ca^{2+}、Mg^{2+}、Cl^-、SO_4^{2-}等离子浓度低于正常海水,HCO_3^-和CO_3^{2-}浓度却大大高于正常海水,且超压带地层水矿化度有随深度增大而稍有减小的趋势。

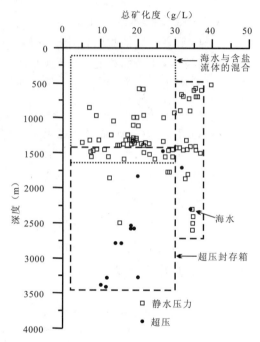

图14-10 莺歌海盆地地层水矿化度随深度变化及其分区性(据解习农等,2006)

钻井资料显示,莺歌海盆地裂后期沉积物为滨浅海、陆架陆坡和深海沉积,可以推断其超压段地层原始孔隙水为海水。正如上所述,莺歌海盆地超压带地层水具有较低的矿化度,从盆地形成及盆缘地貌特征完全可以排除由降水的注入而降低矿化度的可能性。因此,原生孔隙水的淡化只能与矿物脱水有关,如蒙脱石向伊利石的转化释放出晶格间的水分子。图14-11说明了DF1111井地层水矿化度以及蒙脱石转换情况,在超压带内伊-蒙混层中蒙脱石含量越低,地层水矿化度也越低,说明随着蒙脱石向伊利石转化程度加强,所排出的结构水量也越大,结果导致地层水矿化度的降低。

莺歌海盆地底辟带常压地层中孔隙水矿化度变化幅度较大,小至5.336g/L,大者接近正常海水的矿化度。这种矿化度急剧变化不仅发育在不同底辟构造,而且发育于同一底辟构造的不同砂层。垂向叠置的单砂层由于热流体充注的时间和成分不同而表现出明显不同的地层水矿化度和离子浓度。很明显,接受深部热流体充注的地层以$NaHCO_3$型水为主,地层水矿化度明显降低,HCO_3^-和CO_3^{2-}含量较高,一般这两种离子浓度亦随与垂向断裂的距离增大而减小,比如毗邻断裂的DF113井较远离断裂的DF119井具有更高的HCO_3^-和CO_3^{2-}离子浓度;而没有受深部热流体影响的地层以$MgCl_2$型水为主,地层水矿化度与正常海水接近,HCO_3^-和CO_3^{2-}离子浓度也很低(图14-12)。

莺歌海盆地超压带内不仅地层水矿化度较低,而且离子浓度相对海水比例也不尽相同,这种差异意味着超压带内存在不同的流体-岩石反应。图14-13显示地层水中Na/Cl和Ca/Cl离子浓度的比例关系,很明显静水压力带的样品沿海水浓缩趋势线展布,而异常超压带的样品中Na离子浓度大多位于海水浓缩趋势线上方,说明孔隙水中有Na离子或K离子过剩,在近地表和浅埋藏条件下,气候条件、沉积相及砂岩碎屑成分等基本控制了黏土矿物的早期成岩作用。可能的Na或K离子来源包括钠长石的水解和伊-蒙矿物的转换。超压带内Ca离子浓度大多位于海水浓缩趋势线下方,说明孔隙水中有Ca离子相对于海水存在亏损。

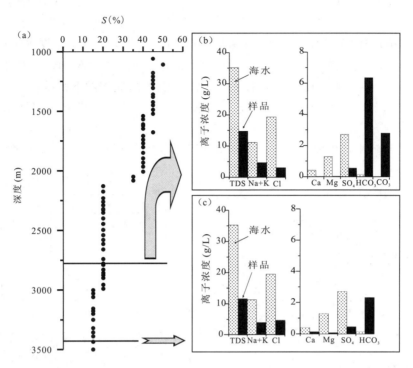

图 14-11 莺歌海盆地底辟带 DF1111 井(a)伊-蒙混层中蒙脱石含量,(b)2700m 和(c)3422m 深度地层水矿化度以及离子浓度的变化(据解习农等,2006)

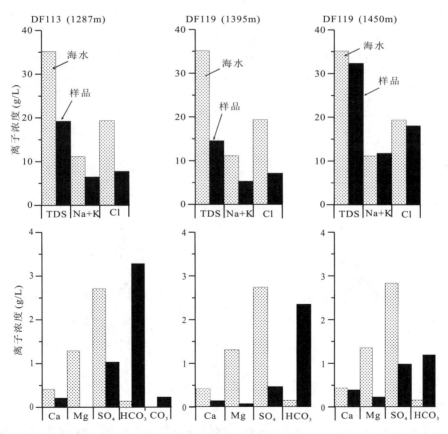

图 14-12 莺歌海盆地底辟带不同部位 TDS 和主要离子含量对比(据解习农等,2006,修改)

根据 Davisson 和 Criss 计算方法,超压带内样品点大多分布 Ca_{excess} 值为 0 附近,而 $Na_{deficit}$ 值变化很大,变化范围在 $-320 \sim -30$(图 14-14)。这说明超压带存在某种水-岩反应,只与 Na 离子有关,而与 Ca 离子无关。正如前所述,多数样品显示 Na 离子摩尔浓度与 Cl 离子摩尔浓度为 1:1,假定 Na_{excess} 为 Na 离子摩尔浓度与 Cl 离子摩尔浓度之差,那么过剩 Na 离子摩尔浓度与 HCO_3^- 离子摩尔浓度正好为 1:1 关系(图 14-15)。这种关系可能指示钠长石的水解过程,反应式如下所示:

$$2NaAlSi_3O_8[钠长石] + 2H_2CO_3 + 4H_2O \rightarrow Al_2Si_2O_5(OH)_4[高岭石] + 4H_4SiO_4 + 2HCO_3^- + 2Na^+ \tag{14-29}$$

显然,钠长石的水解中可生成等量 Na^+ 离子和 HCO_3^- 离子,可能代表 Na 离子过剩的主要原因。

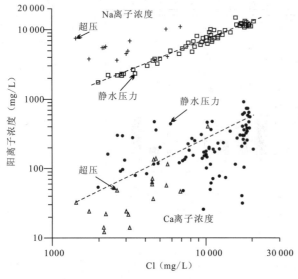

图 14-13 莺歌海盆地 Na、Ca 和 Cl 的离子浓度及其指示的 Na/Cl 和 Ca/Cl 的比率关系(据解习农等,2006)

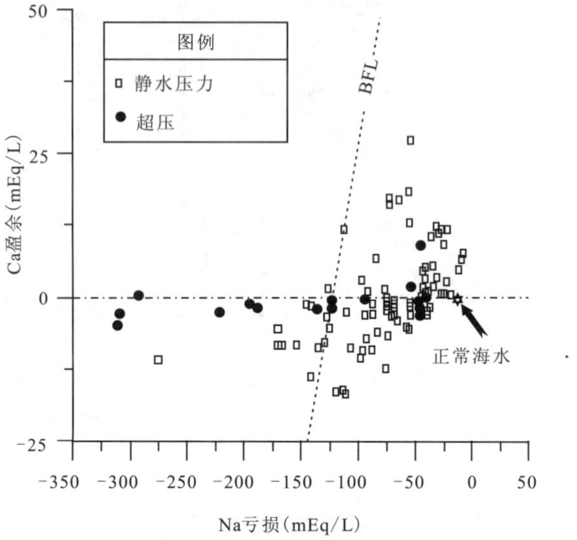

图 14-14 莺歌海盆地地层水中 Na 亏损与 Ca 富集之间的关系(据解习农等,2006)

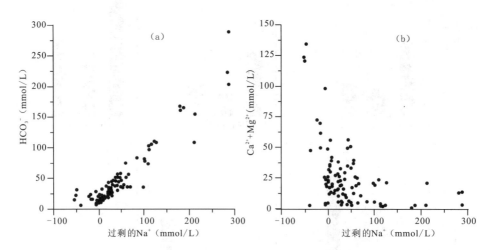

图 14-15 莺歌海盆地过剩的 Na 离子浓度与重碳酸根浓度(a)以及 Ca+Mg 浓度(b)的关系
(据解习农等,2006)

2. 异常低压条件的流体-岩石相互作用特征

十屋断陷位于松辽盆地东南隆起区南端,异常低压体系分布于埋深 1500m 以下的沙河子组、营城子组、登娄库组,地层水分布根据压力系统划分为正常压力带、异常低压带和压力过渡带 3 个带,具有以下特点：①地层水矿化度总体较低，介于239.8~10 142mg/L，大大低于正常海水。正常压力带TDS含量小于4000mg/L，异常低压带最大矿化度可达10 142mg/L（图14-16）。②地层水中主要阳离子为Na^+和Ca^{2+}。Na^+含量介于240~3246mg/L，且随着矿化度增大而增大。Ca^{2+}含量变化较大，介于0~1366.5mg/L。在沙河子组和营城子组深部断陷，特别是在1500m深度以下，Ca离子浓度随着氯离子浓度和深度增大而增大，Mg离子浓度较小，一般小于85mg/L。③地层水中主要阴离子为Cl^-、HCO_3^-和SO_4^{2-}。氯离子含量分布范围为14~5117mg/L。在1500m之上，氯离子约为1500mg/L，其变化不大；但在1500m之下，氯离子随着深度增大而增大，特别是在沙河子组和营城子组表现更明显。HCO_3^-和SO_4^{2-}浓度在400~600m和1500m以下层段出现明显增加。④高矿化度地层水主要发育于断陷中央异常低压地层，以$CaCl_2$型水为主，而常压带为$NaHCO_3$和$NaCl$型水。常压和异常低压之间的压力过渡带，地层水以$NaHCO_3$型为主，在登娄库组矿化度通常随着深度增大而增大。

蒸发浓缩作用是油田水形成过程中的一种重要作用。十屋断陷常压带矿化度一般小于4000 mg/L，是天水矿化度30~50倍，但远低于正常海水。这说明该断陷的原生孔隙水主要由陆相湖泊环境的淡水所组成。其中Na、K与Cl离子比值线大致平行于正常蒸发浓缩线。

十屋断陷异常低压带沙河子组和营城子组在断陷边缘和中央的地层水具有明显差异，在断陷西部边缘桑树台断裂附近，地层压力系数为0.7~0.85，地层水以$NaHCO_3$型水为主，矿化度小于3000 mg/L；而在断陷中央，低压更明显，压力系数为0.5~0.8，地层水以$CaCl_2$型水为主，矿化度大于3000 mg/L。沙河子组和营城子组地层水中Na^+、Ca^{2+}与Cl^-比例关系表明，当Cl^-浓度小于45mEq/L，地层水显示Na^+过剩和低的Ca^{2+}浓度；当Cl^-浓度大于45mEq/L，地层水显示Na^+减少和Ca^{2+}浓度增大。在Davisson等（1996）的钙富集和钠亏损图中，异常低压带地层水显示Ca_{excess}与$Na_{deficit}$具线性关系，关系式为：

$$Ca_{excess} = 0.83 Na_{deficit} + 19.48 \tag{14-30}$$

上述回归线平行于盆地流体线（BFL），但截距不同（图14-17）。盆地流体线截距为140.3，归结为在钠长石化之前盐岩溶解，而研究区截距19.48，可能归因于富钙天水。这种2Na和1Ca的交换作用可能与斜长石的钠长石化有关（Davisson和Criss，1996）。斜长石的钠长石化广泛发育于深埋地层。十屋

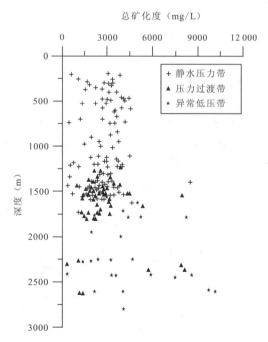

图14-16 松辽盆地十屋断陷地层水矿化度随深度的变化关系（据解习农等，2006）

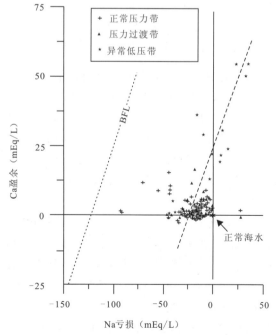

图14-17 松辽盆地十屋断陷地层水中Na亏损与Ca富集之间的关系（据解习农等，2006）

断陷沙河子组和营城子组低压带地层水化学特征显示斜长石的钠长石化可能是该套地层中主要的水岩反应。

三、盆地流体-岩石相互作用的地球化学模拟

盆地流体-岩石相互作用的地球化学模拟是处理流体-岩石相互作用系统中流体和矿物之间及流体本身在不同环境条件下所发生的各种地球化学作用的一种有力工具,它是建立在化学和热力学理论基础上,遵循质量守恒(包括电子守恒)定律、质量作用定律和能量最低原理(文冬光,1998)。

1. 守恒定律

守恒定律是自然界普遍存在的规律,同时也是地球化学模拟的重要理论基础。它包括以下三方面的守恒:①元素质量守恒,是指流体-岩石相互作用后水溶液中某一元素的总质量等于流体-岩石相互作用开始时初始水中某元素的质量加上(或减去)流体-岩石相互作用过程中该元素从矿物相转入水溶液中(或从水溶液转入矿物相)的量。在化学平衡模拟中进行元素存在形式计算时,"元素质量守恒"的意义是每一元素的总量等于该元素不同存在形式物种含量之总和。②电子守恒,是指在流体-岩石相互作用系统中,失去电子的数量等于得到电子的数量,即电子既不能增加也不能从系统中除去,系统的化合价状态必须保持常数。③电荷守恒,即在进行流体-岩石相互作用的地球化学模拟时,溶液中所有阴、阳离子电荷之和为零。

2. 质量作用定律

质量作用定律指的是对任一可逆的化学反应,当在一定温度和压力条件下处于平衡状态时,该反应的平衡常数或称质量作用常数为定值,与化学组分的浓度无关。

如有反应 $aA+bB=cC+dD$,式中 a、b 和 c、d 分别表示反应物 A、B 和生成物 C、D 所对应的化学计量系数。当反应达到平衡状态时,反应物与生成物之间存在如下关系:

$$K=\frac{[C]^c[D]^d}{[A]^a[B]^b} \tag{14-31}$$

K 为该反应的平衡常数,或称质量作用常数,括号代表活度。对于气体组分,活度用气体分压表示;对于气体-溶液平衡体系,活度和气体分压可同时在同一方程中使用。

一个反应的平衡常数 K 可通过实验方法确定,也可通过有关热力学方程和热力学数据求得。

3. 常用的地球化学模拟方法

常用的模拟方法主要有正向地球化学模拟和反向地球化学模拟两种(Plummer,1992)。

正向地球化学模拟就是依据假定的水-岩反应来预测水的化学组成和质量转移。该方法是一种调查假设化学反应的强有力的技术手段,对于所考察的流体-岩石环境,如能获得适当的热力学参数,正向地球化学模拟则特别适合于预测水的组分、矿物溶解/沉淀、质量转移等。该方法对于评价不能接近或不易了解的系统所发生的流体-岩石相互作用具有独到的优点。该方法比较典型的软件主要有 Wolery 等研制的 EQ3/6 软件、Parkhurst 等研制的 PHREEQE 软件,以及 Kharaka 等研制的 SOLMINEQ.88 软件等(文冬光,1998)。

反向地球化学模拟就是依据观测到的化学和同位素资料来确定系统中所进行的流体-岩石反应,也就是对观测到的水化学资料作出解释。这类模拟主要在于解决某一地层水流场中地层水的地球化学演化路径问题,即了解某一水化学系统中发生了哪些流体-岩石反应,有哪些矿物发生了溶解、沉淀,其量各是多少等问题。这类模拟的结果不一定是唯一的,有可能无解,也可能有许多解。这主要取决于人们对具体地质和水文地质条件的认识,即对研究系统的水文、矿物、热力学、同位素等方面资料的获得程度。这类模型的典型软件主要有 Parkhurst 等研制的 BALANCE 软件和 Plummer 等研制的 NETPATH 软件(文冬光,1998)。

第十五章 盆地流体模拟方法

第一节 盆地流体模拟概述

盆地流体流动是盆地动力学背景、构造、沉积充填、热史综合作用的结果(Garven,1989b,1995)。盆地流体模拟的目的就是要再现盆地演化过程中流体活动规律,包括盆地演化过程中沉积物物性、温度场、压力场以及流体流动速度、流量、水-岩相互作用速率等参数随时间的变化(Bethke 等,2000),进而可为盆地内油气运移和聚集、成矿流体运移和聚集提供依据。因此,盆地流体模拟是成矿流体或油气运聚模拟的基础(康永尚等,1999;解习农等,2003),也是盆地内地质资源评价中必不可少的一个环节。

一、盆地流体模拟基本原理

盆地流体活动虽然错综复杂,但它总是遵循两条基本原理,即流体活动过程中的质量守恒和能量守恒定律。

1. 达西定律

法国工程师 Darcy 在 1856 年发表了水通过直立均质砂粒渗滤管的实验结果,结果表明流体渗滤速度总是与测压管水柱高差和渗流系数成正比,即

$$v = \frac{Q}{A} = K \frac{\Delta h}{L} \tag{15-1}$$

式中:v 为流体渗流速度(cm/s);Q 为单位时间内流体渗滤过滤管的体积量,或流量(cm^3/s);A 为管道横截面积(cm^2);Δh 为测压管水柱高差(cm);$\Delta h/L$ 为水力梯度(cm/cm);K 为水力传导系数,渗流系数。

沉积层中渗流系数与组成多孔介质的颗粒性质和流体性质有关,其关系式为:

$$K = k \frac{\rho}{\mu} \tag{15-2}$$

式中:k 为渗透系数或渗透率($10^{-3} \mu m^2$);ρ 为流体的密度(kg/cm^3);μ 为流体的黏度(Pa·s);

设 q 为单位时间单位面积透过的水量,如果采用压差 ΔP 代替水头差 ΔH,则通过单位体积的流量:

$$q = \frac{k\rho}{\mu}(\Delta P + \rho_w g Z) \tag{15-3}$$

2. 质量守恒定律

当流体通过孔隙介质内一个截面时,在任一时间间隔内从这个截面流出的质量等于向这个截面流入的质量,即所谓连续性方程。

$$\frac{\partial}{\partial t}(\phi \rho_w) = -\nabla \cdot \rho \vec{q} \tag{15-4}$$

左端为温度与压力的函数,可进一步分解为:

$$\frac{\partial}{\partial t}(\phi \rho_w) = \frac{\partial \rho_w}{\partial t}\phi + \frac{\partial \phi}{\partial t}\rho_w \tag{15-5}$$

其中:

$$\frac{\partial \rho_w}{\partial t} = -\alpha_w \rho_w \frac{\partial T}{\partial t} + \beta_w \rho_w \frac{\partial P}{\partial t} \tag{15-6}$$

$$\frac{\partial \phi}{\partial t} = (1-\phi)\alpha_b \frac{\partial T}{\partial t} - (1-\phi)\beta_b \frac{\partial P}{\partial t} \tag{15-7}$$

式中：α_w 为水的膨胀系数；β_w 为水的压缩系数；α_b 为总体介质的膨胀系数；β_b 为总体介质的压缩系数。

3. 能量守恒定律

盆地内流体流动可导致热的再分配，在多孔介质中传导热和对流热的传输可用以下微分方程表述：

$$\frac{\partial}{\partial t}(\rho_b C_b T) = \nabla(K_t \nabla T) - C_w \rho_w \vec{q} \nabla T + Q_t \tag{15-8}$$

$$K_t = \frac{k_t}{\rho_b C_b} \tag{15-9}$$

$$\frac{\partial T}{\partial t} = k_t \nabla^2 T - \frac{C_w \rho_w}{C_b \rho_b} \vec{q} \nabla T + \frac{Q_t}{\rho_b C_b} \tag{15-10}$$

式中：$\vec{q}$ 为达西流的流速；k_t 为热扩散系数（$W \cdot m^{-1} \cdot K^{-1}$）；$K_t$ 为热传导系数；C_w、C_b 分别为流体和岩石的比热（$J \cdot kg^{-1} \cdot K^{-1}$）；$\rho_w$、$\rho_b$ 分别为流体和岩石的密度（g/cm^3）；Q_t 为单位体积内部生热量，通常是放射性元素生热。

4. 溶解物质质量守恒定律

盆地流体分子浓度扩散可表述为：

$$q_c = -D \nabla C \tag{15-11}$$

$$D = D_w + D_s$$

式中：D 为扩散系数；D_w 为水动力热扩散系数；D_s 为分子扩散系数；∇C 为浓度差。

流体中溶解物质质量守恒可表述为：

$$\frac{\partial}{\partial t}(\varphi C) = -\nabla \cdot q_c + q \nabla C + Q_c \tag{15-12}$$

$$Q_c = r(C_e - C_f) \quad \text{线性关系式} \tag{15-13}$$

$$Q_c = rC_e f\left(\frac{C_e - C_f}{C_e}\right) \quad \text{非线性关系式} \tag{15-14}$$

式中：r 为反应速率；C_e 为孔隙水中某化学成分的平衡浓度；C_f 为孔隙水中某化学成分的浓度；Q_c 为化学物质源，如存在吸附作用时，它是水中物质吸附到固体介质中的量，或者是化学物质从固体介质进入水中的量。

二、盆地流体模拟基本模型

1. 水动力模型

根据达西定律，盆地流体流动受压力差的驱动，单位体积的流速可表述为：

$$q = -\frac{k}{\mu} \nabla P_{ex} \tag{15-15}$$

P_{ex} 是剩余孔隙压力，即流体压力与静水压力之差。

在 t 时间沉积物水动力微分方程可表述为：

$$(\beta_b + \phi \beta_w)\frac{\partial P_{ex}}{\partial t} = -\nabla \cdot q + \beta_b \frac{\partial P_t}{\partial t} + \phi \alpha_w \frac{\partial T}{\partial t} + Q_h \tag{15-16}$$

右端项第一项为流体流出量，第二项为颗粒压缩量，第三项为流体膨胀量，第四项 Q_h 为新生流体源，如黏土矿物脱水等。

2. 热动力模型

盆地流体流动过程扩散既包括随流热扩散和岩石热传导，有时还有新生热源，如由放射性元素所产生的单位体积的产热量，表达式为：

$$C_b \rho_b \frac{\partial T}{\partial t} = -C_w \rho_w q \cdot \nabla T + \nabla(K_b \nabla T) + Q_t \tag{15-17}$$

式中：C_b 为骨架岩石的特征热；C_w 为孔隙流体的特征热；K_b 为骨架岩石的热传导系数；Q_t 是由放射性元素所产生的单位体积的产热量。

3. 溶质运移模型

盆地流体中化学物质运移既包括水动力扩散，也包括由分子振动使物质从高浓度向低浓度的扩散作用，其表达式为：

$$\frac{\partial C}{\partial t} = D \nabla^2 C - \frac{1}{\phi} \alpha \vec{U} \nabla C + Q_c \tag{15-18}$$

式中：$\vec{U}$ 为水流速度；D 为扩散系数（M^2/s）。

三、模拟参数分析及选取

盆地流体数值模拟方法需要地质参数、岩石物理学参数和流体力学参数等多方面参数，这些参数的正确选取直接关系到模拟结果的可信度。

1. 地质参数选取

地质参数主要包括沉积地层地质年代、厚度、岩性、古水深、古地表温度、古热流、地温梯度、沉积相以及盆地演化过程中的地质事件等内容。其中有些参数可以通过钻井、地震资料和测试资料获取。需要说明的是，盆地演化过程中古地温和地温梯度可能是变化的，因此在盆地流体模拟中需要获取不同地质时期的古地表温度和古地温梯度。比如，在十屋断陷实例的模拟中就采用了不同的地热资料，即裂陷期的古热流值为 2.9HFU，裂后期为 1.95HFU，现今热流值为 1.55HFU。

2. 岩石物理学参数选取

岩石物理学参数包括密度、孔隙度、渗透率及其压缩系数、热导率、热容（即比热）和热膨胀系数等。同样，有些参数可根据实际资料获取。

(1) 岩石密度：一般指某种岩石的单位体积质量，常用 ρ 表示。岩石密度是岩石的固有性质，其大小可受温度、压力以及流体饱和度与饱和类型的影响，但主要受其矿物成分的影响。盆地数值模拟中常见岩性的密度取值见表 15-1。

表 15-1 盆地数值模拟中常见岩性的密度取值（据唐振宜等，1988，修改）

岩性	密度（kg/m³）	岩性	密度（kg/m³）	岩性	密度（kg/m³）
砂岩	2700	泥岩	2300	火山岩	3000
粉砂岩	2700	灰岩	2710	硬石膏	2960
泥质砂岩	2650	白云岩	2870	水	1000
砂质泥岩	2450	煤	1500	盐岩	2160

(2) 岩石孔隙度：指岩石中孔隙体积 V_p（或岩石中未被固体物质充填的空间体积）与岩石总体积 V_b 的比值，常用 ϕ 表示，其表达式为：

$$\phi = 100 \times V_p / V_b \tag{15-19}$$

$$\phi = 100 \times (V_b - V_s) / V_b \tag{15-20}$$

$$V_b = V_p + V_s \tag{15-21}$$

式中：V_s 为岩石颗粒骨架体积；V_p 为岩石中孔隙体积；V_b 为岩石总体积。

对于一般的碎屑岩来说，由于它是由母岩经破碎、搬运、胶结和压实而形成。因此，碎屑岩的矿物成分、颗粒排列方式、分选程度、胶结物的类型和数量以及成岩后的压实作用就成为影响碎屑岩岩石孔隙度的主要因素。

在盆地模拟中，随着埋藏过程中上覆沉积物的变化导致岩石孔隙度减少，或者因剥蚀作用造成孔隙度的恢复。考虑到上覆地层的压力和沉积物自身孔隙的可压缩性，孔隙度可以通过下式来实现：

$$\phi = \phi_0 \exp(-\beta \sigma_E) + \phi_1 \tag{15-22}$$

式中：ϕ_0 是沉积物沉积时的初始孔隙度；ϕ_1 是埋藏后不可压实的孔隙度；β 是反映孔隙体积可压缩能力的系数，可根据岩石类型的不同赋予不同的值；σ_E 是有效地层压力，其值可由下式求得：

$$\sigma_E = \sigma_T - P \tag{15-23}$$

式中：σ_T 是总压力；P 是流体压力。σ_T 根据下式定义：

$$\sigma_T = P_{atm} + \rho_{sm} g Z \tag{15-24}$$

式中：P_{atm} 是大气压力；ρ_{sm} 上覆沉积物的密度；g 是重力加速度；Z 是埋深。ρ_{sm} 通过上覆地层的岩石、流体密度和孔隙度来估算。由式 15-24 得出，总压力随着埋深以 225atm/km 增加。静水压力以 100atm/km 增加。

有效地层压力（σ_T）包括沉积物骨架压力和孔隙流体的压力。在一个超压盆地中，因为盆地中的沉积物处在一种不均衡压实状态，沉积物可能比常压盆地中同样深度的沉积物具有更多的孔隙。

在盆地模拟中，孔隙度计算使用压缩系数更为方便。孔隙度剖面可以很好地反映在自然状态下现今岩石随埋深的变化，而压缩系数是在实验条件下取得，很难预测地质历史时期发生的实际压实情况。这样可以通过下式得到压实曲线：

$$\phi = \phi_0 \exp(-bZ) + \phi_1 \tag{15-25}$$

式中：Z 是埋深；b 是压缩系数。

在处理超压盆地的孔隙度数据时，必须在分析有效埋深的基础上对深度 Z 进行校正。如果孔隙压力为静水压力，可以利用有效压力来找出其对应的埋深；如果流体压力大于静水压力，实际埋深对应的压力每 10atm 减去 100m 就可以得到有效埋深值；如果流体压力低于静水压力，实际埋深每 10atm 增加 100m 就可以得到有效埋深值。

可以给每一种岩石都给定一个 b 值。根据式（15-26）将压实系数转化为压缩系数来求得。

$$\beta = \frac{b}{(\rho_{sm} - \rho) g} \tag{15-26}$$

ρ_{sm} 取 2.3g/cm³ 或者自己设定，ρ 取 1g/cm³。

此外，岩石压实过程可能是可逆或不可逆过程。如果是可逆的，此时，孔隙度可以根据以上讨论的公式求得。在压实过程中，如果沉积物一直处于埋藏期，那么压力是一直增加的，如果发生了剥蚀，有效压力就会减小。

如果压实过程是不可逆时，孔隙度的计算就要考虑最大有效压力 ϕ_{max}，当有效压力等于或者大于 ϕ_{max} 时，孔隙度的计算按正常情况计算。当有效压力小于 ϕ_{max} 时，由下式计算孔隙度：

$$\phi = (\phi_{min} - \phi_1) e^{-\beta_{ul}(\sigma_E - \sigma_{max})} + \phi_1 \tag{15-27}$$

β_{ul} 是反映孔隙度恢复的卸载压缩系数。一般来说，相同地层岩石在负载和卸载时的压缩系数也是完全不同的，而且卸载时的压缩系数大约只有负载时的 10%～20%（Hamilton，1976）。β_{ul} 或 b_{ul} 的值为 β 或 b 值的 10%～20%。

（3）岩石的渗透率：法国水文工程师亨利·达西于 1856 年在做水流渗流试验时提出了达西定律。实验证明，在其他条件不变的情况下，对于同一岩芯，其比例系数（即绝对渗透率）k 值的大小与流体的性质无关；而对于具有不同孔隙结构的岩芯，其 k 值却很不相同。因此，我们把这一仅仅取决于岩芯孔隙结构的比例参数称为岩石的绝对渗透率。

在流体模拟过程中,沉积物的渗透率是最重要的也是最难确定的参数。一般来说,岩石渗透率变化范围较大,单一岩石渗透率数据通常呈正态分布。同时,渗透率又被广泛地认为是随观测尺度的不同而发生变化。即使是在没有误差的情况下,通过钻井和实验室测定的渗透率的值也不能在一个盆地范围内应用。因此,在模拟时设定的渗透率值,反映的是一种很重要的假设,但也可能是导致模拟结果不可靠的主要原因。

有些学者利用孔隙度来计算渗透率(Bethke 等,1998)。一般来说,这两个参数之间没有本质上的联系。例如,高压实性的砂岩可能比多孔的页岩具有更好的渗透性;而未压实的泥岩渗透率却比一个完全压实但仅有破裂的页岩小。

渗透率的对数值与孔隙度常常呈线性关系分布。

$$\log k_x = A\phi + B \tag{15-28}$$

A 和 B 的值可以在模拟过程中设定。

一个盆地中的渗透率常常是各向异性的。模拟中利用渗透率的各向异性 J_k 来定义水平方向和垂直方向渗透率。

$$J_k = \frac{k_x}{K_z} \tag{15-29}$$

当地层岩石组成不只是单一的岩石类型时,那么岩石的渗透率、热导率、流体分散系数的确定就并非易事。当地层是两种或两种以上的岩石类型时,就必须利用在一定程度上的平均办法来处理。

平均法的选择对模拟结果有很大的影响。主要有 3 种方法:算术平均法,调和平均法和几何平均法。比如有三种岩石类型,体积分数分别为 X_1、X_2、X_3。利用算术平均法计算的平均渗透率 k_{ave} 为:

$$k_{ave} = X_1 k_1 + X_2 k_2 + X_3 k_3 + L \tag{15-30}$$

用几何平均法计算的平均渗透率 k_{ave} 为:

$$k_{ave} = (k_1)^{X_1} (k_2)^{X_2} (k_3)^{X_3} L \tag{15-31}$$

调和平均法计算的平均渗透率 k_{ave} 为:

$$\frac{1}{k_{ave}} = \frac{X_1}{k_1} + \frac{X_2}{k_2} + \frac{X_3}{k_3} + L \tag{15-32}$$

或者用另一种形式表示:

$$k_{ave} = \frac{1}{X_1/k_1 + X_2/k_2 + X_3/k_3 + L} \tag{15-33}$$

由上所述的平均法得到结果是不同的。图 15-1 是由上述三种平均法得到的两种岩石类型的渗透率平均值。算术平均法得到的渗透率值接近两种岩石中大的渗透率值,调和平均法得到的渗透率值接近两种岩石中小的渗透率值,几何平均法得到的值是一条直线。

我们常常在水平(x)和垂直(z)方向上使用不同的平均方法。不同的方法得到的结果分歧比较大,因此多种岩石类型组成的地层就具有很高的不均质性。

对平均法的选择主要是依靠对地层岩石排列情况的推想。如果岩石是分层的,我们可以在 x 方向上选择算术平均法,在 z 方向上选择调和平均法;如果存在具有渗透率的岩石单元,可以在沿 x 方向上用几何平均法,在 z 方向上用调和平均法;如果地层发生了强烈变形,可以在每一个方向上都使用几何平均法。Fogg(1986)研究了东德克萨斯州墨西哥湾盆地威尔科克斯含水系统,威尔科克斯是河流相的河道充填砂岩,砂岩是含水层,河道砂岩至少达到地层体积的 20% 时,用算术平均法计算的水平渗透率是最好的。

(4)岩石热导率:即岩石的导热性,是指热量从较热部分传播到较冷部分的能力。在盆地热史模拟中,沉积物的热导率是非常重要的。热导率值的选择,决定着盆地内的地热梯度,也影响着地下水流动时的热传导。

$$\lambda = Q \cdot L / (\Delta t \cdot A \cdot \Delta T) \tag{15-34}$$

式中:λ 为多孔介质岩石的总体平均热导率,W/(m·K);Δt 为热传导时间,秒;A 为岩样的截面积,m²;ΔT 为岩样两端的温度差,K;Q 为在 Δt 时间内通过岩样的热量,J;L 为岩样的长度,m。

研究表明,多孔介质岩石的热导率在相当大的程度上取决于岩石本身的矿物组成、孔隙度以及含水饱和度。与渗透率类似,热导率也和孔隙度相关。传导性随孔隙度变化是因为岩石比水的传导性好。致密岩石比多孔岩石具有更好的传导性。也就是说多孔岩石是很好的热绝缘体。热传导随孔隙度变化可表述为(Bethke 等,1998):

$$K_x = A\phi + B \tag{15-35}$$

A 和 B 的值为经验常数。图 15-2 表明的是岩石热导率与孔隙度关系的回归曲线。数据来源于 Sclater、Christie(1980)对北海盆地页岩和白垩的研究。

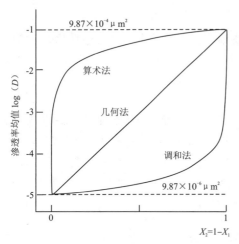

图 15-1 由两种岩石组成的地层的平均渗透率

种岩石的渗透率为 $9.87 \times 10^{-6} \mu m^2$,另一种岩石的渗透率为 $0.0987 \mu m^2$)

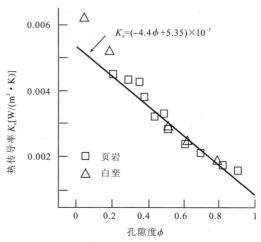

图 15-2 热导率与孔隙度对应关系图

(据 Sclater 和 Christie,1980)

(5)岩石的热容量(即比热):我们把单位重量岩石温度升高 1K 所需的热量称为岩石的热容。用公式可表示为:

$$C = Q / [m(t - t_0)] \tag{15-36}$$

式中:C 为热容,J/(kg·K);Q 为温度从 t 增至 t_0 时所需的热量,J;t、t_0 分别为起始和最终温度,K;m 为岩石重量,kg。

研究表明,岩石的热容量因其所含矿物类别、孔隙度大小以及孔隙中所含流体的不同而变化。如果孔隙中的流体(如水)溶解了不同数量的盐类,也会改变岩石的热容量。一般来说,岩石的孔隙度愈大、含水饱和度愈大以及温度愈高,其热容量就愈大。

1973 年,Simth 提出了计算多孔介质岩石热容量的方法,其表达式为:

$$C = \phi C_w + (1 - \phi) C_s \tag{15-37}$$

式中:C 为多孔介质岩石的总体平均热容,J/(kg·K);ϕ 为岩石孔隙度,小数;C_w 为孔隙流体的热容,J/(kg·K);C_s 为岩石固体骨架的热容,J/(kg·K)。

通常,孔隙流体中水的热容取 4182.6J/(kg·K),石油取 1882.17J/(kg·K),CH_4 取 1394.2 J/(kg·K),CO_2 取 982.91J/(kg·K);而岩石固体骨架的热容砂岩取 1080J/(kg·K),泥岩取 840 J/(kg·K)。

(6)岩石的热膨胀系数:是指单位体积岩石温度升高 1K 时岩石体积的变化率,即:

$$\alpha = (1/V) D_V / D_T \tag{15-38}$$

Burnham(1969)、Keenan(1969)、Touloukian(1981)等人的研究表明,在沉积盆地的温压变化范围

内,孔隙流体中水的热膨胀系数大约为 $2.0\times10^{-4}\sim7.0\times10^{-4}\,\text{℃}^{-1}$,而岩石固体骨架的热膨胀系数远小于水的热膨胀系数,其数量级一般为 $10^{-6}\,\text{℃}^{-1}$。因此,多孔介质岩石的总体平均热膨胀系数与岩石固体骨架的热膨胀系数的数量级基本相当,为 $10^{-6}\,\text{℃}^{-1}$。

3. 流体力学参数选取

流体力学参数主要包括流体密度、黏度、压缩系数与膨胀系数、饱和度、溶解度、体积系数以及气体扩散系数等。多数流体力学参数如流体密度、黏度、溶解度等随温度和压力的变化而变化。

盆地数值模拟中多孔介质流体的物性参数主要包括流体密度、黏度、压缩系数与膨胀系数、饱和度、溶解度、体积系数以及气体扩散系数等。

(1)流体密度:众所周知,在地表条件下油的密度为 $0.7\sim1.05\,\text{g/cm}^3$,气体的比重(与标准状态下的空气之比)为 $0.40\sim0.55$,水的密度为 $1.0\sim1.14\,\text{g/cm}^3$。然而,地下流体的密度不仅与温度和压力有关,而且地下水和原油的密度还与其气体溶解量有关。它们之间的关系可以通过实测、实验室测定或以经验公式计算出。地下液体的密度与温度和压力的关系式为:

$$\rho_f=\rho_{f0}[1+\beta_P(P-P_0)+\beta_T(T-T_0)] \quad (15-39)$$

式中:β_f 为液体在压力(P)、温度(T)时的密度;ρ_{f0} 为液体在压力(P_0)、温度(T_0)时的密度;β_P 及 β_T 分别为液体的压力系数和温度系数。

对于地下天然气来说,其密度可定义为地下单位体积的天然气质量,即:

$$\rho_g=m_g/V_g \quad (15-40)$$

或者

$$\rho_g=m_g/V_g=\sum y_iM_i/V_g=[V_g\sum(G_i/M_i)]^{-1} \quad (15-41)$$

式中:ρ_g 为地下天然气的密度;m_g 为地下天然气的质量;V_g 为地下天然气的体积;y_i 为天然气中组分 i 的摩尔数;M_i 为天然气中组分 i 的分子量;G_i 为天然气中组分 i 的重量百分比。

Phillips 等利用 NaCl 溶解度来计算流体密度 ρ(图15-3)。关系式如下:

$$\rho=A+B\chi+C\chi^2+D\chi^3 \quad (15-42)$$

$$\chi=c_1e^{a_1m}+c_2e^{a_2T}+c_3e^{a_3P} \quad (15-43)$$

ρ 是密度(g/cm^3),m 是盐度(g),T 是温度(℃),P 是压力(MPa)。参数有如下的取值:

$A=-0.033\,405$;$a_1=-0.004\,539$;$c_1=9.9559$

$B=10.128\,163$;$a_2=-0.000\,163\,8$;$c_2=7.0845$

$C=-8.750\,567$;$a_3=0.000\,025\,51$;$c_3=3.9039$

$D=2.663\,107$

当 $10\,\text{℃}<T<350\,\text{℃}$,$0.25\,\text{g}<m<5\,\text{g}$,$P<50\,\text{MPa}$ 大于流体气化压力时,以上关系式是有效的。我们已知,海水的盐度是 $1.5\,\text{g}$。这个函数提供了一个看起来很平坦的曲线,但对具盐度很高和压力很高的流体来说结论就不一定精确。公式(15-42)在计算密度的时候使用的是温度从 0℃ 到 350℃,盐度从 0g 到 12g,压力是与之相关的压力。

(2)流体黏度:在流动的流体中,如果各层流速不同,那么在两层的接触面就出现一对力。这种力可使原来快的流层减速,同时也使慢的流层加速。这种阻碍流层相对运动的力叫内摩擦力(或黏黏滞力)。流体的这种属性叫黏滞性,度量流体黏滞性大小的参数叫黏度。

流体的黏度影响着地下流体的运移。黏度随温度变化,随盐度在小范围内变化,受压力的影响比较小。单位是 Pa·s。在 20℃ 时候,纯水的黏度是 $10^{-3}\,\text{Pa·s}$。由于对黏度估计的误差小于对渗透率估计误差,所以在计算中对黏度的赋值导致不确定性的可能性比较小。Phillips 等(1981)定义了温度从 0℃ 到 350℃,NaCl 溶解度从 0g 到 5g 范围内的水的黏度,这些数据点被投在图 15-4 上。当温度或者黏度落到数据范围外时,利用线性的外推法解决。

可以对黏度设定一个固定值,比如黏度=1cp。当使用的数据是以渗透系数 K_H 表示而非用渗透率

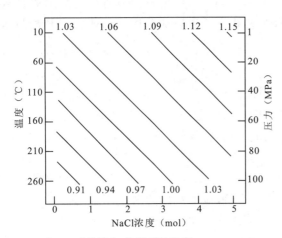

图 15-3 由 NaCl 的溶解度得到的密度（据 Phillips 等，1981）
（假定地表温度 10℃，地温梯度 25℃/km，
压力梯度 10132.5Pa/m）

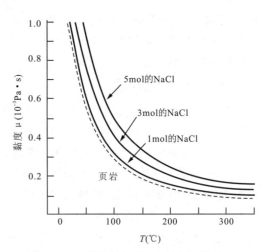

图 15-4 水的黏度和 NaCl 溶解度随
温度变化图（据 Phillips 等，1991）

表示，这种方法还是很有效的。它们之间的关系是：

$$K_H = \frac{\rho g k}{\mu} \tag{15-44}$$

式中：ρ 是流体密度；g 是重力加速度。

流体的黏度随温度和压力而变化，其一般规律是压力增高黏度增加，温度增高黏度降低。地层中的原油一般都含有天然气，所以其黏度除与温度和压力有关外，还与其重组分（如蜡质、沥青质）含量及溶解气量有关。一般情况下，原油中重质组分越多其黏度越高，溶解气越多其黏度越低。在常压下，石油的绝对黏度 $10^{-1} \sim 10^{-3}$ Pa·s 之间，而天然气的绝对黏度则在 $10^{-5} \sim 2 \times 10^{-4}$ Pa·s 之间（Newman，1981）。

在盆地数值模拟中，地下流体的黏度随温度和压力的变化一般采用经验公式给出。例如 Ungerer 等人（1990）在 Timispack 模型中提出水黏度和烃黏度与温度压力的关系分别由 Bingham 公式和 Andrada 公式给出，即：

$$\mu_w = 1/[aT + (bT^2 + cT + d)^{1/2} + e] \tag{15-45}$$

$$\mu_{HC} = a \cdot \exp(bT + c) \tag{15-46}$$

式中：a、b、c、d、e 均为经验常数。

Mercer 等人（1975）所给出的水黏度随温度的变化经验关系式为：

$$\eta_w = (5380 + 3800A - 260A^3)^{-1} \tag{15-47}$$

$$A = (T - 150)/100(7.64) \tag{15-48}$$

式中：T 为温度（℃），η_w 为水黏度（Pa·s）。

(3) 流体的体积压缩系数：流体的压缩性是指流体在压强作用下体积缩小的性质。流体压缩性的大小用流体的体积压缩系数 β_P 来表示，它代表压强增加一个大气压时流体体积相对缩小的数值，用公式表示为：

$$\beta_P = -(dV/V)/dP = -(1/V) \cdot dV/dP \tag{15-49}$$

式中：β_P 为体积压缩系数，Pa^{-1}；V 为流体体积，m^3；P 为压强，Pa。

(4) 流体的体积膨胀系数：是指当温度每增高 1℃时流体体积所增大的数值，常用 β_T 表示。流体的体积膨胀系数（也称热膨胀系数）用公式可表示为：

$$\beta_T = \left(\frac{dV}{V}\right)/dT = \frac{1}{V} \cdot \left(\frac{dV}{dT}\right) \tag{15-50}$$

式中:β_T 为流体的体积膨胀系数,℃$^{-1}$;V 为流体体积,m^3;T 为温度,℃。

石油和水的膨胀系数很小,在地表压力下约为 $1.5\times10^{-5}\text{K}^{-1}$。若按理想气体计算,天然气的体积膨胀系数 $\beta_T=1/273\text{K}^{-1}\sim4\times10^{-3}\text{K}^{-1}$。由此可见天然气的膨胀性要比石油大两个数量级以上。

表 15-2 给出了水的体积膨胀系数随压力和温度而变化的数值。

石油和水的压缩性和膨胀性都很小,在工程上一般不予考虑,并把它们看成是不可压缩的流体。但在温度、压力变化比较大时,尤其是在封闭体系中则必须考虑这些因素。例如在封闭地层中,那怕是流体极微小的体积膨胀都将引起压力的大幅度提高。

表 15-2 水的体积膨胀系数值($\times10^{-4}$/℃)

压力 P (1.01325×10^6Pa)	温度 T(℃)				
	0~10	10~20	40~50	60~70	90~100
1	0.14	1.50	4.22	5.56	7.19
100	0.43	1.65	4.22	5.48	7.04
500	1.49	2.36	4.29	5.23	6.61

(5)流体饱和度:所谓某种流体的饱和度是指多孔介质岩石孔隙中某种流体所占的体积百分数,它表征了孔隙空间为某种流体所占有的程度。

如果多孔介质岩石孔隙中只含油、水两相,则油水的饱和度分别表示为:

$$S_o=\frac{V_o}{V_P}=\frac{V_o}{\phi V_b} \qquad S_w=\frac{V_w}{V_P}=\frac{V_w}{\phi V_b} \tag{15-51}$$

式中:S_o、S_w 分别为含油和含水饱和度;V_o、V_w 分别为油、水在岩石孔隙中所占体积;V_P、V_b 分别为岩石孔隙体积和岩石总体积。

若考虑在地层温度和压力条件下油、水的体积系数 B_o 和 B_w,则含油、含水饱和度可以表示为:

$$S_o=\frac{V'_o B_o}{\phi V_b} \qquad S_w=\frac{V'_w B_w}{\phi V_b} \tag{15-52}$$

式中:V'_o 和 V'_w 分别为地面条件下原油和水的体积。

显然,当多孔介质岩石孔隙中只含油、水两相时,含油和含水饱和度之间有如下关系:

$$S_o+S_w=1 \tag{15-53}$$

如果多孔介质岩石孔隙中除油、水之外还有气体存在,此时含气饱和度为:

$$S_g=\frac{V'_g B_g}{\phi V_b} \tag{15-54}$$

式中:V'_g 为地面条件下气体的体积,B_g 为地层温度和压力条件下气体的体积系数。

根据饱和度的概念,当油、气、水三相共存于多孔介质岩石孔隙中时,含油、含气和含水饱和度之间有如下关系:

$$S_o+S_g+S_w=1 \tag{15-55}$$

第二节 盆地流体模拟实例

盆地模拟技术是进行沉积盆地研究的一种实用而有效的手段。通过对盆地温度场、压力场、流体势及有机质热演化的模拟,可以提供一系列的中间过程,以便从动态和立体的角度来认识盆地的形成和演化、盆地的动力学背景以及油气生成、运移和聚集的规律,进而快速、准确地进行油气资源预测,并提供有利勘探方向。

常用的盆地流体模拟软件有 Basin2、BasinMod、PetroMod 等。本节以美国伊利诺斯大学为主开发的 Basin2 盆地模拟软件为例,对珠江口盆地潮汕坳陷的两条剖面进行温压场、流体势场和油气的生成、运聚史模拟。在该区勘探程度较低、资料较少的条件下,通过充分利用现有资料,选取适当参数,取得了较好的效果,基本阐明了该坳陷内油气的生成和运聚史,并结合圈闭的形成期次,指明了油气勘探远景区。

一、Basin2 软件工作原理

Basin2 盆地模拟软件综合了当今先进的盆地模拟技术,功能强大,其理论基础主要包括介质连续性定理、流体流动方程以及热传导方程。它主要以盆地流体为研究对象,根据用户的需要和输入参数的不同,在对沉积盆地的研究中,可以完成岩石孔隙度和渗透率的演化、盆地压力场和流体势的演化、地质流体流动样式的演化、盆地古地温史的演化、地层中有机质成熟度的演化等 12 项工作。同其他盆地模拟软件相比,Basin2 具有理论模型和算法先进、运算速度快、界面友好、绘图功能强大、使用简单且灵活等优点。

在具体研究中,正确地认识研究区地质状况,进行精细的盆地分析是盆地模拟中各项工作的基础,在此基础之上,进行地震剖面的适当选取和精细解释(包括地质界面的标定和构造解释、地层厚度的确定、单层岩相的判别等),同时收集和整理其他相关资料(主要包括研究区各地层的地质年代表、各地质时期的平面沉积相图、古水深和古地表温度、古热流、岩石孔隙度、流体密度等)。通过以上工作的有机结合,可以得到盆地模拟所需的地质、岩石物理学和流体力学参数。根据研究目的的不同,分别选取不同的参数构成模拟数据文件并进行适当的调试,然后利用 Basin2 特定功能模块对研究区的温度场、压力场、流体势和有机质成熟演化进行模拟,从而得到一定的模拟结果。然后,根据研究区的已知资料对模拟结果进行合理性判别,如果存在不合理的地方,则需要返回再对数据文件中的参数进行反复调试,直到模拟结果符合盆地分析结果为止。最后,根据合理的盆地模拟结果进行最终的分析,总结其规律,预测有利的勘探目标区。具体模拟流程见图 15-5。

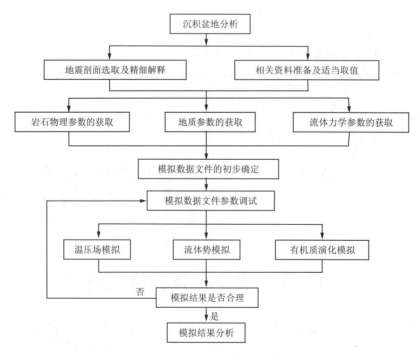

图 15-5 Basin2 盆地模拟流程图

二、Basin2 软件所需参数

Basin2 模拟主要需要地质、岩石物理和流体力学三大类盆地数值模拟参数,具体包括,①地质参数:地质年代、地层厚度、地层岩性、古水深、古地表温度、古热流以及盆地发育过程中的地质事件;②岩石物理参数:密度、孔隙度及其压缩系数、渗透率、热导率、热容和热膨胀系数等;③流体力学参数:流体密度、粘度、热容、盐饱和度等。

模拟的过程就是合理选择参数,并根据其结果结合地质条件进行反复调整的过程,因此用户的地质思维和盆地分析是基础,各种参数的正确取值是关键。由于研究区资料较少,因此关于地层厚度、剥蚀量等都是基于地震层速度、平均速度和均方根速度计算的(图15-6),古水深是根据沉积环境解释判断的,其他有关参数一般也都是在参考台西南盆地等相临地区的地质情况的基础上,根据沉积环境、岩性等所取的经验值。

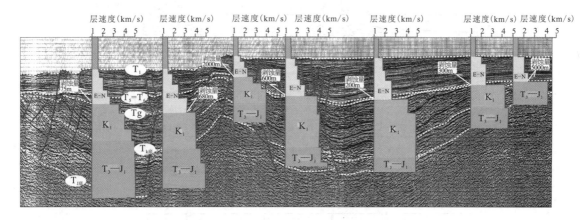

图 15-6 潮汕坳陷某剖面解释及模拟参数选取

三、模拟结果分析

由于潮汕坳陷勘探程度较低,在研究中我们选择了横穿坳陷中央的两个剖面进行了盆地模拟研究工作。通过充分利用地震资料,并参考台西南盆地资料确定了有关参数,最后利用 Basin2 盆地模拟软件对这两个剖面进行了温压场、流体势及有机质演化模拟。

温压场模拟是流体势模拟和有机质演化模拟的基础,它们主要受控于坳陷的沉积沉降历史、地层厚度、古地温梯度和热流值等。在合理选择这些参数后进行了正演模拟,模拟结果表明地温梯度总体上变化不大,在 95Ma 前盆地早白垩世沉积末期,侏罗纪地层最大埋深达 11km,即使其上部地层温度也已超过 200℃,然后经过了 57Ma 的沉积间断和剥蚀后,再度沉降和沉积,使得最大埋深达到 14km,整个侏罗纪地层温度都超过 250℃。至于其压力场,由于侏罗纪沉积地层较厚,受欠压实等作用影响,致使在 180Ma 前早侏罗世沉积末期在其底部就产生了轻微的超压,此后虽然在 J_2 抬升剥蚀期间超压有所减小,但随着巨厚的 K_1 沉积,在 95Ma 前超压达到了最大值,此后,虽经过抬升剥蚀后又再度沉降,超压也未达到此程度。

油气运移从根本上受流体势控制,而流体势是压力和流体重力综合作用的结果,因此,进行流体势模拟可以反映出在地质历史时期流体的运移方向。结合有机质演化模拟就可以清楚地反映出油气运移的指向和聚集区域。有机质演化模拟主要受控于地层所处的温度及其经历的地质时间,只有成熟的有机质与有利的流体势梯度方向的时空配置得当,并有良好的圈闭和盖层,才能形成油气藏。

模拟结果表明(图15-7),在 180Ma 前,盆地底部(T_3—J_1下部)发育超压,盆地流体流动方式为压

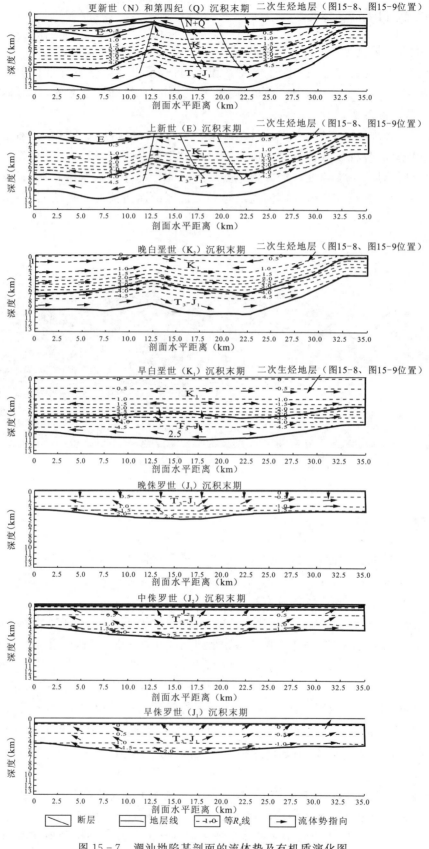

图 15-7 潮汕坳陷某剖面的流体势及有机质演化图
（箭头只表示流体势的指向，而不代表其值的大小）

实流,此时生烃门限在 2800m 左右,即在 J_1 沉积晚期坳陷内就已开始生烃,并且在 180Ma 前就已达生烃高峰期。鉴于该时期沉积物主要为海相烃黑色页岩,其盖层封闭性较好,因此虽然在其后剥蚀了从 180Ma 到 135Ma 的 500m 左右的地层,但该次事件对油气藏的破坏作用应该十分有限。

随着 135—95Ma 年前的再次大幅度沉降和沉积,J_2—J_3 不整合界面之下烃源岩(即 J_1 顶部残留烃源岩)经历了二次成烃作用,但遗憾的是,也正是由于巨厚的 K_1 沉积,使得这部分烃源岩在 95Ma 之前其镜质体反射率就已经超过了 2.0%,达到了过成熟阶段。在这段时期内,流体的流动方式除了抬升剥蚀期间在浅部(1km 左右)存在渗流作用外其他时期均为压实流,而且由于 T_3—J_1 地层中此时存在超压,流体以垂向运移为主,而 K_1 地层中流体则以水平运移为主。此外,由于剥蚀期渗流区已影响到了 T_3—J_1 地层中的生油门限深度,因此,先期生成的油气在该事件中将会发生逸散。所以如果说在 T_3—J_1 地层中还可能有油气,也只能是 J_1 顶部烃源岩在 K_1 沉积时期由于二次成烃而生成的位于不整合面之下的干气藏。

在 95—38Ma 这长达 57Ma 的时间段内,该区又经历了第二次抬升剥蚀,使得生油窗顶界面又一次接近地表,遭受了渗滤作用的破坏。由于该时期缺乏断层等垂向输导通道,因此只有 K_1 中下部地层中生成的油气或许可以得到保存,并由于压实流的作用而分布在凹陷边缘部位。至于在不整合面下残余的尚未成熟的部分烃源岩,则在后期的 E 和 N 沉积时期由于二次成烃作用而成为该凹陷最主要的烃源岩,直至现今它仍处于生烃高峰期。其油气藏类型主要应为沿不整合面运移至构造高部位所形成的构造油气藏和构造-不整合复合油气藏。

在 38Ma 至现今的 E 和 N 沉积时期,主要是使得残存的 K_1 顶部烃源岩发生了成烃作用。现今生油门限在 3000m 左右。同时由于该时期构造作用的影响,产生了一些断层,这也为油气运移及再聚集提供了通道,在一定程度上控制了油气藏的分布。

四、二次生烃与潮汕坳陷油气勘探前景

二次生烃系指烃源岩在受热温度降低导致一次生烃历程被终止之后,当受热温度再次增高并达到有机质再次活化所需的临界热动力学条件时,烃源岩发生的再次生烃演化。据此定义,在潮汕坳陷有机质演化过程中共发生了两期二次生烃事件(图 15-7),第一期是 T_3—J_1 下部地层中海相烃源岩在中侏罗世开始生烃,然后因晚侏罗世的抬升剥蚀而终止后,在早白垩世坳陷再次沉降和沉积时 T_3—J_1 地层中烃源岩所进行的二次生烃,另外一期二次生烃是 K_1 地层中海相烃源岩在早白垩世沉积末期就已开始生烃,后经晚白垩世的区域抬升剥蚀而部分终止后,在 E 和 N 沉积沉降时期,又再次达到生烃门限,开始生烃并持续至今。但遗憾的是,对于第一期二次生烃事件,如前所述,由于中侏罗世的抬升剥蚀过程中,渗流作用已影响到生油门限深度,因此大量先期生成的烃将会逸散,使得二次生烃的量很有限,而且由于后来在早白垩世的巨大沉降和沉积所用,此烃源岩二次生烃将主要生成干气,但是因为天然气的保存条件要求较高,在长达 95Ma 并且还经历了晚白垩世的区域抬升剥蚀作用,所以这部分天然气将难以得到很好保存。下面着重论述一下第二期(K_1 地层中海相烃源岩)二次生烃事件。

如图 15-8 所示,K_1 早期沉积的地层在 95Ma 前已沉降到 2km 多深处,然后经过 K_2 时期的抬升剥蚀和 E 早期的沉积间断后又再次沉降到 2km 深处。在此过程中,由于有机质演化具有不可逆性,所以虽然在 K_1 沉积末期某些地区已进入生烃门限,开始生烃,但是在抬升剥蚀过程中有机质演化程度将不再增加,生烃作用停止(图 15-9)。随着 E 和 N 时期的沉降和沉积,地层在埋藏过程中有机质再度活化,进行二次生烃作用。而且,秦勇等在 2000 年的研究发现,如果起始成熟度位于一次连续生烃的"生油窗"内,则二次生烃量通常都高于未成熟沉积有机质的一次连续生烃量。此外,根据与台西南盆地早白垩世沉积环境和有机质丰度对比分析可知,其沉积环境为滨浅海,有机质丰度也很高,因此其二次生烃量也较大,并且在滨浅海沉积体系中还有些三角洲等沉积砂岩体可以作为油气储层,形成自生自储油气藏。况且,中新生代之交及新生代早期的区域构造运动形成了大量不整合和构造圈闭,此时也正是油气运聚的关键时刻,因此,在局部构造高部位可以形成构造圈闭油气藏和构造-不整合复合圈闭油气藏,据此推测,该含油气系统事件图如图 15-10 所示。

0
0.5
1.0
1.5
2.0
深度（km）
T3—J1
J2
J3
K1
K2
E
N
−250
−200
−150
−100
−50
0
时间（Ma）

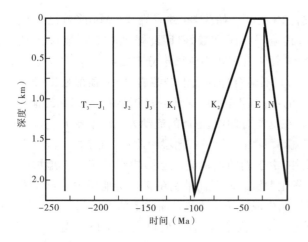

图 15-8　潮汕坳陷早白垩世地层中某处埋藏史图（具体位置见图 15-7）

1.6
1.4
1.2
1.0
0.8
0.6
0.4
0.2
0
镜质体反射率Ro(%)
T3—J1
J2
J3
K1
K2
E
N
−250
−200
−150
−100
−50
0
时间（Ma）

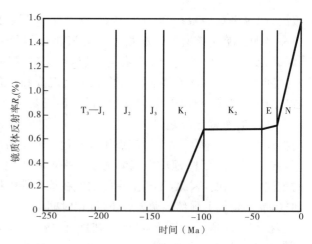

图 15-9　潮汕坳陷早白垩世地层中某处有机质演化图（具体位置见图 15-7）

地质体
地质年代
油气事件
新　生　界
中　生　界
Q
N
E
K2
K1
J3
J2
J1
T
要素
烃源岩
储集岩
盖层
上覆岩层
缺失
过程
生、运、聚
热
热-构造沉降
构造
圈闭形成
构　造
不整合
岩相
保存
关键时刻

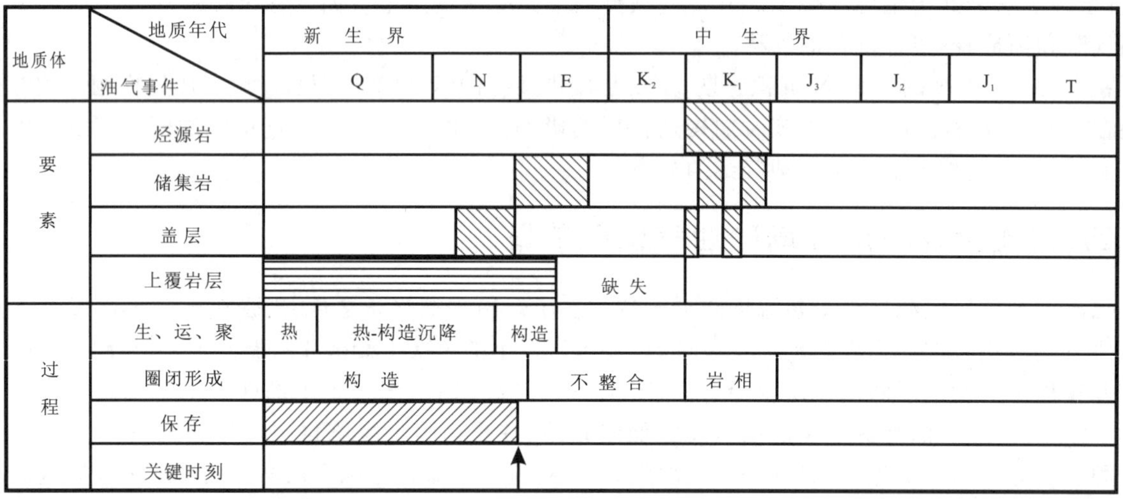

图 15-10　潮汕坳陷 K_1—K_2(?)含油气系统事件图

综上所述，通过充分利用地震资料，并对比参照相邻地区相关资料基础上，通过盆地模拟技术对潮汕坳陷的油气勘探前景评价表明：①潮汕坳陷为中生代残留坳陷，共经历了两期二次成烃作用；②T_3—J_1地层中烃源岩的二次生烃数量有限，而且由于有机质演化程度高，保存时间长，因此其形成的气藏受到一定限制；③K_1地层中海相烃源岩所经历的二次生烃量较大，而且生储盖组合时空配置得当，有希望形成大型自生自储岩性型油气藏和下生上储不整合-构造型圈闭油气藏。

主要参考文献

包德宪,王元顺.华北地区奥陶纪牙形石色变和有机物质成熟度分区初步研究[J].石油实验地质,1984,6(4):311~317.
蔡希源,李思田,等.陆相盆地高精度层序地层学:隐蔽油气藏勘探基础、方法与实践.基础理论篇[M].北京:地质出版社,2003.
陈妍,陈世悦,张鹏飞,等.古流向的研究方法探讨[J].断块油气田,2008,15(1):37~40.
陈刚,戴俊生,叶兴树,等.生长指数与断层落差的对比研究[J].西南石油大学学报,2007,29(3):20~23.
陈慧,解习农,李红敬,等.利用古氧相和古生产力替代指标评价四川上寺剖面二叠系海相烃源岩[J].古地理学报,2010,12(3):324~333.
陈俊,王鹤年.地球化学[M].北京:科学出版社,2004:141~152.
陈钟惠.煤和含煤岩系的沉积环境[M].武汉:中国地质大学出版社,1988.
杜国清.湖北二、三叠系牙形石颜色变化与有机质成熟度[J].石油学报,1983,4(4):11~17.
范代读,邱桂强,李从先,等.东营三角洲的古流向研究[J].石油学报,2000,21(1):29~33.
高抒.美国"洋陆边缘科学计划2004"述评[J].海洋地质与第四纪地质,2005,25(1):119~123.
高振中,何幼斌,李向东.中国地层记录中的内波及内潮汐沉积研究[J].古地理学报,2010,12(5):527~534.
管树巍,李本亮,何登发,等.复杂构造解析中的几何学方法与应用[J].地质科学,2007,42(4):722~739.
何登发,吕修祥,林永汉,等.前陆盆地分析[M].北京:石油工业出版社,1996.
何良彪,刘秦玉.黄河与长江沉积物中黏土矿物的化学特征[J].科学通报,1997,42(7):730~734.
何生,陶一川,姜鹏.利用多种古地温计研究松辽盆地东南隆起区的地热史[J].地球科学,1995,20(3):28~334.
何云龙,解习农,李俊良,等.琼东南盆地陆坡体系发育特征及其控制因素[J].地质科技情报,2010,29(2):118~122.
胡见义,黄第潘.中国陆相石油地质理论基础[M].北京:石油工业出版社,1991.
胡圣标,张容燕.油气盆地地热史恢复方法[J].勘探家,1998,3(4):56~61.
黄福堂.松辽盆地油气水地球化学[M].北京:石油工业出版社,1999:166~235.
黄㲼和.有关潮汐周期层序的新发现[J].地质科技情报,1985,4(1):158~159.
黄思静,侯中健.地下孔隙度和渗透率在空间和时间上的变化及影响因素[J].沉积学报,2001,19(2):224~232.
贾承造,何登发,雷振宇,等.前陆冲断带油气勘探[M].北京:石油工业出版社,2000.
贾承造.前陆冲断带油气勘探[M].北京:石油工业出版社,2000.
姜在兴.沉积学[M].北京:石油工业出版社,2003:88,257,477~478.
蒋武.贵州边阳地区下、中三叠系牙形石及其环境分析——兼论有机质变质的新指标[J].石油勘探与开发,1980(1):23~30.
焦养泉,李思田.陆相盆地露头储层地质建模研究与概念体系[J].石油实验地质,1998,20(4):346~353.
焦养泉,李祯.河道储层砂体中隔挡层的成因与分布规律[J].石油勘探与开发,1995,22(4):78~81.
解习农,成建梅,孟元林.沉积盆地流体活动及其岩响应[J].沉积学报,2009,27(5):863~871.
解习农,李思田,高东升,等.江西丰城矿区障壁坝砂体内部构成及沉积模式[J].岩相古地理,1994,14(4):1~10.
解习农,李思田,刘晓峰.异常压力盆地流体动力学[M].武汉:中国地质大学出版社,2006.
解习农,李思田.断裂带流体作用及动力学模型[J].地学前缘,1996,3(3~4):145~151.
解习农,刘耀宗,张惠.伊通地堑层序构成及层序地层格架样式[J].现代地质,1994,8(3):246~254.
解习农,王增明.盆地流体动力学及其研究进展[J].沉积学报,2003,21(1):19~23.
李德生.石油地质论文集[M].北京:石油工业出版社,1992.
李德生.中国含油气盆地的构造类型[J].石油学报,1982,3(3):1~11.
李丕龙,等.准噶尔盆地构造沉积与成藏[M].北京:地质出版社,2010.
李胜祥,欧光习,蔡煜琦,等.盆地流体与铀成矿作用[J].世界核地质科学,2005,22(1):24~30.
李世琴.南天山库车前陆盆地中—西段挤压盐构造及同沉积地层研究[D].杭州:浙江大学,2009.

李思田,程守田,杨士恭,等.鄂尔多斯盆地东北部层序地层及沉积体系分析——侏罗系富煤单元的形成、分布及预测基础[M].北京:地质出版社,1992.

李思田,解习农,王华,等.沉积盆地分析基础与应用[M].北京:高等教育出版社,2004.

李思田,李宝芳,李祯,等.中国东部中新生代断陷型煤盆地的演化[C].//朱夏.中国中新生代盆地构造和演化.北京:科学出版社,1983.

李思田,吴冲龙.沉积盆地演化的历史分析和"系统工程"研究[J].地球科学,1989,14(4):347~356.

李思田.大型油气系统形成的盆地动力学背景[J].地球科学,2004,29(5):505~512.

李思田.断陷盆地分析与煤聚积规律[M].北京:地质出版社,1988.

李铁刚,曹奇原,李安春,等.从源到汇:大陆边缘的沉积作用[J].地球科学进展,2003,18(5):713~721.

李雨梁,黄忠明.南海北部大陆架西区热演化史[J].中国海上油气(地质),1990,4(6):31~39.

李正根.水文地质学[M].北京:地质出版社,1980.

梁慧社,张建珍,夏义平.平衡剖面技术及其在油气勘探中的应用[M].北京:地震出版社,2002.

林畅松,刘景彦,张燕梅,等.库车坳陷第三系构造层序的构成特征及其对前陆构造作用的响应[J].中国科学,2002(1~22):177~184.

林畅松,潘元林 肖建新,等.构造坡折带——断陷盆地层序分析和油气预测的重要概念[J].地球科学,2000,25(3):260~265.

林畅松,张燕梅.拉伸盆地模拟理论基础与新进展[J].地学前缘,1995,20(3):79~89.

刘宝珺,曾允孚.岩相古地理基础与工作方法[M].北京:地质出版社,1985.

刘宝珺,张锦泉.沉积成岩作用[M].北京:科学出版社,1992.

刘宝珺.沉积成岩作用研究的若干问题[J].沉积学报,2009,27(5):787~791.

刘池洋.沉积盆地动力学与盆地成藏(矿)系统[J].地球科学与环境学报,2008,30(1):1~23.

刘建明,刘家军,顾雪祥.沉积盆地中的流体活动及其成矿作用[J].岩石矿物学杂志,1997,16(4):341~351..

刘建明,叶杰,刘家军,等.盆地流体及其成矿作用[J].矿物岩石地球化学通报,2000,19(2):85~94.

刘少峰,柯爱蓉,吴丽云,等.鄂尔多斯西南缘前陆盆地沉积物物源分析及其构造意义[J].沉积学报,1997,15(1):156~160.

卢焕章.成矿流体[M].北京:科学技术出版社,1997.

陆克政,朱筱敏,漆家福,等.含油气盆地分析[M].北京:中国石油大学出版社,2001.

陆克政.含油气盆地分析[M].北京:中国石油大学出版社,2006.

罗孝俊,杨卫东.有机酸对长石溶解度影响的热力学研究[J].矿物学报,2001,21(2):183~188.

吕正谋.山东东营凹陷下第三系砂岩次生孔隙研究[J].沉积学报,1985,3(2):47~56,154,155.

马东升.地壳中流体的大规模流动系统[J].高校地质学报,1998,4(3):250~261.

聂逢君.碎屑岩的物质成分、物质来源与大地构造关系——以宣龙内陆海长城期常州沟—串岭沟组碎屑岩为例[J].华东地质学院学报,1996,19(4):363~369.

漆家福,陈发景.下辽河—辽东湾新生代裂陷盆地的构造解析[M].北京:地质出版社,1995.

祁鹏,任建业,卢刚臣,等.渤海湾盆地黄骅坳陷中北区新生代幕式沉降过程[J].地球科学,2010,35(6):1041~1052.

邱隆伟,姜在兴.陆源碎屑岩的碱性成岩作用[M].北京:地质出版社,2006.

邵磊,李文厚,袁明生.吐鲁番—哈密盆地陆源碎屑沉积环境及物源分析[J].沉积学报,1999,17(3):435~441.

石广仁.油气盆地数值模拟方法[M].北京:石油工业出版社,1994.

史双双.歧口凹陷主断裂系统形成演化及油气地质意义[D].武汉:中国地质大学,2009.

孙永传,李蕙生.碎屑岩沉积相和沉积环境[M].北京:地质出版社,1986.

孙永传,李忠,李蕙生,等.中国东部含油气断陷盆地的成岩作用[M].北京:科学出版社,1996:1~113.

汤济广,梅廉夫,沈传波,等.平衡剖面技术在盆地构造分析中的应用进展及存在的问题[J].油气地质与采收率,2006,13(6):19~22.

田在艺,张庆春.中国含油气沉积盆地论[M].北京:石油工业出版社,1996.

汪集旸,黄少鹏.中国大陆地区大地热流数据汇编(第二版)[J].地震地质,1990,(4):351~366.

汪集旸,汪缉安,王永玲,等.下辽河盆地大地热流[J].地质科学,1986,(1~4):16~30.

汪品先.深海沉积与地球系统[J].海洋地质与第四纪地质,2009,29(4):1~11.

汪品先.追踪边缘海的生命史:"南海深部计划"的科学目标[J].科学通报,2012,57(20):1807~1826.

王成善,李祥辉.沉积盆地分析原理与方法[M].北京:高等教育出版社,2003.

王大纯,张人权,史毅虹,等.水文地质学基础[M].北京:地质出版社,1995.

王鸿祯,史晓颖,王训练,等.中国层序地层研究[M].广州:广东科技出版社,2000.

王家豪,陈红汉,王华,等.前陆盆地二级层序内可容纳空间发育演化及三级层序对比[J].地球科学,2003,30(2):140~146.

王世成.磷灰石裂变径迹在地质热历史研究中的应用[J].物理,1998,27(4):227~231.

魏斌,魏红红,陈全红,等.鄂尔多斯盆地上三叠统延长组物源分析[J].西北大学学报(自然科学版),2003,39(4):447~450.

文冬光.水-岩相互作用的地球化学模拟理论及应用[M].武汉:中国地质大学出版社,1998.

吴崇筠,薛叔浩,等.中国含油气盆地沉积学[M].北京:石油工业出版社,1992.

肖奕,王汝成,陆现彩,等.低温碱性溶液中微纹长石溶解性质研究[J].矿物学报,2003,23(4):333~339.

徐亚军,杜远生,杨江海.沉积物物源分析研究进展[J].2007,26(3):26~32.

许志琴,李廷栋,杨经绥,等.大陆动力学的过去、现在和未来:理论与应用[J].岩石学报,2008,24(7):1433~1444.

杨绪充.济阳坳陷中新生代古地温分析[J].石油大学学报(自然科学版),1988,12(3):23~33.

杨永泰.前陆盆地沉降机理和地层模型[J].岩石学报,2011,27(2):531~544.

张克信,王国灿,曹凯,等.青藏高原新生代主要隆升事件:沉积响应与热年代学记录[J].中国科学,D辑,2008,38:1575~1588.

赵澄林,朱筱敏.沉积岩石学(第三版)[M].北京:石油工业出版社,2001.

赵红格,刘池洋.物源分析方法与研究进展[J].沉积学报,2003,21(3):409~415.

钟广法,马在田.利用高分辨率成像测井技术识别沉积构造[J].同济大学学报(自然科学版),2001,29(5):576~580.

钟瑞,董致中.牙形石颜色变化指标的研究及其对南盘江地区的找油意义[J].石油勘探与开发,1982,(4):38~47.

周成礼,冯石,王世成,等.磷灰石裂变径迹长度分布数值模拟及地质应用[J].石油实验地质.1994,16(4):409~417.

周希云.贵州二叠系及三叠系牙形石的颜色变化及其石油地质意义[J].西南石油地质学院学报,1985,3:1~13.

周希云.贵州志留系牙形石的颜色变化及其石油地质意义[J].石油实验地质,1980,3:48~53.

周希云.上扬子区二叠系至下三叠系牙形石的颜色变化指标及其油气评价[J].海相沉积区油气地质,1987,1(2):83~90.

周新源.前陆盆地油气分布规律[M].北京:石油工业出版社,2002.

周中毅,潘长春.沉积盆地古地温测定方法及其应用[M].广州:广东科技出版社,1992.

朱伟林,钟锴,李友川,等.南海北部深水区油气成藏与勘探[J].科学通报,2012,57(20):1833~1841.

朱夏.中新生代油气盆地构造地质学进展[M].北京:科学出版社,1982.

Aagaard P, Jahren J, Harstad A Q, et al. Formation of grain-coating chlorite in sandstone: laboratory synthesized vs. national occurrences[J]. Clay Mineral, 2000, 35:261~269.

Allen J R L. The classification of cross-stratified units-with notes on their origin[J]. Sedimentology, 1963, 2:93~114.

Allen P A. Earth Surface Processes[M]. Oxford: Blackwell Scientific Publications, 1997.

Allen P A, Allen J R. Basin analysis: principles and applications (2nd ed.)[M]. Blackwell, 2005.

Allen P A. From landscapes into geological history[J]. Nature, 2008, 451:274~276.

André L, Deutsch S, Hertogen J. Trace element and Nd isotopes in shales as indexes of provenance and crustal growth: The early Paleozoic from the Brabant massif (Belgium)[J]. Chem. Geol., 1986, 57:101~115.

An Z, Kutzbach J E, Prell W L, Porter S C. Evolution of Asian monsoons and phased uplift of the Himalayan Tibetan Plateau since Late Miocene times[J]. Nature, 2001, 411:62~66.

Anderson R N. Recovering dynamic Gulf of Mexico reserves and U.S. energy future[J]. Oil and Gas Journal, 1993, 91(17):85~91.

Antobreh A A, Krastel S. Morphology seismic characteristics and development of Cap Timiris Canyon, offshore Mauritania: A newly discovered canyon preserved-off a major arid climatic region[J]. Marine and Petroleum Geology, 2006, 23(1):37~59.

Baker J C, Kassan J, Hamilton P J. Early diagenetic siderite as an indicator of depositional environment in the Triassic Rewan Group, southern Bowen Basin, eastern Australia[J]. Sedimentology,1996,43:77~88.

Banner J L, Wasserburg G J. Isotopic and trace element constraints on the origin and evolution of saline groundwaters from central Missouri[J]. Geochimica et Cosmochimica Acta,1989,53(2):383~398.

Barnett J A M, Mortimer J, Rippon J H, et al. Displacement geometry in the volume containing a single normal fault[J]. AAPG Bulletin,1987,71:925~937.

Baztan J, Beme S, Olivet J L, et al. Axial incision: the key to understand submarine canyon evolution (in the western Gulf of Lion) [J]. Marine and Petroleum Geology,2005,22(6~7):805~826.

Beaufort D, Cassagnabere A, Petit S, et al. Kaolinite—to—dickite reaction in sandstone reservoirs [J]. Clay Mineral,1998,33:297~316.

Bentley H W, et al. Chlorine 36 dating of very old groundwater: The Great Artesian Basin, Australia[J]. Water Resources Research,1986,22(13):1991~2001.

Bethke C M, Harrison W J, Upson C, et al. Supercomputer analysis of sedimentary basins[J]. Science,1988,239:261~267.

Bethke C M, Reed J D, et al. Long-range Petroleum Migration in the Illinois Basin[J]. AAPG Bulletin,1991,5(5):925~945.

Bethke C M, Lee M K, Park J. Basin modeling with Basin2: a guide to using the Basin2 software package[M]. University of Illinois at Urbana-Champaign,2000.

Bhatia M R. Rare earth element geochemistry of Australian Paleozoic Greywacks and mudrock: provenance and tectonic control[J]. Sedimentary Geology,1985,45:97~113.

Biddle K T. Active margin basins[M]. AAPG Memoir 52,1991:323.

Bjorlykke K, Mo A, Palm E. Modelling of thermal convection in sedimentary basins and its relevance to diagenetic reactions [J]. Marine and Petroleum Geology,1988,5(4):338~351.

Bjorlykke K. Sandstone diagenesis in relation to preservation, destruction and creation of porosity[J]. Developments in Sedimentology,1988,41:555~588.

Blatt H, Middleton G V, Murray R C. Origin of sedimentary rocks[M]. Prentice Hall, New Jersey,1972.

Bond G C, Kominz M A. Construction of tectonic subsidence curves for the early Paleozoic miogeocline, southern Canadian Rocky Mountains: implications for subsidence mechanisms, age of breakup, and crustal thinning[J]. Geological Society of America Bulletin,1984,95:155~173.

Bouma A H, Stone C G. Fine-grained turbidite systems[C]. //AAPG Memoir 72, SEPM Special Publication No.68,2000:1~19.

Bukhari S S, Nayak G N. Clay minerals in identification of provenance of sediments of Mandovi estuary, Goa, west coast of India[J]. Indian Journal of Marine Sciences,1996,25:341~345.

Braun J. The many surface expressions of mantle dynamics[J]. Nature Geoscience,2010,3:825~833.

Braun J P, Van der Beek, Batt G. Quantitative thermochronology: numerical methods for the interpretation of thermochronological data[M]. New York: Cambridge Univ. Press,2006.

Brandon M T. Garver. Provenance studies of Columbia-England by fission tracks analysis[J]. Chemical Geology,1994,89:37~52.

Sambridge M S. Compston W. Mixture modeling of Multi-component data sets with application to ion-probe zircon ages [J]. Earth and Planetary Science Letters,1994,128:373~390.

Brun J P, Fort X. Salt tectonics at passive margins: geology versus models[J]. Marine and Petroleum Geology,2011,28:1123~1145.

Bull W B. Recognition of alluvial-fan deposits in the stratigraphic record[C]. //Recognition of ancient sedimentary environments. Society for Sedimentary Geology (SEPM) Special Publication,1972,16:63~83.

Bull S, Cartwright J, Huuse M. A review of kinematic indicators from mass transport complexes using 3D seismic data[J]. Marine and Petroleum Geology,2009,26:1132~1151.

Burbank D, Anderson R S. Tectonic geomorphology[M]. Blackwell Science,2001.

Carvalho M V F, De Ros L F, Gomes N S. Carbonate cementation patterns and diagenetic reservoir facies in the Campos

Basin Cretaceous turbidites,offshore eastern Brazil[J]. Marine and Petroleum Gedogy. ,1995,12(7):741~758.

Cartwright J A,Trudgill B D,Mansfield C M. Fault growth by segment linkage:An explanation for scatter in maximum displacement and trace length data for the Canyonlands Grabens of SE Utah[J]. Journal of Structural Geology,1995,17:1319~1326.

Casas D,Ercilla G,Baraza J,et al. Recent mass-movement processes on the Ebro continental slope (NW Mediterranean)[J]. Marine and Petroleum Geology,2003,20(5):445~457.

Catuneanu O. Sequence stratigraphy of clastic systems:concepts,merits and pitfalls[J]. Journal of African Earth Sciences,2002,35:1~43.

Catuneanu O. Principles of sequence stratigraphy[M]. Elsevier Publishing,2006.

Chapman D S,Rybach L. Heat flow anomalies and their interpretation[J]. Journal of Geodynamics,1985,4:3~37.

Chiang C S,Yu H S. Morphotectonics and incision of the Kaoping canyon,SW Taiwan orogenic wedge[J]. Geomorphology,2006,80:199~213.

Chiang C S,Yu H S. Evidence of hyperpycnal flows at the head of the meandering Kaoping Canyon off SW Taiwan[J]. Geo - Marine Letters,2007,28(3):161~169.

Chiang C S,Yu H S. Sedimentary erosive processes and sediment dispersal in Kaoping submarine canyon,Science China [J]. Earth Sciences,2011,54(2),259~271.

Childs C,Nicola A,Walsh J J. The growth and propagation of synsedimentary faults[J]. Journal of Structural Geology,2003,25:633~648.

Chilingar G V,Bissell H J,Fairbridge R W. Carbonate rocks,developments in sedimentology[M]. //Larsen G,Chilingar G V. Diagenesis in sediments and sedimentary rocks,2. 1967,17~111.

Clift P D,Shimizu N,Layne G,et al. Development of the Indus Fan and its signifi cance for the erosional history of the western Himalaya and Karakoram[J]. Geol. Soc. America Bull,2001,113:1039~1051.

Clift P D,Lee J I,Clark M,et al. Erosional response of South China to arc rifting and monsoonal strengthening:A record from the South China Sea[J]. Marine Geology,2002,184 :207~226.

Clift P D. Controls on the erosion of Cenozoic Asia and the flux of clastic sediment to the ocean [J]. Earth and Planetary Science Letters,2006,241:571~580.

Clift P D,Hodges K,Heslop D,et al. Greater Himalayan exhumation riggered by early Miocene monsoon intensification [J]. Nat. Geosci. ,2008,1:875~880.

Cloetingh. S. Geosphere fluctuations:short - term instabilities in the earth's system[C]. //Contribution of Solid Earth Sciences to the International Geosphere and Biosphere Project,Global and Planetary Change,1990,89:177~313.

Cloetingh S,Durand B,Puigdefabregas C. Integrated basin studies[J]. Marine and Petroleum Geology. IBS Special,1995,12:787~963.

Cloetingh S,Ziegler P A,the Topo-Europe Working Group. Topo-Europe:The geosciences of coupled deep Earth-surface processes[J]. Global and Planetary Change,2007,58(1~4):1~118.

Collins A G. Chemical applications in oil and gas-well-drilling and completion operations[C]. //Environmental aspects of chemical use in well-drilling operations. Houston,Texas,1975:231~260.

Collinson J D ,Thompson D B. Sedimentary Structures[M]. London:George Allen and Unwin,1982.

Coleman M,Hodges K. Evidence for Tibetan plateau uplift before 14 Myr ago from a new minimum age for east-west extension[J]. Nature,1995,374:49~52.

Colson I,Cojan I. Groundwater dolocretes in a lake-marginal environment:an alternative model for dolocrete formation in continental settings (Danian of the Provence Basin,France) [J]. Sedimentology,1996,43:175~188.

Connolly C A,Walter L M,Baadsgaad H,et al. Origin and evolution of formation waters,Alberta Basin,Western Canada Sedimentary Basin. II. Isotope systematics and water mixing[J]. Applied geochemistry,1990,5:397~413.

Conybeare C E B. Lithostraitigraphic analysis of sedimentary basins[M]. New York:Academic Press Inc. ,1979.

Coustau H. Formation waters and hydrodynamics[J]. Journal of Geochemical Exploration,1977,7:213~241.

Covault J A,Fildani A,Romans B W,et al. The natural range of submarine canyon-and-channel longitudinal profiles[J]. Geosphere,2011,7:313~332.

Cowie P A, Scholz C H. Physical explanation for the displacement-length relationship of faults using a post-yield fracture mechanics model[J]. Journal of Structural Geology, 1992, 14: 1133~1148.

Cowie P A, Scholz C H. Displacement-length scaling relationship for faults: Data synthesis and discussion[J]. Journal of Structural Geology, 1992b, 14: 1149~1156.

Cowie P A, Gupta S, Dawers N H. Implications of fault array evolution for syn-rift stratigraphy: insights from a numerical fault growth model[J]. Basin Res., 2000, 12: 241~261.

Cowie P A, Whittaker A C, Attal M, et al. New constraints on sediment-flux-dependent river incision: Implications for extracting tectonic signals from river profiles[J]. Geology, 2008, 36: 535~538.

Cox S F. Deformational controls on the dynamics of fluid migration and ore genesis in metamorphic environments[J]. Geological Society of Australia, 1994, 37: 74~75.

Cox S F. Faulting processes at high fluid pressures: an example of fault valve behavior from the Wattle Gully Fault, Victoria, Australia[J]. Journal of Geophysical Research, 1995, 100: 1284~1296.

Cuthbert S J. Evolution of the Devonian Hornelen Basin, west Norway: New constraints from petrological studies of metamorphic clasts[C]. //Morton A C, Todd S P, Haughton P D W. Developments in Sedimentary Provenance Studies. Geological Special Publications, Geological Society. London: Special Publications, 1991: 343~360.

Dahlstrom C D A. Balanced cross sections[J]. Canadian Journal of Earth sciences, 1969, 6: 743~775.

Dapples E C. Diagenesis of sediments and rocks, Diagenesis in sediments and sedimentary rocks[J]. Developments in sedimentology, 1979, 25A: 33~88.

Davies R J, Cartwright J, Stewart S A, et al. 3D seismic technology: application to the exploration of sedimentary basins [M]. Geol. Soc. London, Mem., 2004, 29.

Davisson M L, Criss R E. Na-Ca-Cl relations in basinal fluids[J]. Geochimica et Cosmochimica Acta, 1996, 60(15): 2743~2752.

Dawers N H, Anders M H, Scholz C H. Fault length and displacement: Scaling laws[J]. Geology, 1993, 21: 1107~1110.

Dawers N H, Underhill J R. The role of fault interaction and linkage in controlling syn-rift stratigraphic sequences: Late Jurassic, Statfjord East area, northern North Sea[J]. American Association of Petroleum Geologists Bulletin, 2000, 84: 45~64.

DeCelles P G, Giles K A. Foreland basin systems[J]. Basin Research, 1996, 8: 105~123.

Deptuck M E, Steffens G S, Barton M, et al. Architecture and evolution of upper fan channel-belts on the Niger Delta slope and in the Arabian Sea[J]. Marine and Petroleum Geology, 2003, 20(6): 649~676.

Dickinson W R. Interpreting detrital modes of graywacke and arkose[J]. Journal of Sedimentary Petrology, 1970, 40: 695~707.

Dickinson W R. Sedimentary basins developed during evolution of Mesozoic-Cenozoic arc-trench system in western North America[J]. Canadian Journal of Earth Science, 1976, 13: 1268~1287.

Dickinson W R, Suczek C A. Plate tectonics and sandstone compositions[J]. Bull.-Am. Assoc. Pet. Geol., 1979, 63: 2164~2182.

Dickinson W R. Compositions of sandstones in Circum-Pacific subduction complexes and fore-arc basins[J]. Bull.-Am. Assoc. Petrol. Geol., 1982, 66: 121~137.

Dickinson W R. Cretaceous sinistral strike slip along Nacimiento fault in coastal California[J]. Bull.-Am. Assoc. Pet. Geol., 1983, 67: 624~645.

Dickinson W R, Beard L, Brakenridge C R, et al. Provenance of North America Phanerozoic sandstones in relation to tectonic setting[J]. Geological Society of America Bulletin, 1983, 94: 222~235.

Dickinson W R. Basin Geodynamics[J]. Basin Research, 1993, 5: 195~196.

Dickinson W R. The dynamics of sedimentary basins[M]. USGS National Academy Press, 1997.

Donald L G. Chemical osmosis, reverse chemical osmosis, and the origin of subsurface brines[J]. Geochimica et Cosmochimica Acta, 1982, 46: 1431~1448.

Dooley T P, Schreurs G. Analogue modelling of intraplate strike-slip tectonics: A review and new experimental results [J]. Tectonophysics, 2012, 574~575: 1~71.

Durand B, Jolivet L, Horvath F, et al. The Mediterranean Basin: Tertiary extension within the Alpine orogen[M]. London: Geological Society, Special Publications, 1999.

Eberli G P, Masaferro J L, Sarg J F. Seismic imaging of carbonate reservoirs and systems[M]. American Association of Petroleum Geologists, Shell International Exploration & Production B. V., 2004.

Edwards J D, Samtogrossi P A. Divergent passive margins basins[C]. AAPG Memoir 48, 1990: 256.

Ehlers T A, Armstrongb P A., Chapman D S. Normal fault thermal regimes and the interpretation of low-temperature thermochronometers[J]. Physics of the Earth and Planetary Interiors, 2001, 126: 179~194.

Ehlers T A, Chaudhri T, Kumar S, et al. Computational tools for low-temperature thermochronometer interpretation[J]. Reviews in Mineralogy and Geochemistry, 2005, 58: 589~622.

Einsele G. Sedimentary basins: evolution, facies, and sediment budget[M]. Springer, 2000.

Elliot D. The construction of balanced cross-sections[J]. Journal of Structural Geology, 1983: 5 (2): 101~115.

Emery D, Myers K J. Sequence stratigraphy[M]. Oxford: Blackwell Science, 1996.

England P. Convective removal of thermal boundary layer of thickened continental Lithosphere: a brief summary of causes and consequences with special reference to the Cenozoic tectonics of the Tibetan Plateau and surrounding regions[J]. Tectonophysics, 1993, 223(1~2): 67~73.

England P, Molnar P. Active deformation of Asia: from kinematics to dynamics[J]. Science, 1997, 278(5338): 647~650.

Evans D G, Jeffrey A N. Free Thermohaline convection in sediments surrounding a salt column[J]. Journal of Geophysical Research, 1989, 94: 413~422.

Faccenna C, Becker T W. Shaping mobile belts by small-scale convection[J]. Nature, 2010, 465: 602~605.

Faugères J C, Gonthier E, Stow D A V. Contourite drift moulded by deep Mediterranean outflow[J]. Geology, 1984, 12: 296~300.

Faugères J C, Stow A V. Bottom-current-controlled sedimentation: a synthesis of the contourite problem[J]. Sediment. Geol., 1993, 82: 287~297.

Fertl W H, Chapman R E, Hotz R F. Studies in Abnormal Pressures[J]. Elsevier, 1994, 38.

Fisher W L, McGowen J H. Depositional systems in the Wilcox Group of Texas and their relationship to occurrence of oil and gas[J]. Gulf Coast Association of Geological Societies, Transactions, 1967, 17: 105~125.

Fisher J B, Boles J R. Water-rock interaction in Tertiary sandstones, San Joaquin basin, California, USA: Diagenetic controls on water composition[J]. Chemical Geology, 1990, 82: 83~101.

Flemming B W. Sand transport and bedform patterns on the continental shelf between Durban and Port Elizabeth (Southeast Africa continental margin) [J]. Sediment. Geol., 1980, 26: 179~205.

Fogg G E. Groundwater flow and sand body interconnectedness in a thick multiple aquifer system[J]. Water Resources Research, 1986, 22: 679~694.

Folk R L. The natural history of crystalline calcium carbonate: Effect of magnesian content and salinity[J]. Jour. Sed. Petrology, 1974, 44: 40~53.

Forristall G Z, Hamilton T C, Cardone V J. Continental shelf currents in tropical storm Delia: observations and theory[J]. Phys. Oceanog., 1977, 7: 532~546.

Foscolos A E, Kodama J. Diagenesis of clay minerals from lower Cretaceous shales of northeastern British Columbia[J]. Clay Minerals, 1974, 22: 319~355.

Fossen H. Structural Geology[M]. Cambridge University Press, 2010.

Fukao Y, Obayshi M, Inoue H. Subducting slabs stagnantion in the mantle transiton zone[J]. Journal of Geophysical Research, 1992, 97(84): 4809~4822.

Galy V, France Lanord C, Beyssac O, et al. Efficient organic carbon burial in the Bengal fan sustained by the Himalayan erosional system[J]. Nature, 2007, 450: 407~411.

Garcia Roberto. Depositional systems and their relation to gas accumulation in Sacramento Valley, California [J]. AAPG Bulletin, 1981, 65: 653~673.

Garven G. A hydrogeologic model for the formation of the giant oil sands deposits of western Canada sedimentary basin [J]. Science, 1989a, 28: 105~166.

Garven G. Fluid-flow in sedimentary basins and aquifers[J]. Science,1989b,243(4891):677~677.

Garven G. Continental-scale groundwater-flow and geological processes[J]. Annual Review of Earth and Planetary Sciences,1995,23:89~117.

Galloway W E,Brown L F. Depositional Systems and Shelf-Slope Relations on Cratonic Basin Margin,Uppermost Pennsylvanian of North-Central Texas[J]. AAPG Bulletin July,1973,57(7):1185~1218.

Galloway W E,Hobday D K. Terrigenous clastic depositional systems:applications to petroleum,coal,and uranium exploration[M]. Berlin:Springer-Verlag,1983.

Galloway W E. Reservoir facies architecture of microtidal barrier systems[J]. Bulletin-American Association of Petroleum Geologists,1986,70(7):797~808.

Galloway W E. Genetic stratigraphic sequences in basin analysis,I. Architecture and genesis of flooding-surface bounded depositional units [J]. Bulletin-American Association of Petroleum Geologists,1989,73:125~142.

Garcia R. Depositional systems and their relation to gas accumulation in the Sacramento Valley,California[J]. Bulletin-American Association of Petroleum Geologists,1981,65:653~673.

Garzione C N,Dettman D L,Horton B K. Carbonate oxygen isotope paleoaltimetry:evaluating the effect of diagenesis on paleoelevation estimates for the Tibetan plateau[J]. Palaeogeography, Palaeoclimatology, Palaeoecology. 2004,212: 119~140.

Gawthorpe R L,Sharp I,Underhill J R,et al. Linked sequence stratigraphic and structural evolution of propagating normal fault[J]. Geology,1997,25:795~798.

Gawthorpe R L,Leeder M R. Tectono-sedimentary evolution of active extentional basins[J]. Basin Research,2000,12:195~218.

Gawthorpe R,Hardy S. Extensional fault-propagation folding and base-level change as controls on growthstrata geometries [J]. Sedimentary Geology,2002,146(1~2):47~56.

Gibbs A D. Balanced cross-section construction from seismic sections in areas of extensional tectonics[J]. Journal of Structural Geology,1983,5 (2):153~160.

Giles M R,Marshall J D. Constraints on the development of secondary porosity in the subsurface:revaluation of processes [J]. Mar. Petrol. Geol. ,1986,3:243~255.

Giuliani G,Lanord C F,Cheilletz A,et al. Sulfate reduction by organic matter in Colombian emerald deposits:Chemical and stable isotope(C,O,H) evidence[J]. Econ. Geol. ,2000,95(8):1129~1153.

Gleadow A J W,Duddy I R,Green P F,et al. Fission track lengths in the apatite annealing zone and the interpretation of mixed ages[J]. Earth and Planetary Science Letters,1986,78:245~254.

Goldstein S L,Nions R K O,Hamillton P J. A Sm-Nd isotopic study of atmospheric dusts and particulates from major river system [J]. Earth Planet . Sci. L ett. ,1984,70:221~236.

Gouze P,Coudrainribstein A,Bernard D. Computation of porosity redistribution resulting from thermal-convection in Slanted Porous Layers[J]. Journal of Geophysical Research-solid Earth,1994,99(B1):697~706.

Guidish T M,et al. Basin evoluation using burial history calculation:an overview[J]. AAPG Bulletin,1985,69:92~105.

Gustkiewicz M S,Kwiecinska B. Organic matter in the upper Silesian (Mississippi Valley-Type) Zn-Pb deposits[J]. Poland Economic Geology,2001,94(7):981~992.

Guthrie J M,Houseknecht D W,Johns W D. Relationships among virtinite reflectence,illite crystallinity,and organic geochemistry in Carboniferous strata,Ouachita Mountains,Oklahoma and Arkansas[J]. AAPG Bull. ,1986,70(1):26~33.

Hanor J S. Kilometre-scale thermohaline overturn of pore waters in the Louisiana Gulf Coast[J]. Nature, 1987, 327 (6122):501~503.

Haq B U,Hardenbol J,Vail P R. Mesozoic and Cenozoic chronostratigraphy and cycles of sea-level change[J]. Society of Economic Paleontologists and Mineralogists,1988,42:71~108.

Hardy S,Ford M. Numerical modeling of trishear fault-propagation folding[J]. Tectonics,1997,16:941~854.

Hardy S,Poblet J. Geometric and numerical model of progressive limbrotation in detachment folds[J]. Geology,1994,22: 371~374.

Hardy S, Poblet J. The velocity description of deformation: sediment geometries associated with fault-bend and fault-propagation folds[J]. Marine and Petroleum Geology, 1995, 12(2): 165~176.

Harris P T, Whiteway T. Global distribution of large submarine canyons: geomorphic differences between active and passive continental margins[J]. Marine Geology, 2011, 285(1~4): 69~86.

Heezen B C, Hollister C D, Ruddiman W F. Shaping of the continental rise by deep geostrophic contour currents[J]. Science, 1966, 152: 502~508.

Heller P L, Dickinson W R. Submarine ramp facies model for delta-fed, sand-rich turbidite systems[J]. AAPG Bulletin, 1985, 69: 960~976.

Heller P L, Paola C. The large-scale dynamics of grain-size variation in alluvial basins, 2: Application to syntectonic conglomerate[J]. Basin Research, 1992, 4(2): 91~102.

Hellmann R. The albite-water system: Part I. The kinetics of dissolution as a function of pH at 100, 200 and 300℃ [J]. Geochimica et Cosmochimica Acta, 1994, 58: 595~611.

Hernandez Molina J F, Stow D A V, Llave E, et al. Deep-water Circulation: Processes & Products: introduction and future challenges INTRODUCTION[J]. Geo-Marine Letters, 2011, 31(5~6): 285~300.

Hine A C, Wilber R J, Bane J M, et al. Offbank transport of carbonate sands along open leeward carbonate margins: Northern Bahamas[J]. Marine Geology, 1981a, 42: 327~348.

Holst T B, Fossen H. On the use of paleocurrent indicators in deformed rock[J]. Abstracts and Proceedings, Institute on Lake Superior Geology, 1992, 38: 43~44.

Holst T B, Fossen. Implications of deformation history for the interpretation of paleocurrent data[C]. Geological Society of America Abstracts with Programs, 1992, 24: 53.

Hooper E C D. Fluid migration along growth faults in compacting sediments[J]. Journal of Petroleum Geology, 1991, 14(2): 161~180.

Houbolt J J H C. Recent dediments in the southern bight of the North Sea[J]. Geol. Mijnbouw, 1968, 47: 245~273.

Hovius N, Stark C P, Allen P A. Sediment flux from a mountain belt derived by landslide mapping[J]. Geology, 1997, 25: 231~234.

Hovius N. Macro scale process system of mountain belt erosion and sediment delivery to basins[M]. Unpublished Dphil. Thesis, University of Oxford, 1995.

Hsiung K H, Yu H S. Morpho-sedimentary evidence for a canyon-channel-trench interconnection along the Taiwan-Luzon plate margin, South China Sea[J]. Geo-Marine Letters, 2011, 31(4): 215~226.

Hulen J B, Collister J W. The oil-bearing carlin-type gold deposits of Yankee basin, Alligator Ridge district, Nevada[J]. Economic Geology, 2001, 94(7): 1029~1050.

Hunt J M. Generation and migration of petroleum from abnormally pressured fluid compartments[J]. AAPG Bulletin, 1990, 74: 1~12.

Hunt J M. Petroleum geology and geochemistry (2nd edition)[M]. Freeman and Company, 1996.

Ingersoll R V, Bullard T F, Ford R L, et al. The effect of grain size on detrital modes: a test of the Gazzi Dickinson point-counting method[J]. Journal of Sedimentary Petrology 1984, 54: 103~116.

Ingersoll R V, Cavazza W, Baldridge W S, et al. Cenozoic sedimentation and paleotectonics of north-central New Mexico: implications for initiation and evolution of the Rio Grande rift[J]. Geological Society of America Bulletin, 1990, 120: 1280~1296.

Jervey M T. Quantitative geological modelling of siliceclastic rock sequence and their seismic expression[C]. //Wilgus C K, Hastings B S, St C G. Kendall C, et al. sea-level changes-an integrated approach. SEPM Special Publication, 1988, 42: 42~69.

Jobe Z R, Lowe D R, Uchytil S J. Two fundamentally different types of submarine canyons along the continental margin of Equatorial Guinea[J]. Marine and Petroleum Geology, 2011, 28: 843~860.

Johnson J G, Murphy M A. Time-rock model for Siluro-Devonian continental shelf, western United States[J]. Geological Society of America Bulletin, 1984, 95: 1349~1359.

Johnson J G, Klapper G, Sandberg C A. Devonian eustatic fluctuations in Euramerica[J]. Geological Society of America

Bulletin,1985,96:567~587.

Keith M L,Weber J N. Carbon and oxygen isotopic composition of selected limestones and fossils[J]. Geochimica et Cosmochimica Acta,1964,28:1786~1786.

Kendall C G St C,Schlager W. Carbonates and relative changes in sea level[J]. Mar. Geol.,1981,44:181~212.

Kim Y S,Andrews J R,Sanderson D J. Damage zones around strike-slip fault systems and strike-slip fault evolution, Crackington Haven,Southwest England[J]. Geoscience Journal,2000,4:53~72.

Kingston D R,Dishroon C P,Williams P A. Global basin classification system[J]. AAPG Bulletin,1983,67:2175~2193.

Kirkwood D,Lavoie D,Malo M,et al. The history of convergent and passive margins in the Polar Realm:Sedimentary and tectonic processes,transitions and resources[M]. Quebec City:Universite Laval,2009.

Klein G Dev. Current aspects of basin analysis[J]. Sediment Geology,1987,50:95~118.

Kleinspehn K L,Paola C. New prospective in basin analysis[M]. New York:Springer Verlag,1988.

Klemme H D,Ulmishek G F. Effective petroleum source rocks of the world:stratigraphic distribution and controlling depositional factors[J]. AAPG Bulletin,1991,75(12):1809~1851.

Kuenen Ph H,Migliorin C I. Turbidity currents as a cause of graded bedding [J]. Geology,1950,58:41~127.

Kusznir N J,Ziegler P A. The mechanics of continental extension and sedimentary basin formation:a simple-shear/pure-shear flexural cantilever model[J]. Tectonophysics,1992,251:117~131.

Land L S,Macpherson G. L. Origin of saline formation waters,Cenozoic section,Gulf of Mexico sedimentary basin[J]. AAPG Bulletin,1992,76(9):1344~1362.

Landon S M. Interior rift basins[M]. AAPG Memoir 59,1994:276.

Larsen G,Chilingar G V. Diagenesis in sediments and sedimentary rocks[M]. New York:Elsevier Scientific Publishing Company,1979:1~29.

Laursen J,Normark W R. Late Quaternary evolution of the San Antonio submarine canyon in the central Chile forearc (33 s) [J]. Marine Geology,2002,188(3~4):365~390.

Lawrence S R,Cornford C. Basin geofluids[J]. Basin Research,1995,7(1):1~7.

Lee M K,Williams D D. Paleohydrology of the Delaware basin,western Texas:overpressure development,hydrocarbon migration,and ore genesis[J]. AAPG Bulletin,2000,84(7):961~974.

Leighton M W,Kolata D R,Oltz D F. Interior cratonic basins[M]. AAPG Memoir 51,1991:819.

Leitch E C,Willis S G A. Nature and significance of plutonic clasts in Devonian conglomerates of the New England Fold Belt[J]. Geological Society of Australia,1982,29(1):83~89.

Lerche I. Basin Analysis Quantitative Methods,Volume 1[M]. San Diego:Academic Press Inc.,1990.

Lister G S,Entherige M A,Symonds P A. Detachment models for the formation of passive continental margin[J]. Tectonics,1991,10(5):1038~1064.

Liu J Y,Lin H L,Hung J J. A submarine canyon conduit under typhoon conditions off southern Taiwan[C]. In:Deep Sea Research Part I:Oceanographic Research Papers,2006,53:223~240.

Liu L J,Gurnis M. Simultaneous inversion of mantle properties and initial conditions using an adjoint of mantle convection [J]. Journal of Geophysical Research,2008,113:B08405.

Longman C D,Bluck B J,van Breeman O. Ordovician conglomerates and the evolution of the Midland Valley[J]. Nature,1979,280:578~581.

Lowry A R,Ribe N M,Smith R B. Dynamic elevation of the Cordillera:Western United States[J]. Journal of Geophysical Research,2000,105:23,371~23,390.

Magara K. Compaction and fluid migration:practical petroleum geology[C]. //Developments in petroleum science. Amsterdam,Oxford. New York,Elsevier Scientific Publishing Company,1978,319.

Magoon L B,Dow W G. The petroleum system-from source to trap[J]. AAPG Memoir,1994,60:3~24.

Marrett R,Allmendinger R W. Estimates of strain due to brittle faulting:Sampling of fault population[J]. Journal of Structural Geology,1991,13:735~738.

Maslin M,Vilela C,Mikkelsen N,et al. Causes of catastrophic sediment failures of the Amazon Fan [J]. Quaternary Science Reviews,2005,24 (20~21):2180~2193.

Mayall M, Lonergan L, Bowman A, et al. The response of turbidite slope channels to growth-induced seabed topography [J]. AAPG Bulletin, 2010, 94: 1011~1030.

McClay K R, Dooley T, Whitehouse P, Mills M. 4-D evolution of rift systems: insights from scaled physical models [J]. AAPG Bulletin, 2002, 86(6): 935~959.

McClay K. R, Whitehouse P S, Dooley T, et al. 3D evolution of fold and thrust belts formed by oblique convergence [J]. Marine and Petroleum Geology, 2004, 21, 857~877.

McHugh C M G, Damuth J E, Mountain G S. Cenozoic mass transport facies and their correlation with relative sea level change, New Jersey continental margin [J]. Marine Geology, 2002, 184(3~4): 295~334.

McKee E D, Wier G W. Terminology for stratification and cross-stratification in sedimentary rocks [J]. Geol. Soc. America Bull., 1953, 64: 381~390.

McKenzie D P. Some remarks on heat flow and gravity anomalies [J]. Journal of Geophysical Research, 1967, 72(24): 6261~6273.

McKenzie D P. Some remarks on the development of sedimentary basin [J]. Earth and Planetary Science Letters, 1978, 48: 25~32.

Mcleod A E, Dawers N H, Underhill R. The propagation and linkage of normal faults: insights from the Strathspey-Brent-Statfjord fault array, northern North Sea [J]. Basin Research, 2000, 12: 263~284.

McPherson B J O L, Garven G. Hydrodynamics and overpressure: mechanisms in the Sacramento basin, California [J]. American Journal of Science, 1999, 299(6): 429~466.

Medwedeff D A. Growth fault-bend folding at southeast Lost Hills, San Joaquin Valley, California [J]. AAPG Bulletin, 1989, 73(1): 54~67.

Mercer J W, George F P, Donaldson Ian G. A Galerkin-finite element analysis of the hydrothermal system at Wairakei, New Zealand [J]. Journal of Geophysical Research, 1975, 80(17): 2608~2601.

Miall A D. A review of the braided-river depositional environment [J]. Earth Sci. Rev., 1977, 13: 1~62.

Miall A D. Architectural elements analysis: a new method of facies analysis applied to fluvial deposits [J]. Earth Science Reviews, 1985, 22(4): 261~308.

Miall A D. Principles of sedimentary basin analysis (2nd Ed) [M]. Springer-Verlag, 1990.

Miller J M G, John B E. Detached strata in a Tertiary low-angle normal fault terrane: A sedimentary record of unroofing, breaching, and continued slip [J]. Geology, 1988, 16: 645~648.

Milliman J D, Syvitski J P M. Geomorphic tectonic control of sediment discharge to the ocean: the importance of small mountainous rivers [J]. Journal of Geology, 1992, 100: 525~544.

Mitchum R M, Van Wagoner J C. High frequency sequences and their stacking patterns: sequence stratigraphic evidence of high frequence ecutatic cycles [J]. Sediment Geol., 1991, 70: 1240~1256.

Mitchum R M. Seismic stratigraphy and global changes of sea level. Part 1: Glossary of terms used seismic stratigrahpy [C]. //Payton C E. Seismic Stratigraphy-Applications to Hydrocarbon Exploration. AAPG Memoir, 1977, 26: 205~212.

Molnar P, England P, Martinod J. Mantle dynamics, uplift of the Tibetan Plateau, and the Indian monsoon [J]. Reviews of Geophysics, 1993, 31: 357~396.

Molnar P. Late Cenozoic increase in accumulation rates of terrestrial sediment: how might climate change have affected erosion rates? [J]. Annual Review of Earth and Planetary Sciences, 2004, 32: 67~89.

Moore G T, Starke G W, Bonham L C, et al. Mississippi Fan, Gulf of Mexico-Physiography, stratigraphy, and sedimentation patterns [J]. American Association of Petroleum Geologists Studies in Geology, 1978, 7: 155~191.

Morad S, Ben Ismail H N, De Ros L F, et al. Diagenesis and formation water chemistry of Triassic reservoir sandstones from southern Tunisia [J]. Sedimentology, 1994, 41: 1253~1272.

Morad S, Ketzer J M, De Ros, L F. Spatial and temporal distribution of diagenetic alterations in siliciclastic rocks: implications for mass transfer in sedimentary basins [J]. Sedimentology, 2000, 47: 95~120.

Morley C K, Nelson R A, Patton T L. Transfer zones in the East African Rift system and their relevance to hydrocarbon exploration in rifts [J]. The American Association of Petroleum Geologists Bulletin, 1990, 74(8): 1234~1253.

Morton R A, Land L S. Regional variations in formation water chemistry, Frio Formation (Oligocene), Texas Gulf Coast [J]. AAPG Bulletin, 1987, 71: 191~206.

Mulder T, Syvitski J P M, Migeon S, et al. Marine hyperpycnal flows: initiation, behavior and related deposits. A review [J]. Marine and Petroleum Geology, 2003, 20: 861~882.

Mullins H T. Comment on "Eustatic control of turbidites and winnowed turbidites" [J]. Geology, 1983, 11: 57~58.

Myers K J, et al. Sequence stratigraphy[M]. Blackwell Science, 1996.

Naeser T M. Thermal history of rocks in southern San Joaquin Valloy, California: Evidences from fission track analysis [J]. AAPG, 1990, 74: 13~29.

Neumann A C, Land L S. Lime mud deposition and calcareous algae in the Bight of Abaco, Bahamas: a budget[J]. Sediment. Petrol., 1975, 45: 763~786.

Neuzil C E. Abnormal Pressures as Hydrodynamic Phenomena[J]. Journal of Science, 1995, 295(6): 742~786.

Normark W R. Growth patterns of deep-sea fans [J]. Am. Assoc. Pet. Geol. Bull., 1970, 54: 2170~2195.

Oelkers E H, Sehott J. Experimental study of anorthite dissolution and the relative mechanism of feldspar hydrolysis[J]. Geochimica et Costaochimica Acta, 1995, 59: 5039~5053.

Ouyang J P, Zhang B R. Geochemieal evidence for the formation and evolution of North Qingling microcontinent[J]. Science in China (Series D), 1996, 39: 43~49.

Palm E. Rayleigh convection, mass-transport, and change in porosity in layers of sandstone[J]. Geophys. Res., 1990, 95 (B6): 8675~8679.

Pinet P, Souriou M. Continental erosion and large-scale relief[J]. Tectonics, 1988, 7: 563~582.

Peacock D C P, Sanderson J. Displacement, segment linkage and relay ramps in normal fault zones[J]. Journal of Structural Geology, 1991, 13: 721~733.

Peacock D C P. Propagation, interaction and linkage in normal fault systems[J]. Earth-Science Reviews, 2002, 58: 121~142.

Peacock D C P, Parfitt E A. Active relay ramps and normal fault propagation on Kilauea Volcano, Hawaii[J]. Journal of Structural Geology, 2002, 24 (4): 729~742.

Peakall J, McCaffrey B, Kneller B. A process model for the evolution, morphology, and architecture of sinuous submarine channels[J]. Journal of Sedimentary Research, 2000, 70(3): 434~448.

Perrodon A. Dynamics of oil and gas accumulations [M]. France: Elf Aquitaine, 1983.

Pettijohn F J. Sedimentary rocks(2nd ed.) [M]. New York: Harper and Brothers, 1957.

Phillips W R, Griffen T D. Optical mineralogy[M]. San Francisco: Freeman Company, 1981.

Pickering K T, Corregidor J. Mass-transport complexes (MTCS) and tectonic control on basin-floor submarine fans, Middle Eocene, south Spanish Pyrenees[J]. Journal of Sedimentary Research, 2005, 75: 761~783.

Piper D J W, Shaw J, Skene K I. Stratigraphic and sedimentological evidence for late Wisconsinan sub-glacial outburst floods to Laurentian Fan[J]. Palaeogeography, Palaeoclimatology, Palaeoecology, 2007, 246 (1): 101~119.

Poblet J, Hardy S. Reverse modeling of detachment folds: application to the Pico del Aguila anticline in the South Central Pyrenees (Spain) [J]. Journal of Structural Geology, 1995, 17(12): 1707~1724.

Poblet J, McClay K R, Storti F, et al. Geometries of syntectonic sediments associated with single layer detachment folds [J]. Journal of Structural Geology, 1997, 19(3~4): 369~381.

Posamentier H W. Variations of the sequence stratigraphic model: past concepts, present understandings, and future direction[J]. AAPG Bull, 1991, 75(3): 955~956.

Posmentier H W, Kolla V. Seismic geomorphology and stratigraphy of depositional elements in deep-water settings[J]. Journal of sedimentary research, 2003, 73(3): 367~388.

Potter P E, Pettijohn F J. Paleocurrents and basin analysis [M]. New York: Academic Press, 1963.

Price P B, Walker R M. Observation of charged particle tracks in solids[J]. Appl. Phys., 1962. 33: 3400.

Reading H G. Sedimentary environments and facies[M]. Elsevier, Michigan, 1978(Reprinted 1979).

Reading H G, Richards M. Turbidite systems in deep-water basin margins classified by grain size and feeder system[J]. AAPG Bulletin, 1994, 78: 792~822.

Reineck H E, Singh I B. Depositional sedimentary environments: with reference to terrigenous clastics[M]. New York: Springer Verlag,1973:439.

Roberts A M,Yielding G. Deformation around basin-margin faults in the North Sea/mid Norway rift[J]. Geol Soc London Spec Pub,1991,56:61~78.

Royden L,Keen C E. Rifting processes and thermal evolution of the continental margin of eastern Canada determined from subsidence curves[J]. Earth and Planetary Science Letters,1980,51:343~361.

Ryan P C, Reynolds R C. The origin and diagenesis of grain-coating serpentine-chlorite in Tuscaloosa Formation sandstone,U. S. Gulf Coast[J]. Am. Mineral. ,1996,81:213~225.

Salvini F,Storti F. Three-dimensional architecture of growth strata associated to fault-bend,fault-propagation,and dcollement anticlines in non-erosional environments[J]. Sedimentary Geology,2002,146(1~2):57~73.

Schlager W. Depositional bias and environmental change-important factors in sequence stratigraphy[J]. Sediment. Geol. , 1991,70:109~130.

Schlager W. The future of applied sedimentary geology[J]. Journal of Sedimentary Research,2000,70(1):2~9.

Schlische R W. Geometry and origin of fault-related folds in extensional settings[J]. AAPG Bulletin,1995,79(11):1661~1678.

Schumm S A. Evolution and response of the fluvial system,sedimentologic implications[J]. Society of Economic Paleontologists and Mineralogists,spec. Publ. ,1981,31:19~29.

Seewald J S. Organic-inorganic interactions in petroleum-producing sedimentary basins[J]. Nature,2003,426:327~333.

Shanmugam G. 50 Years of the turbidite paradigm (1950s—1990s):Deep-water processes and facies models-A critical perspective[J]. Marine and Petroleum Geology,2000,17:285~342.

Shanmugam G. Deep-marine tidal bottom currents and their reworked sands in modern and ancient submarine canyons[J]. Marine and Petroleum Geology,2003,20 (5):471~491.

Sharp I R,Gawthorpe R L,Underhill J R,et al. Fault-propagation folding in extensional settings:examples of structural style and syn-rift sedimentary response from the Suez Rift,Sina,Egypt[J]. Geological Society of America Bulletin, 2000,112:1877~1899.

Shaw John H,Stephen C H,Sitohang E P. Extensional fault-bend folding and synrift deposition:an example from the central Sumatra basin,Indonesia[J]. AAPG Bulletin,1997,81(3):367~379.

Shepard F P. Tidal components of currents in submarine canyons[J]. Journal of Geology,1976,84:343~350.

Simons M,Solomon S C,Hager B H. Localization of gravity and topography:Constraints on the tectonics and mantle dynamics of Venus [J]. Geophysical Journal International,1997,131:24~44.

Sloss L L. Sequences in the cratonic interior of North America[J]. Geol. Soc. Am. Bull. ,1963,74:93~113.

Smith S M,Wilson J K,Baumgardner J,et al. Discovery of the distant lunar sodium tail and its enhancement following the Leonid meteor shower of 1998[J]. Geophys. Res. Lett. ,1999,26:1649~1652.

Sömme T O,Helland Hansen W,Martinsen O J,et al. Relationships between morphological and sedimentological parameters in source-to-sink systems:a basis for predicting semi-quantitative characteristics in subsurface systems[J]. Basin Research,2009,21:361~387.

Soreghan G S,Soreghan M J. A multi-week basin analysis lab for sedimentary geology[J]. Journal of Geoscience Education,1999,47:59~66.

Spötl C,Burns S J. Magnesite diagenesis in red beds:a case study from the Permian of the Northern Calcareous Alps (Tyrol,Australia) [J]. Sedimentology,1994,41:543~565.

Starostenko V I,Legostaeva O V,Makarenko I B,et al. On automated computering geologic-geophysical maps images with the first type ruptures and interractive regime visualization of three-dimensional geophysical models and their fields [J]. Geophys,2004,26(1):3~13(in Russian).

Steckler M S,Watts A B,Thorne J A. Subsidence and basin modeling at the U. S. Atlantic passive margin[C]. //Sheridan R E,and Grow,J A. The Atlantic continental margin,U. S. Boulder,Colorado,Geological Society of America,Geology of North America,1988,1~2:399~416.

Stephenson R A,Wilson M,De Boorder H,et al. EUROPROBE:Intraplate tectonics and basin dynamics of the Eastern

European platform[J]. Tectonophysics,1996,268,1~309.

Sternberg R W,Larson L H. Frequency of sediment movement on the Washington continental shelf:A note[J]. Mar. Geol. ,1976,21:37~47.

Steven L,Lorraine E ,Martin S et al. Vertical and lateral fluid flow related to a large growth fault,South Eugene Island Block 330 Field,Offshore Louisiana[J]. AAPG Bulletin,1999,83(2):244~276.

Storti F,Poblet J. Growth stratal architectures associated to decollement folds and fault-propagation folds. Inferences on fold kinematics[J]. Tectonophysics,1997,282:353~373.

Stow D A V,Mayall M. Deep-water sedimentary systems:new models for the 21st century[J]. Marine and Petroleum Geology,2000,17:125~135.

Stueber A L,Purhkar P,Hetherington E A. A strontium isotopic study of Smackover brines and associated solids,southern Arkansas[J]. Geochimica et Cosmochimica Acta,1984,48:1637~1649.

Sulin V A. Water of petroleum formations in the system of nature waters[M]. Gostoptekhizdat,Moscow,1946.

Sullivan M D,Haszeldine R S,Fallick A E. Linear coupling of carbon and strontium isotopes in Rotliegend Sandstone, North Sea:evidence for cross-formational fluid flow[J]. Geology,1990,18:1215~1218.

Summerfield M A,Hulton N J. Nature controls on fluvial denudation rates in major world drainage basins[J]. Journal of Geophysical Research,1994,99:13871~13883.

Suppe J. Geometry and kinematics of fault-bend folding[J]. American Journal of Science,1983,283:684~721.

Suppe J,Medwedeff D A. Geometry and kinematics fault-propagation folding[J]. Eclogae Geological Helvetiae,1990,83: 409~454.

Surdam R C,Boese S W,Crossey L J. The chemistry of secondary porosity[C]. AAPG Memoir,1984,37:127~149.

Surdam R C,Jiao Z S,MacGowan D B. Redox reactions involving hydrocarbons and mineral oxidants:a mechanism for significant porosity enhancement in sandstones[J]. AAPG Bulletin,1993,77:1509~1518.

Swift D J P,Stanley D J,Curay J R. Relict sediments on continental shelves:a reconsideration[J]. Journal of Geology, 1971,79:322~346.

Swift D J P,Duane D B,McKinney R F. Ridge and swale topography of the Middle Atlantic Bight,North America:secular response to the Holoence hydraulic regime[J]. Mar. Geol. ,1973,15:227~247.

Swift D J P,et al. Holocene evolution of the inner shelf of southern Virginia[J]. Jour. Sedimentary Petrology,1977,47: 1454~1474.

Tandon S K,Kumar R. Active intra-basinal highs and palaeodrainage reversals in the late orogenic homonoid bearing Siwalik basin[J]. Nature,1984,308:635~637.

Tissot,B P,Welte D H. Petroleum formation and occurrence (2nd edition)[M]. Berlin:Springer,1984:699.

Toth J. A theory of groundwater motion in small drainage basins in central Alberta[J]. Canada Journal of Geophysical Research,1962,67(11):4375~4387.

Toth J. Relation between electric analogue patterns of groundwater flow and accumulation of hydrocarbon[J]. Canada Journal of Earth Sciences,1970,7(3):988~1007.

Toulkeridis T,Clauer N,Kroner A,et al. Characterization,provenance,and tectonic setting of Fig Tree greywackes from the archaean Barberton Greenstone Belt,South Africa[J]. Sedimentary Geology,1999,124(SI):113~129.

Touloukian Y S,Judd W R,Roy P F. Physical properties of rocks and minerals[M]. New York:McGraw - Hill Book Company,1981:63~90.

Ungerer P,Burrus J,Doligez B. Basin evaluation by integrated 2-dimensional modeling of heat-transfer,fluid-flow,hydrocarbon generation,and migration[J]. AAPG Bulletin-American Association of Petroleum Geologists,1990,74(3):309 ~335.

Vail P R,Mitchum R M,Thompson S. Seismic stratigraphy and global changes of sea level,part 3:Relative changes of sea level from coastal onlap[C]. //Clayton C E. Seismic stratigraphy-applications to hydrocarbon exploration. Tulsa,Oklahoma,American Association of Petroleum Geologists Memoir ,1977,26:63~81.

Valloni R,Maynard J B. Detrital modes of recent deep-sea sands and their relation to tectonic setting:a first approximation [J]. Sedimentology,1981,28:75~83.

Van Wagoner J C,Mitchum R M,Campion K M,et al. Siliciclastic sequences stratigraphy in well logs,cores and outcrops: concepts for high-resolution correlation of time and facies[J]. AAPG Methods in Exploration Series,1990,7:1~57.

Van Wagoner J C,Bertram C T. Sequence stratigraphy of foreland basin deposition[J]. AAPG Memoir 64,1995:487.

Veizer J,Jansen S L. Basement and sediment cycling-2:Time dimension to global tectonics[J]. Journal of Geology,1985,93:625~664.

Vugrinovich R. Subsurface temperature and surface heat flow in the Michigan basin and their relationships to regional subsurface fluid movement[J]. Marine and Petroleum Geology,1989,6:60~70.

Wagner G A,Reimer G M. Fission track tectonics:the tectonic interpretation of fission track apatite ages[J]. Earth Planet. Sci. Lett. ,1972,14:263~268.

Wagner G A,Haute P V D. Fission track dating[M]. Dordrecht:Kluwer Aeademic Publishers,1992.

Walker R G. Shale grit and grindslow shales:transition from turbidite to shallow water sediments in the Upper Carboniferous of northern England[J]. Journal of Sedimentary Petrology,1966,36:90~114.

Walker R G. Turbidite sedimentary structures and their relationships to proximal and distal environments[J]. Journal of Sedimentary Petrology,1967,37:25~43.

Walker R G. Deep-water sandstone facies and ancient submarine fans:models for exploration for stratigraphic traps[J]. AAPG Bulletin,1978,62:932~966.

Walsh JJ,Nicol A. ,Childs C. An alternative model for the growth of faults[J]. Journal of Structural Geology,2002,24:1669~1675.

Walther J V,Wood B J. Rate and mechanism in prograde metamorphism,Contrib[J]. Mineral,Petrol. ,1984,88:246~259.

Watterson J. Fault dimensions,displacements and growth[J]. Pure and Appl Geophys,1986,124:365~363.

Watts A B. Isostasy and flexure of the lithosphere[M]. Cambridge University Press,2001.

Weaver C E. Possible use of clay mineral matter in search of oil[J]. AAPG Bulletin,1960,44(9):1505~1508.

Wernicke B,Burchifiel B C. Modes of extensional tectonics[J]. Struct. Geol. ,1982,4:105~115.

Wernicke B. Uniform-sense normal Sense simple-shear of the continental lithosphere[J]. Can. J. Earth Sci. ,1985,22:108~115.

Whipple K X. The influence of climate on the tectonic evolution of mountain belts[J]. Nat. Geosci. ,2009,2:97~104.

Whittaker A C,Cowie P A,Attal M,et al. Contrasting transient and steady-state rivers crossing active normal faults:New field observations from the Central Apennines,Italy [J]. Basin Research,2007,19:529~556.

Wilgus C K. Sea-level changes:an integrated approach [M]. SEPM special publication,1988.

Wilson T P,Long L D. Geochemistry and isotope chemistry of Michigan Basin brine:Devonian formations[J]. Applied Geochemistry,1993,8:81~100.

Withjack M O,Islam Q T,La Pointe P R. Normal faults and their hanging-wall deformation:an experimental study[J]. AAPG Bulletin,1995,79:1~18.

Wood J R,Hewett T A. Forced fluid and diagenesis in porous reservoirs controls on spatial distribution, roles of organic matter in sediment diagenesis[J]. SEPM,1984:73~83.

Woodward N B,Boyer S E,Suppe J. Balanced geological cross-sections:an essential technique in geological research and exploration[J]. American Geophysical Union Short Course in Geology,1989,6:132.

Wu J E,McClay K,Whitehouse P,et al. 4D analogue modelling of transtensional pull-apart basins[J]. Marine and Petroleum Geology,2008,26:1608~1623.

Xie X N,Jiao J J. Li S T,et al. Salinity variation of formation water and diagenesis reaction in abnormal pressure environments[J]. Science in China (Series D),2003,46(3):269~284.

Xie X N,Li S T,He H Y,et al. Seismic evidence for fluid migration pathways from an overpressured systems in the South China Sea[J]. Geofluids,2003,3(4):245~253.

Yu H S,Chiang C S. Kaoping Shelf:morphology and tectonic signifi－cance[J]. Asian Earth Sci. ,1997,15:9~18.

Yu H S,Chiang C S,Shen S M. Tectonically active sediment dispersal system in SW Taiwan margin with emphasis on the Gaoping (Kaoping) Submarine Canyon[J]. Journal of Marine Systems,2009,76:369~382.

Zapata T,Allmendinger R W. Growth stratal records of instantaneous and progressive limb rotation in the Precordillera thrustbelt and Bermejo basin,Argentina[J]. Tectonics,1996,15:1065~1083.

Zeng H L, Ambrose W A, Villalta E. Seismic sedimentology and regional depositional systems in Miocene Norte, Lake Maracaibo, Venezuela[J]. The Leading Edge,2001,20:1260~1269.

Zhang P, Molnar P, Downs W R. Increased sedimentation rates and grain sizes 2−4 Myr ago due to the influence of climate change on erosion rates[J]. Nature,2001,410:891~897.

Zhu X. Tectonics and evolution of Chinese Meso-Cenozoic basins[M]. Oxford: Elseveir, 1983.

Zhu W B, Wang J L, Shu L S, et al. Mesozoic-Cenozoic thermal history of Turpan-Hami Basin: apatite fission track constrains[J]. Progress in Natural Science,2005,15(3):331~336.

Ziegler P A. Evolution of the Arctic-North Atlantic and Western Tethys[C]. American Association of Petroleum Geologists Memoir,1988,43:198.

Ziegler P A, Cloetingh S. Dynamic processes controlling evolution of rifted basins[J]. Earth-Sciences Reviews,2004,64:1~50.

Zoetemeijer R, Cloetingh S, Sassi W, et al. Modeling of piggyback-basin stratigraphy: record of tectonic evolution[J]. Tectonophysics,1993,226:253~269.

Zühlsdorff C, Wien K, Stuut J B W, et al. Late Quaternary sedimentation within a submarine channel-levee system offshore Cap Timiris, Mauritania [J]. Marine Geology,2007,240(1~4):217~234.